KB270903

야생동물의 질병

지은이

게리 우베저는 캐나다 서스캐처원(Saskatchewan) 주 출신이다. 1951~1952년 가축에서 발생학 구제역 조사를 보조하면서 수의학을 알게 되었다. 올레 닐슨(Ole Nielsen) 박사의 권유로 1969년 서스캐처원 수의과대학에 합류한 후 서스캐처원대학에서 박사학위를 취득하였으며, 1973년 수의병리학 조교수로 임명된다. 현 서스캐처원 교수로 140편 이상의 논문과 야생동물의 질병에 관한 학술총서를 다수 집필하였으며, 40년이 넘는 기간 동안 독창적인 견해와 야생동물 질병의 포괄적 접근 방법으로 동물병리학의 새로운 획을 그은 위대한 수의병리학자다.

옮긴이

김영준은 전남대학교 수의과대학을 졸업하고 한국국제협력단 해외 봉사 단원으로 방글라데시에서 2년간 활동하며 야생동물 분야에 관심을 가지게 되었다. 이후 서울대학교 야생동물유전자원은행과 충남야생동물구조센터의 선임수의사로 활동하며 다친 야생동물을 돌보는 일을 하였다. 또한 문화재청 전문위원으로 활동하며, 질병을 포함한 전반적인 야생동물의 생태에도 관심을 두고 있다. 현재는 국립생태원 동물병원부에 근무하며 전시원 동물의 보건뿐만 아니라 멸종위기 동물의 보건과 보호에 힘쓰고 있다.

황주선은 건국대학교에서 수의학을 전공하고 이화여자대학교에서 동물 진화생태로 석사학위를 받았다. 미국 조지아주립대학교에서 박사학위로 야생동물의 질병생태학을 공부했다. 야생동물들이 어떻게 살아가는지, 사람에 의한 여러 가지 환경변화가 야생동물의 건강과 야생동물 및 다양한 병원체들이 맺고 있는 상호관계에 어떻게 영향을 미치는지 관심이 많다.

양효진은 건국대학교 수의학과를 졸업하고 서울대학교 수의학과에서 양서류 질병으로 석사학위를 받았다. 서울대공원에서 동물큐레이터로 5년간 재직하며 동물원 동물의 동물복지 향상을 위해 노력하였고, 동물 전시업무도 맡았다. 현재는 세계를 돌아다니며 수의학에 대한 경험을 쌓는 중이다.

NIE Eco-Insight 01

야생동물의 질병

발행일 2017년 7월 31일
지은이 게리 우베저
옮긴이 김영준 황주선 양효진

발행인 이희철 | **편집책임** 김웅식 | **편집** 이규, 천광일 | **진행 · 교정교열** 안종군 | **디자인** 디박스
발행처 국립생태원 출판부 | **신고번호** 제458-2015-000002호(2015년 7월 17일)
주소 충남 서천군 마서면 금강로 1210 / www.nie.re.kr | **문의** 041-950-5998 / press@nie.re.kr

ISBN 979-11-88154-01-2
　　　979-11-88154-00-5(세트)

- 국립생태원 출판부 발행 도서는 기본적으로 「국어기본법」에 따른 국립국어원 어문 규범을 준수합니다.
- 동식물 이름 중 표준국어대사전에 등재된 경우 해당 표기를 따랐으며, 우리말 표기가 정립되지 않은 해외 동식물명과 전문용어 등은 국립생태원 자체 기준에 의해 표기하였습니다.
- 고유어와 '과(科)'가 합성된 동식물의 과명(科名)은 사이시옷을 불용하는 국립생태원의 원칙에 따라 표기하였습니다.
- 두 개 이상의 단어로 구성된 전문용어는 표준국어대사전에 합성어로 등재된 경우에 한하여 붙여쓰기를 하였습니다.

ESSENTIALS OF DISEASE IN WILD ANIMALS

Copyrights © 2006 Gray A. Wobeser All rights reserved.

Korean translation copyright © 2016 by NATIONAL INSTITUTE OF ECOLOGY Korean translation rights arranged with John Wiley & Sons International Rights, Inc. through EYA(Eric Yang Agency).

※ 이 책의 한국어 판 저작권은 EYA(에릭양 에이전시)를 통한 John Wiley & Sons International Rights, Inc. 사와의 독점계약으로 '국립생태원'이 소유합니다. 저작권법에 의하여 한국 내에서 보호를 받는 저작물이므로 무단전재 및 복제를 금합니다.

야생동물의 질병

야생동물학자로서 나를 현장 연구로 안내하여 전통적 수의학의 지식과 기술들이

야생동물의 연구에 활용될 수 있다는 것을 보여준

브루스 스티븐슨(Dr. A. Bruce Stephenson),

야생동물 전문가로서 야생동물 질병의 새로운 영역에 입문하도록 해주고,

마음껏 실수하고 탐구할 수 있게 해준 라스 카스타드(Dr. Lars H. Karstad),

수의병리학자로서 수의학과 환경 철학의 접목을 지속적으로 주창하신

올레 닐슨(Dr. N. Ole Nielsen)에게 이 책을 바칩니다.

그리고 수 년에 걸쳐 이 원고를 준비하는 동안

호의를 보여준 온타리오 주 걸프대학교 수의과대학과

지속적인 격려를 보내준 아내 에이미(Amy Grace)에게도

감사의 뜻을 전합니다.

필자가 이 책을 쓴 이유는 인간의 질병이 야생동물과 밀접하게 관련되어 있음에
도 불구하고 이와 관련된 일에 종사하는 많은 인력이 체계적인 교육을 받지 못
하고 있다는 사실 때문이다. 이제까지 야생동물의 질병은 생물학이나 생태학에
관련된 훈련 프로그램의 일부로 다루어지지 않았기 때문에 질병을 유발하는 원
인이 무엇인지, 병원체가 동물 개체에 어떠한 영향을 미치고 군집 속에서 어떻
게 이동하는지 그리고 병원체가 다양한 환경 속에서 어떻게 존속할 수 있는지
등에 관한 매우 짧은 지식만을 갖고 있었다. 심지어 의사, 수의사 그리고 공중위
생 전문가들조차 야생동물의 생태와 자연사 그리고 질병을 생태계의 기본 구성
요소로 바라보는 사고방식에 관한 이해가 부족하다.

이론 생태학자, 수학자 그리고 군집 생물학자들 또한 특정 질병이 군집 내에서
어떻게 정량적으로 움직이는지에 대한 모델링은 할 수 있지만, 질병의 의학적인
면(생리학, 해부학, 면역학, 병리학) 또는 야생동물 관리의 실용적인 측면에 대한 경험이
부족하다. 상황이 이러함에도 불구하고 시중에는 질병의 특징은 무엇이고, 어떤
동물이 사람의 질병을 유발하며, 질병이 어떻게 퍼지고 유지되는지 그리고 질병
이 동물 개체와 동물 군집에게 미치는 영향은 어떠한지 등을 다룬 입문서가 전
혀 없는 실정이다. 하지만 한 개인이 질병의 모든 면을 다루는 것은 거의 불가능
에 가까우며, 필자의 의도 또한 이 책에서 특정 질병을 자세히 다루고자 하는 것
이 아니다. 이 책에는 필자가 지난 30년 동안 학생들을 지도했던 대학원 수업 내
용이 담겨 있다.

이 수업에서는 필자가 캐나다 서부에서 연구했던 주제인 특정 종의 바이러스성,
세균성, 곰팡이성, 기생충성 그리고 독성 질병 등과 같은 주요 질병을 다루었으

며, 일반적인 수의학과 마찬가지로 질병을 유발하는 요소 하나하나에 초점을 맞춰 그 질병들이 하나의 개체에 일으키는 영향, 다시 말해서 질병이 일으키는 임상 증상과 병리학적 측면들을 고찰했다. 하지만 이러한 질병들이 왜 발생했는지, 병원체와 환경 그리고 질병의 숙주종 군집 간에 어떠한 상호작용이 일어나는지에 대한 언급은 상대적으로 적었다. 필자는 수업을 할 당시 '질병은 그 자체로 매우 독특하고, 다른 생태학적인 요소들과는 차별되며, 생태학보다는 의학에 더 가깝다.'라는 생각을 지니고 있었다. 또한 질병은 흔히 우리가 싸우거나 관리해야 하는 유해한 현상으로 취급되어왔다는 사실을 인정하고 있었다.

시간이 흐르면서 필자와 학생들은 다양한 질병들이 왜, 어떻게 야생동물에게서 발병하는지, 왜 동물들과 기생체들이 특정 상황에서는 문제를 일으키지 않는지 그리고 질병이 하나의 개체보다 동물 군집 전체에 영향을 미치는지 등과 같은 야생동물의 건강 전반에 대해 많은 관심을 갖게 되었다.

이 과정에서 필자는 개인적으로 질병이 여러 생태 구성 요소 중 하나라는 사실과 질병만 따로 떼어놓고서는 결코 만족스러운 연구가 이루어질 수 없다는 사실을 깨달았다.

필자가 수의사로 일하는 동안, 많은 야생동물 관리자들과 생태학자들의 영향을 받았다. 어떤 이는 질병에 대해 매우 실용적인 접근을 보였고, 그 밖의 사람들은 질병을 생태학과 진화라는 큰 틀 속에서 바라보려는 이도 있었다. 필자는 전자의 사람들로부디 자연사, 관찰 방법 그리고 야생동물과 일하는 현장 능력 등에 대해 배울 수 있었고, 후자로부터는 우리가 관찰하는 동물의 특징은 행동, 번식 전략, 서식지 선택 그리고 여러 가지 폐사 요인들에 대한 민감도 동물의 생애 적응도, 선택적 이점, 차별 생존과 진화의 맥락에서 고려해야 한다는 것을 배웠다.

지은이 게리 우베저

오늘날 세계는 무분별한 훼손과 개발로 인하여 생태계 평형 상태가 흔들린 탓에 인류 존재까지 위협받고 있는 실정입니다. 특히 인구 증가와 화석 연료 사용 등으로 지구 온도와 해수면이 지속적으로 상승하고 있으며, 기후변화로 인한 생태계 파괴와 생물 다양성 감소, 환경 보건 문제 등이 현안으로 대두되고 있습니다. 따라서 '사람과 자연이 어떻게 조화롭게 공존할 수 있는가?' 하는 문제는 어느새 우리 시대의 중요한 과제로 자리하고 있습니다.

이에 국립생태원은 인간과 자연이 공존할 수 있는 환경을 만들기 위해 생태계 상호관계에 대해 연구하고 대응할 수 있는 생태 연구의 허브 기능을 수행하고 있습니다. 기후변화에 대응한 생태계 지속가능성 구명은 물론 전국자연환경조사 및 생태·자연도 갱신, 생태계서비스 전략 수립, 생태계 복원 등 다양한 측면에서 인간과 생태계가 공존할 수 있는 국가 전략 연구를 수행하고 있습니다.

그리고 지역 경제 활성화와 환경 보전이 서로 상생할 수 있도록 생태자원을 활용한 새로운 융·복합형 서비스를 제공 중에 있으며, 아시아권역 생태 분야 대표 기관으로서의 위상을 높이기 위해 국제 협력 연구도 활발히 진행 중에 있습니다. 또한 우리 국민들의 올바른 환경 보전 의식 함양을 위해 활발한 교육·전시 사업도 수행하고 있습니다. 열대, 사막, 지중해, 온대, 극지 등 다양한 기후대별 생태계는 물론 한반도의 숲과 습지를 전시, 교육할 수 있는 시설을 모두 갖춰 연구 활동과 연계한 체계적인 교육·전시의 장으로 자리매김하고 있습니다. 이러한 사업의 일환으로 국립생태원 출판부에서는 유아에서 성인, 전문가에 이르는 다양한 대상층의 눈높이에 따른 맞춤형 생태지식정보 콘텐츠를 개발하여 보급하고 있습니다.

NIE Eco-Insight 시리즈는 생태 분야 종사자 및 전공자 등 전문적인 독자들이 생태학 전반의 최신 경향과 주제들을 심도 깊게 파고들 수 있도록 구성한 학술 총서입니다.

생태 분야의 대표적인 화두인 '생물 다양성'에 걸맞게 생태학 전공 또한 매우 다양하게 존재하고 있습니다. 생태학 전공자들 입장에서 보면 그동안 수많은 생태학 개론서와 본론서, 원론서 등을 탐독하며 학문적 깊이를 더해 왔을 것입니다.

그러나 우리나라 출판 상황 등 학문적 인프라 여건을 고려할 때 소수의 전문 독자들을 위한 최신 경향의 생태학 서적을 접하기란 결코 쉬운 일이 아닙니다. 국립생태원은 NIE Eco-Insight 시리즈를 통해 세계적인 생태학 흐름에 우리나라 전문가들도 쉽게 동참할 수 있도록 우수 해외 저작물을 엄선하여 번역하는 작업과 더불어, 국립생태원의 소중한 연구 성과물을 예비 생태학자들에게 온전히 전수하기 위한 학술서를 지속적으로 선보이기 위해 노력할 것입니다.

NIE Eco-Insight 시리즈를 관심 있게 지켜보면 국립생태원이 수행하고 있는 연구 주제와 정책 제안들은 물론, 세계적인 생태학 이슈들과 만날 수 있는 좋은 기회가 될 것입니다.

국립생태원장 이희철

그동안 우리는 야생동물 개체군에 질병이 미치는 영향을 대개 자연스러운 것으로 여겨 왔다. 수많은 개체들이 태어나고, 육식동물에게 먹히거나 질병에 걸리고 나이가 들어 죽어가는 과정은 사실 독특할 것이 없는 삶이다. 인류 역사의 자연사 연구를 놓고 바라볼 때 야생동물 질병에 대한 관심은 최근의 현상이라고 할 수 있다.

여기에는 인간 및 산업동물 질병에 연관된 야생동물의 역할이 보인다. 잘 알려진 고병원성 조류인플루엔자나 구제역처럼 일부 감염성 질병은 야생동물과 가축 사이를 넘나든다. 2016년 봄, 홍역을 치렀던 메르스도 결국 야생동물에서 범람한 것으로 추정한다. 그 다음으로 야생동물 관리와 보전생물 분야에서의 질병 영향이 두드러지고 있다.

호랑이나 사자 개체군에게 감염되었던 개홍역과 같은 감염성 병원체와 더불어 잔존 약물이나 내분비교란물질과 같은 새로운 형태의 환경오염 문제가 부각되고 있다. 더 나아가 개체군을 통제하고 조절하는 생태적 인자로서의 질병에 대한 학문적 관심도 늘어나고 있다. 특히 멸종위기에 처한 소규모 개체군에게 감염성 질병은 멸종이라는 치명적 결과를 야기할 수도 있다. 장기적으로는 기후변화에 따라 새로운 지역으로 신규 질병이 침범하는 문제가 지속될 것이다. 매개체의 생태 변화로 질병 발생의 역사적 규칙이 흔들릴 가능성도 높아진다.

인간에 의한 환경 변화는 유독 더 많은 문제를 야기하는 특징이 있다. 느슨하고 서서히 일어나는 자연적인 변화보다 훨씬 빠른 속도로 발생하여 적절한 적응적 또는 행동적 변화가 일어날 시간을 생물들에게 주지 않기 때문이다. 잡초와 같은 특성으로 인해 교란된 환경조건에서는 질병이 폭발적으로 발생한다.

지구 역사상 이례적인 인구 폭발은 야생동물, 인간, 산업동물 간 상호접촉 기회의 증가와 더불어 서식처의 파괴 및 교란을 야기하고 결국 환경, 숙주, 병원체 관계 변화를 초래하면서 더욱 야생동물 질병관리의 중요성을 부각시킬 것이다. 하지만 야생동물에서 발생하는 질병은 복잡하게 얽혀 있기 때문에 여러 학문 분야가 협력해야만 한다.

그동안 우리가 알아온, 숙주와 병원체 관계만으로 질병이 발생한다는 것만으로 야생동물의 질병을 이해하기에는 턱없이 부족하다. 야생동물의 질병 연구에 있어 한 가지 원인만을 고려하는 것은 나무만을 이해하는 것과 같다. 나무와 함께 숲을 살펴보지 않는다면 근본적 해결책은 요원해질 것이다. 하지만 인류가 쌓아온 인의학이나 가축 질병에 대한 방대한 정보에 비해 야생동물 질병과 관련된 다양한 인자들에 대한 지식이 부족하며 야생동물 질병의 생태적 복잡성도 우리를 가로막고 있다. 그러므로 질병을 의학적이거나 생리학적인 관점으로 이해하는 사람들과 동물들의 행동을 이해하는 사람들이 협력해야 한다. 그리고 야생동물의 질병을 연구하는 새로운 방법들이 필요하다.

궁극적으로 야생동물의 질병은 생활사 이론이라는 자연사적 맥락에서 이해해야 하는 생태적 존재고, 근본적으로 이용 가능한 에너지 자원과 가장 효율적인 생존방법을 모색하려는 절충과 연관되어 있다. 결국 이러한 이론적 토대 위에서 야생동물 질병의 연구와 관리가 이루어져야 한다. 무엇보다도 야생동물에서 발생하는 질병을 관리하는 것은 결국 야생동물 그 자체보다는 우리 인간에게 궁극적으로 중요한 이익을 가져다줄 것이다.

역자를 대표하여 김영준

1

도입

야생동물의 질병에 관한 연구는 가축이나 인간의 질병에 관한 연구에 비해 상대적으로 새로운 학문 분야다. 20세기 중반까지 몇몇 과학자는 야생 설치류에서 나타니는 흑사병(plague)과 야토병(tularemia)(McCoy, 1911; McCoy와 Chapin, 1912), 물새류에서 나타나는 보툴리즘 중독증(avian botulism)(Kalmbach와 Gunderson, 1934), 아프리카 영양류에서 나타나는 우역(rinderpest)(Carmichael, 1938) 등에 관한 연구를 시작했고, 1931년 엘톤(Elton)은 야생동물의 유행성 질병을 고찰했다. 1951년 국제 학술 단체인 야생동물질병협회(Wildlife Disease Association, WDA)의 설립은 야생동물의 질병을 좀 더 조직적으로 연구할 수 있는 계기가 되었지만, WDA의 초기 회원들은 대부분 야생동물 질병 전문가가 아니라 야생동물을 다루는 바이러스학, 녹성학, 기생충학, 생태학, 병리학 등과 같은 학문을 연구한 전문가와 동일시되었다.

지난 20년간 야생동물 질병이라는 주제에 관한 관심은 폭발적으로 증가했다. 보전 생물학, 야생동물 관리학, 수의학, 농학, 공중보건학, 이론 생태학, 독성학, 동물행동학, 인의학(Human Medicine) 등을 비롯한 다양한 분야의 학자들이 야생동물의 질병에 관심을 갖기 시작한 것이다. 이러한 현상이 나타나게 된 이유는 인간의 감염성 질병에 야생동물이 개입되어 있다는 사실이 알려졌기 때문이다. 초기에는 '인간의 감염성 질병은 완전히 치료할 수 있거나 어느 정도 제어할 수 있을 것'이라는 낙관론이 팽배했지만, 시간이 흐르면서 이러한 질병은 완전히 정복하지 못한다는 사실이 명확해졌다.

최근 들어 '신흥 감염병(emerging infectious disease)'은 의학의 성장 산업이 되었다. 새로운 인간 감염병은 계속 발견되고 있고, 환경적, 인구학적 변화, 공중보건 활동의 감소, 내성 병원체의 진화 등으로 인해 인류의 적인 감염성 질병들이 다시 출현하고 있다. 인간에게 발생하는 신흥 감염병 중 대다수가 동물과 공유하는 인수 공통 전염병이고, 야생동물이 중추적인 역할을 하고 있다는 사실이 밝혀지면서 공중보건 담당 공무원과 의사들은 필연적으로 야생동물을 상대해야만 하는 상황에 이르렀다(표 1.1). 중증급성호흡기증후군(SARS), 에볼라바이러스 감염증, 마르부르그 바이러스 감염증 등을 비롯한 인간의 감염성 질병은 비록 숙주동물이 무엇인지 정확히 밝혀지지 않았지만, 야생동물에서 유래했을 것으로 여겨지고 있다. 인간의 삶에 파고들어 지속적으로 문제를 일으키는 흑사병, 야토병, 라사열(Lassa fever), 광견병, 인플루엔자 감염증은 야생동물과 직접적인 관련이 있다.

많은 가축 질병은 자유롭게 떠도는 동물들(free ranging animals)과 관련이 있기 때문에 수의사와 농학자들도 야생동물에 대해 관심을 갖기 시작했다(표 1.2). 가축 질병과 야생동물 사이의 몇몇 연관성은 오랜 시간에 걸쳐 알려져 왔지만, 가축 질병의 효과적인 조절이 실시되기 전까지는 인간의 질병과 야생동물의 연관성이 알려지지 않았다. 예를 들어 북미 지역에서는 광견병의 주요 동물 숙주가 '개'라고 알려져 있었기 때문에 '예방접종을 한 후 반드시 목줄로 묶어두어야 한다.'라는 법률까지 만들어 시행했지만, 광견병은 사라지지 않았다. 그 이유는 야생 식육동물과 박쥐 사이에서 여전히 질병이 순환하고 있었기 때문이다. 광견병에 대한 연구가 더 진행되고 나서야 광견병바이러스가 하나가 아니라는 것을 알게 되었고, 각 숙주 야생동물에는 다양한 바이러스주(strain)가 존재한다는 사실을 알아냈다. 이와 마찬가지로 북미에서는 스컹크, 여우와 북미너구리 등에게 각각 다른 바이러스주가 발생하며, 특히 박쥐에게서는 여러 바이러스주가 관찰되기

표 1.1 | 야생동물의 중요한 고리인 인간의 신흥 질병

인간의 질병	병원체	관련 야생동물
바이러스		
한타바이러스 호흡기 증후군	신놈브레바이러스(Sin Nombre virus) 외 다수의 신대륙 한타바이러스	설치류
신증후군 출혈열	퓨말라바이러스(Puumala virus) 외 다수의 구대륙 한타바이러스	설치류
웨스트나일바이러스열	웨스트나일바이러스(West nile virus)	조류
출혈열(아르헨티나, 볼리비아, 브라질, 베네수엘라)	아레나바이러스(Arena virus)	설치류
호주 박쥐 리사바이러스 감염	광견병바이러스와 유사한 리사바이러스(Lyssavirus)	박쥐
세균		
인간 과립구 에를리키아 감염증	에를리키아 파고시토필라(*Ehrlichia phagocytophila*)	설치류, 솜꼬리토끼
단핵구 에를리키아 감염증	에를리키아 샤펜시스(*Ehrlichia chaffeensis*)	흰꼬리사슴
라임병	보렐리아 보르그도르페리(*Borrelia burgdorferi*)	설치류, 조류, 사슴
심병증, 심내막염	바르토넬라증(*Bartonella* spp.)	설치류
조충증(촌충증)		
폐포 포충증	다방조충증(*Echinococcus multilocularis*)	여우, 설치류
선충증(회충증)		
내장유충이행증	북미너구리회충(*Baylisascaris procyonis*)	북미너구리

참고: 신흥 질병은 최근 인간에서의 발생이 증가하고 있거나 가까운 시기에 증가할 수 있는 위협성을 가진 질병이다. 이전 미인지 감염병이나 이전에 알려진 병원체가 변화에 의해 새로운 감염병으로 출현한 경우, 신규 지역이나 새로운 개체군에서 퍼지는 감염병, 공중보건 수단이나 조절의 축소로 인해 재발하는 기존 감염병 등을 포함하고 있다.

도 한다.

가축에서 박멸된 질병이 야생동물에게서 꾸준히 나타나는 경우도 있다. 예를 들어 북미에서 사육되는 소에서는 브루셀라 아보르투스(*Brucella abortus*)가 일으키는 브루셀라 감염증(brucellosis)이 확인되고 있지 않지만, 몇몇 지역에 서식하는 엘크와 북미들소에서는 여전히 발생하고 있으며, 이는 국가적 박멸 계획에 하나의 위험 요소로 간주되고 있다.

이와 비슷한 경우로는 북미의 가금 산업에서 이미 박멸된 것으로 알려진 뉴캐슬병을 들 수 있다. 뉴캐슬병은 쌍뿔가마우지(double crested cormorant)에서 발생하고 있다는 이유로 질병 재발의 위험 인자로 간주되고 있다(Kuiken, 1999). 야생동물에 영속하는 질병은 가축에서 발생하는 질병을 박멸하고자 하는 인간의 노력을 수포로 되돌리곤 한다. 이를 가장 잘 기술한 사례로는 우결핵균(*Mycobacterium bovis*)에 의해 발생하는 우결핵을 들 수 있다. 영국과 아일랜드에서는 유럽오소리에서 발생하는 우결핵 때문에 소에서 발생하는 결핵을 퇴치하는 데 어려움을 겪고 있으며, 뉴질랜드에서는 솔꼬리포섬, 미국과 캐나다의 일부에서는 야생사슴과 엘크 때문에 결핵을 퇴치하는 일이 지체되고 있다. 야생동물을 포함하는 새로운 질병 문제는 계속 발견되고 있다. 예를 들어 파라결핵성장염균(*Mycobacterium paratuberculosis*)에 의해 반추류에서 발생하는 파라결핵(paratuberculosis)은 반추동물이 아닌 다양한 야생동물에서 발견되고 있어 가축의 건강에 위협이 되고 있다(Beard 등, 2001; Daniels 등, 2003).

질병이 멸종위기종이나 위협종의 생존에 중요한 역할을 담당한다는 것이 알려지면서 보전생물학자들은 질병에 대해 더욱 큰 관심을 기울이고 있다(Daszak 등, 2000; Cleaveland 등, 2001). 질병은 사육 내 번식이나 방생 프로그램을 제한할 수 있고, 소규모 개체군을 괴멸시킬 수도 있다. 하와이 섬에 서식하는 조류에게 영향을 미친 조류말라리아와 조류수두바이러스 감염증(Atkinson 등, 1995), 개홍역[canine distemper, 개홍역바이러스는 파라믹소바이러스과 모빌리바이러스속의 RNA바이러스로, 1905년 개에서 발견되어 개홍역(canine distemper)으로 명명되었다. 하지만 매우 다양한 고양이과 동물들과 물범류, 족제비과 동물들도 단순한 우연숙주나 범람숙주가 아닌 유지숙주라는 사실이 알려지면서 개홍역이라는 질병명을 '식육류홍역(carnivore distemper)'으로 개칭해야 한다는 의견도 있다. 이 책에서는 이러한 현상에 대해 인지하고 있지만, 편의상 개홍역으로 번역하였다. —옮긴이)]에 의해 거의 멸종되다시피 한 검은발페렛(black-footed ferret), (Williams 등, 1988), 전 세계적인 양서류 감소에 영향을 미친 항아리곰팡이(Chytrid fungus)나 이리도바이러스(iridovirus) 감염증, 흰머리수리나 기타 종에 영향을 미친 조류공포척수증(avian vacuolar myelinopathy), (Fischer 등,

2003), 이디오피아 늑대에서 발생한 광견병과 개홍역 (Laurenson 등, 1998) 등이 그 대표적인 예라 할 수 있다.

표 1.2 | 야생동물이 감염원이 되는 가축의 질병

질병	가축	야생동물
바이러스		
헨드라바이러스 감염증[1]	말	과일박쥐
니파바이러스 감염증	돼지	과일박쥐
양도약병	양	붉은뇌조, 고산토끼
악성카타르열	소	누
구제역	소, 양, 돼지	아프리카물소
돼지열병	돼지	멧돼지
뉴캐슬병	가금	가마우지, 기타 조류
조류인플루엔자	가금	야생 물새류
세균		
우결핵	소, 사슴	오소리, 솔꼬리포섬, 흰꼬리사슴, 엘크, 북미들소
브루셀라 감염병	소	북미들소, 엘크
아나플라스마 감염병	소, 양, 염소	야생반추수
렙토스피라 감염병	소, 돼지, 개	다양한 야생동물에 렙토스피라(*Leptospira*)의 다양한 형태가 존재
원충과 흡충		
범안열원충증(Theileriosis)	소	아프리카물소, 일런드영양
시타욱스주노시스(Cytauxzoonosis)	고양이	밥캣
포충병(*Echinococcus granulosus*)[1]	말, 양	여우, 딩고, 캥거루과
간흡충(*대왕간질*)	소, 양	흰꼬리사슴, 엘크
뇌수막충증 (*Parelaphostrongylus tenuis*)	라마, 양, 염소	흰꼬리사슴

1 사람에게 감염될 수도 있음.

야생동물 관리자 또한 여러 가지 이유로 야생동물 질병과 더 연관될 수밖에 없었다. 광견병, 다방조충(*Echinococcus multilocularis*) 감염증, 우결핵, 웨스트나일바이러스 감염증 등과 같이 가축이나 인간에게 전파될 수 있는 질병을 조절하는 프로그램의 일환으로 관련 야생동종들을 관리하게 된 것이다. 최근 들어 북미에서는 사슴과 엘크의 만성소모성 질병(chronic wasting disease)이 발생하는 지역이 확산되는 것과 관련하여 이에 대한 대책을 요구하는 목소리가 높아지고 있다.

또한 야생동물 관리자는 질병이 야생동물 자체에 미치는 영향에 대해서도 걱정하기 시작했다. 질병이 야생동물에게 심각한 영향을 미치는 것으로 알려진 현상의 예로는 파키스탄에서 소에게 사용하는 소염제 중독에 의해 발생한 독수리류 개체군 감소(Oaks 등, 2004), 미코플라스마 갈리셉티쿰(*Mycoplasma gallisepticum*)이라는 세균에 의한 감염성 안구 질환의 결과로 발생한 멕시코양진이류의 개체군 감소(Dhondt 등, 1998), 모빌리바이러스 감염증에 의해 발생한 물범류의 집단 폐사(Kennedy 2001), 개홍역으로 인해 발생한 아프리카 세렝게티에서의 사자 개체군 감소(Roelke-Parker 등, 1996), 북미너구리의 기생충에 의해 발생한 앨러게니 나무쥐 개체군 감소(Logiudice, 2003), 크루거국립공원에 서식하는 아프리카물소와 기타 우제류, 식육류 사이에서 발생한 우결핵을 들 수 있다(Caron 등, 2003). 야생동물 관리자들은 자신들의 행동이 야생동물을 포획하고 다루는 과정에서 근육 손상(포획근병증, capture myopathy)을 발생시키는 것과 같이 간단한 문제는 물론, 질병에 이환된 동물의 자연 서식지 이입으로 인한 새로운 질병의 도입과 같은 복잡한 문제까지 일으킬 수 있다는 사실 때문에 경각심을 더욱 높이고 있다.

독성학자들도 오랫동안 야생동물에 관해 관심을 기울여왔는데, 그 결과 유기인제 살충제, 수은계 종자드레싱(mercurial seed dressing), 납탄과 같은 몇몇 질병에 대한 효과적인 조절 수단을 개발하기에 이르렀다. 야생동물 독성학 중의 몇몇 주안점들은 명확한 독성물질 연구에서 면역기전이나 행동, 번식에 치명적인 영향을 미치는 내분비 교란 물질과 같은 화합제로 이동하고 있다(Ottinger 등, 2002)(그림 1.1). 다양한 형태의 오염물질은 때때로 병원체에 의해 발생하는 다른 잠재적 질병과 상호작용하여 감염성 질병과 비감염성 질병 사이의 간격을 좁히기도 한다. 예를 들면, 물범홍역(phocine distemper, 모빌리바이러스에 의해 발생)의 유행기에 심각하게 오염된 발트 해 연안의 물범류가 훨씬 심각한 영향을 받았으며(Kennedy, 1990), 발트 해에서 오염물질이 포함된 물고기를 먹은 물범들은 상대적으로 오염이 덜한 대서양의 물고기를 먹은 물범에 비해 면역 기능이 감소되었다(Swart 등, 1994). 오염물질은 포식과 같은 치사성 요소와 함께 상승 작용을 일으킬 수도 있다(Relyea, 2003).

야생동물 질병에 대한 관심은 완벽하게 다른 이유에서도 일어나곤 한다. 생태학자나 행동학자, 군집생물학자와 모델링 전문가에 따른 야생동물 질병에 관한 다양한 각도의 학문적인 관심도 폭발적으로 증가하고 있다. 이러한 과학자 중 상당수는 야생동물과 질병 원인체의 공진화라는 관점, 질병의 실제적인 모습보다 이론적인 모습을 바라보려는 관점도 있다. 이러한 작업들은 숙주-기생생물 간의 진화, 병원성, 그리고 질병이 개체군에 미치는 영향 등을 이해하는 데 있어 이론적 테두리를 제공해준다.

그림 1.1 ▲ 쇠기러기 농약 중독. 살충제에 중독된 쇠기러기(*Anser albifrons*). 야생동물의 농약 피해는 우발적으로 나타나지만, 농작물 피해가 발생할 경우 매우 적극적인 공격 양상으로 바뀌기도 한다. 특히 우리나라에서는 겨울철 밀렵의 한 방법으로 널리 활용되고 있다.

정말 야생동물의 질병이
더 중요해지는가?

앞에서 언급한 내용들은 야생동물의 질병이 보다 중요해지거나 의미를 지니게 될 것이라는 사실을 보여주고 있다. 여기서 한 가지 중요한 점은 '정말 더 많은 질병이 존재하는가?'와 '점차 많은 사람들이 관심을 갖는 것 때문에 좀 더 많은 병이 드러나는 것인가?'다. 몇몇 질병의 증가는 훌륭한 예찰 활동의 결과다. 한타바이러스가 이러한 현상의 좋은 예라고 할 수 있다. 한타바이러스 중 한 종의 발견은 흰발생쥐에서 유래한 신놈브레바이러스(Sin Nombre Virus)였는데, 이는 사람에게 치명적인 한타바이러스 호흡기증후군(hantavirus pulmonary syndrome, HPS)을 미국 국소 지역에서 야기함으로써(Nicole 등, 1993) 이와 비슷한 바이러스들의 막대한 수색이 이루어졌다. 이로써 10년이 안 되는 기간 동안, 특정한 서로 다른 설치류를 숙주로 하는 25종 이상의 한타바이러스들이 북미, 중미 및 남미에서 확인되었다(Mills와 Childs, 2001). 이들 바이러스 중의 상당수가 사람의 질병과 연관되어 있다. 이것들이 진정 새로운 존재들인지에 대한 증거는 없다. 다만 설치류에 계속 존재해왔지만 그동안 알려지지 않았을 뿐이며, 마찬가지로 계속 존재해오던 인간의 질병은 이제야 'HPS'라고 명명되었고, 그 원인체가 확인되었을 뿐이다.

어떤 질병들은 실제로 더 흔해지거나 넓게 퍼진 것으로 보인다. 예를 들어 지난 30년간 조류콜레라에 의해 발생한 물새들의 집단 폐사와 같은 사례들이 금세기 초에도 발생했다면 이를 인지하지 못했을 확률은 낮다. 그럼에도 불구하고 1943년 이전에는 북미 야생 조류에서 조류콜레라 발생이 알려진 바 없으며, 1970년대 중반에 이르러서야 광범위하고 대규모적인 발생이 알려지기 시작(Friend와 Franson, 1999)했기 때문이다.

미코플라스마 갈리셉티쿰(*Mycoplasma gallisepticum*)에 의해 발생하는 멕시코양진이의 안구 감염은 1994년에 처음 발견되었으며, 북미에서 널리 유행한 완전히 새로운 질병으로 보인다(Dhondt 등, 1998). 고양이의 바이러스로부터 유래한 것으로 생각되는 개 파보바이러스 2는 몇몇 야생 개과 동물에게 감염될 수 있는데, 1978년쯤 전 세계적으로 사육되는 개와 야생 개과 동물에 급속히 퍼졌다(Barker와 Parrish, 2001). 웨스트나일바이러스는 신대륙에 새롭게 옮겨와 야생 조류, 말, 사람에게 심각한 영향을 미치면서 급속히 퍼졌다.

앞으로도 야생동물 분야에서 질병의 다양한 징후들이 계속 나타날 것이고, 야생동물 학자들이 질병을 관리해야 하는 이유 또한 분명해질 것이다. 인구 증가에 따라 인간과 야생동물의 긴밀한 접촉이 더욱 증가할 것이기 때문에 야생동물과 연관된 인간 신흥 감염병 또한 지속적으로 발생할 것이다. '인간의 이동이 신속해진다는 것'은 곧 고립무원 지역에서 야생동물의 감염중에 노출된 한 개인이, 이 질병이 발현되기도 전에 다른 대륙의 도시 한복판에 나타날 수도 있다는 것을 의미한다. 애완동물 산업이나 동물원, 수렵농장 산업을 위한 외래 동물들의 이동은 감염 개체들이 사람이나 가축들과 함께 어우러지도록 만들었으며, 그 대표적인 사례로는 2003년 미국에서 원숭이폭스바이러스의 유입을 들 수 있다(CDC, 2003).

산업동물의 새로운 질병 또한 야생동물과 연관되어 나타날 것이다. 예를 들어, 지난 10년간 새로운 세 가지 종의 바이러스성 질병(말과 사람에게 감염되는 헨드라바이러스, 돼지와 사람에게 감염되는 니파바이러스, 산업 돼지에서 감염되는 메난글바이러스)은 과일박쥐에서 발견되었다. 계속되는 농지와 도시 개발에 대한 압력은 자연 서식지의 남아 있는 땅에 서식하는 야생동물과 가축 간의 접촉과 질병 교류를 증가시킬 것이다. 우결핵 등과 같은 질병들에 관한 우려는 야생동물이 가축의 감염원이라는 사실에서 비롯되있다. 또한 개홍역바이러스가 개에서 이디오피아늑대로(Laurenson 등, 1998), 리카온으로(Alexander와 Appel, 1994), 세렝게티의 사자에게로(Packer 등, 1999), 바이칼호수의 물범에게로(Mamaev 등, 1995) 전파된 것과 같이 가축에서 야생동물로의 질병 전파도 우려된다.

야생동물, 가축, 사람 간의 상호관계는 복잡할 수 있다. 어떤 상황에서는 가축이 야생동물로부터 사람으로의 질병 전파에 중간 단계가 될 수 있다. 이러한 현상은 1999년 말레이시아에서 발생했다. 야생 과일박쥐의 미기록 바이러스가 알려지지 않은 경로를 통해 돼지에서 발병되었다. 박쥐에서 사람으로 또는 사람에서 사람으로 퍼지는 전파의 증거는 없었지만, 265명에서 뇌염이 폭발적으로 발병했다. 감염된 사람들의 93%가 양돈 산업에 종사했고, 105명이 니파바이러스 감염병으로 사망했다(WHO, 2001). 질병 차단을 위해 90만 마리에 가까운 돼지가 살처분되었다.

인플루엔자는 잠재적으로 좀 더 위험한 상황으로 나타날 수 있다. 야생 물새류는 알려진 모든 인플루엔자 A 바이러스 아형을 갖고 있고, 바이러스를 분뇨를 통해 퍼뜨린다. 바이러스는 물 표면에서 장기간에 걸쳐 생존할 수 있다. 인플루엔자바이러스는 새로운 바이러스로 쉽게 변이되고 - 1997년 홍콩에서 일어났던 것처럼, 그리고 현재 집필하는 와중에 몇몇 아시아 국가에서 일어나는 것처럼 - 다른 바이러스주의 형태로 사람에게 인플루엔자를 전염시킨다.

20세기에 전 세계적으로 사람들에게 영향을 미친 범유행성 바이러스는 사람에게 감염되는 바이러스주와 조류에게 감염되는 바이러스주가 동시에 돼지에게 감염되면서 재조합된 바이러스다(Kida, 2003). 돼지가 사람과 조류 사이에서 매개체 역할을 한 것이다. 야생 물새류, 집약적 가금 생산, 집약적 돼지 생산과 높은 인구밀도의 결합은 특정 지역들에서 새로운 인플루엔자 세대의 생산에 이상적인 환경을 제공한다.

위 내용은 사람, 산업동물, 야생동물이 공유할 수 있는 감염병에 대해 설명하고 있다. 또한 미래에는 질병이 야생종에게 직접적인 큰 영향을 미칠 수 있다. 농업과 산업 활동은 새로운 오염원을 야생동물에게 노출시킬 것이고, 종종 예상치 못한 결과가 나타날 것이다. 예를 들어, 쥐와 생쥐의 개체수를 조절하기 위한 '2세대' 항응고제의 도입은 그것을 먹는 육식동물의 2차적인 독성을 야기했다. 산성비에 의한 흙의 산성화는 연작류의 칼슘 결핍과 포유류의 카드뮴 중독을 야기할 수 있다. 현재 중요하지 않은 어떤 질병들은 인간에 의한 지속적인 자연 서식지 개발 압력으로 인해 중요해질 수도 있다. 질병들은 거친 환경에서도 무성하게 자라는 잡초와도 같다. 잡초가 안정된 숲이나 목초지에 근거지를 확보하는 데 큰 어려움을 겪는 것처럼 질병은 안정한 체계에서는 영속성을 갖기 힘들지만, 잡초와 특정 종류의 질병은 교란을 틈타 재빨리 침투한 뒤 증식한다.

인간의 역사를 돌이켜보면 환경적, 사회적인 교란의 틈을 타 감염병이 유행했던 사례를 어렵지 않게 찾아볼 수 있다. 이러한 면에서 볼 때 인구수와 야생동물의 개체수를 비교해보는 것은 가치가 있다. 공중위생, 주거, 영양, 물 공급의 개선은 사람의 중요 감염성, 비감염성 질병을 조절하는 데 핵심적인 역할을 해왔다. 이러한 발전이 사회적 또는 자연적인 재해로 인해 붕괴되면 질병이 창궐하게 된다. 교란되지 않은 환경이나 수질, 공중위생, 주거, 영양 수준이 개선된 환경에 살고 있는 야생동물들은 많지 않다. 홍역과 같은 질병은 크고 인구밀도가 높아진 도시에서 주로 유행한다. 필자는 야생 물새들이 도래해서 수개월 동안 붐비는 야생동물보호구역이나 야생종들이 모여드는 인공 먹이 급여 지역은 인간들이 사는 도시와 매우 흡사하다고 생각한다. 하지만 이 '도시' 들에는 사람들을 많은 질병으로부터 보호해주는 오물 처리 시설이나 깨끗한 물, 예방접종 프로그램이 부재하다. 따라서 야생동물보호구역에서 조류콜레라가 지난 수십 년 동안 발생했고, 결핵이 인공적으로 먹이를 공급하는 흰꼬리사슴 사이에서 순환 감염되어 오고 있었다는 것(Miller 등, 2003), 살모넬라 감염증이 조류 인공 먹이 급이대에 먹이를 먹으러 오는 연작류들 사이에서 일어났다는 것(Daoust 등, 2000; Refsum 등, 2003)은 그리 놀랄 만한 일이 아니다.

야생동물 질병의 연구: 공통 영역

　　　　　　　　　　　　　　야생동물 질병의 연구는 동합적인 영역으로, 다양한 관점에서 접근할 수 있다(그림 1.2). 일반적으로 야생동물에서의 질병은 복잡하고 어떤 한 분야의 전문적 지식을 넘어서기 때문에 야생동물 질병에 대한 다양한 분야에서의 관심은 유익한 현상이다. 예를 들어, 필자는 국립공원 안팎의 엘크와 사슴, 인근 소의 우결핵 관리를 위한 적절한 전략을 만드는 모임에 속해 있었다. 전략을 만들 때마다 야생동물 관리자, 보전생태학자, 지리학자, 농학자, 산림 감독관, 농업 사회학자, 수의사, 모델링 전문가, 생물측정학자, 역사학자, 그리고 실험 연구자가 항상 함께 했다. 그 이유는 이들이 보유하고 있는 기술이 상호보완적이기 때문이다.

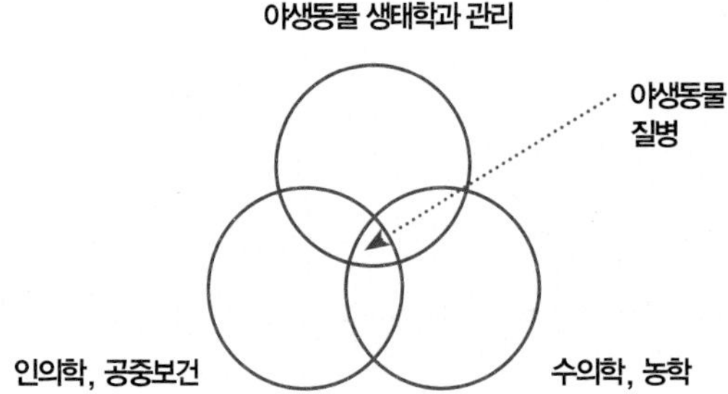

그림 1.2 ◀
야생동물의 질병은 인의학과 수의학, 그리고
생태학이 만나는 지점에서 발생한다.

필자는 야생동물 질병과 관련된 일을 하는 사람들은 적어도 질병의 일반적인 특성
에 대한 경험이 풍부하고 훈련도 충분히 이루어져야 한다고 생각한다. 하지만 불행하게
도 생물학과 생태학에서는 질병이 교육의 한 분야로 들어가 있지 않기 때문에 이를 공
부하는 사람들은 질병을 유발하는 요인, 질병이 각각의 동물들에 미치는 영향, 질병 요
인이 어떻게 사람들에게 옮겨 가고 환경에 존재하는지에 대해 거의 알지 못한다. 의사,
수의사, 공중보건 학자들은 질병의 의학적 측면에 대해서는 잘 알지만 생태학이나 야생
동물의 자연사에 대한 이해, 그리고 생태계 자연적 요소로서의 질병에 대해 생각해본
경험은 많지 않다. 이와 마찬가지로 이론 생태학자, 수학자, 집단 생물학자들은 질병이
정량적으로 집단 내에서 어떻게 행동하는지 모델링할 수는 있지만, 질병의 의학적인 면
(생리학, 해부학, 면역학, 병리학) 또는 야생동물 관리의 실용적인 면에서는 경험이 거의 없다.

앞으로 질병의 성질, 무엇이 질병을 유발하는지, 질병을 어떻게 설명하고 측정하는
지, 어떻게 전파되고 유지되는지, 각 동물과 집단에 질병이 미치는 영향은 무엇인지를
설명할 것이다. 이 책의 한정된 지면에 모든 질병을 다루기는 어렵고, 한 개인이 질병의
모든 면을 다루려고 하는 시도 또한 무의미하다고 생각한다.

필자는 이 책에서 야생동물종을 예로 들어 질병의 다양한 형태와 질병을 유발하는

일련의 요인들에 대한 기본적인 정보를 제공할 것이다. 독자들은 빠른 시간 내에 질병에 대한 어휘(예: 감염과 질병, 유행성과 발병률의 차이), 질병을 찾아내는 복잡한 과정의 이해(예: 검사의 특이성과 민감성), 체액성 면역과 세포성 면역의 차이에 익숙해지길 바란다.

필자는 모든 질병이, 그 원인과는 상관없이, 세포 수준에서 시작하고 이것이 개체의 기능 변화로 이어져 집단에 영향을 미친다는 것을 강조할 것이다. 최소한 질병이 동물에 영향을 미치는 많은 환경적 요인들 중 하나라는 것과 병인체들과 영양, 포식, 기후나 생식과 같은 다른 생태적인 요인들 간의 상호작용을 고려하지 않고서는 질병을 이해할 수 없다는 것을 독자들이 인식하기 바란다.

몇십 년에 걸쳐, 야생동물에서 발생하는 많은 개별 질병들을 설명하는 기술 서적이 출판되어 왔다. 이 중 몇몇은 『Diseases and Parasites of White-tailed deer』(Davison 등, 1981)처럼 한 가지 숙주종을 대상으로 하거나 『Diseases of Wild Waterfowl』(Wobeser, 1997)처럼 관련 종들의 그룹을 다루기도 했다. 또한 『Infectious Diseases of Wild Mammals』(Williams와 Barker, 2001)과 『Parasitic Diseases of Wild Mammals』(Samuel 등, 2001)와 같이 더 큰 분류군 그룹 또는 『Parasites and Diseases of Wild Birds in Florida』(Forrester와 Spalding, 2002)처럼 특정 지역에서 일어나는 질병을 다루기도 했다. 이 책들은 중요 질병들의 임상적, 역학적, 병리학적 특징에 훌륭한 참고자료가 되며, 특히 수렵 동물과 현저한 치사율을 야기하는 질병에 방점을 두고 있다. 특히 『Ecology of Infectious Diseases in Natural Populations』(Grenfell과 Dobson, 1995)의 『The Ecology of Wildlife diseases』(Hudson 등, 2001)는 모델을 통해 보여주는 것처럼 개체군 질병의 수학적 측면을 특히 강조하면서 야생동물에서 발생하는 감염성 질병의 전반을 다루고 있다.

야생동물 질병에 관한 서적의 특징은 인과관계에 따라 주제를 확실히 나누었다는 점이다. 독성물질과 오염물질에 의해 야기된 비감염성 질병은 감염성 질병과 함께 논의하지 않는 경우가 많다. 그동안 영양, 나이, 유전적 결손과 같은 요인들로 인한 비감염성 질병은 거의 주목을 받지 못했다. 살아 있는 미생물에 의해 야기되는 질병은 작은 미생물(바이러스, 세균, 곰팡이)에 의해 일어나는 것과 벼룩, 이, 연충과 같이 육안으로 관찰될 만한 큰 미생물에 의해 일어나는 것으로 나뉜다(원생동물은 두 그룹 사이에 위치하는 것으로 보인다.).

작은 미생물이 원인이 되는 질병을 보통 '감염성'이라고 하고, 큰 동물이 원인이 되는 질병을 '기생성'이라고 한다. 하지만 생태학적 관점에서는 모든 감염성 요인을 '기생성'이라 하고, 크고 작은 미생물에 의해 일어나는 질병을 '감염성'이라 한다.

필자는 감염성과 비감염성을 이 책의 전반에 걸쳐 통합하려고 했다. 왜냐하면 자연에서는 이 두 가지 종류가 함께 일어나고, 기본 원리가 같으며, 모든 종류의 질병을 살펴볼 때에는 같은 생태학적 개념을 사용하는 것이 이득이라고 믿기 때문이다. 야생동물이 한 가지 병인체에만 노출되어 있거나 감염성 요인과 비감염성 요인 중 한 가지에만 노출되어 있는 경우는 좀처럼 드물다. 간단한 예로, 2004년 파벨직(Pawelczyk) 등은 한 가지 방법(광학 현미경)으로 밭쥐의 한 가지 조직(혈액)을 검사했다. 그는 이 조작에서 적어도 다섯 가지 미생물을 찾아냈는데, 이들은 모두 기생충이나 감염성 물질로 분류되었다. 채집 시, 50%의 들쥐에서 혈액 내에 있는 두 가지 원인체를 볼 수 있었고, 1%는 다른 네 가지 원인체에 동시 감염되어 있었다. 아마도 이 들쥐들은 혈액 이외의 다른 조직도 감염성 물질에 감염되었고, 저배율 현미경으로는 보이지 않는 감염원이 존재하고 있었으며, 조직에 잠재적으로 해로울 수 있는 원인체들을 보유하고 있었을 것이다. 왜냐하면 야생동물에서는 이것이 통상적으로 일어나는 일이기 때문이다. 들쥐는 이런 원인체들에 의한 기능 장애를 겪고 있을 수도, 겪고 있지 않을 수도 있다.

다양한 형태의 질병 원인체들은 상호작용을 하고 있고, 한 가지 원인보다는 여러 요인이 작용하여 일어난다. 비감염성 요인은 감염성 요인에 적절히 대처할 수 있는 동물의 능력에 영향을 미치고, 감염병에 의해 비생물적 요인의 영향의 교란이나 복잡함을 야기할 수 있다. 필자는 진단병리학자로서 몇몇 화학물질의 잔류도가 높은, 기생충의 수가 비정상적으로 많은, 하나 이상의 바이러스에 감염된, 살모넬라 같은 잠재적 위험 세균에 감염된, 그리고 영양실조 상태에 빠져있던 폐사체를 많이 보아왔다. 이러한 상황에서 질병의 주요 원인으로 화학물질, 기생충, 세균, 바이러스, 영양 상태 중 하나를 고르는 것은 무의미하다.

필자는 이 책의 곳곳에서 기초 생활사에 관련된 이론들을 보여주려고 노력했다. 생활사 이론에서 가장 중요한 한 가지는 '자연 선택은 에너지 사용을 두고 서로 경쟁하는 여러 가지 활동들 사이에서 최적으로 에너지를 배분하는 생리 기작의 진화를 선호한다는 것'이다. '성공'이라는 것은 결국 가장 적절한 절충(trade-off)을 하는 것이고, 질병은 자원과의 절충이 전부다. 감염성 요인(에너지와 자원은 무한하지 않기 때문에 모든 개체는 에너지 사용을 두고 경쟁하는 여러 활동들 속에서 선택 및 절충을 해야 한다는 것을 의미한다. 특정 시점에 자신의 적응도에 가장 중요한 활동들에 적절히게 에너지를 배분하는 개체가 가장 '성공적인' 개체가 되며, 질병에 대한 면역 활동 및 회피 활동 또한 에너지를 소모하는 활동들 중 하나에 속하기 때문에 질병의 발생 여부 역시 자원의 양 및 절충 과정이 결정적인 역할을 한다는 것을 의미—옮긴이)과 숙주동물들은 모두 절충해야 한다. 세균, 바이러스, 그리고 다른 대형 기생체들은 다른 동물로 옮겨질 가능성까지 고려하여 한 동물 개체로부터 추출할 수 있는 영양분의 양을 절충한다. 만약 그들이 너무 욕심을 내거나 숙주에 많은 피해를 입히면 스스로의 생존과 건강을 해치게 될 것이다. 숙주 또한 질병과 관련된 많은 절충을 한다(예를 들어, 기생충 유충이 많지만 목초가 풍부한 곳에서 풀을 먹어야 할까, 아니면 기생충은 적지만 풀들이 영양가 없는 곳으로 이동해야 할까? 질병에 저항하기 위해 자신의 에너지원을 써야 할까, 아니면 질병이 일어나지 않거나 또는 발생하더라도 그 영향을 받지 않을 것이라는 기대를 갖고 성장과 생산에만 자원을 배분해야 할까? 나중에 질병 저항력이 감소하고 추후 살아남아 번식할 수 있는 확률이 낮아지는 것을 알면서도 지금의 번식을 위해 자원을 사용해야 할까? 각각 하나의 특정 질병 요인에 대해 상대적으로 얼마나 많은 자원을 배분해야 할까?), 필자의 경험은 대부분 북미의 추운 지방에서 겪은 것이었기 때문에 사용하는 많은 사례가 그러한 환경과 관련된다. 필자는 실질적인 실험을 통해 질병의 기본적인 면들을 연구하는 것과 질병 상황을 수학적으로 모델링한 내용들을 참고자료에 포함시키려고 노력했다. 왜냐하면 필자는 물벼룩속(Daphnia)과 같은 생물에 대한 실험실 연구와 우두바이러스에 감염된 야생 설치류의 야외 조사에 의해 발전된 이론들이 웨스트나일바이러스 감염이나 우결핵과 같은 문제를 이해하고 관리하는 데 적절하다고 생각하기 때문이다.

때로는 북미 야생동물 관리학의 아버지인 알도 레오폴드(Aldo Leopold)에 대해 언급할 것이다. 그 이유는 야생동물 생태 분야에서 질병에 관한 그의 관점들이 『Game management』(Leopold 1933)에 언급되어 있기 때문이다. 그는 질병 연구에 대해 다음과 같이 말했다.

"아라비안나이트의 로맨스만큼 환상적인 이 분야의 과학적 탐구에 대한 설명들이 일반인에게는 아무 의미 없는 장황한 기술적인 어휘들로 가려지거나 부정확하고 유치한 용어로 대중매체에 번역되는 것이 유감스럽다." 필자는 이 책에서 위에서 언급된 두 가지 극단적인 경우를 피할 수 있기만을 간절히 바란다.

- 야생동물의 질병에 대한 연구는 최근의 현상이다.

- 인간 및 산업동물의 질병에 있어서 야생동물의 연관성, 야생동물 관리와 보전생물 분야에서의 질병의 영향, 새로운 형태의 환경오염 인지, 그리고 생태학적 요인으로서의 질병에 대한 학문적 관심으로 인해 이 분야에 대한 많은 노력이 이루어졌다.

- 야생동물의 질병은 인구 증가로 인해 야생동물, 인간, 산업동물 간 접촉의 기회가 늘어나고 자연 서식처가 파괴되어 환경, 농업, 인구의 변화를 야기하게 되면서 더욱 중요해질 것이다.

- 야생동물의 질병 연구는 복잡하기 때문에 여러 분야의 협력이 이루어져야 한다.

- 야생동물은 함께 발생하고 상호작용하는 감염성 및 비감염성 요인들의 정도에 영향을 받는다. 한 가지 원인만을 고려하는 것은 그림의 일부만을 이해하는 것과 같다.

- 질병은 생활사 이론이라는 맥락에서 고려해야 하는 생태적 존재이고, 근본적으로 자원 및 절충과 연관되어 있다.

2

질병이란
무엇인가?

'질병'이라는 단어는 일상생활에서 흔히 사용된다. 하지만 질병에 대한 이해도는 개인의 관점에 따라 다르다. 도시에 사는 대부분의 사람들은 보통 "그녀는 심장병으로 죽었어.", "알코올 중독은 병이야.", "잇몸 질환(gum disease)은 심각한 문제야."와 같이 질병을 사람의 상태와 연관시키곤 한다.

필자는 위의 내용을 쓸 때 떠오른 사례들이 모두 인간의 생활양식과 관련된 비감염성의 존재라는 사실이 흥미롭다고 생각했다. 필자의 이러한 생각에는 인간 질병의 감염성 원인이 사라진 사회 구성원으로서의 견해가 반영되어 있다. 이와는 대조적으로 만일 필자가 개발도상국의 가장 가난한 지역에서 인간의 질병을 다루는 사람의 시각으로 이 책을 썼다면, 필자의 마음속에 떠오르는 질병의 예들은 전염성 감염병들, 기생충성 질병, 영양실조, 출생 전후의 상태 같은 것이었을 것이다(Murray와 Lopez, 1997).

필자가 만약 시골에 살았다면 질병에 대한 일상적인 내용은 가축이나 곡식과 관련되었을 것이다. 수의학적 측면에서 생각해보면 동물을 키우는 목적, 동물 관리 정도 및 강도에 따라 중요한 질병의 종류가 달라진다는 것을 알 수 있다. 반려동물들(개와 고양이)의 질병은 그 주인의 질병과 유사하다. 여기에 반려동물의 생존에 부정적인 영향을 미치는, 즉 인간에 의한 인공적인 선택에 의해 발생한 유전적인 질환들도 추가될 것이다.

집약적 관리를 하고 있는 큰 무리의 젖소 주인은 주로 소위 '생산성 질병'이라 부르는 것에 많은 관심을 갖고 있다. 여기서 '생산성 질병'이란 우유 생산량이 감소하거나, 사료의 우유 전환율이 낮아지거나, 송아지에서 소로 성장하는 기간이 지연되는 상태를 말한다. 생산성 질병은 돼지와 가금을 집약적으로 생산하는 기업에 있어서도 매우 중요한 문제다.

이러한 질병의 대부분은 풍요한 사회 속에서 나타나는 인간의 질병과 마찬가지로 소, 돼지, 닭의 생활주기와 관련되어 있다. 하지만 동물들은 사람과 달리 먹이, 운동량, 농장에 대한 선택권이 없다. 이와는 대조적으로 방목되는 육우나 양처럼 덜 집약적인 관리를 받는 가축의 질병들은 다양한 감염 인자, 영양 부족, 식물 중독과 관련되어 있다. 이 가축들에게는 주어진 수명만큼 사는 것과 자의로 번식하는 것이 거의 허락되지 않기 때문에 생애 번식 성공과 관련된 '적응도'라는 생태적 개념은 이들에게 아무런 의미가 없다.

'질병을 구성하는 것들'에 대한 인식은 매우 다양하기 때문에 약해진 잇몸의 염증('잇몸 질환')과 한 호수 안의 50만 마리 물새들이 폐사할 수도 있는 보툴리눔독소증과 같은 상태를 모두 아울러 한 단어로 정의 내리기는 어렵다. 또한 우리가 보통 질병이라고 생각하지 않는 상태와 질병을 정확히 분리하여 정의하기도 어렵다. 예를 들어, 만일 한 마리의 멧토끼가 심각한 기생충 감염에 의한 장 손상으로 폐사했다면, 사람들은 이를 '질병'의 예라 여길 것이다. 만일 또 다른 멧토끼가 큰뿔부엉이에 의해 죽었나면 우리는 전반적으로 이를 '포식'의 예라고 여길 것이다. 하지만 엄밀하게 말하면 두 가지 경우 모두 또 다른 어떤 종이 자신의 이익을 위해 멧토끼로부터 영양분을 추출하기 위해 죽인 것이다. 이러한 사실은 질병과 포식의 구분을 모호하게 만든다. 이 두 가지 사례의 차이점이라고 한다면 기생충들은 여러 마리가 멧토끼로부터 시간을 들여 조금씩 영양분을 빼낸 반면, 큰뿔부엉이는 추가적인 영향 없이 일을 빨리 끝냈다는 점이다.

이 사례를 좀 더 확대해 살펴보자. 두 멧토끼 모두 기생충을 갖고 있었지만 두 번째 멧토끼는 장 손상으로 죽을 만큼 감염되어 있지 않았다(이는 좀 더 정상적인 기생 상황을 나타낸다). 기생충들은 장벽에 난 얕은 상처를 통해 멧토끼로부터 자신이 필요한 영양분을 뽑아내고, 멧토끼는 기생충으로부터 자신을 방어하기 위해 염증 세포나 항체를 생산하여 상처의 회복을 시도한다. 이 경우 기생충들은 멧토끼에게 '비용'을 의미한다. 이 멧토끼는 자신의 늘어난(방어와 회복을 위한) 에너지 수요와 초대받지 못한 동거인(기생충)의 요구를 충족시키기 위해 추가된 먹이를 섭취했을 것이며, 필요한 먹이를 구하는 데 더 많은 시간을 소비해야 했을 것이다. 이동하는 멧토끼는 숨어 있는 멧토끼보다 포식동물에게 공격받기 쉽고, 또한 먹이 부족의 스트레스를 받고 있는 멧토끼는 먹이가 충분한 멧토끼에 비해 포식자−회피 행동에 사용할 수 있는 자원이 상대적으로 더 적을 것이다. 만약 멧토끼가 활동해야 하는 시간에 부엉이에 의해 죽었다면 그 죽음의 원인을 손상(기생충증)과 포식 중 무엇이라고 해야 하는가? 어떤 사람은 멧토끼를 부엉이에게 취약하게 만든 죽음의 원인이 기생충으로 인한 상처(질병)이고, 포식은 단지 죽음에 이르게 하는 직접적인 원인이라고 주장할 수 있다. 우리는 위 사례를 확장하여 멧토끼 개체군 내에서 기생충에 중감염된 개체들이 감염되지 않은 개체들보다 포식에 더욱 민감하고(잡아먹힐 가능성이 높고) 기생충 감염이 멧토끼의 생태와 진화에 중요한 요소가 될 수 있다는 가설을 세워볼 수 있다.

이와 비슷한 예로는 개선충에 감염되어 심각하게 여윈 너구리를 들 수 있다. 감염된 개체는 사냥도 하지 않고, 개선충에 의한 가려움을 줄이기 위해 미친 듯이 노력하며 대부분의 털을 잃은 상태다(그림 2.1). 이러한 상태에 이른 너구리가 자동차가 지나는 도로로 돌아다니거나 농장으로 들어가 개에 의해 죽는다면, 이 죽음은 질병 때문일까 아니면 단순한 불운의 결과일까?

필자는 질병은 감염 정도에 따라 다양한 형태로 나타나고, 원인 또한 한 가지가 아니기 때문에 개체의 정상적인 기능에 영향을 미치는 측면에서만 가장 적절하게 정의될 수 있다고 생각한다. 필자가 선호하는 질병의 정의는 '영양이나 독성물질, 기후, 감염 요인, 내재되거나 선천적인 결손 또는 이러한 요인들의 조합에 대한 반응으로 인해 정상 기능

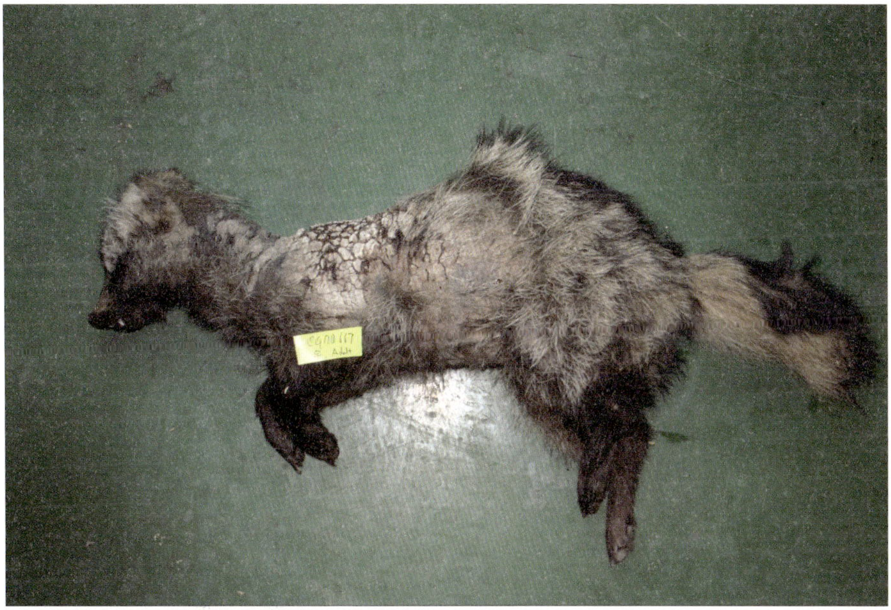

그림 2.1 ▲ 개선충 감염으로 심각하게 털이 소실된 너구리. 심각하게 감염된 너구리는 보통 여위어 있고, 2차 세균 피부 감염이 있다. 기아로 죽거나 비정상적인 행동으로 인한 잘못된 모험(차에 치임, 개가 죽임, 농사꾼의 덫) 때문에 죽는다.

의 수행을 방해하거나 바꾸는 장애'다(Wobeser, 1981).

　이 정의는 다음의 네 가지 개념들을 내포하고 있다.

　1. 질병은 개체의 죽음이 아닌 기능의 장애 정도로 측정된다. 죽음은 종종 야생동물에서 나타나는 질병을 평가할 때 그 종점으로 생각되어 왔지만, 모든 기능 장애가 죽음에 이르게 하는 것은 아니기 때문에 이 개념은 매우 중요하다. 예를 들어 새가 진드기에 감염되어 새가 둥지에 집중하지 못하게 됨에 따라 그 번식력이 감소하는 것 또는 암컷 엘크의 젖 생산량을 줄여 송아지의 성장을 늦추는 것 모두 '질병'이라고 할 수 있다. 두 사례 모두에서 동물들은 질병으로 죽지 않았다. 필자는 이를 두 가지 종점, 완전한 건강(모든 기능이 최상인 상태)과 완전한 죽음(기능을 매우 위태로워져 삶이 불가능할 때 일어나는 상태) 사이의 연장선의 개념으로 생각하는 것이 가장 쉽다고 생각한다(그림 2.2). 이 두 지점 사이에는

우리가 비교적 건강하다고 지각하는 지점과 질병
이라고 정의하는 지점들이 미묘하게 섞여 있다.

이 그래프를 따라 왼쪽에서 오른쪽으로 이동
하면 동물의 기능적 장애 정도와 질병의 심각성이
증가한다. 건강이 끝나는 시점과 질병이 시작하
는 시점을 정확하게 정의하려고 하는 것은 사람이
늙는 것을 정의하려는 것과 비슷하다. 나이 드는
것은 개인마다 다른 속도로 진행되는 과정이고,
사람들은 생애에서 각자 다른 단계를 거쳐 늙는
다. 이와 마찬가지로 기능 장애의 정도 또한 매우
다양하다. 질병과 노화의 끝인 죽음은 거기에 다
다르기까지의 과정보다는 정의하기 쉽다.

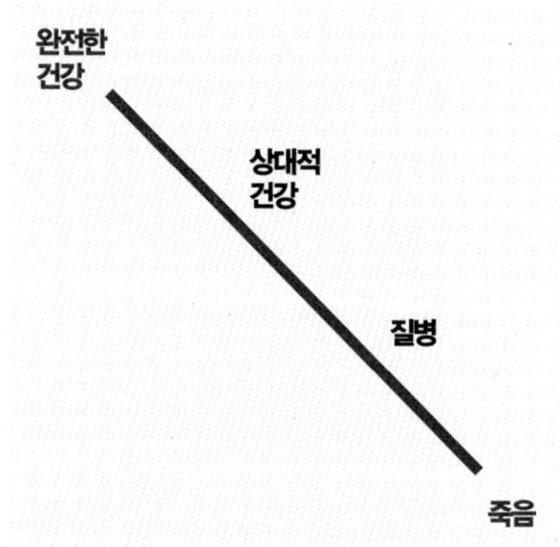

그림 2.2. ▲ 질병은 '정상적인 기능을 방해하는 장애'이자, '완전
한 건강과 죽음 사이의 지점'이다. 비교적 건강한 지점의 끝과 가
벼운 질병이 시작되는 부분의 정확한 지점을 정의하기는 어렵다.

앞의 멧토끼와 기생충의 예로 되돌아가보자. 이 그래프에서 멧토끼의 위치는 기생
충의 수, 종류, 피해를 줄 수 있는 능력, 멧토끼가 상처를 복구하는 능력, 그리고 먹이의
질과 획득을 결정하는 환경 요인을 포함한 많은 요인에 달려 있다. 먹이가 풍부한 해에
가벼운 상처를 주는 종류의 기생충이 조금 있는 멧토끼는 비교적 건강하지만, 먹이가
부족한 해에 광범위한 장 손상을 주는 기생충을 많이 갖고 있는 멧토끼들은 심각한 기
능 장애로 죽을 수도 있다.

2. 질병을 유발하는 요인으로는 동물의 혈관 형성 결손(vascular plumbing)과 같은 선천
성 결손, 연령에 따라 생기는 퇴행성 변화와 같은 내인성 요인, 체내에 침입해 손상을 야
기하는 바이러스, 세균, 오염물질과 같은 외인성 요인을 들 수 있다.

3. 질병은 하나의 원인이나 여러 가지 원인이 함께 작용한 결과라고 할 수 있다. 우
리가 현재 알고 있는 대부분의 야생동물 질병은 한 가지 요인이, 명확한 기능 장애나 죽

음을 야기하는 경우에 관한 것이다. 그러나 이러한 질병들은 일반 원칙이라기보다 예외에 더 가깝다. 대부분의 경우 더 면밀히 살펴볼수록, 서로 얽혀 상호작용하는 여러 가지 요인들이 작용하고 있음을 알 수 있을 것이다. 종종 원인이 되는 요인들 사이의 관계는 매우 복잡하다.

4. 많은 다른 기능들이 손상될 수도 있다. 손상된 기능에 미치는 영향은 명백할 수도 있고, 현 세대에서 승거가 없거나 포착하기 어려울 수도 있다. 하지만 이는 미묘한 기능 장애를 무시해도 괜찮다는 의미는 아니다. 야생동물 질병은 최근까지 야생동물이 사람이나 산업동물에게 질병을 퍼뜨리는 상태가 아닌 한 주목을 받지 못했다. 야생동물을 연구하고 관리하는 생물학자들은 극적인 폐사를 야기하는 물새류의 보툴리눔독소증, 조류콜레라 감염, 야생 사슴의 바이러스성 출혈병과 같은 상태를 제외하고 질병은 중요하지 않다는 생각을 갖고 있었다.

이는 언젠가 "만약 그들이 발을 들고 있고 그들의 눈이 감겨 있다면 질병에 걸린 것이다. 만약 그렇지 않다면 건강한 것이다."라고 했던 필자의 친구 이야기에 투영되어 있다. 얀센(Jansen, 1964)은 야생동물의 질병에 관한 이러한 태도를 다양한 방식으로 설명했다.

"야생동물이나 가축에서 대규모 질병이 발병하여 야생동물의 질병 또는 기생충증이 과대평가되기 전에는 야생동물의 감염성 또는 기생충성 질병에 대해 충분한 관심을 기울이지 않을 것이다."

두 그룹의 과학자들은 야생동물 질병에 서로 다른 방향으로 접근했다. 하나의 그룹은 질병이 눈에 띄는 폐사를 야기하거나 사람이나 산업동물에 영향을 미칠 수 있기 때문에 '관리적 의미'라는 상황에 관심을 가졌다. 그들은 큰 동물, 특히 수렵을 목적으로 하는 조류와 포유류에 관해 연구했고, 개체 상태 변화의 원인을 찾았으며, 개체 동물의 질병의 임상 증상이나 병리학적 영향을 설명하는 것과 명확한 질병을 유발하는 요인들을 규명하는 것에 주안점을 두었다.

이들은 "1997년 습지에서 보툴리눔독소증이 왜 3만 마리의 오리를 죽였는가?"라는 질문에 "질병은 보통 분리된 존재들이고 단기적으로 발생(short-term basis)하는 것"이라고 대답했다. 궁극적인 목표는 특정 시간이나 장소에서 질병의 영향을 막거나 줄이는 방법을 찾는 것이다. 이 과학자들의 활동 덕분에 많은 야생종들에서 일어나는 '중요한' 상태에 관련된 훌륭한 자료들이 존재한다. 이 그룹은 질병의 미묘한 형태나 다양한 질병 간의 상호작용에 거의 관심을 갖지 않았고, 질병이 개체군 수준에서 어떻게 작용하는지에 대한 이론을 발전시키는 데도 거의 관심이 없었다.

좀 더 이론적이고 수학적 견해를 가진 다른 그룹은 질병을 숙주종들의 생태적, 진화적 전반에 영향을 미치는 요인으로써 연구해왔다. 이들은 종종 비교적 소형종을 연구에 이용하였으며, 주로 넓은 의미에서 질병이 숙주종의 생태 그리고 진화의 동력으로서의 영향과 관련된 확고한 이론적인 뼈대를 발전시키는 데 중점을 두었다.

불행하게도 이 두 그룹 간의 교류는 상대적으로 적었다. 하지만 개체 수준의 질병이 미치는 영향을 이해하기 위해 관찰한 내용을 확고한 이론적 근거들과 병합한 연구의 가치는 영국 붉은뇌조의 기생충 세부 연구에서 잘 나타난 바 있다(Hudson 등, 1992b).

손상과 손상에 대한 반응

질병의 원인들과 손상에 대응해 신체가 반응하는 방식은 뒷장들에서 자세히 다룰 것이다. 질병을 개괄적으로 다루는 지금의 단계에서는 1943년 포버스(Forbus)가 질병의 개념에 대해 설명한 내용, '손상에 대한 반응을 제외하고는 질병은 존재하지 않는다.'라는 개념을 소개하는 것이 중요하다고 생각한다. 이를 다른 말로 표현하면, 질병은 손상 자체에 기인하는 것이 아니라 손상에 대한 몸의 반응에 기인한다는 것이다. 세포나 조직에 손상이 발생하면 이를 해결하기 위해 강한 힘이 발생하고, 그 반응에 의해 우리가 질병이라고 인식하는 임상 증상이 발현되거나 기능 장애가 나타나는 것이다. 예를 들어 손가락에 가시가 박혀 있으면 그 통증 때문에 일시적으로 손가락의 기능 장애가 나타난다. 이는 질병의 정의와 부합한다(물론 협소한 의미지만). 이 통증과 기능 장애는 가시에 의한 직접적인 효과보다는 가시에 대한 반응으로 나타나는 조직 내 백혈구 유입과 강력한 화학물질의 방출로 발생한다. 만헤이미아(파스퇴렐라) 하이몰리티카(*Mannheimia(Pasteurella) haemolytica*)과 같은 세균이 큰뿔양의 폐에 침입하면 폐 기능에 아무런 영향을 미치지 않고 극히 작은 부위에만 존재할 수 있다 (Schaechter 등, 1993). (조심스럽게 겹쳐 쌓으면 1㎝ 내에 약 10억 개의 세균이 존재할 수도 있다). 체액과 백혈구, 난백실 능이 세균을 중화하거나 제거하기 위해 폐 조직 안으로 몰려들게 되면서 폐포와 기관 내에 이러한 물질이 가득 차 공기가 폐로 들어오지 못하여 호흡 장애가 발생하거나 심각한 상황에 이르기도 한다. 너구리나 웜뱃이 개선충(*Sarcoptes scabiei*)에 감염되면 개선충이 피부의 바깥층에 파고들어 소규모의 급성 손상을 야기하지만, 숙주의 몸체에서는 개선충과 그 분비물을 외부 물질로 간주하고 매우 강력한 염증과 면역 반응을 일으키는 것도 이와 비슷한 예라고 할 수 있다. 이러한 반응은 강력한 소양감(pruritus, itchiness)을 일으키며 채식이나 먹이 활동을 중지한 채 발이나 주둥이가 닿는 곳까지 물어뜯거나 긁게 만든다(일종의 '긁어 부스럼'이라는 뜻―옮긴이).

손상에 대한 반응이 방어를 위한 것이며, 손상된 조직을 회복시키고, 침입 물질을 중화시키거나 파괴하기 위해 고안되었음에도 불구하고, 동일한 과정이 동물에게 에너지 소모적이며, 본질적으로 위험하다는 사실은 모든 질병에 있어서의 수수께끼다. 손상을 복구하기 위한 반응의 정도와 손상을 일으키거나 때로 치명적인 과도한 반응 사이에는 항상 섬세한 균형이 존재한다. 손상에 대한 반응은 양날의 칼과 같다.

질병의 명명

질병을 넓은 의미로 본다면, '비슷한 기능 장애를 가진 동물들을 모두 한 집단으로 묶어 특정 질병을 앓고 있다고 말할 수 있을 것이다. 이러한 분류와 범주화는 질병을 이해하기 위한 첫걸음이라 할 수 있다. 이러한 과정은 어떠한 특정 조건

(질병과 관련된—옮긴 이)을, 역시 동물에게 영향을 미치고 있다고 볼 수 있는 다른 조건들로부터 분리시킬 수 있게 해준다. 질병을 정의하거나 명명하는 것은 점진적이고 지속적인 과정으로, 종종 광범위한 묘사 어휘에서 시작해 구체적인 특정 명칭에 다다른다. 질병을 처음 인지하게 되었을 때는 호흡기 질병과 같은 일반적인 용어가 사용되며, 통상 '브리티시컬럼비아(British Columbia)에 서식하는 큰뿔양이 호흡기 질병을 앓고 있다.'라고 표현한다. 이러한 이름은 오직 기침하는 큰뿔양의 관측(observation)한 것에 기반을 두고 있다. 비록 이때 표현에 사용된 용어들은 일반적인 것이지만, 이 명칭은 영향을 받은 신체 부위(호흡기계)를 정확하게 지적하고 있으며, 다른 지역의 큰뿔양에서 발생하는 그 어떤 것과는 다른 것이 이 큰뿔양들에게 발생하고 있다는 사실을 충분히 알 수 있게 해준다. 영향을 받은 큰뿔양을 좀 더 자세히 조사해보면 폐에 심각한 염증이 있다는 것과 폐렴(pneumonia)이라는 단어가 적합하다는 것이 명확해진다. 염증은 기생충, 세균, 바이러스 등과 같은 원인들의 결과로 나타난다. 폐렴은 병리학자들에게 익숙한 특징을 갖고 있다. 특정한 염증 과정이 나타났다는 것을 병리학자에게 알려주는 섬유소성 폐렴(fibrinous pneumonia)과 같은 형태나 기생충이 폐의 병소에 존재하는 경우에는 기생충성 폐렴(verminous pneumonia)이라는 명칭을 부여할 수 있다. 이 단계에서의 정의는 매우 유용하다. 그 이유는 과거에 같은 지역 내에 서식했던 개체들과 다른 개체들에게 질병이 발생했다는 사실을 알 수 있게 해주거나 동일 지역 또는 타지역에서 이전에 관찰되었던 질병과 동일하다는 결론을 내릴 수 있게 해주기 때문이다(후자의 경우 과거에 사용했던 관리 방법은 현재 상황에도 유효할 수 있다). 질병의 원인이 명확해지면, 그 원인체의 이름이 질병을 명명하는 데 사용된다. 예를 들어 만헤이미아(파스튀렐라) 폐렴에 의해 발생한 섬유소성 폐렴(fibrinous pneumonia)과 양적색폐선충(Protostrongylus stilesi)에 의한 어린 큰뿔양의 기생충성 폐렴이라고 명명할 수 있다.

질병의 이름을 명명하는 데 있어 일관적인 방법은 없다. 영국 뉴캐슬에서 조류의 바이러스 질병으로 발견된 뉴캐슬병(Newcastle disease)이나 미국 캘리포니아 툴레어카운티에서 설치류와 토끼에게 주로 영향을 미치던 세균성 질병인 야토병(tularemia) 등은 발견된 지역의 이름을 따서 명명했다. 또 어떤 질병은 그 질병을 발견한 사람의 이름을 따서 명명하기도 한다. 실험용 생쥐에서 처음으로 발견된 티저병(Tyzzer's Disease)은 발견자인 티저(E. E. Tyzzer)의 이름을 딴 것이다. 반면 발견 지역이나 발견자의 이름은 질병을 기억하는 데 특별한 도움을 주지 못한다. 이보다는 질병의 특징을 쉽게 인식할 수 있는 명칭이 더 유용하다. 한 바이러스 질병의 명칭인 블루텅은 감염된 양의 혀가 붓는 특징이 있고, 주요 세균의 과도한 증식에 의해 발생하는 괴사성 장염(necrotic enteritis)은 여러 동물 종의 장관에서 염증을 일으키고 장관 조직의 괴사를 야기하는 특징이 있다.

개체군 내에서 질병이 어떻게 발생하는지를 묘사하는 명칭들도 있다. 예를 들어 사슴의 유행성 출혈성 질병(epizootic hemorrhagic disease)은 갑작스러운 유행성(epizootics)으로 나타나며 과도한 출혈이 발생한다. 또한 특정 지역의 사슴이나 양에게서 발생하는 질병인 토착성 운동 실조증(enzootic ataxia)은 구리의 결핍 때문에 나타난다. 이러한 명칭은 동일한 지역에서 정기적으로 발생하며(유행병, enzootic), 질병에 노출된 동물의 신경계를 손상시켜 비틀거리는 보양(보양 실조, ataxia)을 나타내기 때문에 붙여졌다. 이와 같이 대개의 질병들은 원인체의 이름을 따서 명명된다. 예를 들면 아스퍼질러스 감염증, 국균증은 아스페르길루스속(Aspergillus)의 곰팡이가 일으키는 감염성 질환의 명칭이며, 염전위충증(haemonchosis)은 염전위충속(Haemonchus)의 장내 선충에 의해 발생하는 반추동물의 질병을 뜻한다.

질병의 명명은 역사적 잔재물과 엉뚱함으로 가득 차 있다. 예를 들면, 보툴리눔독소증(botulism)이라는 질병명과 원인 세균인 클로스트리듐 보툴리눔(Clostridium botulinum)은 소시지를 뜻하는 라틴어 보툴루스(botulus)에서 파생된 단어다. 이는 잘못 보존된 소시지에서 세균이 생성한 독소를 섭취한 인간에게 발생한 중독증의 명칭이다. 소시지를 한 번도 본 적이 없는 야생물새류에서 발생하는 이 질병과 이름은 큰 연관 관계가 없다. 야생 설치류에서 예르시니아속(Yersinia)의 세균에 의해 발생하는 질병을 흑사병(plague)이라고 부르는데, 이 질병은 비록 흑사병과 매우 흡사하지만 같은 속의 다른 세균에 의해 발생하는 다른 질병들도 한 덩어리로 묶어 그냥 '예르시니아증(yersiniosis)'이라고 부르기도 한다. 콜레라(cholera)는 비브리오 콜레라에(*Vibrio cholerae*)라는 세균에 의해 심각한 설사를 일으키는 특징을 가진 인간의 질병이다. 조류콜레라(avian cholera)는 조류의 질병으로, 설사가 주요 특징이 아니며 인간의 질병을 유발하는 세균과는 아무런 상관없는 파스퇴렐라 물토시다(*Pasteurella multocida*)라는 세균에 의해 발생한다.

질병의 이름은 새로운 정보가 수집되었을 때 종종 변하기도 한다. 폴 에링턴(Paul Errington)은 야생 사향쥐(muskrat)에서 발생하는 질병을 묘사할 때, 감염된 동물에서 나타나는 병리학적 변화를 바탕으로 '출혈성 질병(hemorrhagic disease)'이라는 명칭을 사용했다. 하지만 사람들은 에링턴이 기술한 질병을 보고 이를 지칭하기 위해 '에링턴의 질병(Errington's disease)'이라는 명칭을 사용하기 시작했다. 카스타드(Karstad) 등은 1971년에 티저의 이름을 따온 실험용 생쥐의 질병이 사향쥐에서 발생하는 이 질병의 병리 소견과 일치한다는 것을 발견했고, 이후 사향쥐 티저병의 표준 명칭이 되었다. 다른 숙주동물에서 티저병을 야기하는 세균은 서로 동일하지 않기 때문에 나중에 새로운 명칭이 나올 것으로 예상하고 있다. 결국에는 에링턴이 붙였던 '출혈성 질병'이라는 명칭이 이 질병을 가장 잘 묘사한 것이었다는 사실이 재미있다.

질병의 비용

야생동물 질병에 대한 관심은 눈에 보이는 병이나 죽음을 야기하는 경우에만 쏠려 있었고, 상태가 극적이지 않으면 덜 중요하다고 생각해왔다. 다른 분야에 비해 질병의 영향을 측정하거나 찾아내는 기술의 발전이 더딘 이유는 질병의 중요성을 낮게 평가했기 때문이다.

야생동물 질병에 대한 연구가 어려운 이유는 자유롭게 살고 있는 동물들 사이에서 아프거나 죽은 동물들을 찾아야 하기 때문이다. 자신의 건강을 잘 살피는 인간이나 소유주가 주의 깊게 관찰하는 산업동물들과 달리, 야생동물은 좀처럼 그들의 건강을 염려하는 자의 보살핌을 받지 못한다. 신체 기능에 이상이 있는 야생동물들은 자신을 드러

내지 않는다. 질병에 걸린 야생동물이 발견되더라도 잡거나 어떤 표시를 해둘 수 없고, 어떤 동물인지도 알 수 없으며, 그 동물이 불구가 되었는지, 회복했는지, 죽었는지 시간을 들여 따라다니기가 불가능하다. 동물이 질병으로 죽었을 때조차 얼마나 죽었고, 왜 죽었는지를 파악하기 위한 사체 검색도 쉽지 않다.

폐사 조류의 검색 용이성을 측정한 두 가지 연구가 이 문제를 조명한 바 있다. 텍사스의 연구자들은 습지를 탐색하며 찾을 수 있는 폐사 조류 비율을 측정했다. 그들은 새들을 죽이는 조류콜레라와 지연성 질병을 유발하는 납 중독에 관심이 많았다.

이 연구에서 100마리의 오리 사체를 습지에 뿌렸는데 50마리는 조류콜레라로 죽은 폐사체를 모방하여 개방된 수 공간에 두었고, 나머지 50마리는 납 중독에 걸려 폐사한 조류처럼 식생부 아래에 두었다. 사체를 뿌린 지 30분이 지나 8명의 연구자들(사체 위치를 전혀 모르는 사람들)이 습지를 돌아다니며 죽은 새들을 찾았다. 개방된 수 공간에 둔 50마리

그림 2.3 ▲ 고라니(*Hydropotes inermis*) 어미와 새끼. 야생동물의 질병은 많은 비용을 발생시킨다. 고라니는 통상 2~4마리의 새끼를 낳지만 질병 방어에 대한 투자로 인해 새끼의 수가 적어지기도 한다.

의 새 중 6마리를 찾았고, 식생부 아래에 두었던 50마리의 새들은 한 마리도 찾을 수 없었다. 이 연구에서 사체를 찾기 위한 노력은 질병의 영향을 관찰하기 위해 일상적으로 실시하는 예찰 활동보다 훨씬 더 집중적으로 조사했었다는 점을 감안하면, "아무리 많은 수의 새가 죽었다고 하더라도 통상적인 현장 탐색으로는 질병 발생에 관해 거의 항상 음성적인 결과가 나올 것이라는 결론에 이르렀다(Stutzenbaker 등, 1986)".

필자와 필자의 아내는 조류 폐사체 탐지 연구를 위해 다른 방법을 썼다(Wobeser와 Wobeser, 1992). 모의 실험을 위해 소형 조류의 집단 폐사를 가정하여 50마리의 1일령 병아리 사체를 5일간 매일 1헥타르(ha)의 목초지에 두었다. 병아리를 살포한 후 5일 동안 매일 동일 지역의 10% 구역을 임의로 정해 조사했다. 1헥타르에 250마리의 사체가 있었는데도 부검에 적당한 것은 한 마리뿐이었다. 이는 슈첸베이커(Stutzenbaker) 등이 1986년도에 수행한 연구와 마찬가지로 야생동물의 사체가 환경에 빠르게 흡수된다는 사실을 확인한 셈이다.

제기능을 하지 못하는 번식, 미묘한 행동 변화, 성장률 저하 등을 일으키는 준치사적 질병을 앓고 있는 동물을 찾는 것은 더 어렵다(그림 2.3). 그 예로, 우두는 야생들쥐나 생쥐에서 명백한 임상 증상이 없었고, 그 생존에도 영향을 미치지 않았지만, 첫 새끼들을 낳는 데까지 걸리는 평균 기간을 20~30일로 연장시켰기 때문에 번식 능력이 약 25%나 줄게 되었다(Feore 등, 1997). 이 질병은 짧은 생을 사는 종의 번식에 중요한 영향을 미칠 수 있지만, 강도 높은 조사 없이는 좀처럼 눈에 띄지 않는다.

오염물질 등에 의한 질병은 유전적 다양성의 손실을 가져오는 선택적 요인으로 작용할 수 있지만 이러한 영향은 확인하기 어렵다(Nacci 등, 2002). 2001년 올랜도(Orlando)와 질레트(Guillette)는 중심 경향성(central tendency)을 띄는 수치들은 오염물질과 같은 스트레스 인자들이 개체군에 미치는 영향을 보여주기에는 좋은 지표가 아니며, 다른 특징의 분산의 정도값 또한 중요할 수 있다고 말했다.

질병을 유발하는 많은 요인들이 야생동물의 질병을 두드러지게 야기하지 않더라도, 여전히 그 종의 생활사에 중요한 개체동물에게는 손실이 발생한다(Yuill, 1987). 질병의 비용을 규정하여 정량화하거나 다른 조건하에서의 상대적 비용을 비교하는 것은 어렵다. 비용의 다른 형태를 평가하거나 한 개체 또는 개체군에 미치는 잠재적 영향의 비용과 연관하여 사용할 수 있는 측정 단위나 '화폐'를 찾아야 하는 문제가 남아 있기 때문이다.

몇몇 생태학자들은 질병의 비용을 측정하는 유통 단위로 에너지를 사용하는 것에 찬성한다(Munger와 Karasov, 1989; Delahay 등, 1995). 여기서 에너지는 '일을 할 수 있는 능력'이나 '역량'의 의미로 사용된다(Odum, 1993). 에너지는 지구상에 존재하는 생명들의 유일한 공통분모이고, 절대적으로 필요하며, 크고 작은 모든 행동과 결부되어 있다(Odum, 1993). 그리고 모든 생리학적 기능의 이상은 에너지 변화의 결과를 낳는다(Delahay 등, 1995).

동물이 얻을 수 있는 에너지의 양은 확보할 수 있는 먹이의 양과 질, 동물들의 먹이 활동에 따른 에너지 흡수 능력에 달려 있다. 소화된 에너지는 호흡(구조적, 기능적 구성 요소, 활동량과 온도 조절 유지), 생산(성장, 번식, 방어 반응)과 저장에 쓰인다(그림 2.4).

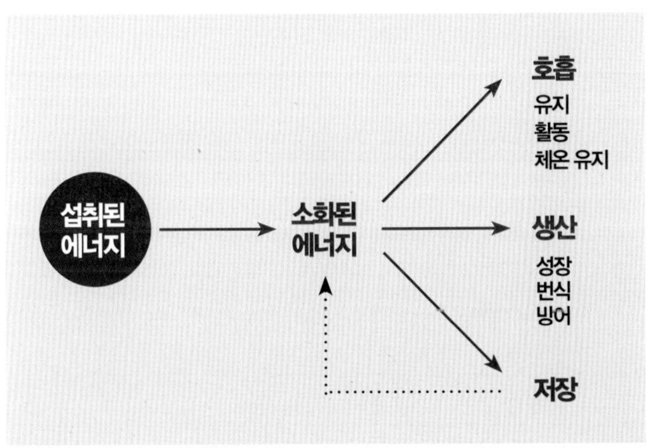

그림 2.4 ◀
동물의 에너지 배분. 여기서 중요한 것은 '에너지는 섭취한 것 이상으로 소비할 수 없다.'라는 것과 '한 가지 목적을 위해 사용하는 에너지는 다른 모든 목적에 사용하는 에너지의 양을 줄인다.'는 것이다.

얻을 수 있는 에너지의 양이 바뀌면 배분할 수 있는 에너지의 양이 변화하고 한 가지 기능에 배분하는 에너지의 양이 바뀌면 다른 기능에 사용할 수 있는 에너지의 양도 바뀐다. 예를 들어, 소화 기관의 기능 저하로 에너지의 수입이 줄어들면 더 많은 먹이를 먹거나 에너지의 사용을 줄여 이를 보충해야 한다. 한 가지 목적을 위한 에너지 사용이 늘어났음에도 불구하고 에너지 수입을 늘리지 않으면 다른 목적에 사용하는 에너지의 양이 줄어든다. 예를 들어 면역 반응을 올리는 데에는 에너지가 필요하고 이로 인해 몇몇 조류종은 불균형한 성장을 보였다(Soler 등, 2002). 에너지가 다양한 기능들 사이에서 어떻게 배분되느냐는 생태학의 전형적인 절충(Trade offs) 중 하나다(Stearns, 1992). 에너지를 다양하게 사용하는 데 있어 우선적인 법칙은 없다. 1999년 쿱(Coop)과 키리아작스(Kyriazakis)는 '반추류에서는 면역보다 성장, 임신, 수유가 우선한다.'는 것을 제안했지만 다양한 기능의 상대적인 가치는 상황마다 다르다. 개체마다 자원을 얻거나 사용하는 능력이 다르므로 자원 배분을 하는 방식 또한 다르다(Reid 등, 2003).

많은 질병에 대한 생리학적 반응의 가장 일반적인 공통점은 '먹고자 하는 욕구의 결핍'이다(식욕부진). 많은 사람들이 아플 때 먹으면 구역질을 하는 것이 대표적인 예다. 두

표 2.1 | 개체의 질병 상태가 에너지 사용에 어떤 영향을 미치는가?

질병의 영향	예
식욕부진으로 인한 에너지 섭취 감소	어린이의 회충 선충[1], 순록의 위장관 선충[2], 붉은뇌조의 맹장 선충[3], 하와이조류의 말라리아[4]
이동성 손상으로 인한 섭취 감소	유제류의 겨울 영양 부족으로 나타나는 근육 위축, 다수 종의 퇴행성 관절 질병
소화율 감소	흰발생쥐의 장 촌충[5], 개과의 파보바이러스 감염을 포함한 장염, *반추류의* 파라결핵성장염균(*Mycobacterium paratuberculosis*) 감염, 붉은뇌조의 맹장 선충[6]
행동 변화로 섭취 감소	너구리의 개선충, 파리를 피하기 위해 눈으로 이동한 순록, 기생충을 피하기 위해 영양이 덜한 풀을 먹는 양[7]
체온 조절을 위한 에너지 증가	개선충으로 털 소실, 기름 묻은 깃털
열로 인한 에너지 요구 증가	많은 감염성 질병[8]
행동 변화로 인한 에너지 사용 증가	파리를 피하기 위해 이동하는 순록, 털 손질과 몸치장 증가
염증, 면역, 기능 복구로 인한 에너지 증가	대부분의 질병
배출로 인한 영양 손실 증가	많은 신장 질병, 신장 콕시듐증과 렙토스피라증, 설사를 유발하는 많은 질병

1 Hadju 등, 1996 **2** Arneberg 등, 1996 **3** Shaw와 Moss, 1990 **4** Atkinson 등, 1995 **5** Munger와 Karasov, 1989
6 Shaw와 Moss, 1990 **7** Hutchings 등, 1999 **8** Kluger, 1979

번째 공통점으로는 체온 상승을 들 수 있다. 열은 미생물의 침입에 대한 방어기전 중의
일부지만, 에너지 사용의 극적인 증가와 관련되어 있다. 사람은 체온이 올라갈 때마다
효소(Enzymes)를 13%나 빠르게 소비한다(Keusch, 1993). 따라서 식욕부진으로 인해 에너지
섭취가 줄어들면 열로 인한 에너지 사용이 늘어난다. 이 경우에는 상태를 유지하기 위
해 저장된 에너지(가 있다면)를 사용하고 성장, 번식과 같은 다른 활동을 하기 위한 에너지
의 배분을 줄인다. 만약 에너지가 심각하게 결핍되면 모든 에너지 사용이 영향을 받게
된다. 표 2.1은 얼마나 다양한 질병이 에너지에 영향을 미치는지를 나타낸 것이다.

대부분의 병인체는 에너지의 균형에 영향을 미친다. 개선충(*Sarcoptes scabiei*)은 동물
의 피부속에 파고들어가 개선충증을 일으킨다(그림 2.5). 우리는 이 질병을 서부 캐나다의
코요테, 늑대, 여우에서 확인했고, 유럽의 야생 아이벡스를 포함한 많은 종들과 호주의

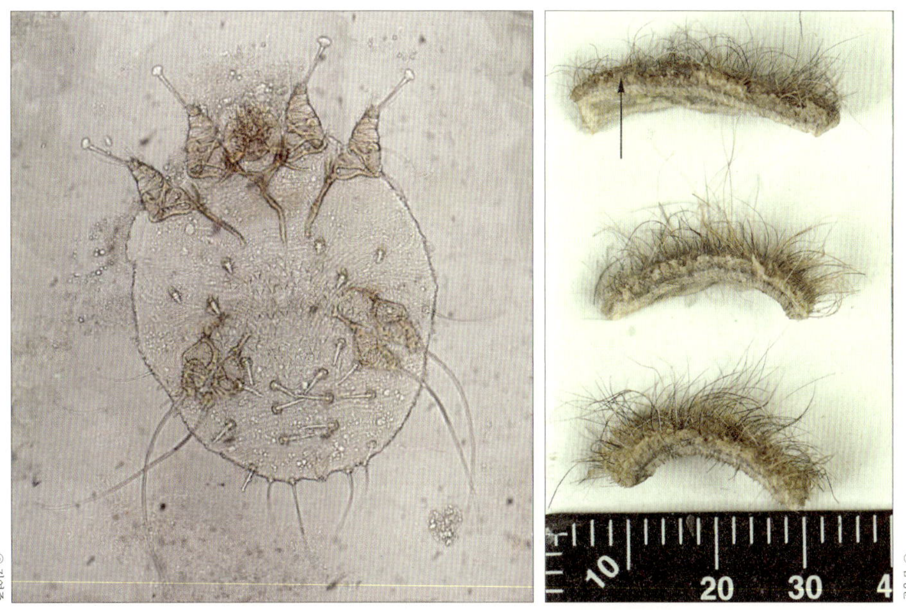

그림 2.5 ▲ 개선충 암컷. 개선충은 옴 진드기(Scabies mite, *Sarcoptes scabiei*)에 의해 발생하는, 전염성이 매우 강한 접촉성 피
부질환이다. 개선충의 생활사를 살펴보면 암컷이 피부 표면에서 수컷과 교미한 후 곧 피부의 각질층에 굴을 만들어 알을 낳는다.

그림 2.6. ▲ 개선충에 걸린 너구리의 피부 절편. 개선충과 함께 감염 세포와 단백질성 체액이 피부 위에 모여 두꺼운 가피를 형성한 것은 이 질병
의 에너지 비용 중 하나다. 화살표는 피부 표면을 가리킨다.

웜뱃에서도 확인했다. 진드기가 표피(피부의 바깥층)에 한정되어 있다고 하더라도 진드기와 그 분비물은 가려움증을 유발하고 동물이 계속 불안해하고 피부를 씹게 만든다. 때로는 닿을 수 있는 곳의 모든 털을 뽑아내고 자해하게 만든다. 손상된 피부 전반에 단백질이 많은 체액 및 세포와 표면의 가피가 형성되는 심각한 면역 반응도 나타난다(그림 2.6). 극심한 가려움증 때문에 동물이 먹이를 찾으러 돌아다니지 않기 때문이다. 피부 상태 때문에 스스로 피부를 긁고 씹으며 진드기와 싸우느라 면역 세포와 분비물을 만들어 내고, 체온을 조절하느라 여분의 에너지를 사용하는 동시에 에너지 섭취가 극적으로 줄어든다. 성장, 생식, 저장에 사용해야 하는 에너지가 엉뚱한 곳에 사용되는 셈이다. 손상된 피부는 다른 병인체에 취약하기 때문에 황색포도상구균(*Staphylococcus aureus*)이 침입하면 더욱 악화된다(면역 기능과 다른 숙주 저항성 요인도 에너지가 부족한 것에 영향을 받지만, 코요테에서는 연구되지 않았다).

실험실로 온 많은 개선충 감염 동물들은 저장하고 있는 에너지를 모두 사용하여 피골이 상접한 상태였다. 우리는 이 동물이 기아 때문에 죽었을 것이라 판단했다. 에너지가 남아 있던 너구리는 다양한 외상 사고(차 사고, 개에 의한 죽음, 농부에 의한 밀렵)에 의해 죽었다. 이는 사고를 피할 수 있는 정상적인 에너지가 현저히 줄어들었기 때문이다. 개선충에 걸린 여우의 생존 시간은 감염되지 않은 여우의 약 1/5이다(Newman 등, 2002).

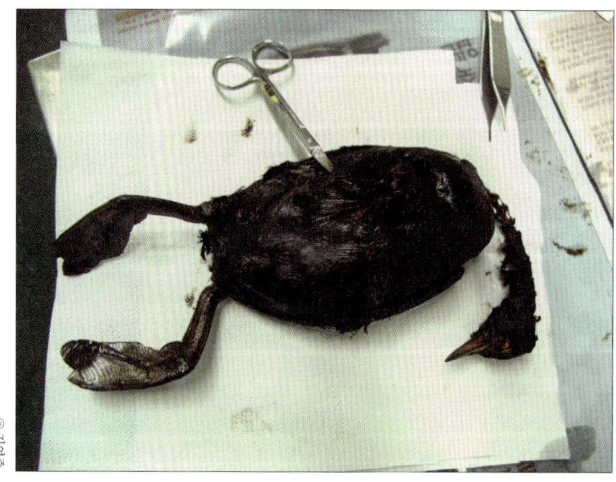

그림 2.7 ◀ 원유에 노출된 검은목논병아리. 이와 같은 수생성 동물은 피모와 깃털의 방수 기능을 상실해 에너지를 극도로 잃는다.

물새류의 가장 일반적인 오염물질 중 하나인 석유는 비감염성 질병도 에너지 측면에 큰 영향을 미칠 수 있다는 점을 시사한다. 석유 노출 시 가장 뚜렷한 결과는 깃털이나 모피의 기름 오염으로 보호 기능과 부력을 잃는 것이다(그림 2.7).

심각하게 기름 오염된 오리는 15℃의 환경에 있더라도 2℃의 환경에 있는 정상 상태의 오리가 잃는 것과 같은 비율로 체온을 소실한다(Hartung, 1967). 오리는 저장된 에너지를 사용하거나 먹이 섭취를 늘려 대사율을 높임으로써 열 손실을 보상한다. 1967년 아르퉁(Hartung)은 석유에 노출된 오리가 평소의 두 배를 먹는다는 것을 발견했다. 그러나 석유 노출의 또 다른 결과는 그 영향을 받은 새가 정상적으로 먹이를 섭취하지 못한다는 것이다. 게다가 석유는 주변 환경의 먹이를 오염시킨다. 새들은 석유에 오염된 깃털을 손질하면서 먹이나 물과 함께 석유를 섭취한다. 섭취된 석유의 독성 효과는 뚜렷하지 않지만 장의 감염, 영양물 소화 흡수 방해, 적혈구의 심각한 파괴로 인한 빈혈을 유발(순환 적혈구 부족)한다. 빈혈로 인한 혈액의 산소 운반 능력 상실은 새가 정상적인 호기성 대사보다 효율이 떨어지는 혐기성 대사를 하게 되는 결과를 초래한다. 1993년 레이턴(Leighton)은 석유에 오염된 깃털과 빈혈과의 관계를 '보정적 악화 영향(sinister synergy)'이라고 정의했다. 양쪽 모두 정상 기능을 유지하기 위해 대사율을 올려야 하기 때문이다. 석유에 오염된 많은 새들은 저장하고 있던 에너지를 모두 사용해 버리고 더 이상 체온을 유지할 수 없게 되면 비로소 저체온증으로 죽는다. 석유에 오염된 먹이에 덜 심각하게 노출된 경우라도 성장에 사용하는 에너지가 적어져 성장이 저해된다(Szaro, 1977).

원인체, 숙주, 환경 질병 모델

우리가 질병을 고려할 때 질병을 마치 화학 반응처럼 기본적인 공식으로 단순화하고자 하는 생각은 매우 유혹적이다. '원인체+동물=질병'이라는 1차원적인 모델에 원인체와 동물을 결합시키면 그 결과는 당연히 우리가 '질병'이라고 부르는 기능 장애가 될 것이다. 그러나 심지어 원인체가 하나밖에 없거나 우리가 실험적으로 감염시킴으로써 만들어 낼 수 있는 질병이라 하더라도 실제로 이러한 질병이 자연환경 내에서, 그리고 군집 내에서 하나의 개체에게 실제적으로 발병하는 형태는 이 공식보다 훨씬 더 복잡할 것이다. 질병 원인체와 동물의 관계는 엄청나게 다양한 요인들의 영향을 받는다. 이러한 요인들의 일부는 원인체의 특징일 것이며, 그중 일부는 동물의 특징일 것이다. 또한 이 밖에 둘 중 어떤 것과도 직접적으로 연관되지 않은 요인들이 있는데, 이들을 모두 묶어 '환경적인 요인'이라고 한다. 그리고 이는 질병은 원인체와 동물 그리고 환경적 요인들의 상호작용에 의한 결과라는 개념으로 귀결된다(그림 2.8).

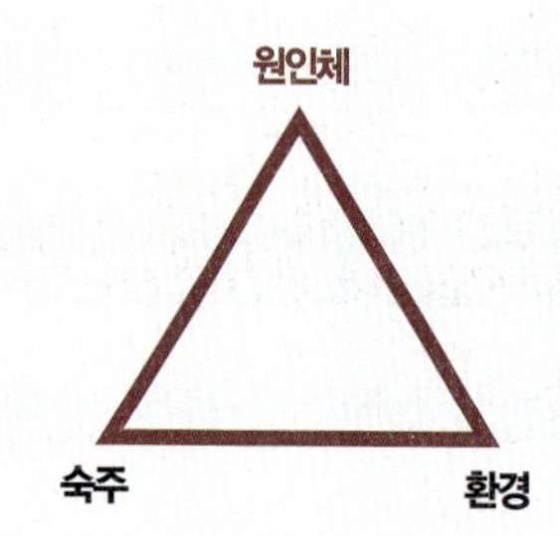

그림 2.8 ▲ 역학적 삼각형은 질병 원인체, 동물과 환경의 다른 면 사이의 상호 관계를 나타낸다.

그림 2.9 ▲ 원인체 – 숙주 – 환경의 삼각형을 질병을 다룰 때 모든 세 가지 면을 생각하려는 요구를 상징화한 캐나다야생동물보건협력센터(Canadian Cooperative Wildlife Health Centre)의 로고에 포함시켰다.

이러한 관계는 '역학적 삼각형'이라 불리기도 한다(역학은 군집 내 질병의 발병에 대한 연구이기 때문이다). 우리는 이 개념의 중요성을 강조하기 위해 캐나다야생동물보건협력센터(Canadian Cooperative Wildlife Health Centre)(그림 2.9)의 로고에도 이 삼각형을 포함시켰다.

위 세 가지 요인들의 관계를 묘사하는 또 다른 방법은 병원 원인체와 동물을 환경적 요인이라는 지렛대 위에서 균형을 잡고 있는 모습으로 시각화하는 것이다(그림 2.10).

그림 2.10 ▲ 원인체, 동물, 환경 요인의 관계는 원인체와 동물 사이의 관계, 그리고 균형을 이루는 받침점으로 작용하는 환경 상태가 만드는 시소라고 생각할 수 있다. 그 관계는 (a) 비교적 균형적인 상태, (b) 동물 쪽으로 기울어진 상태, (c) 원인체 쪽으로 기울어진 상태로 구분할 수 있다.

이 시소를 이용한 상징법은 세 개의 요인들이 각각 변수로 작용함으로써 그 셋의 관계가 본질적으로 불안정하다는 것을 보여주기 때문에 매우 유용하다. 간혹 균형이 숙주 요인의 변화나 환경적 요인이라는 지렛대의 상대적인 위치 변화로 인해 숙주동물들에게 무게가 실리면 건강 상태가 유지될 것이다(그림 2.10b). 그러나 병원 원인체에게 무게가 실리면 동물에게는 기능 장애 또는 질병이 발생할 것이다(그림 2.10c). 2003년 브라운(Brown) 등이 숙주-기생체의 관계에 적용했던 '상황 의존적'이라는 표현은 질병을 전반적으로 이해하는 데 있어 유용하다. 특정 정황이나 상황에서 원인체와 동물은 아무런 상관이 없다. 하지만 이와 다른 상황에서는 동물에게 악영향을 미칠 수 있다.

질병의 상황 의존적 성격을 설명하기 위해 풀을 뜯어먹고 사는 포유동물의 장 속에 사는 기생충이 병원체로 작용하는 상황을 생각해보자. 기생충의 생활사는 직접적이다(병원체의 생활사가 완성되는 데에는 단 1종의 척추동물만 필요하다). 동물의 분변과 함께 밖으로 떨어진 기생충 알은 땅에서 부화하고, 태어난 유충은 식물로 기어 올라간다. 이 유충을 동물이 먹으면, 기생충은 동물의 장 속에서 성충으로 자란다. 앞에서 언급한 균형의 개념에서 보았을 때 기생충의 상대적인 영향력은 기생충 한 마리 한 마리가 질병을 유발할 수 있는 능력과 장 내에 존재하는 기생충의 마리 수와 상관관계가 있다. 그리고 이러한 기생충의 병원성과 균형을 이루기 위해 필요한 힘은 기생충이 체내로 침입하는 것을 막는 동물의 능력, 들어온 기생충을 구제할 수 있는 능력, 기생충에 의해 생긴 유해한 영향들에 대응할 수 있는 능력 그리고 자신이 필요한 에너지와 기생충이 필요로 하는 에너지 모두를 충족시킬 수 있는 능력이다. 이처럼 동물의 병원체에 대한 저항력은 개체의 유전적 형질, 나이, 성별, 영양 상태 그리고 기생충에 대한 사전 경험 등 여러 가지 요인에 따라 결정된다. 지렛대 역할을 하는 환경적 요인은 기후, 서식지 환경, 숙주종의 군집 밀도, 다른 질병의 존재 여부 그리고 포식자 여부 등 매우 다양한 요인들을 포함하고 있다.

예를 들어 처음에는 환경적인 상황이 숙주동물에게 유리해서 날씨는 건조하고 온화하며, 먹이는 풍부하고 숙주종의 밀도는 적절하며 상대적으로 다른 질병들이 거의 없어서 숙주동물들은 윤이 나고 살이 쪘으며 기생충에 대한 높은 저항력을 갖고 있다고 가정해보자. 또한 건조한 날씨는 유충과 알에게 불리하게 작용하기 때문에 이러한 환경적 상황은 기생충이 숙주동물들 간의 전파에 부정적인 영향을 미친다. 숙주동물들은 이러한 환경이 주는 결과로 인해 상대적으로 적은 수의 전염성 유충에게 노출되며, 숙주종 한 개체가 갖고 있는 기생충의 수는 매우 적어진다. 이러한 상황 아래에서는 설사 질병체와 숙주가 상호작용을 일으키고 있다고 하더라도 숙주종에게 기능 장애가 일어날 확률은 낮다(3장에서도 언급하겠지만, 호의적인 상황 아래에서도 숙주 군집 내의 몇몇 개체들은 많은 수의 기생충을 갖고 있을 것이며, 이로 인해 좋지 않은 영향을 받게 될 것이다).

이번에는 같은 숙주종과 같은 기생충이 다른 환경에 처해 있는 상황을 생각해보자. 동물들의 개체 밀도는 한계에 다다랐고, 동물들은 추운 겨울을 겪어 체중과 체력을 모두 소실했다. 게다가 서늘하고 습한 여름으로 인해 먹이 식물도 충분하지 않다. 이제 동물들은 부족한 먹이로 인해 압력을 받고 있으며, 높은 개체 밀도로 인해 사회적인 스트레스를 받고 있다. 이와 같이 병원체에 대한 저항력이 줄어든 상태라면, 우리는 여러 가지 종류의 질병이 발생할 것이라 예상할 수 있다.

서늘하고 습한 기후는 기생충 알과 유충이 식물에서 생존하는 데 유리하다. 초목이 부족하기 때문에 동물들은 더욱 땅에 가까이 있는 풀에까지 접근할 것이며, 개체 밀도가 높기 때문에 분변에 의한 오염도가 높아진다. 따라서 먹이를 먹는 과정에서 유충을 섭취하게 될 가능성이 높아진다. 이러한 상황 속에서는 환경적 요인이라는 지렛대가 기생충에게 호의적으로 작용한다. 한 개체 내에는 더 많은 기생충이 존재할 것이고, 군집 내에 기생충에 전염된 개체수는 더 많아질 것이며, 기생충에 의한 질병도 더욱 명확하게 나타날 것이다. 이러한 상황에 대한 설명은 『방목하는 St. Kilda의 소이 양(Soay sheep)』에 더욱 자세하게 나와 있다(Gulland 1992).

에너지를 화폐로 취급하는 개념과 원인체-숙주-환경 모델을 결합해보면 어떻게 환경적인 요인들이 동물과 질병의 관계와 상호작용을 하는지, 또는 변화시키는지를 이해하는 데에 도움이 될 것이다. 전자의 경우, 동물들은 에너지를 얻기 쉽고(그리고 다른 영양소들), 온화한 겨울 기후 덕분에 체온 조절을 위해 사용해야 하는 에너지의 양이 적어지며, 기생충에 저항하기 위한 에너지도 적기 때문에(기생충에 대한 노출도가 낮기 때문에), 결과적으로 추가적인 지방을 에너지원으로 저장할 수 있다. 이와 반대로 후자의 동물들은 한정된 먹이 자원을 갖고 있고, 추운 겨울 내내 체온 조절을 위해 많은 에너지를 사용해야 하며, 먹이를 찾아다니는 데에 더 많은 에너지를 사용해야 한다. 기생충 유충에 노출될 가능성도 더 높기 때문에 이들은 감염에 저항하고, 기생충으로 인해 얻은 피해를 복구하는 데 더 많은 에너지를 사용해야 한다. 이들은 성장, 번식 또는 다른 질병에 저항하기 위한 에너지가 부족하고, 그중 몇몇은 기아로 인해 폐사할 수도 있다. 1997년 머리(Murray) 등은 이러한 영양 부족과 기생충의 관계를 규명하기 위해 눈신멧토끼(snowshoe hare)를 연구한 바 있다.

전반적인 먹이(단백질성 에너지원 부족) 또는 구리, 아연, 비타민 A와 같은 특정 영양소의 결핍은 병원체에 대한 저항력에 심각한 영향을 미친다. 영양 부족인 아동과 실험직으로 영양 부족을 유도한 동물을 이용한 연구에 따르면, 가벼운 정도에서 중간 정도의 영양 부족은 적절한 면역력을 감소시킨다. 다시 말해 질병 원인체들은 영양적으로 스트레스를 받고 있는 개체에서 번성한다. 야생동물 병리학자들은 종종 쇠약 상태로 인해 죽거나 아픈 동물들이 정상 상태의 개체에서보다 훨씬 많은 수의 기생충을 갖고 있는 경우를 접하게 된다. 이러한 상황에서 기생충이 쇠약 상태를 일으켰거나 영양 부족 상태가 기생충이 번성하도록 했다고 추정하는 것은 상황을 지나치게 단순화하는 것이다. 아마도 실제로는 두 가지 요인이 결합하여 동시에 작용했을 것이다.

노출과 저항

　　　　　　원인체와 동물 간의 상호작용 결과를 판단함에 있어 가장 중요한 두 가지 요인은 숙주의 원인체에 대한 노출 유형과 동물이 원인체에 대해 갖고 있는 저항력의 정도다. '노출 정도가 다양하다.'라는 개념은 오염균이나 물리적인 요인과 같은 비전염성 요인에서 주로 연구되어 왔다. 우리는 엑스레이(x-ray) 촬영을 위해 노출되는 방사선은 인체에 과도한 해를 입히지 않지만, 체르노빌 원자 폭발처럼 훨씬 많은 양의 방사선에 노출되면 인체에 과도한 해를 입힌다는 사실을 인지하고 있다. 대부분의 독성 물질은 '용량 의존적(dose-dependent)'이다. 다시 말해서 독성물질에 의한 질병 정도는 그 것에 노출된 양과 관계가 있다는 것이다. 용량과 그 영향의 관계는 보통 선형을 이루지 않으며, 흔히 특정 형태의 역치 현상이 나타난다. 동물은 적은 양의 독성물질에 대해서는 관찰될 만한 영향을 미치지 않지만, 치명적인 역치를 넘어선 노출은 질병을 유발할 것이다.

　　용량 의존성이라는 이 원리(dose-dependent)는 생물에 의한 질병 발생 구조에도 적용할 수 있다. 비록 대부분의 경우 질병을 유발하는 데 필요한 '병원체의 최소한 발병 용량'은 아직 알려져 있지 않지만, 질병을 유발하는 데에 필요한 원인체의 수가 원인체마다 각기 다르다는 사실만큼은 분명하다. 예를 들어 사람에게 콜레라를 일으키는 콜레라에(*Vibrio cholerae*)의 수는 108이지만, 결핵균(*Mycobacterium tuberculosis*)의 경우 1~10의 숫자만으로도 충분히 결핵을 일으킨다(Mims 등, 2001). 그러나 기본적으로 동물이 더 많은 질병 원인체에 노출될수록 발병된 질병이 심각해질 위험도는 더욱 높아진다.

　　질병에 대한 저항은 여러 가지 형태로 나타난다. 동물은 위해 요인이 체내로 들어오는 것 자체를 막을 수도 있다(여러 병원체에서 숙주의 손상되지 않은 피부는 병원체의 침입을 막는 효과적인 장벽으로 작용한다.). 병원체가 숙주의 체내로 들어간 후에도 숙주는 병원체가 심각한 피해를 일으키기 전에 병원체를 중화시키거나 제거할 수 있다. 병원체가 체내에서 제거되지 않는다고 하더라도 숙주는 자신의 방어기전을 이용해 병원체로부터의 유해한 영향을 최소화할 수 있다. 예를 들어, 피해를 입은 조직을 둘러싸버리거나, 병원체를 견고한 섬유질 조직에 가두거나, 피해받은 조직을 재빠르게 다른 조직으로 대체하거나, 병원체에 의한 피해에 대항하기 위해 섭취하는 먹이의 양을 늘린다. 그러나 이러한 방어 또는 저항기전은 한계가 있다. 따라서 병원체에 의한 노출도가 높아질수록 숙주는 결국 질병에 제압당하는 것이다.

동물을 일정한 방어기전을 갖춘 요새화된 구조물이라고 생각하면 이해하기가 쉬울 것이다. 흔히 질병에 대한 노출과 저항의 과정을 설명할 때는 '군대의 논리'가 적용된다. 공격하는 침입자의 수가 많을수록, 침입자들이 지속적으로 공격할수록 이들에 의한 숙주의 방어벽이 무너질 가능성이 높아진다. 또한 각기 다른 병원체들의 동시다발적인 공격으로 인해 의도와는 상관없이 병원체 각각의 질병 발생률이 증가할 수 있다. 이와 반대로 방어벽이 높을수록, 무기를 잘 갖춘 방어자들의 수가 많을수록 그리고 이들이 질병에 대해 빨리 반응할수록 질병 인자의 침입이 성공할 확률은 낮아진다. 새에서 흔히 일어나는 국균증(Aspergillosis)은 이러한 원칙을 잘 설명해준다. 질병을 유발하는 아스페르길루스 푸미가투스(*Aspergillosis fumigatus*)는 부패한 생물에서 자라나며, 자연적인 환경 어디에나 존재하고 있다. 이 곰팡이는 미세 분생자(생식 세포)를 통해 번식하며, 공기 중에 떠다니면서 조류와 다른 동물들에게 흡입된다. 정상적인 상황에서는 체내 방어기전이 적절하게 작용해 흡입한 분생자를 감당할 수 있기 때문에 질병이 발생하지 않는다. 그러나 새가 곰팡이 핀 먹이를 먹거나, 둥지 내에 곰팡이가 펴서 다량의 균 생식 세포를 흡입하게 되거나, 일상적인 병원체의 양에 노출되었다 하더라도 숙주의 방어력이 감소되어 병원성 원인체를 제거하지 못하는 경우에는 심각한 국균증이 발생할 수 있다. 가장 첫 번째 예의 경우에는 새가 노출된 병원성 원인체의 양이 너무 많아 저항력을 넘어서는 것이다. 두 번째 예의 경우에는 야생동물이 재활 기관에서 관리되는 경우나 특정 종이 감금 상태 또는 기아에 의한 쇠약 상태에 빠진 경우에 발생한다(Herman과 Sladen, 1958). 이 중 최악은 저항력이 저하된 개체가 대량의 곰팡이 생식 세포에 노출되는 경우다. 겨울 날씨가 혹독하여 야생 물새들이 곰팡이 핀 먹이를 먹을 수밖에 없었던 기간 중에 이들에게서 대량의 국균증이 발생했다(Neff, 1955; Adrian 등, 1978).

- 질병은 사람들마다 다른 것을 의미한다.

- 여기서 질병은 영양, 독성물질과 기후 등의 환경적인 인자, 감염성 원인체, 선천적 결손 등과 같은 복합적인 인자들에 대한 반응을 포함하여 정상적인 기능의 수행을 변화시키거나 간섭하는 모든 손상으로 정의한다.

- 질병이란 완벽한 건강과 죽음 사이에 존재하는 연속체의 한 부분에 발생하는 상대적인 상태다.

- 질병에는 단독 또는 여러 가지 원인들이 복합적으로 작용한다. 야생동물들이 한 번에 한 가지의 병원체에만 노출되지는 않는다.

- 질병을 구성하는 기능 장애는 일반적으로 손상 자체에 기인하기보다는 손상에 대한 신체 반응의 결과에 기인한다.

- 질병을 명명하는 방법은 사람들에게 혼동을 일으킨다. 가장 유용한 명칭은 질병의 특징을 잘 인식할 수 있게 기술한 것이다.

- 모든 개개의 질병(기능 장애)은 동물에게 비용을 발생시키지만, 그 비용을 산출하거나 확인하기는 어렵다.

- 병들거나 죽은 동물을 찾아내는 것은 매우 어렵기 때문에 질병의 비용이나 정도를 확인하는 것은 적절하지 못한 지표다.

- 에너지는 질병의 생태와 질병에 영향을 미치는 다양한 인자의 상호 관계를 이해하는 데 도움을 줄 수 있는 통화다.

- 거의 모든 질병은 단순한 직선형 모델(원인체+원인 숙주=질병)로 규정할 수 없다. 이보다는 원인체와 숙주동물, 환경이 결합되어 있는 3중 다방향 모델(three part interactive model)이 더 유용하다.

- 질병 유발 병원체에 노출되는 정도와 이러한 병원체의 영향에 저항할 수 있는 동물의 능력은 질병에 있어서 매우 중요하다.

3

질병의 원인은
무엇인가?

역학의 요점은 건강 이상과 관련된 원인 및 영향에 대한 확증이다.

— 서저(M. Susser)

질병의 원인 규명하기

질병 생태에 대해 더 많이 이해할수록 질병의 구성 요소에 대한 우리의 이해는 점차 진화한다. 이 과정에서 원인 규명은 중요한 단계에 속한다. 여기서 원인은 '어떤 상태로 만들거나 어떤 영향을 일으키는 것'(Dorland, 2000)이라는 의미로 사용한다. 어떤 질병은 원인을 규명하기도 전에 이미 수년에 설쳐 알려지기도 한다. 예를 들어, 오늘날 조류공포척수병증(avian vacuolar myelinopathy, AVM)이라 부르는 질병은 흰머리수리 또는 몇몇 다른 조류에서 발생했고(Thomas 등, 1998), 실험적으로도 재현할 수 있게 되었지만(Fischer 등, 2003), 원인은 아직 알려져 있지 있다. 또한 몇몇 질병은 원인을 모르더라도 효과적으로 예방하거나 억제할 수 있다. 이에 관한 인의학 분야의 고전적인 사례를 들면 다음과 같다.

1854년 존 스노우 박사는 콜레라가 런던의 특정 우물물을 마시는 것과 관계가 있다는 것을 알아냈다. 그는 그 우물에서 펌프 자루를 제거하라는 권고를 했고, 그 이후 질병이 사라졌다. 이는 세균학적 원인이 발견되기 40년 이전의 일이다. 다른 경우의 예를 들어보자. 잠재적인 질병 유발 병원체 또는 위험 인자들은 이들이 특정 질병과 연관되기 훨씬 이전에 이미 야생동물에서 출현하는 것으로 알려져 있었다. 야생동물들이 가지고 있는 많은 오염물질과 잔류물은 아직 그 유해성이 확실히 밝혀지지 않았지만(나중에서야 질병과 연관되는), 위와 같은 결과를 가져올 수 있다.

'원인'이 매우 적합한 단어라고 하더라도 질병을 논할 때는 흔히 '병인(etiology)'[그리스어로 *aitia*(원인)+*logia*(서술)]이라는 단어를 사용한다. 병인의 의미 중 하나는 원인과 같은 뜻('질병이나 병의 근원 또는 기원')이지만, 또 다른 의미('질병의 원인과 원인체가 숙주에게 전달되는 방법 등에 관한 학문')(Dorland, 2000)는 질병이 왜 그리고 어떻게 발생하는지와 무엇이 질병을 유발하는지에 대한 내용이 포함되어 있다.

특정한 환경 아래에서는 어떤 상태가 발생하거나 특정한 고유 임상 징후가 나타나므로 새로운 상태를 인지할 수 있는 것이다['증상(symptom)'은 보통 환자가 경험하거나 진술하는 것과 같은 주관적인 증거를 설명할 때 사용하지만 '임상적 징후(clinical sign)'는 질병의 객관적인 증거를 설명할 때 사용한다. '증상'은 일반적으로 동물의 질병을 설명할 때 사용하지 않는다.]. 한 가지 예를 들어보자. 우리는 앞에서 가지뿔영양의 상태를 살펴본 적이 있다. 다음은 가을 동안 오직 수컷에서만 관찰된 내용이다. 이 수컷의 머리와 목 부분의 피부에는 심한 염증이 있었으며(그림 3.1), 병변에는 아르카노박테리움 피오게네스(*Arcanobacterium pyogenes*) 세균이 존재하고 있었다. 대개 이러한 유형의 자료라면 다른 질병의 상태와 다르다는 것을 인정해줄 수 있는 '사례 정의(case definition)'를 만들기에 충분할 수도 있다. 조류공포척수병증의 경우, 원인을 알 수 없음에도 불구하고 조류에서 확실히 관찰할 수 있는 비정상적인 행동과 뇌에서의 특정한 병변에 근거하여 알아볼 수도 있다(Thomas 등, 1998). 어떤 면에서는 흔히 같은 시간, 같은 장소에서 질병이 나타났기 때문이거나 사례 정의에 부합하는 특징을 가진 동물이 발견되었기 때문에 인자나 병원체('추정되는 원인')를 질병의 원인이라 생각할지도 모른다. 이 인자가 질병과 관련되어 있다고 여겨진다면, 이들 사이에 실제로 인과관계가 있다는 것을 입증하기 위해서는 더욱 많은 증거가 필요하다.

앞에서 언급했던 야생사향쥐의 질병이 이러한 과정의 한 예라 할 수 있다. 1940년대 관찰력이 남달랐던 생물학자 폴 에링턴(Paul Errington)은 아이오와 주에서 사향쥐가 치명적인 상태에 있을 때의 생태학적 특징을 기술했다(Errington, 1946). 그의 기술은 전혀 다른 현상이라고 생각할 만큼 그동안 보아왔던 여러 상태들과는 확연히 달랐다. 그는 병에 걸린 사향쥐의 항문 주위와 내부의 장기들에서 보이는 출혈을 근거로, 이를 '출혈성 질병(hemorrhagic disease, HD)'이라 정의했고(그림 3.2), 수의학 실험실에서는 HD에 걸린 사향쥐 질병의 병리학적 특징을 밝혔다. 그는 확보한 근거 자료를 바탕으로 사례 정의를 작성할 수 있었고, 그 덕분에 사향쥐의 다른 질병과 HD를 구별할 수 있었다. 우리는 그 덕분에 앞으로 다음과 같은 사례 정의를 보게 될지도 모른다.

'HD는 인지할 만한 질병의 징후 없이 죽은 상태의 사향쥐를 발견할 수 있는 질병이다. 죽은 사향쥐는 종종 배 쪽에 있는 털에 피가 묻어 있고, 맹장 벽에서는 출혈이 발견

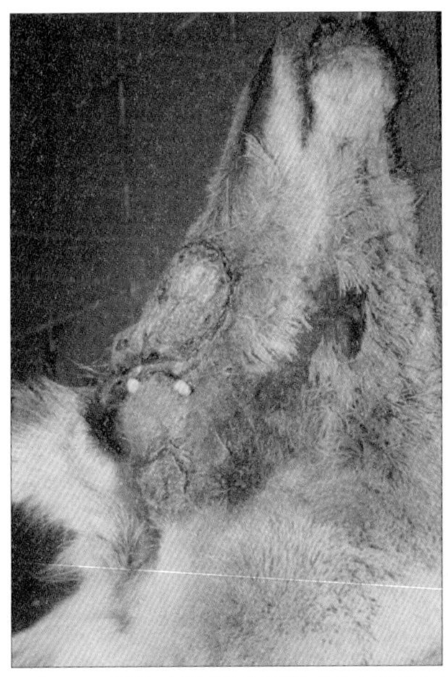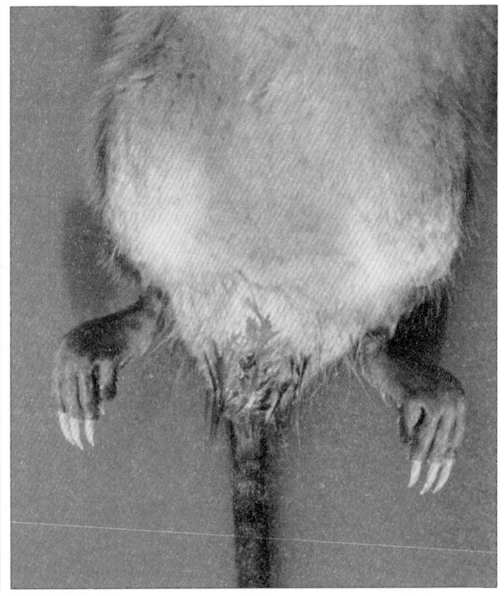

그림 3.1 ▲ 심각한 괴사성 근막염에 걸린 수컷 가지뿔영양. 눈 아래의 피부는 괴사했고 죽은 피부 두 군데에서는 농양을 볼 수 있다. 수컷끼리 싸운 후에 입은 상처의 피부 아래 조직에 아르카노박테리움 피오게네스 세균이 들어간 상태로 보인다.

그림 3.2 ▲ 티저병으로 죽은 사향쥐. 대장 출혈로 항문 주위의 털에 혈액이 묻어 있다. 폴 에링턴은 이를 '출혈성 질병'이라 불렀다.

되며, 간에서는 작고 하얀 괴사 병소가 발견된다. 병에 걸린 동물의 비장이나 림프절에는 병변이 없고, 조직에서는 어떠한 병원성 세균도 분리되지 않는다.'

HD의 원인이 감염성 병원체라 여겨지기는 했지만, 원인을 규명하려는 시도들은 실패했다. HD는 북아메리카의 서부와 북부에서 광범위하게 보고되었으며(Errington, 1963), 그 명칭도 비록 비공식적이긴 하지만 '에링턴병(Errington's disease, ED)'이라 바뀌었다. 1971년(에링턴이 사망한 지 7년 후) 카스타드(Karstad) 등은 포획한 사향쥐에서 발견한 ED의 병리적 특징이 수십 년 전 실험용 쥐에서 나온 티저병(Tyzzer's disease, TD)과 일치한다는 것을 발견했다. TD의 특징은 병에 걸린 동물의 간세포에서 보기 드문 세균이 존재한다는 것이다. 사향쥐에 존재하고 TD의 원인으로 추정되는 이 세균은 바실루스 필리포르미스(*Bacillus piliformis*)라고 하는데, 인공 배지에서 자란 적이 없다. 우리는 서스캐처원(Saskatchewan)에서 발견한 야생사향쥐의 사체(Wobeser 등, 1978)와 1947년 에링턴이 발견한 야생사향쥐의 보존 조직(Wobeser 등, 1979)에서 이와 유사한 세균을 동정(同定, 생물의 분류학상의 소속이나 명칭을 바르게 정하는 일—옮긴이)했고, 이로써 HD, ED, TD의 실체는 하나라는 것이 확인되었다. 현재 많은 종에서 TD와 유사한 질병이 보고되고 있다(Wobeser, 2001). 이후 이 세균의 게놈 구조가 밝혀졌고, 그 결과 이름도 '클로스트리듐 필리포르메(*Clostridium piliforme*)'로 바뀌었다. 이 세균에는 숙주 특이적 변종도 존재한다(Franklin 등, 1994). 이제 우리는 다른 동물의 TD에서 발견되는 것과 비슷한 세균을 ED에 걸린 사향쥐의 간세포에서도 발견할 수 있다는 사실을 알고 있다. 이 세균이 원인체일 것이라 생각하고 있지만, 아직 병인학의 많은 양상(어떻게, 왜 질병이 발생하는지)은 알려지지 않고 있다.

최근에는 병원체가 질병의 실제 원인인지, 아닌지를 시험할 수 있는 다양한 기준들이 제시되고 있다. 종종 건강한 동물을 원인으로 추정되는 환경에 노출시키는 실험도 실시하고 있다. 만약, 이러한 환경에 노출시킨 동물에게 사례 정의와 일치하는 질병이 발병한다면, 원인을 입증한 것이라 볼 수 있다. 미세 병원체가 질병을 유발할 수 있다는 사실을 발견한 후, 원인과 질병 사이의 관계를 확립하는 일련의 법칙(코흐의 가설)이 수립

되었는데, 그 내용은 다음과 같다.

1. 병원체는 모든 질병 사례에 존재해야 한다. 그리고 순수 배양을 통해 분리된 병원체를 확인할 수 있어야 한다.
2. 이 병원체가 다른 질병에서 발견되어서는 안 된다.
3. 병원체를 실험동물에 노출시키면 이 질병이 다시 유발되어야 한다.
4. 실험적으로 감염시킨 동물에서 이 병원체를 다시 분리할 수 있어야 한다.

이러한 법칙들은 단 한 가지 원인체가 발병의 필요충분조건이 되는 질병들에 있어 그 발생의 인과관계를 정의하는 데 유용하다. 한 가지의 인자가 질병의 필요충분조건이라는 것은 질병이 발생하는 데에는 특정 원인체가 필요하며(필요조건), 해당 병원체가 작용하는 것만으로도 실병이 발생(충분조건)할 수 있다는 것을 의미한다. 이 기준은 로버트 코흐가 탄저병과 결핵을 포함한 몇몇 중요한 질병들의 원인을 규명하는 데 많은 도움을 주었다. 그 이유는 병에 걸린 동물로부터 원인이 되는 세균을 분리할 수 있고, 실험동물에 주입했을 때 질병이 유발되었기 때문이다.

코흐는 몇몇 비감염성 상태의 원인을 설명하기 위해 가설을 수정했고(Shepard 1998), 수많은 독(poison)과 독소(toxin)에 관련된 인과관계를 조사하는 데에 실험적 노출을 이용했다. 화학물질을 실험적으로 노출시킨 건강한 동물에서 특성 실병이 발생한다는 깃은 이들 간에 인과관계가 있다는 강력한 증거라고 할 수 있다. 그러나 종종 그런 실험에서 어느 정도가 화학물질에 대한 실질적인 노출인지를 입증하기는 어렵다. 어떠한 화학물질, 심지어 우리가 평소에 먹는 소금이라 하더라도 질병이 발생하지 않을 정도의 하부 역치량(threshold amount)이 있고, 해를 유발하게 될 상부 역치량도 있다. 하지만 야생동물이 실제로 자연에서 화학물질에 노출되는 정도는 거의 알려지지 않고 있다. 독성학자들은 건강한 동물에서 화학 잔류물을 확인한 후, '얼마나 많은 화학물질이 조직 내에 존재해야만 비로소 야생동물에게 해를 유발하는지'를 정의하는 방식으로 연구해볼 필요성이 있다(Beyer 등, 1996).

코흐의 가설은 많은 야생동물 질병의 원인을 이해하기에는 적합하지 않다(Hanson, 1969). 그 이유는 (a) 광범위한 주위 환경에 비하면(질병 유발의 필요충분조건인) 병원체의 비중이 상대적으로 낮고, (b) 한 질병이 여러 요인들의 상호작용을 필요로 하거나 (c) 몇 가지 다른 인자들이 동일한 질병을 유발하기도 하며, (d) 단일 병원체가 여러 가지 다른 질병들을 유발할 수도 있기 때문이다. 질병은 1차 원인(질병 유발에 기여하는 주요 요인), 2차 원인(1차 원인을 보완하는 요인), 소인적 원인(실제로 질병을 유발하지 않으면서 동물이 특정 질병에 걸리기 쉽게 만들어주는 요인)을 가질 수 있다. 병인은(원인과는 달리) 이 모든 인자를 포함하고 있다. 환경의 다른 특징들이나 병원체, 동물의 변화는 질병의 발생 여부와는 관계없이 영향을 미칠지도 모른다. 이른바 큰뿔양(mountain sheep)의 폐충-폐렴 복합증(lungworm-pneumonia complex, Forrester, 1971)과 같은 몇몇 질병의 병인은 바이러스, 세균, 폐충, 영양, 복합적인 스트레스 요인을 아우르는 복잡한 원인들과 관련되어 있다(Wobeser, 1994).

둘 또는 그 이상의 인자들이 함께 작용하여 유발되는 질병, 특정한 환경에서만 병을 유발하는 병원체에 의한 질병, 다른 여러 인자들로 인해 촉발될 때까지 병원체가 잠복해 있는 질병, 발병하기 오래전에 이미 원인이 사라질 수 있는 종양(neoplasia, 암) 등의 만성 질병, 많은 인자들이 작용한 최종 결과라고 할 수 있는 번식 장애와 같은 질병의 원인을 입증하기 위해서는 다른 방법이 필요하다. 코흐는 자신의 가설이 질병의 원인을 규명하는 데 충분하지 않다는 사실을 인식하고 역학적(epidemiologic) 정보(질병이 발생한 후, 주변 집단으로 전파되는 경로)와 (인과관계 시험을 위해 실시한) 실험적 노출을 통해 얻은 정보를 결합한 다른 기준을 마련했다. 1977년 에반스(Evans)는 특히 바이러스와 관련한 일련의 기준을 제시했고, 1996년에는 켈시(Kelsey) 등이 표 3.1의 기준을 만들기 위해 이를 이용하기도 했다. 이 기준에는 화학물질 노출과 비감염성 질병 간의 관계 신뢰성을 높이기 위해 1965년에 힐(Hill)이 정리한 몇 가지 요소를 포함시켰다.

이들 간의 인과관계를 어떤 방법으로 시험할 것인지를 설명하기 위해서는 명조류에서 제기됐던 칼슘 결핍과 번식 장애와의 관계를 고찰해볼 필요가 있다(Graveland 등, 1994).

표 3.1 | 질병 원인과 관련한 가설 시험을 위해 사용하는 기준들

1. 추정 원인은 그 질병과 같은 방식으로 개체군에 분포되어 있어야 한다.

2. 질병의 빈도는 추정 원인에 노출되었을 때가 노출되지 않았을 때보다 높아야 한다.

3. 다른 조건들이 동일하면 일반 개체보다 질병에 걸린 개체가 추정 원인에 대한 노출 빈도가 높아야 한다.

4. 순차적으로 추정 원인에 노출된 후, 질병이 나타나야 한다.

5. 추정 원인에 노출되는 시간과 양이 많아질수록 질병 발생률도 높아져야 한다.

6. 몇몇 질병들의 경우, 숙주 반응의 범주는 추정되는 병인에 대한 노출이 논리적인 생물학적인 구배에 따라 가벼운 수준에서 심각한 수준까지 나타나야 한다.

7. 원인과 질병의 연관성은 다양한 개체군들에서 다양한 연구 방법을 통해 발견되어야 한다.

8. 연관성에 관련된 다른 설명은 배제되어야 한다.

9. 원인이나 매개체를 제거하거나 수정하면 질병이 완화되거나 사라져야 한다.

10. 원인 노출에 대한 숙주의 반응을 예방하거나 변경하면 질병이 완화되거나 사라져야 한다.

11. 실험적 조건 아래에서도 원인에 노출된 동물이 노출되지 않은 동물보다 질병의 발병률이 높아야 한다.

12. 모든 연관성은 생물학적, 역학적으로 타당해야 한다.

출처: Kelsey 등, 1996에서 일부 수정

가설은 다음과 같다. 산성비(acid precipitation)의 영향을 받았거나, 산성화되지는 않았지만 토양에 무기물(minerals)을 거의 함유하고 있지 않은 지역에서는 암컷 새들이 충분한 칼슘을 얻기가 어렵고 그 결과 알의 껍질이 얇아지거나, 새끼의 성장이 저하되거나, 번식 장애의 다른 징후가 나타난다는 것이다. 이 가설은 (1) 관찰된 질병은 칼슘 결핍의 결과라는 것과 (2) 칼슘 결핍은 환경에서 획득 가능한 칼슘이 부족한 결과라는 두 가지 부분으로 나눌 수 있다. 이 관계를 시험하는 데 있어서 코흐의 가설은 별 의미가 없다. 다만, 실험 대상 조류에게 칼슘이 결핍된 먹이를 급여함으로써 이 관계를 실험해볼 수는 있을 것이다. 그러면 칼슘 결핍이 야생에서 관찰된 것과 유사한 질병을 유발할 수 있는지의 여부를 입증할 수 있게 될 것이다. 이 밖에 장애가 발생하는 지역에 보충용 칼슘을 공급할 수도 있다. 이로써 보충이 이루어진 지역의 번식이 나아진다면, 이 가설을 뒷받침하는 증거가 될 수 있다.

적절한 종을 대상으로 먹이를 공급했는지는 그 누구도 알지 못한다. 먹이를 공급한 결과, 모든 지역이 아닌 일부 지역에서만 번식이 개선됐다(Tilgar 등, 2002). 이 추정 관계를 실험하기 위해 켈시 등(1996)이 제시했던 기준을 이용할 수 있다(표 3.2).

이 사례는 인과관계를 증명함에 있어서 발생하는 문제들 중 일부, 그리고 병원체, 동물, 환경의 다른 특징들을 고려해야 할 필요성이 있다는 것을 잘 보여준다. 환경으로부터 얻는 칼슘이 적어지는 것이 명조류의 번식에 영향을 미친다는 가설이 여러 가지 증거로 인해 전체적으로 뒷받침되고 있음에도 불구하고 그 영향은 지역에 따라 다르며

표 3.2 | 소형 조류의 환경적 칼슘 결핍과 번식 질병 관계를 검사하는 기준의 사용

기준[1]	관계
1, 2, 3	일반적으로 알 껍질 결함과 같은 번식 문제는 칼슘이 적은 환경에서 나타난다. 그러나 심각하게 산성화된 스코틀랜드 지역의 푸른박새(blue tit)는 이용할 수 있는 칼슘이 적은 환경에서도 번식 장애를 겪지 않았다[2].
4	칼슘 결핍 환경은 번식 기능 장애를 초래한다.
5	일반적으로 번식 기능 장애의 정도는 주변 환경의 칼슘 양과 반비례한다. 칼슘 결핍 지역의 박새는 부가적인 칼슘 공급처(소풍 쓰레기, 닭 모래)가 있기 때문에 공급처가 없는 다른 새들에 비해 영향을 덜 받았다[3]. 먹이가 부족한 해에는 더 심각한 번식 장애가 나타난다[4].
6	칼슘 결핍은 종에 따라 다른 영향을 미친다[5].
7	모든 경우는 아니지만 대부분의 산성화 또는 칼슘 결핍 지역의 새들의 개체군은 비슷한 번식 장애를 겪는다.
8	알 껍질 문제의 원인에 대한 또 다른 이론(염소화 탄화수소 살충제 오염)은 신빙성이 떨어진다.
9	대부분의 칼슘 결핍 지역에서 칼슘 보충제를 이용해 번식력을 향상시킬 수 있었다.
10	적합하지 않음.
11	실험적 칼슘 보충제 공급으로 인해 대부분의 지역에서 생식 능력이 향상됐지만 향상되지 않은 지역도 있다.
12	환경적 칼슘 결핍과 번식 장애의 가설적 관계는 생물학적으로 타당하다. 명조류들은 알 생산을 위해 충분한 칼슘을 저장할 수 없다. 따라서 환경적 칼슘 공급에 의존한다. 달팽이와 같은 다른 칼슘 공급원들은 산성화 지역, 칼슘 부족 지역에서 확연히 적었다.

1. Kelsay 등(1996)이 제안(표 3.1 참조) **2.** Ramsay와 Houston(1999)
3. Gravel과 Drent(1997) **4.** Tilgar 등(1999) **5.** Mänd와 Tilgar(2003)

(Ramsay와 Houston, 1999), 새의 종에 따라서도 다르다. 그리고 이는 매년 구할 수 있는 먹이의 정도에 따라서도 달라질 수 있다(Mänd와 Tilgar, 2003). 이 사례는 원인과 병인의 차이점도 잘 보여준다. 일부 종에서 나타나는 번식 장애의 '직접적인(proximate)' 원인(선행되는 즉시 영향을 미침)은 칼슘 결핍일 것이다. 한편, 이 현상의 병인은 환경으로부터의 칼슘 입수 가능성 또는 조류의 칼슘 요구도에 영향을 미치는 2차 원인과 원발적 원인을 포함하고 있다.

질병의 원인

질병을 유발하는 많은 요인들을 논할 수 있는 단순한 논의 구조를 만드는 것은 어렵다. 왜냐하면 모든 법칙에는 예외가 있고, 각 질병의 성질에 대해 더 많이 배우게 되면 어디에 끼워 맞춰야 할 것인지에 대한 생각이 바뀌기 때문이다. 질병 원인체를 분류하는 체계는 감염성과 비감염성이라는 두 개의 그룹으로 나뉜다. 여기서는 질병의 특정한 그룹을 더 나누기 위해 이 두 가지 그룹 사이에 중간 개념의 분류를 추가할 것이다.

감염성과 비감염성 질병 사이의 구별은 보통 감염성 질병이 동물의 체내 또는 체외에서 기생하는 살아 있는 유기체로 인해 발생한다는 사실을 바탕으로 한다. 이 살아 있는 원인체는 동물과 함께 증식하며, 서로 뒤얽혀있다. 비감염성 질병은 동물의 체내나 체외에서 기생하는 동안 해를 가하는 살아 있는 원인체와는 다른 요인 때문에 발생한다(보툴리눔독소증과 남조세균독과 같은 몇몇 비감염성 질병은 살아 있는 유기체가 생산하는 독성으로 인해 발생하지만 이들 유기체는 보통 동물의 체외나 체내에 살지는 않는다.). 이 기본적인 구분은 사람들이 최근 전염성해면상뇌병증(transmissible spongiform encephalopathies, TSE)이라 부르는 질병 부류에 대해 알게 되면서 그 당위성을 의심받고 있다. 사슴의 만성소모성질병(chronic wasting disease, CWD)과 소해면상뇌병증(bovine spongiform encephalopathy, BSE) 등을 포함한 이러한 질병들은 핵산이 없는 프리온(Prusiner, 1998)이라는 단백질로 인해 발생한다. 따라서 살아 있는 유기체의 정의에는 들어맞지 않는다. 하지만 TSE는 전파 가능성이 높고, 많은 점에서 감염성 원인체와 비슷한 질병을 유발한다. TSE를 포함하는 적절한 분류는 없으며, 종종 감염성 질병이라고 간주되기도 한다. 필자는 이를 '비감염성 전파성 질병'이라고 분리한 범주에 넣는 것이 좀 더 적절하다고 생각한다.

질병의 감염성 요인

감염성 질병은 이제까지 없었던 새로운 개념이 아니다. 그리스와 로마의 저술자가 이미 언급했고, 사람들 또한 벌레와 절지동물과 같은 큰 동물로 인해 발생하는 감염성 질병을 천년에 걸쳐 인지하고 있었다. 1546년 지롤라모 프라카스트로(Girolamo Fracastoro)는 보이지 않는 생명체가 병의 원인이라고 말하기도 했다. 세균이 야기하는 특정 질병들의 전염성에 대한 로버트 코흐의 발견을 뒷받침한 파스퇴르의 질병에 대한 세균 이론 제안은 감염성 질병의 연구에 대한 새로운 기초를 마련했다. '감염'이라는 단어는 동물의 신체에 유기체가 침투, 성장한다는 것이고, 우리는 세균에 의한 폐의 감염이나 선충류에 의한 장의 감염을 이야기할 수 있다. 몇 가지 알지 못하는 원인으로 인해 세균이나 곰팡이에 의한 신체 표면에의 집락 형성은 감염(infection)이라고 묘사하는 반면, 벼룩이나 이의 군집 형성은 침입(infest, infestation)이라는 단어로 묘사한다. 하지만 침입(infestation) 또한 감염성 질병(infectious disease)의 한 종류다.

감염성 질병이란 원인이 되는 먹이사슬에서 이익을 얻는 유기체와 그 동안 어떤 방식으로든 해를 입는 동물 사이의 관계를 의미한다. 이러한 종류의 관계를 '기생충(parasitism)'이라고 하며, 이는 숙주의 건강을 해치면서 숙주로부터 생물학적으로 필요한 것 또는 영양분을 얻는 원인체를 포함하고 있다. 기생충은 우리 주변에서 흔히 볼 수 있다. 몇몇 사람들은 살아 있는 유기체의 대부분은 삶에 있어서 일정 기간 동안 기생 생활을 한다고 주장한다. 모든 야생동물은 많은 기생체들의 숙주다. 감염성 질병의 목록은 지금 이 순간에도 늘어나고 있고, 비감염성이나 알지 못하는 원인들이라고 간주되는 최근의 많은 상황들은 머지않아 감염성이라는 것이 밝혀질 것이다. 감염성 인자에는 바이러스, 세균, 곰팡이, 특정 조류(algae), 원충, 연충(기생충), 절지동물 등이 있다. 연구자들은 어떤 불명확한 시점에 몇 가지 알려지지 않은 원인들을 탐구하기 위해 육안으로 볼 수 없는 기생충에 흥미를 갖게 되었고, 좀 더 큰 기생충에 대한 연구와 분리했다. 바이러스와 세균, 곰팡이를 연구하는 사람들은 기생충학자가 아니라 미생물학자로 알려지기 시작했다[그 어디에도 속하지 않는 원충은 기생충학자에 속하기도 하고, 미생물학자에 속하기도 한다. 원충학저널(Journal of Protozoology)은 진핵미생물학저널(Journal of Eukariotic Microbiology)로 바뀌었다.]. 『야생 포유류의 감염성 질병(Infectious diseases of Wild Mammals)』(Williams와 Barker, 2001)과 『야생 포유류의 기생충성 질병(iParasitic diseases of Wild Mammals)』(Samuel 등, 2001)과 같은 책에서처럼 감염성 질병의 인위적인 분류는 항상 존재한다. 하지만 기생체로 인한 질병의 기본적인 특성은 보통 두 개의 그룹으로 나뉜다. 생태학자는 질병을 유발하는 감염성 요인을 분류학보다는 생물학과 개체군의 특성에 기본을 둔 두 개의 그룹[미세기생체(microparasites)와 거대 기생체(macroparasites)]으로 분류해왔다(Anderson과 May, 1979). 이 두 그룹의 일반적인 특성은 표 3.3과 같다. 일반적으로 대부분의 바이러스와 세균, 몇 종의 원충은 미세 기생체에 포함되고, 대부분의 선충류와 절지동물은 거대 기생체 집단에 포함된다. 이 분류는 개체군 안에 얼마나 다양한 질병 원인체가 있는지를 예상하는 데 유용하지만, 우결핵의 원인체

표 3.3 | 미세 기생체와 거대 기생체의 일반적인 특징

특징	미세 기생체	거대 기생체
크기	작음	큼
세대교체 주기	짧음	김
번식	숙주 내에서 빠르게 번식	숙주 내에서 거의 또는 완전히 직접적으로 번식하지 않음
감염 기간	숙주 수명에 비해 짧음	지속적이며 재감염이 일반적임
질병 종류	짧은 수명, 종종 심각	만성, 보통 준치사, 감염 강도가 손상의 정도를 결정
재감염에 대한 면역	장기간, 재감염은 일반적이지 않음	감염의 지속 기간과 연관, 재감염이 일반적임

인 미코박테리움 보비스(*Mycobacterium bovis*)와 같은 원인체를 규명하는 데에는 유용하지 않다. 이 세균은 작고 세대 시간(분열이 시작되기까지의 기간으로, 주기가 완전히 순환하는 데 걸리는 시간─옮긴이)이 상대적으로 짧지만, 숙주 안에서는 천천히 증식하고, 그 감염성은 만성적이고 지속적이다.

몇몇 감염 원인체는 동물에 감염해야 생존할 수 있는 편성 기생충이다. 다른 감염성 원인체는 동물에 감염될 수 있지만, 생존이나 증식에 있어서 감염이 필요하지 않은, 통성 감염성 또는 기회 감염성인 기생체다.

감염 원인체의 유전 물질을 좀 더 가까이 검사할 수 있게 되면서 종종 같은 원인체지만 하나 이상의 다른 유전자형 감염성 질병에 동물들이 감염되고 있다는 사실이 명확해지고 있다. 게다가 우리는 조류콜레라에 걸린 흰기러기(snow goose)의 병인을 파스퇴렐라 물토시다에 속하는 세균으로 분류하지만, 이들 세균들은 각각의 기러기들이 습지에서 먹이를 얻기 위해 경쟁하는 것처럼 서식지(병에 걸린 기러기)에서 먹이를 얻기 위해 다른 유전자 개체군들과 경쟁하고 있다. 가까운 동족 원인체들 간의 경쟁은 질병을 이해하는 데 중요한 의미가 있음에도(Read와 Taylor, 2001) 불구하고 이 시점에서는 거의 가설적인 개념으로 남아 있다.

감염, 감염성, 그리고 질병: 구별

감염 조건을 고려할 때 동물의 체내 또는 체외에서 질병을 유발할 능력이 있는 원인체가 존재하는 것(감염)과 유기체가 있어서 생기는 기능 장애의 발생(질병)을 구분하는 것은 중요하다. 많은 동물이 세균에 감염되지만 모두 질병에 걸리지는 않는다. 앞 장에서 동물의 체내 또는 체외에서의 감염성 인자가 동물로부터 영양분을 뽑아내어 자라기 때문에 발생하는 비용에 대해 언급한 바 있다. 하지만 동물은 그 비용이 매우 적기 때문에 쉽게 보상을 받을 수 있고 '감지'될 만큼의 기능 장애도 겪지 않는다(여기서 '감지할 수 있는'을 강조하는 이유는 기능 장애를 측정하는 방법이 종종 민감하지 않아 동물이 우리가 식별하지 못하는 정도의 영향을 받을 수 있기 때문이다.).

하나의 원인체가 어떤 종에 감염되더라도 질병이 발생하지 않을 수 있고, 다른 종에서는 심각한 기능 장애를 야기할 수 있다. 헤르페스바이러스 2가 그 대표적인 예다. 이는 양에서는 어떠한 영향도 미치지 않지만, 소, 북미들소(Schultheiss 등, 2000), 흰꼬리사슴에서는 가끔 치명적인 질병(양과 관련된 악성 카타르열)을 유발한다.

또한 어떤 원인체는 어떤 상황에서는 임상적으로 무증상 감염을 일으킬 수 있고, 이와 다른 상황에서는 심각한 질병을 유발한다. 감염으로 인한 동물의 기능 장애에 영향을 미칠 수 있는 가장 기본적인 요인 중 하나는 감염의 강도(즉, 감염된 숙주에 있는 유기체의 숫자)다. 에버트(Ebert) 등은 "숙주 개체에 더 많은 기생충이 감염되면 기생충과 관련된 영향은 더 강해진다."라고 말했다. 감염의 강도와 그에 의한 기능 장애의 정도가 연관되어 있다는 사실은 다양한 기생충과 몇몇 원충 같은 거대 기생체에 의한 감염을 통해 잘 나타난다. 몇 마리 안 되는 기생충에 감염된 개체들은 많은 기생충에 감염된 개체보다 질병에 걸릴 확률이 낮다. 미세기생체에 의한 감염 발생 또한 이와 같은 원리에 바탕을 두고 있는 것인지에 대한 정보는 많지 않다. 감염을 일으키기에 충분한 미세기생체가 동물에 침입하면, 그 미세기생체는 특정한 역량에 도달할 때까지 양이 증가(11장에서 상세히 설명한다.)하거나 숙주 면역 체계가 이를 제한한다는 것이 일반적인 생각이다(Ebert 등, 2000b). 세균, 바이러스, 곰팡이 감염의 실제 강도는 실제로 측정할 수 없으므로 좀 더 약한 질병에 걸린 동물보다 심각한 질병에 걸린 동물이 더 많은 유기체를 갖고 있다는 것은 명확하지 않다. 하지만 조기에 더 많은 양에 감염된 경우, 기능 장애의 징후가 더욱 빨리 나타났고(아마 더 빨리 수용 한계에 도달했기 때문), 상황에 따라 더 심각한 영향을 미칠 수 있다는 증거도 있다(Ebert 등, 2000a, 2000b; Frank와 Jeffrey, 2000). 극소량의 감염은 몇몇 사례에서 보호 면역의 발달과 함께 준임상형 감염을 일으킬 수 있다(Frank와 Jeffrey, 2000). 체내로 감염되는 경로 또한 기능 장애를 일으키는 정도에 영향을 미칠 수 있다.

감염된 동물과 다른 동물들에게 감염성을 갖고 있는 동물을 구별하는 것은 매우 중요하다. 이 구별은 개체군 안에 얼마나 다양한 원인체가 유포되고 존재하는지에 대한 관심을 갖는 데 있어서 특별히 중요하다. 모든 감염성 질병이 전염성은 아니다. 즉, 전염성은 '한 개체에서 다른 개체로 전달될 수 있는 능력'이다(Dorland, 2000). 파상풍과 선회병(listeriosis, 세균성 질병) 그리고 국균증과 히스토플라스마증(진균성 질병)은 토양에 항상 존재하고 있고, 동물에 감염될 수도 있지만 동물과 동물 사이의 질병은 퍼지지 않는 미세 기생체에 의해 발생한다. 이들 원인체에게는 감염성(감염을 일으킬 수 있는)은 있지만, 전염성은 없다. 전염성 있는 질병 원인체 중에서도 감염된 개체가 다른 개체에 전염시킬 수 없는 것도 있다. 몇몇 감염된 개체들은 전염이 일어나기 전의 초기 단계에 머물러 있을 수도 있다. 예를 들어, 동물들은 광견병바이러스에 보통 1~3개월 동안 감염된 상태로 지내지만, 전염은 사실상 상대적으로 짧은 기간인 바이러스가 배출되는 말기에만 이뤄진다(Rupprecht 등, 2001).

기생충에 감염되는 단계와 전염되는 단계 사이의 간격을 '잠복기(prepatent period)'라고 부른다. 예를 들어, 흰꼬리사슴은 감염성 있는 유충을 분변을 통해 배출하기 전인 82~91일 동안 뇌수막성 기생충인 파렐라포스트론길루스 테누이스(*Parelaphostrongylus tenuis*)에 감염되었고(Anderson, 1992), 잠복기인 3개월 동안 감염된 상태였지만 감염성은 없었다. 그 이유는 감염된 많은 사슴들의 조직에는 한 마리 또는 한 가지 성별의 파렐라포스트론길루스 테누이스에만 있기 때문이다(Slomke 등, 1995).

어떤 감염은 숨어서 질병을 유발하지 않고, 전염성도 없는 잠재기에 들어선다. 이는 오리바이러스성 장염을 유발하는 헤르페스바이러스 1(anatid herpesvirus 1)이나 사람의 입가에 수포를 유발하는 헤르페스 호미니스(*Herpes homisi*)와 같은 많은 헤르페스바이러스들의 특징이다. 숙주 개체는 이들 바이러스에 지속적으로, 어쩌면 평생 동안 감염될 수도 있지만, 바이러스의 재활성이나 증식, 그리고 배출은 주기적으로만 발생할 것이다.

어떤 감염은 숙주 내에서 번식 단계를 갖지 않을 수도 있다. 예를 들어, 간흡충인 대왕간질(*Fascioloides magna*)과 뇌수막 기생충인 파렐라포스트론길루스 테누이스는 말코손바닥사슴에서 좀처럼 알을 생산하지 못한다. 어떤 지역에서는 말코손바닥사슴이 감염되더라도 이들 원인체를 유지하지 못한다(Pybus, 2001; Lankester, 2002). 감염성 원인체 역시 외부 환경으로 나갈 경로가 없기 때문에 숙주 신체의 특정 부위에 국소적으로 고정될 수 있다. 결핵의 경우에는 림프절 안의 벽이 두꺼운 결절에 둘러싸여 있다. 이 동물들은 살아 있는 동물에서 실시하는 다양한 결핵 검사 방법에 대해 양성 반응을 나타내겠지만, 개체군에서 이 질병을 유지하지는 못한다. 이와 비교했을 때, 폐가 광범위하게 감염된 동물은 숨을 내쉴 때마다 세균을 방출하기 때문에 전염성이 매우 강하다.

바이러스

'바이러스는 생물계에서 독특한 위치에 있다. 유전자 보유 등과 일반적인 생물체의 몇몇 특성들을 지니고 있기는 하지만, 이들은 실질적으로 살아 있지 않은 감염성 존재들이다. 따라서 미세생물로 간주해서는 안 된다(van Regenmortel과 Mahy, 2004)'. 이들이 비생물체라는 주장에도 불구하고 바이러스들은 감염성 인자로 인식되곤 한다. 바이러스들은 너무 작기 때문에 광학현미경으로는 관찰할 수 없으며, DNA 또는 RNA 중 한 가지 핵산만을 갖고 있다.

모든 바이러스들은 편성기생체다. 이들은 기능성 소기관을 갖고 있지 않으며 에너지 생산과 거대분자 합성 등과 같은 과정에서 숙주세포에 완전히 의존한다. 이들은 숙주세포 밖에서 스스로 대사 작용을 하지 못한다. 이들은 숙주세포 안에서 숙주세포 유전자와 결합하여 대사적으로 활성화된 후 숙주세포의 대사 기구들을 이용하여 새로운 바이러스 유전자, 바이러스성 mRNA, 단백질 그리고 그 밖에 완전한 또 하나의 바이러스 입자(virion)를 만드는 데 필요한 구성체들을 만든다. 바이러스 입자는 핵산과 이를 둘러싼 '캡시드(capsid)'라는 단백질 외피를 갖고 있다. 몇몇 바이러스의 경우 이 캡시드는 지질 단백질(lipoprotein)로 만들어진 외피에 또 한 번 둘러싸여 있는데, 이는 바이러스가 숙주세포막을 뚫고 나올 때 얻어진 것이다. 이 외피는 외부 환경으로부터 핵산을 보호해주며 외피에 있는 단백질들은 바이러스가 다른 숙주세포에 달라붙어 침입하는 데에 중요한 역할을 한다. 바이러스의 분류는 다른 생물체와 유사하다. 바이러스 유전자의 기본 성질, 번식 방법 그리고 바이러스 입자의 구조 등은 모두 바이러스를 분류하는 데 있어 중요한 특징들이다. 바이러스를 과, 아과 그리고 속으로 분류하는 것은 상대적으로 쉬운 일이지만 바이러스의 종 단위는 '불투명한 경계선으로 되어 있는 모호한 덩어리'와 같다(van Regenmortel과 Mahy, 2004).

야생조류와 포유류에서 알려진 바이러스 모두를 나열하는 것은 무의미하다. 지상에서 연구한 모든 생물체들은 바이러스를 갖고 있으며 모든 야생종은 질병을 유발하지 않는 몇몇의 바이러스를 포함한 여러 개의 바이러스에 감염되어 있다고 생각해도 무방할 것이다. 표 3.4는 야생동물에서 중요한 병원체로 작용ー야생동물에서 중요한 질병을 유발하는 경우 또는 사람 또는 가축에게 전염되어 질병을 유발하는 경우ー하는 바이러스 중 몇 가지를 나타낸 것이다. 어떤 바이러스는 숙주를 선택할 때 종을 엄격하게 따지지만, 어떤 바이러스들은 종을 따지지 않는다.

예를 들어 웨스트나일바이러스와 세인트루이스뇌염바이러스의 경우, 주로 모기와 조류에서 유지되지만, 말, 사람 그리고 다른 포유동물에게도 곧잘 감염된다. 이처럼 다양한 숙주에 감염되기 위해서는 엄청나게 다양한 척추동물들의 방어기전뿐만 아니라 변온성 무척추동물의 방어기전에도 충분히 적응하고 이를 극복할 수 있어야 한다. 이와 유사한 예로, 돼지수포성발진(산미구엘 바다사자바이러스)들은 캘리포니아 바다사자들의 앞발에 수포(액체가 찬 물집)를 유발하기도 하지만, 이와 동시에 가축 돼지를 감염시키기도 하며, 야생 바다물고기에서 분리되기도 한다. 어떤 바이러스들은 한 숙주에서는 질병을 유발하지 않거나 아주 약한 질병만을 유발하지만, 다른 숙주종에서는 심각한 질병을 유발하기도 한다(다시 말해, 한타바이러스의 경우, 설치류에서는 특별한 질병을 유발하지 않지만 사람에서는 치명적인 질병을 유발한다). 헤르페스바이러스의 경우 일반적인 숙주인 누에서는 어떠한 질병 증상도 일으키지 않지만 소에서는 치명적인 '누-관련(wildebeest-associated)' 악성 카타르성 열병을 유발한다.

전체적으로 봤을 때 바이러스들은 세균이나 곰팡이에 비해 동물 체외에서 외부 환경에 견디는 능력이 약하다. 따라서 바이러스들은 감염된 동물과 감염되지 않은 동물

표 3.4 | 동물바이러스(Family)와 그중 야생동물에서 발생하는 바이러스들의 사례

과	종	주요 숙주(질병)
DNA바이러스		
아데노바이러스과(Adenoviridae)	사슴 아데노바이러스의 출혈성 질병	노새사슴(사슴 아데노바이러스 출혈성 질병)
아스파바이러스과(Asfarviridae)	아프리카돼지열바이러스	혹멧돼지, 멧돼지(아프리카돼지 열)
시르코바이러스과(Circoviridae)	앵무새부리깃털병바이러스	앵무새(앵무새부리깃털 병)
헤르페스바이러스과(Herpesviridae)	오리 헤르페스바이러스 1	물새(오리바이러스싱 징염)
파포바바이러스과(Papovaviridae)	솜꼬리토끼 유두종바이러스	솜꼬리토끼(유두종)
파보바이러스과(Parvoviridae)	개 파보바이러스 2	개, 야생개과(파보바이러스 감염)
폭스바이러스과(Poxviridae)	점액종바이러스	토끼과(점액종)
DNA와 RNA 역전사바이러스		
레트로바이러스과(Retroviridae)	코알라레트로바이러스	코알라(림프 종양)
RNA바이러스		
아레나바이러스과(Arenaviridae)	라사열바이러스	다유방쥐속(*Mastomys* spp.)(사람의 라사열)
부냐바이러스과(Bunyaviridae)	시놈버바이러스	흰발생쥐(*Peromyscus maniculatus*) (사람의 한타바이러스 폐증후군)
칼리시바이러스과(Caliciviridae)	토끼출혈성질병바이러스	유럽토끼(토끼 출혈성 질병)
코로나바이러스과(Coronaviridae)	고양이감염성복막염바이러스	집고양이와 야생 고양이과(고양이 감염성 복막염)
필로바이러스과(Filoviridae)	에볼라바이러스	영장류, 다이커영양(사람의 에볼라 질병에 해당)
플라비바이러스과(Flaviviridae)	도약병바이러스	붉은뇌조, 멧토끼(도약병)
오르소믹소바이러스과(Orthomyxoviridae)	인플루엔자바이러스 A	물새류, 물범류(인플루엔자)
파라믹소바이러스과(Paramyxoviridae)	개홍역바이러스	개과, 족제비과, 북미너구리류, 몇몇 고양이과와 물범류
피코르나바이러스과(Picornaviridae)	구제역바이러스	유제류(구제역)
레오바이러스과(Reoviridae)	블루텅바이러스	양, 사슴, 가지뿔영양(블루텅)
랍도바이러스과(Rhabdoviridae)	광견병바이러스	포유류(광견병)
토고바이러스과(Togoviridae)	동부말뇌염바이러스	조류(동부말뇌염)

간의 밀접한 접촉을 통해 퍼져나간다. 반면, 파보바이러스와 같은 바이러스들은 외부 환경에 대한 저항력이 엄청나게 강해서 공기 중 비말 형태로 살아남아 바다를 건너 수백 킬로미터까지 퍼져나간다. 미세기생체가 그러하듯 많은 바이러스들은 짧고 강한 감염을 일으키고 회복 후에는 면역력을 장기간 지속시킨다. 그러나 이와 반대로 레트로바이러스[(고양이면역결핍바이러스-집고양이와 사자 감염(Packer 등, 1999)]의 경우, 자신들의 유전적 물질을 숙주세포와 결합하여 숙주의 몸속에 평생 존재한다. 헤르페스바이러스들은 숙주의 체내에 숨어 잠재하는 것으로 유명한데-흔히 신경 조직-오리의 흑사병을 일으키는 헤르페스바이러스가 그 대표적인 예다.

세균

세균은 작은 단세포 생물이며, 형태가 매우 다양하다. 대부분의 세균은 단단한 외벽을 갖고 있으며 이분법을 통해 증식한다. 많은 세균들은 살아 있는 세포에서만 성장할 수 있는 두 그룹(리케차아와 클라미디아)을 제외하고는 대부분 비활성화된 인공 배지에서도 성장할 수 있다. 세균들은 광학현미경으로 관찰할 수 있을 정도로 크며, 대부분이 그람(H. C. J. Gram)이 만든 특정 염색법을 이용해 염색했을 때 나타나는 두 가지 색 중 한 가지 색으로 염색된다. 이 염색을 이용했을 때 파란색으로 나타나는 포도상구균(*Staphylococci*)이나 연쇄상구균(*Streptococci*) 등은 그람 양성(빨간색으로 염색되는 대장균이나 살모넬라와 같은 세균들은 '그람 음성'이라 한다.)이라고 한다. 이러한 염색은 질병에 걸린 조직 내에 존재할 수 있는 일반적인 세균을 찾아내는 데 주로 사용된다. 세균들은 막결합 핵을 갖고 있지 않으며, 그 대신 이중나선 DNA로 이루어진 하나의 염색체를 갖고 있다. 또한 염색체 밖에도 DNA 조각(플라스미드)을 갖고 있을 수 있는데, 이는 독소 생성과 같이 질병과 관련된 요인에 대한 정보를 갖고 있는 경우도 있다. 어떠한 세균들은 박테리오파지(세균분해바이러스, bacteriophages)에 감염되어 있기 때문에 이로 인한 질병과 관련된 유전 물질을 갖고 있을 수도 있다.

대부분의 세균들은 사물(死物) 기생생물로, 유기물과 무기물 모두를 기질로 사용한다. 이들 중 어떤 것들은 혐기성기생체들이기 때문에 기생 생활이 필요하지 않지만, 기생할 수 있는 기회를 적절하게 이용하기도 한다. 클로스트리듐속의 여러 세균들은 이러한 기회성감염체들의 대표적인 예다. 이들은 흙 속에서 사물기생체로 생활하다가 상처 속으로 들어가 조직 안에서 자라며 가스괴저 또는 파상풍과 같은 심각한 질병을 유발한다. 상대적으로 몇 안 되는 세균들만이 편성기생체로 살아가며, 이 또한 자신들 생활사의 일부분을 차지한다. 그러나 리케치아와 클라미디아는 살아 있는 숙주세포 안에서만 복제할 수 있다. 세균들이 외부 환경에서 견딜 수 있는 능력은 세균마다 다르다. 바실러스속과 클로스트리듐속에 속해 있는 생물체들은 저항성이 매우 강한 아포(내생포자, endospore)를 만들어 자신에게 불리한 환경 조건 속에서 살아남는다.

세균들은 린네 명명법으로 분류되었기 때문에 모든 종은 속 단위와 종 단위의 이름을 가진다(예를 들어, 파스퇴렐라 물토시다). 가끔 하나의 종으로 분류된 세균 내에서도 많은 다양성이 존재하는 경우도 있다. 예를 들어 파스퇴렐라 물토시다의 아형 또는 변종 혈청형들 중 조류에서 조류콜레라를 유발하는 것과 포유류에서 질병을 유발하는 것이 다르며, 들소에서 출혈성 패혈증을 유발하는 것과 폐렴을 유발하는 것도 다르다. 북미 서부 지역에서 오리에게 조류콜레라를 유발하는 파스퇴렐라 물토시다와 대서양 연안의 북방오리(common eider)에서 동일한 질병을 유발하는 종류 역시 다르다.

흔히 세균들은 임상적인 목적 아래 분류학적인 원칙보다 그들의 생김새를 근거로 구분하거나 정리하곤 한다. 세균 종 동정의 최고 참고서인 『Bergey's Manual of Determinative Bacteriology』(Holt 등, 1994)는 세균을 표현형에 따라 정리했다. 왜냐하면 이것이 '임상적인 목적으로 봤을 때 가장 유용한 방법'이기 때문이다. 세균 중 질병을 유발하는 것으로 알려진 것들은 전체 기술된 종의 아주 작은 일부분일 뿐이며, 기술된 세균들은 '자연에 현존하는 세균 중 일부분만을 나타낸다.'(Holt 등, 1994). 표 3.5는 야생동물 질병과 관련한 종들이 얼마나 다양한지를 나타낸다.

대부분의 세균감염은 대개 숙주동물 내에서 세균이 급격히 증식하거나, 숙주 면역반응이 발달하면서 사라진다. 세균들은 숙주동물의 신장인 요로세관이나 신경계 등 면역 반응의 영향이 가장 적은 특정 부위에 남아 있을 수도 있다. 결핵과 같은 만성 질병의 경우, 세균들은 숙주동물의 면역 반응에도 불구하고 국부적인 병소에 장시간 동안 존재할 수 있다.

표 3.5 | 야생 조류와 포유류에서 특정 질병의 원인이 되는 세균

세균 종	주요 동물 숙주	질병
스피로헤타(나선상 세균)		
보렐리아 보르그도프페리 (*Borrelia burgdorferi*)	설치류, 조류	사람의 라임병
렙토스피라속(*Leptospira* spp.)	북미너구리, 스컹크, 설치류	렙토스피라병
그람 음성, 호기성/미호기성 간균과 구균		
브루셀라 아보르투스(*Brucella abortus*)	북미들소, 엘크, 소	브루셀라병
야토병(*Francisella tularensis*)	설치류, 토끼목	야토병
통성혐기성 그람 음성 간균		
대장균(*Escherichia coli*)	많은 종	주로 신생아 장관 감염
살모넬라속(*Salmonella* spp.)	많은 종	장관과 일반적 감염
흑사병균(*Yersinia pestis*)	설치류	흑사병
파스퇴렐라 물토시다 (*Pasteurella multocida*)	많은 종	조류는 조류콜레라; 포유류는 폐렴, 출혈성 패혈증
그람 음성, 혐기성, 곧고, 휘고 나선형의 세균		
푸소박테리움 네크로포럼 (*Fusobacterium necrophorum*)	설치류, 유대류	괴저간균증
리케치아와 클라미디아		
에를리키아 샤펜시스 (*Ehrlichia chaffeensis*)	흰꼬리사슴	사람의 단핵구성 에를리히증
클라미디아증 (*Chlamydophila psittaci*)	조류	클라미디아증

세균 종	주요 동물 숙주	질병
그람 양성 구균		
황색포도구균(*Staphylococcus aureus*)	많은 종	피부 감염, 농양
스트렙토코커스속(*Streptococcus* spp.)	많은 종	상처 감염, 화농성 감염
내생포자 형성 그람 양성 간균과 구균		
탄저균(*Bacillus anthracis*)	유제류	탄저
클로스트리듐속(*Clostridium* spp.)	다양	상처 감염, 가스 괴저, 보툴리즘, 파상풍, 티저병
규칙적, 무포자 그람 양성 간균		
돼지단독균(*Erysipelothrix rhusiopathiae*)	포유류, 조류	산발적 상처 감염, 패혈증
단구성 리스테리아균(*Listeria monocytogenes*)	많은 포유류	산발적 뇌 또는 일반적 감염
불규칙적, 무포자 그람 양성 간균		
아르카노박테리움 보비스 (*Arcanobacterium bovis*)	반추동물	농양, 화농성 병변
미코박테리움		
우결핵균(*Mycobacterium bovis*)	북미들소, 오소리, 솔꼬리포섬, 사슴	우결핵
조류결핵균(*M. avirum complex*)	조류, 포유류의 부수적 감염	조류 결핵
가성결핵균(*M. avium paratuberculosis*)	반추동물, 기타	파라결핵증(요네병)
미코플라스미: 세포벽이 없는 세균		
미코플라스마속(*Mycoplasma* spp.)	많은 종	이차 감염, 폐렴, 관절염

참고: 순서는 Holt 등(1994)에 따름.

곰팡이

곰팡이들은 뚜렷한 핵, 세포막과 핵막, 골지체, 미토콘드리아 그리고 세포 골격을 갖고 있는 진핵생물이다. 야생동물에서 질병을 유발하는 대부분의 곰팡이들은 사물기생체로, 외부 환경에서도 자유롭게 살 수 있지만, 동물이 쇠약해지거나 비정상적인 경로를 통해 곰팡이에 노출되는 경우에는 기회 감염을 일으키는 기생체로 활동한다(표 3.6). 대부분의 곰팡이들은 장시간 동안 자연환경에서 생존할 수 있는 포자로 퍼져나간다. 많은 곰팡이성 질병들은 숙주동물이 폐를 감염시킬 수 있는 곰팡이 포자를 흡입함으로써 일어나며 2차적으로 이것이 다른 기관으로 퍼져나간다. 이에 비해 흔한 편은 아니지만, 피부 상처를 통해 숙주 체내로 들어가기도 한다. 대부분의 곰팡이성 질병은 만성이다.

야생동물에서 가장 중요한 곰팡이성 질병 중 하나는 바로 아스페르길루스(*Aspergillus*)로 인해 일어나는 국균증이다. 이는 사육 상태 또는 동시에 다른 질병에 감염되는 등의 스트레스로 인해 각 조류 개체에서 일어난다. 이러한 새들의 경우, 국균증이 폐사의 직

표 3.6 | 야생 조류와 포유류에서 특정 질병의 원인이 되는 곰팡이

곰팡이 종	질병	동물	설명
표재성 피부 감염			
백선균속(*Trichophyton* spp.), 소포자균속(*Microsporum* spp.)	피부사상균증(백선)	많은 포유류에서 산발적 사례	동물에서 동물로 퍼지는 절대기생체
점막 질병			
백색칸디다균(*Candida albicans*)	아구창	조류, 포유류	점막에 정상적으로 보유
전신 질병(기회성기생체)			
국균(*Aspergillus fumigatus*)	국균증	조류	조류의 중요한 호흡성 질병, 가끔 창궐함
콕시디오이데스 임미티스 (*Coccidiodes immitis*)	콕시디오이데스진균증 (Coccidiomycosis)	포유류에서 산발적 발생	신세계에 제한적 분포
블라스토미세스 데르마티티디스 (*Blastomyces dermatitidis*)	분아균증	포유류에서 산발적 발생	북미, 중동, 아프리카에 제한적 분포
크립토코쿠스 네오포르만스 (*Cryptococcus neoformans*)	크립토코커스증	포유류에서 산발적 발생	온대와 열대 지역에 세계적 분포
크리소스포리움속 (*Chrysosporium* spp.)	거대포자진균증	굴 파는 포유류	폐 감염, 임상 증상 드묾
히스토플라스마 캅술라툼 (*Histoplasma capsulatum*)	히스토플라스마증	포유류에서 산발적 발생	조류와 박쥐 똥이 있는 흙의 포자를 흡입해 폐 감염

접적인 이유다(그림 3.3).

국균증은 주로 사료를 먹고 사는 새들에게서, 또는 아스페르길루스가 사물 기생을 하며 다량으로 상존하는 곳에서 유행성 감염병으로 발생한다(Neff 1955; Adrian 등, 1978). 몇 몇 발생 사례와 관련된 잠재적인 요인들은 아직 알려지지 않았다(Zinkl 등, 1977b).

그 밖의 곰팡이성 질병들은 집단 발생보다는 개별적인 개체에서 단발성으로 일어난다. 이러한 질병들은 흔히 감염된 동물과의 접촉보다 주변 환경에서부터 비롯된다.

칸디다 알비칸스(*Candida albicans*)는 효모로, 점막에 머물며 때때로 쇠약한 동물에게서 질병을 유발한다. 곰팡이 중 몇 개의 속들은 피부사상균증 또는 백선이라 부르는 질병을 유발하는데, 이는 피부의 표면층과 털 줄기에 감염을 일으킨다. 이 감염의 결과, 털이 끊어지고 소실되며 미약한 염증 반응이 일어난다(그림 3.4). 백선을 일으키는 생물체들은 접촉성 편성기생체(필수적으로 접촉을 필요로 함)들로, 직접 또는 간접 접촉을 통해 감염동물에서 비감

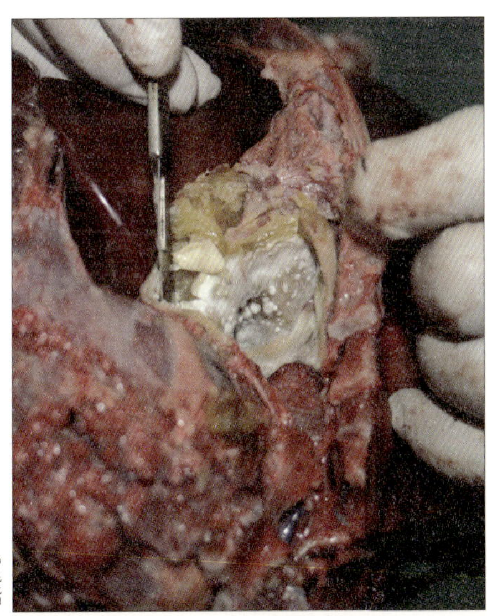
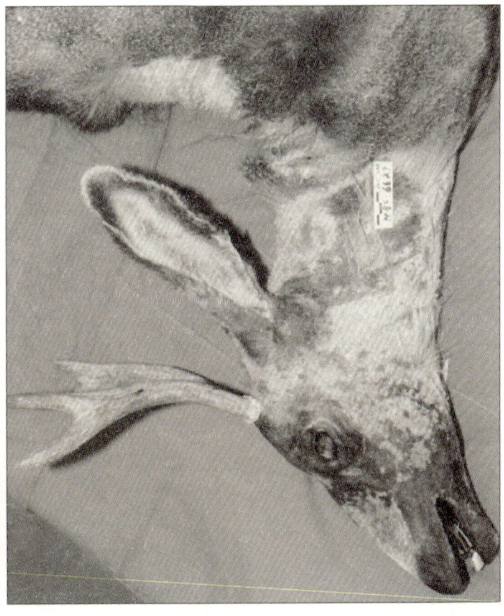

그림 3.3 ▲ 폐와 기낭에 국균증 병변이 있는 독수리(*Aegypius monachus*). 백색 균사체를 잘 살펴볼 수 있으며, 다발성 흰색 결절은 아스페르길루스 푸미가투스(*Aspergillus fumigatus*) 곰팡이의 기회성 감염으로 인한 만성 육아종이다.

그림 3.4 ▲ 서스캐처원 지역 노새사슴의 심각한 피부사상균증 또는 백선. 피부 표층과 모간 내에서 자라는 곰팡이인 트리코피톤 베루코숨(*Trichophyton verrucosum*)에 감염되었다. 피부 표면의 털이 약해져 쉽게 부러진다.

염동물로 퍼져나가기 때문에 곰팡이들 중 백선을 일으키는 생물체들은 흔하지 않다.

원생동물

원생동물은 단세포 진핵생물체들로 이루어진 매우 크고 다양한 그룹으로, 이들 중 많은 생물체들은 매우 복잡한 생활사를 갖고 있다. 원생동물은 약 5만 종이 있는 것으로 추정되고 있으며, 이 중 20%가 척추동물과 무척추동물에 기생한다. 이들의 분류는 매우 혼란스러우며 분자생물학을 이용해 점차 많은 변화들이 생기고 있다. 실용적인 측면에서 봤을 때 기생체들을 분류학적인 근거보다는 기생체가 감염되는 동물의 신체 부위에 따라(표 3.7) 분류하는 것이 훨씬 쉽다. 자신의 생활사를 완성시키는 데에 2종 이상의 숙주를 필요로 하는 원생동물의 경우, 각기 다른 종에서 각기 다른 지위를 차지한다. 예를 들어 주육포자충속, 톡소포자충속 그리고 프렌켈리아속(Frenkelia)들은 두 개의 다른 숙주동물(포식자와 하나 이상의 먹이동물)을 필요로 한다. 이들은 포식자의 장 속에 살며 먹이동물 숙주(주로 초식동물)에서는 그 밖의 조직 내에서 산다. 대부분의 원생동물들은 크기가 작고 한 세대가 짧으며 살아남은 숙주동물에게 재감염에 대한 면역력을 부여한다는 점에서 미세기생체들과 동일하다.

원생동물 감염의 주요 특징은 감염 정도(감염 용량)와 그로 인한 질병 심각도가 관련 있다는 것이다. 질병은 더 많은 병원체가 있을수록 더욱 심각해진다. 감염의 세기는 주로 숙주동물의 몸속으로 들어간 감염체의 수로 판단한다. 한 가지 예로, 서스캐처원에 사는 많은 건강한 리차드슨땅다람쥐들은 근육에 땅다람쥐와 오소리를 숙주로 하는 사르코시스티스 캄페스트리스(Sarcocystis campestris)라는 원생동물의 생활사 첫 단계 형태인 낭포들을 갖고 있다(그림 3.5). 이 기생충들은 많은 땅다람쥐들 사이에 퍼져 있지만, 야생에서 이것이 질병을 유발한다는 증거는 없다(다시 말해, 병원체에 의한 감염으로 야생 땅다람쥐들이 병 들거나 죽은 것이 발견된 적이 없다.). 그러나 우리가 실험적으로 오소리 장에서 채취한 포자모세포(sporocyst)를 이용해 땅다람쥐들을 감염시키자, 대부분의 땅다람쥐들이 폐사했는데,

표 3.7 | 야생동물에 질병을 유발하는 원생동물

속	생활사	감염되는 야생 종	질병 종류
장관 내 또는 다른 피부 막 기생충			
편모충(*Giardia*)	분변을 통해 나온 포낭을 섭취함으로써 감염이 일어남	많은 포유류와 조류	종종 준임상, 설사(편모충증)
구포자충(*Eimeria*), 사람등포자충(*Isospora*), 와포자충(*Cryptosporidium*)	숙주 내에서는 복잡한 번식 단계를 거침, 분변을 통해 나온 접합자를 섭취함으로써 감염이 일어남	숙주 특이성에 따라 다르지만, 모든 야생동물이 콕시아 종을 갖고 있음	종종 준임상이지만 설사와 장관 손상은 심각할 수 있음 (콕시디아증)
조직에 침투하는 기생충			
주육포자충, 프렌켈리아, 톡소포자충, 베스노이티아	육식동물의 장관에서 성적 복제, 교대 숙주의 조직에서는 무성적 복제	생활사는 포식자–피식자 관계와 관련 있음(맹금류–설치류)	육식동물 감염은 찾아내기 어려움, 다른 숙주의 감염은 준임상에서 치명적인 것까지 다양함
주혈원충(*Hepatozoon*)	무척추동물에서 성적 복제, 척추동물의 혈액 세포에서 생식세포와 무성적 복제	파충류, 조류, 포유류를 포함한 많은 척추동물	매우 다양, 빈혈 또는 조직 손상 (주혈원충증)
히스토모나스 멜레아그리디스 (*Histomonas meleagridis*)	조류 장관에 기생하는 선충(*Heterakis* spp.)을 감염. 선충의 알이나 유충에 기생해 다른 조류로 전파	닭목의 조류	장관 또는 간 손상(전염성 간장염, 흑두병)
혈액에 사는 기생충(hematozoa)			
열원충(*Plasmodium*)	흡혈 무척추동물에서 성적 복제, 다른 숙주 조직에서 무성적 복제, 기생충은 혈액 세포에서 순환, 혈액을 먹이 무척추동물에 전파	많은 야생 포유류와 조류 종에 감염	모기로 인해 전파, 종종 준임상이지만 일반적이지 않은 숙주에서는 치명적 질병임(말라리아)
파동편모충(*Trypansosoma*), 리슈만편모충(*Leishmania*)		몇몇 지역에 있는 야생동물에 폭넓게 감염	야생동물이 사람과 가축에 감염 숙주 역할을 함
범안열원충증(*Theileria*), 시타욱스준(*Cytauxzoon*), 바베시아(*babesia*)		진드기가 전파해 다양한 야생동물이 감염됨	야생동물이 사람과 가축에 감염 숙주 역할을 함
류코사이토준병 (*Leucocytozoon*)		파리매(*Simullidae*)가 전파	준임상에서 치명적 빈혈까지(류코싸이토준병)
하이모프로테우스 (*Haemoproteus*)		조류의 기생체	응애모기가 전파(*Culicoides* spp.), 보통 준임상

참고: 이 목록은 보고된 수천 가지 원생동물의 일부이며, 알려지지 않은 것들이 많다.

이때 질병의 심각도는 동물에게 주입한 포자모세포들의 개수와 관련되어 있다(Wobeser 등, 1983). 대부분의 땅다람쥐들은 자연 상태에서 적은 수의 포자모세포들에 노출되며, 감염되더라도 약한 병적 증상만을 나타낸다. 많은 수의 포자모세포들을 섭취한 땅다람쥐 개체들은 아마도 감염으로 인해 지하에서 폐사하거나 오소리 등과 같은 포식자에게 잡아먹힐 것이다(땅다람쥐의 질병을 유발하는 것은 땅다람쥐가 오소리에게 포획될 가능성을 높이고, 이는 기생충에게 이익으로 작용한다).

후생동물

후생동물이란, 절지동물과 다양한 기생충들(helminth)들을 포함한 엄청나게 다양한 다세포동물군을 인위적으로 묶은 것을 말한다. 흔히 다른 질병 종류들을 이야기할 때, '기생충'이라 생각하는 유기체들이다. 생태학적 측면에서 봤을 때 이들은 거대 기생체로, 맨눈으로도 관찰할 수 있으며, 생존 기간이 길고, 숙주 내에서 급격하게 증식하지 않으며, 만성적인 감염을 일으키고, 감염 후에 얻어지는 면역력의 유효성이 짧아서 재감염이 쉽게 일어난다. 후생동물이 숙주에 미치는 영향은 원생동물의 경우와 마찬가지로 감염 정도와 관련이 있다. 몇 마리 되지 않는 기생충을 갖고 있는 숙주에서는 명백한 증상이 나타나지 않지만, 많은 수의 기생충을 갖고 있는 숙주에서는 심각한 질병을 유발할 수 있다. 예를 들어, 164~200마리의 파렐라포스트론길루스 테누이스(*Parelaphostrongylus tenuis*)에 감염된 새끼 말코손바닥사슴에서는 심각하고 치명적인 질병이 급격하게 발생했지만 15~30마리에 감염된 개체들에서는 중간에서 중증도의 불치성 신경증상이 나타났고 3~10마리에 감염된 개체들에서의 임상 증상은 스스로 완화되거나 사라졌다(Lankester 2002).

후생동물에 의한 감염의 특징은 숙주의 한 개체군 내에서 기생충 감염의 분포가 특정 개체들에게 모여 있는 양상을 띤다는 것이다(Shaw 등, 1998; Wilson 등, 2001). 개체군 내의 개체들은 대부분 특정 기생충을 갖고 있지 않거나 아주 적은 수만을 갖고 있다. 그러나 이 기생충들은 개체군 내 몇 마리에게 몰려 있다(그림 3.6). 이는 다음과 같은 중요한 결과를 초래한다.

· 심각한 유해 영향은 개체군 내에 심각하게 감염된 몇 마리에만 집중된다.

· 개체군 내 적은 비율을 차지하는 개체들이 기생충 전염의 근원이다.

표 3.8 | 야생동물에 질병을 일으키는 후생동물

기생충 그룹	생활사	관련있는 야생 종	설명
체외 기생충			
흡혈 파리	성체일 때 기생, 개체마다 다양한 숙주를 흡혈	포유류와 조류	직접적인 영향과 다른 질병 요인 매개체로 중요함
벼룩	성체일 때 흡혈, 유충은 환경에 돌아다님	대부분 포유류, 조류 일부	몇몇 종은 다른 질병의 매개체임, 특히 흑사병
이	직접 생활사, 숙주 피부에 알을 낳고 접촉으로 전파	포유류와 조류	몇몇은 피를 먹거나, 피부 조각을 먹음, 숙주에서 떨어져 생존할 수 없음
응애	편성기생체, 직접 접촉으로 전파	포유류와 조류	몇몇 속[사르코프테스(*sarcoptes*), 소로프테스(*psoroptes*)]의 침입은 심각한 피부 질병을 유발
진드기	몇몇 종은 한 숙주에서 모든 생활사를 거침, 다른 진드기는 다른 숙주에서 각 단계를 거침	포유류와 조류	몇 종은 직접적인 질병을 일으킴, 감염성 요인 매개체가 많음
체내 기생충			
쇠파리, 말파리, 쉬파리	유충 단계에서 편성기생체	대부분 설치류, 토끼류, 반주류	몇몇은 비인두에 기생, 다른 것들은 피하 소식에 삼
선충(회충)	극도로 다양	모든 종	다양한 종이 몸의 모든 조직 내에 기생
촌충	두종의 척추동물이나 한 척추동물가 하나의 무척추동물을 포함하는 2중 숙주 생활사	모든 종	종종 유충일 때가 성충일 때보다 더 많은 손상을 줌
흡충	자유롭게 유영하는 단계와 연체동물 감염의 복잡한 간접 생활사	대부분의 종	대부분 소화 기관에 감염 (장, 간, 췌장)
구두충 (Acanthocephalids)	무척추와 척추동물 숙주와 관련한 생활사	주로 수생 종	장관기생체

· 개체군 내 기생충 감염률과 기생충의 영향은 많은 개체수를 검사하지 않고서는 측정하기 어렵다.

후생동물 종들의 다양한 분류군, 생활사 그리고 생태학적 지위 때문에 이들을 전반 적으로 설명하기는 어렵다. 표 3.8은 각 종들의 생활사와 숙주 내에서 이들이 서식하는 부위에 따른 후생동물을 정리한 것이다.

비감염성 전염성 질병

전염성해면상뇌병증(Transmissible Spongiform Encephalopathies, TSE), 야생사슴류의 만성 소모성병(chronic wasting disease, CWD), 소해면상뇌병증(광우병, Bovine Spongiform Encephalopathy, BSE), 인간의 질병인 크로이츠펠트야콥병(Creutzfeldt-Jakob Disease, CJD)과 같 은 질병들은 어떤 것이 감염성 질병이고, 어떤 것이 비감염성 질병인지 정의하는 데 많 은 어려움을 느끼게 만들었다. 최근 들어 이러한 질병들은 프리온 단백질(prion protein, PrP)이라고 부르는 정상 숙주세포의 단백질 기능과 구조의 변화로 인해 발생한다고 알 려졌다(Prusiner, 1998; Legname 등, 2004). 정상 PrP(경우에 따라 PrPC로 표기하기도 함)는 농도가 신 경세포에서 가장 높지만, 이에 대한 생물학적 기능은 밝혀진 바가 없다. 이 질병은 PrPC 와 구조적으로 다른 단백질 형태의 축적과 연관이 있는 것으로 알려져 있으며, 정상 단 백질의 경우에는 분해하는 단백분해효소(프로테아제, protease) 등의 효소에 대해 저항성을 갖고 있다. PrPres로 불리는 이 비정상, 저항성 단백질형은 PrPC와 아미노산 배열이 동 일하지만, 단백질 분자가 접히는 방식은 다르다. TSE의 독특한 특징은 자연적인 경로이 든, 실험적인 노출이든 PrPres가 적절한 동물 숙주에게 침입하면 PrPC에서 PrPres로의 생산을 촉진한다는 것이다. 특정 형태의 TSE, 특히 CWD에서는 이러한 증상이 한 개체 에서 다른 개체로 전파될 수 있다는 좋은 증거가 있다(Miller와 Williams, 2003). 비록 전파가 일어나는 양식에 대해서는 밝혀진 바가 없지만, 감염된 사슴이 살았거나 감염되어 죽은

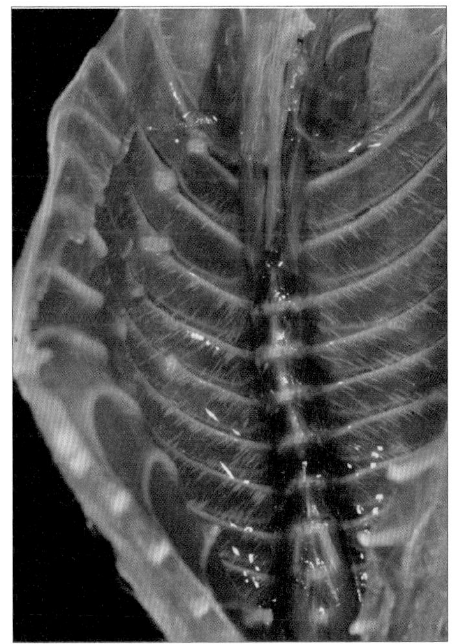

그림 3.5 ▲ 리처드슨땅다람쥐의 근육에 작은 흰 선이 보인다. 이는 오소리와 땅다람쥐에서 순환하는 원생 기생충인 사르코시스티스 캄페스트리스가 형성한 낭포다.

사슴이 있었던 지역 환경에 노출된 사슴이 CWD에 감염되는 것으로 보인다(Miller 등, 2004b). 이 전파 가능성 때문에 다양한 TSE가 전염성 질병처럼 보이지만, 감염체가 유전적 고유성을 갖고 있지 않기 때문에(핵산이 없음) 감염성 질병보다는 중독의 한 형태로 간주되고 있다. 2003년 밀러(Miller)와 윌리엄스(Williams)는 '전염성 프리온 질병(contagious prion disease)'이라는 단어를 사용했다. 이 동물들이 TSE에 '감염되었다(infected)'라기보다는 '병에 걸렸다(affected)'라고 정확하게 묘사한 것이다.

정확히 PrPres가 어떻게 질병을 유발하는지는 알려져 있지 않지만, 뇌에서의 비염증성 퇴행성 변화(뇌병증, encephalopathy), 즉 해면상(spongiform, 그림 3.7)이라는 용어를 사용하는 것과 마찬가지로, 특정한 장소에서 공간이나 간격을 만들어 해면처럼 변한 뇌 조직을 만드는 등 가기 다른 종에서 다양한 증상을 나타낸다. 현재 야생동물에서 가장 중요한 TSE는 CWD로, 엘크, 흰꼬리사슴, 노새사슴에게 전파된다. 또 다른 TSE 중 하나인 전염성밍크뇌병증(transmissible mink encephalopathy)은 사육 밍크에서 발견된 바 있으며, 소에서 발생하는 광우병과 관련된 주요 동물원 동물에게 발생한 바 있다(Young과 Slocombe, 2003; Cunningham 등, 2004). 2001년에는 윌리엄스가 야생동물에서의 TSE 검토 논문을 내놓았고, 2004년에는 콜린스(Collins) 등이 TSE의 일반적인 상황에 대한 검토를 내놓았으며, 빌레이(Belay) 등이 인간에 대한 CWD의 잠재적 위험을 논의했다.

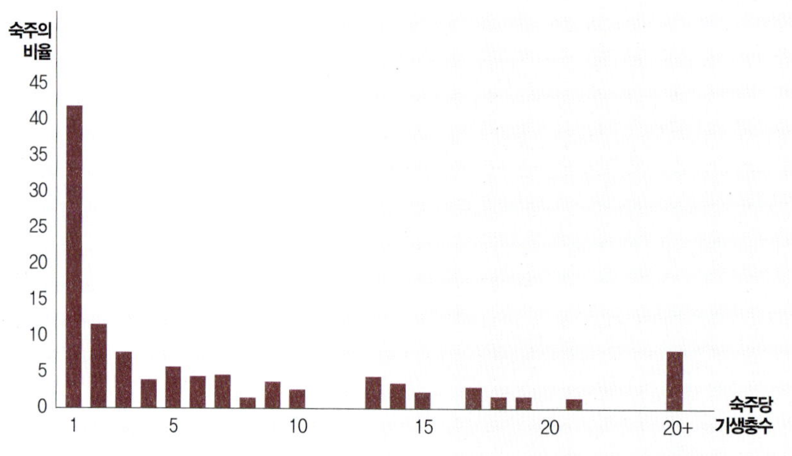

그림 3.6 ▲ 야생동물 개체군 내의 선충 기생충의 가상 분포. 많은 전형적인 기생충들처럼 분포가 집중되어 있다. 대부분의 동물들에 선충이 거의 또는 아예 없고, 몇몇 개체는 많은 수의 기생충을 갖고 있다.

질병의 비감염성 원인

'비감염성 질병'은 신체에 침입하여 살아가는 원인체로 인해 발생하지 않는 상태를 아우르는 단어다. 이 질병 그룹에는 유전 질환, 열, 추위나 부상과 광선을 포함하는 물리적 요인, 대사성 변화, 퇴행성 변화, 필수 영양소의 결핍 그리고 인공적인 오염물질이나 자연 독소를 포함하는 화학물질 등에 의해 발생하는 질환들이 포함된다.

유전 질환

유전 질환은 특정 품종을 개량하기 위해 실시한 근친교배와 선택의 결과로, 특히 가축에서 빈번하게 나타나며, 인간의 씨족사회에서도 발생한다(예: Khoury, 1985). 비록 개체 동물들이 유전 질환을 갖고 있다고 하더라도 역선택 압력(negative selective pressure)이 작동하기 때문에 이러한 유전 질환은 대규모의 이계교배(out-bred) 야생동물 개체군에서 잘 나타나지 않는다(그림 3.8). 유전 질환은 소규모 개체군에서 좀 더 흔하게 나타나며, 야생

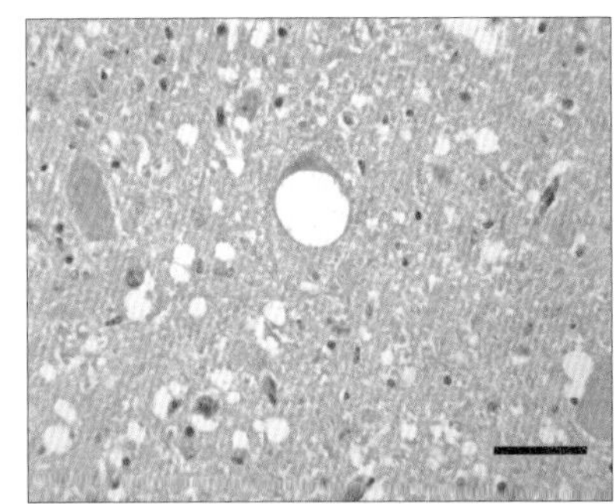

그림 3.7▲ 만성 소모성 질병에 걸린 엘크의 뇌 염색 절편 현미경 사진. 뇌 조직 내 빈 공포들과 신경 세포들은 전염성해면 상뇌병증의 전형적인 모습이다(막대=50㎛).

그림 3.8 ▲ 어린 리처드슨땅다람쥐의 탈모(소모증). 원인은 알려져 있지 않지만 동물을 발견한 환경으로 보아 유전적인 것으로 보인다.

동물 서식지가 갈수록 단편화되어가고, 개체군은 더욱 작게 쪼개지며, 근교배가 나타날 수 있기 때문에 이 질환은 더욱 중요해지고 있다. 근교배 영향은 섬개체군에서 나타나기도 한다. 1999년 엘드리지는 왈라비의 섬개체군에서 변동비대칭(생물체가 좌우대칭에서 벗어난 정도–옮긴이)의 폭이 증가하고, 번식력이 감소한 현상이 근친퇴화의 증거라고 밝혔다. 가축과 사람의 유전 실험을 밝히는 데 있어 중요한 부분은 유전 특징의 유형이 나타나는 가족력을 검사하는 능력이다. 야생동물에서는 개체를 확인하는 것과 혈통을 확립하는 것 자체가 어렵기 때문에 사람이나 가축의 유전 질환을 검사하는 것보다 유전 질환을 확인하는 것이 더 어렵다. 선천성 질병과 유전적 질병을 구분하는 것 또한 중요하다. 여기서 '선천성'이란 출생이나 부화 시를 뜻한다. 선천성 질환은 모체나 발생 과정에서 배아/태아에 대한 다양한 형태의 감염, 주요 오염물질이나 알의 발생 과정 중 고온이나 저온 등과 같은 물리적 요인을 포함하는 다양한 원인으로 발생한다. 유전 질환은 유전적 결손이나 비정상의 결과이며, 출생 시에 나타나기도 하지만, 나중에 표현되기도 한다.

물리적 요인

시공간 속에서 나타나는 물리적 요인은 추위나 고온, 우박, 폭풍 등과 같이 천재지변으로 인해 발생하는 외상 등과 관련이 있다. 대체로 이러한 확률적인 사건은 소규모 개체군이나 개체군 서식지의 주변부에서 발생하는 예외적인 경우를 제외하고 개체군 수준에서는 중요하지 않다. 인간의 포획근병증(*capture myopathy*)으로 인해 유발된 외상은 운지 좋지 못한 경우라고 할 수 있다. 하지만 야생동물을 포획하고 보정하는 과정에서 발생하는 부작용을 어느 정도 예방할 수 있는 방법은 있다.

대사성 변화와 퇴행성 변화

야생동물의 당뇨병, 부신피질 기능 장애나 임신 중독증과 같은 대사성 기능 장애는 자주 발생하지만, 이에 대해서는 잘 알려져 있지 않다. 조직 내 비정상 단백질 축적에 따른 아밀로이드증은 야생조류에서 상대적으로 잘 관찰된다(*amyloidosis*, 본래 생체에는 없는 당 단백질의 일종으로, 비정상적으로 아밀로이드단백이 조직이나 장기에 침착되는 병—옮긴이). 치아 마모(그림 3.9)나 관절 질환(그림 3.10)과 같은 퇴행성 질환의 경우에는 나이든 동물에서 잘 나타나며, 굶주리거나 다른 동물에게 잡아먹힐 수 있는 원인을 제공한다.

필요한 영양소의 결핍

먹이 공급은 야생 개체군의 기본 제한 요소 중 하나다. 먹이의 제한은 생존과 번식에 나쁜 영향을 끼치지만, 축소되거나 감소된 먹이의 영향을 정량적으로 측정하는 것은 어렵다. 어떤 야생동물들은 굶주려 죽기도 한다(몸의 상태와 기능이 죽는 시점까지 감소). 노르웨이의 어린 말코손바닥사슴은 영양실조에 빠져 골다공증이 발생한 것과 같은 특정 기능 장애가 나타나기도 한다(Ytrehus 등, 1999). 단백질 영양 부족은 포식이나 다른 형태의 질병과 실타래처럼 복잡하게 얽혀있다. 앞에서도 설명한 바와 같이, 기생충의 요구도 때문에 개체동물이 영양 부족에 빠져 있는지, 영양 부족의 결과로서 나타나는 저항성의 감소로 인해 기생충이 많아지게 되었는지를 알아내는 것은 불가능에 가깝다.

환경이 어떠한 형태로든 변하여 특정 영양분이 줄어들거나 어떤 요인으로 인해 일반적인 동물의 먹이가 변화하지 않는 한, 자신의 역사적인 서식지에 서식하는 대부분의 야생동물들은 필수 영양분과 같은 특정 요소의 결핍을 심하게 겪는 경우가 드물다. 첫 번째 사례와 같은 변화는 이 장의 초반에 다룬 바 있다(특정 지역의 산성화는 칼슘의 확보를 어렵

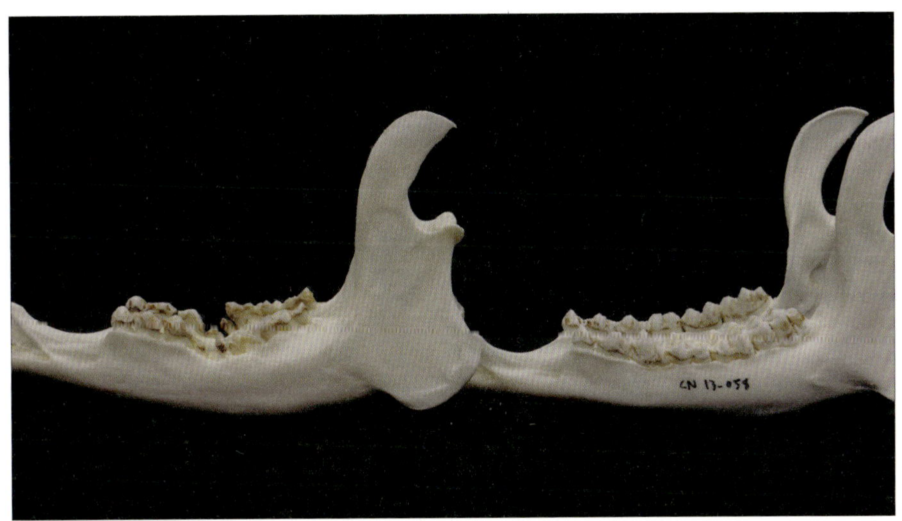

그림 3.9 ▲ 나이든 고라니(*Hydropotes inermis*)에서 보이는 치아의 마모와 소실. 우측은 청년기 고라니의 정상 치아다. 고라니와 같은 소형 우제류의 경우, 치아 마모로 인해 영양분 섭취가 어려워지고 포식자 회피에 대한 취약성이 증가하게 된다. 이러한 퇴행성 변화는 생애 말기 동물 수명을 단축시키는 역할을 한다.

게 만들고, 이로 인해 조류의 번식이 악화된 바 있다). 두 번째 사례와 같은 변화의 예로는 서부 캐나다에서 겨울을 나는 청둥오리에게 발생하는 비타민 A 결핍(간혹 2차 세균감염과 병발하는)을 들 수 있다(Wobeser와 Kost, 1992). 이러한 상태가 발생한 원인을 찾아보면 정둥오리들이 정상직인 월동지보다 훨씬 북쪽에 위치한 댐 아래에 형성된 수면에서 월동하기 시작했다는 사실을 알 수 있다. 이곳에서 월동한 오리들은 한 번에 몇 달씩이나 베타카로틴이 부족한 곡류만을 섭취했기 때문에 그 결과 비타민 A 결핍증이 발생했다(Honour 등, 1995).

간헐적으로 야생동물들은 자연적 사고로 인해 영양의 불균형을 겪기도 한다. 반 펠트(Van Pelt)와 칼레이

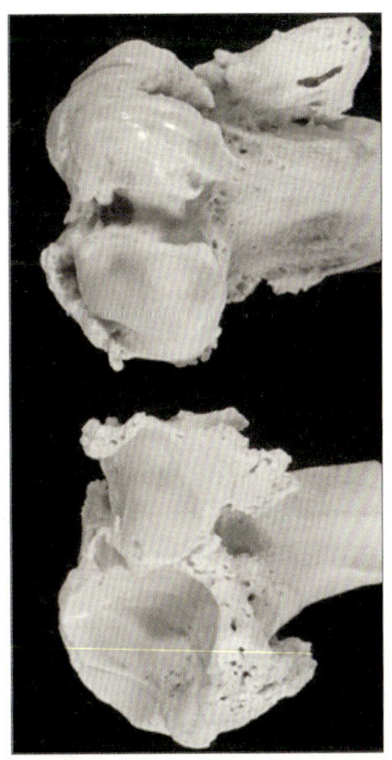

그림 3.10 ▲ 심각한 퇴행성 관절 질병에 걸린 나이든 노새사슴의 뒷다리 뼈

(Caley, 1974)는 알래스카에서 성장하는 새끼여우에게 발생한 골격 결손 현상이 영양성 속발성 부갑상선 기능항진증(nutritional secondary hyperparathyroidism)이라는 질병과 관련이 있다는 것을 알아냈다. 이 질병은 과도한 인과 부족한 칼슘을 함유하고 있는 골격근만을 섭취한 성장기의 개나 다른 육식동물에서 빈번하게 보고된 바 있다. 여우의 굴에 남은 먹이를 조사한 결과, 눈신멧토끼의 개체수 증가 시기와 맞물려 새끼여우들이 눈신멧토끼의 근육만을 섭취한 것으로 밝혀졌다.

화학물질

야생동물과 화학물질 간의 연관성에 관한 문헌 자료는 우리 주변에서 쉽게 찾아볼 수 있다. 화학물질에의 노출과 질병 사이의 인과관계(cause:effect relationship)는 표 3.9에 나타난 것처럼 명확하게 밝혀져 있다(특정 물질에 관한 한). 그러나 많은 다른 잔류 화학물질이 야생동물의 조직 내에서 질병을 유발한다고 말하기는 어렵다. 이러한 화학물질의 일부는 면역이나 호르몬 기능의 변화와 같은 문제를 촉진하거나 자극하기도 하지만, 이러한 간접적 관계는 영양 불량과 비슷한 영향을 미치는 비특이성 스트레스인자의 영향과 명확하게 구분하기 어렵다. 화학물질과 오염물질의 영향은 일반적으로 개체동물의 수준에서 알려져 왔다. 개체군 『생태독성학』(*Population ecoto xicology*, Newman, 2001)이라는 책은 개체군 수준에서 비감염성 질병의 이러한 형태의 영향을 이해하려는 중요한 시도를 하고 있다. 영양 물질과 독성물질은 9장에서 좀 더 자세히 설명한다.

표 3.9 | 야생동물에 질병을 일으키는 화학물질

물질	영향 받는 종	질병 종류(설명)
자연적으로 발생하는 물질		
Type C와 E 보툴리눔 독소[유기체가 부패할 때 발생하는 여러 종류의 클로스트리듐 보툴리눔(*Clostridium botulinum*) 세균이 생산한다.]	• Type C: 담수성 오리, 북미물닭, 물떼새류 • Type E: 물고기를 먹이로 삼는 조류	신경 마비 독소 (보툴리눔독소증)
도모산(특정 해양 조류(藻類)가 생산하고, 어패류에 축적한다.)	해양 포유류와 조류(鳥類)	신경 마비 독소
진균독소(*Mycotoxins*, 곡물의 낱알에서 자라는 균류의 2차 대사 물질)	곡물을 먹이로 삼는 조류나 포유류	면역 억제를 포함한 다양한 영향
남조독소(*Cyanobacterial toxins*, 남조류가 생산, 특히 부영양화 수질에서 풍부함)	조류, 드물게 포유류	치명적, 준치사(명확하지 않음)
인간 활동으로 인해 분포와 농도가 바뀌는 자연 발생 물질들		
납(산탄, 페인트, 채광 찌꺼기)	새, 특히 물새, 맹금류의 2차 중독	보통 만성적, 빈혈, 마비
수은(산업공정, 화석 연료)	물새, 수중 육식동물	신경문제
기름(수질오염물질)	바다새	저체온증, 빈혈
셀레늄(토양에서 관개수로 배수구로 용출)	물새	번식 장애
인위적 화합물		
콜린분해효소 억제성(*Cholinesterase-inhibiting*) 살충제	새, 때때로 청소 포유 동물의 2차 감염	일반적으로 치명적
유기염소계 살충제	주로 새	직접적으로는 치명적, 준치사적 번식 장애

미지의 원인에 의한 질병

흰머리수리에서 나타나는 조류 공포성 수초병증(avian vacuolar myelinopathy, AVM)이나 다양한 종양의 사례와 마찬가지로 그 원인이 알려지지 않은 야생동물의 상태도 있다(그림 3.11). 이러한 양상을 '특발성(idiopathic)'이라고 한다. 최근에는 발견되지 않은 감염성 원인체들로 인해 많은 특발성 상태가 발견되고 있다. 현존하는 세균의 0.4%만이 확인되었다는 것이 사실이라면(Relman, 1998), 새로운 병원체와 새로운 질병의 발견을 위한 엄청난 영역이 존재할 것이다.

그림 3.11 ▲ 피부에서 증식하는 양성 종양(섬유종)에 걸린 가는꽁지뇌조

SUMMARY

- 원인 규명은 질병을 이해하는 데 있어 중요한 단계다.

- '원인'과 '병인'이라는 단어의 의미는 다르다. 병인은 원인체가 동물에게 도달하거나 병에 걸리는 데 영향을 미치는 인자까지 고려하는 것을 포함한다.

- 공식적인 기준(formal criteria)은 추정되는 인과관계를 검사할 수 있어야 한다.

- 동물의 영양을 필요로 하는 살아 있는 유기체로 인해 감염성 질병이 발생하며 유기체는 이익을 얻고 숙주는 해를 입는다. 감염성 원인체로는 바이러스, 세균, 진균, 조류(藻類), 원생동물, 후생동물이 있다.

- 감염성은 반드시 질병과 명확히 구분해야 한다.

- 모든 감염성 질병이 전염성 질병은 아니며, 모든 감염된 개체가 감염성이 있는 것은 아니다.

- 전염성해면상뇌병증은 정상 단백질의 구조적 변화로 발생하는 *비감염성 전염성 질병*으로 간주한다. 살아 있는 미생물로 인해 발병하지는 않지만, 어떤 TSE는 전염성이 있다.

- 비감염성 질병은 유전 질환, 물리적, 화학적 원인체들, 대사성 변화, 퇴행성 변화, 영양학적 불균형과 결핍 등으로 인해 일어난다.

- 특발성 질병은 알려지지 않은 원인체로 인해 발생한 질병이다.

4

질병을 어떻게 확인하고, 묘사하고, 측정하는가?

질병의 검출

질병은 무수히 많은 형태와 모습을 띠고 있다. 물론 오리들이 물가에 무더기로 죽어 있거나, 죽은 까마귀가 나무에서 떨어지거나, 특별한 이유도 없이 오소리가 개를 공격하거나, 눈이 먼 엘크가 비틀거리면서 사람에게 접근하는 등과 같은 경우는 질병이 존재한다는 것이 자명하지만, 이처럼 질병의 존재가 명확하게 보이는 경우는 예외라고 할 수 있다.

야생동물에서 질병의 발생은 설령 그것이 매우 치명적인 질병이라 하더라도 발견하기 어려우며, 인지하지 못하고 지나치기 쉽다. 우리가 관찰할 수 있는 야생동물의 질병을 흔히 '빙산의 일각'이라고 얘기하는데, 이는 우리가 발견하는 것보다 훨씬 많은 질병 현상들이 수면 아래에 숨어 있을 것이기 때문이다. 게다가 우리 주변에서 야생동물을 정기적으로 관찰하는 사람도 거의 없기 때문에 숨어 있는 질병까지 찾아내기는 더더욱 어렵다. 설령 눈에 잘 띄는 대형종에 연관된 질병이라 하더라도 야생동물에게서 질병을 발견하는 것은 그리 쉬운 일이 아니다.

1977년 서부 서스캐처원(Saskatchewan)에 있는 작은 호수에서 작은흰기러기(lesser

snow geese, 눈에 잘 띄는 대형의 하얀 조류)들이 죽은 채로 발견되었다. 우리는 이 폐사의 원인을 세균성 질병인 조류콜레라로 진단했다. 그 후 매년 봄, 철새들이 중간 기착지로 이용하는 서스캐처원의 여러 지역에서 동일한 질병으로 폐사한 작은흰기러기들이 발견되었다. 단 하루만 시간을 내어 습지를 돌아보면 폐사한 기러기를 쉽게 발견할 수 있을 정도로 폐사한 작은흰기러기 수가 많았다(그림 4.1). 하지만 이 질병을 처음 확인한 이래 약 25년이 넘는 기간 동안, 일반 방문객이 해당 지역의 야생동물 보전 공무원에게 흰기러기들의 폐사 사실을 알린 일은 단 한 번도 없었다. 이는 상대적으로 봄에 습지를 찾는 사람들이 적기 때문일 것으로 추정된다. 하지만 일반인들이 충분히 발견할 수 있을 것이라 예상되는 지역에서조차도 기러기들이 죽는 경우도 있었다.

이러한 형태로 야생동물이 폐사한 경우, 일반인들이 사체를 발견해내는 능력을 확인하기 위해 죽은 지 얼마 되지 않은 기러기 사체들을 사람들이 잘 다니는 지방도 인근의 농경지 안, 아주 얕은 호수(sheet water)의 주변부에 놓아 보았다. 하지만 이러한 조건 속에서도 기러기 사체에 대한 보고는 이루어지지 않았다. 질병에 걸린 야생동물이 가장 잘 발견될 수 있는 환경은 다음과 같다.

- 눈에 잘 띄는 종의 집단 폐사. 질병의 발견 여부를 결정하는 중요한 요인은 질병과 관련된 지역을 얼마나 사람들이 이용하는지에 달려있다. 예를 들어 도심 내 공원의 경우, 오리 몇 마리만 삼염된 소규모 오리비이러스장염(duck plague)의 발생이 종종 보고되는 반면, 수천 마리의 오리가 납 중독으로 폐사한 사례들은 극히 소수만이 보고된다. 이와 유사한 사례로, (사람들이 설치해놓은) 조류 먹이 급여대를 이용하는 명조류에서 살모넬라(Salmonella)라는 세균의 감염에 의해 집단 폐사가 발생한 사례는 확인하기 쉽지만, 비슷한 크기의 조류가 이와 다른 상황에서 폐사한 경우에는 확인하기 어렵다.
- 대형종의 개체가 비정상적인 행동을 보여 눈에 띄는 경우. 조류공포척수병증(Avian vacuolar myelinopathy)에 걸린 흰머리수리(Thomas 등, 1998)나 선충인 파렐라포스

트론길루스 테누이스(*Parelaphostrongylus tenuis*)에 감염되어 신경 증상을 나타내는 말코손바닥사슴 등의 사례가 있다.

- 동물에게 근거리에서 관찰할 수 있는 외상이 있는 경우. 그 대표적인 예로 수렵된 사슴에서 발견된 피부 종양(그림 4.2)이나 조류 먹이 급여대를 찾는 멕시코양진이류의 눈 주위에 미코플라스마 갈리셉티쿰(*Mycoplasma gallisepticum*) 감염으로 발생한 염증(Hartup 등, 2001) 등을 들 수 있다.

- 집중적인 관심이나 관찰 대상이 되는 종. 흔히 특정 야생동물종의 질병이 사람의 공중보건 문제와 관련이 있는 경우가 이에 해당한다. 예를 들어 2001년 이래 북미의 웨스트나일바이러스(West Nile virus)가 유행하는 지역에서 많은 수의 야생조류 폐사체가 보고된 바가 있다. 그러나 검사한 조류 중 웨스트나일바이러스를 검출한 비율이 낮았는데, 이는 발견된 조류 폐사체의 거의 대부분이 일반적인 경우에 잘 발견되지 않는 기본 폐사(background mortality, 야생 상태의 자연 폐사)의 결과였다는 것을 의미한다. 인수 공통 감염병이 아닌 다른 요인에 의해 특정 종을 면밀히 조사하는 경우도 있다. 예를 들어 2003년 시도르(Sidor) 등은 12년간 뉴햄프셔(New Hampshire)에서 폐사한 성체 아비 사체 중 28% 정도를 수거 및 부검했다고 추정한 바 있다. 이렇게 높은 비율로 사체를 발견할 수 있었던 이유는 '뉴잉글랜드에 서식하는 아비 개체군을 면밀히 조사하고 있기 때문'이었다[(아비들이 주기적으로 번식하는 뉴햄프셔, 메인 그리고 매사추세츠(Massachusetts) 주에서는 아비 개체군 모니터링을 실시하고 있다. 그러나 뉴햄프셔(New Hampshire) 주에서 번식하는 아비 개체군의 크기는 이보다 북부에 위치한 두 개의 주에서 번식하는 개체군에 비해 크기가 작은 편에 속하기 때문에 상대적으로 더 많은 노력이 필요하다. 다른 지역보다 더 많은 사체들이 발견되는 것은 바로 이 때문이다.)] 각 야생동물종들은 사람들이 해당 종에 부여하는 가치에 따라 서로 다른 정도의 관심을 받는다. 1987년 스밋(Smit) 등은 "갈매기의 경우 많은 수가 한꺼번에 발견될 때만 중요하게 여겨지지만 맹금류는 한 마리만 폐사하거나 병이 들어도 언제나 중요하게 간주된다."고 말했다.

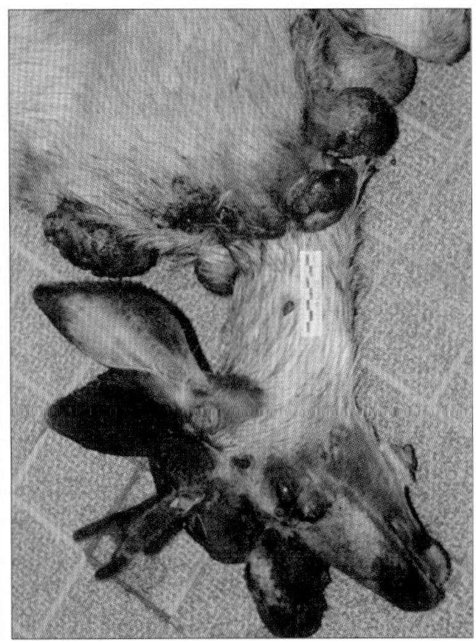

그림 4.1 ▲ 조류콜레라로 폐사한 흰기러기. 이러한 사체들이 매우 눈에 띄는 것처럼 보이지만, 실제로 대부분 이러한 사체는 발견되지 않거나 보고되지 못하고 있다.

그림 4.2 ▲ 머리와 목의 피부에 여러 개의 섬유유두종이 발생한 노새사슴. 이렇게 눈에 띄는 병변들도 야생동물에서는 발견하기가 어렵다. 수렵인들조차도 실제로 해당 개체를 잡기 전까지는 병변을 알아채지 못한다.

앞에서 기술한 상황을 제외하면 설령 중요도가 높은 대형 종에서 흔히 발생하는 질병이라 하더라도 매우 활발한 표적예찰이 이루어지지 않고서는 질병 유무를 파악하기 어렵다. 최근 들어 흰꼬리사슴에서 우결핵과 만성소모성 질병이 각각 미국 미시건 주와 위스컨신 주에서 발견된 사실과 이 질병들은 아마도 이번에 발견되기 훨씬 이전부터 해낭 지역의 개제군 내에 존재했을 것이라는 사실을 통해 바로 위의 시사짐을 확인힐 수 있다. 1994년 수렵된 사슴 한 마리에서 우결핵이 확인됨에 따라 1999년까지 실시된 표적예찰을 통해 151마리의 추가 감염을 확인할 수 있었다.

야생동물 개체군에서 질병을 조사하는 데는 많은 방법이 사용되지만, 일반적으로 다음과 같은 네 가지 방법을 사용된다.

1. 병들거나 죽은 동물을 찾는 것
2. 질병의 원인체를 찾는 것

3. 원인체에 대한 생리적인 반응을 찾는 것

4. 주요 숙주종(primary species, 해당 질병의 영향을 받거나 해당 질병이 유지되고 존속하는 데에 중요한 역할을 하는 숙주종)이 아닌, 다른 종 내에서 질병의 증거나 원인체를 찾는 것

표 4.1 | 무선 추적 장치를 이용한 야생동물 질병 연구

질병	숙주종	비고
야토병	솜꼬리토끼	개체군이 72%로 감소하는 기간 동안 추적 장치를 부착(추적을 위한 포획 후 마킹―옮긴이)한 개체들 중 32%가 야토병으로 폐사했지만 미부착 개체 한 마리만이 해당 질병에 의해 폐사했다.[1]
토끼출혈병	유럽멧토끼	대규모 전염병 발생의 시작과 끝을 알기 위해 추적 장치를 부착한 개체들을 이용한다. 추적 장치를 부착하지 않은 개체의 마지막 폐사체가 발견되고 3주가 지난 후에도 추적 장치를 부착한 개체의 폐사가 발견되었다.[2]
광견병	줄무늬스컹크	추적 장치를 부착한 개체군의 70%가 광견병에 의해 폐사가 발생했을 때, 이 중 31%는 지하에서 폐사했다.[3]
출혈병	흰꼬리사슴	한 달간 부착한 사슴의 8%가 출혈병에 의해 폐사했다. 해당 지역에서는 사슴의 폐사가 보고되지 않았으며 추적 장치를 부착한 동물들이 아니었다면 해당 질병은 인지되지 못한 채 지나갔을 것이다.[4]
감염병	유라시안 스라소니	추적 장치를 부착한 개체들 중 감염에 의해 폐사한 개체들은 40%였지만 기회적으로 수집된 사체들 중 감염 개체는 18%였다.[5]
석유 유출로 인한 오염	수달	(석유 오염으로 인해 폐사한) 27마리의 추적 장치를 부착한 수달의 사체들이 발견되었지만 이들 중 해안가 수색으로 찾을 수 있는 위치에 있던 수달들은 네 개체밖에 되지 않았다[6](해안가 수색은 석유 유출로 인한 폐사를 찾을 때 이용되는 방법 중 하나―옮긴이).
웨스트나일바이러스 감염	미주까마귀	추적 장치를 부착한 새들 중 68%가 웨스트나일바이러스 감염에 의해 폐사했다.[7]

1. Woolf 등(1993) **2.** Villafuerte 등(1994) **3.** Greenwood 등(1997) **4.** Beringer 등(2000) **5.** Schmidt-Posthaus 등(2002) **6.** Bowyer 등(2003) **7.** Yaremych 등(2004)

병들거나 죽은 동물을 찾는 것

특정 질병에 걸려 병들거나, 죽은 동물은 해당 질병이 그 지역이나 개체군에서 발생

하고 있다는 것을 알려주는 가장 직접적인 증거다(개체군의 정의는 11장에서 다룬다. 여기에서는 한 가지 동물 집단이라는 의미로만 사용한다). 하지만 이 방법은 적용하는 데 제한이 있고 질병 발생의 빈도를 실제보다 낮게 측정하는 단점이 있다. 병들거나 죽은 야생동물을 찾는 일은 매우 어렵다. 병든 동물은 숨으려는 경향이 강하고, 야생동물의 질병 임상 증상 또한 짧은 기간 동안만 나타나기 때문에 병든 동물이 발견될 수 있는 확률은 극히 낮다. 질병으로 인해 눈에 띄는 기능 장애를 보이는 개체들은 포식동물에게 쉽게 발견되어(포식됨으로써) 해당 개체군에서 제거될 가능성이 크기 때문에 야생동물은 질병을 앓고 있다는 사실을 감추는 데 뛰어난 능력을 갖추고 있다(Moore, 2002). 질병에 걸려 죽거나 질병에 걸렸다가 이미 회복한 동물들 또한 이러한 형태의 조사 결과에서 누락된다.

사슴만성소모성 질병(CWD)에 걸린 야생사슴의 사례는 이러한 조사 방법의 한계를 잘 설명해준다. 사슴만성소모성 질병은 진행성(점점 악화되는 질병—옮긴이)의 치명적인 질병이라고 알려져 있다. 동물이 임상적인 증상을 나타내기 수개월 전부터 림프 조직과 사슴의 뇌에서 비정상적인 프리온이 발견된다. 임상 증상이 나타나기 시작하면 사슴은 곧 폐사한다. 따라서 사슴 개체에서 진행되는 사슴만성소모성 질병 발생의 과정 중 임상적인 질병 상태를 확인될 수 있는 기간은 매우 짧다. 콜로라도와 와이오밍에서 수렵된 사슴들 중 조직 내에 비정상 프리온이 가진 것으로 확인된 개체들의 3%(4/133)만이 질병의 임상 증상을 갖고 있었다. 만약 임상 증상을 나타내는 동물만이 질병 발병률을 추정하는 데 사용되면, 사슴만성소모성 질병의 발병 빈도는 0.1%로 낮게 계산될 것이다. 하지만 검사한 사슴의 4.5%에서 조직 내 비정상 프리온이 발견되었다.

2002년 카바나(Cavanagh) 등)은 180마리의 들쥐 중에서 13마리가 들쥐결핵(vole tuberculosis, *Mycobacterium microti* 감염증) 임상 증상을 보이는 것을 확인했다. 임상 증상이 분명하게 나타나는 사례를 바탕으로 7%의 들쥐가 감염된 것으로 간주되었다. 그러나 모든 동물들을 부검했을 때 추가로 25마리에서 병소를 확인했고, 결국 적어도 21%가 결핵에 감염된 것이 확인되었다. 만일 모든 개체의 조직으로 들쥐결핵균 배양을 시도했다면 질병 발생의 실제 빈도가 훨씬 높아졌을 것이다. 왜냐하면 가장 최근에 감염된 들쥐의 경우에는 육안으로 확인할 수 있는 정도의 병소가 아직 형성되지 않았을 것이기 때문이다.

질병의 임상 증상을 보이는 동물을 발견하는 것은 개선충에 걸려 털이 빠진 코요테, 겨울진드기(*Dermacentor albipictus*)에 감염된 말코손바닥사슴, 미코플라스마성 결막염(mycoplasmal conjunctivitis)에 감염된 멕시코양진이류와 같이 질병에 의한 외부적인 변화가 눈에 띄어 어느 정도 떨어진 거리에서도 관찰되는 몇몇 상황들에서만 가능하다. 명확한 외부 이상을 나타내는 질병이라 하더라도 초기나 가볍게 이환된 경우에는 확인하기가 어렵다. 1996년 히룩스(L'Heureux) 등은 바이러스 질병의 일종인 전염성 농포성 피부염(contagious ecthyma)에 걸린 새끼 큰뿔양에서 외부적인 병소를 쉽게 관찰할 수는 있지만, 질병이 심각하게 진행되어 심각한 병소와 출혈성 병변이 보이지 않는 한 멀리서 감염을 확인하는 것이 불가능하다고 보고한 바 있다. 대부분의 많은 질병들의 임상 증상은 그 자체만으로 관찰자가 해당 질병에 걸렸다는 것을 확인할 수 있을 정도로 충분히 특이하거나 구체적이지 않다. 예를 들어 개홍역에 걸린 북미너구리는 광견병에 걸린 개체와 비슷한 증상을 나타내므로 임상 증상만을 근거로 질병을 구분하기는 어렵다.

질병에 의해 폐사한 동물의 사체는 이를 먹는 다른 동물들에 의해 급속도로 사라져 질병을 확인하기가 불가능해진다. 이러한 사체 제거율은 폐사한 동물의 몸집이 작거나 폐사한 개체의 수가 얼마 되지 않아 사체를 먹는 동물의 허기가 채워지지 않는 경우에는 속도가 더욱 빨라진다. 그러나 설령 대규모의 폐사체가 발생하더라도 이 역시 매우 빠른 속도로 사라질 것이다.

2장에서 질병의 유행을 모의실험하기 위해 소형 조류 사체들을 개방된 들판에 놓아둔 실험에 대해 언급한 바 있다. 이 실험에서 1ha(10,000㎡-옮긴이) 면적에 5일에 걸쳐 250마리의 병아리를 놓아두었고, 질병이 발생한 5일 동안 매일 해당 지역의 10%를 체계적으로 조사했으며, 추가로 5일을 더 조사했지만, 오직 한 개의 사체만이 원상태로 발견되었다. 만일 이것이 실제로 질병이 발생한 경우였다면, 활발한 조사를 실시하더라도 대규모 폐사가 발생한 사실을 인지하지 못했을 것이다(250/ha). 최근 북미로 웨스트나일바이러스(West Nile virus)가 유입된 이후 죽은 까마귀류에 대한 집중적인 조사 사업이 진행된 바 있다. 이러한 조사는 해당 질병의 지리적 분포와 질병의 전파 그리고 각 지역에서의 바이러스 활성도에 대한 지표에 대한 정보를 제공해주지만, 감염의 실질적인 심각도나 해당 질병이 각 조류 개체군에 미치는 영향에 대한 정보는 매우 빈약하다.

포유류 사체 또한 매우 빠르게 사라진다. 2003년 쿡(Cook) 등은 북미들소, 엘크, 소가 브루셀라에 감염된 중요한 원천은 유산된 태아라는 점에 착안하여 엘크의 서식지에 실험적으로 소의 태아를 놓아두고 이것이 사라지는 속도를 관찰했다. 사체는 평균 25.3시간만에 사라졌고 90%의 사체는 69.5시간 이내에 사라졌다.

병들거나 죽은 동물의 조사는 편향될 가능성이 높다. 대형동물은 소형동물에 비해, 화사한 색을 가진 동물은 어둡고 칙칙한 색을 가진 동물에 비해 발견하기 쉽다(Cliplef와 Wobeser, 1993; Philibert 등, 1993). 병들거나 죽은 동물들이 발견될 확률, 그리고 이러한 사체들이 칭소동물들에 의해 제거될 확률은 매우 높고, 예측 불가능하며, 장소에 따라 다르게 나타난다.

이러한 다양성 정도는 유럽토끼가 걸리는 바이러스 질환인 토끼출혈병(rabbit hemorrhagic disease, RHD)의 세 차례에 걸친 유행 사례에서 잘 묘사된 바 있다. 스페인에서 처음으로 토끼출혈병 유행이 발생했을 때 전체 토끼 개체군의 55±27%가 1개월에 걸쳐 폐사했고, 집중적인 조사 끝에 10ha의 영역에서 45마리의 토끼를 발견했다. 호주의 한 공원에서 토끼출혈병의 조기 발생으로 1개월긴 95%의 토끼개체군이 폐사한 바 있다. 비록 많은 수의 토끼는 지하에서 폐사했을 것이지만, 사체를 포식하는 엄청난 수의 청소동물이 있음에도 불구하고 사체의 수가 너무 많아 대부분이 완전히 또는 부분적으로 온전한 상태로 발견되었다.

이와 반대로 프랑스의 한 지역에서는 토끼출혈병과 다른 바이러스 질병인 점액종증(myxomatosis)이 동시에 발생하여 88%의 토끼 성체 그리고 99%의 유체 연간 폐사율을 나타낸 바 있다. 소규모의 조사 지역에서 약 300여 마리의 토끼가 폐사한 것으로 추정되었지만, 풀을 정기적으로 제거하는 공원에서 집중적인 조사를 실시했음에도 불구하고

표 4.2 | 야생동물에서 병인체 또는 질병을 일으키는 요인을 조사하기 위해 이용되는 시료

실험 시료	탐색 병인체 또는 요인	질병
외부 체표면	외부 기생충	벼룩, 이, 응애, 진드기, 파리 유충
	기생충에서의 매개성 감염원	라임병, 페스트, 야토병
털 및 깃털	중금속 잔여물	수은 중독
분변	항원(항응고제)	다방조충(*Echinococcus multilocularis*) 감염
	세균	살모넬라증, 예르시니아증, 파라결핵증
	기생충 알	많은 연충 및 원충
	침전물	잔여물에 의한 납 중독
	바이러스	파보바이러스
소변	세균	렙토스피라증
	기생충 알	거대신충(*Dioctophyma renale*), 신장 콕시듐증
혈액	항원	다수의 감염원
	세균	다수
	오염 잔여물	다수
	효소 활동	납, 살충제 중독
	연충의 유충	슈나이더함유사상충(*Elaeophora schneideri*), 심장사상충속(*Dirofilaria* spp.)
	주혈원충	말라리아, 류코사이토준병, 바베시아증
	바이러스	다수
연부 조직	세균, 바이러스, 원충 그리고 연충 병원체	다수
	오염 잔여물	다수
	효소 활동	살충제 중독(뇌)
	프리온	만성소모성질병
	미량 무기물	구리, 몰리브덴
뼈	오염물질	납, 철분 중독

오직 한 마리의 사체만이 발견되었다.

무선 추적 장치, 움직임 감지 센서(mortality sensor) 등은 사체의 발견, 수거 및 검사 속도를 높여주는 역할을 한다. 이러한 장치를 이용하면 위험(표식이 부착된 동물)에 노출된 개체군의 크기를 알 수 있고, 사체들을 부검이 적합한 시기에(신선도-옮긴이) 수거할 수도 있다. 이러한 연구는 종종 수동적 조사(passive surveillance, 누군가가 질병에 걸린 동물을 신고해줄 때까지 기다리는 것)나 사체를 활발하게 수색하는 능동적 조사 방법에 의해 확보한 질병 발생 정보와는 사뭇 다른 양상을 보여주기도 한다.

질병 원인체 찾기

아프거나 죽은 동물을 살펴보는 것보다 질병의 원인체를 탐색하는 편이 개체군에서 질병이 발생하는 빈도를 제대로 파악하는 데 도움이 된다. 그 이유는 감염은 증상이 없거나 아주 빠른 시간 내에 사라지기 때문이다. 또한 동물들은 눈에 띄는 임상 증상이 나타나거나 폐사가 일어나기 전에 이미 병원체에 감염되어 있거나, (아프거나 죽은 동물은) 조직 내에 높은 수준의 독성물질을 갖고 있거나, 몇몇 필수 영양소가 부족한 상태에 처해 있기 때문이다. 질병 원인체를 검사하기 위한 시료는 폐사한 개체와 살아 있는 개체 모두에서 수집할 수 있다. 야생동물 질병 연구는 다양한 기법들이 동원된다(표 4.2). 그중에서 가장 흔히 사용되는 방법으로는 기생충란(parasitic eggs)과 난포낭(oocysts) 검출을 위한 분변 검사가 있다.

원인 병원체의 존재 유무를 통해 동물 개체군에서의 질병 발생을 탐지하거나 예찰하고자 할 때는 반드시 다양한 요인들을 고려해야 한다.

첫째, 단순한 감염이나 오염물질 잔류물의 발견을 질병과 동일시해서는 안 된다. 동물에서 질병 원인체가 검출된 것이 그 동물이 현재 질병에 걸렸거나 미래에 질병에 걸릴 것이라는 것을 의미하지는 않는다. 둘째, 시료에서 검출된 병원체의 수 또는 잔류물의 양이 감염이나 오염의 정도와 직접적인 관련이 없을 수도 있다. 예를 들어 동물의 분변에서 발견된 충란의 수가 그 동물에 존재하는 기생충의 수를 의미하는 것은 아니다. 셋째, 무언가에 감염된 개체 또는 조직 내에서 질병 병인체가 발견되는 것은 아니라는 것이다. 일부 동물에서 발견되지 않는 데에는 다음과 같은 원인이 있다.

1. 최근에 감염된 동물은 검사에 이용하는 조직이나 분변에 충란, 유충(larva), 난포낭, 세균 또는 바이러스가 존재하지 않을 수 있다[대형기생체(macroparasites)의 경우, 숙주 동물이 최근에 감염되어 아직 충란을 배출하지 않고 있는 기간을 '잠복기(prepatent period)'라고 한다.].

2. 감염성 병원체가 검사 조직이나 분변에 주기적인 시기에만 또는 산발적으로만 존재할 수도 있다. 예를 들어 많은 장내 기생충들은 충란을 산발적으로 낳고, 오리바이러스성장염(duck plague virus)에 걸린 조류는 바이러스를 간헐적으로 내뿜는다.

3. 노출 시점부터 경과한 시간의 길이에 따라 병원체나 잔류물의 조직 내 분포가 달라질 수도 있다. 예를 들어 납의 조직 내 분포는 섭취 후의 시간 경과에 따라 달라진다. 납 잔류물이 간과 신장에 존재하는 것은 최근에, 뼈에 존재하는 것은 과거에 납에 노출되었다는 것을 의미한다. 만일 뼈만 검사한다면, 최근에 납에 노출된 동물은 놓칠 수 있다.

4. 병원체가 존재하더라도 잠재기이거나 숨어 있으면 진단 기법으로 탐지되지 않을 수 있다. 이는 특히 오리바이러스장염과 같은 헤르페스바이러스 감염에 있어 문제가 된다.

5. 진단 시료로 이용된 조직이나 배설물이 병원체를 탐지하는 데 부적합할 수도 있다. 비강 시료 채취 배양법은 수년 동안 야생 큰뿔양의 폐렴과 관련된 세균인 만헤이미아 헤몰리티카(*Mannheimia haemolytica*)를 진단하기 위한 시료로 사용되었다. 그러나 이 방법으로 검사한 큰뿔양(bighorn sheep) 19마리 중 오직 4마리에서만 세균이 분리된 반면, 편도(tonsil) 시료 채취법이나 생체 검사(biopsy)에서는 19마리 중 18마리에서 세균이 분리되었다(Wild와 Miller, 1991).

6. 시료를 채집한 후 다루는 방법 또한 병원체를 검출할 가능성을 낮출 수 있다.

1991년 와일드(Wild)와 밀러(Miller)는 편도 도말 시료 채집 후 곧바로 배양을 실시하여 시료 19개 중 14개에서 성공적으로 만헤이미아 헤몰리티카를 발견했지만, 시료를 채취한 면봉을 각기 다른 두 개의 이동 배양액에 24시간 동안 저장한 후 배양을 실시했더니 각각 0개 그리고 두 개의 시료에서만 병원체를 발견할 수 있었다.

2001년 랭케스터(Lankester)는 병원체(사슴의 *Parelaphostrongylus tenuis*)를 검출하는 능력에 영향을 미칠 수 있는 다양한 인자들에 대해 꼼꼼히 의논한 바 있다.

원인 병원체에 대한 생리적 반응 찾기

가장 흔히 이용하는 질병 예찰 방법 중 하나는 병원체에 노출되었을 때 나타나는 몇 가지 생리적 반응을 찾는 것이다. 이러한 예찰 방법 중 가장 자주 이용하는 기법은 면역 체계 활성화의 징후를 검사하는 것이다. 이러한 유형에는 많은 검사 방법이 있지만 이 모두 항체를 찾아내거나(이러한 검사법은 흔히 검사 시료로 혈청을 사용하기 때문에 넓게는 혈청 검사법으로 분류한다) 면역 반응에 의해 생성되는 사이토카인(cytokine)과 같은 물질의 증가 등 세포성 면역 반응의 징후를 찾아내는 것에 바탕을 두고 있다(항체와 세포성 면역은 6장에서 자세히 다룬다). 어떤 유해 물질에 대한 노출은 흔히 생체 지표(biomarkers)라 부르는 생리적 지표를 측정함으로써 탐지해낼 수 있다. 생체 지표 사용의 예로는 오염물질에 의해 영향을 받는 특정 효소의 활성도 측정을 들 수 있다. 이러한 측정의 종류에는 유기인계(organophosphorous)와 카바마이트(carbamate) 살충제에 의한 뇌 또는 혈액 내 콜린에스터라아제(cholinesterase) 활성도 저하, 납에 의한 혈액 내 델타아미노레불린산 탈수효소(delta aminolevulinic acid dehydratase) 활성도 저하, 다방향족 탄화수소(polyaromatic hydrocarbons)와 같은 화합물에 의한 간 효소의 활성화 등이 있다. 또 다른 예로는 다할로겐화 방향족 탄화수소(polyhalogenated aromatic hydrocarbons)에 의해 유발되는 레티노산(retinoic acid) 유도체와 갑상선 호르몬의 변화 측정, 납에 노출된 조류의 적혈구에 축적되는 프로토포르피린(protoporphyrin)과 같이 혈액이나 조직 내에 축적되는 대사산물의 측정이 있다.

생리적 반응을 측정한 결과를 해석할 때에는 다음 사항을 반드시 고려해야 한다.

1. **노출 시점과 검사 결과.** 최근에 질병 원인체에 노출된 동물은 충분히 반응할 수 있는 시간 제한에 의해 음성 검사 결과를 보일 것이다. 예를 들어 항체의 경우, 병원체에 처음 노출된 후 약 일주일 정도가 경과하기 전까지는 일반적으로 혈청에서 검출되지 않는다.

2. **노출 대 감염.** 면역 반응이 일어났다는 것은 그 동물이 과거 어느 시점에든 병원체에 노출된 경험이 있다는 것을 나타낸다. 그러나 이것이 반드시 시료를 채취했을 당시에 동물이 감염되어 있었다는 것을 의미하는 것은 아니다. 많은 경우, 혈청에 항체가 고농도로 출현한다는 것은 감염을 제거했다는 것을 의미한다. 하지만 간혹 헤르페스바이러스(herpesvirus) 감염과 결핵 같은 경우, 고농도의 항체가 존재함에도 불구하고 감염이 지속될 수 있다.

3. **노출 반응과 검출 정도.** 동물이 병원체에 노출되었던 과거에는 이에 대한 반응을 일으켰을 수 있지만, 현재는 그 반응으로 인한 변화가 검사에서 탐지되는 수준 이하로 약해졌을 수도 있다. 우리는 야생동물에서 많은 질병에 대한 생리적 반응이 얼마나 오랫동안 검출 가능한 수준으로 지속되는지 모른다. 예를 들어 유제류 결핵의 문제를 해결하기가 어려운 이유는 질병이 이미 진행된 몇몇 동물들이 감염동물의 식별을 위한 세포성 면역 검사에 잘 반응하지 않기 때문이다. 이 동물들은 고도의 전염성을 갖고 있을 수 있지만 검출 과정에서는 탐지되지 않는다.

4. **어린 동물에서의 항체.** 어린 동물들은 모체로부터 획득한 항체를 갖고 있을 수 있다. 그러나 어린 동물에서 검출되는 항체들은 새끼가 아닌 모체가 병원체에 노출된 적이 있었다는 것을 의미한다.

5. 일반적 반응 대 특이적 반응. 많은 생리적 반응은 특이적 반응이라기보다는 일반적 반응들이다. 많은 유형의 화합물에 노출되면 간 해독 효소(hepatic detoxifying enzymes)가 활성화되는 것과 같이 몇몇 생체 지표에서 이와 같은 문제가 나타난다. 몇 가지 혈청 검사에서는 다른 유기체와의 교차 반응(cross-reaction)도 일어난다.

6. **노출 반응과 질병의 발생.** 생리적 반응은 숙주 개체가 병원체에 노출됐다는 것을 나타내지만 이러한 노출의 결과로 동물에서 질병이 발생했는지의 여부에 대한 정보는 제공하지 않는다.

7. **감염에 대한 서로 다른 종들의 반응.** 종이 다르면 병원체에 대한 반응도 다를 수 있기 때문에 한 종에서 유용한 진단 검사는 다른 종에는 쓸모가 없을 수 있다. 예를 들어 대부분의 물새(waterfowl) 종에서 항체의 존재 여부는 결핵 감염에 대한 정보를 얻는 데 유용하지만, 고니오리류(whistling ducks)에서는 그렇지 않다(Cromie 등, 2000).

8. **반응과 에너지 요구도.** 개체가 병원체에 반응하는 능력은 병원체에 노출된 시점의 해당 개체의 (건강) 상태에 영향을 받으며, 이러한 병원체에 대한 반응은 에너지를 필요로 하는 다른 생물학적(생리학적/생태학적) 요인들과의 절충 대상이 된다. 동물이 병원체에 노출된다 하더라도 이를 탐지할 만한 반응이 나타나지 않을 수도 있다. 예를 들어 영양적 스트레스를 받고 있는 동물은 병원체에 반응하기 위한 항체를 만들지 않을 수 있다.

주요 숙주종이 아닌 다른 종에서의 질병 증거 탐색

간혹 특정 질병에 영향을 받는 숙주종이나 해당 질병의 유지 및 존속에 중요한 역할을 하는 숙주종이 아닌 다른 동물에서 질병의 증거를 탐색하는 것은 더욱 실용적일 수 있다. 이는 종종 생태계에 존재하는 영양 단계의 상호 관계를 이용하는데, 예를 들어 먹이동물에서 발생하는 질병 증거를 찾기 위해 포식자나 청소동물들을 조사하는 것이다.

이러한 방법이 효과적인 이유는 포식자나 청소동물들은 대량의 먹이동물들을 검사하거나 '검색'하고(포식을 통해-옮긴이), 이들은 먹이동물들보다 대체로 더 오래 살기 때문이다. 흑사병(Plague-*Yersinia pestis* 감염)은 주로 설치류에 해당하는 질병이다. 북미 서부 지역에서는 흑사병을 모니터링하기 위해 주로 코요테, 개, 오소리와 밥캣 등을 이용했다. 1994년 가겐드 몬테리니(Gageand Montenieri)는 적은 수의 포식동물을 이용하면 수백 마리의 설치류에서와 맞먹는 정보를 얻을 수 있다고 주장했다. 한편 2001년 레이턴(Leighton) 등은 캐나다 서부의 농장에서 키우는 개와 고양이들에서 설치류와 관련된 몇 개의 질병에 대한 항체 검사를 실시했다. 검사한 모든 질병에 대한 항체가 개와 고양이에서 발견되었으며, 특히 이 지역의 설치류들에서는 한 번도 보고된 적 없는 흑사병 항체도 발견되었다. 야생화돼지(매우 활발한 청소동물들인)의 경우, 뉴질랜드에서의 야생 솔꼬리포섬 결핵 퇴치 프로그램을 모니터링하기 위한 적합한 지표종으로 거론되고 있다(Nugent 등, 2002). 그 이유는 솔꼬리포섬에서 질병 발생 빈도가 매우 낮아 직접 결핵을 진단하기가 매우 어렵기 때문이다.

질병 검출을 위한 표본 조사

질병을 검출하거나 모니터링하는 데 사용되는 표본 조사의 모든 유형은 여러 가지 근본적인 한계를 갖고 있으며, 이는 인간이나 가축에서보다 야생동물에 있어서 더 해결하기 어려운 문제다. 여기서 이것들에 대해 자세히 언급하진 않겠지만, 질병 조사에 관심이 있는 사람은 기본적인 한계점들을 알고, 해당 상황에 관계된 요소들을 해결하기 위해 노력해야 한다.

편향

어떤 무리의 동물들에서, 질병 발생의 빈도, 분포 또는 중요도를 추론하기 위해 질병 검사에 이용하는 표본 동물들은 해당 무리 전체를 대표할 수 있어야 한다. 표본 추출 이론에서는 시험에 이용하는 표본들을 개체군에서 무작위로 선택해야 한다고 주장하지만, 야생동물의 경우에는 이것이 불가능하다. 그 이유는 표본들을 얻는 방법이 어쩔 수 없이 어떠한 형태로든 선택의 편향(selection bias)이라는 한계에서 벗어나지 못하기 때문이다. 이미 많은 문헌에서 다양한 방식의 포획 및 수렵을 통해 수집되어 진단 실험실로 보내신 동물들이 해당 개체들이 속해 있던 자연의 개체군에 비해 더 높거나 낮은 정도의 질병을 나타낸다는 사실을 기록하고 있다(예: Conner 등, 2000). 흔히 연구자기 할 수 있는 가장 최선의 방법은 서로 다른 방법으로 수집된 표본들을 비교하고 편향성이 발생한 방향 또는 그 정도를 파악하는 것이다. 소위 측정 편향(measurement bias)이라 부르는 두 번째 형태의 편향은 질병 검출에 이용하는 실제 검사 방법과 이것이 어떻게 전반적인 오류를 일으킬 수 있는지에 관련된 것이다. 종종 이러한 오류 요인들을 간과한 채 검사 기술들을 사용하는 경우도 있다. 예를 들어 기생충 감염이 숙주의 번식과 생존에 어떤 영향을 미치는지 알아보기 위해 조류혈액원충 검사를 혈액 도말 표본을 이용하여 널리 실시했다. 하지만 2003년 홀스테드(Holmstad) 등은 사할린뇌조(willow ptarmigan)의 말초혈액을 이용한 혈액 도말 검사는 특정 혈액 원충의 검출 능력이 떨어지므로 새의 건강에 중요한 영향을 미치는 다양한 기생충들을 평가하는 데에 혼란을 준다는 사실을 발견했다.

표본의 크기

표본 조사는 흔히 질병에 대한 다음과 같은 두 가지 기본적인 물음에 답하기 위해 실시한다.

1. 관심 질병이 개체군 내에 존재하는가?
2. 개체군 내에서 이 질병이 얼마나 흔한가?

비록 이 질문들은 간단해 보이지만, 의미 있는 답을 얻는 것은 쉽지 않다.

두 질문 모두에 대해, 연구자가 자신이 제시한 답에 가질 수 있는 자신감은 검사한 동물의 수(표본 크기)와 검사에 사용한 시험의 정확도(유효성)에 달려 있다. 1986년 디기아코모(DiGiacomo)와 콥셀(Koepsell)은 이러한 질문들과 관련된 표본 추출 이론에 대한 간단한 설명과 표본을 이용한 조사 결과가 통계적인 신뢰도를 얻기 위해 필요한 대략의 표본 개수를 제시한 참고용 표를 제공했다.

종종 간과하는 기본적인 사실은 개체군 내의 질병 발생 빈도가 낮을수록 위의 두 질문에 대한 적절한 답을 얻기 위해 필요한 표본 크기 또한 더 커진다는 것이다. 야생동물에서 질병 존재 여부를 결정하는 것은 어려운 일이다. 특히 관심 질병이 사람 또는 가축에도 영향을 미쳐 해당 질병이 있는지, 없는지에 대한 확실한 답이 요구될 때는 더더욱 어렵다.

질병에 걸린 개체를 한 마리라도 발견한다면 질병이 존재한다고 명백하게 설명할 수 있지만, 검사한 개체들이 모두 질병에 걸리지 않았을 경우 해당 개체군에 질병이 존재하지 않다는 것에 얼마만큼의 확신을 가질 수 있겠는가? 이 질문에 직면하게 되었을 때에 유용한 경험 법칙은 '3의 법칙'(Hanley와 Lippman-Hand, 1983)이다. 이는 '만약, n명의 환자 중 아무도 우리가 염려한 질병 감염 결과를 보이지 않았다면, 우리는 그 질병 감염의 발생 가능성이 $3/n$이라도 95% 신뢰도 수준으로 확신할 수 있다.'는 경험적 지식을 바탕으로 한 것이다. 예를 들어 큰 개체군 내 40마리의 붉은사슴(n=40)을 대상으로 결핵 검사를 실시한 결과, 모두 음성이었다고 가정해보자. 40마리의 표본에 기반을 둔 해당 개체군이 결핵으로부터 자유롭다는 확신을 가질 수 있겠는가? 그 실험이 100% 정확하고(그럴 가능성은 적지만) 표본이 개체군을 대표한다고(이 가능성 또한 매우 적다) 가정하면, 95% 신뢰 수준에서 우리가 확신할 수 있는 답은 개체군 안에서 결핵의 유병률은 약 $3/40$ 또는 7.5%보다 작다. 이는 개체군이 결핵으로부터 자유롭다고 확신하기 힘든 결과다.

질병의 유병률을 감지하기 위해 필요한 표본 크기를 대략적으로나마 계산해보기 위해 $n=3/p$라는 공식을 다시 사용해볼 수 있다. 만일 우리가 95%의 정확도로 유병률이

1%보다 크지 않다고 말할 수 있기 위해서는 3/0.01=300마리의 동물 표본에서 단 한 마리의 양성 개체도 발견되지 않아야 한다[만약 질병이 존재하지 않는다는 완전한 확신이 필요하다면, 전체 개체군의 각 개체를 100% 감도를 갖는 방법으로 검사해야 한다(아래 참조)]. 2004년 디에펜바크(Diefenbach) 등은 미국 펜실베이니아 주의 백만 마리에 가까운 흰꼬리사슴 성체 개체군 내에서 수렵된 사체 표본을 이용해 사슴만성소모성 질병 감염을 감지해낼 수 있는 확률을 분석했다. 컴퓨티 모의실험 결과에 따르면, 사슴만성소모성 질병이 0.1%의 사슴에서 발병했을 때 이를 감지할 확률이 50%가 되기 위해서는 1,400,000$ 이상의 비용으로 25,000마리 이상의 개체를 검사해야 한다는 결론에 도달했다.

검사의 유효성

'검사'는 보통 실험실에서 혈액, 오줌 또는 털 같은 시료를 수집하고 분석하는 일을 말한다. 하지만 질병 발생의 단서를 얻기 위한 야생 양의 육안 조사나 죽은 동물의 부검을 포함한 모든 방법들 또한 검사에 속한다. 어떠한 방법을 사용하든, 한 무리의 동물에 대한 질병 검사를 실시하든 우리는 질병에 걸린 모든 개체들을 발견하고 질병에 걸리지 않은 개체를 양성 개체로 오판하지 않기를 바란다. 여기서 검사의 유효성은 질병을 갖고 있는 개체와 갖고 있지 않은 개체를 구분해내는 능력을 말한다.

유효성은 민감도와 특이도를 모두 포함한다. 민감노는 질병에 걸린 개체를 정확하게 식별하는 검사의 능력을 말하고, 실제 양성 개체수와 검사에서 양성 판정을 받은 개체수의 비율을 나타낸다. 특이성은 질병에 걸리지 않은 개체를 정확하게 판별하는 능력이며, 질병에 걸리지 않은 개체수와 검사 결과 음성으로 판별된 개체수의 비율로 표현된다. 검사의 민감도와 특이도를 계산하기 위해서는 어떤 개체가 실제로 질병에 걸렸는지를 확실히 알아야 한다. 이것은 소위 절대기준(gold standard)이라 부르는 검사 결과와의 비교를 통해 이루어진다. 예를 들어 결핵의 절대기준은 면밀한 부검을 실시한 후 특정 조직에서 원인균을 분리하는 것이다. 여기서 배양에 이용하는 조직과 방법은 매우 엄격하게 규정되어 있으며, 여기서 세균이 분리되지 않는다면 그 개체는 질병에 걸리지 않았다고 간주한다. 그러나 절대기준이 가능한 최선의 검사임에도 불구하고 절대 오류가 없는 것은 아니라는 사실을 깨닫는 일은 매우 중요하다. 결핵의 경우, 감염된 것으로 알려진 동물의 일부에서도 세균을 분리해내기 어렵다. 민감도와 특이도를 측정하기 위한 방법은 표 4.3과 같다.

표 4.3 | 모 질병에 대한 가상 검사

구분	감염 양성	감염 음성	전체
실험 결과 양성	81	100	181
실험 결과 음성	37	782	819
전체	118	882	1000

참고: 1,000마리를 검사했을 때 나타나는 가상 상황 자료. 또 다른 검사의 '절대기준'에 따르면 118마리가 질병에 걸린 것으로 간주되는 반면, 882마리는 질병에 걸리지 않았다. 이 검사의 민감도는 제대로 감별해낸 병든 동물들의 비율이며(81/118=68.5%), 검사의 특이도는 음성으로 판정된 질병에 걸리지 않은 동물의 비율이다(782/882=88.7%).

민감도와 특이도가 검사에 어떠한 영향을 미치는지 살펴보기 위해 표 4.3에서 설명된 검사(민감도=68.5%, 특이도=88.7%) 결과를 바탕으로 약 40%가 감염되어 있는 야생 들소(bison) 무리로부터 개체들을 제거한다고 가정해보자. 검사 결과 양성 판정을 받은 모든 개체들은 질병 관리를 위해 무리에서 제외(도태)될 것이다. 약 1,000마리의 들소를 검사했다면, 그중 약 400마리가 실제로 감염되었을 것이라 예측할 수 있다. 검사의 민감도가 68.5%이기 때문에 결핵에 걸린 개체들 중 274마리(진성 양성)를 발견하겠지만, 이와 동시에 126마리의 감염된 들소(거짓음성)를 놓침으로써 이들은 계속 무리에 남아 있을 것이다. 반면에 1,000마리의 들소 중에서 600마리는 질병에 걸리지 않았을 것이다. 특이도가 88.7%이기 때문에 532마리의 들소는 음성(진성 음성)으로 판정되겠지만, 28마리는 양성(거짓양성)으로 판정되어 도태될 것이다.

우리는 이 검사를 질병 관리 프로그램으로 사용하기에는 그리 좋은 방법이 아니라

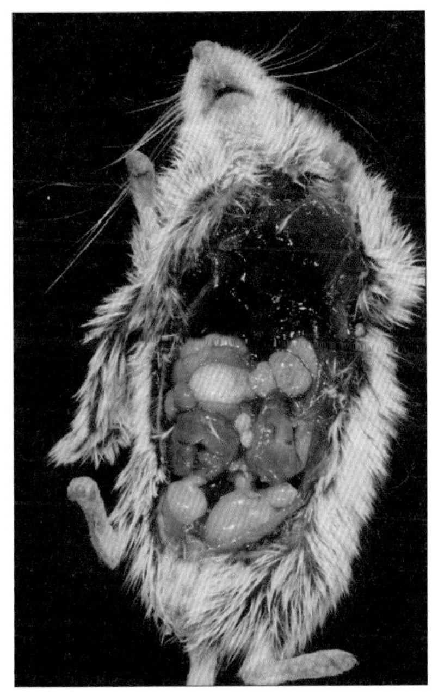

그림 4.3 ▲ 흰발생쥐(white-footed mouse)의 간과 복강에서 발견된 촌충(다방조충)의 유충낭

고 결론지을 수 있지만, 이와 매우 유사한 검사법을 이용해 가축 소에서 결핵을 근절했다. 하지만 가축 소의 경우, 이 검사는 들소에서와 다른 방식으로 사용되었다. 이 검사 방법이 감염된 개개의 개체를 판별하는 데는 불충분했지만, 감염된 무리를 판별하는 데는 유용했다. 한 가축소 무리 내에서 한 마리라도 양성 개체가 검출되는 경우, 비록 해당 무리 안에 많은 개체들이 질병에 음성일 확률이 있음에도 불구하고 무리 전체를 도태하였다.

어떤 검사들은 동물을 오직 양성이나 음성으로만 판정한다. 예를 들어 우리가 자충 단계의 다방조충(*Echinococcus multilocularis*)의 감염 여부를 위해 죽은 쥐를 검사한다면, 육안으로 낭종의 유무를 관찰할 것이다(그림 4.3). 하지만 이 질병에 있어서도 유충이 미세하게 간의 실질에 깊이 들어가 있는 감염의 초기 단계에서는 음성으로 오판할 가능성이 있기 때문에 이 간단한 검사법의 민감도 역시 100% 이하일 가능성이 높다. 이렇게 검사한 동물들은 가성 음성이며 실제 다방조충(*E. multilocularis*)의 발생 빈도를 과소평가하는 결과를 초래할 수 있다. 다른 촌충의 자충낭종을 다방조충이라고 잘못 판단하는 것 또한 가능하므로 특이도 또한 100% 이하로, 이러한 의양성 결과들은 전반적인 다방조충의 풍부도 또한 과대평가하는 결과를 초래할 수 있다(이 검사의 민감도와 특이도는 작은 낭포를 확인할 수 있도록 간을 꼼꼼하게 절개하고, 발견한 낭포를 확인하기 위해 낭포 내용물을 현미경으로 검사하는 방법을 통해 개선할 수 있다).

대다수의 검사 방법들은 위에서 설명된 다방조충 검사법에 비해 감염 개체를 제대로 진단해내는 데 있어 실수할 확률이 훨씬 높다. 대부분의 혈청학적 검사와 잔류물 분석에서 그 결과는 질병이다. 이분법적인 결과가 아닌 연속적인 값의 범주로 나타난다. 종종 감염된 동물과 감염되지 않은 동물의 값이 겹치게 나온다. 이러한 검사법을 개발하는 과학자들은 감염된 동물과 감염되지 않은 동물의 차이를 결정하는 기준값(종종 역치 또는 'cut-off'라 부르는)을 선택해야 한다.

적절한 기준값(cutoff)을 결정하기 어려운 점은 그림 4.4와 같다. 검사의 민감도와 특이도는 선택된 기준값에 따라 달라진다. 그림 4.4에서 기준값이 3.5ppm에 맞춰져 있다면, 실제로 노출된 모든 동물들은 정확하게(민감도=100%) 판별되겠지만, 여섯 마리의 동물은 의양성(특이도=79.3%)으로 판별될 것이다. 만약 기준값이 10.5ppm에 맞춰져 있다면, 노출되지 않은 모든 동물은 정확하게(특이도=100%) 판별되겠지만, 노출된 동물의 48%만이 정확하게 판별될 것이다. 기준값이 중간값인 6.5ppm인 경우, 민감도는 80%, 특이도는 96.6%일 것이다. 어떤 검사에서든 기준값은 매우 중요하며, 그렇기 때문에 이를 설정하기 위해서는 검사하고자 하는 질병에 대한 감염 여부가 확실히 알려진 대규모의 표본을 이용해 설정해야 한다. 이 과정을 '유효성 검사 테스트'라고 한다. 실제로 적용되는 기준값은 검사의 목적에 따라 조정할 수 있다. 예를 들어 검사의 목적이 질병의 퇴치나 관리를 위해 개체군에서 제거해야 할 동물을 판별하는 것이라면(앞에서 설명한 들소와 같은), 질병에 걸린 동물들을 놓칠 수 있는 가능성을 최소화해주는 매우 높은 민감도의 기준값이 바람직할 것이다. 그러나 이는 가성 양성으로 나타난 질병에 걸리지 않은 많은 수의 동물들을 도태시키는 결과를 초래하게 될 것이다. 어떤 상황에서는 서로 다른 목적들을

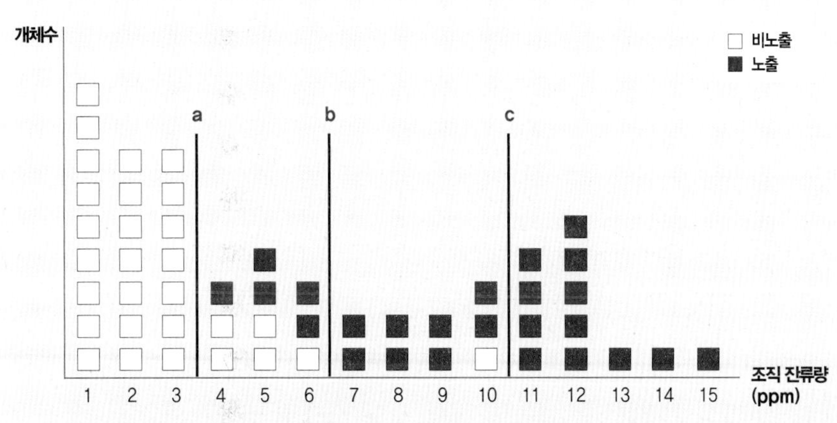

그림 4.4 ▲ 한 동물 무리의 조직 내 오염물 농도를 보여주는 가상 자료. 몇몇 동물들을 실험적으로 오염물질에 노출시켰다. 이 자료는 야생동물 시료를 스크리닝할 때 사용할 기준값(cutoff value)을 설정하는 데 이용된다. 위 그림은 노출된 개체와 노출되지 않은 개체를 구분짓는 데 이용할 수 있는 기준값의 세 지점(a, b, c) 정도를 보여주고 있다. 만일 기준값 a가 사용되면 노출된 모든 개체들을 완전히 파악해낼 수 있을 것이고, 기준값 c가 사용되면 노출되지 않은 모든 개체들을 완전히 파악해낼 수 있을 것이다. 기준값 b는 민감도 80%, 특이도 96.6%의 타협점이다.

달성하기 위해 두 개의 다른 기준값을 동시에 적용할 수도 있다(예: Mazet 등, 1992).

여러 검사들의 상대적인 민감도와 특이도의 결함을 극복하는 한 가지 방법은 서로 다른 두 검사의 조합을 사용하는 것이다.

첫째, 민감도가 높으면서 저렴하고 쉬운 검사[흔히 스크리닝 검사(screening test)라고 부른다.]를 이용해 모든 동물들을 검사한다. 이 검사 결과는 많은 가성 양성이 있을 것이라 것을 전제로 한다. 둘째, 첫 번째 검사에서 양성으로 판정된 모든 동물들 중에서 높은 특이도를 갖지만 민감도는 낮을 수 있는 두 번째 검사(확정 검사, confirmatory test) 방법으로 재검사 한다. 이러한 방법을 통해 두 가지 검사의 좋은 점만을 이용할 수 있으며, 좀 더 정밀한 검사가 필요한 개체수를 줄일 수 있다.

적절한 검사의 유효성 검증은 쉽지 않다. 불행하게도 야생동물에서 사용하는 많은 검사 방법들은 충분히 검증되지 않았고, 이들 검사 결과가 실제로 우리에게 무엇을 말해주는지에 대해서도 심각하게 고민해봐야 한다. 사람이나 가축, 또는 특정 야생동물종에서 사용하기 위해 개발된 많은 검사법들은 기존에 이 검사 방법이 개발된 기준종에서 이용된 방법이나 기준값이 검사하고자 하는 야생동물종에 대한 적합성 여부가 적절하게 검토되지 않은 채 야생동물들에게 이용되기도 한다.

과거에 실시한 많은 검사의 문제점은 그 민감도가 충분하지 않다는 것이었다. 기술적인 진보로 인해 질병에 걸린 개체 내의 아주 적은 병원체의 양이나 이 요인들에 대한 미세한 생리적 반응도 판별할 수 있게 되었다. 현재 어떤 검사는 너무 민감하기 때문에 현장이나 실험실에서 표본의 오염 가능성이 문제시되고 있으며, 시간이 흐를수록 양성 결과의 유의미성에 대한 의구심이 증가하고 있다. 예를 들어 분자 기술은 감염된 동물에서 살아 있는 병원체를 분리해낼 수 있는 기간이 한참 흐른 후에도 병원체의 핵산 잔여물이 검출된다. 이는 이 상태의 동물을 '감염된 상태', '감염성인 상태', '과거 어떤 시점에 병원체에 노출되어 단순 잔여물만을 갖고 있는 상태' 중에서 어떤 것으로 판정해야 하는지에 대한 의문이 생기게 만들었다. 분자 검사의 민감도에 대한 예로, 2001년 로스차일드(Rothschild) 등은 약 17,000년 전에 멸종된 들소(bison)의 뼈 안에서 결핵균(*Mycobacterium tuberculosis*) 복합체의 DNA를 확인했다. 고도 민감도에 따른 위와 같은 문제들은 다양한 오염물에 관련해서도 나타나는데, 이러한 검사법으로 나노그람이나 피코그람 단위의 잔여물 양을 확인해냈지만, 이것이 실제로 동물에 갖는 영향력에 대해서는 알려지지 않았다.

질병을 서술하는 데 사용되는 용어들

다른 과학 분야들과 마찬가지로 질병과 관련하여 생성된 어휘들 역시 어떤 것은 이해하기 힘들거나 너무 오래 되었으며, 어떤 것은 사용하기에 따라 매우 유용하다.

한 가지 예로, 유행성(enzootic), 아급성(subacute), 높은 이환율과 낮은 치사율을 보이는 중증도의 병원성을 가진 기생충성 폐렴(verminous pneumonia of moderate pathogenicity, with high morbidity and low mortality)이라고 묘사된 큰뿔양의 질병을 살펴보자. 물론 이는 매우 길어 보이지만, 이것은 개체군 내에서 질병이 시간적으로 어떻게 발병하는지(enzootic), 양 한 개체에서 보통 임상 증상이 나타나는 기간과 그 심각도는 어떠한지 아급성, 중증도의 병원성, 발병한 개체들에게서 흔히 나타나는 결과는 어떠한지(고이환율, 저치사율), 발병 원인이 무엇이고(기생충성) 어떠한 장기들에서 병리학적 증상이 어떻게 나타나는지(폐렴)에 대한 내용을 모두 담고 있다. 만일 이것을 비의학석인 어휘들로 표현했다면 아마도 다음과 같을 것이다.

> 폐가 적혈구, 백혈구 그리고 체액들로 가득 차는 질병으로 기생충 감염에 의해 발생함. 감염된 양은 폐에 중등도의 질환이 발생하며 이러한 증상은 며칠에서 몇 주간 지속됨. 과거에도 해당 질병은 이 개체군에서 예측 가능한 규칙성과 예측 가능한 빈도로 발생해왔음. 개체군 내에서 높은 비율의 개체들이 이에 감염되지만 이로 인해 폐사하는 개체의 수는 상대적으로 적음.

앞으로 필자는 일상적으로 질병에 관련된 일을 하는 사람들에게 중요한 용어들을 몇 가지 소개할 것이다. 필자는 이 4장에서 하나의 개체군 내에서 질병이 발병하는 양상을 설명하는 데 사용되는 용이들을 설명할 것이다. 이는 익학 분야에서 역학이라고 부르는 분야에서 사용되는 어휘들이다. 이 밖에는 질병이 동물 개체에 미치는 영향을 설명하는 어휘들을 사용할 것이다(임상수의학과 병리학자들의 어휘들).

발병 빈도의 측정

어떤 질병이든 질병을 조사할 때 다루는 가장 기초적인 질병의 특성 중 하나는 그 질병이 하나의 개체군 또는 집단 내에서 발생하는 양상이다. 이를 위해서는 반드시 전체 집단에서 질병이 발병한 개체수의 비율을 정량화해야 한다. 질병을 정량화하는 방법에는 여러 가지가 있지만, 어떤 방법으로 계산하든 질병과 개체군은 끊임없이 변화한다는 사실을 인지한 상태에서 접근해야 한다. 우리가 조사를 실시하고 있는 지금 이 순간에도(특히 조사에 시간이 오래 걸리는 경우) 새로운 동물들이 개체군으로 들어오고, 새로 감염되는 동물들이 발생하며, 어떤 동물은 회복될 것이고, 어떤 동물은 개체군을 떠나거나 폐사할 것이다. 다시 말해서 개체군 내 질병의 영향을 받은 개체수(분자)와 개체군 내 개체수(분모)는 끊임없이 변화하며 이는 우리의 계산을 더욱 복잡하게 만든다.

발병률(Incidence)과 유병률(prevalence)이라는 두 가지 측정 용어가 개체군 내의 질병 발병 빈도를 표현하는 데에 사용된다. 이들은 동의어가 아니며, 종종 오용되기도 한다. 여기서 발병률은 흔히 정해진 특정 시간 내에 새로 발병한 사례들의 수를 발병의 위험에 노출된 모든 개체수로 나눈 것이다. 이 개념의 중요한 포인트는 다음과 같다.

1. 발병률은 새로 발생한 질병 사례만을 다루는 개념이며 위험 척도이기도 하다.
2. 개체군 내에서 질병에 감염될 가능성이 있는 동물들(즉, 위험에 노출된)만이 분모로 사용된다. 분모에서 제외될 수 있는 동물들은 선천적인 저항력이 있는 동물, 후천적으로 면역력을 획득한 동물, 병원체에 대한 노출 부족 또는 조사가 시작되었을 당시 이미 감염되어 있는 동물 등이 있다.

그림 4.5는 연중 시행된 질병 X에 대한 감염 여부 검사에서 200마리의 동물 중 10마리가 양성 판정을 받은 가상의 상황을 보여주고 있다(여기서는 양성 판정을 받은 10마리만 그림에 나타냈다). 양성 판정을 받은 10마리의 개체 중 2, 4, 6, 8, 9번 그리고 10번만이 해당 연도 내에 발병했기 때문에 발병률 계산의 분자로 사용할 수 있는 신규 발병 사례수는 6마리다. 전체 개체군 중 37마리는 해당 연도가 시작될 때 이미 감염에 대한 저항성을 갖고 있었기 때문에(사전 노출로 인한 면역력 획득) 이들은 발병의 위험성이 적었다. 1, 3, 5, 7번은 해당 연도의 초반부터 이미 질병을 겪었기 때문에 이들 또한 연중 질병에 감염될 위험에 처해 있지 않았다. 따라서 적절한 분모(감염 위험이 있는 개체수를 계산하기 위한)는 200-

(37+4)=159이며, 해당 연도의 연중 개체군 내 발병률은 6/159 또는 100건당 3.8마리로 볼 수 있다. 발병률을 계산할 때 대상 기간은 자유롭게 정할 수 있지만, 그 기간의 길이는 반드시 명시해야 한다. 발병률은 질병 위험도를 측정하는 가장 좋은 수치이기는 하지만, 야생동물에서 각 개체를 장시간 동안 추적하면서 관찰하기가 힘들기 때문에 야생동물에서 발병률을 측정하는 것은 매우 힘들며, 따라서 자주 이용하지 않는다.

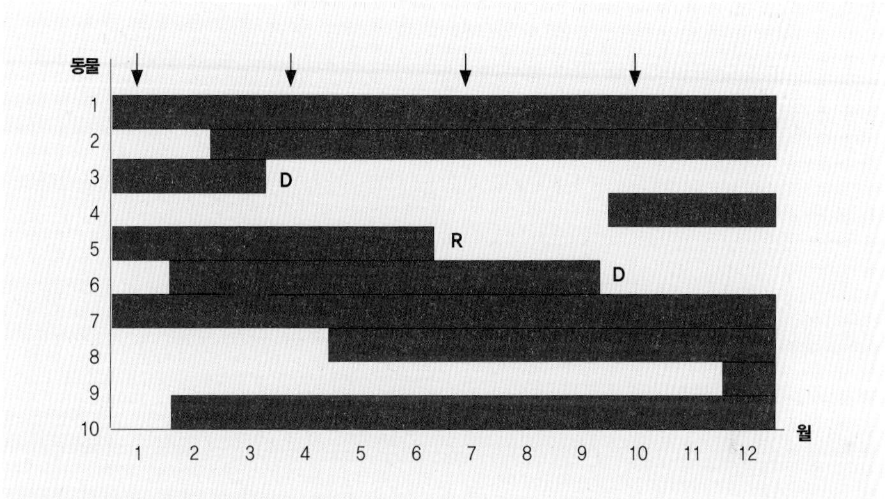

그림 4.5 ▲ 1년간 매달 질병 X 감염 여부 테스트를 실시한 200마리 개체군 내 10마리에 대한 가상의 역학 기록. 연초에 37마리가 이에 대한 항체를 갖고 있었으며, 질병 감염에 대한 저항력이 있었다. 색칠된 부분은 해당 동물이 그 달에 양성 판정을 받았다는 것을 의미한다. 어떤 동물들은 폐사했고(D), 어떤 동물들은 회복했다(R). 질병 X가 아닌 추가적인 이유로 폐사가 일어나거나 새로운 개체가 도입되는 경우는 없다고 가정했다. 화살표는 유병률을 측정한 날짜를 가리킨다[질병의 발생률(incidence) 및 유병률(prevalence)의 계산에 대한 논의는 본문 참고].

유병률은 특정 시점에 질병에 걸린 개체수를 해당 시점에 개체군 내에 있는 총 개체의 수로 나눈 값이다. 예를 들어 유병률은 특정 순간 개체군 내에 누가 질병에 걸려 있고 누가 걸려 있지 않을지를 확인하는 스냅사진과도 같다. 이때 동물들에서 질병이 언제부터 시작되었는지는 유병률의 고려사항이 아니다. 들소(bison)의 결핵이나 브루셀라증과 같은 만성 질병의 경우, 양성 판정을 받은 개체 중 일부는 최근에 감염되었거나 감염된 지 몇 달 또는 몇 년이 지났을 수도 있다. 분자로 사용되는 개체수는 감염 기간에 상관없이 감염된 모든 개체를 포함하고 있기 때문에 이는 위험도를 측정해주지 못한다. 우리는 그림 4.5와 같은 상황에서 질병 X의 유병률을 1년 중 아무 때나 측정해볼 수 있다. 1월 1일의 유병률은 4/200 또는 2%였다. 4월 1일이 되었을 때, 한 마리가 폐사했으며 이로 인해 유병률은 6/199 또는는 3%가 되었다. 7월에는 6/199=3%였고 10월에는 6/198=3%가(두 마리 폐사) 되었다.

가상의 질병 Y의 발병 기록을 나타낸 그림 4.6을 보면 발병률과 유병률의 측정치가 얼마나 다른 결과를 나타낼 수 있는지를 보여준다. 연초에 이 동물 무리에는 100개체가 있었으며, 이들은 모두 해당 질병에 대한 사전 감염 경험이 없는 감염 가능성이 있는 개체들이었다[질병에 노출되어 있다고 보이지 않은 개체군에서의 질병 발생은 '신규 지역' 발생('virgin ground' outbreak)이라고도 한다(Plowright, 1982)]. 질병 Y는 감염된 개체에서 매우 빠르게 진행되는 질병으로, 동물들은 2주 내에 폐사하거나 회복한다[마치 개홍역(canine distemper)의 경우처럼]. 해당 연도에 25마리가 질병에 걸렸으므로 연간 발생률은 25/100 또는 25%다. 1월 1일 시점에서의 유병률은 0/100이었고, 4월 1일에는 0/98(두 마리는 폐사), 7월 1일에 유병률은 4/94=4.3%이었으며 10월 1일에는 다시 0(0/88)이었다. 질병의 실질적인 위험도와 질병에 걸렸던 개체수가 상당했음에도 불구하고 개체군을 시간 단편적으로 수집하여 관찰한 결과, 질병 Y는 최대 유병률 4.3%의 비교적 낮은 발생 빈도를 보였다. 만성적인 질병의 경우, 이와는 반대 현상이 나타날 수 있다. 질병의 유병률은 매우 높지만 실제로 새로 발생한 질병 사례의 수와 발병률 자체는 다소 낮을 것이다. 이는 결핵 같은 만성적인 질병을 관리하는 프로그램의 유효성을 평가할 때 매우 중요하다. 설사 질병 관리 방법이 유효하여 새로 발병하는 사례수가 줄어든다고 하더라도 실제 개체군 내의 유병률은 매우 천천히 감소하므로 감지하기가 어려울 수 있다.

폐사율(특정 기간 동안 폐사한 개체수를 전체 개체군의 개체수로 나눈 값)은 발병률과 비슷하지만, 이는 발병 정도가 아니라 폐사치를 나타낸다. 질병 X의 폐사율은 2%, 질병 Y의 폐사율은 12%였다. 사례 치사율(Case fatality, 질병으로 폐사한 개체수를 질병에 걸린 모든 개체수로 나눈 것)은 질병의 심각도를 측정한다. 질병 X의 사례 치사율은 2/10 또는 0.2이지만 질병 Y의 사

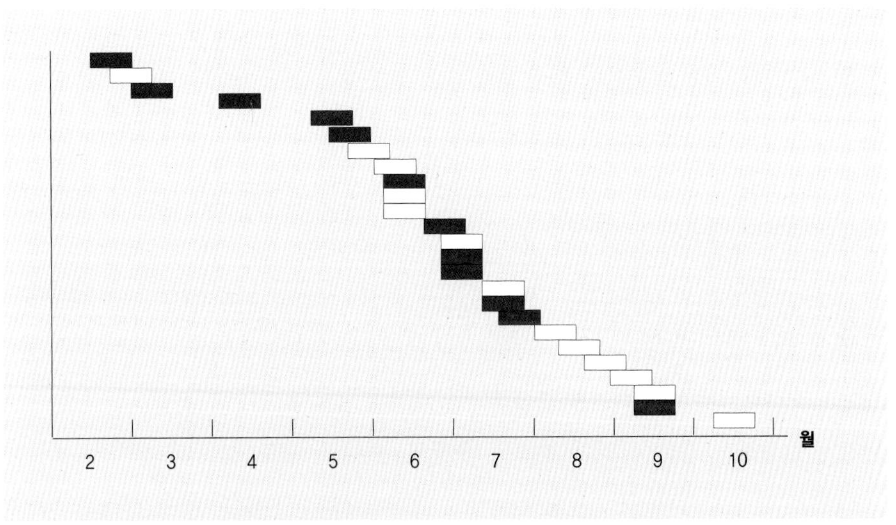

그림 4.6 ▲ 100마리 무리 내, 새로운 질병 Y 발병 사례의 시간적 분포. 대규모 전염병 발생의 시작 단계에는 모든 개체들이 감염에 취약했다. 한 개체 내에서 질병이 지속되는 시간은 2주이며, 동물들은 폐사하거나(검은색 상자) 회복했다(⬜ 상자). 질병 Y가 아닌 추가적인 이유로 폐사나 새로운 개체의 도입이 발생하는 경우는 없다고 가정했다.

례 치사율은 12/25 또는 0.48이다.

실제 상황에서 특정 질병의 영향을 받은 야생동물의 개체수를 정확하게 규명하는 것은 매우 어렵다(다시 말하면, 분자에 들어갈 수치를 정확하게 규명하는 것). 게다가 개체군 내의 총 개체수, 특히 질병의 위험에 있는 개체수들을 구체적으로 알아내는 것은 매우 어렵다. 따라서 많은 실병 발생 상황의 경우, 다양한 수치들은 최선을 다해 추측한 결과물들이며, 유일하게 이용 가능한 정량적인 데이터라고는 질병의 발생으로 인해 폐사한 조류사체의 수를 센 것과 같이, 분모 없이 분자 혼자 존재하는 숫자뿐이다.

개체군에서 질병이 발생하는 유형들

질병에 감염된 개체수를 파악하는 것 외에도 한 개체군 내에서 병이 어떻게 발생했는지와 관련하여 알아야 할 중요한 요인들이 있다. 이에는 이 질병이 처음 발생한 질병인지, 과거에 출현한 적이 있는지를 판단하는 것 또는 이 질병의 발병 지역 또는 유병률이 확장 또는 증가하고 있는지 등이 포함될 것이다. 한 개체군 내에서 질병이 발생하는 방식을 표현하는 어휘에는 두 가지가 있다. 이러한 어휘들은 특정 기간 동안 예상되는 질병 사례수 또는 '자연적인' 상태에서 그 기간 내에 발병 가능한 사례수 대비 실제로 발생한 사례수의 비율이다.

특정 질병이 어떤 개체군이나 지역에서 정기적으로 예상 또는 예측이 가능한 빈도로 발생하는 경우, 이 질병은 '풍토성(enzootic, endemic)'이라고 여겨진다. 어떠한 질병이 예상되지 않는 지역이나 시점에 발생하거나 과거의 경험에 비해 예상치보다 훨씬 광범위하게 발생하는 경우, 이러한 질병을 '유행성(epizootic, epidemic)'이라 한다(enzootic과 epizootic은 주로 동물의 질병에서 사용되는 어휘이며, endemic과 epidemic은 사람의 질병에서 이용되어 왔다). 어떠한 질병을 풍토성 또는 유행성으로 분류하는 기준은 해당 질병의 발생 빈도에 대한 사전 지식이다. 이론적으로 새로 발견된 질병은 모두 유행성이다. 왜냐 하면 이들은 예상되지 않은 지역 또는 시점에 발생했기 때문이다. 하지만 이는 추가 조사에 따라 해당 질병이 지역 내에서 발생할 것으로 밝혀지는 경우에는 변할 수 있다. 북미에서 처음 한타바이러스(hantavirus)가 발생했을 때는 유행성으로 판단되었지만, 이제는 신놈브레바이러스가 흰발생쥐에게 광범위하게 존재해왔으며, 이것이 수년간 사람의 질병을 유발해 왔다는 사실이 알려졌다. 하지만 쥐에서 이 병의 유병률은 해마다 극적으로 변할 수 있기 때문에 이 질병은 갑작스러운 유행성 재발이 일어나는 풍토병으로 생각할 수 있다.

특정 질병이 일어나는 유형은 지역마다 다르게 나타난다. 오르비바이러스(Orbivirus) 감염에 의해 사슴에서 나타나는 출혈성 질병은 텍사스에서 항상 발생하는 풍토병으로, 미국 동남부 지역에서 빈번하게, 반복적으로 발생하는 유행병이며, 미국 북부와 캐나다 남부에서는 가끔씩 유행병으로 나타나기도 한다(Stalknecht 등, 1996; Gaydos 등, 2002a). 어떠한 질병을 유행병이나 풍토병으로 구분할 것이냐의 기준은 질병이 발생하는 사례의 절대적인 수나 질병에 감염된 개체에서 일으키는 심각도가 아니다. 예를 들어 광견병은 매우 치명적이지만, 그 발생 유형은 빈도가 높고 예측 가능하기 때문에 전 세계 대부분의 지역에서 풍토병으로 분류된다.

　　질병 발병 유형의 이해를 돕기 위해 자주 이용하는 방법은 시간의 흐름에 따라 질병이 발생한 새로운 사례들을 그림으로 기록하는 것이다. 질병의 유행성 그래프(그림 4.7)를 그리는 것은 질병의 시간적인 발생과 질병 발생에 영향을 미칠 수 있는 기후와 같은 자연적인 요인 또는 인간 활동 같은 요인들 사이의 관계를 살펴보는 데 유용하다.

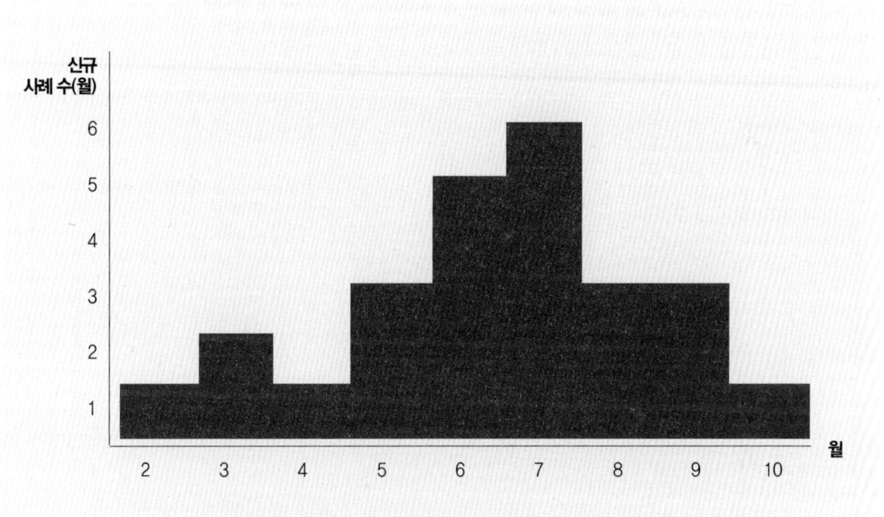

그림 4.7 ▲ 질병 Y(그림 4.6의 데이터)의 동물 유행병 발생 곡선(매월 새로운 사례수)

　　'신흥질병(Emerging disease)' 또는 '재흥질병(reemerging disease)'이라는 어휘는 최근 들어 '개체군 내에서 새롭게 나타났거나, 존재해왔지만 기존에 비해 발병률이 수적으로 또는 지리적으로 급격하게 증가한' 사람 감염병을 지칭하는 데 자주 이용된다(Morse, 1995). 2002년 라실레이(Lashley)와 더럼(Durham)은 '이러한 주제에 대한 관심은 수세기 동안 이어진 사람들의 자기만족과 감염병을 의학으로 정복할 수 있다는 믿음을 기반으로 하고 있다.'라고 설명했고, 1997년 레더버그는 '야생동물에서 감염은 첫 미생물이 1차 광합성 생산자인 최초조류(protoalgae)를 먹고 먹이사슬 사다리를 위로 올라가려 노력했을 때부터 출현하기(emerging) 시작했다.'라고 설명했다. 야생동물의 질병을 다루는 사람들은 항상 그 누구도, 감염병을 다루는 자신들의 능력에 자신감을 갖거나 자기만족을 느끼지 않아 왔다(현재 사람의 신종 질병을 다루는 사람들처럼-옮긴 이). 따라서 '신종질병' 또는 '재흥질병'이라는 어휘들은 연구비를 신청하거나 자신의 발표가 특별한 것인양 보이게 하기 위한 목적이 아니고서는(야생동물 분야에서는) 새삼 특별한 가치를 갖고 있지 않다.

- 야생동물 질병은 검출하거나 측정하기가 어렵다.

- 질병 예찰은 아프거나 죽은 동물을 찾는 것, 병인체를 찾는 것, 병인체에 대한 생리적인 반응을 찾는 것, 관심 숙주종이 아닌 다른 지표종에서 질병을 찾아보는 것을 모두 포함한다.

- 병들거나 죽은 동물들을 발견하기는 어려우며, 이들은 포식자나 청소동물들에 의해 신속하게 제거된다.

- 병들거나 죽은 동물의 수를 센 측정치는 실제 질병의 발병 빈도를 항상 과소 측정하게 한다.

- 병인체가 존재하는 것이 반드시 질병 발생과 같은 것을 의미하는 것은 아니다.

- 항체 생성이나 다양한 생체 지표의 농도 수치 등의 생리적인 반응은 병인체에 대한 노출을 측정하기 위해 널리 이용된다.

- 포식자 또는 청소동물들은 다른 종에서 발생하는 질병 빈도를 알아보기 위한 효과적인 지표종이 될 수 있다.

- 어떤 형태이든 예찰에 이용하는 표본들은 편향되어 있을 확률이 높다.

- 어떤 질병에 대해 신뢰도 있는 정보를 제공하기 위해 검사해야 하는 동물의 수는 생각보다 많으며, 이는 발생 빈도가 낮은 질병일수록 더욱 그러하다.

- 검사의 유효성은 질병에 걸린 개체들과 걸리지 않은 개체들을 구분해내는 능력을 측정한 것을 말한다. 유효성은 크게 민감도(질병이 있는 개체들을 정확히 감별해내는 능력) 그리고 특이도(질병에 걸리지 않은 개체들을 정확히 감별해내는 능력)로 구분된다.

- 야생동물의 검사에 이용된 대부분의 방법들은 그 유효성이 제대로 검증되지 않았다.

- 개체군 내에서의 질병 발생 빈도는 발병률과 유병률로 측정될 수 있다. 발병률은 특정 기간 내의 신규 발병수이며, 유병률은 특정 시점에서 질병에 걸려 있는 개체들의 수를 측정한 것이다. 두 가지 용어의 의미는 동일하지 않다.

- 야생동물 개체들을 장시간 추적하는 것은 어렵기 때문에 야생동물에서 발병률을 측정하는 것도 어렵다.

- 질병의 중요도를 파악하기 위해서는 개체군 내에서 질병에 걸린 개체수와 개체군 크기에 대한 실질적인 측정 정보가 있어야 한다.

- 개체군에서의 질병 발생 유형은 풍토성과 유행성이라는 유형으로 설명된다. 두 개의 용어 모두 과거에 대상 개체군에서 해당 질병이 발생한 역사를 기반으로 한다.

5

손상, 병원성, 병독성

질병의 근본적인 특성은 그 이유가 무엇이 되었든 간에 병에 걸린 동물에게 위해나 비용을 야기시키는 기능 상애(dysfunction)를 유발한다는 것이다. 여기서 위해(harm)라는 것은 그 정도가 너무 미미해서 흔히 사용하는(하지만 생물학적으로 무의미하다고만 할 수 없는) 측정 방법으로는 알아챌 수 없는 영향부터 개체를 급속히 죽이는 것까지 포함할 수 있다.

우리에게는 동물을 손상시키는 병원체의 성향을 표현할 수 있는 용어가 필요하다. 그래야만 서로 다른 질병들을 비교하거나 논의할 수 있기 때문이다. 그 후보로는 일반적으로 사용되는 병독성과 병원성이 있다. 병독성과 병원성은 둘 다 감염성 병원체가 유발하는 질병을 묘사할 때 주로 사용해온 단어다. 병독성은 라틴어 '*virulentus*(유독한)'에서 유래했고, 병원성은 그리스어 '*pathos*(고통 받는)+*genesis*(발생 또는 창조)'에서 유래했다. 즉, 병원성은 '고통의 창조'라는 뜻이다. 병독성은 의학사전에서 '치사율이나 숙주 조직으로의 침습 능력으로 표시되는 미생물의 병원성 정도'(Dorland, 2000)라고 정의되고, 병원성은 '질병을 일으키는 미생물의 능력'으로 정의된다. '병독성(virulence)'이라는 단어 또한 '질병을 유발하는 능력'을 말한다. 여기서 '치명적인(virulent)'이라 함은 '활발히 유독한, 강렬히 유해한, 해로운'과 같은 의미로 사용되어 왔다. 병독성은 질병의 감염성 원인과 비감염성 원인에 동등하게 적용할 수 있어야 한다.

여기서는 병독성이라는 단어를 '병원체가 위해를 가하는 능력의 척도'라는 의미로 사용할 것이다. 또한 손상의 정도를 '병에 걸린 동물의 폐사율 증가'라는 의미로만 국한하여 사용하지는 않을 것이다. 병독성의 정의는 1999년 리드(Read) 등이 사용했던 '감염에 의해 숙주에게 가해진 위해'와 비슷하다. 2000년 호크베르그(Hochberg)와 반 발렌(van Baalen)은 감염성 질병에서 나타나는 두 가지 종류의 병독성을 설명했다. 1형은 기생체의 특정 숙주에 대한 적합성(compatibility)과 감염, 진행 그리고 전파로 이어지는 일련의 과정 동안 기생체가 숙주 방어 체계를 회피하거나 교란시키는 것과 관련이 있다. 2형은 폐사율의 증가, 번식 수준의 감소, 숙주 생활사의 변화, 항상성의 측면에서 숙주의 적응도(fitness)에 미치는 영향과 관련이 있다. 여기서는 2형 병독성만 다룰 것이다. 인의학과 수의학에서는 병독성을 보통 개인 또는 개체 수준에서만 생각한다. 야생동물에서 질병의 각 개체에 대한 영향이 중요한 이유는 그것이 숙주의 수명과 생식력에 미치는 영향 때문이다. 그리고 어떻게 이것들이 숙주 적응도와 개체군 밀도에 영향을 미치는지를 아는 것도 중요하다. 그러므로 반드시 이러한 관계 속에서 병독성을 파악해야 한다. 2002년 샬(Schall)은 숙주동물의 관점에서 병독성은 '숙주의 일생에 걸친 번식의 성공도를 감소시키는 모든 감염의 결과'라고 생각했다.

어떤 질병에 관해서든 우리가 이해하고 싶어 하는 두 가지 주안점은 동물과 원인 병원체 사이의 상호작용 결과 손상이 어떻게, 왜 발생하는지다. 손상이 발생하는 방식은 위해를 가하는 생리학적, 면역학적 기전에 대한 질문이다. 이는 나중에 개별 동물에 대한 질병의 영향을 다룰 때 논의한다. 이 장에서는 유해성이 왜 발생하는지, 그리고 각기 다른 상황에서 왜 병독성의 두드러진 차이가 나타나고, 한 병원체가 어떤 특정한 상황에서는 아주 해롭지만 또 다른 상황에서는 근본적으로 무해한지에 대해 다룰 것이다. 병독성이 나타나는 이유는 단순한 학술적 흥미 이상이다. 그 이유는 질병의 관리와 억제를 위해 고안된 방안들과 환경 변화가 어떻게 병원체의 손상 유발 능력(즉, 병독성)에 영향을 미치는지를 이해하는 것이 중요하기 때문이다.

1999년 에버트(Ebert)는 병독성이 왜 나타나고 어떻게 진화했는지에 대한 세 가지 설명을 제안했다.

    1. 병독성은 기생체 감염 시 우연히 함께 발생하는 부산물이다.

    2. 병독성은 기생체의 적응적 진화 결과이거나 이들에게 유익하게 작용한다.

    3. 병독성은 원인 병원체와 숙주의 공진화(coevolution)의 결과물이다.

이 설명들이 구체적으로 기생충과 관련하여 발전된 것이긴 하지만, 필자는 이것들이 병독성을 전반적으로 이해하는 데 유용한 기본 틀을 제공하며, 이 설명들을 더욱 확장하여 기생체들이 아닌 몇몇 비감염성 질병을 포함하는 원인들에 이르기까지 적용할 수 있다고 생각한다.

병독성은 병원체와 동물 사이의 관계에서 우연의 일치로 발생하는 부산물이다

병독성에 대한 이러한 설명은 기본적으로 동물에게 손상을 입히는 것이 원인 병원체에게 그 어떤 특정한 이익도 가져다주지 않는다고 가정하는 것에서 출발한다. 이는 많은 비감염성 질병들, 야생동물에서 다양한 오염균에 의한 중독이나 물리적 요인에 의한 외상(traumatic injury), 이러한 우연의 일치로 발생하는 병독성의 예시다. 조류 사냥에 납탄을 사용하는 목적이 동물에게 맛지 않고 연못 바닥에 떨어진 탄알을 주워 먹는 오리를 독살하거나 물새의 조직에 박힌 납탄을 먹는 수리류를 독살하는 데 있는 것은 아니다. 질병을 유발한다고 해서 납탄이 어떠한 이득을 얻는 것도 아니다. 그럼에도 불구하고 납 중독은 우연히 병독성 효과를 일으켜 수백만 마리의 새를 죽여 왔다. 남조세균(cyanobacteria)은 플랑크톤류(planktonic species)의 공격을 막기 위해 강력한 독소를 합성하는 것으로 생각된다(Carmichael, 1994). 독소는 이 미생물이 함유된 물을 마신 야생동물과 가축 역시 죽게 만드는데, 이는 우연한 결과이고 세균에게 아무런 이득도 되지 않는다. 남조세균 독소는 수많은 합성 살충제와 유사하게 어떤 상황에서는 유익할 수 있지만, 다른 상황들에서는 그 유독한 성질로 인해 바람직하지 못한 효과를 나타낸다.

사슴과 엘크의 사슴만성소모성 질병(chronic wasting disease, CWD)을 포함한 전염성해면상뇌병증(transmissible spongiform encephalopathies, TSE) 역시 우연한 병독성의 사례라고 할 수 있다. 만성소모성 질병의 원인은 특정 자연 단백질(natural protein)이 일반적 단백질 분해(proteolysis)에 대해 저항력이 있는 형태로 구조적 변이가 일어나는 데 있는 것으로 보인다. 이 변형 프리온 단백질은 신경계에 축적되어 비가역적이고 치명적인 질병을 유발한다. 변형 단백질은 핵산이 없고, 살아 있는 존재가 아니기 때문에 스스로 증식하고 질병을 유발하더라도 자신에게는 아무런 이득이 없다.

우연한 병독성은 드물게 발생하고, 흔히 신규 숙주-기생체의 상호작용 결과로 나타난다(Ebert 1999). 이 경우, 병독성의 원인 유전자는 다른 환경의 병원체 안에서 진화하여 신규 숙주나 특정 상황에서 발견된다. 야생동물에서는 야생 유제류에서의 몇 가지 기생충을 포함하여 이런 질병 유형의 많은 사례들이 있다(표 5.1).

이에 대한 연구 중 하나는 지주막 기생충(meningeal worm)인 파렐라포스트론길루스 테누이스인데, 이는 북미 동부의 흰꼬리사슴에서 흔하게 나타난다. 기생충이 성장하는 동안 사슴의 중추신경계를 통해 이동함에도 불구하고 흰꼬리사슴에서의 감염은 보통 임상적으로는 증상이 나타나지 않는다. 하지만 이 기생충은 말코손바닥사슴, 엘크, 노새사슴, 순록, 큰뿔양, 가지뿔영양, 사육되는 양, 염소, 라마를 포함한 다른 유제류에서 종종 치명적인 신경계 질병(neurological disease)을 유발한다. 이러한 신규 숙주에서 문제가 되는 위해성은 이 기생충의 유충이 숙주동물의 신경계 내에서 비정상적으로 성장하거나 행동하기 때문이다. 이는 숙주에 의해 발생하는 현저한 염증 반응 때문이기도 하다. 파렐라포스트론길루스 테누이스는 특히 순록에 유해하기 때문에 감염된 흰꼬리사슴과 순록은 파렐라포스트론길루스 테누이스가 존재하는 지역에서는 공존할 수 없다.

또 다른 선충류인 슈나이더함유사상충(*Elaeophora schneideri*)이 북미 동부 지역의 노새사슴에서 나타난다(Hibler와 Adcock, 1971). 성충은 특히 머리와 목의 주요 동맥에 기생하는

표 5.1 | 정상 숙주종 외의 종에서 감염성 원인체에 의해 발생한 우연적 병독성

원인체	정상 숙주종	비정상 숙주종	손상의 형태
한타바이러스	다양한 설치류	사람	신증후군출혈열, 한타바이러스호흡기증후군[1]
악성카타르열바이러스 (*Alcelaphine Herpesvirus*) [1]	누	소, 다른 소과 동물, 사슴과	악성카타르열[2]
헤르페스바이러스 시미에 (*Herpesvirus simiae*) (*virus B*)	아시아 마카크원숭이	사람	마비, 사망[3]
소브루셀라균(*Brucella arbotus*)	소, 북미들소, 엘크	말코손바닥사슴	패혈증[4]
플라스모듐속 (*Plasmodium* spp.)	토착 명조류	펭귄	말라리아[5]
	도입 명조류	하와이 토종 조류	말라리아[6]
시타욱스준 펠리스 (*Cytauxzoon felis*)	밥캣	집고양이	빈혈, 황달(종종 치명적)[7]
파렐라포스트론길루스 테누이스 (*Parelapho-strongylus tenuis*)	흰꼬리사슴	말코손바닥사슴, 엘크, 노새사슴, 가시뿔영양, 큰뿔양, 순록	신경학적 질병(종종 치명적)[8]
슈나이더함유사상충 (*Elaeophora schneideri*)	노새사슴, 노새사슴 등 두 아종	양, 엘크, 말코손바닥사슴	피부염, 맥관성 손상, 폐색, 조직경색 등[9]
		꽃사슴	두부 종양성 구조물 성장[10]
대왕간질 (*Fascioloides magna*)	흰꼬리사슴, 엘크, 순록	말코손바닥사슴, 북미들소, 소	심각한 간 섬유화
		양, 큰뿔양, 노루	흡충 이행을 막지 못해 발생하는 심각하거나 치명적인 간 손상[11]

1 Mills와 Childs(2001) **2** Heuschle와 Reid(2001) **3** King(2001) **4** Forbes 등(1990) **5** Fix 등(1988) **6** van Riper 등(1986) **7** Kocan(2001) **8** Lankester(2001) **9** Kemper(1983); Hibler와 Adcock(1971) **10** Robinson 등(1978) **11** Pybus(2001)

데, 노새사슴에게는 현저한 질병을 일으키지 않는다. 이 기생충의 미세한 유충은 노새사슴의 혈액 또는 피부 내에서 순환하다가 큰흡혈말파리(large blood-feeding fly)에 의해 섭취됨으로써 파리를 감염시켜 사슴류 사이에서 전파된다. 유충은 파리 안에서 발육하고 파리가 다른 동물을 흡혈할 때 전파된다. 만약 감염된 말파리가 노새사슴 대신 엘크를 흡혈하면, 엘크에서 실명, 뇌출혈, 폐사 등 심각한 질병이 나타날 수 있다. 이러한 결과는 귀, 코, 뿔 등 머리와 목의 주요 동맥을 통해 영양분을 공급받는 신체 부위로의 혈류 감소로 인해 나타난다. 엘크에서의 손상은 기생충이 노새사슴에서와 다르게 행동하기 때문에 나타나는 것이다. 아마도 숙주로부터의 신호가 다르기 때문이거나, 기생충이 '판독할 수 없는' 신호이거나, 동맥 혈류에 지장을 줄 수 있는 비정상적인 염증 반응을 일으키며, 발육 중인 기생충에 엘크가 반응하기 때문일 것이다. 슈나이더함유사상충은 사육양(Kemper, 1938), 말코손바닥사슴(Worley 등, 1972), 꽃사슴(Robinson 등, 1978), 흰꼬리사슴 (Couvillion 등, 1986), 큰뿔양(Boyce 등, 1999) 등 다른 신규 숙주에서도 질병을 유발한다.

대왕간질(North American liver fluke)인 파시올로이데스 마그나의 성충은 흰꼬리사슴과 엘크의 간에서 얇은 벽의 포낭 속에 한 쌍 또는 집단이 들어 있는 형태로 성숙한다 (Pybus, 2001). 포낭이 담관으로 이동하면 흡충의 충란이 담즙과 함께 장 내부로 들어가 외부 환경으로 나간다. 기생충의 수가 매우 많지 않은 한, 흰꼬리사슴과 엘크가 대왕간

질에 감염되더라도 비교적 작은 손상을 입는다. 충란은 외부 환경의 물속에서 부화하고, 몇 단계의 생활환(life cycle)을 거쳐 감염성이 있는 유충이 되며, 식물 위에서 포낭에 둘러싸이게 된다. 만약 이 유충을 말코손바닥사슴, 북미들소, 사육소 등이 먹으면 발육 중인 흡충이 동물의 간에 도달하게 되는데, 이 숙주동물들은 기생충에 격렬하게 반응하여 심각한 염증과 섬유화를 일으킨다(그림. 5.1). 흡충은 이 동물 안에서는 좀처럼 성숙하지 못하거나 숙주―기생충이 서로를 인지하지 못하고, 생산된 어떠한 알도 대부분 장까지는 도달하지 않는다. 그러나 사육되는 동물이나 큰뿔양에 감염되었을 때는 매우 다른 결과가 나타난다. 이런 '예외적인' 숙주동물에서는 흡충의 유충이 간을 거쳐 계속 이동하면서 심각하고 치명적

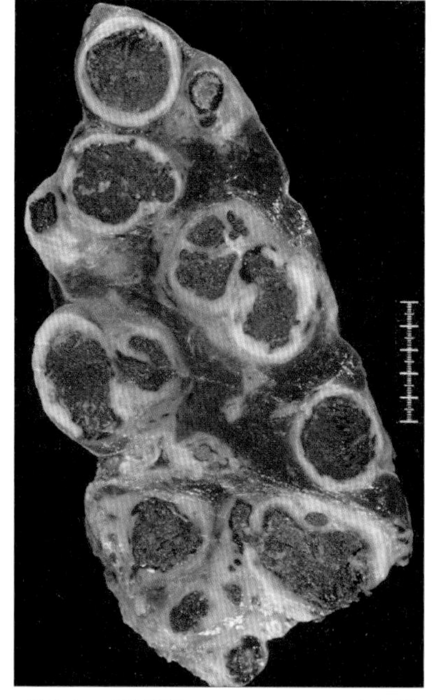

그림 5.1 ▲ 대왕간질(*Fascioloides magna*)에 감염된 말코손바닥사슴의 간. 이 기생충에 대한 격렬한 반응의 결과로 간에 발생한 광범위한 섬유화 현상

인 손상을 입혀 숙주와 기생충 모두를 죽게 만든다.

야생동물로부터 전파된 많은 감염성 병원체로 인해 발생하는 인체 손상 또한 신규 숙주-기생체 상호작용의 결과처럼 우연한 병독성의 사례라고 할 수 있다. 이러한 실제 사례로는 웨스트나일바이러스와 동부말뇌염바이러스 같이 모기와 야생 조류 사이를 순환하는 바이러스와 한타바이러스와 아레나바이러스 같이 설치류에서 발견되는 바이러스, 바일리스아스카리스 프로시오니스(*Baylisascaris procyonis*, 북미너구리 회충) 등의 감염이 있다.

우연한 병독성의 특징 중 하나는 신규 숙주에서의 높은 병독성이라는 것이 기생체의 성공적인 전파 또는 높은 전파율과 아무런 관계가 없다는 것이다(Ebert, 1999). 말코손바닥사슴에서의 파렐라포스트론길루스 테누이스나 대왕간질 감염과 같은 많은 사례에서는 전파가 더 이상 일어나지 않으며, 신규 숙주로의 감염은 병원체의 입장에서 보면 죽음으로 끝나는 것이다. 이리한 '우발적인' 감염의 형태에서는 병원균 또는 숙주동물의 진화에 별로 도움이 되지 않는다(Schall, 2002).

대개 외부 환경에서 동물로부터 독립하여 사는 사물기생균(saprophytes)과 같은 기회 감염성(opportunistic) 세균과 진균의 감염으로 발생하는 질병 역시 우연한 병독성의 사례라고 할 수 있다. 어디에나 존재하는 토양미생물인 국균(*Aspergillus fumigatus*)은 특정한 환경 조건에서 조류의 폐와 기낭으로 침투할 수 있고, 심각한 질병인 국균증(aspergillosis)을 유발한다(그림 3.3).

파상풍균(*Clostridium tetani*)은 피부의 상처에 침투하는 토양 사물 기생균으로, 그 부위에서 아주 국소적으로 성장하고, 마비성 질병인 파상풍(tetanus)을 유발하는 잠재적 독소를 생성한다. 2001년 밈스(Mims) 등이 '죽어서 부패 중인 사체는 파상풍균의 좋은 성장배지.'라고 추측했음에도 불구하고 보통 그들의 생식에 동물 감염이 꼭 필요하지 않으며, 질병 유발은 아스페르길루스 푸미가투스나 파상풍균에게 아무런 이득도 되지 않는다.

정상적으로는 체표에서 공생 생물로 살아가는 미생물이 표면이 아닌 다른 부분까지 더 깊게 침투할 때 발생하는 손상은 분류하기가 어렵다(여기서 공생 생물이란 숙주로부터 영양분을 얻지만 숙주에게 해롭지도 이롭지도 않은 미생물을 말한다.). '잘못된' 조직으로의 감염은 신규 숙주로의 감염과 유사하고, 손상의 일부는 우연한 병독성과 같은 결과를 나타낸다. 야생동물의 몇 가지 중요한 감염성 질병들은 공생 생물의 조직 침투 결과로 발생한다(표 5.2). 이처럼 숙주 체내의 한 곳에(공생 관계로) 살면서 적응해온 병원체가 다른 곳에 침투하여 자라게 되면 심각한 손상을 일으킬 수 있다. 예를 들어 대장균(*Escherichia coli*)이 장에 정착하기 쉽도록 스스로 발달시킨 부착 능력은 이 세균이 기회주의적으로 요로에 감염되었을 때 심각한 염증의 원인이 된다(Levin과 Svanborg-Eden, 1990). 이와 같은 많은 경우가 병원체에게는 별다른 이익을 주지 않는 것 같다. 예를 들어 만헤이미아 헤몰리티카와 파스퇴

표 5.2 | 숙주 체내 특정 장소에서는 공생 관계를 보이다가 다른 조직에 침범했을 경우 고도의 병독소를 보이는 세균

원인체	야생 숙주동물	공생 상태로 머무는 조직	심한 질병을 유발하는 기생 조직	질병
파스퇴렐라 물토시다 (*Pasteurella multocida*)	야생조류	상부호흡기(?)	전신성(패혈증)	조류콜레라
만헤이미아 헤몰리티카 (*Manheimiahemolitica*), 파스퇴렐라 트레할로시 (*Pasteurella trehalosi*)	야생양	상부호흡기	폐	폐렴
푸소박테리움 네크로포룸 (*Fusobacterium necrophorum*)	반추수	소화장기	구강, 발과 간의 심부 조직	괴사간균증 (Necrobacillosis)
황색포도상구균 (*Staphylococcus aureus*)	많은 종	피부	많은 조직	농양, 근막염, 농혈증
클로스트리디움 필리포르메 (*Clostridium piliforme*)	사향쥐	장관(?)	간	티져병
액티노미세스 보비스 (*Actinomyces bovis*)	반추수	구강 점막	아래턱	골수염(lumpy jaw)
아르카노박테리움 피오게네스 (*Arcanobacterium pyogenes*)	유제류	점막 표면	많은 조직	농양과 화농성 병변
헤모필루스 솜누스 (*Haemophilus somnus*)	북미들소, 소	점막 표면	뇌, 폐 및 관절	뇌염, 폐렴 및 관절염

렐라 트레할로시는 양의 상부 기도에서는 질병을 유발하지 않으면서 살 수 있지만, 큰뿔양에서는 많은 수의 개체를 죽일 수 있는 심각한 폐렴을 일으킨다. 이렇게 되면, 세균은 양과 함께 죽게 된다. 정확히 밝혀지지는 않았지만 한 가지 가능성은 비정상적 기생 조직에서 고도의 병독성을 보이는 미생물은 체표에서 공생 생물로 살아가는 동일 미생물 집단의 아집단(subset)일 수도, 특정 변종일 수도 있는 것이다. 병원체의 이러한 낯선 영역으로의 여행은 소위 근시안적인 적응이라고 불리는 사례의 하나일 수도 있다. 이에 대해서는 아래에 더 논의하겠다.

병독성은 기생체에게 적응성이거나 유익하다

이 가설은 기본적으로 "동물에게 상해를 입히는 것은 병원체의 적응성을 증가시킨다는 것과 '그 병독성의 진화'는 병원체에 달려 있다."라는 가정을 바탕으로 하고 있다. 이러한 상황에서 숙주의 진화적 대응은 '중요한 것으로 여기기에는 너무 느리다(Ebert, 1999)'. 이 설명은 원인체가 적응하거나 진화하는 능력이 없고, 적응성과는 상관없는 대부분의 비감염성 질병에 적용되지 않는다(병독소가 비감염성 질병의 원인체에게 이점을 줄 수 있는 몇 가지 예외가 있다.)는 것을 의미한다. 1999년 에버트(Ebert)는 이 개괄적인 가설을 병독성 이득 가설, 병독성 손실 가설, 근시안적인 진화의 세 가지 아류로 분류했다.

병독성 이득 가설

만약 숙주가 상해를 입지 않았다면 병원체가 자원을 뽑아낼 수 없었겠지만, 손상을 일으켜 자원의 추출이 가능해지면 병독성이 있는 것이 병원체에게 이득이 될 수 있다. 필자는 이 가설을 설명하기 위해 두 개의 사람 질병을 인용할 것이다. 한 가지 분명한 것은 '사람에서와 비슷한 상황이 야생동물에서도 여지 없이 나타난다.'는 점이다. 숙주의 체내에서 철분은 풍부하지만 세포와 결합하고 있기 때문에 증식하는 세균에게는 그 이용이 제한된 영양분이다. 철분을 얻을 수 있는 한 가지 방법은 철을 방출하는 숙주 세포를 죽이는 것이다. 사람에서 디프테리아를 야기하는 코리네박테리움 디프테리아(*Corynebacterium diphtheria*)라는 세균은 인두의 점막면에서 증식하며, 조직 내로 깊숙이 침투하지는 않는다. 하지만 독소 생산 유전자를 제공하는 박테리오파지(bacteriophage)로부터 유도되는 세균은 인두 조직 세포를 죽이는 독소를 생산하여 철을 입수한다. 유도되는 세균은 독소를 생산하여 철분 접근 통로가 되는 인두의 조직 세포를 죽인다. 대량의 독소는 균체 내의 철분을 모두 소모했을 때만 생산한다. 그런데 이 독소는 세균에게 유용한 비인두에만 영향을 미치는 것이 아니라 심장을 포함한 숙주의 많은 다른 세포에도 손상을 입힌다. 따라서 디프테리아가 가진 병독성의 한 부분은 세균에게 이익인 동시에, 숙주인 사람이 심장 손상에 의해 사망하게 되는 경우, 오히려 세균에게 해가 될 수 있는 우연한 부산물이기도 하다.

사람에서 콜레라를 일으키는 콜레라균 또한 자신의 이익을 위해 손상을 일으키는 독소를 사용한다. 이 세균은 염분이 있는 연안 해역에서 살기에 적당하다. 사람은 1차적으로 오염된 물을 마시거나 세균이 있는 어패류를 먹음으로써 감염된다. 만약 세균이 위의 산성 환경을 통과하여 살아남았다면, 소장 벽에 달라붙어 상피 세포의 나트륨 흡수를 차단하고 오히려 분비를 증진시킨다. 즉, 다른 장 내의 미생물들보다 콜레라균이 성장하기 좋은 환경인 '염분 홍수'(salty flood)를 만드는 것이다(Edwald, 1994). 이 결과로 야기된 설사는 적절한 환경에서 생산된 많은 수의 콜레라균과 함께 장으로부터 다른 세균을 뿜어낸다. 사람에서 치명적인 탈수와 쇼크를 야기할 수 있는 설사는 세균의 전파에도 기여한다(Mims 등, 2001). 외부 환경의 오염을 증가시키는 설사 또한 살모넬라 같은 다른 세균의 전파를 용이하게 할 수도 있다. 이와 비슷한 방법으로, 기침을 자극하는 것은 호흡 감염 원인체의 전파를 용이하게 한다.

다른 세균들도 질병의 원인이 되는 독소를 생산한다. 1993년 슐레싱거(Schlessinger)와 샤흐터(Schaechter)는 세균이 독성물질을 생산하는 이유를 정확히 알지 못하면서 '독성물질은 세균의 성장과 생존에 도움을 준다.'라고 생각하는 것은 우리의 무지함을 보여주는 것이라고 설명했다. 모든 독소가 세균에게 이익이 되는 것은 아니다. 그람 음성균의 세포벽 성분인 지질다당류(lipopolysaccharide) 구성 요소인 내독소는 야생동물에서 중요한 질병인 조류콜레라, 야토병, 흑사병, 브루셀라 같은 질병을 포함한 많은 세균성 질병에서 심각한 병독성을 야기한다.

감염 원인체의 적합성은 생식의 성공에 의해 결정된다. 여기서 성공은 미세 기생체의 경우 기존의 감염 원인체로부터 야기되는 신규 감염의 수, 그리고 거대 기생체에서는 암컷의 번식 가능한 후대수로 측정된다. 신규 숙주로의 전파율은 두 가지 종류의 원인체에 맞춰져 있다. 신규 숙주로의 전파율을 높이는 병독성이 있는 감염성 질병은 이밖에도 많다. 2002년 스콜(Schall)은 병독성의 진화를 설명하기 위해 '전파─기회 가설(transmission - opportunity hypothesis)'이라는 용어를 사용했다. 예를 들어 여우는 공격적인 행동의 증가로 인한 광견병바이러스 전파를 통해 뇌의 감염을 야기한다. 그 이유는 이 바이러스가 1차적으로 침과 교상을 통해 전파되기 때문이다(이와 같은 병독성은 광견병에 걸린 여우가 사람이나 소를 물었을 경우에는 우연적인 사고가 되는데, 그 이유는 이러한 숙주들이 바이러스의 추가적인 전파에 기여하지 않는 종말숙주들이기 때문이다.).

세균에 의해 감염되는 탄저는 이러한 전략의 극단적인 예다. 탄저균(Bacillus anthracis)에 대해 기억할 만한 가장 기본적인 사실은 이것이 죽임으로써 생존한다는 것이다(Hugh-Jones와 de Vos, 2002). 이 세균의 영양 증식과 번식은 탄저균이 동물에게 감염되었을 때만 일어난다고 알려져 있다. 세균의 증식은 매우 급격하게 일어나 감염된 동물을 죽이게 된다. 살아 있는 감염 동물은 질병을 전파하지 않는다. 동물은 죽었을 때만 질병을 전파할 수 있다(Furniss와 Hahn, 1981). 세균은 동물이 죽고 영양 증식이 더 이상 가능하지 않은 상황일 때 저항성이 강한 아포를 형성한다. 아포를 형성하는 데는 산소가 필요하므로 아포는 주로 최근에 죽은 사체가 청소동물에 의해 개방된 후에 1차적으로 형성된다. 아포들은 매우 안정된 상태로 토양 내에 오래 생존할 수 있으며, 자신들이 증식할 수 있는 새로운 숙주동물을 기다린다.

원인체에 이득이 되는 병독성의 가장 대표적인 예로는 기생체의 종숙주가 중간숙주를 먹음으로써 감염되는 사례를 들 수 있다. 이는 주로 완전한 생활사를 위해 두 가지 종류의 다른 숙주가 필요한 원충과 후생기생충 사이에서 일어난다. 이러한 유형의 많은 기생체들은 적합한 최종숙주에게 쉽게 노출되어 먹힐 수 있도록 중간숙주를 조종한다. 이러한 유형을 '기생체 유발 영양 전달'(Parasite increased trophic transmission, PITT)이라 부르는데, 1999년 래퍼티(Lafferty)는 기생충 감염에 있어서 중간숙주를 '운송수단'으로, 종숙주를 '종착지'라 하자고 제안했다. 중간숙주는 다양한 방식으로 조정될 수 있는데, 대부분 행동이나 외형 등이 바뀔 수 있기 때문에 포식동물에 쉽게 발각되거나 발각되었을 때 도망갈 수 있는 능력이 떨어진다. 기생충에 의한 중간숙주 행동 변화의 대표적인 예로는 1973, 1974년에 베설(Bethel)과 홈스(Holmes)가 연구한 구두충인 폴리모르푸스 파라독수스(*Polymorphus paradoxus*)다. 단각목인 옆새우류 감마루스 라쿠스트리스(*Gammarus lacustris*)는 중간숙주이고 오리가 종숙주다. 이 기생충에 감염되지 않은 옆새우류는 심한 혐광성이고, 방해하면 깊은 물로 들어가 버린다. 폴리모르푸스 파라독수스(*Polymorphus paradoxus*)에 감염된 옆새우류는 빛을 좋아하고, 방해를 받으면 파동을 일으키며, 수면을 스쳐 지나가거나 물체 표면에 붙어있다. 이런 행동적인 변화는 기생충의 발전 단계 중 오리에게 감영성을 갖는 때와 정확히 일치한다.

몇몇 원충의 종숙주는 유성생식을 하는 절지동물이다. 이 유형의 기생충은 전파를 하기 위해 척추동물의 행동을 변화시킨다. 예를 들어 열원충인 플라스모듐속(*Plasmodium* spp.)의 말라리아 기생충에 감염된 쥐들은 체내 감염 중인 플라스모듐 생활사 단계에 정확하게 맞춰 모기 회피 행동 경향을 감소시킨다(Day와 Edman, 1983). 말라리아 기생충은 또한 모기의 행동 변화를 촉진하여 피를 빨 때 더 집요해지도록 한다(Koella와 Packer, 1996).

잘 정리되어 있는 PITT의 사례들은 대부분 실험실에서 연구할 수 있는 소동물을 이용한 것들이지만(표 5.3), 이러한 현상은 포식-비포식 생활사를 보이는 많은 기생체들에서 광범위하게 나타난다. 기생충에 감염된 일부 야생동물들은 비감염 개체보다 육식동

표 5.3 | 적절한 최종숙주에게 감염된 중간숙주가 잘 먹이도록 조정하는 기생체 감염증

기생체	중간숙주	최종숙주	조정 유형
에우하플로르키스 칼리포르니엔시스 (*Euhaplorchis californiensis*)(흡충)	물고기	물고기를 먹는 조류	비정상적 습성[1]
히메놀레피스 디미누타타 (*Hymenolepis diminutata*)(조충)	딱정벌레	쥐	비정상적 습성[2]
리일리엔티나 세스티실루스 (*Raillientina cesticillus*)(조충)	딱정벌레	닭	비정상적 습성[3]
쿠르투레리아 아우스트라일리스 (*Curtureria austrailis*)(흡충)	새조개	도요물떼새	조개발의 미성장, 굴로 숨는 능력의 저하[4]
폼피린쿠스 라에비스 (*Pompyrhynchus laevis*)(구두충)	옆새우류의 일종인 감마루스 풀렉스 (*Gammarus pulex*)	물고기	비정상적 발색[5]
톡소플라스마 곤디 (*Toxoplasma gondii*)(원충)	쥐	고양이	비정상적 습성[6]
디크로코엘리움 덴드리티쿰 (*Dicrocoeliium dendriticum*)(촌충)	개미	반추동물	비정상적 습성[7]
에우스트론길리데스 이그노투스 (*Eustrongylides ignotus*)(선충)	물고기	육식성 어류	비정상적 습성[8]
플라스모듐속(*Plasmodium* spp.)(원충)	생쥐	모기	모기 회피 습성의 감소[9]

1 Lafferty와 Morris(1996)　**2** Hurd와 Fugo(1991)　**3** Graham(1966)　**4** Thomas와 Poulin(1998)　**5** Bakker 등(1997)
6 Berdoy 등(1995)　**7** Carney(1969)　**8** Coyner 등(2001)　**9** Day와 Edman(1983)

물에게 포식당하기 쉽다고 알려져 있지만, 포식률이 높아지는 실제적인 기전은 알려져 있지 않다. 예를 들어 사르코시스티스속(*Sarcocystis* spp.)과 프렌켈리아속(*Frenkelia* spp.)의 원충에 감염된 설치류는 비감염 개체보다 이들 기생충의 최종 종숙주 기능을 할 수 있는 육식조류에게 포식당하기 쉽다(Hoogenbloom과 Dijkstra, 1987; Voříšek 등, 1998). 촌충인 단방조충(*Echinococcus granulosus*)에(그림 5.2) 감염된 말코손바닥사슴은 비감염 말코손바닥사슴보다 지구력과 도망가는 능력이 떨어지기 때문에 사람에게 사냥당하기 쉽고, 늑대에게 포식당하기도 쉽다(Rau와 Caron, 1979). 이러한 영향 때문에 감염되는 시기가 중요하다.

어렸을 때 다방조충(*Echinococcus multilocularis*)의 유충에 감염된 들쥐들만이 기생충에 의해 신체가 약해지는데, 이는 기생충의 성장 기간(약 3개월)과 대부분의 들쥐 기대수명(6개월)이 비슷하기 때문이다(Hansen 등, 2004).

기생충에 유발하는 포식자에 대한 숙주의 취약성이 증가하는 모든 사례가 PITT를 나타내는 것만은 아니다. 어떤 것들은 우연히 발생하는 영향일 수도 있다. 장 콕시듐의 원인인 에이메리아 베르미포르미스(*Eimeria vermiformis*)에 감염된 쥐들은 고양이를 보고 도망가는 행동을 보이는 정도가 적어진다. 이 기생충의 생활사는 쥐에서 쥐로의 직접 감염을 통해 이루어지기 때문에 고양이에 먹히는 것은 이 기생충에게 아무

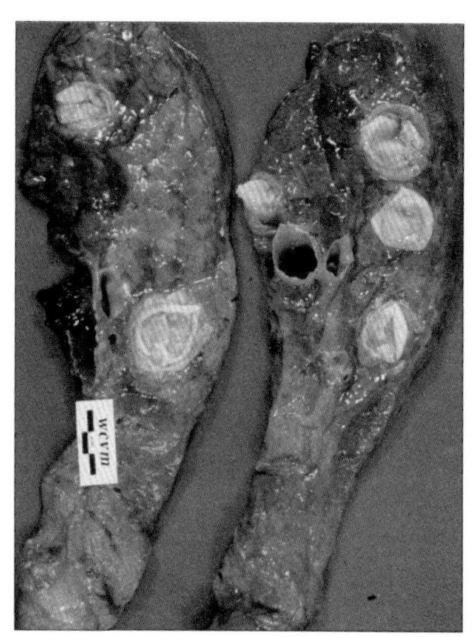

그림 5.2 ▲ 말코손바닥사슴의 폐 절단면. 대형의 흰색 구조물은 *단방조충*(*Echinococcus granulosus*)의 포낭을 절개한 것이다. 이 촌충의 성체는 주로 늑대와 개의 소화 장기에 기생한다.

런 이득이 되지 못한다. 하지만 고양이에 의한 포식을 증가시킨 동일한 행동 변화가 이 기생충에 감염된 쥐와 감염되지 않은 쥐 사이의 상호작용과 전파도 촉진시킨다(Kavaliers 와 Colwell, 1995a). 또 다른 가능한 설명은 기생충증이 포식자로부터의 회피 행동에 사용할 수 있는 자원의 양을 소진시킨다는 것이다. 몇 년 전 필자는 동일 지역에 서식하는 동일 연령의 동일 오리종들 중 총으로 잡은 오리들과 매사냥으로 잡힌 오리들을 비교해본 후 후자의 경우 신장콕시듐에 감염된 개체들이 더 많다는 것을 관찰한 바 있다. 맹금류는 콕시듐의 생활사에서 어떤 역할도 하지 않기 때문에 이것은 이와 같이 기생충 감염으로 인해 오리가 더 쇠약해짐에 따라 포식에 더 취약해진 또 다른 사례일 수 있다.

병독성은 PITT와 연관하여 나타나는 상호관계에서 비대칭적으로 나타난다. 병독성은 중간숙주에서는 높고, 포식자에서는 낮다. 이를 원인체의 관점에서 본다면 좋은 현상이라고 할 수 있다. 포식하는 종숙주는 먹이동물을 잡거나 기생충의 알, 접합자낭을 널리 퍼뜨려야 하므로 손상을 견딜 수 있어야 한다. 중간숙주는 그 손상으로 전파 가능

성을 높일 수 있어야 하므로 더 심하게 손상받는다. PITT는 포식동물 군집에서 기생충이 낮은 밀도로 존재하게 하는 특징일 수 있다(Apanius와 Schad, 1994). 포식자가 다른 일반 질병에 비해 이러한 유형의 기생체 감염에 대해서는 왜 회피행동을 발전시키지 않았는지를 잘 생각해보면 흥미롭다(Moore, 2002). 이는 절충에 있어 기생충 감염에 지불해야 하는 비용보다 영양분을 쉽게 얻는 것이 더욱 중요하기 때문일 가능성이 높다. 다시 말해 '이 쥐는 영양가가 많기 때문에 나중에 기생충으로 인해 조금 배가 아플지언정 지금 이 쥐를 먹는 것이 가치 있다.'라는 것이다.

대부분의 비감염성 질병에 의한 손상은 우연히 일어나는 것이며 원인체에게는 이득이 되지 않는다. 1996년 레빈(Levin)과 에버트(Ebert)는 병독성이 우연하게 발생하는 질병의 사례로 보툴리즘을 사용했고, 레빈이 말했듯이 부적절하게 포장된 캔 음식을 섭취한 사람에 대한 선택압이 보툴리즘 독소의 진화 배경이라고 설명하는 것은 어렵다. 하지만 2001년 밈스(Mims) 등은 독소가 이 부패 유기물을 영양원으로 하는 이 세균에 성장배지를 제공한다는 의미로 본다면 보툴리누스균에 쓸모가 있을 수도 있다고 한다. 이것은 독소가 원인체에 이득이 되는 야생동물 발병 유형의 보툴리즘에 부분적으로 적용 가능하다. 물새류에서 보툴리즘은 'type C1'이라 불리는 독소를 생산하는 클로스트리듐 보툴리눔 주에 의해 발생한다. 부패하는 사체는 높은 단백질 함량 때문에 이 보툴리누스균의 성장에 적절한 서식처가 되고, 부패하는 사체의 온도 때문에 세균 복제나 독소 생산에 이상적 환경이 되는 것이다(Wobeser와 Galmut, 1984). 중독증 중에서 독소로 폐사한 조류가 후세대 세균의 증식과 독소 생산에 서식처가 되는 경우는 Type C 보툴리즘이 유일하다. 그러므로 사체는 새로운 서식처를 제공하기 때문에 새들이 죽는 것은 세균(독소 생산 유전자를 제공하는 바이러스파지도 포함하여)에게 이득이 된다. 사체에서 생산된 독소는 구더기가 섭식하고, 이 구더기를 먹은 오리는 보툴리즘 중독에 의해 폐사하는 것이 이 병의 전형적인 형태에서 보이는 폭발적인 치사율을 유발하는 사체-구더기 관계다.

병독성의 비용 가설(절충 가설)

1982년 앤더슨(Anderson)과 메이(May)가 기생체에서 병독성이 어떻게 진화하는지에 대한 모델링을 시작한 후부터 이 가설에 많은 관심이 쏠렸다. 앞에서 설명한 병독성의 이익(benefit of virulence) 가설에서는 병독성이 병인체에 이익을 가져다준다. 절충 가설에서 병독성(숙주동물의 생존율로 측정된)이라는 것은 병인체가 숙주동물 내에서 증식하기 위해 지불해야 하는 비용이며, 피할 수 없는 결과라고 간주된다. 하지만 병독성은 병인체에 이익이 되는 '어떤 다른 특성들'을 동반하기도 한다. 이것이 '병독성(지불해야 할 비용)'과 '어떤 특성(이익)'사이의 절충 과정이 일어나는 상황을 조성한다. 이때 긍정적인 절충 결과의 특성들은 생존이나 번식, 전파력과 같은 기생체의 적응성(fitness)과 관련되어 있다. 모델 예측에 따르면, 만약 병독성이 병인체의 전파 또는 감염 후 숙주의 회복도와 관련이 없다면, 진화는 공존의 방향으로 진행되어 병인체는 시간이 갈수록 손상을 적게 일으키는 특성을 갖게 될 것이다. 이와 비슷하게 병독성이 전파를 제한하면, 예를 들어 숙주동물의 조기 폐사(premature death)를 일으켜 병인체가 성장하고 번식할 시간을 줄이거나 숙주동물이 병독성에 심각한 반응을 일으켜 원인체의 생존이나 증식을 억제하는 경우 역시 진화는 조화로운 공존을 향하게 될 것이다. 하지만 만약 병독성이 기생체의 적응성을 개선하는 경우, 어느 정도의 병독성은 선호된다. 절충 관계 모델에서 질병 원인체를 위한 최적의 해법은 감염 전체 기간 동안 전파 성공률을 최대화할 수 있도록 병독성을 조절하여 숙주동물 내 번식과 성장 사이에서 균형을 잡는 것이다(Ebert와 Bull, 2003).

이 가설은 기생체 유발 영양 전달(Parasite increased trophic transmission는 기생체 진화의 매혹적인 이야기 중 하나다)의 예를 바라보는 또 다른 관점을 제공해준다. 촌충의 일종인 단방조충(Echinococcus granulosus)은 늑대와 말코손바닥사슴이 공존하는 지역에서 이 두 숙주종 사이를 순환하며 감염시킨다. 만약, 병독성이 늑대에서의 충란 생산을 제한하거나, 늑대의 운동성을 악화시켜 충란을 환경 내로 넓게 퍼뜨리지 못하게 하거나, 늑대가 말코손바닥사슴을 잘 잡지 못하게 한다면, 이는 촌충에게도 매우 큰 손실을 야기할 것이다. 반면, 말코손바닥사슴에게 일어나는 병독성은 촌충에게 비용을 야기하지 않는다. 왜냐하면 병독성은 말코손바닥사슴이 늑대에게 더 잘 잡히게 함으로써 기생충의 전파를 더 용이하게 할 수 있기 때문이다. 이처럼 단방조충의 절충 관계는 말코손바닥사슴에서는 병독성을 선호하는 반면, 늑대에서는 우호적 관계를 선호하는 것처럼 두 종에서 매우 다르게 나타난다.

절충 관계 가설은 진화생태학자들 내에서 엄청난 양의 지적 활동을 창출해냈다. 이는 광견병바이러스 같이 숙주동물에게 언제나 치명적인 질병들이 어떻게 상존할 수 있는지를 이해하는 데 도움이 된다(광견병에서 그 전파는 특정 병독성 유형에서 더욱 선호된다). 절충 관계의 개념은 많은 감염성 질병에서 중등도의 병독성이 선호된다는 개념을 이끌어왔다(Claessen과 Roos, 1995). 또한 이는 나중에 언급할 '군비 경쟁'과 같은 숙주와 기생체의 공진화(Edwald, 1995)를 포함한 다른 개념들을 정립하는 데에도 부분적으로 기여했다.

절충 관계의 개념은 질병 전파의 주요 방법이 왜 특정 수준의 병독성과 관련이 있는지 설명해주기도 한다. 어미로부터 자식에게 전파되는 경로(수직 감염)는 일반적으로 낮은 병독성을 나타내는데, 이러한 전파가 일어나기 위해서는 어미가 건강하고 번식할 능력이 있어야 하기 때문일 것이다. 절지동물(매개동물)에 의해 전파되는 질병은 매우 병독성이 높은데, 이는 아마도 척추동물 숙주가 병들고 잘 움직이지 못할수록 절지동물이 숙주동물을 흡혈할 가능성이 높아질 것이기 때문이다.

질충 관계 가설 속의 관계는 복잡하며 어떠한 수주-병원체의 관계인지를 막론하고 '병독성과 관련된 자연 선택의 방향은 대부분 기생체의 전파 방법, 숙주자원을 이용하는 방법, 수명, 숙주와 기생체의 번식 계획과 같은 기생체의 생활사에 달려 있다(Moore 2002)'.

근시안 진화설

2001년 리드(Read)와 테일러(Taylor)는 개량된 분자기술을 통해 질병에 걸린 동물은 하나 이상의 원인체 유전자형에 감염된다는 사실을 밝혀냈다. 사슴의 장관에 기생하는 기생충들은 하나의 개체에서 복제된 동일 개체들이 아닌, 그저 숙주 체내의 특정 부분을 차지하고 있는 약간 다른 개체들의 집단이다. 숙주 내에 존재하는 원인체의 유전형들 간 경쟁은 다른 숙주로의 전파력을 개선하는 것과는 별개로 높은 병독성이 발생할 수 있다는 견해를 이끌어 냈다. 돌연변이나 높은 성장률을 나타내는 유전자형(동시에 높은 병독성을 가진)은 병원체 중 서서히 성장하는 균주를 대체하고, 비록 신규 숙주로 전파되지 못하더라도 기존 숙주의 전체 또는 숙주 내 특정 부위를 우점하며 성장한다. 이 설명은 표 5.2에 나온 몇 가지 질병들을 설명하는 데 적용될 수도 있다. 예컨대 체내 일부에서는 문제를 야기하지 않고 정상적으로 존재하던 원인체가 숙주의 새로운 조직이나 장기를 침범해 문제를 야기하는 병인체들이 언급되었다. 기생체의 한 개체 단위에서 봤을 때 근시안적이다. 그러나 이처럼 정상적인 '서식지 범위'를 벗어난 분산이 일어날 때 발생하는 높은 돌연변이 발생률은 숙주의 방어력과 병인체 사이의 전반적인 진화 군비 경쟁의 측면에 있어 더 진화 적응적(adaptive)일 수 있다. 최근의 연구 결과에 따르면 숙주의 유전형(de Roode 등, 2004)과 원인체들 사이의 경쟁 기전(Massey 등, 2004) 모두가 감염의 병독성을 결정하는 데 영향을 미친다고 알려져 있다.

공진화

그 동안 소개된 가설들은 숙주동물에 질병을 일으켜서 병원체가 얻는 이득만을 주로 다뤄왔으며, 숙주동물의 적응에 대해서는 많이 언급하지 않았다. 병원체와 동물 사이의 관계의 진화는 시간의 흐름과 함께 다음에 소개할 세 가지 중 한 가지 과정을 거쳤을 것이다.

만일 동물이 질병 손상에 대한 반응으로 진화를 하지 못하거나, 그 반응이 너무 느려 큰 의미를 갖지 못하는 경우, 병원체는 숙주로부터 최적량의 자원을 뽑아가도록 적응 진화할 것으로 예상되고 이러한 과정에 따라 병원체의 입장에서 가장 선호하는 결과는 치명적인 질병 유발(높은 병독성)일 것이다.

만일 동물종이 병원체의 영향에 대응하도록 적응 진화를 하고, 병원체가 이러한 적응에 맞서 변화하지 못한다면, 숙주는 시간이 갈수록 병원체에 의한 유해한 영향(병독성)이 점차 줄어들도록 선택 진화될 것이다(병원체에 대한 유해한 영향을 최소한으로 받는 숙주 개체들이 선택될 것이기 때문에—옮긴이). 이러한 현상은 주로 병인체가 오염물질과 같이 진화 능력이 없는 비감염성 질병에서 기대해볼 수 있다. 세균이나 곤충들이 개체군의 수준에서 화학물질과 약물에 대한 저항성을 획득한다는 사실은 잘 알려져 있으며, 이는 사람과 가축에서의 질병 관리를 위한 광범위한 항생제, 항기생충제 그리고 살충제 사용에 있어서 심각한 문제를 야기하고 있다.

야생동물이 유해한 물질에 대한 저항성을 획득한 사례가 잘 알려진 경우는 많지 않다. 그러나 몇몇 살충제에 대한 경험들은 개체군이 유전적 저항성을 발달시킬 수 있다는 것을 보여준다. 살충제인 엔드린(endrine)을 11년간 사용해온 지역에 서식하는 솔쥐(pine mice)들은 이 화학물질을 사용하지 않는 지역의 쥐들보다 엔드린에 대한 내성이 12배나 강한 것으로 나타났다(Webb과 Horsfall, 1976). 전 세계 많은 지역의 집쥐와 들쥐들이 항응고제인 와파린을 사용한 지 한 세기 만에 이에 대한 저항력을 획득했다(Jackson과 Ashton, 1986). 만일 특정 독성물질에 대한 저항성이 이러한 저항성을 갖는 개체들에게 유리하게 작용하고, 개체군에게 독성물질이 광범위하게 노출된다면 개체군의 해당 독성물질에 대한 저항력은 시간이 갈수록 증가할 것이며, 상대적으로 이 개체군에 대한 독성물질의 병독성은 감소할 것이다. 안타깝게도 조류 개체군들의 경우 카바마이트 살충제나 납 등의 오염물질에 대한 저항력을 특별히 획득하지 못한 것 같다. 이는 아마도 시간이 충분하지 못했거나 화학물질이 개체군 내에 저항성의 변화를 유발시킬 만한 충분한 선택압으로 작용하지 못했기 때문일 것이다. 이와 관련해서 물새들이 수세기 동안 노출되어온 C형 보툴리즘 독소에 대한 저항성을 발달시켰는지에 대해 추측해보는 것은 매우 흥미롭다. 필자가 알기로는 그 누구도 북미 서부의 오리들(보툴리즘 발생율이 빈번)이 북미 동부에 서식하는 오리들(보툴리즘 발생이 거의 일어나지 않음)에 비해 보툴리즘에 대해 더 강한 저항성을 갖는지를 연구한 바가 없다. 칠면조독수리들은 보툴리즘 독소에 저항성을 갖는데, 이는 아마도 '이들의 식이습성 때문에 이들이 오랫동안 클로스트리듐 보툴리눔이 만든 독성물질을 가까이 해왔기 때문'일 것이다(Kalmbach, 1939).

동물에서 저항력의 발달은 절충의 대상이다. 동물은 저항력을 개발하는 그 대가로 유지, 성장 또는 번식을 위해 이용될 자원을 사용해야 하기 때문에 자신의 적응도(fitness)를 최대화하기 위해 어느 정도로 저항력을 개발할 것인지를 선택해야 한다(Sheldon과 Verhuist, 1996). 어떠한 경우, 저항력을 개발하기 위해 자원을 이용한 개체가-예를 들어 성장이 더 느려지더라도-선택적인 이득을 얻게 될지도 모른다. 그러나 또 다른 상황에서는 질병으로 인한 피해를 어느 정도 겪더라도(다시 말해 참고 견딤으로써) 자원을 저항력 개발에 투자하는 것보다 성장이나 번식에 사용함으로써 결과적으로 더 높은 적응도를 얻는 개체들도 있을 것이다.

세 번째 선택 가능성은 병원체와 동물 숙주 모두가 서로 적응하는 것이다. 살아 있는 병원체에 의한 질병의 경우, 원인체와 숙주 모두가 적응할 수 있는 능력을 갖고 있고(비록 적응하는 속도는 극단적으로 다를 수 있지만), 이때 병독성의 '평형'상태는 숙주 입장에서의 최적 조건과 병원체 입장에서의 최적 조건, 그 중간 어디쯤이 될 것이다. 숙주-병원체 진화에 대한 전통적인 시각은 이 과정이 반드시 우호적 상태(공생)를 향해 나아간다는 것이다.

이는 병원체들이 숙주에게 손상을 입히면 자신들도 손상을 입을 것이라는 개념에 바탕을 둔 것이다. 따라서 병원체들은 숙주들의 생존마저 어렵게 함으로써 자신들의 생존 또한 위험하게 하지는 않아야 하며, 병원체들은 숙주로부터 자신들이 원하는 것을 얻어가는 데 있어 신중해야만 한다. 이러한 시각은 '성공적으로 진화한 병원체는 숙주에게 피해를 주지 않을 것'(Anderson과 May, 1982)이라는 주장을 수용하는 것으로, 따라서 오래된 숙주-병원체 간의 관계는 병원체의 병독성이 적거나 무병독성 성질을 보이는 것으로 귀결된다는 것이다. 이러한 시각은 더욱 확장되어 '심각한 질병은 숙주와 병원체 간에 공진화가 충분히 일어나지 않았다는 것을 보여주며(Ewald, 1983), '질병의 온후함은 그 숙주가 해당 병인체의 자연적인 숙주라는 증거'(Ewald 1995)라고 생각되어 왔다. 질병에 대한 많은 관찰(특히 새로운 또는 신흥질병) 결과들 역시 공진화와 관련한 이러한 '전통적인 지혜'와 일관된 것으로 보인다. 그러나 1943년 볼(Ball)을 시작으로 기생충학자들과 진화생태학자들은 전통적인 지혜가 이론적인 그리고 실증적인 측면 모두에서 약점이 있다는 것을 증명했다. 이러한 약점은 1982년 앤더슨(Anderson)과 메이(May)가 가장 명쾌하게 설명했다.

숙주-병원체 관계의 진화에 대한 또 다른 시각은 이것이 '군비 경쟁'과 같은 순차적인 적응-역적응의 과정을 거친다는 것이다(Barnard, 1984). 이러한 '군비 경쟁'에서는 숙주로부터 더 많은 자원을 얻어내고자 하는 병원체의 적응 진화에 이어 숙주의 역적응 진화가 일어나고, 이로 인해 병원체의 더 진보된 적응 진화가 일어나는 방식이 반복되는 것이다. 2002년 모카스키(Mocarski)는 이를 '유전적 우월성(남보다 한발 앞선 행위)의 투쟁'이라 이름 붙였다. 시간이 흐름에 따라 이처럼 둘 중 한쪽에 유리한 적응과 역적응의 반복된 진동 과정은 결국 양자가 자신의 유전자를 이상적으로 복제할 수 있는 이상적인 적응 지점의 주변에서 안정을 찾으며 정착하게 될 것이다(Wakelin, 1994).

지난 20년 동안 '신중한 병원체'라는 가설은 그 후에 연속적으로 나온 몇몇 가설들에 의해 대체되어 왔다. 이러한 가설들에 따르면 자연 선택은 기생체 증가율을 최대화하는 병독성 수준을 선택하기 위해 기존의 병독성을 유지하거나 발달시키는 경우로부터 공생 관계로 진행하는 경우에 이르기까지 다양한 범주들을 나타낼 수 있다. 많은 경우에 있어서 원인체의 선택은 중증도의 병독성을 선호하는 것으로 보인다. 모든 상황을 설명할 수 있는 가설은 아직까지 없다. 1994년 렌스키(Lenski)와 메이(May)는 이 두 가지의 충돌되는 가설(무병독성을 향한 진화, 중증도 병독성을 향한 진화)에 관련된 증거들을 살펴본 후, 이 가설들이 양립할 수 없는 것은 아니며, 대부분의 모델들이 병독성 감소(그러나 0는 아닌)를 향한 진화를 뒷받침한다는 결론을 내렸다.

병원체와 야생동물 숙주종의 공진화가 가장 완전하게 연구된 예로는 호주와 유럽에서 발생한 야생토끼 질병 점액종증을 들 수 있다. 점액종증은 점액종바이러스(폭스바이러스 중 하나)에 의해 일어나며, 자연 상태에서는 솜꼬리토끼속(*Sylvilagus* spp.)의 두 가지 토끼 종에서 두 개의 바이러스주가 나타난다. 중남미의 브라질토끼(*S. brasiliensis*)와 캘리포니아의 브러시토끼(*S. bachmani*)에서 나타나는 점액종은 피부에 섬유종이라고 하는 사마귀 같은 국부성 피부 종양을 일으키지만, 유럽토끼에는 이 바이러스가 치명적이며 종종 폐사에 이르는 전신적인 질병을 일으킨다. 바이러스는 주로 토끼의 피를 먹고 사는 흡혈곤충(모기, 벼룩)의 주둥이 부위를 통해 전파된다. 바이러스가 흡혈곤충을 감염시키거나 흡혈곤충 안에서 증식을 하는 것은 아니며, 단순히 흡혈곤충에 의해 기계적으로 또 다른 토끼에게 전파된다.

1950년 호주에서는 유럽토끼의 수를 조절하기 위해 남미 점액종바이러스주를 계획적으로 야생에 퍼뜨렸다. 1952년 남미에서 유래한 또 다른 점액종바이러스주를 프랑스에 도입하여 유럽 전역에 확산시켰다. 처음 이 바이러스가 출현했을 때, 그 질병은 해당 지역의 토끼 개체군을 철저히 황폐화시켰고, 감염된 거의 모든 토끼들이 폐사했다()99% 폐사율, 평균 생존 기간(13일). 하지만 유럽과 호주에서는 1~2년 내에 감염된 후에도 토끼가 생존하는 바이러스주들이 나타났다(Kerr와 Best, 1998). 한 세기 만에 병독성이 완전하던 바이러스주들은 병독성이 약한 바이러스주로 대체되면서 거의 사라졌다. 이 시기에 질병에서 회복한 야생토끼에게 발견된 바이러스주들은 중간 정도의 병독성을 갖고 있었다 (폐사율 70~95%, 평균 생존 기간 17~28일, 질병에 대한 감염 가능성이 충분한 실험용 토끼). 이때까지의 진행 상황으로 봤을 때 질병의 진화 방향성은 기존의 지혜를 따르는 듯했다(무병독성을 향한). 하지만 그 이후로 몇 세기 동안 바이러스의 병독성은 더 이상 줄어들지 않았다. 그 대신 바이러스의 병독성은 그대로 안정되었으며, 영국과 호주에서 순환하고 있는 바이러스들의 병독성은 실제로 좀 더 강해졌다(Kerr와 Best, 1998).

이 점액종증 사례는 이 질병의 진화가 바이러스의 병독성과 전염성 간의 절충에 의해 이루어졌다는 것을 보여준다. 토끼 사이에서의 질병 전파는 흡혈곤충이 자신들의 입에 묻은 바이러스를 토끼들의 피부에 묻히는 것에 의해서만 일어난다. 따라서 감염된 토끼 피부 위에 존재하는 바이러스의 양과 흡혈곤충들이 바이러스에 노출되는 시간은 매우 중요하다. 모기의 감염성이 유지되는 데 필요한 바이러스 최소 역치량은 피부 1g당 10,000,000이다(Kerr와 Best, 1998). 감염 후 약 18~27일간 생존한 토끼들에서 가장 많은 비율의 바이러스 감염 양성 벼룩이 발견되었다(Ross, 1982). 병독성이 어느 정도 감소된 바이러스주들은 높은 전파력으로 인해 강독성 바이러스주를 대체한 것으로 생각된다. 이처럼 중간 정도의 병독성을 갖는 바이러스균주들은 토끼의 피부에서 대량의 바이러스를 만들어 냈으며, 이에 감염된 토끼들은 강독성 바이러스에 감염된 토끼들에 비해 더 오래 생존했다. 반면, 그보다 더 병독성이 약한 바이러스균주들이 토끼 피부에 생산하는 바이러스의 수가 적었기 때문에 이러한 약독성 바이러스균주들에 감염된 토끼들이 생존하는 기간은 더 길었지만, 흡혈곤충에 의한 바이러스의 전파율은 더 낮았다(Ross, 1982). 결과적으로 중간 정도의 병독성을 갖고 있는 바이러스들은 전염을 위한 최적의 조건을 구축함으로써 선택되었다. 1982년 로스는 '호주와 프랑스에서는 전염이 주로 모기에 의해 일어나는 데에 반해 영국에서는 벼룩에 의해 일어난다.'는 사실을 알아냈다. 그는 '프랑스와 호주 바이러스주의 병독성이 더 낮게 발달한 이유는 모기가 더 높은 바이러스 전파력을 갖기 때문'이라고 추정했다.

바이러스에서 변화가 일어나는 것과 마찬가지로 동시 또는 거의 동시에, 토끼 군집 안에서도 저항성을 갖고 있는 유전자에 대한 선택이 일어났다. 병독성이 감소한 바이러스주의 발달은 감염된 토끼의 더 많은 수가 생존할 수 있게 했으며, 이는 저항력의 발달을 촉진했다(Kerr와 Best, 1998). 호주의 한 지역에서 바이러스가 발생한 이듬해에 태어난 어린 토끼들 중 78%는 바로 이러한 감염에서 살아남은 소수 토끼들의 후대였다. 다음 해 병독성이 낮은 바이러스들이 점점 더 흔해짐에 따라 태어난 거의 모든 새끼들은 감염에서 생존해낸 개체들의 후손들이 되었다. 이러한 저항성을 가진 토끼들은 그 어떤 바이러스주에 대한 감염에도 더 오래 살아남았다. 1982년 로스는 "(숙주 개체군 내에서) 바이러스에 대한 저항력이 나타나고 또 증가함에 따라 바이러스에게 가장 이상적인 토끼의 생존 기간(18~27일, 토끼벼룩에서 바이러스 농도가 최고조인 시기-옮긴이)을 유발하는 바이러스들은 점점 그 병독성이 강한 것으로 대체될 것이다."라고 주장했는데, 이는 그 후 약 2세기 동안 바이러스의 평균 병독성이 증가한 것을 설명한다.

점액종증 사례의 경우, 시간이 갈수록 병독성이 낮아지기는 했지만, 이에 의해 회복된 토끼 개체군의 밀도는 점액종증이 출현하기 이전의 밀도보다 낮은 정도였다. 이 연구는 야생에서 약 50년간 이루어졌다. 이것이 미래에 어떻게 진행될 것인지는 여전히 추측의 대상일 뿐이다. 1994년 페너(Fenner)와 로스는 쉽게 선택할 수 있는 토끼와 바이러스 유전자의 변화는 이미 일어났으며, 이 질병은 중간 정도의 병독성과 '필요 충분한 폐사율'을 유지할 것이라고 주장했다.

그러나 여전히 놀랄 일은 존재한다. 1990년대에 호주에서 분리된 바이러스 11개주 중 7개는 가장 처음 퍼뜨렸던 바이러스와 동일한 병독성을 보였으며(Kerr와 Best, 1998), 호흡기를 감염시키는 바이러스주는 이미 알려진 흡혈곤충이 아닌 호흡 기관을 통해 전파된다는 사실이 프랑스에서 보고되었다(Joubert 등, 1982).

점액종증의 경험을 다른 질병들에게 일반적으로 얼마나 적용할 수 있는지는 아직 불확실하다. 점액종증 연구는 이 바이러스에 대한 자연적인 숙주가 호주나 유럽의 야생에 존재하지 않으며, 따라서 "이 바이러스는 바이러스를 통해 절멸시키려고 했던 바로 그 숙주에서만 존속이 가능했다."(Zúñiga, 2002)는 점에서 독특했다. 2003년 에버트(Ebert)와 불(Bull)은 해당 연구에 관련된 숙주종이 바이러스와 통상적인 숙주종이 아니며, 처음에 사용된 바이러스들이 인위적으로 '그 병독성이 특별히 높은 것만을 선정한' 것이었기 때문에 이를 더 자연스러운 상황에 적용하기는 어려울 것이라 판단하고, 질병 병독성의 절충 관계 모델로서 점액종증을 이용할 때에는 신중을 기해야 한다고 주장했다.

세 가지 다른 기본적인 요소들은 병독성과 숙주-병원체 관계 안에서의 진화에 대한 이해를 더욱 복잡하게 만든다.

첫째, 실험 상태와는 반대로 야생의 동물들은 절대로 단 한 가지의 병원체만을 상대하지 않는다는 것이다. 동물들은 여러 병원체들을 동시에 상대해야 하며, 병원체들 하나 하나에 대한 저항성, 방어력과 관련된 비용과 이득의 절충을 시도해야 한다. 예를 들어 만일 한 동물이 장내 기생충에 저항하기로 판단했다면, 동물 자신의 성장과 번식에 사용할 자원이 부족해질 뿐만 아니라 기타 호흡기 바이러스와 외부 기생충에 대한 방어력도 줄어들 것이기 때문에 이들 병원체들의 병독성은 더욱 높아질 것이다. 이러한 다양성은 서로 다른 병원체 종들뿐만 아니라 특정 병원체 중 병독성이 서로 다른 다양한 유전자형에 의해서도 일어난다. 여러 감염제와 비감염체의 관계 또한 완진히 길항적인 것에서부터 영향이 없거나 추가적인 영향 그리고 더 나아가 상승 효과를 내는 관계를 이룰 수도 있다. 상승 효과가 나타나는 경우, 두 가지 병인체들의 병독성은 단순히 각각의 병독성을 둘로 합친 것 이상이 된다. 또한 어떤 경우 하나의 병원체는 자신의 병독성을 이용하여 다른 병원체의 군집 밀도를 낮추기도 한다(Dobson, 1985). 우리는 병인체들 간의 상호작용, 특히 이들 간의 공진화에 대해 더더욱 아는 바가 없다.

둘째, 많은 병원체들이 한 종 이상의 숙주종을 가진다는 것이다. 야생동물 생태학자들이 매우 걱정하고 있는 질병들 중 한 종에만 감염이 일어나는 경우는 얼마 되지 않는다. 야생동물에서 문제가 되는 거의 모든 병원체들은 여러 개의 숙주종을 갖고 있다. 단일 숙주종을 갖고 있는 병원체의 경우, 그 숙주 안에서 서로에게 최적의 병독성을 갖도록 진화할 것이다. 그러나 여러 종을 감염시키는 병원체의 경우, 병독성 문제는 훨씬 복잡하다. 숙주가 여러 종인 시스템에서 각 숙주종은 병원체와 각기 다른 관계를 맺고 있다. 어떤 숙주는 병원체의 적합도(fitness)에 대한 기여도가 매우 낮거나 전혀 기여를 하지 않기 때문에 해당 숙주를 신중하게 사용하는 병원체에 대한 선택압은 매우 약하거나 없다(이러한 숙주들은 병원체들이 병독성을 나타낸다고 하더라도 잃을 것이 거의 없는 일종의 '프리킥'상황을 연출한다.). 다숙주 병원체는 멸종위기종과 같이 소규모 개체군에서 특히 위험하다. 오직 멸종위기종만을 감염시키는 선택적 병원체의 경우, 자신이 존속하기 위해 전파할 수 있는 능력을 지닌 숙주 개체수를 충분히 유지해야 한다. 이들은 특정한 크기의 숙주 개체군을 필요로 할 것이다(11장 참조). 그러나 다숙주 병원체는 하나 또는 그 이상의 많은 숙주 종들(병원성이 어느 정도 조절되고 있는)에서 유지할 수 있으며, 자신의 존속 여부와 상관없이 멸종위기종에게로 범람하여 감염을 일으킬 수 있다(멸종위기종에 감염은 일으키지만, 감염이 해당 종에 미치는 결과는 병원체의 존속에 영향을 미치지 않는다. 다시 말해, 범람 전파에 의해 병원체에 감염된 멸종위 기종 숙주 개체군이 절멸한다고 하더라도 해당 병원체는 다른 숙주종들이 충분하기 때문에 잃는 것이 없다-옮긴 이). 개체군 생태와 병독성에 관련된 기존의 연구에는 주로 단일 또는 두 개의 숙주종에 관련된 연구가 주를 이루었는데, 이는 여러 숙주종을 갖고 있는 경우에 대한 자료를 모 으고 분석하기가 매우 어렵기 때문이다(Begon과 Bowers, 1995).

세 번째 요소는 환경 요인의 변화(병원체-숙주-환경 삼각형의 한 축)가 병독성에 어떠한 영 향을 미치는지에 대해 거의 알려진 바가 없다는 것이다. 어떠한 생물적 또는 비생물적 요소의 미묘한 변화도 병원체에 대한 동물의 저항력에 변화를 일으키거나 병원체에 대 한 노출도를 높임으로써 병독성의 양상이 극적으로 변할 수 있다. 2003년 브라운(Brown) 등은 한 개체군에서 높은 비율로 존재하며, 일반적으로 양성적인(악성의 반대 의미, benign- 옮긴이) 질병만을 일으키던 병원체가 숙주동물들의 생활사 중 스트레스를 많이 받는 시 기에 유해한 영향을 미치는 현상에 대해 '상황 의존성 병독성(contextdependent virulence)'이 라는 표현을 사용했다. 비록 현재까지의 많은 실증적 증거들은 모두 곤충의 기생충에서 얻어졌지만, 숙주가 병원체에 대한 저항력을 개발하는 데 드는 비용을 감당할 수 없는 경우, 병원체의 병독성이 증가하는 현상은 매우 흔하게 일어날 것이다. 기온과 같은 환 경적인 요소 역시 야생동물들에게 영향을 미치는 여러 오염물들의 병독성에 직접적으 로 영향을 미칠 수 있다(Rattner와 heath, 1995).

- 병독성은 동물에게 해를 일으키는 원인체의 능력을 측정하는 것으로 사용한다.

- 병독성은 특정 질병의 고정된 특징이 아니다. 위해를 야기하는 능력은 동물이나 원인체 또는 다른 환경 인자들의 변화의 결과에 따라 변하기도 한다.

- 병독성은 다양한 이유에 의해 발생할 수 있다. 어떤 유형들은 우연히 발생하며, 어떤 유형들은 원인체에 도움이 되기도 하고, 또 다른 유형들은 원인체와의 공진화 결과로 나타나기도 한다.

- 병독성은 질병 원인체의 선천적인 특징이 아니다. 다른 종과 동종의 다른 개체, 다른 환경 조건 내에서 동일 병원체의 반응은 측정 불가능한 정도에서부터 치명적인 수준에 이르기까지 다양할 수 있다.

- 많은 감염성 질병에서 보이는 병독성은 특정 기간 동안 존재하는 환경 속에서 최적의 적응도를 추구하는 유전자를 선택하는 것으로, 병원체나 숙주 내의 유전적 이질성에 작용하는 진화라는 '군비 경쟁'의 결과로 보인다.

6

방어,
저항과 회복

병원성 미세기생체(바이러스, 세균, 원충이나 진균)들에게 있어 인간과 다른 포유류(대형의 생존유기체)는 부드럽고 얇은 막으로 둘러싸인 배양 배지통에 불과하다.

— 레빈(B. Levin)과 안티아(R. Antia)

모든 야생동물들은 해로운 원인체와 요인들에 하루에도 몇 번씩 노출된다. 하지만 이러한 끊임없는 공격에도 불구하고 각 개체와 종들은 살아남았다. 위에서 언급한 레빈과 안티아(2001)는 '질병을 일으키거나 (숙주종의) 급격한 종말을 유도하는' 세균들의 능력을 억제하는 요인들을 소개한 바 있다. 신체의 방어 및 회복기전은 의학적인 관점에서 매우 상세하게 설명되었지만, 생태학적인 관점에서는 잘 설명되지 않았다.

군집이나 각 개체에서의 질병을 이해함에 있어 방어기전은 능동적인 과정으로써 이를 확립, 유지, 운용하기 위해서는 많은 자원의 투자가 필요하다는 사실이 중요하다. 유기체가 한정된 자원을 유지, 성장, 번식, 저항에 분배한다는 이론은 식물 생태 이론을 통해 확증되었으며, 이는 자연사 절충(trade-off)의 개념으로 접근해야 한다(Bergelson과 Purrrington, 1996). 이 개념은 모든 동물종에서 질병에 대한 저항을 논의할 때 유용한 자료를 제공함에도 불구하고(Sheldon과 Verhuist, 1996; Gemmill과 Read, 1998; Buttgereit 등, 2000; Rigby와

Moret, 2000; Louchmiller와 Deerenberg, 2000) 인의학과 수의학에서 그다지 많은 관심을 끌지 못했으며, 야생동물 연구에서도 간혹 언급만 되어왔다(이 논의에서 필자는 저항이라는 단어를 질병에 건딜 수 있게 하는 모든 방어기전을 통합하는 단어로 사용할 것이다.).

각 개체들이 갖고 있는 자원들은 한정되어 있기 때문에 그 자원을 어떻게 쓸 것인가에 있어서는 절충을 해야 한다. 만약 보다 많은 자원을 질병의 저항에 배분하면 다른 활동에 사용할 수 있는 자원의 양이 적어질 것이고, 번식과 같은 활동에 배분하면 저항에 사용할 수 있는 자원의 양이 적어질 것이다(Deerenberg, 등, 1997; Gustafsson 등, 1997). 이처럼 질병 저항과 관련된 절충의 개념은 질병의 영향에 대한 다른 관점을 제공하기도 한다. 동물이 저항 기전을 통해 비감염성 원인체에 의한 감염 또는 손상을 잘 조절하여 눈에 띄는 질병이 발생하지 않을 수도 있지만, 해당 원인체는 저항을 위한 비용을 지불하게 함으로써 여전히 동물의 자원 예산과 적응도에 막대한 영향을 미칠 것이다. 또한 절충의 개념은 자연사의 특정 단계에 있거나 자원이 부족한 상황의 동물들이 왜 질병에 취약한지를 설명하는 데도 도움이 된다.

질병에 대한 저항은 '좋은 것'처럼 보이기 때문에 모든 개체가 모든 질병에 저항성을 가져야 한다고 생각할 수도 있지만, 우리가 실제로 자연에서 관찰하는 바는 이와 같지 않다. '존(John)이 한 번도 감기에 걸리지 않은 동안 나는 몇 번이나 감기에 걸렸어!'와 같이 우리는 개인적인 경험에서 개인 간 질병에 대한 저항력이 다르다는 것을 알고 있다. 종 간, 개체군 간, 무리 간의 저항력은 현저한 차이가 있다. 예를 들어, 1996년 스피커(Spieker) 등은 오리속(Genus *Anas*)에 속하는 모든 오리들이 오리바이러스성장염에 감염될 수 있지만, 감염의 결과는 푸른날개쇠오리(blue-winged teal)의 아급성 폐사에서 고방오리의 무증상까지 다양하게 나타나는 것을 발견했다. 어떤 저항력들은 유전적인 요인으로, 예를 들어 1999년 스미스(Smith) 등은 야생 소이양(Soay sheep)에 기생하는 기생충에 대한 '저항력의 현저한 유전적 다양성'을 보고한 바 있다.

만약 어떤 동물이 방어기전에 자원을 분배한다고 가정했을 때, 자주 노출되는 병원체나, 심각한 질병을 야기할 수 있는 병원체에 대해 저항하는 것은 합리적이다. 이러한 점에서 저항은 보험과도 같다. 만일 보험에 드는 비용이 없다면, 모든 사람이 가능한 모든 재난에 대비한 보험을 들 것이다. 하지만 현실적으로는 우리가 어떤 종류의 보험을 감당할 여력이 있는지를 판단해야 한다. 자연사 이론에서 봤을 때, 60대 남자인 필자가 향후 닥치지 않을 상황, 예를 들어 '프로하키로 인한 부상'이나 '출산에 대한 위험'에 자원을 분배하는 것은 어리석은 일일 것이다.

닥치지 않을 것 같은 질병에 대비해 저항력을 유지하는 것은 매우 소모적인 일이기 때문에 새로운 질병이 숙주 개체군에 처음 도입되면, 종종 극적인 결과가 나타나기도 한다(예상하지 못한 질병에 대해서는 개체군 내 거의 모든 개체가 저항력을 갖고 있지 않을 것이기 때문이다. —옮긴이). 호주에 점액종바이러스가 도입되기 전인 1950~1951년, 호주의 유럽토끼들 중 해당 바이러스에 대한 저항력을 갖고 있는 개체들은 드물었고, 그 결과 첫해에 감염된 토끼의 99.8%가 폐사했다(Kerr와 Best, 1998). 하지만 그 토끼 개체군 내에 저항력이 전혀 없었던 것은 아니었기 때문에 이러한 상황 속에서도 저항력이 생기기 시작했다. 점액종증에 대한 저항력의 발달을 관찰하기 위해 매년 같은 장소에서 포획된 새끼토끼들에게 일정 기간에 걸쳐 병독성의 정도가 이미 알려진 바이러스 표준 용량을 이용해 면역성을 시험했다. 두 번째 유행병이 발생한 후 새끼토끼의 88%가 폐사했지만, 5년 후(해당 개체군이 바이러스를 겪은 지 7년 후)에는 새끼의 26%만이 폐사했다. 1998년 커(Kerr)와 베스트(Best)는 '저항력은 단기간에 일어나는 새로운 돌연변이에 의해 생기는 것이 아니기 때문에 저항력이 발달했다는 것은 이미도 사전에 해당 개체군 내에 하나 이상의 대단히 필수적인 유전자좌(genetic loci)에 다형현상(polymorphism)이 존재했을 것'이라는 결론을 내렸다.

질병이 없을 때는 효과적인 저항력을 지속적으로 유지하는 것이 소모적이지만, 질병이 있을 때는 매우 유익하다(Møller, 1994). 절충의 영향으로 병원체에 감염될 위험이 높을 때에는 저항 유전형을 갖는 개체들의 전반적인 적응도가 병원체 감염에 취약한 유전형을 갖는 개체들보다 높게 나타나지만, 병원체가 흔하지 않거나 존재하지 않을 때는 이와 반대로 더 낮게 나타난다. 질병에 대한 완벽한 방어는 비용이 너무 많이 들기 때문에 효율적인 면에서 최적화된 저항력은 몇몇 (감염에 대한) 위험들을 포함하고 있을 수 있다.

신체 방어 체계는 복잡하며, 많은 부분들로 구성되어 있다. 동물의 방어는 군사 작전과 마찬가지로 적과의 접촉을 줄이기 위해 전략적인 위치 선정 및 움직임을 보인다. 즉, 벽, 외호, 성벽과 유사한 역할을 하는 물리적인 벽 구조, 다양한 전문병과 무기를 갖춘 방어체들로 구성되어 있다. 어떤 방어체들은 항상 경계를 서고 있는가 하면, 어떤 방어체들은 경종이 울린 후에 반응하며, 시간적 여유가 있는 경우 비축되어 있는 구성물들을 '집합'시키거나 동원하여 활용하기도 한다(질병에 대한). 저항에 소요되는 총비용은 아직 어느 종에서도 측정된 바가 없지만, 전체 시스템에서 몇몇 부분들의 상대적인 비용이 측정된 경우가 있다(Kraaljeveld와 Godfray, 1997; Lochmiller와 Deerenberg, 2000; Whitaker와 Fair, 2002). 비용 전체에 대한 계산에는 이러한 방어체를 유지하고 생산하는 데 사용되는 자원뿐만 아니라 전쟁 중 방어체들이 스스로의 신체에 입힌 손상을 회복시키는 데 드는 비용들도 포함시켜야만 한다. 방어체들이 승리를 거둔 성공적인 교전이었다 하더라도 필연적으로 '전장'에서는 조직 파괴가 일어나며, 이곳에서 상당히 떨어진 부위에도 '부수적인 피해'로 인한 손상이 발생했을 수 있다. '아군(friendly troops)'들, 특히 염증 및 면역 반응들은 다양한 질병 사례에서 많은 자가손상을 야기한다. 방어체를 반드시 필요할 때에만 사용해야 하는 이유는 바로 이 때문이다. 어떤 경우에는 질병을 방어하는 동안 발생할 수 있는 손상을 겪는 것보다 질병을 앓고 견뎌내는 것이 동물에게 더 이득이 될 수도 있다.

2000년 쿰스(Combes)는 숙주와 기생충의 관계가 '만남(encounter)'과 '적합성(compatibility)'이라 부르는 두 개의 필터에 의해 조절된다고 제안했다. 여기서 '만남'이라 함은 병인체와 숙주동물 사이의 접촉 정도와 관련된 필터로, '노출'이라 표현하기도 한다. 또한 '적합성'은 병인체와 숙주동물이 접촉한 후에 일어나는 둘 간의 관계 지속력에 영향을 미치는 모든 사건들과 관련되어 있다. 이 두 개의 필터 개념을 고려하는 것은 기생체뿐만 아니라 모든 질병에 대한 저항을 연구하는 데도 많은 도움이 된다. 동물의 저항력은 병인체에 대한 노출을 줄이거나 숙주의 몸이 병원체에게 적합하지 않게 만들도록 디자인되어 있기 때문이다(예: 침투하는 유기체를 죽이거나 독성을 대사하고 배출시키는 것).

　일반적인 방어 방법은 (1) 행동적 회피, (2) 생리적 방어벽, (3) 선천적 반응 그리고 (4) 후천적 면역 반응이다. 앞의 두 가지는 주로 노출을 줄이는 것과 관련되어 있으며, 뒤의 두 가지는 적합성과 관련되어 있다.

행동적 회피

　다양한 질병들이 어떻게 야생동물의 행동에 영향을 미치는지에 대해서는 다른 곳에서 논의할 것이다. 여기서는 잠재적인 질병인 병인체에 대한 노출을 감소시키기 위해 동물들이 보이는 행동에 대해 이야기해보고자 한다. 인의학에서도 행

표 6.1 | 질병 유발 원인체나 물질에 대해 노출을 줄이거나 회피하는 것으로 판단되는 습성들

습성	종/질병
접촉 회피	순록은 바람 노출 지역이나 적설 지역으로 이동하여 쇠파리를 회피[1]
	갈색사다새는 진드기 발생으로 둥지를 포기[2]
폐사체 회피	야생 기러기들은 조류콜레라로 폐사한 사체와의 접촉을 회피[3]
감염 둥지와 둥지 전파성 외부 기생충 회피	벼룩으로 감염된 둥지를 박새가 회피[4]
그룹이나 집단의 형성	대규모 집단의 유제류 개체들은 흡혈파리에게 상대적으로 덜 물림[5]
배설물 회피	양은 배설물과 기생충란으로 오염된 풀밭을 회피[6]
털이나 깃털 고르기	많은 야생종은 이 방식을 통해 외부 기생충에 대응
둥지 '훈향'	찌르레기는 둥지에 살균성물질을 함유한 식물을 배치[7]
바닥재의 선택	암컷 뇌조는 이의 흡혈에 따라 출혈이 발생한 수컷을 회피[8]
진드기 집중의 회피	소는 진드기 유충의 집중 지역을 회피[9]
자세 조정	말파리의 공격을 회피하기 위해 사슴은 엎드리거나 머리를 떨구고, 귀를 눕히는 등의 최소화 자세(reduced silhouette)를 취함.[10]

1 Morschel과 Klein(1997)　**2** King 등(1977)　**3** McLandress(1983)　**4** Christe 등(1994)　**5** Mooring과 Hart(1992)
6 Hutchings 등(1999)　**7** Clark와 Mason(1988)　**8** Spurrier 등(1986)　**9** Sutherst 등(1986)　**10** Hoy와 Anderson(1978)

동적 회피에 대해서는 좀처럼 논의되지 않지만, 일상적으로 모든 사람들은 위험한 행동을 피해야 한다고 충고한다. 과도한 흡연과 음주를 피하는 것은 개인이 가진 자원을 낭비하지 않도록 해준다. 그러나 동물의 행동적 회피에는 비용이 필요하므로 질병 원인체가 없을 때의 회피 행동은 줄이거나 하지 않게 된다(Moore, 2002). 동물들은 질병 원인체에 노출될 가능성이 있는 지역으로부터 벗어나거나, 병인체를 제거하거나, 접근하지 못하게 긁거나, 날개를 다듬거나, 달리거나, 꼬리를 흔드는 것과 같은 행동을 하면서 에너지를 소비한다. 이들은 병인체에 노출되는 기회를 감소시키기 위해 영양가가 적은 음식을 먹기도 하고, 그들의 서식지 중 일부를 사용하지 않기도 하며, 짝짓기 상대를 선택하는 데 있어 제한을 두거나, 짝짓기를 포기하기도 한다. 표 6.1은 동물의 회피 행동 예를 나타낸 것이다. 1997년 하트(Hart)와 2000년 무어(Moore)는 감염성 질병에 대한 행동적 저항에 대해 자세히 설명했다.

행동적 회피의 많은 사례들은 매우 흥미롭다. 암컷 뇌조들은 짝짓기를 할 때 울음주머니에 출혈이 있는 수컷들을 선택하지 않는데, 그 이유는 이것이 이(lice)가 기생하는 새의 전형적인 모습이기 때문이다(Spurrier 등, 1991). 여기서 한 가지 의문이 생길 수 있다. 즉, 이가 들끓는 수컷들은 (이외에) 암컷들만이 인지하는 다른 어떠한 손상을 입고 있는 것인가, 아니면 출혈은 단순히 암컷들이 출혈 여부를 짝짓기를 할 때 표식으로 이용하는 것일까? 실험을 통해 이에 대한 답을 구했다. 암컷들은 이가 없이 인공적인 출혈(연구자가 색칠한)을 보이는 수컷들을 선택하지 않고, 이는 암컷들이 출혈을 단순한 정보로만 인지한다는 것을 보여준다. 그럼에도 불구하고 더 큰 질문이 한 가지 남아 있다. 즉, 암컷 뇌조들이 이러한 수컷들을 피하는 이유가 그들 자신이 감염되는 것을 피하기 위해서인가(외부 기생충은 교미 중에 종종 전파되기 때문에), 아니면 이가 있는 수컷들을 '질이 낮고, 불결한(lousy)', 그래서 자식의 아비가 되기에 적합하지 않은 개체로 인식하기 때문인가?

1995년 클레이턴(Clayton)과 톰킨스(Tompkins)는 이(lice)로부터 보호하기 위한 행동으로서의 몸단장 효과에 대해 연구했다. 이들은 비둘기 부리에 1~3mm의 틈을 만드는 작은 재갈을 끼웠다. 몇 주 지나지 않아 재갈을 끼운 새들이 효과적인 몸단장을 할 수 없게 된 후, 들끓는 이의 수가 4배가 되면서 몸단장 행동의 가치를 확인할 수 있었다. 몸단장을 하거나 날개를 다듬는 행위는 여러 가지 요인의 영향을 받을 수 있으며, 이는 결과적으로 외부 기생충 감염에 대한 극적인 효과를 일으킬 수 있다(Day와 Edman, 1983; Hart, 1988). 한 가지 예를 들면, 보툴리즘에 중독된 물새는 몸단장을 효과적으로 하지 못한다. 이들 새의 눈이나 코에는 종종 심각한 혈액 손실을 유발하는 많은 수의 거머리들이 뒤덮고 있으며(그림 6.1), 이는 아마도 추가적인 고통을 유발하거나 치사율을 높일 것이다.

그림 6.1 ▲ 보툴리눔 독소 중독으로 인해 깃고르기가 불가능해진 오리의 눈과 외비공 주변에서는 거머리 감염이 흔하게 발견된다.

　1999년 후청(Hutchung) 등은 양을 대상으로 배설물에 대한 기피 행동, 먹잇감의 영양분 그리고 기생충 감염의 관계에 대해 연구했다. 그들은 양들이 분변 근처에서 고영양 먹이들이 자라고 있음에도 불구하고 이러한 분변에 대한 강한 회피성을 보인다는 사실을 발견했다. 분변을 기피하는 정도는 기생충이 없는 동물보다 기생충에 무증상으로 감염된 동물에서 더 크게 나타났는데, 이는 기생체에 노출되는 것을 회피하는 것이 반추동물의 먹이행동 전략에서 중요한 요인이 될 수 있다는 것을 시사한다(Gum과 Iruine, 2003). 이와 같은 기생충 회피는 포식자 회피 행동과 유사한 것으로 보이며, 이는 결과적으로 양들이 질이 더 낮은 영양소를 제공하는 서식지를 사용할 수밖에 없도록 한다(Banks와 Powell, 2004).

　병원체와의 접촉을 피하거나 줄이는 것은 이주를 하거나 정기적으로 새로운 지역으로 이동하는 종 또는 무리에게 중요한 이득이 될 수 있다. 1998년 스티어(Stear) 등은 많은 초식동물의 '이동 및 이주 행동'은 두 가지 목적을 갖는다고 제안했다. 즉, 먹이 접근성을 늘리거나 기생충(선충) 노출을 줄이는 것이다. 서식지 손실로 인해 자유로운 움직임이 제한되면 동물들은 점점 더 오염되어 가는 지역에서 더 오랫동안 갇혀 있게 된 오염된 월동 지역에 더 오래 머물도록 하는 상황은 겨울 지역의 물새류에게 중요한 질병인 조류콜레라의 출현(Wabesser, 1992)과 큰뿔양에서 폐충 감염을 일으키는 요인이 될 수 있다(Thorne 등, 1982).

병원체에 대한 노출을 줄이는 행동이 광범위하게 나타나는 것처럼 보이지만, 야생동물이 질병을 일으키는 중요한 비감염성 요인들에 대한 노출을 회피한다는 경험적 증거는 많지 않다. 야생 유제류들이 독이 들어 있는 풀을 회피할지는 모르지만, 납이나 수은 유기인제, 폴리염화비페닐(PCBs), 환경호르몬, 기름에 의한 중독을 야기할 수 있는 상황들을 회피하는지에 대한 자료는 거의 없다. 이는 아마도 이러한 환경오염 물질에 대한 노출이 비교적 최근에 이르러서야 발생하기 시작했고, 아직 선택압이 작용하기에는 시간이 부족했거나 이러한 요인들에 의한 선택압이 행동의 적응 진화를 일으키기에는 아직 불충분했기 때문일 수도 있다. 물새들이 아마도 매우 오래전부터 습지의 일부로 존재했을 C형 보툴리눔 독소에 대한 회피 반응을 발달시키지 않았다는 것은 이상하다. 새로운 모든 것에 대한 네오포비아(새로운 것에 대한 두려움)적인 습성은 몇몇 야생동물들이 유해한 물질에 노출되는 것을 막아주었을 것이다. 기생충 감염에 의해 동물들이 새로운 상황에 대한 두려움이 감소하고 유해한 자극에 대해 보이는 반응성이 줄어든다는 사실은 매우 흥미롭다(Webster 등, 1994; Kavaliers와 Colwell, 1995a). 이로 인해 한 가지 질병 원인체의 존재는 동물의 회피 행동의 변화를 통해 다른 잠재적인 질병 원인체에 대한 위험에 영향을 미칠 수 있다.

이 논의는 2002년 무어(Moore)의 말로 정리하고자 한다.

"기생체에 대한 회피는 단순한 작업이 아니라 어떤 대가를 요구하지만, 그 영향을 고려했을 때 대가를 치를 가치가 있다."

물리적 장벽

외부 환경과 신체 내부 장기 사이에 위치한 상피세포면은 신체의 2차 방어선이다. 신체의 내부까지 이어지는 피부와 소화기관, 호흡기관 그리고 비뇨생식기관의 표면들은 질병을 일으키는 병원체에게 노출되어 있지만(그림 6.2), 상피면 바로 밑에 위치한 조직들은 보통 이러한 병원체들로부터 자유롭다. 피부는 천부적인 방어기전을 갖고 있다. 이 중의 첫째는 두껍고, 여러 층으로 된 바깥면(표피)으로 이는 가장 바깥 층은 죽은 세포들로 구성되어 있기 때문에 점착성 있는 병원체들과 함께 지속적으로 떨어져 나간다. 피부의 깊숙한 곳에 있는 분비샘에서 생성된 분비물들은 피부를 기름과 유기산으로 적셔 세포 증식을 막고 액체성물질이 들어오는 것을 막는다. 상피세포들은 직접 항균성물질을 생성할 수 있으며, 다른 방어 세포들을 모으기 위한 신호를 보내기도 한다(Ganz, 2002). 상대적으로 온전한 피부층을 통해 직접적으로 침투할 수 있는 병원체는 많지 않다. 하지만 피부가 찢어진 상처나 흡혈곤충 또는 그보다 더 큰 동물들에게

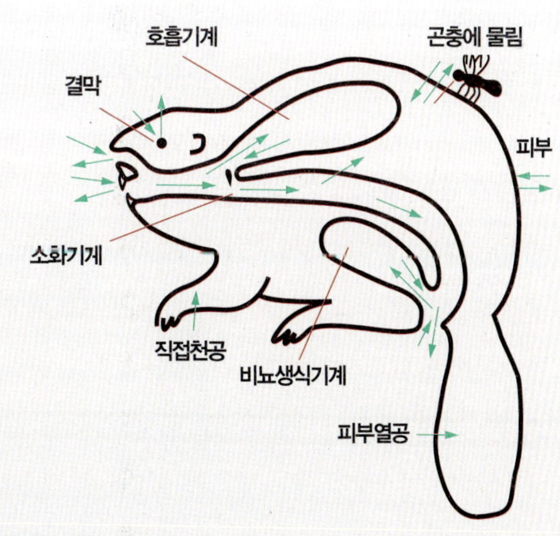

그림 6.2 ▲ 원인체가 체내로 침입하거나 체외로 나갈 수 있는 경로. 대부분의 원인체들은 소화기계, 호흡기계, 비뇨기계 등 외부 환경과 직접 연결된 경로를 이용한다(비버는 다른 포유류와 달리 비뇨기계와 소화기계가 하나로 연결되는 총배설강이라는 구조를 갖고 있다는 것을 참고할 것). 피부를 통한 직접 천공은 침입 원인체의 제한된 양만 침투할 수 있다는 한계가 있다. 외부 기생충이나 진균과 같이 체표감염을 일으키는 원인체들은 피부 표면에서 증식한다(*Mim's pathogenesis of Infectious Diseases*, 5th edition, Mims et al., p. 11, 2001에서 인용).

물려 생긴 상처에는 많은 병원체들이 침투할 수 있다. 야생동물에서 독성물질이 동물의 피부를 통해 흡수되는 경우는 극히 드물다.

소화기관, 호흡기관 그리고 비뇨생식기관은 병원체의 체내 출입에 중요한 외부 통로다. 각 기관들의 외부와 이어지는 부분(비강의 전반부, 구강과 식도, 비뇨기의 원위부와 생식기관)은 피부와 비슷한 두꺼운 중층 상피세포로 뒤덮여 있다. 하지만 이 기관들의 체내 부분은 매우 얇고 약한 상피세포로 이루어져 있으며, 이러한 세포 한 겹만으로 외부 환경과 폐의 폐포, 위에서 직장까지의 장관, 신장과 정소 그리고 자궁의 세관 등 신체 내부를 분리하고 있다. 이 세포들은 세포 하나의 손상이 장기의 벽에 틈을 만들지 않도록 하기 위해 지속적으로 대체된다. 세포들이 손상되는 정도와 새로운 세포로 대체되는 정도가 많은 질병이 체내에 미치는 영향을 결정짓기도 한다. 예를 들어, 콕시듐은 세포 내에서 증식하고 생활하는 원충성 기생충으로, 특히 장관의 상피세포를 선호한다. 콕시듐은 세포 내에서 한 세대가 완전히 증식할 때마다 숙주세포를 뚫고 나와 괴사를 일으킨다. 만약 이렇게 파괴되는 숙주세포의 수가 한정되어 있고, 이들이 새로운 세포들로 대체되어 장관의 상피면이 정상 상태로 유지된다면 특별한 질병은 발생하지 않을 것이다. 그러나 대체할 수 있는 세포 수 이상의 세포들이 파괴되면, 심각한 질병이 발생할 것이다. 새로 태어난 동물들은 흔히 장관 감염에 쉽게 걸리는데, 그 이유는 이들의 장관 상피세포 대체율이 성체보다 훨씬 느리기 때문이다.

소화 장기는 무균 상태는 아니지만, 위 내에서 생산되는 염산은 소화된 세균과 바이러스들을 죽이는 매우 중요한 방어기전이다. 이로 인해 소장의 상부에 존재하는 미생물의 수는 매우 적다. 또한 소화 장기의 끊임없는 연동 운동은 소화 섭취물이 장관 세포벽과 접촉하는 시간을 줄이고 유해한 물질이 배출되도록 한다. 장관의 하부로 갈수록 점차 미생물 수가 늘어나며 결장은 엄청나게 높은 밀도와 복합도의 미생물을 갖고 있다. 소화 장기 내의 미생물 군집은 매우 안정된 상태를 이루고 있으며, 이는 새로운 유해한 미생물종이 군체를 이루지 못하도록 숙주동물을 보호한다. 이러한 정상 장관세균총이 붕괴되면 여러 가지 유해한 종이 군체를 형성할 수 있다. 이러한 현상은 야생 기러기가 가을에 이주할 때 겪는 갑작스러운 식이물 변화로 인해 클로스트리듐 퍼프린겐스 (*Clostridium perfringens*)가 장벽을 손상시키는 '괴사성 장염'에서 나타난다(Wobeser와 Rainnie, 1987).

비강 내부 구조는 흡입한 공기가 빙빙 돌게 만들어 공기 중의 입자들이 점막으로 뒤덮인 상피에 달라붙도록 되어 있다. 비강과 기도에는 점막 분비샘과 끊임없이 물결치는 섬모세포가 있어서 점액이 비강으로부터 뒤쪽으로 그리고 기관지와 기관으로부터 물질을 삼키는 인누 쪽으로 이동한다. 이 움직이는 점액 남요, 다시 말해 '섬액 섬노 에스걸레이터'는 외부물질의 폐 접근을 막고 폐로부터 외부물질을 제거하는 데에 매우 중요하다(이 경로를 통해 폐선충의 알과 유충이 폐에서 이동한다.). 흡입된 공기 내 대부분의 입자와 세균들은 폐에 도달하기 전에 점액 섬모 체계를 통해 제거된다. 또한 점액과 분비물은 흡입된 화학물질을 중화시키며 항균성 작용을 하기도 한다. 폐 안의 폐포 내 주요 방어기전은 미립성 입자를 소화하고 분해하는 대식 세포(macrophage, big eaters)라고 하는 특화된 세포다. 포유동물들은 폐포 내에 항상 충분한 수의 대식 세포들을 갖고 있지만, 새들의 경우 소수의 대식 세포만이 폐포 내에 상주하며 필요할 때마다 세포들이 유입된다(Toth, 2000). 일반적으로, 폐는 거의 무균 상태다. 하지만 바이러스성 감염, 공기 매개물질 노출 그리고 만성 스트레스와 같은 많은 요인들은 호흡기의 방어기전을 손상시켜 미생물이 폐에서 증식할 수 있게 함으로써 질병을 일으킬 수 있다.

일반적으로 무균 상태인 비뇨기관은 소변을 통한 정기적인 수세작용과 내층 세포의 침입물질을 동반한 박리작용을 통해 질병의 침입을 막는다. 암컷 생식기관은 질 점액의 산도, 자궁경부의 폐쇄 그리고 점액의 하향 흐름에 의해 보호받는다.

선천적 방어

피부와 기타 표면막들이 효과적인 장벽이기는 하지만, 병원체들은 체내로 들어온다. 이러한 경우, 체내의 다른 기전은 침입자 제거와 더불어 조직 복구를 위해 침입자에 의해 손상된 조직까지 제거하려 할 것이다. 이러한 방어기전은 오래 전부터 존재해왔으며, 무척추동물 조상들과도 공유하고 있는 선천적 방어, 그리고 척추 동물에서만 나타나는 후천성 면역이 있다. 1999년 호프만(Hoffmann) 등은 이 두 가지 방어기전의 역사를, 전자는 약 10억 년 이상, 후자는 4억 5000만 년 정도로 측정했다. 선천적 방어기전은 병원체를 억제하기 위해 병원체의 침입이 일어난 직후, 후천적 면역이 반응하기 이전에 작용한다. 선천적 방어기전은 각 병원체에 대한 사전 감염 경험이 필요하지 않지만 숙주동물 자신의 조직과 외부물질은 분명히 구분할 수 있어야 한다.

선천적인 반응은 '일반적으로는 가동 대기 상태(idling state)를 유지'(Spitznagel 1993)하는 신호물과 매개물질들로 구성된 시스템에 의해 유도하되, 이 시스템은 항균성 단백질과 단백 분해 효소 복합체 그리고 세포의 외부물질 탐식 작용 등의 복잡한 집합체로 이루어져 있다. 선천적 방어기전의 주요한 형태는 바로 '염증'인데, 이는 대부분의 경우, 주요 조직에서는 발생하고 있지 않지만, 자극에 의해 유발되거나 발현한다(소화 장기처럼 유해한 물질에 대한 노출이 항상 일정하게 존재하는 곳에서는 어느 정도의 염증이 항상 일어난다). 염증은 '혈관이 발달된 살아 있는 조직의 지역적 손상에 대한 반응'(Slauson과 Cooper, 2002)이며, '이는 숙주의 방어기전 중 가장 중요하고 가장 유용한 동시에 조직이 손상되는 가장 흔한 방법이기도 하다. 다른 원인들을 모두 합친 것보다 더 많은 동물들이 염증성 질병에 의해 죽었다. 그러나 적절한 염증 반응 없이는 우리들 중 그 누구도 살아남지 못했을 것이다.'(Slauson과 Cooper 1990). 각기 다른 조직에서 발생한 염증을 설명하는 단어들은 흔히 관련된 조직을 의미하는 어근과 'itis'라는 접미사로 이루어져 있기 때문에 간의 염증은 '간염(hepatitis)', 신장의 염증은 '신장염(nephritis)'라고 부른다. 하지만 폐의 염증은 'pneumonitis'가 아닌 'pneumonia'이라고 부른다.

신체가 갖고 있는 염증 반응의 유형은 한정되어 있기 때문에 유발 원인이 무엇이든 초기 반응은 거의 유사하다. 염증 반응은 급성 단계와 만성 단계로 나뉜다. 그러나 이것은 임의로 구분할 것일 뿐이며, 실제 반응은 서로 연속적으로 겹치게 된다. 급성 염증은 조직 손상에 대한 즉각적인 초기 반응이며, 이는 다음과 같은 세 가지 주요 반응으로 이루어진다.

1. 혈관의 변화 - 손상 부위로 혈류량 증가
2. 작은 혈관들의 구조 변화 - 체액과 커다란 분자들이 혈관을 빠져나가 손상된 조직
   내로 유입
3. 백혈구들이 혈관을 빠져나가 손상된 지역의 중심으로 이동

손가락에 상처가 나면 증가한 혈류량으로 인해 그 부위가 속시 충혈되고 열이 발생한다. 또한 추가 체액과 세포들의 저류로 인해 그 부위가 부어오르고, 신경세포의 압박과 염증 반응 그리고 분비된 화학물질로 인해 통증을 느낄 것이다. 부종과 통증으로 손가락의 기능이 상실될 수도 있다. 이러한 현상들(열, 충혈, 부종, 통증과 기능 상실)은 급성 염증의 전형적인 특징들이다. 이러한 반응은 매우 단순해 보이지만, 실제로 이에는 화학전달물질과 매개물질들 그리고 각기 다른 여러 가지 세포들이 복잡하게 작용한다. 어떠한 매개물질들은 손상된 조직에서 분비되며, 다른 매개물질들은 손상에 반응하는 세포들이 생성한다. 이 반응은 매우 강력하고 조직의 손상 가능성을 갖고 있기 때문에 이러한 반응의 정도와 길이를 조절하는 시스템이 존재한다.

이러한 급성 염증 반응의 주목적은 손상 요인 또는 물질과 손상된 조직을 중화하고 제거함으로써 수복을 준비하는 것이다. 포유류의 급성 염증 반응에서 주요 작용을 하는 백혈구는 호중구(neutrophil, 조류에서의 heterophile)라고 하며, 그 기능은 보체와 리소짐(lysozyme) 등에 의한 화학 방어기전의 도움을 받는다. 호중구는 골수에서 생산되며, 항상 순환하는 혈액 속에 존재한다. 이들은 손상된 조직 근처에 있는 작은 혈관 벽에 달라붙어 혈관 벽을 타고 손상된 지점까지 이동한다. 이들은 운동성이 있으며 손상된 조직과 병원체에 의해 분비되는 물질의 농도구배에 따라 이동하기 때문에 손상된 지역으로 모여든다. 호중구는 미립자성물질과 병원체를 활발하게 탐식한다. 2001년 레빈과 안티아는 체내로 들어간 세균을 조절하는 과정을 포식자-먹이 시스템에 비유했는데, 여기서 세균을 먹이로, 탐식세포들을 포식자로 설정했다. 탐식된 병원체와 물질들은 호중구가

생산하는 강력한 효소와 특성물질들에 의해 파괴된
다. 조직 내에서 호중구의 수명은 짧기 때문에(몇 시간),
이들은 끊임없이 대체된다. 골수는 혈액 내로 도입할
수 있는 많은 수의 호중구가 보관되어 있는 창고다.
심각한 손상이나 감염이 일어나는 경우, 염증 과정에
서 생산된 매개물질들은 골수를 자극하여 보통 때보
다 더 많은 호중구를 생산, 분비하게 하고 이로 인해
많은 수의 호중구가 손상된 조직으로 몰려든다. 호중
구가 죽을 때는 그 안에 있던 효소들이 분비되고 계속
주변 조직을 분해하면서 액화시킨다.

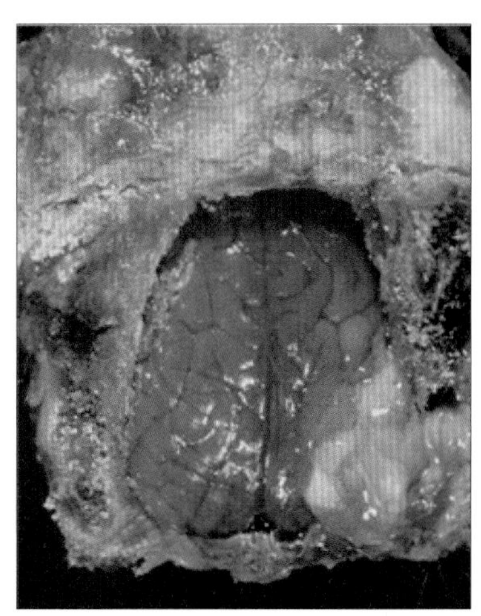

그림 6.3 ▲ 수컷 노새사슴의 뇌 내의 농양으로부터 흘러
나오는 화농성물질. 숫사슴의 뇌농양은 세균의 침입이 일어
나는 두개골의 부상과 관련되어 있다.

　　손상된 조직으로 모여드는 호중구의 수는 손상을
일으키는 병원체에 따라 달라진다. 아르카노박테리
움 피오게네스(*Arcanobacterium pyogenes*)와 황색포도구균(*Staphylococcus aureus*)과 같은 세균
들은 호중구를 끌어들이는 강력한 물질을 생산한다. 엄청난 수의 호중구 유입으로 인한
조직 손상의 결과 반액화성 고름이 생성되는데, 이는 손상된 조직 내에 존재하는 액화
된 조직 파편, 살아 있거나 죽은 호중구들, 병원체들을 포함하고 있다(그림 3.1). 이때에는
액화된 물질(농양)로 가득 찬 주머니성 구조물이 조직 내에 생성될 수 있다(그림 6.3). 원인
에 따라 다르지만 바이러스성 감염과 같은 기타 원인체들의 경우 호중구 세포의 개입
자극이 적다. 그리고 이 밖에도 급성 염증 반응은 병원체에 따라 손상 부위로 엄청난 양
의 체액(예: 물집)이 개입될 수 있으며(이를 '장액성 반응'이라고 한다), 섬유소라고 하는 응고성 단
백질의 축적이 일어날 수도 있는데 이러한 병변을 '섬유성'이라고 한다.

　　그 밖의 백혈구들도 염증 반응에 활발히 개입할 수 있다. 이 중 가장 중요한 것은 '탐
식세포'다. 어떤 세포들은 조직 내에 존재하며, 어떤 세포들은 혈액에서 온다. 이들은 호
중구보다 늦게 손상 부위에 도착하지만 시간이 갈수록 그 수를 늘려간다. 이들은 매우
활발하게 손상된 조직을 탐식하거나 제거하며, 세균 같은 침입 병원체를 죽일 수 있도

록 무장되어 있다. 탐식세포는 지속적인 염증 반응과 복구 작용을 매개하는 화학성물질들을 생산하기도 한다. 이러한 화학성물질 중 하나가 바로 사이토카인(cytokine)이며 이는 매우 중요하고 광범위한 작용을 한다. 이들은 손상 부위 주변의 혈관에 영향을 미치고, 손상된 조직으로 더 많은 호중구들을 끌어들이며, 섬유성 조직의 증식을 자극하고 (복구 작용의 일환), 다양한 화학성 매개물질들의 생산을 유도한다. 사이토카인들은 고열, 식욕부진 그리고 여타 많은 질병이 발생할 때 느껴지는 불쾌감, 권태감 등 전신에 영향을 미치지만, 획득성 면역의 발달에 매우 중요하다.

염증의 결과는 해당 과정이 일어나는 속도와 과정의 완결도 그리고 손상된 조직의 재생 능력에 달려 있다. 만일 염증 반응이 신속하게 일어나 유해한 물질들이 성공적으로 제거되었으며 손상된 조직을 재생할 수 있다면 본래의 기능은 잔여 피해 손상이 거의 없이 다시 회복될 것이다. 만일 염증 반응 자체가 신속하고 성공적으로 이루어졌다고 해도, 해당 조직의 재생 능력이 없으면, 손상된 조직은 상대적으로 특이적인 조직으로 대체되고 섬유성 딱지가 생성될 것이다. 만일 급성 염증이 성공적으로 병원체를 제거하지 못하고 조직 손상이 지속적으로 일어나면, 이 과정은 만성 단계로 이어질 것이고 새로운 인자들이 등장(획득성 면역)하게 될 것이다. 그리고 불가피하게 상흔조직이 형성될 것이다.

급성 면역이 기본적으로 모든 조직에서 동일하게 일어나기는 하지만, 동물에 대한 작용은 면역 반응이 일어나는 소식 위치와 반응 길이에 따라 달리 긴다. 손가락에 난 상처로 인한 충혈, 부종 그리고 통증은 불편함을 유발하지만, 동일한 반응이 폐에서 일어나면 폐 안은 염증성 액체와 세포들로 가득찰 것이며 이는 공기의 교환을 방해하여 목숨이 위태로운 상황을 유발할 것이다. 뇌 또는 뇌척수막의 염증으로 인해 두개골의 한정된 공간 내에 소량의 액체만 차더라도 이는 신경조직을 압박하여 죽음을 일으킬 수 있다.

만일 염증 반응을 일으키는 병원체가 존속한다면, 조직의 손상, 염증 그리고 복구 과정이 지속적으로 유발될 것이다. 그리고 이러한 반응이 연장되면 주로 탐식세포, 림프구 그리고 형질세포의 축적이 나타날 것이다. 병변이 만성화되는 경우, 해당 부위에 체액의 비율이 점차 줄어들 것이고 백혈구의 개입이 반응을 주도할 것이다. 만성 염증은 급성 염증이 성공적으로 끝나지 못한 경우, 그 이후 단계로 나타나기도 하지만, 특정 병원체에 의해 초기 반응으로 유발되기도 한다. 이러한 예로는 많은 동물에서 결핵을 일으키는 결핵균(*Mycobacterium* spp.)이 있다.

호산구는 염증 반응에 개입하는 또 다른 세포로, 거대기생충, 알레르기 반응 그리고 곰팡이 감염에 주로 반응한다. 호산구의 특징은 기생충에 달라붙어 이들에게 독성작용을 하는 단백질을 생산해낸다는 데 있다.

감염병에 대한 야생동물 아군집(subpopulation) 간의 선천적 면역 반응의 차이 사례도 보고되었는데, 이에는 북방메뚜기쥐(northern grasshopper mice)에서의 흑사병(Thomson 등, 1998), 하와이 서식조류(Hawaiian birds)에서의 말라리아, 바다표범에서의 모빌리바이러스(morbillivirus) 감염, 흰꼬리사슴에서의 유행성출혈성질병(epizootic hemorrhagic disease)(Gaydos 등, 2002a) 등이 포함된다. 선천적 면역력의 차이는 시간에 따른 선택 진화의 결과다. 그리고 이와 같은 저항력의 차이는 종 이주와 같은 관리프로그램에 중요한 고려사항이 된다. 예를 들어, 특정 질병이 정기적으로 일어나는 지역에 그 질병에 취약한 유전자형을 갖고 있는 동물을 이주시키거나 특정 질병에 취약한 군집이 사는 곳에 해당 질병 병원체를 도입하는 경우를 들 수 있다.

독성물질, 독소 등 비감염성 질병에 대한 방어반응이 선천성 그리고 획득성, 두 가지 모두의 특성을 어느 정도씩은 갖고 있을 것이기 때문에 어느 한쪽으로만 규정짓기는 어렵다. 또한 특정 병원체에 대한 직접적인 반응과 특정 병원체에 의해 유발된 조직 손상에 대한 반응도 분리하기 어렵다. 독성물질에 대한 주요 방어기전 중 하나는 해당 화학물질의 대사인데, 이는 화학물질을 수용성으로 만들어 배설하기 쉽게 만든다. 이러한 대사 또는 생체 전환은 흔히 간에 가장 풍부하게 존재하는 효소에 의해 촉매된다. 이때 개입하는 효소들은 대부분 비특이적으로 작용하며, 이러한 특성은 살아 있는 유기병원체에 대한 선천성 방어기전과 유사하다고 볼 수 있다. 이러한 작용 중 가장 중요한 산화

반응은 여러 가지 동종 효소(isoenzyme)를 포함하고 있는 cytochrome P-450 mono-oxygenase라는 효소 시스템에 의해 촉매된다. 이러한 반응은 유도가 가능한데, 이는 다시 말해서 동물이 화합물에 노출되면 이에 의해 효소활동이 증가되고 화학복합체의 독성도가 변화한다는 것을 의미한다. 야생동물 군집이 질병을 일으키는 비감염성 요인에 대한 유전적 저항성을 발달시킬 수는 있지만(Webb과 Horsfall, 1967), 이러한 반응이 환경적으로 가장 문제가 되는 독성물질들 때문에 일어났는지는 알 수 없다.

후천성 면역

선천성 면역은 비특이적이며, 특정 병원체나 손상에 노출된 후 그 정도가 높아지지 않는다. 선천성 면역에 의해 동물들이 회복할 수는 있으나 같은 질병 원인체에 대한 취약성은 여전히 남아 있다. 만약 동물의 체내로 들어오는 모든 외부물질이 선천성 면역에 의해 완전히 흡수되고 빠르게 파괴된다면 획득면역은 필요 없을 것이다. 그러나 외부물질이 존속한다면 이 물질들은 선천면역에는 없는, 특이성(specificity)과 기억력(memory)이라는 주요한 특징을 가진 획득면역을 자극한다.

특이성은 한 개체가 개별 침입자나 외부물질을 인지하는 능력과 관계가 있다. 앞서 언급한 바와 같이 선천면역과 후천면역은 자신의 것('조직, 세포와 분자는 유기체의 구성요소로서 존재한다.', Ziegler, 1993)과 자신이 아닌 것(암세포와 같은 비정상세포를 포함하는 나머지 모든 것)을 엄밀하게 구분한다. 방어는 몸으로 들어온 다수의 외부물질이 자신의 조직에 가능한 한 적은 손상을 주도록 하기 위한 것이다.

기억력은 외부물질이 동일 개체의 체내에 다시 침입했을 때 신체는 이를 기억하고 인지하여 처음 노출되었을 때보다 빠르고 강하게 대응하는 것이다.

획득면역은 림프구라고 불리는 혈액세포에 기반을 두고 있다. 획득면역의 중심적인 개념은 오직 하나의 특정 외부물질이나 항원의 항원결정부(에피톱, epitope)를 알아보고 반응하는 다른 종류의 림프구가 수백만 개 있다는 것이다. 항원은 면역 반응을 자극할 수 있는 외부물질이다. 항원은 일반적으로 대분자 유기물(organic macromolecule)이자, 단백질이다. 항원결정부는 림프구의 수용체(receptor)에 결합하는 항원 표면의 한 부위다. 각 항원은 다양한 항원결정부를 갖고 있는데, 연충(helminths)과 같은 큰 유기체는 많은 항원결정부가 있는 항원을 많이 갖고 있다. 이론상으로는 몸으로 들어오는 항원을 인식하고 반응하는 몇몇 림프구가 있다. 필자는 이 방어 체계를 몸을 순찰하는 경찰이라고 생각한다. 각각의 경찰은 잡고 싶어하는 특정 잠재적 외래 생명체의 사진을 한 장씩 갖고 있다.

획득면역은 체액성 면역과 세포 매개성 면역으로 나뉜다. 이 두 가지 종류는 모든 감염성 질병과 관련되어 작동하지만 두 종류의 면역 크기, 강도, 중요성은 질병마다 다르다. 세포 밖 외부물질(외부로부터 침입하여 체내의 세포 밖에 있는 세균, 원충, 연충, 외부 항원)들은 1차적으로 체액성 면역과 싸운다. 세포 매개성 면역은 체내의 세포 내에서 사는 유기체를 포함한 내부 항원(바이러스, 세포 내 세균과 원충)과 싸우는 데 중요한 역할을 한다.

체액성 면역

체액성 면역 반응은 항체라 불리는 가용성 단백질의 생산에 기반을 두고 있다. 일부는 혈청 내에서 순환하고, 일부는 점막면과 같은 특정 부위에 분비된다. 각 항체는 특정한 항원에 붙고 오직 한 항원결정부에만 붙는다. 항체는 보툴리눔과 탄저의 독소 중화, 숙주세포에 미생물이 붙는 것을 차단하거나, 탐식세포가 미생물을 탐식하고 죽이는 것을 촉진하거나, 염증 반응을 상승시키거나, 유기체의 분해에 도움을 주거나, 다른 세포가 바이러스에 감염된 숙주세포를 죽이는 데 도움을 주거나, 특정 침입 유기체의 이동, 대사, 증식을 차단하는 등과 같은 방어 능력을 갖고 있다.

체액성 면역과 연관된 1차 세포는 B세포라고 불리는 림프구의 한 종류다. 각각의 B세포는 한 가지 특정 항원결정부의 표면에 수용체들을 갖고 있다(당신과 필자는 각각 1억 개의 다른 항원 항원결정부를 찾고 있는 B세포 경찰을 갖고 있다). B세포는 림프기관(비장, 림프절)에 머물면서 림프를 통해 항원이 들어오기를 기다린다. 항체의 생산은 복잡하며 보조 자극(costimulation) 능력이 있는 다른 세포들과 B세포의 연관을 수반한다. 가장 중요한 것은 다른 림프구인 보조 T세포다. 이는 면역 과정을 돕기 때문에 붙여진 이름이다. B세포가 적절한 항원과 마주하면 보조 T세포의 도움을 받아 복제 증식을 한다. 즉, 같은 항원 특이성을 지닌 자손을 생산한다.

이들 세포의 대부분은 항체 생산에 전념하는 단백질 생산 공장인 형질세포로 분화한다. 자손들의 일부는 수명이 긴 기억세포가 되는데, 이는 훗날 같은 항원에 노나시 노출되었을 때 부를 수 있는 저장용이다. 항원이 처음으로 탐지되었을 때 생산되는 항체의 양과 반응은 적당한(항체의 사진을 갖고 있는 경찰) B세포가 적기 때문에 생산 속도가 느리다. 그러나 만약 같은 항원이 몸에 다시 들어오면 이에 적합한 많은 B세포들이 있기 때문에 항체의 생산 속도가 더 빠르고 더 많은 양이 이러한 2차 반응에 의해 생산된다.

특이성과 기억력은 모든 면역의 기본이다. 동물에게 예방접종을 했을 때 적은 양의 항원(예방접종)이 동물에게 들어가 1차 반응을 유도한다(예방접종은 종종 사멸된 병원체, 병원성이 약화된 병원체나 미생물의 일부다). 동물이 감염성 병원체의 형태로 항원을 다시 만나면, 강하고 보호능력이 있는 2차 체액성 반응이 일어날 것이다.

체액성 반응은 주로 비장과 림프절에서 일어나는데, 이곳에서 항체가 혈청으로 방출되어 호흡기관과 장의 상피 아래로 간다. 며칠 동안 적은 양의 항체가 국소적으로 만들어지더라도 노출 후 약 1주일 동안은 혈청에서 검출되지 않는다. 특정한 항원에 대한 항체는 동물이 항원에 노출된 지 몇 달이나 몇 년 후 혈청에서 찾을 수 있다. 기본적으로 항체검사는 혈청학적 검사를 통해 확인할 수 있으며, 반응의 세기(항체의 양)는 여전히 활동성을 가진 검사혈청의 희석배수로 설명할 수 있다. 예를 들어, 감염된 배양 조직에 넣었을 때 바이러스의 성장을 방해하는 항체에 초점을 맞춰 동물의 혈청을 점점 희석했을 때 바이러스를 방해하는 가장 높은 희석배수를 '그 동물을 위한 항체가'라고 한다.

체액성 반응의 두 가지 특징은 수동적 전달과 집단면역이다. 어린 동물은 잠재적인 질병 인자들로 가득한 환경에서 태어난다. 어린 동물이 면역 반응을 만들어 내지만 처음이기 때문에 상대적으로 느리고 약하다. 몇몇 다른 방어기전도 나이가 든 동물에 비해 덜 효과적일 것이다. 공격받기 쉬운 어린 동물들을 보호하는 기전 중 하나는 어미로부터의 항체전달이다. 이 수동적인 전달은 조류에서는 난황을 통해, 다른 대부분의 동물에서는 태반(영장류)과 초유(colostrums)를 통해 일어난다. 이러한 어미의 항체는 며칠이나 몇 주 동안 새끼의 혈액을 돌다가 점점 약해지고 결국엔 사라진다. 예를 들어, 쌍뿔가마우지(Double crested cormorant)에서 뉴캐슬병 바이러스의 항체는 1~2주령 이상의 새끼에서는 검출되지 않는다(Kuiken, 1999). 너구리의 개홍역(Canine distemper) 바이러스의 수동항체 반감기는 약 10일이다(Paré, 1997). 사슴의 유행성 출혈병(epizootic hemorrhage disease)을 일으키는 오르비바이러스와 블루텅의 모체항체는 텍사스에 서식하는 흰꼬리사슴의 나이가 17~23주일 때 사라진다(Gaydos 등, 2002b). 수동적 전달은 짧은 시간 동안만 저항성을 갖지만 새끼의 어미가 노출되었던(그리고 그 지역에 존재했을) 질병 원인체에 대항해 새끼를 어느 정도는 보호할 수 있을 정도다. 수동면역은 왜 어린 새끼가 초기에는 어떤 질병들에 대해서는 저항하다가 어미로부터 얻은 항체가 사라지면서 점차 취약해지는 지를 설명한다. 수동면역은 예방접종에 간섭할 수 있기 때문에 예방접종은 수동면역이 약해진 후까지 연기해야 할 것이다. 항체 전달의 실패는(대개 젖을 먹이는 데 실패할 경우) 갓 태어난 산업동물에서 가장 중요한 수의학적 문제이지만, 야생동물에서는 확인된 바가 없다. 젖먹이가 적절치 못할 경우, 새끼 사슴의 영양실조 같은 문제가 일어날 수 있다(Langenau와 Lerg, 1976). [집단면역은 질병의 전파를 유지할 적절한 민감성 동물이 더 이상 남아 있지 않은 시점까지 집단의 재감염으로 면역을 만들고 점차 사라지는 것이다. 이러한 형태의 면역은 체액성 면역과 관련이 있고 아마도 미생물에 의한 질병만 중요할 것이다(집단 내 비접종자도 면역을 얻는 것)—옮긴이]

집단면역(Herd immunity)이라 함은 한 개체군 내의 질병 재감염에 대해 면역력이 있는 개체의 비율을 높임으로써, 질병을 전파할 수 있는, 다시 말해 질병 감염에 취약한 개체 수가 부족해져 결국 질병이 사라지도록 하는 현상에 대한 개체군 단위의 개념이다[광견병과 집단면역: 헤르만(Herrmann)은 개를 대상으로 한 국가적 광견병 예방접종 법률과 적정 예방접종법을 통해 광견병을 제거할 수 있다고 설명했다. 예방접종된 개의 수가 늘어나면 국가적으로 집단면역이 형성된다는 것이다. 특정 질병에 대해 개체군의 약 95% 정도가 면역능력을 갖거나 예방접종 되었을 때 질병이 전파되기 어렵다는 개념을 포함하고 있다. —옮긴이].

세포성 면역

세포성 면역은 림프구의 또 다른 그룹인 T cell에 의한 것으로, 보조 T세포는 앞서 언급한 바 있다. B세포와 함께 T세포는 각각 특성 항원을 인식한다. 그러나 T세포는 항원제시세포(antigen presenting cells, APC)에 의해 특정하게 제시되는 '그들의' 항원에 결합한다(T세포 경찰들은 범인이 잡혀 수갑을 차고 APC에게 노출되었을 때만 범인을 알아챈다. 게다가 오직 특정 종류의 수갑만!). 자세한 과정은 이 책에 설명되어 있지 않지만, 이를 간단히 설명하면 탐식세포를 포함하고 있는 APC 세포들은 항원을 잡아 분해하고, 처리된 항원의 일부분을 APC 세포의 표면에 존재하는 특정 분자들에 붙인다. 이 조각들에 결합하는 분자들은 주조직접합성복합체(MHC, Major histocompatibility)라고 불리는 척추동물에 존재하는 유전자 복합체에 의해 암호화되어 있다(MHC분자는 수갑과 같다). MHC 유전자들은 그 특이성을 이용해 항원 처리와 제시를 관리하며, 질병 저항성과 민감성의 매우 중요한 유전적 요소다(Tizard 2000). MHC 유전자들은 형태가 다양하고 이형접합체성(heterozygosity)이 더 넓은 범위의 항원을 인식할 수 있게 한다. 하지만 이형접합체성의 한계는 있다(Wegner 등, 2003). 감염성 요인과 더 많이 접촉하는 사회성 동물들은 단독 생활하는 육식동물들보다 다양한 형태의 MHC를 갖고 있다.

T세포는 B세포와 달리 외부 항원을 잡으러 나간다. T세포는 외부 항원을 찾기 위해 혈액에서 나가 조직으로 갔다가 몸 전체에 뻗은 림프관을 통해 혈액으로 다시 돌아오는 순환 이동 구조를 갖고 있다. T세포가 APC의 표면에 전시된(찾고 있던) 항원과 마주치면 T세포가 작동하여 클론을 만든다. 다른 종류의 T세포는 이와 다른 역할을 한다. 세포독성 T세포(Cytotoxic T cell)는 표면에 전시된 외부 항원을 인식해 파괴한다(더 정확히 말하면, 세포가 자살하도록 만든다). 이는 바이러스가 증식하기 전에 바이러스에 감염된 세포를 죽이는

데 있어 중요한 역할을 한다. 또한 비정상적인 암세포를 제거하는 데에도 중요하다. 활성화된 보조 T세포는 탐식세포를 돕기 때문에 세포 매개성 면역과 관련되어 있는데, 세포들이 탐식한 우결핵(*Mycobacterium bovis*), 톡소포자충(*Toxoplasma gondii*)과 같은 세포 내 미생물을 파괴하거나 염증세포를 상처 부위로 유도한다. 순환 T세포(Circulating T cell)는 항원이 있는 곳에 축적되고, 병리학자들은 림프구와 탐식세포의 축적으로 인해 세포 매개성 면역 반응을 인식한다. 세포 매개성 면역은 간단하고 항체가 존재할 때만 분명해진다. 세포 매개성 면역에서의 기억능력은 체액성 면역의 기억능력보다 연구가 이루어지지 못했다.

지금까지 획득면역에 대해 소개했는데, 이 문제는 매우 복잡하다. 다양한 수준의 MHC 분자, 다양한 유형의 항체나 보조 T세포, 많은 화학 매개물질과 화학적 유발인자, 되먹이기 기전, 잉여(redundancies)와 더불어 지금까지 기술한 것보다 더 많은 상호작용들이 획득면역과 선천면역 사이에 존재하고 있다. 단, 하나의 감염성 인자에 많은 항원이 있고 그 항원이 몸에 들어왔을 때 세포성 면역과 체액성 면역이 둘 다 작동한다. 어떻게 몸으로 들어왔든, 그것이 존재하는 시간이 길든 반응의 종류는 항원의 종류에 따라 다르다. 면역계의 다른 부분이 각각 다른 질병 요인에 반응하는 것이 중요하다. 획득면역은 예외적으로 몸이 방해기전을 발전시키기 위해 강하고 위험한 반응을 포함하고 있다.

진단 검사와 방어기전

대부분의 검사는 실제 질병 원인체를 찾아내기보다 선천, 획득 방어기전의 반응을 측정해 질병을 찾아내고 진단하는 데 사용된다. 혈액 내에서 순환하는 백혈구의 종류와 수는 관련된 원인물질 종류와 질병의 과정을 알 수 있는 일반적인 좋은 척도다. 예를 들어, 세균성 질병은 순환 혈액에 호중구가 많은 반면, 기생충성이나 알레르기성 질병에 걸린 경우에는 순환 혈액 내에 호산구가 많다. 혈청의 항체를 검출하는 것은 동물이 질병 원인체에 노출되었는지를 찾아내는 가장 일반적인 방법이다. 혈청학은 체액성 면역의 특이성에 기반을 두고 있다. 동물의 혈청에 있는 항체의 종류와 농도는 동물의 원인체 노출 여부뿐만 아니라 노출된 지 얼마나 지났는지도 알 수 있다. 개체에서 몇 주 사이에 얻어진 항체들의 증가 경향은 최근에 노출되었다는 좋은 증거가 되며, 이러한 순차적인 시료확보법은 개체군 내 질병 전파를 조사하는 데에도 활용할 수 있다. 세포 매개성 면역 반응은 상대적으로 덜 쓰이지만 투베르쿨린 피부반응 검사에는 중요하다. 이 검사에서 항체를 피부 내로 주사하고 세포유입으로 피부가 부어오르면 동물이 질병에 걸렸는지 알 수 있다. 다른 검사는 항원에 반응하는 림프구의 능력에 따라 탐식세포와 림프구에 의해 생산되는 특정 매개물질을 측정한다.

방어의 개요

질병에 대한 저항성은 일련의 방어과정으로 구성되어 있다. 노출을 회피하는 방식에서부터 면역 체계를 이용하는 방법에 이르기까지 연속적으로 다른 방어법이 이용되면서 비용이 상승하는 것으로 보인다. 기생생물과의 전투에서 발생하는 불가피한 손상의 위험 때문에 원인체가 한 번 몸에 들어온 후에 이를 파괴하는 것보다는 신체 외벽에서 침입자를 막거나, 가능한 한 접촉을 피하는 것이 더 낫다는 것이다. 즉 용감한 것도 좋지만, 조심하는 것도 좋다는 것이다. 조심한다면, 용감해져야 하는 상황에 빠지지 않을 수 있다. 2000년, 로크밀러(Lochmiller)와 디어랜버그(Deerenberg)는 극심한 포식압 아래에 놓인, 수명이 짧은 동물종(주로 소형 설치류)들은 한 번 번식할 수 있을 때까지 생존율을 높이기 위해 선천적 면역계의 급속 방어기전에 더 의존하는 듯한 반면, 수명이 긴 동물종은 몇 회 이상을 번식하면서 생존할 수 있도록 후천적 면역기전과 선천적 면역기전 모두를 잘 활용하는 것 같다고 밝혔다. 2003년 한센(Hanssen) 등은 감염이 미래의 번식률을 낮출 수 있다는 사실 때문에, 수명이 긴 동물줄에서 면역능력(immunocompetence, 항원을 투여했을 때 면역 반응, 즉 항체 생성 또는 세포 매개성 면역을 나타내는 능력 - 옮긴이)은 특히 중요하다고 밝힌 바 있다. 숙주 개체들은 상대적 손실과 이익을 고려하여 모든 원인체가 아닌 특정 원인체들을 선택하여 이들에 대한 장기면역을 생산할 수도 있다(Boots와 Bowers, 2004). 우리는 흔히 척추동물의 관점에서만 저항성을 바라본다. 하지만 살아 있는 유기체에 의해 발생한 질병을 바라보면, 원인체와 숙주는 두 가지 유전 계통이 (원인체와 숙주의 – 옮긴이) 서로 영향을 주고받는 '공진화적 경쟁' 안에 있다. 호주에서 발생한 점액종증(myxomatosis)과 같이 원인체가 맨 처음 도입될 때에는 보통 한 개체군 내의 대부분 개체에서 감염을 일으킬 수 있지만, 이때 해당 원인체에 대한 저항성을 가진 몇몇 숙주동물은 선택 진화의 우위를 점하게 되며, 이들의 유전형질은 곧 개체군 내에 흔하게 자리 잡게 된다. 원인체 군집 내에서 숙주의 방어 체계를 우회할 수 있는 능력을 가진 원인 개체들이 정착에 성공하거나 선택된다면, 숙주 개체군에서 새로운 방어력을 가진 개체들이 출현할 때까지 그 원인체들의 후대는 수가 매우 늘어나게 된다. 이러한 적응-역적응 군비경쟁 관계는 5장에서 기술한 바 있다. 1993년 플라우트(Plaut)는 미생물이 숙주의 방어 체계를 무너뜨리기 위해 개발한 몇 가지 기전에 대해 기술한 바 있다.

방어 체계의 억압

저항성 간섭에 관련된 연구는 의학 연구 분야에서 뜨거운 주제다. 저항성 간섭은 흔히 면역억압(immunosuppression)으로 기술되는데, 후천성 면역에 관련된 효과는 거의 완벽하게 연구되었기 때문이다. 사람에서는 특히 후천성면역결핍증 바이러스와 같이 면역억압을 일으키는 몇몇 감염성 원인체의 영향이 가장 중요하다. 이와 비슷한 감염증이 야생동물에서 얼마나 중요한지는 확실하지 않지만, HIV와 비슷한 면역결핍 바이러스가 야생고양이과 동물과 유인원에 널리 퍼져 있다는 것은 이미 알고 있으며(Worley, 2000), 기타 다른 야생동물에서 이러한 질병이 발생하지 않는다고 확신할 만한 근거는 없다. 바이러스 이외에 저항성에 영향을 미치는 인자들은 야생동물에 매우 중요한 것으로 보인다. 다음에 설명하는 사례들은 다양한 인자들과 방어 체계 사이에 발생하는 잠재적 상호 관계의 범주를 나타낸 것이다. 이러한 인자들에는 영양, 한 원인체에 의한 감염, 스트레스, 환경오염원과 성별 특징이 있을 것이다.

영양은 저항성을 바꾼다

면역 체계에 영향을 미치는 가장 중요한 단일 인자는 '영양'이다. 에너지의 확보가 제한되고, 이러한 상태가 방치되면 면역 체계의 억압 현상과 감염에 대한 감수성이 증가한다. 에너지 흡수 제한이 지속적으로 발생하면, 면역계의 억압과 감염에 대한 감수성이 상승한다(Klurfeld, 1993; Lochmiller와 Deerenberg, 2000). 단백질의 흡수도 매우 중요하다. 예를 들면, 단백질 결핍은 선충에 대한 생쥐의 면역 효능을 떨어뜨리고(Slater와 Keymer, 1988), 체액성 면역의 경우에는 단백질이 풍부한 먹이를 추가로 급여한 새끼 제비에서 더욱 강하게 나타난 바 있으며, 더 많은 수가 한꺼번에 태어난 한 배 병아리들은 영양분이 더 적고, 더 낮은 면역 반응을 나타냈다(Saino 등, 1997; Naguib 등, 2004). Vitamin A는 방어 계통의 여러 부위에 영향을 미치며, 항감염성 비타민이라 부르기도 한다. 감염에 의한 예측된 비용보다 면역 반응의 비용이 더 큰 경우, 면역 반응의 억압은 집중적인 스트레스가 발생한 기간과 자원의 제한에 적응한 결과일 수 있다(Hanssen 등, 2004).

한 원인체에 의해 감염되면, 다른 원인체에 대한 저항성을 바꿀 수 있다

만손주혈흡충(*Schistosoma mansoni*)에 감염된 생쥐는 말라리아에 단독으로 감염된 개체보다 더욱 순환 말라리아 원충을 많이 갖고 있으며, 말라리아에 감염된 생쥐는 흡충에 대항하는 방어인자를 적게 갖고 있다(Helmby 등, 1998). 만손주혈흡충에 감염된 생쥐는 바이러스의 지연 제거(delayed clearance) 현상이 나타나지만(Actor 등, 1993) 장관 내 선충에 대한 방어 능력은 개선된 것으로 보고되었다(Curry 등, 1995). 조류의 인플루엔자 바이러스를 포함하고 있는 많은 바이러스들은 면역 반응 체계의 다양한 부분을 변화시키고(Suarez와 Schultz-Cherry, 2000), 점액종증은 유럽토끼가 기생충에 더 감수성 있게 만드는 것으로 보인다(Boag, 1988).

스트레스는 저항성을 바꾼다

새끼 청둥오리에게 선충의 유충을 정해진 수만큼 먹인 후, 밀도가 낮게 사육한 오리 군보다 밀도가 높게 사육한 새끼오리군 내에서 더 크고, 많은 기생충이 발견되었다(Ould 와 Welch, 1980). 추위에 노출된 생쥐는 체액성 면역 반응이 억제되었는데(Cicho 등, 2002) 이 는 저항보다 항온 기능에 더 많은 에너지 자원을 사용했기 때문인 것으로 보인다. 장기 간 추위에 노출된 생쥐에서는 면역 반응이 줄어들었지만, 잠깐 추위에 노출된 생쥐에서 는 그렇지 않았다. 스트레스가 항상 면역 반응의 억압과 관계된 것은 아니며, '스트레스 반응은 다른 면역 기전은 상승시키지만 특정 면역기전을 억압한다(Apanius, 1998)'. 사이 노(Saino) 등은 2000년 둑방쥐(Bank Vole, *Myodes glareolus*)의 체액성 면역에 대한, 개체군 밀 도가 아닌 번식의 영향(An affect of reproduction but not of population density on humoral immunity in bank voles)을 보고했다. 스트레스는 7장에서 집중적으로 다룰 것이다.

환경오염원은 저항성을 바꾼다

많은 오염원들이 면역 반응의 몇몇 부위에 영향을 미치는 것을 실험실 연구에서 확 인한 바 있으며, 어떤 경우에는 다른 감염성 원인체의 감염실험에서 감수성을 증가시키 는 것으로 나타나기도 했다(Fairbrother, 1994). 하지만 이러한 영향이 뚜렷하게 나타난 야 외 사례는 몇 건 되지 않는다. 오염원은 다른 스트레스 인자와 마찬가지로 면역 반응의 몇몇 부위에 영향을 미쳐 면역능력을 떨어뜨리기도 하지만, 다른 부위에서는 면역을 증 강시키기도 한다(Grasman과 Fox, 2001). 오염된 청어를 먹은 잔점박이물범(harbor seal)에서 나타난 면역억압이 모빌리바이러스(morbillivirus)의 유행에 어떠한 역할을 했다는 주장 (Ross 등, 1995)이 현재 면역억압의 좋은 사례 중 하나일 것이다. 2004년 바이저(Biser) 등은 "불행하게도, 야생동물에 있어서 면역계에 영향을 미치는 노출의 역치수준은 알려져 있 지 않다."라고 말한 바 있다.

성별의 문제

포유류의 많은 종에서는 기생충에 대한 감수성이 증가하고 면역능력이 줄어드는 현상이 나타난다(immunocompetence, 면역능력, 항원을 투여했을 때 나타나는 면역 반응, 즉 항체 생성 또는 세포 매개성 면역을 나타내는 능력—옮긴이)(Olsen과 Kovacs, 1996; Poulin, 1996; Schalk와 Forbes, 1997). 수컷 황조롱이 새끼(nestling)를 제한된 먹이조건에서 사육했을 때 암컷에 비해 세포 매개성 면역력이 감소했지만(Farrgalo 등, 2002), 붉은어깨찌르레기사촌에서는 테스토스테론(testosterone)이 항체 형성에 영향을 미치지 않았다(Hasselquist 등, 1999).

면역 체계에 있어 다른 인자들의 관찰된 영향 중 일부는 자원의 절충 관계(trade-off)를 통해 설명할 수 있는 반면, 일부는 개별 세포들이나 매개물질의 영향과 관련되어 있다. 많은 사람들은 면역억압이 야생동물에서 중요하다고 믿고 있다. 야생동물 내에서 오염원의 잔존물이 검출되거나, 질병을 다른 방식으로 설명하기 어려운 경우, 잠재적 영향이 있을 것이라고 언급한다. 하지만 그러한 주장을 뒷받침할 만한 실험적 자료는 불충분하다. 면역억압을 검사하는 많은 연구들은 면역 체계를 검사하기 위해 예외적인 경로로 투여한 소혈청알부민(bovine serum albumin), 양적혈구(sheep red blood cell)나 미국자리공(pokeweed) 항원과 같은 이례적인 항원을 사용하고 있다. 한 가지 영향이 나타났다고 하더라도 현실에서의 중요성은 분명하지 않다. 필자가 알기로는 야생동물의 적응도를 줄이거나 생존율 감소 결과를 초래하는 면역억압의 사례는 없다. 하지만 뮬러(Møller)와 사이노(Saino)는 2004년 조류에서의 강력한 비특이적 면역 반응의 생산이 생존율을 개선시켰다는 결과를 보여주는 문헌들을 메타 분석[메타 분석은 한 가지 주제를 목적으로 여러 가지 논문의 결과를 종합하는 것을 말한다. 이로써 명확한 의학적 증거(evidence)를 보여줄 수 있고 통일되지 않은 의견이나 결과에 대한 해결 방안을 제시할 수 있다. 과거처럼 전문가의 견해나 이론, 경험에만 의지하는 진료 방법이 아니라 과학적 증거를 통한 진료(Evidence based medicine) 방법이라고 할 수 있다.—옮긴이]하여 그 증거를 제시한 바 있다. 면역 기능에 영향을 미치는 특정 오염원들의 역할은 아마도 '사실'일지 모르지만, 저항성에 영향을 미치는 다른 인자들을 전체 문제로부터 상세히 분석해내는 것은 극도로 어렵다.

2004년 한센 등은 2004년 포란 중인 암컷 북방오리(common eider)에게 희한한 항원(양 적혈구, sheep red blood cells; 디프테리아-파상풍 톡소이드 diphtheria-tetanus toxoid)을 주사한 놀라운 연구에 대해 기술했다. 왜냐하면 번식 기간 동안 이 새들은 아무 것도 먹지 않으므로 심각한 자원제한 상태에 놓이게 되기 때문이다. 예방접종에는 오직 50%의 새들만 항체를 형성했다(자원이 제한되었던 동물에서 예측했던 것과 마찬가지로). 예상치 못한 결과로는 이듬해 번식지로 되돌아온 비율로서 측정해낸 월동생존율을 들 수 있는데, 항체를 형성한 새들은 27%만 되돌아온 반면, 면역을 형성하지 못한 새들은 72%가 돌아왔다. 직관에 어긋나는 것처럼 보이지만, 면역억압은 심각하게 자원이 제한된 상황에 적응한 것이라 생각할 수 있고, 특히 먹지도 않고, 둥지라는 한 장소에 격리된 그 시기에는 질병에 대한 노출이 최소화된다는 것이다(간단하게 말하면, 이 사례는 당신에게 필요 없는 보험은 그냥 비싼 대가일 뿐이라는 것이다). 이 면역 반응의 명백한 하향조절(downregulation)은 1995년 윙필드(Wingfield) 등이 보고한 북극에서 번식하는 새들의 급성 스트레스 반응의 하향조절과 비슷하다. 이 보고서는 폭풍과 같은 단기 스트레스 요인에 대한 반응 때문에 번식이 지연되지는 않는다는 것을 이야기하고 있다.

회복과 수복

정상 기능의 회복은 손상을 수복하거나 기능수행의 대안적 방법을 개발하는 것에 달려 있다. 수복에 대한 어떤 견해는 염증에 대한 논의와 함께 언급한 바 있는데, 그 이유는 이 두 과정들이 긴밀하게 연결되어 있기 때문이다. 2000년 슬라우센(Slausen)과 쿠퍼(Cooper)는 "효과적인 염증 반응 없이 세균감염을 억제하기는 어렵고, 상처 또한 제대로 치료되지 않으며, 손상된 조직은 수복되지 않는다."라고 말했다. 조직 손상의 수복은 재생(regeneration)과 반흔 조직 형성(scarring) 중 하나에 의해 이루어진다. 여기서 재생은 기능성(functional) 세포나 기관, 조직의 일부가 재성장하여 같은 형태의 조직이 손실된 조직을 대체하는 것을 의미한다. 무척추동물은 손상되거나 손실된 조직을 재생시키는 엄청난 능력을 갖고 있지만, 척추동물의 제한적 재생 능력은 척추동물이 고등동물이 되기 위해 치룬 희생의 일부일 것이다. 반흔 조직 형성은 비특이적 결체조직으로 기능성조직을 대체하는 것으로, 그 기능이 제한되었다는 단점을 초래하게 된다(척추동물은 반흔 조직의 형성에 능숙하다).

재생과정이 일어나기 위해서는 (1) 이에 참여하는 기능성 세포들은 스스로를 재생할 수 있는 능력을 가져야 하며, (2) 이러한 세포들이 자랄 수 있는 잔존 조직 구조(residual framework)가 있어야만 한다. 체내 세포들의 기본형으로는 적응성(labile), 안성성(stable), 영속성(permanent)이라는 세 가지가 있다. 적응성 세포는 항상 교체(turnover)되며, 평생에 걸쳐 정기적으로 교체된다. 그 예로는 골수에 있는 세포, 피부 상피세포, 호흡기나 소화기, 비뇨기나 산도 등에 위치한 상피세포를 들 수 있다. 이러한 세포들은 재생할 수 있는 엄청난 재생 능력을 갖고 있다. 결손이 엄청나게 크지 않는 한, 그리고 조직 구조가 남아 있는 한 재생이 가능하다. 헤르페스 호미니스(*Herpes hominis*)의 감염으로 인해 사람의 입술에 생긴 작은 궤양(입술 물집, cold sore)은 이러한 과정을 설명하는 좋은 사례라고 할 수 있다. 입술 물집은 소규모 부위에서 상피세포의 죽음과 파괴가 발생한 것이다. 그 '병변'은 궤양 주변부에서부터 세포증식에 의해 빠르게 낫고, 입술 기능이 회복된다. 하지만 심각한 화상이나 피부의 배아세포(germinal cell)가 파괴되는 등 피부가 넓고 깊게 손상을 받으면, 재생은 지연되고 섬유소성 세포가 자라게 된다. 상처의 주변 부위로부터 자란 상피세포에 의해 손상 부위가 덮인다하더라도, 피부에는 모낭세포가 없기 때문에 대체 조직의 기능은 떨어지게 된다.

안정성 세포들은 일반적으로 낮은 교체율을 보이지만, 세포가 분화하고 재생할 수 있는 능력을 갖고 있다. 그 예로는 간세포나 신장 세관세포, 골세포나 섬유세포 등을 들 수 있다. 간은 안정성 세포로 구성된, 재생 능력이 걸출한 장기다. 실험적으로 간 실질의 70%를 수술로 제거하더라도 다시 재생된다. 하지만 이러한 재생을 위해 필요한 건축학적 뼈대를 제공해줄 수 있는, 특히 기저막(basement membrane)과 같은, 잔존 조직 구조(residual framework)가 존재해야 한다. 이 구조가 없이는 비록 재생이 일어나더라도 무질

서해지고, 완벽한 재생이 되기 어렵다. 신장에서 발생한 질병에서 이러한 사례를 찾아 볼 수 있다. 오리에서 신장 콕시듐증을 일으키는 원충감염에 의해 신세관세포에서 발생한 손상은 그 부위가 상피세포에 제한된다. 비록 이 원충은 세포를 죽이지만, 재생을 위한 작업 토대로서의 기저막이 손상되지 않은 채로 남아 있기 때문에 재생과정을 통해 손상이 복구된다. 이와는 대조적으로 어떤 세균감염이 신장에서 발생했을 때 상피세포와 이 기저막이 함께 손상되면 섬유소성 반흔 조직이 형성된다.

영속성 세포는 재생의 능력이 극히 제한되거나 아예 없는 세포를 말한다. 그 예로는 뇌의 신경세포와 심장의 근육세포를 들 수 있다. 이 세포들은 죽으면 대체되지 않는다. 한편 반흔 조직 형성은 기능성 조직들을 콜라젠이 풍부한 비특이적 결체조직이 대체하는 것을 말한다. 반흔 조직은 세포 대체가 부족하거나 결체조직 구조에 대한 심각한 손상이 일어났을 때 형성된다. 조직에 존재하는 고름이나 부종액과 같은 염증성 삼출물이 만성적으로 잔존하는 것이 반흔 조직 형성을 촉진한다.

이러한 특징들은 손상에 대한 다양한 형태의 수복과 회복의 가능성을 예측할 수 있도록 해준다(그림 6.4). 이와 동시에 그러한 특징들은 다양한 질병에서 나타나는 현상들, 예를 들면 왜 같은 병원체가 다른 장기에서 다른 영향을 야기하는지를 이해할 수 있게 도와준다. 이 점을 설명하기 위해 북미너구리의 흔한 장관 기생충인 북미너구리회충을 생각해보자. 만약 회색 청서(grey squirrel)와 같은 동물이 우연찮게 기생충란을 섭취하면, 부화한 유충은 간과 뇌를 포함한 청서의 여러 장기 조직을 돌아다니게 된다. 유충은 기능성 세포들에 손상을 입히고 간과 뇌에 염증을 일으킨다. 손상 받은 간세포는 빠르게 수복되고, 반흔 조직은 거의 없거나 아예 생기지 않으며, 기능적 손상은 발생하지 않는다. 하지만 손상 받은 뇌세포는 대체되지 않으며, 두개골 내의 제한 공간에서 발생한 염증의 영향으로 인해 심각한 신경성 질병이 발생한다(그림 6.5). 그런가 하면 동일 조직에 영향을 미치는 서로 다른 원인체의 영향 또한 매우 다르게 나타낸다. 예를 들어, 개홍역 바이러스와 우결핵의 원인체인 미코박테리움 보비스(*Mycobacterium bovis*)는 폐에 감염을 일으킨다. 개홍역은 짧은 임상적 과정을 거치고, 바이러스의 초기 손상에서 동물이 생존하면, 손상된 세포는 제거 및 대체되며, 기능 손상은 거의 없거나 사라진다. 이와 대조적으로 미코박테리움 보비스는 조직 안과 대식 세포 안에 영속하며, 만성 염증과 세포 매개성 면역을 자극하고, '결절' 주위를 감싸는 수없이 많은 반흔 조직을 형성한다(그림 6.6).

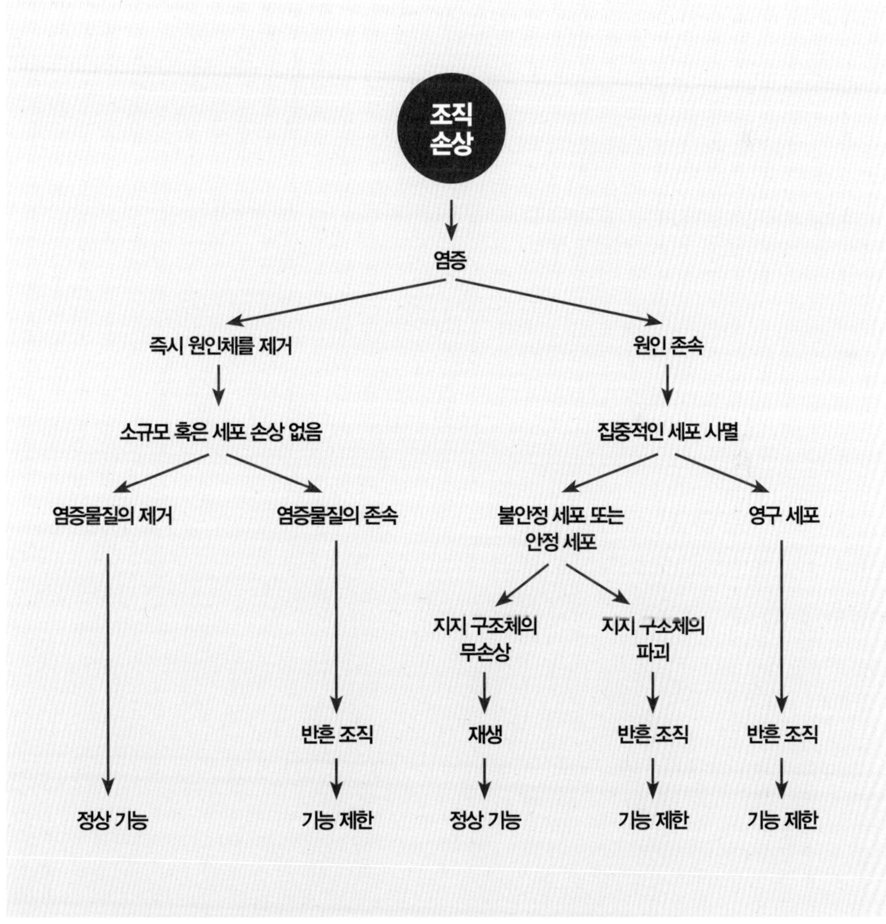

그림 6.4 ▲ 다양한 부상과 수복의 잠재적 결과 개략도(Slauson and Cooper, 2002를 수정)

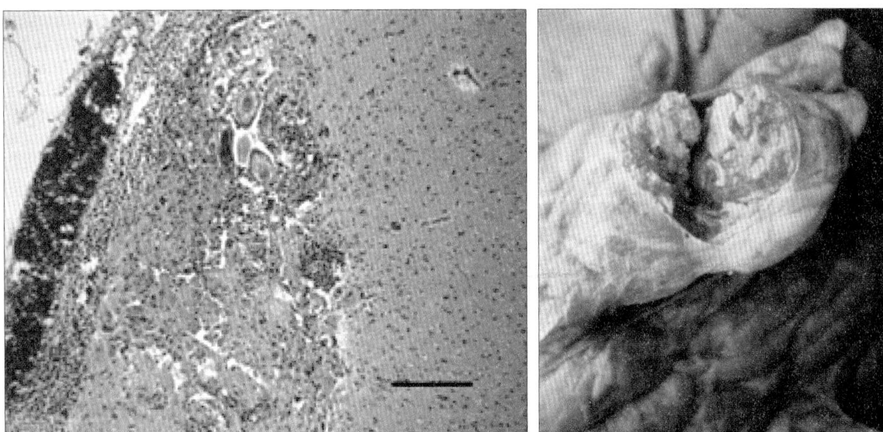

그림 6.5 ▲ 북미너구리 선충인 *북미너구리회충(Baylisascaris procyonis)*의 유충에 의해 손상된 회색 청서의 뇌 미세병리조직사진 (Canadian Cooperative Wildlife Health Center D. G. Campbell의 조직 슬라이드) (막대 = 200㎛)

그림 6.6 ▲ 우결핵(*Mycobacterium bovis*)에 감염된 야생 숲들소에서 보이는 폐의 만성 육아종성 염증 소견(Canadian Food Inspection Agency Dr. S. V. Tessaro 제공)

- 질병 원인체에 대한 저항성과 효과는 다양한 구성요소와 서로 복잡하게 연결되어 있다.

- 저항성은 자원이라는 측면에서 동물에게 소모적이며, 성장이나 번식과 같은 다른 인자들과는 절충 관계에 있다. 저항성에 과도하게 투자하는 것이 항상 옳은 일만은 아니다.

- 방어기전을 유지하는 것은 보험에 드는 것과 같다. 질병이 없는 경우에는 그 비용이 비싸지만, 질병이 존재할 경우에는 충분한 가치가 있다.

- 저항성은 원인체에 대한 노출을 줄이거나 그 상호 관계를 제한하거나 종결하는 것을 포함한다.

- 행동 회피는 감염성 원인체에 대한 일반적인 방어기전이다. 비감염성 질병 원인에 대한 행동 회피는 몇몇 사례가 보고되어 있다.

- 신체는 질병 원인체의 침입을 제한하는 물리적 장벽을 잘 갖추고 있다.

- 선천적 방어기전은 신체에 침입이 일어날 때 비특이적으로 맨 처음 작동하는 고전적 방어 체계다. 가장 강력한 특징은 염증이며, 이 기전의 목표는 유해한 원인체와 손상 받은 조직을 제거하고 중화하며, 회복을 돕는 것이다. 염증은 강력한 양날의 칼로, 염증 반응이 없이는 동물이 생존할 수 없지만 질병에서는 조직 손상을 야기한다.

- 획득면역은 더 새로운 체계로서 척추동물에서 잘 발달되어 있으며 체액성 면역과 세포성 면역이라는 두 가지 무기를 갖고 있다. 획득면역은 특이성과 기억능력이라는 두 가지 특별한 특징을 갖고 있다. 여기서 특이성은 방어 체계가 개개 외부 침입자를 인식하는 것을 말하며, 기억능력은 방어 체계가 이전에 접한 적이 있는 항원을 인식하고 더 강력하게 반응하는 것을 말한다.

- 체액성 면역은 많은 기능을 가진, 항체라 불리는 특이 용해성 단백질(specific soluble protein)의 생산을 포함하고 있다. 체액성 면역은 특히 세포의 외부에 위치하는 세균이나 원충, 기생충과 외부물질과 같은 병원체에 특히 유용하다.

- 세포성 면역은 림프구나 대식 세포, 기타 백혈구와 같은 특정 세포들 사이의 밀접한 상호 관계를 포함한다. 바이러스나 특정 세균, 원충 중 세포 내 기생체, 진균과 종양 세포에 대항하는 특징을 갖고 있다.

- 체액성과 세포성 면역 체계는 외부 원인체가 체내로 침투했을 때 활성화되지만, 상대적인 반응은 매우 다양하다.

- 많은 인자들은 면역 반응의 강도와 형태에 영향을 미친다.

- 손상의 수복은 재생과 반흔 형성(흉터 형성)을 포함하고 있다. 재생은 재생 활동을 수행할 수 있는 기능 세포와 재생 활동이 일어날 수 있는 잔존 조직 구조(residual framework)가 필요하다. 이러한 필수 인자들이 결여되면(비특이적 결체조직-섬유조직-으로 대체) 기능이 제한되는 반흔 형성 과정이 나타난다.

7

환경적인 상호작용

자연적인 요인들이 작용하는 서식지들은 그 크기와 생산성에 있어 사람에 의해 광범위한 영향을 받는다.

- 뉴턴(I. Newton)

동물과 병원체가 진공 상태에서 상호작용하는 것은 아니다. 2장에서 병원체-숙주-환경 삼각형과 병원체-동물 상호작용이 '환경'이라는 경사진 받침점 위에서 균형을 잡고 있다는 표현을 사용했는데, 이는 환경적 요인이 원인과 결과 사이의 상호작용을 조절한다는 것을 강조하기 위해서였다(그림 2.8, 2.10). 환경적 요인은 동물 또는 병원체에 영향을 미칠 수 있으며, 그 영향은 동물 개체수와 밀도, 병원체에 노출되는 정도와 그 양상, 숙주 저항 정도, 심지어 병원체의 병독성까지 변화시킬 수 있다. 동물-병원체 관계를 변화시킬 수 있는 모든 환경적 요인을 확인하고 고려하는 것은 불가능하므로, 몇 가지 선택된 예시만 논할 것이다.

이 주제를 비생물적 요인과 생물적 요인으로 나누기는 했지만, 무엇보다 사람의 영향이 모든 질병 관계에 있어 가장 중요하다는 것을 분명히 해두고자 한다. 비생물적 요인 중 가장 기본적인 기후조차도 사람에 의해 변해왔으며, 물, 대지, 식생, 동물에 사람이 미치는 영향 역시 명백하다. 어떤 야생동물도 사람의 영향을 받지 않는 진정한 자연 그대로의 환경에서 살고 있는 것은 아니다. 도시에 사는 북미너구리는 시골에 사는 개체보다 사람의 영향을 더 많이 받으며, 심지어 북극의 곰과 남극의 펭귄도 분해되지 않는 잔류 오염물질을 조직 내에 갖고 있고, 지구 온난화의 한 부분인 얼음 감소에 영향을 받는다. 열대 밀림 깊은 곳에 사는 동물도 산림 개간, 화학 잔류물, 가축과의 상호작용 증가에 의해 영향을 받는다. 만약 몇몇 전문가들이 예측한 대로 금세기가 끝나기 전에 전 세계 인구가 120억 명에 도달한다면, 어떤 종류의 질병 문제가 발생할지는 그 누구도 알 수 없다. 적어도 상황이 더 좋아지지는 않을 것이고, 질병 전문가들의 업무가 지금보다 모자라지는 않을 것이라 해도 지나친 말은 아닐 것이다. 왜냐하면 모든 다양한 형태의 질병은 환경이 교란되고 자원이 고갈되어 갈 때 번성하기 때문이다.

모든 질병 발생에 관한 연구의 가장 근본적인 사항 중 하나는 시간과 공간을 먼저 설정해야 한다는 것이다. 질병에 관련된 요인들 사이의 공간적, 시간적 관계를 파악하는 것은 무엇이 질병을 유발하고 왜 질병이 발생하는지에 관한 중요한 실마리를 종종 제공한다. 질병이 어디서 발생했는지, 질병 영향을 받은 개체들과 질병 유행이 발생한 곳의 위치는 어디인지, 그리고 전반적인 질병의 지리적 분포 등은 해당 지역 내 질병 발생에 적절한 숙주동물, 병원체 그리고 그 둘 간의 상호작용 존재 유무에 의해 결정된다. 대부분의 질병은 제한된 지리적 분포를 나타낸다. 1966년 파블로스키(Pavlovsky)는 감염성 질병이 지역화(localize)되는 경향을 설명하기 위해 'nidality(라틴어 nidus-둥지에서 유래)'라는 용어를 사용했다. 그는 환경적 특징이 질병에 어떤 영향을 미치는지 이해하기 위해 이러한 현상을 연구하는 학문을 '경관 역학(landscape epidemiology)'이라고 했다. 비록 경관 역학의 개념이 감염성 질병에서 발전하기는 했지만, 비감염성 질병에도 마찬가지로 적용할 수 있다. 다른 질병들은 지형(topography), 기반암(bedrock), 바람의 흐름, 물의 흐름에 의하여 영향을 받는 반면, 많은 비감염성 질병은 오염물질을 사용하거나 배출하는 것과 같은 사람의 활동에 의해 직접적인 영향을 받는다.

각각의 환경적 요인들은 질병에 직접 또는 간접적인 영향을 미칠 수 있다. 2002년 머리트센(Mouritsen)과 폴린(Poulin)은 기후 변화로 의해 예상되는 영향들을 기생생물의 생활사(특히 전파)에 직접적으로 미치는 것과 숙주-기생생물 상호작용에 좀 더 복잡하게 단계적으로 작용하는 것으로 나누었다. 직접적인 영향의 예로는 어떤 새에 기생하는 이(lice)의 수가 주변 습도에 직접적으로 영향을 받는 경우(Moyer 등, 2002), 기온과 태양 복사열이 해변에서 새끼 새(nestling bird)의 생존에 직접적인 영향을 미치는 경우를 들 수 있다(Overstreet와 Rehak, 1901).

다음은 연쇄 하강 효과(cascade effect)가 발생한다고 알려진 세 가지 경우다. 1999년 엥겔달(Engelthaler) 등은 극적으로 증가한 강수량을 설치류들이 사용할 수 있는 자원 양의 증가와 연결시켰으며, 이에 따라 설치류 개체수가 눈에 띄게 증가했고, 이어서 미국의 Four Corners 지역(미국 콜로라도 주의 남서쪽, 유타 주의 남동쪽, 애리조나 주의 북동쪽 그리고 뉴멕시코 주의 북서쪽 지역이 서로 만나는 지점−옮긴이)에서 한타바이러스폐증후군(hantavirus pulmonary syndrome, HPS)에 걸린 사람들이 나타났다. 1998년 존스(Jones) 등은 참나무류의 도토리 생산 증가가 사슴쥐(deer mouse) 개체수 증가로 이어지고, 또 이것이 라임병(Lyme disease)을 전파하는 진드기 유충(larva)과 약충(nymph)의 밀도를 높이는 관계를 '연쇄 반응(chain reaction)'이라고 설명했다. 하지만 진드기 밀도가 쥐 밀도와 직접적으로 관련된 것은 아니었다. 진드기 밀도 증가는 진드기 성체에 감염된 사슴쥐들이 도토리가 풍부한 지역으로 몰려든 결과였다. 사슴쥐들 위에서 영양 섭취를 마친 성체 진드기들은 사슴에서 바닥으로 떨어져 알을 낳았고, 그 알들이 부화하여 해당 지역의 쥐들을 감염시켰다. 1993년 스폴딩(Spalding) 등, 1996년 프레드릭(Frederick) 등, 2002년 코이너(Coyner) 등은 습지에 미치는 사람의 영향(하수 유출이나 농업 유출수에 의한 영양분의 오염과 교란)과 플로리다 지역 황새목(ciconiformes) 조류들과 에우스트론길리데스 이그노투스(*Eustrongylides ignotus*) 선충 감염 사이의 관계를 보고했다. 이 기생충은 어린 황새목 조류의 주요 폐사 요인이다. 교란되고 오염된 습지에는 빈모류(oligochaetes, 선충류의 제1중간숙주)와 어류(제2중간숙주)가 높은 밀도로 존재하며, 두 종 모두 교란되지 않은 습지에서보다 훨씬 높은 기생충 감염률을 보인다. 교란된 지역은 높은 물고기 밀도 때문에 왜가리류에게 매력적인 먹이 활동 장소가 된다.

환경적 요인은 질병 발생과 시간적으로 밀접하게 관련되어 있을 수 있다. 예를 들면, 살충제를 뿌린 지역에 바로 중독이 발생하는 것, 비가 내린 직후 모기가 번식에 이용할 물을 얻을 수 있게 됨에 따라 매개 질병(vector-borne disease)이 발생하는 것과 같은 경우들이 있다. 그러나 이와 달리 비가 오는 것과 그 효과 사이에 상당한 시간적 간격이 있을 수도 있다. 예를 들어, 1993년 모스(Moss) 등은 전년도의 초여름 강우량이 붉은뇌조(red grouse)에서 배출된 모양선충(*Trichostrongylus tenuis*) 충란수 변동 유형의 대부분을 설명할 수 있다는 것을 알아냈다. 앞에서 언급했던 도토리, 사슴쥐, 진드기, 라임병의 예로 볼 때, 라임병으로 인한 인간에 대한 큰 위험은 도토리가 많이 열린 해로부터 2년 후에 찾아왔으며(Jones 등, 1998), 2년 전 6월의 습윤지수(moisture index)를 반영하고 있었다(Subak, 2002).

그림 7.1 ▲ 고라니의 과도한 진드기 감염. 무분별한 환경의 파괴는 생물다양성의 감소를 야기한다. 이러한 다양성 감소는 훼손 환경에 적응할 수 있는 설치류와 같은 특정 종의 창궐을 야기하며, 이와 더불어 기생체들도 증가한다. 결국 주변의 숙주동물에게 기생체 및 감염성 질병을 전파할 수 있는 확률이 높아진다.

　　질병에 영향을 미칠 수 있는 잠재적인 환경적 요인을 생각할 때, 기후 같은 거대요소 (macroelements)와 진드기 유충이 다음 숙주를 찾을 수 있을 때까지는 살고 있을 법한 숲속 나뭇잎더미 아래 또는 굴속의 온도와 습도 같은 미세 환경(microenvironment)적 요인을 함께 고려해야 한다(그림 7.1). 콜로라도 진드기열(Colorado tick fever)과 관련된 환경적 요인에 관한 연구(Carey 등, 1980)는 25년 전에 이루어졌음에도 여전히 이러한 연구가 어떻게 진행되어야 하는지를 보여주는 모델로 남아 있다. 또 하나의 경관 연구의 예로는 캘리포니아 코요테에서 실시한 심장사상충 분포에 대한 연구를 들 수 있다(Sacks 등, 2004). 질병 발생에 영향을 미치는 많은 요인들은 불규칙적으로 발생한다. 따라서 환경적 '소음(noise)'들 안에서 중요한 요인들을 찾아내기는 매우 어렵다. 2002년 조젠(Jonzén) 등은 '연구 대상 개체군에서 고려 대상에 넣어야 할 환경적 소음이란 하나의 비생물적 요인뿐만 아니라 출생률과 폐사율에 영향을 미치는 모든 비생물적 요인과 생물적 요인의 복합적 영향을 뜻한다.'라고 설명했다.

스트레스와 피로

　　　　　　　　'스트레스'라는 용어는 모든 종의 질병과 관련된 문헌에서 빈번히 나타나며, '현대 생활의 스트레스' 또는 '영양상의 스트레스'와 같이 매일 사용하는 일상 어휘의 한 부분이 되었다. 스트레스에는 많은 정의가 있지만, 대개는 입력(자극), 입력의 처리, 출력(반응)을 포함하는 복잡한 과정이나 체계로 여겨진다. 1991년 레빈(Levine)과 우르신(Ursin)은 "이러한 체계는 다른 수많은 생물학적 과정들에 영향을 미치며, 유기체의 자율 조절(self-regulating) 체계를 향한 명백한 공격이 있을 때, 경보를 울리거나 공격을 막아내는 등 종합적인 기능을 할 수도 있다."라고 말했다.

　　필자는 이 체계에서 반응을 유도하는 자극을 '스트레스 요인(stressor)'이라 부르고자 한다. 동물의 항상성 평형 상태(homeostatic equilibrium)를 위협하거나 방해하는 모든 것이 스트레스 요인이 될 수 있으며, 이들의 강도와 지속 시간은 다를 수 있다. 이는 날씨, 먹이 부족, 유독성 화학물질, 사회적 상호작용, 포식자의 존재, 인간 간섭과 같은 외인성 요인(extrinsic factor)이거나 고통, 공포와 같은 내인성 요인(intrinsic factor)일 수 있다. 스트레스 요인은 복합적이며, 다양한 경로를 통해 작용할 수 있다. 스트레스 요인에 관한 정보는 뇌에서 처리, 평가된다. 동물이 반응을 나타내려면, 항상성에 위협이 되는 특정한 역치 수준 이상의 자극을 느껴야만 한다. 이 역치는 동물의 유전자형, 성별, 연령, 이전의 경험, 생식 상태와 영양 상태, 다른 스트레스 요인의 존재 유무 등 많은 요인의 영향을 받는다. 그렇기 때문에 동물의 각 개체 또는 개체군은 스트레스 요인을 다르게 감지할 수 있고, 각각 다른 반응을 나타낼 수 있다.

스트레스 요인이 역치를 넘어서면, 신경내분비 조절계에 의한 연쇄 반응이 일어나며 여기에는 다양한 호르몬과 매개 물질들이 관여한다. 반응은 연속된 과정의 일부로서 1차, 2차, 3차 구성 요소 세 부분으로 나뉜다. 모든 척추동물과 관계된 호르몬은 카테콜아민(catecholamines)과 당질부신피질스테로이드(glucocorticosteroids)다. 1차 반응에서 카테콜아민은 수초 내에 분비되고 당질부신피질스테로이드(glucocorticosteroids)는 수분 내에 분비된다. 이것들은 2차 반응으로 이어지는데, 이는 심장 계통에 영향을 미치고(박출량 증가), 카테콜아민에 의해 '투쟁-도주(fight or flight)' 반응을 준비하기 위해 포도당을 동원하며, 코티졸에 의해 단백질과 지방을 소모하여 포도당 신생이 일어나는 대사적 변화가 일어난다. 또한 사이토카인(cytokine)에 의해 면역 반응이 활성화된다. 3차 반응은 행동, 근육 이화 작용, 장기 기능 변화 등 동물의 전체적인 변화로 이뤄진다. 당질부신피질스테로이드에 의한 변화는 장시간 지속되는 반면, 카테콜아민에 의한 변화의 지속시간은 매우 짧다(몇 분 정도). 변화는 세포 수준에서도 일어나는데, 이는 세포 안정성을 높이고 고분자적(macromolecular) 손상으로부터 세포를 보호하도록 설계되었다(Kültz, 2003).

스트레스 반응이 갖는 영향력을 평가하는 결정적인 요인은 바로 그것의 지속 시간이다. 일반적으로 단기적인 스트레스 반응은 '스트레스가 사라질 때까지 생존하도록' 적응되거나 진화된 응급 반응으로 볼 수 있다(Wingfield 등, 1997). 이 과정에서, 에너지 대사가 증가하고 몇몇 면역 기능은 강화되는 반면, 생식 활동과 영역 행동(territorial behavior)과 같은 몇몇 다른 활동은 일시적으로 억압될 수 있다. 스트레스가 사라지면, 당질부신피질스테로이드 수준이 내려가고 억압됐던 활동도 재개된다. 급성 스트레스 요인에 대한 강한 당질부신피질스테로이드 반응은 건강한 개체의 지표로 여겨진다(Wingfield와 Romero, 2001). 이와 반대로 연속적 또는 반복적으로 작용하는 스트레스 요인에 의해 장기적으로 활성화된 부신 피질 반응(adrenocortical response)은 매우 해롭다. 장기적인 반응에 의해 생물학적 기능이 혼란에 빠진 상태를 '피로(distress)'라 부를 수 있다(Wendelaar Bonga, 1997). 1997년 윙필드(Wingfield) 등은 만성적인 스트레스가 미치는 영향으로, 생식 계통의 억제, 면역 계통의 억압, 심한 단백질 손실 촉진, 세포 전달 체계의 혼란, 신경세포의 괴사, 성장과 변태 억제 등을 제시했다. 만성 스트레스의 또 다른 결과는 급성 스트레스 요인에 대한 부신피질스테로이드 반응을 나타낼 수 있는 능력, 진드기 저하 또는 억제라고 생각되며, 이 개체는 '그 밖의 스트레스 요인에 대해 반응하는 능력이 떨어지기' 때문에 더욱 취약해진다(Homan 등, 2003). 이는 만성 스트레스로 인한 가용 가능한 에너지 분산의 결과일 수 있으며, 현실적으로 질병 원인체가 숙주에게 직접적으로 미치는 영향(예컨대 조직 손상)과 감염으로 인해 유발되는 스트레스 반응을 통해 미치는 영향은 구별하기 어려울 수도 있다.

질병 발생에 미치는 많은 환경적 영향들은 스트레스 반응을 통해 설명할 수 있다. 그러나 대부분의 야생동물들에서 이들이 여러 다른 스트레스 요인에 어떻게 반응하는지에 대해서는 거의 알려지지 않았으며, 이러한 상호작용은 복잡하고 예측하기 어렵다. 예컨대, 어떤 조류와 파충류의 암컷은 중요하지도 않은 스트레스 요인들이 번식 행동을 방해하는 것을 막기 위해, 번식 기간 동안 그들의 급성 스트레스 반응 정도를 낮게 조절할 수 있다(Wingfield와 Romero, 2001). 임신한 둑방쥐(bank vole)가 받는 사회적 스트레스는 수컷 자손들의 공격성을 증가시키고(Marchlewska-Koj 등, 2003), 또 시베리아햄스터(Siberian hamster)는 (인위적인 보정에 의한) 급성 스트레스를 받았을 때 상처 치유 속도가 빨라졌다(Kinsey 등, 2003). 2003년 래퍼티(Lafferty)와 홀트(Holt)는 스트레스가 숙주 특이성(단숙주) 질병에서는 다숙주 질병의 경우와 다른 영향을 나타낼 것이라고 제안했다.

비생물학적 요인들

필자가 여기서 주로 다룰 비생물적 요인들은 지형, 기후, 날씨, 물, 기반암 그리고 토양이다. 이들은 서로 동떨어져 있지 않다. 예를 들어 지형은 해당 지역의 기후와 토양의 형성 그리고 물의 분포에 영향을 미친다. 또한 비생물적인 요인들은 생물적인 요인들과 분리되어 있지 않다. 예를 들어 토양 내 영양분, 통기성, 토양 조직 구성(texture), 그리고 미세 기후들은 해당 지역에서 자라는 식생들과 해당 서식지 내에서 살아가는 동물들에게 많은 영향을 미친다.

표 7.1 | 고도와 질병의 발생 또는 유병률

질병(동물종)	고도 효과
탄저(가축)	해발 3,000m 이상에서는 무발생, 아마도 중요 아포형성에 필요한 온난한 기온형성이 안 됨[1]
슈나이더함유사상충(노새사슴)	말파리 중간숙주의 선호고도와 상관 있는 감염의 유병률[2]
한타바이러스호흡기증후군(인간)	대부분의 노출은 1,800~2,500m 사이이며, 2,500m 이상에서는 무발생(고도와 설치류 숙주의 최고밀도 연관에 해당)[3]
류코사이토준 시민디 감염(오리류) (*Leucocytozoon simindi*)	간혹 땅위 몇 미터 정도만 오르는 새들도 감염(먹이를 찾는 검정파리들은 나무 위의 오리가 아닌 물가에 앉은 오리를 물색)[4]
말라리아(하와이 조류)	전파모기가 가장 풍부한 산 중턱에서 가장 높은 유병률을 나타냄. 몇몇 토종 조류는 오직 높은 고도에서만 존재[5]

1 Hugh-Jones와 de Vos(2002) **2** Hibler와 Adcock(1971) **3** Engelthaler 등 (1999) **4** Fallis와 Bennett(1966) **5** van Riper 등 (1986)

질병의 발병 분포를 고려할 때에는 입체적으로 사고하는 것이 중요하다. 왜냐하면 고도는 질병이 어디에 그리고 어떻게 발생하는지에 모두 영향을 미칠 것이기 때문이다. 지형은 바람이 부는 방향, 속도, 공기 중에 존재하는 물질들의 분포, 그리고 수류를 변화시킴으로써 오염물질이나 감염 물질의 분포에 영향을 미친다. 지형의 방향은 태양광선의 조사 정도, 강수량, 식생 그리고 사람의 토지 이용에 영향을 미친다. 지형은 질병 분포에 직접적인 영향을 미치기도 한다. 예를 들어, 스위스에서 여우에게 발생한 광견병은 산맥의 계곡을 따라 퍼져나갔지만, 산맥을 넘어 옆 계곡으로 퍼지지는 않았다(Steck 등, 1982). 어떤 경우에는 고도를 포함한 여러 가지 요인들 간의 상호 관계를 정확히 풀어내기 어렵다. 2001년 칼리(Caley) 등은 솔꼬리포섬(brushtailed opossum)에서 발견되는 결핵이 고도가 높아지고 경사가 급격해질수록 눈에 띄게 감소한다는 것을 발견했다. 그러나 가장 높은 질병 유병률은 솔꼬리포섬이 최고 밀도로 서식할 수 있는 지역과 상관관계를 보였다. 메인 주(Maine)에서 흰꼬리사슴의 사슴진드기(*Ixodes scapularis*) 수는 고도와 해안가에서의 거리에 따라 감소했다. 이는 해안가 근처의 높은 습기가 신느기에게 유리하게 작용하는 사실 또는 진드기가 해안가를 따라 이주하는 새들과 함께 해안가를 따라 분산하는 것에 의한 결과일 수도 있다(Rand 등, 2003).

여기서 기후는 해당 지역의 일반적인 날씨 상황을 수년간 평균 낸 결과를 의미한다. 기후는 동물과 식물종, 병원체 그리고 인간 활동의 지리적인 분포에 많은 영향을 미친다. 분포에 대한 기후 영향은 무척추동물을 매개체나 중간숙주로 하는 감염병에서 더욱 분명히 나타난다. 왜냐하면 변온성 동물들은 기온, 강수량, 습기에 유독 예민하기 때문이다. 이러한 기후 조건들은 무척추동물의 성장, 이들의 수명, 이들의 활동성 그리고 이들 내에서의 병원체 발달 정도에 영향을 미친다. 예를 들어 진드기 개체군 동태의 지리적 다양성은 주로 기후 요인, 성장을 일으키는 기온과 폐사율을 결정짓는 습도에 의해 결정된다(Randolph 등, 2001). 이러한 영향들 때문에 질병과 관련된 숙주, 매개체 그리고 병원체가 표면적으로 모두 동일하게 존재하더라도 기후 조건에 따라 질병은 매우 다르게 나타난다. 예를 들어 블루텅병(bluetongue)과 야생 사슴에서 유행성 출혈열을 일으키는 오르비바이러스들은 발생하는 전역에서 모두 등에모기속(*Culicoides* spp.)에 속하는 등에모기(*Midges*)에 의해 전파되지만, 실질적인 질병 유형은 각기 다른 위도에 따라 다르게 나타난다. 텍사스에 서식하는 대부분의 사슴들은 이 바이러스에 노출된 경험이 있지만 실제로 명백한 질병의 증후는 없거나 거의 나타나지 않았다. 반면, 미국 북부와 캐나다 남부에 서식하는 사슴들의 경우 이러한 바이러스에 노출된 적이 없기 때문에 간헐적으로 출혈성 질병이 발병하는 경우 매우 높은 폐사율이 나타난다. 2001년 호웨스(Howerth)

등에 따르면 "이러한 차이는 다른 고도와 위도가 복합적으로 기후 요건들에 미치는 영향과 이에 따라 소등에 개체군이 조절되고 있다는 것을 반영하는 것"으로 생각된다. 기후 요인들은 농업과 같은 인간 활동에도 주요한 영향을 미치기 때문에 이는 살충제와 같은 독성물질들의 분포에도 중요한 간접적 영향을 미친다.

일반풍(prevailing wind)은 오염물질의 장거리 이송과 이러한 물질들의 야생동물 내 분포에 영향을 미친다. 강수량(비와 눈)은 동물들과 병원체 분포에 지대한 영향을 미친다. 최근 들어 기후 변화가 사람과 동물 질병에 미치는 영향에 대한 관심이 높아졌으며, 최근 연구들은(Mellor와 Leake, 2000 ; Gulber 등, 2001 ; Mouritsen과 Poulin, 2002 ; Harvell 등, 2002 ; Hunter, 2003) 감염병, 특히 매개체에 의한 질병에 집중하고 있다.

날씨는 특정 시점의 대기 상태(기온, 바람, 습기, 강우량, 일조량)다. 날씨 상태는 국소적 그리고 시공간적으로 매우 가까운 거리의 질병 발생에 많은 영향을 미칠 수 있으며, 동물 한 개체 또는 개체군에 영향을 미치는 직접적인 원인(예: 고열, 탈수, 동상, 기아 상태)이 될 수도 있다. 주변 환경의 기온은 병원체와 여러 가지 방법으로 상호작용을 한다(표 7.2). 기온의 어떠한 영향들은 에너지 대사 및 절충과 관련이 있을 것이다. 최근 질병의 한 요인으로 강조되고 있는 기온은 고온이었지만 저온 또한 질병과 연관될 수 있다. 낮은 주변 온도는 외부 환경의 병원체 생존 시간을 늘려주며, 병원체는 추운 날씨로 인해 감염된 동물이 추위의 영향에 더욱 약해지도록 할 수도 있다. 개선충에 걸린 코요테나 깃털이 기름에 오염된 새들처럼 보온 능력이 손상된 경우가 이러한 현상의 명백한 예라고 할 수 있다. 더 나아가 증상을 감지하기 힘든 미묘한 형태의 질병에 걸린 동물의 경우, 이에 저항하기 위한 추가적인 에너지가 소비됨에 따라 질병 저항 등의 기본적인 상태 유지를 위한 활동에 사용할 수 있는 에너지 자원이 더욱 적어질 것이며, 이러한 동물들은 혹독한 기후 속에서 가장 먼저 폐사하는 개체가 될 것이다. 1992년 하우(Howe)는 어느 해에는 가슴줄무늬지빠귀사촌(sage thresher)에서 기생성 검정파리(blowfly) 유충의 영향을 전혀 발견하지 못했지만, 겨울이 춥고 습기가 찼던 이듬해에는 기생충에 감염된 유조들이 기생충에 감염되지 않은 유조들에 비해 생존율이 감소했다. 그러나 관찰한 기온의 영향들 중 설명이 되지 않는 것들도 있는데, 예를 들어 높은 기온에서 점액종 바이러스의 특정 변종에 감염된 토끼들은 더 높은 생존율을 보이기도 했다(Kerr와 Best, 1998).

표 7.2 | 질병에 미치는 대기온도 영향

영향을 받은 인자	변화의 일반적인 방향
외부 환경에서 병원체 생존	일반적으로, 감염체 생존은 온도와 반비례한다. 몇몇 오염물질은 고온에서 보다 빠르게 분해된다.
흡혈곤충 매개체의 무는 비율	온도 상승에 따라 이 비율도 상승하지만, 특정 시점에서부터는 감소한다.[1]
조류 알의 부화 능력	고온에서는 부화율이 감소됨[2]
수생 남조세균의 격증	고온에서는 증식이 격증함[3]
매개 곤충의 생존	가변적임
중간숙주나 매개체 내 원인체의 발달률	온도 상승에 따라 발달율도 상승
사체의 검정파리 개체군	온도 상승에 따라 개체군도 증가
사체의 분해와 소실	온도 상승에 따라 사체 분해속도 상승
무척추류의 번식	온도가 상승할 때 작고 어린 상태에서도 번식

1 Otto와 Jachowski(1981) ; Mellor와 Leake(2000) **2** Cook 등(2003) **3** Hunter(2003)

바람 또한 질병의 분포에 뚜렷한 영향을 미친다. 많은 대기 오염물질들은 근원지로부터 바람이 부는 방향으로 분포하며, 어떠한 바이러스들은 연무질 상태로 장거리 이동을 한다(Gloster 등, 1982). 또한 등에모기속(*Culicoides* spp.)의 등에모기와 같은 곤충성 매개체들은 바람이 적절할 때 이를 타고 새로운 지역으로 이동할 수 있다. 습지 내 남조류, 남세균(Cyanobacteria)과 보툴리즘, 조류콜레라(avian cholera)로 폐사한 조류 사체들의 분포는 바람의 방향에 따라 정해진다. 살아 있는 감염된 개체들 또한 강한 바람에 의해 장거리를 이동할 수도 있다. 2002년 말킨슨(Malkinson) 등은 웨스트나일바이러스(West Nile Virus)가 이스라엘로 '유입'된 경로는 강하고 뜨거운 서풍 바람을 따라 정상 이주 경로를 벗어난 유럽황새(white stork)에 의한 것이라고 설명했다.

　모든 형태의 강수는 질병에 많은 영향을 미칠 수 있다. 강수량의 부족(가뭄)은 동물들을 남은 웅덩이나 얼마 안 남은 적합 서식지로 모여들게 하고, 결과적으로 동물들 간의 접촉 및 감염성 병원체의 전파를 증가시킨다. 예를 들어 플로리다의 봄철 가뭄은 새들과 질병 매개체 역할을 하는 모기들이 아직 건조하지 않은 지역으로 집중하도록 만들어 세인트루이스뇌염바이러스(St. Louise encephalitis virus)(Shaman 등, 2002b)의 전파를 증가시켰다. 강설량, 특히 쌓인 눈의 깊이는 우제류들이 이용할 수 있는 먹이의 양에 영향을 미치며, 이동 비용(에너지)을 증가시킴으로써(Fancy와 White, 1985), 질병에 대한 저항성이나 번식 등의 여러 행동에 이용할 수 있는 가용 자원의 양에 부정적인 영향을 미친다(Albon 등, 2002). 강우량, 고인 물 그리고 습도는 많은 거대기생충의 전파와 관련된 연체동물의 생존과 분포에 영향을 주고 외부 환경에 퍼져 있는 선충알, 유충 그리고 세균의 생존 및 질병매개곤충의 개체군 밀도에도 중대한 영향을 미친다. 강우량이 질병에 미치는 영향은 간접적일 수도 있고 직접적일 수도 있다. 예를 들어 멕시코에서 발생하는 소의 광견병 발병률은 우기에 증가했다. 이는 강우가 광견병에 미치는 직접적인 영향이라기보다 이 때가 흡혈박쥐(광견병의 숙주)의 번식기라는 것과 질병에 걸릴 수 있는 많은 수의 박쥐들이 개체군 내로 유입되는 현상에 의한 것이라 할 수 있다(Lord, 1992).

　물은 사실상 모든 질병의 생태에 어떤 형태로든 관련되어 있기 때문에(표 2.3) 어떤 상황에서라도 조사 기간 내내 고려해야 한다. 물의 분포, 수위, 온도, 화학적 성질 그리고 생물학적 구성 변화 모두 질병에 영향을 미칠 수 있다. 안타깝게도 야생동물이 이용할 수 있는 물은-매우 외딴 지역을 제외하고는-이미 사람에 의해 이용되었거나 종종 오용되었다. '자연 상태'라고 생각되는 환경의 물속조차 오염물이 존재한다.

　탄저병과 셀레늄 중독은 물이 질병에 영향을 미치는 여러 가지 경로를 보여주는 좋은 예다. 탄저병은 탄저균(Bacillus anthracis)에 의해 일어나며, 주로 초식동물에서 일어나는 질병이다(Dragon과 Rennie, 1995 ; Hugh-Jones와 de Vos, 2002). 이들은 아포 단계를 갖고 있으며, 이는 외부 환경 상태에서 엄청난 생존력을 갖는다. 동물들은 이러한 아포를 섭식하거나 흡입함으로써 질병에 감염된다. 탄저는 흔히 많은 비가 내린 후의 덥고 건조한 기후에서 발생하며, 이는 주로 저지대와 관련이 있는 것으로 생각된다. 이를 설명할 수 있는 한 가지는, 흙 속에 있던 물에 뜨는 아포들이 빗물을 타고 저지대로 운반된 후, 수분이 모두 증발하면서 아포들이 이곳에 집중적으로 모이게 될 것이라는 점이다. 흔히 다른 지역보다 초목이 더욱 풍성한 이러한 지역에서 먹이를 먹는 동물들이 아포에 노출된다. 또한 아포들은 감염된 사체로부터 물을 타고 전파될 수 있는데, 북부 캐나다의 들소에서 발생한 유행병은 집중 강우와 홍수와 함께 종식된 바 있다. 이는 아마도 사체에 집중되어 있던 아포들이 빗물에 의해 토양 내로 분산되었기 때문일 것이나. 어떤 지역에서는 등에과 파리들이 탄저병의 중요한 수송숙주로 역할을 하며, 이들은 균을 자신들의 입 주변에 묻혀 운반한다. 이 파리들은 번식하기 위해 수생 환경을 필요로 하기 때문에 이들의 분포와 개체수는 지표수의 양에 따라 결정된다. 아프리카에서는 건조기의 작은 웅덩이들이 동물들을 모으는 역할을 한다. 탄저에 의해 죽은 동물들의 사체를 먹는 독수리들은 이러한 작은 웅덩이에 모여 목욕하고 배설하며 간혹 먹이물질을 게워냄으로써 웅덩이의 물을 탄저균으로 오염시킨다.

표 7.3 | 야생동물에 있어서 물과 질병 생태학

물의 기전	사례
감염성 원인체의 매개물[1] 역할	렙토스피라, 야토병, 조류콜레라, 톡소포자충증
중간숙주의 서식처	수생날팽이를 이용하는 대왕간질(*F. magna*)과 기타 흡충류
매개체의 번식장소	웨스트나일바이러스, 류코사이토준(*Leucocytozoon*) 감염증
전파체의 번식장소	등에속 곤충(Tabanid flies) [슈나이더함유사상충(*Elaeophora schneideri*), 탄저)]
용해독소의 운반자	셀레늄 중독
독소생성 원인체의 서식처	도모산과 기타 해양 독소를 생산하는 남조세균 및 조류
동물 개체군의 집중화	탄저
질병 원인체의 집중화	탄저
지역기후의 변경	해안에 서식하는 사슴의 진드기

1감염성 원인체에 오염되어 전파 수송체가 될 수 있는 무생물의 물체 또는 물질

야생조류의 셀레늄 중독에 대한 사례는 사람의 수원 관리가 질병에 어떠한 영향을 미치는지를 보여주는 예라고 할 수 있다. 셀레늄은 자연 상태에서 생성되며, 극소량은 동물에게 필수적인 미량 원소로 작용하지만 고농도일 때는 독성을 가진다. 캘리포니아 계곡의 안쪽은 월동하는 물새들이 이용하는 자연 습지였지만 농경지로 사용하기 위해 배수 처리되었다. 효율적인 곡물 생산을 위해서는 관개 작업이 필요한데, 이곳에 물을 다시 넣더라도 이는 이전의 자연적인 물과는 다른 형태이다. 그 결과 토양의 염화(관개 지역의 흔한 문제)가 발생했으며 이를 해결하기 위한 부분적인 해결책은 수면 밑의 과다한 관개수를 빼내는 것이었다. 그런데 이때 배수된 물에는 살충제, 토양에서 빠져나온 중금속 등 여러 가지 화학물질들이 포함되어 있었다. 토양에 자연적으로 고농도의 셀레늄이 존재하는 경우, 배수된 물이 이러한 토양을 거쳐 나오면서 독성 정도의 셀레늄을 함유할 수도 있다. 이러한 사례는 캘리포니아의 캐스터슨국립야생동물보호구(Kesterson National Wildlife Refuge)에서 처음 알려졌으며, 이곳에서 배수된 물이 물새들이 이용하는 저수지에 모아졌다. 새들이 먹이로 이용하는 동물 또는 식물에 축적된 셀레늄은 성체의 폐사율 증가 및 기형 새끼 새의 발생 등과 같은 번식에도 중대한 영향을 미쳤다(Ohlendorf, 1996). 위의 셀레늄 사례는 적어도 다섯 가지의 인공적인 치수 과정을 보여주고 있다. 이는 습지의 배수, 관개, 관개수의 표면 밑 배수, 배수된 물의 저수지로의 집수, 마지막으로 새들이 저수지 사용 및 중독을 막기 위해 저수지를 배수하고 매립하는 과정이다(습지 서식지의 소실).

특정 지역의 토양은 기반암과 해당 지역의 장기 기후를 반영하며, 식생과 동물의 지역 분포에 지대한 영향을 미친다. 토양과 기반암은 여러 가지 방법으로 질병에 영향을 미치는데, 이때 중요한 것으로는 화학적, 물리적 그리고 수분 함유량과 같은 성질들을 들 수 있다(표 7.4). 토양의 중요성을 보여주는 한 예로, 2002년 게라(Guerra) 등은 사슴진드기(Ixodes scapularis, 북미에서 라임병을 포함한 몇 가지 질병들을 전파하는 진드기)의 분포가 모래 또는 양토(진흙, 모래, 유기물로 된 흙)성 토양이 현무암을 뒤덮고 있는 환경과 양성적 관계를 이루고 있으며, 이 진드기가 없는 지역은 산성의 흙(earth)으로 된 토양과 선캄브리아대 기반암과 관련되어 있음을 알아냈다.

생물적 요인

식생

많은 질병들은 특정 유형의 식생과 관련되어 있다. 어떤 경우에는 단순히 영향을 받은 동물들의 분포를 반영하거나 그 지역의 특정 기후나 토양의 특징과 관련될 수도 있다. 또 다른 경우, 식생의 유형은 원인체가 숙주의 체외에 있는 동안 그 생존에 영향을 미칠 수 있다. 예를 들어, 사슴진드기와 아주까리참진드기(*Ixodes ricinus*, 각각 북미와 유럽에서 라임병의 매개체인 진드기) 모두 초원 지역에서는 거의 발견되지 않았는데, 이는 아마도 이곳에 떨어진 진드기가 건조되어 죽기 때문일 것이다. 산림 지역은 극단적인 기후를 완충시키는 역할을 하며, 낙엽들이 미성숙 진드기의 생존에 중요하기 때문에 이러한 진드기

표 7.4 | 야생동물의 질병 조건에 있어 물과 토양의 상관관계

	질병 상호관계	특징
화학적 구성	필수영양분 결핍	칼슘[1], 셀레늄[2], 구리[3], 나트륨[4], 인[5]
	원소의 독성 농축	셀레늄(식물 유래)[6], 광산 찌꺼기 내의 납[7], 카드뮴[8], 불소[9]
	원인체 보유자	칼슘화합물은 탄저균의 존속에 영향을 끼침[10]
물리적 특징	물새류가 접근하지 못하는 깊이로 납탄이 침강[11]	
수분과 영양 성분	질병 원인체의 보유자	히스토플라스마 캅술라툼(*Histoplasma capsulatum*)
미소유기체	독소의 전환	퇴적물 내 수은의 메틸화

1 Graveland와 Drent(1997) 2 Shaw와 Reynolds(1985) 3 Flynn과 Franzmann(1974) 4 Botkin 등 (1973) 5 Hanley와 McKendrick (1985) 6 Fowler (1983) 7 Beyer 등 (2000) 8 Klok 등 (2000) 9 Shupe 등 (1984) 10 Hugh-Jones와 de Vos(2002) 11 Bellrose(1959)

종들은 침엽수림보다 낙엽수림에 더 풍부한 경향이 있다(Guerra 등, 2002 ; Lindstrom과 Jaenson, 2003)

동물

질병에서 동물의 환경적 영향과 관련해 3장에서 언급했던 생물체(미세 기생체, 거대 기생체)에 대해서는 더 이상 다루지 않을 것이다. 이 부분에서는 큰 동물들의 종내 및 종간 관계에 대해 간단히 다룰 것이다.

종내 상호작용

많은 질병에서 같은 종의 다른 개체들은 질병에 가장 중요한 영향을 끼친다. 이들의 개체수, 분포, 밀도, 질병 감수성, 그리고 현재 질병의 감염 상태는 매우 중요하다. 개체군 내의 다른 개체들은 원인체에 노출되는 정도와 질병에 대한 각 개체의 상대적인 저항성에 영향을 미칠 수 있다('개체군'의 의미에 대해서는 11장에서 더 정확히 정의할 것이다. 여기서는 단순히 같은 종의 한 무리 동물들이라는 의미로 사용한다.). 질병에 관련된 일을 하는 이들에게 있어 숙주의 개체군 크기와 밀도는 매우 중요한 주제이며, 일반적으로 야생동물의 질병은 개체군이 크거나 밀도가 높을 때 '보다 더 중요하다.'는 믿음을 갖고 있다. 개체군이 크거나 밀도가 높을 때 질병이 더 중요하게 생각되는 이유는 ① (그 영향이) 더 분명하게 나타나며, ② 보다 자주 일어나며, ③ 개체군 내의 더 많은 비율을 감염시키고 ④ 개체에 미치는 영향이 개체수와 비례해서 커지기 때문이다.

첫 번째 경우를 설명하기 위해 1년간 어떤 습지에서 질병 X로 인해 100마리의 오리 중 10마리가 폐사했다고 가정해보자. 몇 년 후 오리개체군이 더 커지고 밀도도 높아져 같은 지역에 10,000마리가 되었고, 이 중 1,000마리가 질병 X로 폐사했다. 이때 두 번째 해에 병에 의해 폐사한 오리의 개체수는 훨씬 커졌지만(첫 해의 100배), 폐사한 개체군의 비율은(10%로) 같았다. 1000마리 새의 폐사가 10마리 폐사보다 발견하기 쉽기 때문에 이

때 폐사한 새를 찾는 것은 질병 X가 크고 밀도 높은 개체군에서만 일어난다는 잘못된 결론을 도출하게 할 수도 있다.

어떠한 경우, 시간이 흐르면서 질병은 작은 개체군보다 큰 개체군에서 보다 자주 발생할 수 있다. 몇몇 직접 전파(directly transmitted, 물리적인 접촉을 통해 전파―옮긴이)되는 질병 원인체들은 숙주 개체군 내에 지속적으로 존재하기 위해 필요한 최소 동물 수가 있을 수 있다. 예를 들어, 홍역이 존속하기 위해 필요한 최소한의 인구 크기는 약 300,000~500,000이다(Black, 1966). 만약 그 질병이 더 작은 규모의 개체군에 도입된다면 질병 간염을 유지하기에는 감염 감수성이 있는 개체 수가 불충분하기 때문에 질병은 결국 소멸할 것이다. 이러한 유형의 질병은 큰 개체군에 항상 존재하지만, 작은 개체군에서는 주기적이거나 산발적으로만 존재한다. 다시 습지의 예로 되돌아가 보면, 질병 X는 개체군이 100,000일 때는 항상 존재하겠지만, 100마리의 오리가 있을 때는 주기적으로만 발생할 것이다.

만약 밀도 높은 개체군을 이루는 개체 중 더 높은 비율이 질병의 영향을 받았다면, 다시 말해 만일 질병의 발생이 밀도 의존적이라면, 질병은 밀도 높은 개체군에서 더 중요할 수 있다. 한 종 내에서의 질병 전파는 일반적으로 밀도 의존적이라고 여겨지며, 이는 개체군의 밀도가 클 때 개체 간의 접촉 비율이 높아질 것이라는 가정을 기반으로 한다(Kermack과 Mckendrick, 1927). 얼핏보면 이는 당연하게 보이지만, 개체군 내 개체들이 균일하게 섞여 있어야 한다는 조건이 붙는다(각 개체가 다른 개체와 접촉할 기회를 동일하게 가진다). 균일하게 섞인다는 것이 어떤 질병에서는 적합한 가정일 수 있지만, 교미할 때 전파되는 것처럼 밀도 의존적이지 않은 접촉을 통해 전파되는 질병에는 적용이 어렵다(Caley와 Ramsey, 2001). 비록 동물 간의 접촉 정도가 질병 전파의 기본 요인이고, 질병의 양적인 측면을 설명하기 위한 모델을 설계함에 있어 접촉 정도에 대한 측정치가 필수적임에도 불구하고 실제로 대부분의 야생동물 질병에서 종내 및 종간 접촉도에 대해 알려진 바는 매우 적다. 예를 들어, 북미에서 북미너구리 광견병이 중요함에도 3개월에 걸쳐 쓰레기장에서 12마리 북미너구리 개체 간의 상호작용을 관찰한 연구(Tottin 등, 2002)가 북미너구리의 접촉도에 관한 유일한 야외 자료다(쓰레기장의 북미너구리는 먹이를 먹으며 약 3일마다 한 번씩 동종 개체를 물었다.)

야생동물에서 개체군의 밀도와 질병 유병률을 측정하는 것은 어렵다. 두 개가 모두 측정된 경우에도, 항상 밀도가 높은 개체군에서 더 많은 질병이 나타난다는 것이 증명 되지는 않았다. 예를 들어, 1978년 덩컨(Duncan) 등은 다양한 밀도의 붉은뇌조 개체군에 서 진드기 감염도를 비교한 결과, 밀도가 높은 개체군에서 두당 더 적은 수의 진드기가 붙어 있다는 사실을 발견했다. 이를 설명할 수 있는 한 가지는, 진드기나 진드기가 옮기 는 도약병바이러스가 뇌조의 폐사율을 높이기 때문에 뇌조에 기생하는 진드기가 많을 수록 해당 개체에 더 심각한 영향을 미친다는 것이다(밀도가 높은 개체군의 뇌조들 중 진드기가 많 이 감염된 개체들은 이미 폐사해서 발견하기 힘들었을 것이라는 의미—옮긴이). 1999년 루트(Root) 등은 흰 발생쥐의 두 개체군에서 개체군의 밀도와 한타바이러스 감염 여부를 측정한 결과, 한타 바이러스 감염이 낮은 밀도의 개체군에서 더 높게 나타난다는 사실을 발견했다(두 개체군 이 각각 서식하는—옮긴이). 그러나 두 서식지는 식생과 그 밀도가 달랐으며, 유병률이 더 높 았던 지역의 쥐들은 아마도 장거리를 이동하고, 그에 따라 '동종 개체를 마주칠 가능성 도 더 높았을' 것이다(밀도가 낮고 유병률이 높은 서식지 내 식생의 특성으로 인해(아마도 선호하지 않는 식 생), 해당 지역의 개체들은 더 먼 지역까지 이동했을 것—옮긴이). 또 다른 경우, 질병 발생이 숙주 밀도 에 비례하여 증가했다. 2003년 랜드(Rand) 등은 사슴 밀도와 사슴 기생 진드기 수 사이의 약한 양성적인 관계를 보고했다. 1993년 모스(Moss) 등은 뇌조의 밀도와 뇌조가 배출하 는 모양선충(*Trichostrongylus tenuis*) 알의 수 사이에 약한 양성적인 관계를 발견했다. 이러 한 판단을 더 복잡하게 만들 수 있는 요인 중 하나는 개체군의 밀도가 질병 유병률에 미 치는 영향이 즉각적이지 않을 수 있다는 것이다. 1999년 밀스(Mills) 등은 흰발생쥐에서 한타바이러스 감염의 지연된 밀도 의존성을 발견했다.

질병 유병률이 동물의 밀도 의존적이라는 일반적인 믿음은 중요한 의미를 갖는다. 그 이유는 동물 밀도를 감소시키는 것이 가장 자주 이용되는 질병 관리 방법이기 때문 이다. 이러한 관리 방법들은 서로 엇갈린 결과들을 보였으며, 관리 방법으로서 개체군 감소의 효과는 제대로 시험되지 않았다(13장).

만약 질병이 숙주 개체에게 미친 영향이 숙주 개체군의 크기에 비례한다면 이 또한 더욱 중요한 의미를 갖는다. 이러한 상황을 현장에서 기록한 바가 있는지는 필자도 알지 못하지만, 다른 밀도 의존적인 요인들, 예를 들어 밀집한 개체군에서 각 개체의 가용 자원량 등은 동물이 질병 원인체에 저항할 수 있는 능력을 제한할 것이다. 과밀함에서 오는 스트레스 또한 간혹 야생동물 질병에서 중요한 것으로 생각된다. 1980년 울드(Ould)와 웰치(Welch)는 실험적인 에키누리아 운키나타(*Echinuria uncinata*, 선위에 감염되는 선충) 감염에 대해, 과밀 스트레스를 받는 경우와 이러한 스트레스를 받지 않는 청둥오리 새끼들의 반응을 각각 비교했다. 처음에 주어진 유충의 수는 같았음에도 과밀한 개체군의 오리 중에 살아남은 기생충이 더 많았고, 각 기생충의 크기가 더 컸으며, 이에 의한 병리 병변 또한 더 심각했다. 과밀한 곳의 오리들은 부신종대와 림프 기관의 축소를 보였고, 과밀할 때 받는 스트레스가 기생충에 대항하는 면역 반응을 방해하는 것으로 생각되었다. 하지만 실제로 과밀함이 주는 스트레스가 질병에 미치는 영향을 1) 더 잦은 질병 원인체에 대한 노출의 영향과 2) 자원 부족으로 인한 상대적인 영양 불량의 영향으로부터 분리해내는 것은 매우 어려울 것이다.

개체군 밀도가 질병 유병률이나 심각도에 미치는 영향을 확인해볼 수 있는 최선의 실험 방법은 개체군 밀도를 조작한 후 이것이 질병 유병률 또는 질병에 미치는 영향을 측정하는 것이다. 이러한 연구가 몇 개 있다. 2년에 걸쳐 텍사스의 코요테 개체군 밀도가 50% 감소한 이후, 밀도가 높은 지역에서의 코요테와 비교하여 밀도가 낮은 지역의 코요테 개체들의 장내 기생충 12개 종 중 5개의 풍부도가 감소했다(Henke 등, 2002). 사슴의 개체수가 감소한 지역에서는 사슴진드기(*Ixodes scapularis*)의 수도 감소했다(Stafford 등, 2003). 뉴질랜드의 한 지역에서 솔꼬리포섬(brushtail possum)의 개체수가 감소함에 따라 이들이 굴을 공유하는 빈도(우결핵균 전파에 영향을 미칠 수 있는 요인) 또한 줄어들었다(Caley 등, 1998).

동물의 분포는 질병에 있어 중대한 영향을 미칠 수 있는데, 특히 인공적 먹이주기와 같이 동물이 소규모 지역에 집중된 경우에 더더욱 그러하다. 이 경우, 전반적인 개체군의 크기는 크지 않지만 지역적인 밀도가 높아 병원체의 접촉과 교환이 용이해진다. 이는 미시간 주 흰꼬리사슴의 결핵과 인공적으로 먹이를 공급하는 서부 지역에 서식하는 엘크의 브루셀라 발병에 있어 중요한 요인이라고 생각된다. 이 밖에 질병 원인체의 발생에 영향을 미칠 수 있는 종내 요인들로는 무리 내 연령대 및 성별의 조합, 행동 유형, 선천적 그리고 후천적 면역력(원인체에 대한 그 전의 경험을 포함), 동일 지역 내 다른 질병들의 존재(특히 서로 교차 반응이 일어나 악성 병원체로부터 보호해줄 수 있는 경우)(White 등, 2001) 그리고 전반적으로 사용할 수 있는 자원의 양을 들 수 있다.

이종 간 상호작용

다른 종들과의 상호작용은 다양한 방법으로 질병에 영향을 미칠 수 있다(표 7.5). 저자는 여기에서 관심 대상이 되는 종을 '표적종(target species)'이라 표현할 것이다. 다른 종들의 영향은 예측하기가 쉽지 않으며, 이는 질병 상태를 악화시킬 수도, 개선시킬 수도 있다. 예를 들어, 우리가 장 선충이 큰뿔양에게 미치는 영향에 관심이 있다고 가정해보자. 양의 배설물과 함께 빠져나온 선충의 알들은 외부 환경에서 자라 감염성이 있는 유충이 된 후 풀로 기어올라가 풀을 뜯어먹는 동물에게 섭취된다.

이때 야생 양이 사육 양처럼, 기생 감염 가능성을 줄이기 위해 분변과 가까이 있는 풀을 피하는 행동을 한다고 가정해보자(Hutchings 등, 1999). 1년 중 얼마동안 양들은 사슴, 엘크, 소와 행동반경을 공유하고, 이들 간에는 상당한 먹이 중복이 일어날 것이다. 종간 경쟁은 양이 섭취할 수 있는 영양소와 먹을 수 있는 먹이의 선택을 감소시킨다. 종간 관계의 결과 중 하나는 굶주린 양이 유충이 있는 분변 가까이의 풀에 대한 거부감이 줄어들고 결과적으로 이를 섭취함으로써 유충에 노출될 수 있는 기회가 증가하는 것이다. 영양소 섭취의 감소는 또 다른 현상을 일으킬 수 있는데, 이때 양은 질병에 저항하는 데에(예컨대 선충 감염에 저항하거나 이를 내쫓아버릴)에 대한 저항성에 배분할 수 있는 자원이 부족해질 것이고 결국 양은 먹이가 부족한 기간 동안 기생충 감염과 영양실조의 복합적인

표 7.5 | 질병 발생에 있어 표적종과 기타동물종의 상호작용

상호작용의 유형	영향(들)
경쟁자	표적종에 대한 자원 활용도의 감소, 표적종의 생산성과 질병에 대한 저항성의 잠재적 감소
포식자	우선적으로 영향을 받은 개체들을 제거: 폐사율의 증가, 개체군 내에서 병원체 유병률의 잠재적 감소
청소동물	잠재적 감염 물질의 제거 예) 청소동물은 보툴리눔 type C 독소가 생성되기 전에 물새류의 사체를 제거, 질병 병원체를 신규 장소로 이동시킬 수 있음.
중간숙주	전파 촉진
매개동물	전파 촉진
수송숙주	전파 촉진 예) 모기는 조류두창바이러스를 주둥이에 묻혀 야생 칠면조들에게 옮김.
생물축적자	물질을 농축시키고, 새로운 영양단계로 넘김. 예) 메틸수은은 물고기에 농축되고, 물고기를 먹는 동물에 영향을 미침.
다숙주 병원체에 대한 대체숙주	존속 촉진, 표적종에 대한 감염의 보유자 역할을 함.
서식지 변경	질병 원인체나 매개체에게 적합한 서식처를 형성함. 예) 비버는 매개곤충이나 수생달팽이들에게 적합한 웅덩이를 형성함.

영향에 의해 기아로 쓰러질 확률이 높아질 것이다. 반면에 여러 종이 섞여 있는 환경에서 양과 경쟁 관계에 있는 다른 종이 유충에 감염된 풀을 많이 먹는다면, 이는 양이 질병에 노출될 가능성을 줄일 것이다. 의도적으로 소와 양의 목장 순차 방목(alternate grazing)을 실시함으로써 목초지의 감염 유충을 제거하기도 하는데(Urquhart 등, 1996, 이때 '순차 방목'이라 함은 소 목장에서 소를 방목한 후 다음 계절에 염소를 방목함으로써, 소가 노출될 수 있는 기생충 유충을 제거하는 것—옮긴이), 이는 한 가지 종이, 다른 종에게 노출될 수 있는 유충의 수를 '제거'한다는 이론을 기반으로 한다.

포식자들은 질병(기능 장애가 있는)이 있는 먹이를 가장 먼저 선택하는 것으로 여겨진다. 포식에 관련된 질병의 영향은 해당 질병과 환경에 따라 다르다. 어떤 질병의 경우,

포식자에게 먹히는 것이 병원체에게 이득이 되는가 하면, 또 다른 경우에는 질병으로 인해 감염된 동물이 포식 회피 행동에 사용할 수 있는 자원이 감소함에 따라 포식당할 수 있다. 후자 경우의 예로, 붉은발도요는 포식에 대한 추가적인 위험을 감수함으로써 자원 부족 스트레스에 대응한다(Quinn과 Cresswell, 2004). 많은 에너지 소비를 요구하는 병원체 또한 이와 비슷한 방식으로 포식을 유도할 수 있다. 조류 보툴리즘 발생 시 마비된 많은 새들이 포식자에 의해 죽는다. 이때 포식자가 보툴리즘에서 회복되어 살아날 수 있었던 새를 죽이거나 먹는다면, 포식은 보툴리즘과 관련된 폐사율을 증가시키는 셈이 된다. 그러나 만일 포식자가 어차피 보툴리즘으로 폐사할 새를 죽여서 먹은 것이라면, 이는 잠재적으로 추가적인 독소 생성에 기여했을 영양분(사체)을 제거함으로써 더 많은 새가 죽을 가능성을 감소시킨 셈이 된다(그림 7.2, 보툴리즘은 희생자가 더 많은 독소와 이를 운반하는 구더기를 생산하는 영양분 역할을 한다는 점에서 매우 독특한 독성이다). 거대 기생충에 의한 감염은 대부분의 기생충이 숙주 개체군 내 소수의 개체들에게 집약된 집중 분포를 특징으로 한다

그림 7.2 ▲ 보툴리즘에 의해 폐사한 쇠오리에서 번성하는 구더기. 보툴리즘은 독소 중독에 의해 폐사가 발생하지만 실질적으로는 폐사체에서 발생한 구더기가 대량 폐사를 야기하는 원인이 된다. 중독되어 죽어가는 폐사체를 청소동물들이 잡아먹는다면 구더기가 증식할 폐사체가 사라지므로 결국 독소가 늘어날 수 있는 기회를 없애는 장점이 있다.

(그림 3.6). 만일 포식자가 심하게 감염된 개체를 선택적으로 제거한다면, 이는 개체군의 전반적인 감염 수준을 줄이고 다른 동물들을 감염시킬 수 있는 근원(source)을 제거하는 결과가 된다. 따라서 야생동물 관리에서 일반적으로 이용되는 포식자 제거는 몇몇 병원체의 경우, 오히려 숙주 개체군에게 부정적인 영향을 미칠 수도 있다(Packer 등, 2003). 포식의 위험을 인지하고 있는 것 또한 질병에 영향을 미칠 수 있다. 2004년 나바로(Navarro) 등은 포식자에게 노출된 집참새(house sparrows)들이 노출되지 않은 새보다 면역 반응이 감소하고, 많은 양의 혈액 기생충을 가지고 있다는 사실을 발견했다.

대부분의 많은 질병 원인체들은 일반종(generalist)이고, 다숙주성이다. 이러한 병원체에 의해 발생하는 질병에서 여러 숙주종들이 영향을 미친다는 점을 고려할 때, 각 종이 감염에서 어떤 역할을 하는지를 알아내는 것은 매우 중요하다. 유지(maintenance)숙주는 그 개체군 내에서 외부 감염원 없이 병원체가 독립적으로 존속할 수 있는 숙주이고, 범람숙주(spillover host)는 그 개체군 내에서 질병 원인체가 한동안은 존속할 수 있지만(어느 정도의 전파가 발생한다) 외부 감염원 없이는 소멸되는 숙주이며, 종말숙주(dead end host)는 질병이 오직 외부 감염원을 통해서만 들어올 수 있는 숙주다.

숙주의 다양한 종류는 질병 원인체의 R_0(기본 번식율, basic reproductive rate)에 의해 정의될 수 있다(R_0은 8장에서 다룬다. 여기서는 개체군 내에서 질병이 무기한 독립적으로 유지하기 위해서는 그 값이 적어도 1과 같아야 한다는 것만 알아두자). 유지숙주에서 R_0는 1보다 크고 범람숙주에서는 0과 1 사이이며, 종말숙주에서 R_0는 0이다(Caley 등, 2002). 뉴질랜드에서 많은 야생화종 및 가축종이 우결핵균에 감염된 것이 밝혀졌다. 이들 중에서는 솔꼬리포섬(brushtail possum)과 소가 유지숙주다. 페렛은 대부분의 상황에서 범람숙주였을 것이다(Lugton 등, 1997 ; Caley와 Hone, 2004) ; 토끼, 산토끼, 야생 염소(feral goat) 그리고 고양이는 종말숙주다. 이와 마찬가지로 흰꼬리사슴은 파렐라포스트론길루스 테누이스(*Parelaphostrongylus tenuis*)의 유지숙주이고 말코손바닥사슴은 종말숙주다. 특정 환경에서, 둘 이상의 종에 감염되는 질병은 '기생충 매개 경쟁(parasite-mediated competition)'에 의해 하나 또는 그 이상의 숙주에 심각한 결과를 초래한다. 꿩, 유럽자고새, 붉은다리자고새는 맹장선충인 닭맹장충(*Heterakis gallinarum*)에 감염될 수 있다. 꿩은 유지숙주이고, 다른 두 종은 기생충이 존속할 수 없는 범람숙주가 될 수 있다(Tompkins 등, 2000, 2001b, 2002). 기생충은 꿩이나 붉은다리자고새에 는 심각한 영향을 미치지 않지만 유럽자고새에는 심각한 영향을 미친다. 이는 기생충이 영국 내 꿩이 있는 지역에서의 유럽자고새 개체수 감소에 기여했을 가능성을 제시한다 (Tompkins 등, 2000, 2001b).

사람은 그 어떤 요인이나 종들보다 야생동물의 질병에 큰 영향을 미친다. 표 7.6에 몇 가지 예를 제시했다. 사람으로 인해 야기된 많은 환경 변화는 자연적인 교란보다 훨 씬 빠르게 발생한다. 2000년 우즈(Woods)와 호프만(Hoffmann)은 자연적인 기후 변화와 독 성물질의 유입이 동물에게 미치는 영향을 비교했다. 과거 동물들은 기후 변화로 인해 새롭게 생기는 지역으로 서식지를 변화시킴으로써 기후 변화가 미치는 영향을 종종 피 할 수 있었다. 독성물질은 동물들이 이주할 수 있는 새로운 서식지를 만들어 내지 못하 기 때문에 동물들은 그곳에 그대로 적응하거나 지역적인 절멸에 직면할 수밖에 없게 된 다. 2002년 슈래퍼(Schlaepfer) 등은 '진화적 덫(evolutionary trap)'이라는 표현을 이용해 '사람 에 의한 급작스러운 환경 변화로 인해 정상적으로는 적응적인(adaptive) 동물들의 결정이 부적응적인(maladaptive) 결과를 만들어내는' 상황을 설명했다. 이러한 경우의 간단한 예 로는 잠수성 오리의 근위에 많이 발견되는 납조각을 들 수 있는데, 이는 새들이 납을 작 은 연체동물로 착각하고 먹이를 찾을 때 우선적으로 납 조각을 선택하기 때문인 것으로 생각된다.

질병에 영향을 미칠 수 있는 다양한 환경적 요인을 설명하기 위해 비감염성 질병의 예(물새의 납 중독)(표 7.7)와 가설적 감염성 질병(표 7.8)의 예를 들었다.

필자는 질병의 발생이 각 단계의 시리즈로 구성되어, 흐름도로 표현될 수 있는 것이 라고 생각하는 것이 매우 유용하다고 생각한다. 각각의 단계가 발생할 확률은 0(절대로 일 어나지 않음)에서 1(항상 일어남)까지 다양하다. 환경적 요인은 각각의 단계가 발생할 가능성 과 전반적인 질병 발생의 가능성에 영향을 미친다(그림 7.3).

- 모든 질병은 환경적 영향들로 묶인 여러 인자에 의해 영향을 받는다. 이러한 인자들은 일정하지 않으며, 불규칙적인 방식으로 발생할 수 있다.

- 환경적 인자들은 질병 원인체나 동물에게 영향을 미칠 수 있으며, 그 결과 동물 풍부도나 밀도, 원인체에 대한 노출 형태와 정도 또는 동물 저항성 강도를 변화시킬 수 있다.

- 질병의 주위에 존재하는 모든 환경적 요인들 중 어떤 인자들이 중요한지를 규명하는 것은 종종 어려운 일이다.

- 종류를 막론하고 야생동물의 모든 질병에 영향을 미치는 단일 요인은 인간 개체군의 영향이다.

- 모든 질병 연구에 있어 필수적인 요소는 발생 사례와 관련 요인들의 시공간적인 관계를 파악하는 것이다.

- 많은 환경적 인자들은 스트레스 유발인자로 작용하며, 이에 대한 스트레스 반응을 일으킨다.

- 일반적으로 급성 스트레스 반응은 적응적이고 도움이 되지만, 만성 스트레스는 해롭다.

- 무생물적 요인에는 지형이나 기후, 날씨나 지층, 토양과 물과 같은 것이 포함된다.

- 생물학적 요인들에는 식생과 종내, 다른 동물들과의 종간 상호작용이 포함된다.

- 인간에 의한 환경 변화는 유독 더 많은 문제를 야기하는데, 이는 자연적인 변화보다 빠른 속도로 발생하여 (그 안의 생물들에서) 적절한 적응적 또는 행동적 변화가 일어날 시간을 주지 않기 때문이다.

- 예상되는 질병의 동태를 계단식 모델로 만들어 보는 것은 많은 도움이 될 것이다. 즉, 질병의 발생에 관련된 다양한 단계들을 보여주고, 각 단계가 발생할 가능성에 영향을 미치는 환경적인 요인들의 목록을 만들어 보는 것이다.

표 7.6 │ 인간의 활동과 야생동물에서의 질병의 발생

원인	사례
비감염성 질병	
인공 살생제(biocide)의 방출	살충제, 살서제
자연독성물질의 이동, 농축 및 방출	납, 수은, 불화물, 카드뮴
독소생성 유기체 성장을 촉진하는 수질의 부영양화(eutrophication)	시아노박테리아(Cyanobacteria), 도모산을 생산하는 유기체, 적조
야생동물이 이용하는 농작물에서의 진균독소 생성	캐나다두루미의 중독 사고를 야기한 땅콩의 진균독소
산성화에 의한 가용 무기물의 변화	명조류의 칼슘 결핍증
비감염성 질병	
의도적인 원인체의 이입	호주와 유럽으로의 점액종증 바이러스의 이동, 호주와 뉴질랜드로의 토끼출혈병 바이러스의 이동
야생동물을 통한 비의도적인 원인체의 이입	유럽으로의 대왕간질(Fascioloides magna), 뉴펀들랜드로의 엘라포스트론길루스 란지페리(Elaphostrongylus rangiferi), 플로리다 주에서 버지니아 주로의 북미너구리 광견병의 이동
가축을 통한 비의도적인 원인체의 이입	뉴질랜드로의 우결핵
새로운 질병 전파체의 도입	하와이로의 모기 도입, 북미로의 흰줄숲모기(Aedes albopictus) 도입
새로운 중간숙주 또는 대체숙주의 도입	스발바드(Svalbard)로의 들쥐 도입(다방조충, Echinococcus multilocularis), 뉴질랜드의 솔꼬리포섬(우결핵) 도입
질병 전파를 촉진하는 인위적인 동물의 집중화	미시건 주의 사슴에서 발생한 결핵, 와이오밍 주의 엘크에서 발생한 브루셀라
토착질병이 발생하는 지역 내로의 감수성이 있는 동물종의 도입	동부말뇌염바이러스(EEE)가 발생하는 미 동부로의 북미흰두루미의 도입
중간숙주나 매개체에게 서식지를 제공하는 수계의 변경	달팽이와 모기 매개체의 서식지를 제공하는 관개공사
인간에게 익숙한 동물에게 이로운 서식지 변화	북미너구리와 여우의 도시 개체군 증가
야생동물에게 질병을 전파할 가능성이 있는 보균체로서의 인간	수리류의 포도상구균 감염증, 미어캣(suricate, Suricata suricatta)와 몽구스의 결핵

1 Windingstad 등 (1989). 2 Graveland와 Drent (1997)

표 7.7 | 물새류에서의 납 중독과 환경 인자들의 영향

인자	환경적 영향
산탄의 밀도	조류의 밀도, 수렵 성공률과 수렵 형태에 영향을 미쳤던 과거 수렵 활동. 산탄의 사용을 규제하는 최근의 법률은 추가적인 산탄이 사용되었는지를 판단할 수 있음.
산탄의 획득 가능성	웅덩이 바닥의 물리적인 특징(산탄의 침하율), 물의 깊이(날씨와 인간에 의해 결정됨), 채식하는 새들이 이용하는 장소와 산탄 펠렛의 위치(사냥꾼이 발사한 산탄의 위치, 먹이 자원의 분포와 조류의 채식 습성에 의해 결정됨)에 의해 영향을 받음.
조류의 웅덩이 이용	먹이(식생, 무척추동물)의 확보 가능성, 물의 깊이, 포식자의 손새, 사냥꾼, 방해요인, 대체서식지에 의해 영향을 받음.
조류의 채식 습성	조류의 종, 조류의 습성과 먹이 획득 가능성에 따라 결정됨.
납 노출에 대한 저항과 생존 능력	섭식한 납의 양, 조류의 먹이, 성별, 영양 상태, 나이, 조류가 숨을 수 있는 식생엄폐, 존재하는 포식동물의 수와 종에 따라 결정됨.

참고 : 이 표는 비감염성 질병에 영향을 미칠 수 있는 몇몇 환경 인자들을 나열한 것이다(과거에 산탄총이 사용된 습지에 서식하는 물새류에서 발생하는 납 중독). 납 중독에 의해 조류가 폐사할 가능성은 납 산탄의 풍부도, 밀도와 획득 가능성, 습지를 이용하는 새들의 종류, 납 노출에 대한 견디거나 생존할 수 있는 능력에 달려 있다.

표 7.8 | 감염성 원인체의 전파에 영향을 미칠 수 있는 인자들

인자	환경적 영향
동물 A는 감염성으로 되는가?	영양이나 병발 질병 또는 동물 A의 질병 저항력이나 전염성이 되지 않고 회복하는 능력에 영향을 미치는 다른 스트레스 인자를 포함하는 모든 인자들임.
동물 A는 질병을 전파하기 위해 생존할 것인가?	생존은 병원체의 독력, 동물 A의 저항성, 포식동물의 풍부도와 그 탐식성, 혹독한 날씨와 병발 질병, 영양과 같은 기타 요인들에 영향을 받을 수 있음.
동물 A는 동종의 다른 개체를 만날 것인가?	인간이나 날씨, 동물종의 독특한 습성 등에 포함되는 포식이나 서식지 조건에 따라 동물의 분포도와 풍부도가 결정되며, 이것들에 의해 영향을 받음.
그 접촉은 전파가 발생할 수 있을 만큼의 충분한 관계인가?	개체 동물의 성별이나 나이, 종의 습성과 그 동물을 둘러싸고 있는 환경에 영향을 받는다. 먹이 주기와 같이 동물들을 집중화시키는 요인들은 효과적인 접촉의 기회를 늘린다. 야외 환경에서 원인체가 생존하는 능력은 온도나 습도, 태양광의 조사에 영향을 받음.
동물 B는 감염에 감수성이 있을 것인가?	영양이나 병발 질병 또는 동물 B가 질병에 저항하는 능력에 영향을 미치는 스트레스 요인들을 모두 포함한다. 나이, 성별과 병원체에 대한 노출력은 주요한 영향 인자들임.

참고: 이 표는 개체군 내의 한 개체(동물 A)에서 같은 종의 다른 개체에게 가설적 감염성 원인체의 가능성을 살피고 있다. 동물 A는 최근 감염되었고 전염은 밀접한 접촉(코와 코)이 필요하다.

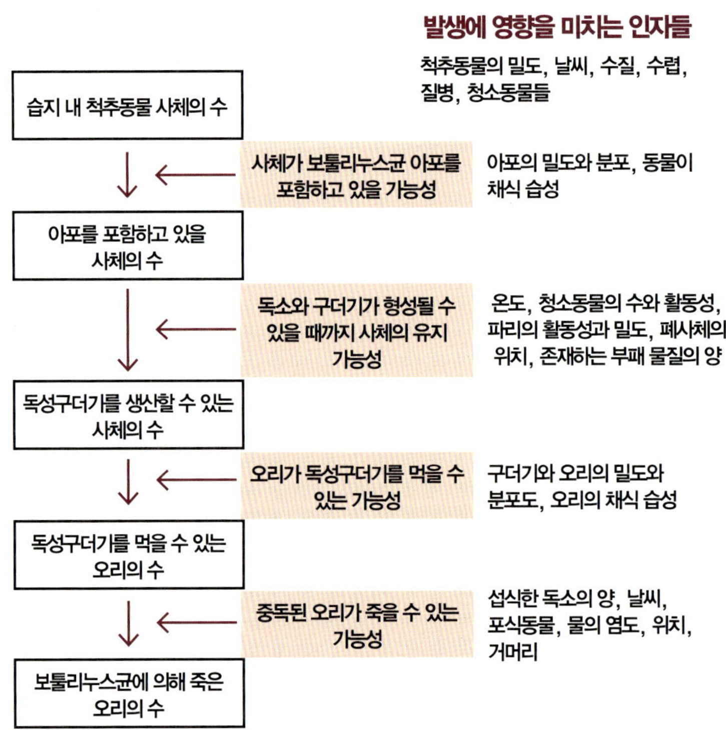

그림. 7.3 ▲ 물새의 보툴리누스균 C형은 새가 미리 형성된 독소를 먹을 때 발생한다. 보툴리누스균 C형의 아포는 습지에서 흔하게 존재하지만 그 밀도는 습지에 따라 다양하다. 병원체는 척추동물 사체와 같이 따뜻하고, 혐기성이며 단백질이 풍부한 기질(基質)이 있는 곳에서 성장하며 독소를 생산한다. 습지에 서식하는 동물들은 이 아포들을 자주 섭식하지만 아포는 살아 있는 동물에서는 발아하지 않는다. 하지만 동물의 장이나 조직 내에 아포가 있을 때 동물이 죽으면, 사체가 혐기성 상태로 변하면서 세균이 증식하기 시작한다. 이때 생산되어 있던 독소를 구더기(사물 기생 파리의 유충)가 먹게 되고, 새들은 독성물질을 흡수한 구더기를 먹고 중독된다. 이 모델은 습지 내에서 죽은 동물이 많은 새들을 중독시키는 보툴리누스균 유행의 발생을 야기하는 가능성에 영향을 미치는 인자들을 검사하고 있다. 온도나 수질과 같은 단일 인자는 여러 단계의 가능성에 영향을 미친다.

8

감염성 질병의
전파와 영구화

편성(obligate) 병원체들은 많은 필수 요소들을 숙주에 의존하지만 실제로 숙주와 병원체 간의 관계가 병원체에게 이득이 되는 기간은 아주 제한되어 있다. 어떤 시점이 되면, 숙주는 더 이상 쾌적한 환경을 제공하지 않을 수 있다. 소수의 경우(병독성이 심한 감염), 병원체가 너무 많이 빼앗아서 숙주가 죽고, 더 많은 경우는 숙주가 병원체에 대한 면역 반응을 일으킴으로써 병원체에 좋지 않거나 치명적인 환경을 만들기 때문이다. 병원체의 관점에서 바라볼 때 각각의 숙주동물은 섬과 같아서 적당한 서식처가 서식하기 힘든 외부 환경에 둘러싸인 것과 같은 형국이다. 병원체의 후대들은 종을 유지하기 위해 다른 적당한 섬에서 다시 군집을 이루기 위해 바다를 건너야 한다. 어떤 감염성 질병이든 한 숙주 개체로부터 다른 개체로 옮아가는 경로를 파악하는 것이 그 질병을 이해하고 이를 관리하기 위한 방법을 개발하는 데 있어 가장 중요하다.

병원체는 성공적으로 전파될 가능성을 늘리기 위해 막대한 자원을 사용한다. 어떤 것들은 새로운 섬에 도착할 것이라는 희망으로 엄청난 수의 후대를 생산하고, 어떤 것들은 외부로의 여행을 대비해 보호 장비를 갖춘(예: 불침투성 외벽) 후대를 생산하며, 어떤 것들은 활발하게 새로운 숙주를 물색하는 후대를 생산하며, 또 어떤 것들은 성공적인 전파가 가능한 공간 그리고 시점에만 후대를 생산한다.

전파는 세 단계, 즉 숙주로부터 탈출, 새로운 숙주에 의해 발견되거나 새로운 숙주를 찾기 위한 외부 환경 속의 이동, 그리고 새로운 숙주로의 유입 및 군집 형성으로 구분된다. 전파의 성공은 숙주를 빠져 나온 병원체의 수, 외부 환경에서의 생존 정도, 새로운 숙주를 찾는 성공도, 그리고 숙주 내에서 감염을 일으키는 (병원체) 수에 달려 있다.

숙주로부터의 탈출

숙주의 포식이나 부식성 행동(scavenging)에 의해 전파됨에 따라, 현 숙주가 포식동물에게 먹힐 때까지 가만히 기다려도 되는 병원체를 제외하고, 모든 병원체들은 전파를 위해 현 숙주의 몸을 떠나야 한다(살아 있는 숙주 안에서 '기다리는' 원인체들은 숙주의 (면역) 반응으로부터 피해 있거나 숙주의 포식을 용이하게 하기 위해 어떤 방식으로든 숙주를 손상시킨다). 표 8.1은 병원체들이 이용하는 탈출 경로들과 각각의 경로를 주로 이용하는 질병의 예를 보여준다. 대부분의 원인체는 몸의 표면으로부터 배출되며, 하나 이상의 분비물과 배설물을 통해 배출된다. 예를 들어, 개홍역 바이러스는 감염된 동물의 호흡기, 구강, 눈의 분비물, 오줌과 분변뿐만 아니라 피부에서 직접 그리고 자궁 내에서 태반을 통해 태아에게로 노출될 수 있다. 그러나 이런 잠재적인 경로들 중 한 가지만이 중요하며 실제 질병 전파의 대부분을 차지한다. 개홍역에서는 구강과 호흡기 분비물이 가장 중요하다.

외부 환경을 지나 새로운 숙주 찾기

감염체들은 한 숙주에서 다음 숙주로 가는 항해를 위해 매우 다양한 방법들을 개발해왔다. 그러나 질병 전파를 체계적으로 완벽하게 분류하기는 어렵다. 미세기생체들의 전파와 관련된 경로들은 대형기생체들의 그것과 달리 분류되는 경향이 있다. 그림 8.1에 나타난 것은 1992년 노키스

표 8.1 | 감염성 단계의 질병이 야생동물 숙주 개체의 몸에서 나오는 경로

숙주로부터 나오는 경로	이러한 경로가 중요한 질병의 예
호흡기관 분비물(연무질)	구제역, 결핵, 개홍역
침	광견병, 고양이 백혈병, 고양이 면역결핍증
위장관 배설물(분변)	살모넬라증, 파보바이러스 감염, 지알디아증, 다수 연충류, 조류인플루엔자, 조류 결핵
피부	유두종바이러스 감염, 폭스바이러스 감염, 개선충
혈액(종종 흡혈곤충에 의해)	류코사이토준 감염, 블루텅바이러스, 말라리아
생식기 분비물	헤르페스바이러스 시마이에(*Herpesvirus simaiae*) 감염, 가성광견병, 브루셀라증
소변	전염성개간염, 한타바이러스 감염, 신장 콕시디아증, 렙토스피라증
모유	결핵, 물범촌충(*Uncinaria lucasi*) 감염
안구 배출물	개홍역
태아 또는 알을 통해	오리 바이러스성 장염, 페스티바이러스(*Pestivirus*) 감염
사후 사체 부패	탄저, 조류 보툴리즘, 칼로디움 헤파티카(*Calodium hepatica*) 감염
포식자/부식성 동물에 의한 전신 섭식	근육포자충속(*Sarcocystis* spp.), 연충 다수, 조류콜레라

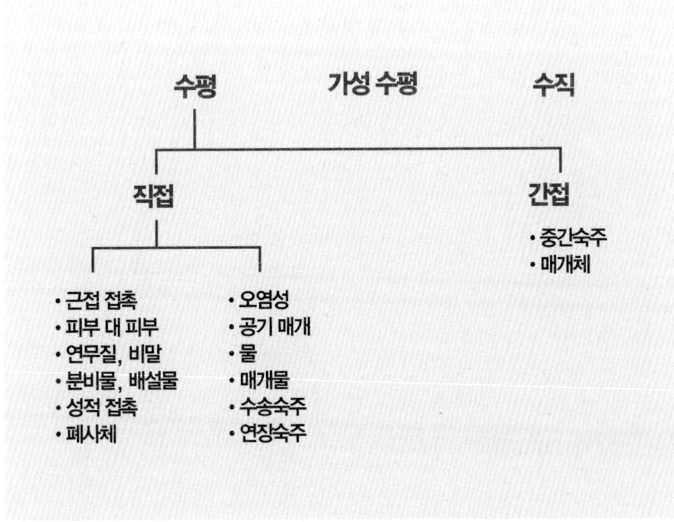

그림 8.1 ◀
질병 전파 방식의 분류 체계

(Nokes)로부터 나온 자료의 일부분을 이용한 하나의 절충안이다.

수직 전파

수직 전파는 원인체가 부모에서 후대로 전파되는 경로를 말한다. 정액, 태반, 모유의 예가 있으며, 알을 낳는 종에서는 알을 통해 이루어진다. 토마(Toma) 등(1999a)은 "수직 전파는 매우 많은 질병에서 예외적으로 발생하며, 극소수에서만 일반적으로 발생한다."라고 말했다. 수직 전파는 일어나지만 이것이 야생동물에서 생태학적으로 중요한 경우는 흔치 않다. 오리 바이러스성 장염(duck plague)은 물새의 허피스바이러스성 질병으로, 수직적으로 전파되는 질병이다. 감염된 어미의 알에서 나온 새끼는 알에서 감염되었을 수 있으며 이들은 한동안 감염된 채로 있을 것이다(Burgess와 Yuill, 1981).

포유류의 질병에서 수직 감염이 중요한 경우는 큰뿔양의 폐충인 양적색폐선충(*Protostrongylus stilesi*) 감염이다. 성충은 알을 낳는데, 양의 폐에서 유충의 첫 단계인 1기유충이 부화한다. 1기유충은 기침을 통해(폐로부터) 올라와 (식도를 통해) 삼켜지고 양의 분변을 통해 빠져나온다. 1기유충은 외부 환경에서 달팽이나 민달팽이의 체내로 들어가 두 번 탈피한 후 양이 이러한 연체동물을 먹었을 때 감염을 일으킬 수 있는 3기유충(세 번째 단계)이 된다. 먹힌 3기유충은 폐로 옮겨가 성숙한다. 연체동물을 중간숙주로 사용하는 방식은 원형선충상과(Superfamily Metastrongyloidea) 선충류의 전형적인 방법이자, 뒤에 설명할 간접 수평 전파의 한 형태다.

양적색폐선충은 수직 감염을 이용한 또 다른 방법으로 감염을 일으키기도 한다. 만일 3기유충이 연체동물과 함께 이미 이에 감염된 성체 양에게 먹히면, 유충은 폐로 이주하더라도 성숙하지 못하는데, 이는 아마도 숙주의 면역 때문일 것으로 생각된다. 이런 3기유충을 '발육 정지'되었다고 하며 그 상태로 폐에 축적된다. 임신한 암컷 양에서, 이처럼 발육이 정지된 3기유충은 임신 마지막 6주 차에 혈관을 타고 자궁으로 이동한 후 태반을 거쳐 태아의 간으로 간다. 양의 새끼가 태어나 발달이 완료될 때쯤 3기유충은 간에서 폐로 가서 성숙을 마친다. 약 20일령 즈음에 양은 이미 알을 낳는 기생충을 갖게 된다. 양에게는 불행하게도, 알과 그로부터 부화한 1기유충에 의해 현저한 염증성 반응이 발생한다. 만일 염증이 일어난 폐가 세균에 의한 2차 감염이 일어나면 몇몇 무리의 양에서 매우 높은 폐사율을 보이는 '여름 양 폐렴(Summer lamb pneumonia)'을 일으킬 수 있다(Hibler 등, 1997, 1982).

물개(Northern fur seals)와 큰바다사자(northern sea lions)의 장에 감염을 일으키는 또 다른 종류의 선충(물개구충, *Uncinaria lucasi*)은 다른 형태의 수직 전파를 일으킨다. 성체 암컷의 지방 조직과 유선 조직에 있던 발육 정지 상태의 3기유충은 모유를 통해 갓 태어난 새끼에게로 이동한다. 유충은 이들 새끼의 장에서 빠르게 성숙하여 대략 2주 안에 많은 알을 분변을 통해 내보낸다. 성충은 장에서 피를 먹고 살기 때문에 심각한 감염은 실혈로 인한 빈혈을 야기할 수 있다(Lyons와 Keyes, 1978). 새끼가 퍼뜨린 알 속에서 자라난 3기유충은 번식지의 외부 환경에서 그 다음해까지 살아남아 회귀하는 숙주 성체와 일년생들의 피부를 뚫고 들어가 지방 조직과 유선 조직에 발육 정지의 유충 상태로 자리 잡는다(이러한 유형의 직접적인 오염성 전파 형태는 이 단원의 뒷부분에 다뤄질 것이다). 이러한 흔치 않은 생활사는 물개들이 바다에 있는 9개월 동안 성충이 생존해 있을 수 없는 문제를 해결하기 위한 방법인 것으로 생각된다(Anderson, 1992).

수직 감염이 일어날 수 있는 또 다른 예로는 설치류에서의 바르토넬라증(*Bartonella* spp.)과 브루셀라증[북미들소와 엘크의 소브루셀라균(*Brucella abortus*), 순록에서의 돼지브루셀라균(*B. suis* type 4)]이 있다. 태반의 감염은 브루셀라증에서 종종 심각한 염증(태반염)을 일으켜 태아가 자궁 내에서 사산되거나 유산된다.

거짓수직 전파

거짓수직 전파는 새끼가 태어난 후 또는 알에서 깨어난 후, 미처 외부 환경에 광범위하게 노출되기 전에 즉각적으로 병원체가 전이되는 과정을 말한다. 이러한 전파는 가까운 접촉으로 인해 대개 부모에서 자식으로 전파되지만 부모가 유일한 감염원은 아니다. 유럽 오소리 새끼들이 굴에서 나오기도 전에 거짓수직 감염에 의해 우결핵에 감염되는 경우가 있다(Anderson와 Trewhella 1985). 전파가 항상 부모로부터 오는 것은 아니며, 굴을 공동으로 사용하는 모든 오소리에서 왔을 가능성이 있다. 코요테와 개에서 기도를 막는 선충인 기관지폐충(*Oslerus osleri*) 또한 거짓수직 전파 방법을 사용한다(그림 8.2). 성충이 생산한 1기유충은 기도를 나와 식도로 삼켜져 동물의 분변과 함께 빠져나간다. 그러나 야생 개과 동물들은 흔히 토출한 음식물을 새끼들에게 먹이기 때문에 이때 유충은 먹이를 타고 숙주 성체로부터 새끼들로 옮겨 간다.

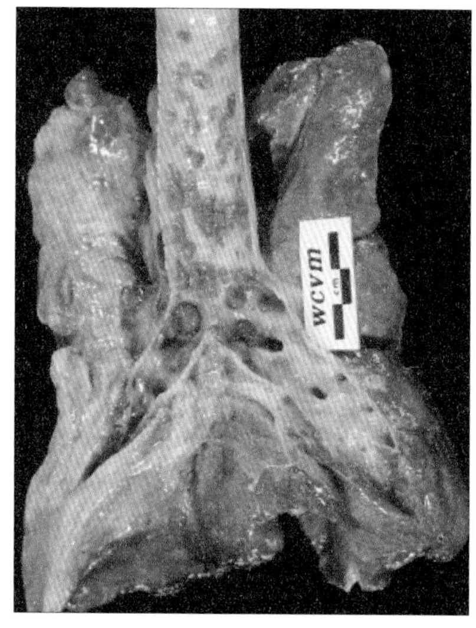

그림 8.2 ▲ 코요테의 호흡기. 호흡상피 바로 아래 똬리를 틀고 있는 선충 기관지폐충의 성충에 의한 결절을 보여주기 위해 기관 및 기관지를 절개하였다.

수평 전파

수평 전파는 감염이 부모와 자식 간의 관계와 상관없이 개체군 내의 한 동물에서 다른 개체들에게로 전이되는 것을 말한다. 이는 질병 전파의 가장 일반적인 방법이며, 다양한 유형이 나타난다. 수평 전파의 다양한 방법들은 아래와 같이 분류할 수 있다. 미세기생체에서는 개체 간 가까운 신체 접촉, 개체 간의 근접한 거리 또는 다소 고립된 공간의 공기를 통해 감염되는 것을 '직접 전파'라고 표현한다. 한편 '간접 전파'는 중간 단계에서 다른 개체, 사물 또는 물질의 개입 또는 활동에 의해 감염이 매개되는 것을 말한다(Toma 등, 1999b). 대형기생체를 다루는 과학자들은 시공간적 거리와 상관없이 동종의 한 개체에서 다른 개체로 전파되는 것을 '직접 전파'라고 한다. 만일 기생충의 생활사를 완성하는 데 둘 또는 그 이상의 숙주종이 필요하면 이는 간접적인 전파로 생각된다. 그림

8.1에 나타난 분류 체계를 따르면 직접 전파는 다른 종들의 연관 없이 한 개체에서 다른 개체로 감염이 옮겨가는 것을 포함한다. 이러한 정의에는 다른 종이 관여할 수는 있지만 이것이 반드시 필수적이지는 않은 직접 전파들도 포함된다. 간접 전파는 표적종에 추가로 적어도 한 종이 더 연관되지 않고는 일어나지 않는 전파 방식이다.

직접 전파

직접 전파의 간단한 형식은 감염동물과 감수성 있는 동물이 근접한 접촉을 통해, 피부와 피부 간 또는 배설물이나 분비물을 통해 감염성 있는 질병 원인체의 교환이 이뤄지는 것이다(표 8.2). 이러한 방식으로 전파되는 경우, 원인체가 외부에 노출되는 시간은 매우 짧기 때문에 이러한 원인체들은 대체로 손상되기 쉬운 것들이다. 이러한 형식의 전파는 흔히 같은 종의 사회적 관계를 이룬 개체들 간에 발생할 확률이 높은데, 이들은 혈연 관계가 아닌 개체들 사이나 서로 다른 종 사이에 비해 접촉의 빈도와 정도가 훨씬 잦기 때문이다(예: 가족이나 세력권의 습성을 갖고 있는 무리).

피부와 피부의 접촉: 비록 벼룩, 이, 진드기와 응애 등은 숙주 간의 이동을 위한 대체 전략을 발달시켰지만, 그 밖의 외부 기생충들은 그 전파를 숙주 간 가까운 신체적 접촉에 의존한다. 예를 들어, 야생개과 동물, 샤모아(chamois), 웜뱃(wombats), 그리고 많은 동물에서 개선충을 일으키는(그림 2.1) 개선충은 일생 동안 숙주동물 내에서 살아간다. 응애는 뛰거나, 도약하거나, 날지 않으며 직접 접촉을 통해 전파된다. 이(lice)는 비교적 더 이동성이 있지만 여전히 숙주를 떠나서는 아주 제한적인 시간 동안만 생존할 수 있으며 전파를 위해 직접 접촉에 많이 의존한다. 곰팡이인 트리코피톤 베루코숨(*Trichophyton verrucosum*)에 의해 발생하는 백선(Ringworm, dermatophycosis)은 가축 소에서 흔히 일어나는 피부 질병이며 노새사슴에서도 발생한다. 사슴에서의 병변은 대부분 얼굴과 다리에 나타난다(그림 3.4). 곰팡이는 일차적으로 감염된 개체와의 직접 접촉에 의해 전파되지만, 곰팡이 포자는 저항성이 매우 크기 때문에 길가의 잔 나뭇가지나 식물의 가시 같은 매

개물에 의해 전파되기도 한다.

단거리의 공기 감염: 연무질(aerosols)이나 비말(droplets)을 통한 전파는 많은 호흡기 감염 전파의 주요한 방법으로 어떤 한 동물이 호기로 내뱉은 공기를 다른 동물이 들이쉴 때 일어난다. 하지만 지름 5μm 이하의 비말만이 상당히 긴 시간 동안 공기에 떠 있을 수 있다[마이크론(micron) 또는 μm는 밀리미터의 1/1000이다.]. 배출된 비말들은 15~100μm 거리에 존재하며, 수초 이상 떠 있지 못한다. 따라서 이 경로를 통한 직접 감염은 사실상 코와 코가 접촉할 정도 거리의, 감염된 동물의 바로 앞 지역으로 제한된다. 이러한 유형의 접촉은 번식기의 수컷 사슴이나 북미들소들 사이에서 나타나는 행동(sparring, 표면적으로는 싸움과 유사한 모습의 행동들을 보이지만 실제로는 싸우는 것과는 달리 움직임이 공격적이지 않고 이로 인해 부상을 입는 경우도 매우 드물다—옮긴이)을 통해 일어날 수 있으며, 이는 해당 종에서 결핵이 전파되는 방법이 될 수 있다. 연무질 또한 호흡기를 통하지 않은 다른 분비물로부터 발생할 수 있으며, 이는 흡입될 수 있다(장거리의 공기 매개 전파는 오염성 전파의 형식으로 논의할 것이다).

분비물과 배설물: 분비물과 배설물은 가까운 접촉을 통해 전파될 수 있는 많은 병원체를 포함한다. 이들은 냄새를 맡을 때 연무질 형태로 흡입되기도 하지만, 더 흔하게는 핥거나, 몸 단장을 하거나, 공격적인 행동하는 도중에 주변 환경의 오염으로 인해 섭식된다. 실제로 근접하게 접촉하는 동물들 사이에서 어떠한 경로를 통해 전파가 일어나는지를 파악하는 것은 어려울 수 있다. 예를 들어, 아프리카 소에서 엄청난 파괴력을 보였던 아프리카의 많은 야생 유제류도 감염시킬 수 있는 우역(rinderpest)은 보통 숙주의 체외에서 길어야 겨우 몇 시간을 생존할 수 있는 매우 연약한 모빌리바이러스에 의해 발생한다. 바이러스는 감염된 동물의 모든 분비물과 배설물을 통해 배출되며 근접 접촉을 통해 전파된다. 실제 경로는 확실하지 않으며 야생에서 공기를 통한 전파는 그 가능성이 희박할 것으로 생각된다(그림 8.3).

표 8.2 | 야생동물 질병의 접촉을 통한 직접 전파의 형식

접촉의 형태	질병	연관된 종
피부–피부	개선충	야생 개과 다수
	백선	노새사슴
	전염성농창	야생 양, 산양
	미코플라스마성 결막염	멕시코양진이
호흡기성 연무질 또는 비말	개홍역	개과, 족제비과
	구제역	유제류
	우결핵(*Mycobacterium bovis* infection)	유제류, 유럽오소리, 솔꼬리포섬
분비물, 배설물		
침, 핥음	광견병	쿠두
침, 교상	광견병	다수 종
	우결핵	야생화된 페렛
분변	돼지열병	멧돼지
	살모넬라증	다수 종
소변	전염성 개 간염	개과
생식기 분비물	브루셀라증	북미들소, 엘크, 순록
병변 삼출물	결핵	솔꼬리포섬으로부터 소
짝짓기	브루셀라증	북미들소, 엘크, 순록
	토끼 매독	유럽 토끼
	클라미디아증(*Chlamydiosis*)	코알라[2]
감염동물 사체와의 접촉	결핵	페렛으로부터 포섬[1]
	브루셀라 아보르투스(*Brucella abortus*) 감염	늑대로부터 북미들소

1 Lugton 등(1997) **2** Whittington(2001)

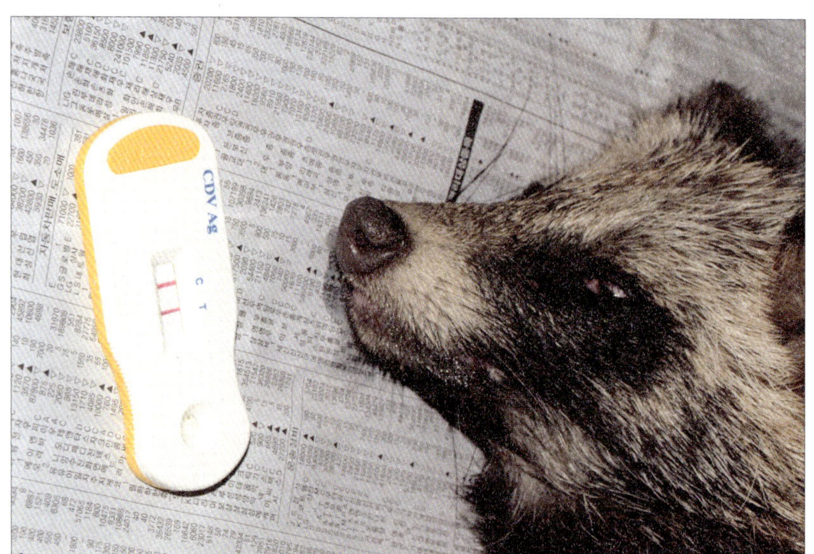

그림 8.3 ▲ 개홍역 간이키트 검사에 양성을 보이고 있는 어린 너구리. 개홍역은 오줌 등의 배설물을 통해 전파되기도 하지만, 눈곱이나 콧물 등의 분비물을 통해 가장 많은 바이러스가 배출되고 직접적인 전파가 일어나기도 한다.

    어떤 병원체는 특이적으로 침을 통해 배출되며, 몇몇 질병에서 침을 통한 전파는 중요하다. 침을 통한 전파가 가장 잘 알려진 것은 일반적으로 교상을 입히는 과정에서 전파되는 '광견병'이다. 광견병에 감염된 동물은 주로 폐사하며, 침에 있는 바이러스의 배출은 병의 마지막 단계가 되어서야 일어난다. 광견병에 걸린 동물에서 뇌의 염증으로 인해 야기되는 비정상적이거나, 공격적인 행동은 이러한 경로를 통한 전파를 용이하게 한다. 쿠두에서의 광견병은 또 다른 침 전파 방식을 통해 전파된다. 광견병에 의해 아프고 과다한 침을 흘리는 쿠두를 핥아주고 몸단장을 해준 쿠두 개체에서도 질병이 발생한다. 병을 앓고 있는 동물의 침을 실험적으로 건강한 동물의 구강 점막에 도말하자 광견병이 발생했다(Rupprecht 등, 2001). 교상은 뉴질랜드에서 야생화된 페렛 사이에서 결핵이 전파되고(Lugton 등, 1997), 설치류에서 한타바이러스가 전파되는(Escutinaire 등, 2002) 한 가지 방법이기도 하다.

    많은 수의 감염성 병원체들은 분변을 통해 배출되고, 1g의 분변 안에는 많은 수의 감염성 입자들이 내포되어 있다. 하지만 동물들이 비정상적으로 붐벼 동물들의 피부나 공급되는 음식이 분변에 오염된 경우를 제외하고는 신선한 분변을 통해 직접 전파가 일어나는 경우는 드물다. 그러나 새 모이 주기 집에 모여드는 명조류에서의 살모넬라 감염은 이러한 경우에 적용될 것이다. 1980년 딩(Thing)과 클라우센(Clausen)은 그린란드에서 순록 새끼들의 대장균(*Escherichia coli*) 감염 위험과 식생이 짧게 깎여 있는 지역(잔디밭)에 뿌려져 있는 많은 양의 세균들을 연관시켰다. 어떤 초식동물에서는 분변을 적극적으로 피하는 행동이 나타난다. 이러한 회피 반응은 선충류에 노출될 가능성을 감소시키는 것으로 생각되며, 준임상적으로 기생충에 감염되어 있는 정도가 증가할수록 분변 회피 행동도 증가했다(Hutchins 등, 1999). 몇몇 야생동물 유제류에서 보고된 채식 공간과 배설 공간의 분리 또한 이와 똑같은 목적을 위한 것일 수 있다(Gunn과 Irvine, 2003). 분변-경구 전파가 일어나는 경우는 오염물질을 통해 전파가 일어나기 때문에 흔히 장기간 외부 환경에서 생존할 수 있는 저항성을 가진 병원체에서 발생한다.

몇몇 질병 원인체[렙토스피라속의 세균들, 원충인 쿠니클미포자충(*Encephalitozoon cuniculi*), 신장 콕시듐]들의 주요 서식지는 신장 세뇨관이다. 이들 원인체는 소변을 통해 체외로 빠져 나간다. 개과 동물에서의 전염성개간염(infectious canine hepatitis)이나 들쥐에서의 type B 야토병(tularemia) 같은 또 다른 질병의 경우, 감염 자체는 전신적으로 나타나지만, 원인체는 소변을 통해 몇 달에 걸쳐 배출되며, 다른 개체들을 감염시키는 주요 원인이 된다. 원인체는 다른 많은 질병에서도 소변으로 배출된다. 렙토스피라증의 전파는 소변과의 직접 접촉으로도 이루어질 수 있지만(Bolin 2000), 분변의 경우와 마찬가지로 소변과의 직접 접촉은 아마도 야생동물 간 질병 전파의 흔한 방법은 아닐 것이다. 하지만 렙토스피라, 야토병균(*Francisella tularensis*), 그리고 전염성개간염을 유발하는 아데노바이러스(adenovirus)를 포함한 많은 질병 원인체 등 소변을 통해 배출되는 많은 질병 원인체들은(외부 환경에 대해) 저항성이 강해 끈질기게 생존해 있다가 이에 오염된 물이나 매개물을 통해 전파된다.

생식기 분비물: 육상 포유류 간의 브루셀라속 세균의 전파는 주로 태아의 체액, 질

분비물 그리고 유산된 태아와의 접촉을 통해 일어난다. 이러한 접촉은 주로 감염된 태아나 태반 또는 유산이나 분만한 동물의 생식기 부위를 핥아 발생한다. 2000년 라이언(Rhyan)은 숫소에서 발생하는 잦은 브루셀라증은 어린 수컷들이 출산과 관련된 물질에 보이는 관심과 연관이 있다고 설명했다. '가장 많은 관심을 보인 동물은 2년생 숫소였다. 종종 어린 숫소들은 막 출산하여 태반을 매달고 있는 암컷들을 쫓아다니며 태반과 체액의 냄새를 맡거나 핥는다.' 렙토스피라증과 파라결핵 또한 태반액 접촉을 통해 감염될 수 있다.

병변으로부터의 분비물: 많은 수의 유기체들은 피부 표면에서 파열된 림프절의 농양처럼 열려 있고, 배농되는 병변을 통해 체외로 빠져 나올 수 있다. 이는 드문 전파 방법이지만, 결핵에 걸린 유럽오소리와 솔꼬리포섬에서 종종 일어난다.

교미를 통한 전파: 성적인 접촉으로 인한 전파는 사람에서 자주 발생하는 매독, 임질, 클라미디아증, 음부포진, 후천성면역결핍증을 포함한 몇몇 감염 원인체에서 나타나는 특이적인 직접 전파의 한 형식이다. 교미 전파는 브루셀라증과 같은 야생동물의 다양한 질병 중 하나로 보고되어 왔지만, 일반적으로 몇몇 질병의 경우를 제외하고는 크게 중요하지 않은 전파 경로인 것으로 보인다. 이러한 몇몇 질병들에는 유럽 굴토끼와 멧토끼에서 토끼매독균(*Treponema cuniculi*)에 의해 발생하는 토끼매독(rabbit syphilis)(Small과 Newman, 1972: Lumeij, 1996), 기러기에서의 미코플라스마 감염(Stipkovits 등, 1986), 코알라에서 클라미디아증의 한 형태(Whittongton, 2001) 등이 포함된다. 실제로 많은 질병들이 생식기가 아닌 경로를 통해 번식 행동 중에 전염될 수 있다. 이는 번식을 포함, 드문 경우에만 동종의 개체와 접촉하는 단독 생활 종에서 매우 중요할 수 있다(Altizer 등, 2003).

사체와의 접촉: 감염성 질병으로 폐사한 동물의 사체는 엄청난 수의 감염 원인체를 갖고 있을 수 있다. 아마도 사체와의 직접 접촉이 종내 질병 전파가 일어나는 흔한 경로

는 아닐 것이다. 1983년 맥랜드레스(McLandress)는 야생기러기가 같은 종의 사체와 접촉하기를 꺼려함으로써 조류콜레라의 직접 전파의 가능성을 줄인다고 제안했지만, 이러한 회피 행동이 다른 종들에서도 광범위하게 나타나는지에 대해서는 알려져 있지 않다. 유산된 태아와의 접촉은 중요한 브루셀라종(*Brucella* spp.)의 전파 경로다. 2004년 쿡(Cook) 등은 북미들소, 엘크에서 소브루셀라균(*Brucella abortus*)으로 인해 발생하는 유산을 모방하기 위해 유산된 송아지 태아들을 들판에 놓아보았다. 그들은 순록이 빈번하게 태아의 냄새를 맡고, 핥고, 씹는 것을 관찰했다. 100마리가 넘는 순록늘이 한 나리의 대이 사체와 접촉했고, 150마리 이상의 순록들이 또 다른 태아 폐사체와 접촉했다. 카니발리즘(동족끼리 서로 잡아먹는 행위)이 질병 전파 경로로 기능하는 경우는 드물지만, 설치류에서 기생하며, 다른 종에서도 낮은 빈도로 기생하는 선충류인 모세선충(*Calodium* (*Capillaria*) hepatica) 전파에서는 중요하다. 이 기생충의 성체는 숙주의 간에서 살며 충란을 낳으며, 이 충란은 숙주 개체가 포식되거나 부패되거나 카니발리즘이 발생하기 전까지 간에 축적된다. 카니발리즘은 흰발생쥐(deer mice)에서 이 기생충 전파가 일어나는 주요한 경로다(Herman, 1981). 종간의 전파는 폐사체를 먹는 행위를 통해 보다 흔하게 일어난다. 예를 들어, 필자는 조류콜레라로 폐사한 물새사체들을 먹은 까마귀, 갈매기 그리고 흰머리수리에서 조류콜레라에 흔히 감염되는 것을 보았다. 폐사체를 먹는 행동은 양과 여우 사이(Gemmell 1959), 그리고 말코손바닥사슴과 코요테 사이(Samuel 등1976)의 단방조충(*Echinococcus granulosus*) 전파에서 중요하다.

　　많은 질병들은 간접적 전파의 형태로 포식자와 피식자 사이에서 전파된다(이에 대해서는 추후에 자세히 설명할 것이다.). 때때로 질병 원인체들은 이러한 방식으로 직접 전파되기도 한다. 늑대들은 우결핵균에 감염된 들소를 먹고 감염되며, 맹금류들은 조류구강편모충(*Trichomonas gallinae*)(원충)에 감염된 비둘기들을 먹어 감염된다. 족제비과 동물들은 자체적으로 특정 벼룩을 갖고 있는 것 같지 않지만 그들이 포식하는 설치류들로부터 외부기생충에 전염된다. 1976년 킹(King)은 "영국의 족제비(British weasels)들은 설치류로부터 벼룩에 직접 감염되는 것보다 설치류의 둥지나 그들을 쫓아가는 과정에서 감염되는 경우가 많기 때문에 어쩌면 이것은 오염성 직접 전파의 한 형태로 고려해야 할 것"이라고 제안했다.

포식자로부터 먹이 동물로의 직접 감염 또한 종종 일어난다. 많은 포식자들의 구강 내에는 파스퇴렐라 물토시다가 존재한다. 따라서 2001년 밈스(Mims) 등은 "사람은 호랑이와 퓨마(cougar)에 물리면 끔찍한 악몽뿐만 아니라 파스퇴렐라 물토시다 감염도 얻을 수 있다."라고 했다. 이 전파 방법은 새끼들의 생존율 저하로 급격한 개체군 크기 감소가 일어난 뉴펀들랜드의 순록 개체군에서도 발생했다. 번식지에 많은 새끼 순록들이 파스퇴렐라 물토시다 감염에 의한 목의 농양과 전신적 감염(패혈증)으로 폐사된 채 발견되었다. 심도 있는 조사를 통해 이는 스라소니(lynx)에 의한 공격 때문인 것으로 결론이 났다(Bergerud, 1971). 순록 개체군의 번식지에서 스라소니를 제거한 후, 생후 6개월까지 생존할 확률이 27%에서 63%로 증가했다(직접적인 포식으로 인해 폐사한 새끼 순록의 수와 실패한 포식자의 공격으로 인한 세균감염으로 폐사한 새끼 순록 수의 비율은 알지 못한다). 필자는 브리티시컬럼비아주에서 파스퇴렐라 물토시다 패혈증으로 폐사한 새끼 순록에서 스라소니에 의한 것으로 보이는 교상을 본 적이 있다(그림 8.4).

오염성 전파: '오염성 전파'라는 단어는 감염된 동물과 감수성 있는 동물과의 사이에 시공간적 간격이 있는 직접 전파의 형식으로 사용된다. 이 전파가 일어나기 위해서는 병원체가 외부 환경에서 생존할 만큼 충분히 강해야 한다. 많은 경우, 어떤 매개체나 '운반 기구'가 필요하다. 이는 물, 공기, 무생물 또는 다른 어떤 종의 생물체가 될 수도 있다. 후자의 경우, 전파에 있어서 다른 종들이 자발적으로 어떤 역할을 해야 하는 것은

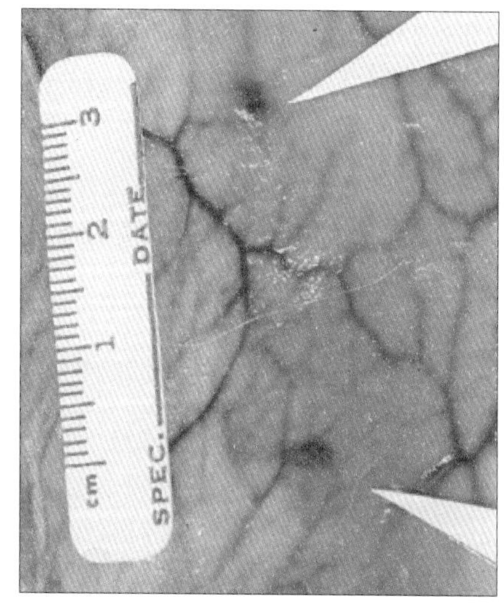

그림 8.4 ▲ 파스퇴렐라 물토시다 감염에 의해 폐사한 어린 순록의 목에 나 있는 스라소니에 의한 교상으로 의심되는 상처. 스라소니의 구강에는 파스퇴렐라 물토시다(*P. multocida*)가 항상 존재하며, 아마도 교상을 통해 이 세균이 침투하였을 것이다. 이는 포식동물이 피식동물에게 미세기생체에 의한 감염성 질병을 직접 전파한 희귀한 사례다.

아니다. 야생조류의 조류수두(그림 8.5)는 오염성 전파를 분명히 보여준다. 원인 바이러스는 새들 간의 피부에서 피부로 직접 접촉을 통해 전파될 수 있다. 그러나 바이러스는 생존력이 매우 높기 때문에 감염되어 있던 새가 사용한 횃대에 생존해 있던 바이러스와 접촉함으로써 다른 새가 감염될 수 있다. 모기와 같이 무는 벌레들은 감염된 새 피부 위를 물다가 그 주둥이가 조류수두바이러스(poxvirus)에 오염될 수 있다. 주둥이의 바이러스는 모기가 다음에 흡혈하는 새의 피부로 옮겨갈 수 있다. 횃대와 모기의 주둥이 모두 바이러스에 오염된 것이다. 모기는 바이러스에 감염되지 않는다. 횃대와 모기 모두 전파에 필수적인 것은 아니지만, 바이러스가 전파되는 공간과 시간을 증가시켜 결론적으로 전파 가능성을 높인다.

'매개물'이라는 단어는 흔히 횃대처럼 병원체를 옮기는 무생물을 지칭한다. 모기 같이 병원체에 오염되지만 병원체가 그 안에서 번식하거나 복제하지 않는 동물들을 묘사하는데 '기계적 운반체(mechanical carrier)', '기계적 전달체(mechanical transmitter)', '수동적 운반체(passive carrier)', '비행 핀(flying pin)', '비행바늘(flying needle)'(후자는 벌레를 오염된 피하 주삿바늘과 비교하고 있다), '운반숙주(transport host)', '기계적 매개체(mechanical vector)'와 같은 단어들이 사용된다. 모든 것을 고려했을 때, 필자는 병원체가 단순히 운반된다는 의미의 '운반숙주(transport host)'를 선호한다. 기계적 운반체(Mechanical carrier)도 적절할 수 있지만 '운반체(carrier)'라는 단어는 병원체에 지속적으로 감염된 채, 명백한 질병을 발현하지는 않고 병원체를 퍼뜨리기만 하는 동물을 표현하는 데에 이용된다(가장 악명 높은 운반체는 장티푸스 메리 멜론(Typhoid Mery Mallon)으로, 그녀는 건강한 상태로 많은 사람들을 장티푸스균(*Salmonella typhi*)에 감염시킨 요리사다.). 필자는 '매개체(Vector)'라는 단어를 감염 원인체가 그 안에서 중요한 자연사의 한 단계를 진행시키거나 증식을 하는 모기와 조류 수두 사례에 적용할 수 없는 동물들에게 이용하고자 한다. 표 8.3은 오염성 직접 전파의 예를 나타낸 것이다.

장거리 공기 전파: 구강 또는 비강에서 분출된 대부분의 물방울(droplet)들은 형성된 곳으로부터 짧은 거리 내에서만 감염성을 유지한다. 하지만 5μm보다 작은 입자들은 장

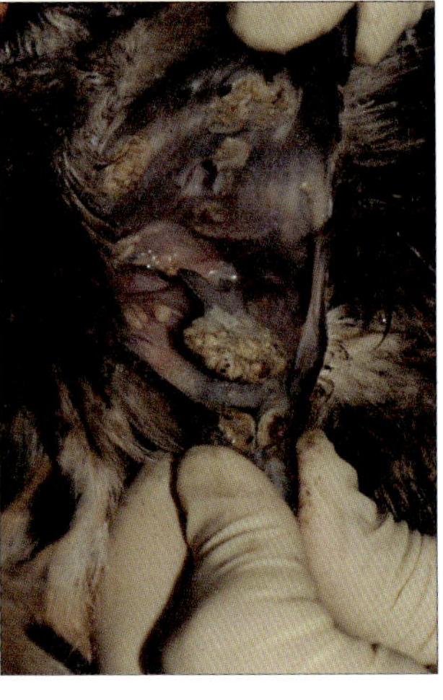

그림 8.5 ◀
조류수두바이러스 감염으로 인해 수리부엉이 발(왼쪽)과 구강(오른쪽) 내에 발생한 증식성 및 파괴성 병변. 조류수두바이러스는 직접 접촉, 무생물성 매개물, 또는 수송숙주로 기능하는 흡혈곤충에 의해 전파된다. 우리나라에서는 멧비둘기에 다발하고 있다.

기간에 걸쳐 부유 상태로 남아 있을 수 있고, 먼 거리를 이동할 수도 있다. 이 입자는 물방울에서 물이 증발했을 때 형성되는데, 결과적으로 이는 언제까지든 부유 상태로 남아 있을 수 있는 적당한 크기의 '물기 빠진 물방울 핵'이 된다(Thrusfield, 1986). 1974년 프랑스로부터 채널 제도(Channel Islands, 프랑스 북서부 해안가—옮긴이)에 이르기까지, 1960년 덴마크로부터 스웨덴에 이르기까지(~100km), 1981년 프랑스로부터 아일 오브 와이트(Isle of Wight, 영국 남부 해안가—옮긴이)에 이르기까지(~250km)(Donaldson 등, 1982; Gloster 등, 1982)의 경우를 포함한 몇몇 특정 사례에서 가축에 의해 구제역 바이러스가 장거리 공기 전파되었다고 여겨진다. 이러한 유형의 수송(transport)이 일어날 수 있는 환경적인 조건은 이미 잘 알려져 있으며(Gloster 등, 1982), 이러한 공기 전파는 육지보다 바다 위에서 훨씬 더 일어날 가능성이 높을 것으로 생각된다. 그러나 오염된 냉각탑으로부터 바람이 부는 방향으로 1700m나 떨어진 곳에 있던 사람들이 재향군인병을 유발하는 세균인 레지오넬라 뉴모필라(*Legionella pneumophila*)에 감염된 사례가 있다(Mims 등, 2001). 이러한 예시들은 장거리 공기 전파의 잠재력을 보여주기는 하지만, 필자가 알기로 야생동물에서 질병이 이러한 경로를 통해 엄청난 장거리로 전파된 사례에 대한 기록은 없다. 그보다 짧은 거리의 공기 전파 사례로는 극단적으로 높은 습도로 인해 바이러스가 안정화될 수 있었던 것으로 생각되는 박쥐 동굴 속에서의 광견병바이러스, 설치류 배설물에서 미세한 연무질 형태로 형성되어 사람에게 전파되는 한타바이러스(Tsai, 1987), 발정기의 수컷 북미들소가 만들어 내는 흙먼지 안에서 연무화된 탄저균 아포(Dragon과 Rennie, 1995) 등이 있다. 외부 환경에서 사는 기회 감염 곰팡이(opportunistic fungi)들도 포자 형태로 흡입된다(예: *Aspergillus fumigatus*).

물: 많은 질병들은 오염된 물을 통해 전파되며, 일반적으로 물속에서 산나고 여겨지지 않는 병원체들이 종종 육지보다 물속에서 더 오래 살아남기도 한다. 병원체는 분비물, 배설물, 개방된 병변, 죽은 동물 등을 통해 물속으로 들어간다. 물새에서의 조류인플루엔자(avian influenza), 수생 설치류 사이에서의 B형 야토병(type B tularemia, *Francisella tularensis palearctica*에 의해 유발), 많은 숙주종에서의 렙토스피라증(leptospirosis), 비버(beaver)와 사향쥐(muskrat)에서의 지아르디아(*Giardia*) 감염과 같은 몇몇 질병에서는 물이 전파의 주요 경로가 된다. 수인성 전파는 조류콜레라(avian cholera)와 오리장염(duck plague)의 갑작스러운 대규모 전염성 발병을 일으킬 수도 있다. 조류콜레라의 경우, 죽어가는 새의 분비물로 많은 파스퇴렐라 물토시다가 배출되며, 또한 폐사체를 청소동물이 먹을 때 물속으로 유입된다. 이 세균은 물속에서 수일에서 수주 동안 생존할 수 있으며, 수면부 주변에 축적된다(Friend와 Franson, 1999). 건강한 새들은 물을 마시고 먹이를 먹는 동안 이에 노출되거나 새의 움직임으로 인해 만들어진 세균을 함유한 연무질외 흡입을 통해서도 노출될 수 있다.

물은 다른 방식으로도 질병 전파에 영향을 미칠 수 있다. 유거수(runoff water, 땅 위를 흐르는 물)는 외부 환경에서 높은 저항성을 가진 탄저균 아포들을 움푹 파인 저지대에 퇴적, 농축시킴으로써 탄저병 전파에 있어 중요한 역할을 한다(Dragon과 Rennie, 1995). 유거수 형태로 해양 환경에 유입된 담수는 톡소포자충(*Toxoplasma gondii*, 육상생물인 고양이가 유일한 종숙주로 알려져 있는 원생 기생생물)이 바다의 돌고래와 해달에게까지 도달한(Miller 등, 2004a) 경로

표 8.3 | 야생동물 질병의 오염성 직접 전파를 통한 전염 방법

전파의 방법	질병	연관된 종
공중전파	구제역	잠재적으로 다수의 종
	한타바이러스	설치류 배설물로부터 사람
	뉴캐슬병, 클라미디아	다수의 조류(연무질 및 먼지입자)
	탄저	북미들소(먼지입자 위)
수인성	조류인플루엔자	야생 물새
	렙토스피라증	포유류 다수
	야토병 Type B	수생 및 반수생 설치류
	조류콜레라	물새
음식 또는 목초 오염	원충 및 연충다수	모든 종
	에르시니아증	다수 종
여타 매개물	조류수두바이러스(횃대)	다수 종
	전염성농창(소금을 핥아)	큰뿔양
수송 숙주		
검정파리	탄저	쿠두[1]
설치류 벼룩을 갖고 있는 육식동물	페스트	프레리독[2]
바퀴벌레	조류근육포지충(*Sarcocystis falcatula*) 감염	포섬으로부터 조류[3]
파리	전염성 각결막염	샤모아[4]
모기, 벼룩	점액종증(myxomatosis)	토끼
독수리, 갈매기	탄저	아프리카동물들[5], 북미들소[6]
연장중간숙주	북미너구리회충 (*Baylisascaris procyonis*)	다수의 종들로부터 북미너구리
	거대신충(*Dioctophyme renale*)	물고기, 개구리로부터 밍크

1 Braack과 deVos(1990)　**2** Barnes(1982)　**3** Clubb과 Frenkel(1992)　**4** Giacometti 등(2002)　**5** Ebedes(1976)　**6** Dragon과 Rennie(1995)

인 것으로 생각된다(Bowater 등, 2003).

음식, 초목, 토양, 기타 비생물적 요인의 오염: 오염된 먹이의 섭식 그리고 미생물, 특히 분변을 통해 배출된 미생물에 오염된 초목 및 토양에 노출되는 것은 야생동물의 바이러스, 세균, 원충, 연충을 포함한 많은 중요 질병들이 전파되는 일반적인 경로다. 새로운 숙주 안으로 들어가는 가장 일반적인 경로는 섭식이지만, 다른 미생물들은 호흡, 피부 상처, 또는 피부 및 점막에 직접 침투하는 방식으로 들어갈 수도 있다. 그 예로는 사슴 사이에서의 우결핵(bovine tuberculosis) 전파를 들 수 있는데, 이는 오염된 먹이에 접촉함으로써 이루어진다(Palmer 등, 2004). 대부분의 미생물 생존은 서늘하고 습한 외부 환경에서 연장되고, 덥고 건조한 환경, 특히 강한 직사광선에 노출된 환경에서 단축된다. 이는 질병의 분포에 영향을 미칠 수 있다. 2004년 한센(Hansen) 등은 들쥐(vole)에서 다방조충(*Echinococcus multilocularis*) 유충의 감염이 공간적 집중(spatial aggregation) 분포 형태를 보이는 것은 여우를 통해 배출된 조충란이 덥고 건조한 지역에서는 생존할 수 없기 때문에 서늘하고 습한 지역에 사는 들쥐에게서 감염이 일어나는 것이라고 제의했다(이 지역은 또한 사람 감염의 위험도 큰 지역으로 여겨졌다).

이런 식의 전파를 이용하는 많은 미생물들은 매우 저항성이 높은 형태로 존재한다. '기만히 기다리기'를 통한 전파 분야의 챔피언 중 하나는 회충아과(Ascaridinae) 선충의 함자충란(embryonated egg)으로, 여기에는 외부 환경에서 수년 동안 감염성을 유지할 수 있는 북미너구리회충(*Baylisascaris procyonis*)(Kazacos, 2001)와 탄저병을 일으키며 수세기 동안 감염성을 유지할 수 있는 탄저균(*Bacillus anthracis*) 아포(Gates 등, 2001)가 포함되어 있다. 전염성해면상뇌증의 원인이라고 생각되는 프리온이 외부 환경에서 얼마나 오랫동안 살아남을 수 있는지는 알려지지 않았지만, 적어도 2.2년간은 만성소모성질병에 걸린 사슴을 수용한 적이 없는 사육장에서 사육된 노새사슴(mule deer)이 질병에 감염된 바 있다(Miller 등, 2004b). 오염 전파(contaminative transmission)를 통해 확산되는 몇몇 병원체들은 다른 숙주를 찾을 가능성을 적극적으로 높여나간다. 물범의 십이지장충(seal hookworm, *Uncinaria lucasi*) 감염성 3기유충은 겨울 동안 물범 번식지에 생존하고 있다가 이듬해에 돌아오는 물범 성체의 피부에 침투한다. 초식동물의 소화관을 감염시키는 몇몇 선충의 유충들[예를 들면, 뇌조모양선충(*Trichostrongylus tenuis*)은 붉은뇌조에 감염된다.]은 풀을 뜯는 동물이 섭취할 만한 초목 위에 기어올라가서 기다린다. 몇몇 진드기류의 유충이나 약충은 자신들이 원하는 숙주에게 알맞은 높이까지 초목에 기어올라간 후 지나가는 동물과 접촉하기를 기다린다.

다른 종에 의한 전파: 질병에 관여하는 통상적인 숙주 외에 다른 종을 필요로 하는 직접 전파 형태로는 두 가지가 있다.

첫 번째 형태의 예로는 앞에서 언급했던 모기의 주둥이를 통한 조류수두바이러스(avian poxvirus)의 운반을 들 수 있다. 운반숙주(transport host)를 통해 전파되는 질병들의 다른 예로는 흡혈파리(biting fly)의 주둥이에 존재하는 점액종증(myxomatosis), 야토병(tularemia), 탄저병(anthrax) 원인 병원체 등의 기계적 전파를 들 수 있다. 미생물은 청소동물의 털가죽이나 깃털로도 운반될 수 있으며, 무척추동물의 다른 외부 구조물을 통해서도 운반될 수 있다. 어떤 원인체는 사체나 분비물 또는 배설물을 섭식한 동물의 장관 속에서도 생존한다. 탄저균 아포는 청소동물의 분변 속에 들어 있을 수 있고(Pienaar, 1967), 주머니쥐(opossum)의 배설물을 섭식한 바퀴벌레는 새에게 먹힌 후 원생동물인 조류근육포자충(*Sarcocystis falcatula*)을 전염시켰다(Clubb과 Frenkel, 1992). 조충란은 파리의 소화관에서 생존할 수 있기 때문에 파리는 단방조충(*Echinococcus granulosus*)을 개의 배설물로부터 사람을 포함한 다른 종으로 전파시키는 주요 수단일 것으로 생각된다(Lawson과 Gemmell, 1983, 1985). 여과섭식(filter-feeding)을 하는 무척추동물은 바다로 씻겨 내려간 톡소포자충의 난포낭(oocyst)이 해달에게까지 이르는 경로일 수도 있다(Miller 등, 2004a).

두 번째 형태의 예로는 '연장중간숙주(paratenic host)'를 들 수 있다. 이는 숙주가 미생물에 감염은 되지만, 그 안에서 미생물의 증식이 일어나지 않는 것을 말한다. 연장중간숙주가 꼭 필요한 것은 아니지만, 그들은 전파 확률을 높여줄 수 있다. 일반적으로 연장

중간숙주는 대형기생체에서만 알려져 있다. 야생 밍크를 감염시키는 거대신충 (*Dioctophyme renale*) 성체는 밍크의 한쪽 신장(보통 오른쪽) 안에서 살면서 이를 파괴하고, 충 란은 소변을 통해 물속으로 들어간다. 이들의 일반적인 생활사는 간접 전파로, 유충기 는 수생 빈모류(oligochaete)에서 발달하고, 밍크가 이 빈모류를 섭식하여 감염된다. 하지 만 만약 감염된 빈모류가 물고기나 개구리(밍크의 흔한 먹이)에게 먹힌다면, 이 동물도 감염 된다. 유충은 개구리나 물고기 숙주의 조직에서 계속 살아남지만, 발육하거나 성장하지 는 않는다. 그 개구리나 물고기가 밍크에게 먹히면, 유충은 밍크 안에서 성장하여 완전 히 성숙하게 된다. 물고기와 개구리는 거대신충의 전파에 꼭 필요하지는 않지만, 기생 충증이 발생할 확률을 높이는 데 기여한다.

간접 전파

간접 전파에는 한 가지 종 이상의 참여가 필요하다. 그 '다른' 종은 척추동물일 수도 있고 무척추동물일 수도 있으며, 어떤 질병은 두 가지 종 이상을 필요 로 하기도 한다. 병원체의 생활사에 둘 또는 그 이상의 종이 필요할 경우, 서로 다른 숙 주의 지위를 지칭하는 용어가 다소 문제가 된다. 관습적으로 대형기생체를 연구하는 기 생충 학자들은 병원체가 어떤 숙주 안에서 성 성숙에 다다를 때, 그 숙주를 '최종숙주/종 숙주(definitive host 또는 final host)'라고 부른다(전파가 거기서 끝나는 것은 아니지만). '중간숙주'라는 명칭은 기생체가 어떤 숙주 안에서 성 성숙에 다다르지는 못하지만 발육을 하고, 간혹 복제가 일어날 때 사용된다. 이러한 방식은 병원체의 성 성숙을 정확히 포착할 수 있을 때 잘 적용된다(표 8.4).

말라리아와 류코사이토준(*Leucocytozoon*) 감염 같은 질병의 경우, 종숙주가 절지동물 이고 중간숙주가 척추동물이다. 표 8.4의 예를 보면 알 수 있듯이, 한 종이 몇몇 감염성 병원체에서는 중간숙주가, 또 다른 병원체에서는 종숙주가 될 수 있다.

간접 전파는 대형기생체에서 매우 흔한데, 그들의 생활사는 흔히 복잡하며 매우 '영

표 8.4 | 간접적으로 전파되는 질병들

질병 병인체	최종숙주	중간숙주
대왕간질(*Fascioloides magna*)(흡충)	엘크, 흰꼬리사슴	달팽이
파렐라포스트론길루스 테누이스 (*Parelaphostrongylus tenuis*)(선충)	흰꼬리사슴	달팽이 또는 민달팽이
단방조충(*Echinococcus granulosus*)(촌충)	늑대	말코손바닥사슴, 사슴, 엘크, 순록
사르코시스티스 릴레이(*Sarcocystis rileyi*)(원충)	줄무늬스컹크	오리
사르코시스티스 라우스코룸 (*Sarcocystis rauschorum*)(원충)	흰올빼미	목도리나그네쥐
플라스모디움 렐릭툼(*Plasmodium relictum*)(원충)	모기	조류
류코사이토준 시몬디(*Leucocytozoon simondi*)(원충)	검정파리	오리
거대신충(*Dioctophyme renale*)(선충)	밍크	수생 지렁이류
사르코네마 에우리세르카(*Sarconema eurycerca*)(선충)	고니, 거위	새 이(bird louse)
슈나이더함유사상충(*Elaeophora schneideri*)(선충)	노새사슴	말파리(*Tabanus* spp., *Hybomitra* spp.)

참고: 최종숙주라는 것은 질병 원인체가 기생하며 성적 복제를 하는 숙주를 의미

리'하다. 이런 생활사에서 기생체가 전파되기 위해서는 한 숙주가 반드시 죽어야만 하는 포식자-먹이 관계에 있어야 한다. 병독성에 관한 글에서 밝혔듯이(5장에서) 중간숙주에는 감염 후 알맞은 종숙주에게 잡아먹힐 가능성이 더 높아지도록 어느 정도 변화가 일어나는데 이런 생활사를 '기생체유발영양전달(parasite increased trophic transmission, PITT)'(Lafferty, 1999)라고 한다. 여기에는 중간숙주의 행동이나 외형을 변화시켜 포식자에게 더 쉽게 발각되게 하거나, 발각됐을 때 달아나는 능력이 떨어지게 만드는 것 등이 해당될 수 있다. PITT가 가장 잘 나타난 예들은 대부분 무척추동물 중간숙주에 대한 것들이지만, 이러한 현상은 그보다 더 큰 동물에서도 나타날 것으로 보인다.

간혹 어떠한 경우, 한 동물이 한 병원체의 중간숙주와 종숙주 역할을 하기도 한다. 선모충속(*Trichinella* spp.)은 성충이 포유동물의 장 내에서 기생하는 선충류다. 이 선충의 암컷이 생산한 유충은 숙주의 몸 밖으로 나가는 대신 장벽을 관통하여 골격근에서 피포

(encyst)를 형성하고, 포식자 또는 청소동물에게 (감염된 숙주가) 먹힐 때까지 그곳에서 아주 오랜 시간 동안 생존해 있다. 선모충속은 흔히 북아메리카 지역에서 덜 익힌 곰고기를 먹는 것과 연관된 사람에게 선모충증(trichinosis)을 유발한다. 고기 속의 유충은 사람의 소화관에서 성충기(adult stage)까지 발육한다. 성충은 유충을 생산하고, 그 유충은 사람의 근육 조직에 자리 잡게 되는데, 이때 장내 감염 단계와 근육 내 감염 단계 모두가 병을 유발한다. 많은 수의 기생충에 의한 중감염은 치명적일 수 있다.

바이러스나 세균, 일부 원충류에 의해 유발된 간접 전파 질병에 관여하는 숙주들에게 알맞은 명칭을 찾기는 더 힘들다. 그 이유는 성적 복제가 특징적으로 두드러지지 않기 때문이다. 사람(늘 가장 높은 가치로 평가되는 척추동물)과 가장 크게 관련된 종을 흔히 '종숙주(primary host)'라고 하며, 그 밖에 관련된 다른 종들은 교대숙주(alternate host), 그 대상이 무척추동물일 경우에는 매개종(vector species)이라고 한다(표 8.5).

'매개체(vector)'라는 용어는 다양하게 사용되어 왔다. 일반적으로 이는 '병원체를 운반 또는 전염시키는 모든 것'이라는 의미로 사용하고, 생태학적 측면에서는 '다른 생물과의 생태학적 관계로 인해, 하나의 살아 있는 숙주에서 병원체를 획득하여 다른 숙주

표 8.5 | 곤충매개로 간접 전파되는 질병들

질병(병인체)	연관된 야생동물 숙주	매개체
블루텅, 사슴의 유행성 출혈열 (오르비바이러스)	사슴, 기타 유제류	쿨리코이데스속(*Culiocoides* spp.)(등에모기류)
라임병(*Borrelia burgdorferi*)	흰발생쥐, 여타 설치류, 조류	사슴진드기(*Ixodes scapularis*), 아주까리참진드기(*I. ricinus*)(진드기들)
웨스트나일바이러스	야생조류	모기, 주로 쿨렉스속(*Culex*)
도약병(flavivirus)	붉은뇌조, 고산토끼	아주까리참진드기(*Ixodes ricinus*)(진드기)
페스트(*Yersinia pestis*)	프레리독과 여타 설치류	설치류 벼룩
야토병 Type A	토끼목	헤마피살리스 레포리스팔루스트리스 (*Haemaphysalis leporispalustris*)와 여타 진드기들
에를리히증(*Ehrlichia* spp.)	사슴	참진드기과(Ixodid) 진드기들

에게 전달시켜주는 살아 있는 생물체'라는 의미로 사용한다(Toma 등, 1999b). 여기서는 매개체(vector)를 질병의 간접 전파와 관련된 서로 다른 다양한 흡혈 절지동물(blood-feeding arthropods) 집단이라는 매우 제한된 의미로 사용할 것이다. 이러한 절지동물들은 단순히 병원체에 체표가 오염된 것이 아니라 병원체에 감염된 것으로, 그 병원체들은 절지동물의 체내에서 발육하고 증식한다.

매개체 전염병들은 비교적 흔하며, 그중 많은 수는 병독성이 매우 높다. 1983년 에발트(Ewald)는 많은 사람의 질병을 분석한 결과, 대체적으로 절지동물의 흡혈을 통해 전파되는 질병들이 직접 전파되는 질병들보다 병독성이 높다고 결론지었다. 그는 이러한 질병들(절지동물에 의해 전파되는)의 전파는 사람이 쇠약해져도 불이익을 얻지 않으며, 오히려 사람들이 흡혈동물에게 물리는 것을 더욱 용이하게 때문일 것으로 추측했다(보통 병원체가 자신의 숙주를 극단적으로 쇠약하게 만들 경우, 숙주의 운동성이 떨어져 질병의 전파 능력도 감소하는데 반해 절지동물에 의해 전파되는 원인체들은 숙주의 운동성이 불필요하다는 것을 의미—옮긴이).

서로 다른 흡혈 절지동물 매개체들 간, 특히 진드기와 그의 흡혈곤충 사이에는 질병 전파 양식에 영향을 미칠 수 있는 중요한 차이점들이 있다(Randolph 등, 2001). 진드기는 상대적으로 정착하는 성질이 있는 반면, 대부분의 곤충은 날 수 있기 때문에 이동성이 있다. 따라서 곤충 매개 질병의 지리학적 분포는 신속하게 변하는 반면, 진드기 매개 질병의 경우 서서히 변하는 경향을 보인다. 상당히 고정적인 분포를 보이는 라임병(진드기가 전파)과 북아메리카 전역으로 폭발적으로 퍼져나가는 모기매개성 웨스트나일바이러스의 비교가 좋은 예라고 할 수 있다. 곤충의 이동성에 관한 극단적인 예로, 다양한 오르비바이러스(orbiviruse)에 감염된 등에모기종(*Culicoides* spp.) 등에모기(midge)들이 바람에 실려 국경들을 넘어 먼 거리를 이동한 것으로 추측된다(Sellers, 1980 ; Sellers와 Pedgley, 1985 ; Gibbs, 1991). 대부분의 곤충은 성충만이 흡혈을 하는 반면, 진드기는 모든 발육 단계에서 흡혈하며, 유충기, 약충기(nymphal stage), 성충기별로 다른 종의 동물을 흡혈할 수도 있다. 따라서 진드기는 일련의 '종 사슬(chain of different species)'을 따라 병원체를 효과적으로 옮길 수 있다. 또한 곤충은 먹이를 자주 섭취하는 반면, 진드기는 그 빈도수는 낮지만 한 번에 많은 양을 흡혈한다. 예를 들어, 암컷 등에모기(midge)들은 70일 수명 동안 매 4일마다 먹이를 섭취하지만, 많은 진드기들은 각각의 생활사 단계마다 단 한 번만 먹이를 섭취한다. 곤충 한 마리가 진드기보다 잠재적으로 더 많은 동물을 감염시킬 수 있다. 경란전파[또는 생활사별 전파(transtadial, 생활사의 한 단계로부터 다음 단계로 전파)]의 경우, 곤충에서는 진드기에 비해 흔하지 않게 발생한다. 대부분의 곤충들은 수명이 짧은 반면, 진드기들은 수명이 길기 때문에 그 지역에서 장기간 지속적인 감염원이 될 수 있다(어떤 바이러스들은 감염된 모기들 안에서 겨울을 날 수 있고, 그 모기들은 봄이 돌아오면 감수성 있는 척추동물들에게 질병을 퍼뜨릴 것이다). 곤충 매개 전파는 신속히 일어나지만, 지속적으로 존재하기 위해서는 높은 전파율이 필요하다. 진드기 매개 전파는 한 단계에서 다음 단계로 탈피(molt)가 일어나는 오랜 기간(수개월) 동안 지연될 수 있지만, 낮은 전파율로도 지속적으로 존재할 수 있다(Hudson과 Dobson, 1995).

변온성 갑각류(poikilothermic crustaceans), 연체동물, 절지동물을 통한 간접 경로로 전파되는 질병들은 기온이나 습도와 같은 기후 변화에 특히 민감하다. 이 질병들의 공간적 분포와 계절별 발생은 각 여름의 일정 최저 기온 이상인 날의 수, 상대 습도, 강우량과 같은 요인들에 의해 뚜렷하게 결정된다. 예를 들면, 등에모기종(Culicoides spp.)으로 전파되는 오르비바이러스에 의해 발생하는 대규모 출혈성 질병은 가을의 된서리 후에 곧 사라진다.

전파의 복합적인 경로

많은 감염성 질병은 한 가지 이상의 전파 경로를 가진다. 가장 중요한 경로는 상황에 따라 달라질 수 있다. 이는 질병이 어떻게 유지되는지를 이해하는 데 있어 매우 중요하다. 예를 들어, 선충류인 북미너구리회충(Baylisascaris procyonis)은 북미너구리의 아성체 개체와 성체에서 서로 다른 경로로 전파된다. 기생충 성충은 장내에서 살며, 충란은 북미너구리의 배설물 안에 들어 있다. 충란은 외부 환경에서 발육 기간을 거친 후, 다른 북미너구리에 섭취되었을 때 바로 감염성을 갖게 된다. 이것이 대부분의 어린 북미너구리가 감염되는 경로다. 만약 충란이 (북미너구리가 아닌) 다른 종의 동물에게 섭취되면(보통은 설치류나 소형 조류), 충란은 부화하고 유충은 동물의 조직 속을 왕성하게 이동[이 과정을 '내장유충이행증(visceral larva migrans)'이라 한다.]하며 일부는 뇌에까지 다다른다. 이 유충은 이러한 연장중간숙주(paratenic host)에서는 완전히 발육하지 않지만, 이 감염은 해당 숙주동물이 쇠약해지거나 죽게 되어 북미너구리에게 발견 및 섭취되는 것을 더욱 용이하게 한다. 이것이 북미너구리 성체에서 주로 일어나는 감염 경로라고 생각된다(Kazacos, 2001).

새로운 숙주로의 침입

질병 전파의 세 번째 단계는 새로운 숙주로의 침입과 군집 형성이다. 흔히 체내에 존재한다고 생각하는 것들은 사실 외부와 직접 연결되어 있다(그림 6.2). 외부인자가 체내로 들어가는 가장 중요한 경로는 '섭식'과 '흡입'이다. 그보다는 드물게, 결막의 점막, 비뇨생식기 그리고 피부를 통해 들어가기도 한다. 어떤 병원체들은 체표를 덮고 있는 상피층을 절대 뚫고 들어가지 않는다. 이러한 병원체 중어떤 것들은 상피세포의 표면에 서식하고[예: 장의 지아르디아종(*Giardia* spp.)], 콕시디아와 같은 다른 병원체들은 상피세포는 통과하지만 그 이상 침투하지는 않는다.

2001년 밈스(Mims)는 병원체가 숙주의 체내로 들어가는 네 가지 기전을 아래와 같이 정리했다.

1. 병원체에게 숙주의 몸 표면에 달라붙고 침투할 수 있는 특별한 기전이 있는 경우. 이러한 기전은 숙주의 특정 세포막에 있는 수용기(receptor)라고 하는 특수한 분자에 달라붙게 한다(수용기는 본래 병원체가 달라붙기 위한 구조가 아니라 세포의 다른 기능을 수행하는 구조물이다). 어떠한 병원체들은 한 가지 종류 이상의 세포에 달라붙을 수 있다.

2. 병원체들은 무는 곤충 매개체나 대형기생체가 직접 침투하여(물개나 개과 숙주에서 촌

충 등의 대형기생체 경우와 같이) 피부를 뚫고 들어간다.

3. 병원체들은 숙주의 체표를 뚫고 들어갈 능력이 있으며, 피부 표면에 손상이 발생하는 것에 의존한다. 여기서 손상은 피부나 점막의 물리적인 열상일 수도 있고, 광견병바이러스처럼 교상일 수도 있다.

4. 병원체는 숙주의 방어기전에 국소적인 또는 전신적인 이상이 있는 경우에 침입할 수도 있다.

새로운 숙주에 다다른 모든 병원체가 성공적으로 감염을 일으키는 것은 아니다. 새로운 숙주에 도달한 병원체의 수는 흔히 매우 적어서 국소적인 저항기전을 극복해내는 데 불충분하다. 미세기생체에 의해 발생하는 질병의 경우, 감염이 일어나기 위해서는 '최소감염용량(minimum infection dose)', 다시 말해 질병을 일으키기 위한 미생물의 역치수만큼의 병원체가 필요하다. 대부분 야생동물의 경우, 질병 전파를 위해 필요한 최소 감염 용량이 거의 알려진 바가 없지만, 인간의 질병 병원체에 대해서는 대략적인 수가 알려져 있으며, 이는 병원체 역치의 다양성 정도를 보여준다. 예를 들어, 장티푸스균 = ≤ 10^5(세균수), 이질균 = 10(세균수), 람블편모충 = 10(아포) 그리고 결핵균 = 1−10(세균수)와 같다(Mims 등, 2001). 야생동물에 대한 정보 또한 한정적임에도 비슷한 정도의 다양성을 보여준다. 돼지브루셀라균(*Brucella suis*)의 경우, 숙주동물의 결막에 직접 접종했음에도 순록에서 정기적으로 실병을 일으키기 위해서는 10^7개의 돼지브루셀라균 생물변이 4형이 필요했다(Dieterich 등, 1991). 반면 흑사병균(*Yersinia pestis*)의 경우, 한 번 벼룩에 물릴 때 유입 가능한 수 15,000개(흑사병균수)는 질병을 전파하고도 남을 정도의 양이었다(Burroughs, 1947, Gaspar와 Watson, 2001).

실제로 감염이 이루어지는 데 필요한 양은 숙주종, 나이, 성별, 유전자형 그리고 숙주의 전반적인 신체 상태, 병원체의 아형 종류, 전염의 경로, 그 밖의 여러 인자들에 따라 달라진다. 앞에서 언급한 요인들 하나하나는 매우 거대한 영향을 미칠 수 있다. 예를 들어 구제역의 경우, 섭식을 통한 전염을 위해 필요한 바이러스의 양은 호흡기를 통해 전염되는 경우보다 약 10,000배 정도 더 크다(Thomson 등, 2001). 질병이 전파되기 위해 병원체의 수가 최소한 또는 역치 용량을 넘어야 한다는 사실은 질병 전파에 중요한 영향을 미친다. 예를 들어, 점액종바이러스(myxoma virus)가 모기를 통해 전파되기 위해서는 감염된 토끼의 피부 1g당 생존 가능한 바이러스 입자가 최소한 107개 이상 있어야 한다. 만일 피부에 존재하는 바이러스의 수가 이에 미치지 못할 경우, 모기들의 입 주변은 질병을 전파할 만큼 충분한 양의 바이러스를 묻히지 못할 것이다(Kerr와 Best, 1998). 대형기생체의 경우, 전염을 위한 역치가는 흔히 알려져 있지 않지만, 숙주에게 성공적으로 도달한 감염성 상태의 기생충 중 적은 비율만이 성공적으로 숙주를 감염시킬 수 있다. 예를 들어 양에게 경구 감염시킨 단방조충(*Echinococcus granulosus*) 알의 1% 미만만이 유충 단계에 다다르며, 개에게 먹인 단방조충의 유충 원두절(*larval protoscolices*, 번식포 내에서 만들어진 유충으로 번식포 내에서 무성 생식하여 수천에서 수십만 개로 늘어난다—옮긴이) 중 5% 미만만이 질병을 일으켰다(Gemmell 등, 1986).

일반적으로 숙주를 감염시킨 병원체가 많을수록 숙주에 대한 영향은 더욱 커진다. 이는 숙주 내에서 복제를 일으키지 않는 대형기생체 감연의 경우 더욱 뚜렷하게 나타난다(하나의 알 또는 유충은 하나의 성충만을 만들어 낸다). 그러나 미세기생체에 의한 감염의 경우, 바이러스 또는 세균 입자가 단 한 개라도 숙주 내에 침입한 후에는 엄청난 수의 후대를 생산해낼 수 있는 잠재력을 가진다. 최근까지는 초기에 감염된 미세기생체의 숫자에 대해서는 관심이 많지 않았는데, 이는 초기의 감염 병원체수가 결과적으로 감염을 일으키는 병원체수에 별다른 영향을 미치지 않는다고 생각되었기 때문이다. 그 동안에는 처음에 감염된 병원체수가 얼마인지에 상관없이 결국에는 특정 밀도 또는 '수용 한계'에 다다른다고 생각되었다. 그러나 더 많은 (초기) 감염 병원체 수는 많은 질병에서 더 짧은 임상 증상의 발현과 더욱 심각한 병리학적 영향을 일으켰는데, 이는 아마도 병원체 수용 한계(carrying capacity)에 더욱 빨리 도달했기 때문일 것으로 생각된다. 병원체의 수와 그에 의한 영향을 정확하게 측정할 수 있는 실험 상태에서 세균과 곰팡이의 높은 감염 병원체수는 이들의 숙주인 큰물벼룩(*Daphnia magna*)의 번식률과 생존율을 감소시켰으며, 병원체의 전파 단계 발생 또한 감소시켰다(Ebert 등, 2000b). 전염된 병원성 곰팡이의 수가 매우 많은 경우, 숙주는 병원체의 전파 단계가 오기 전에 폐사했다.

질병의 병원성 발생에 대해 현재 알려진 많은 부분들은 실험적인 감염을 통해 얻어진 것이다. 이러한 감염의 대부분은 특이한 방법으로 전염된 것이며, 부자연스러운 경로를 통해 동물에게 감염되어, 자연 상태의 전염과는 거의 무관한 병원체 수를 다루고 있다. 따라서 이러한 결과들을 자연 상태에 대입하는 것은 매우 위험하다. 그 이유는 실험으로 얻어진 결과가 자연 상태의 전염과 많이 다를 수 있기 때문이다.

질병의 확립 및 영구화

질병이 한 개체군 내에서 나타내는 유형은 그 질병이 하나의 개체 내에서 진행되는 감염, 전파 방법 그리고 숙주 개체군의 특성(인구 통계적 그리고 사회적 구성)들에 따라 달라진다(Nokes 1992). 지금까지 필자는 질병 전파의 질적 측면에 대해 논의했다. 이제 필자는 질병이 한 개체군 내에 정착하고 영구화되는 것과 관련하여 영향을 미치는 양적인 특징들에 대해서도 이야기하고자 한다. 필자는 숲속 화재와의 비유를 이용할 생각인데, 그 이유는 감염병과 화재는 특정 상황에서 유사한 행동 양상을 보여주기 때문이다.

질병과 화재의 정착 및 유지는 모두 원인체의 번식 성공도에 달려 있다. 질병에서 이는 R_0, 즉 기본적인 번식률(기본 번식수 또는 비율로 부르기도 한다)로 표현되는데, 이는 개체군 모델에서 내적 증가율(r)로 표현되는 수치와 동일한 것이다. R_0는 특정 질병에 고정된 값이 아니다. 이는 병원체와 숙주 군집 모두에 영향을 받아 다양하게 나타나며, 미세기생체와 대형기생체에 따라서도 다르게 나타난다. 어떤 감염병이든, 그것이 한 개체군 내에 정착하거나 유지되기 위해서는 질병에 걸린 개체들이 평균적으로 최소한 한 마리 이상의 새로운 개체에게 질병을 전파해야 한다(예: R_0는 1 이상이어야 함). 만일 R_0가 1보다 작으면, 전파의 세대가 지나갈수록 감염된 개체수가 줄어들 것이며, 결국 질병은 사라질 것이다. 이와 반대로 '만일 평균적으로 감염된 동물들이 마리당 한 마리 이상의 새로운 숙주동물에게 질병을 전파하면, 이러한 감염병의 연쇄 작용은 지속될 것이며'(Heesterbeek와 Roberts, 1995), 질병의 유병률은 점차 증가할 것이다.

미세기생체의 경우, R_0는 특정 병원체에 감염된 숙주동물 한 개체(이하 감염체)가 모든 개체들이 해당 병원체에 대한 감염감수성이 있는 개체군 안에서 일으킬 수 있는 2차감염의 평균치다. 이는 번개로 인해 점화된 나무 하나로부터 불길이 주변으로 퍼져 태우는 나무의 수와 유사하다. 각기 다른 상황의 R_0를 표현하기 위해 여러 가지 수식이 제안된 바 있는데, 아래의 것도 그중 하나다.

$$R_0 = \beta X / (a+b+\delta)$$

이때 β는 감염된 숙주동물과 감염될 수 있는 숙주동물 간의 질병 전파 확률이며, X는 숙주 개체군의 밀도, a는 질병에 의한 폐사율, b는 감염되지 않은 개체의 폐사율 그리고 δ는 감염으로부터의 회복률이다(Anderson과 May, 1986 ; Anderson, 1991). 위의 모델과 여타 다른 모델들 역시, 질병의 전파율은 감염성이 있는 개체와 감염감수성이 있는 개체 간의 접촉 빈도, 접촉 중 실질적인 감염을 일으키는 접촉의 비율, 숙주들의 밀도와 군집 크기 그리고 동물들의 회복율(또는 폐사율) 등의 영향을 받는다. 질병 전파에 대한 모델링에 대한 자세한 사항은 1995년 그렌펠(Grenfell)과 돕슨(Dobson), 2001년 허드슨(Hudson) 등을 참조하기 바란다.

두 개의 소나무 숲을 상상해보자. 숲 A의 나무들은 서로 멀리 퍼져 있고 나무의 수도 적다. 숲 B의 나무들은 촘촘하게 들어서 있다. 숲 A와 B에 있는 모든 나무들은 탈 수 있는 가능성을 갖고 있다(모두 연소 가능하다). 그러나 만약, 각 숲의 나무 하나에 번개가 친다고 했을 때, 비록 원인체(불길)와 영향을 받는 종(소나무)이 같다고 하더라도 나무들 사이로 불이 퍼지는 정도(R_0값)는 다를 것이라고 예상할 수 있다. 이러한 차이는 연료량(연소 가능한 나무의 밀도)과 불길이 한그루의 타는 나무로부터 새로운 나무로 옮겨질 확률(전파)과 관련되어 있다. 숲 A에서 불길은 국소적으로 나무들을 연소시킨 후 사라질 것이다. 반면 숲 B의 경우, 격렬한 산불이 될 것이다. 이와 마찬가지로 하나의 질병이 들어오면, 이는 잠시 반짝하다가 사라질 수도, 엄청난 유행병을 일으킬 수도 있다(질병이 대규모로 발생하면 인지가 가능하지만 질병이 야생 개체군으로 들어와서 정착하지 못하고 사라져 없어지는 빈도수에 대해서는 알 방법이 없다).

개체군의 크기와 밀도가 매우 중요하게 생각됨에 따라 대부분의 질병 모델들은 $R_0 < 1$이 되어 결국 질병이 소멸하는 개체군 역치가 존재한다고 가정한다. 그러나 2003년 베곤(Begon) 등이 이야기했듯이, '역치에 대한 경험적인 증거는 그 어떤 것이 됐든 매우 희박하다.' 이는 매우 복잡한 주제이며, 하나의 질병 침입, 그리고 질병의 유지에 동일한 역치의 적용이 가능한지 그리고 숙주의 밀도와 전체 개체군 크기 중 어떤 것이 더 중요한지 모두 불명확하다. 야생동물 질병 대부분의 경우, 숙주 군집의 크기, 밀도와 접촉 발생의 빈도의 관계가 어떠한지에 대해 알려지지 않았다. 2001년 스윈튼(Swinton) 등은 아래와 같은 두 가지 조건하에서, 숙주 개체군 크기 또는 밀도 증가는 한 마리당 다른 개체와의 접촉률을 증가시킬 것이라고 제시했다.

1. 숙주 개체들이 지정된 '사회-공간적 장'에서 동종들과 접촉할 기회를 가지며, 이렇게 한정된 공간에 여러 마리가 모이는 것은 해당 구역 내의 개체수 증가를 일으킨다. 이는 서식지를 잃은 물새들이 보호구역으로 무리를 이루어 몰려들고 여기서 조류콜레라가 전파되는 경우나 인공적인 먹이 급여로 밀집된 순록 개체들 간의 브루셀라증 그리고 사슴들 간의 결핵 전파의 경우에 적용해볼 수 있다.

2. 사회 구조적으로 하나의 숙주 개체가 병원체의 생활사 동안 동종 개체군 내 대부분의 개체들과 접촉할 기회를 부여하는 경우. 2001년 스윈튼(Swinton) 등은 이것을 집단 휴식지(haulout area*)에 모여 매일같이 집단을 재구성하는 물범에게 일어나는 모빌리바이러스 감염에 적용할 수 있다고 제안했다(*haulout area라 함은 hauling-out 행동을 하는 지역을 말한다. hauling-out 행동은 주로 기각류에서 나타나는 행동으로, 물속에서 먹이행동을 하는 도중에 육지 또는 얼음 위

로 한동안 무리지어 나와 있는 것을 말한다. hauling-out은 주로 짝짓기, 출산 등의 행동에 필수적이지만 hauling-out 행동이 모두 번식만을 위한 것이 아니다. 이러한 행동은 포식자로부터 피하거나, 체온 조절, 사회적인 활동, 기생충 감염 저하 및 휴식과 같은 다른 이득을 주기도 한다. —옮긴이).

대부분의 야생동물 질병에서 역치 개체군 밀도는 알려진 바가 없지만, 몇몇 질병의 경우 측정된 바가 있다. 유럽의 어떠한 지역들에서 광견병이 발생하기 위해서는 여우 개체가 1마리/km² 정도 필요한 것으로 생각된다(Anderson 등, 1981). 또한 스코틀랜드 고지대에서 도약병바이러스(louping-ill virus)가 유지되기 위해서는 6.5마리의 멧토끼/km²가 필요하다(Gilbert 등, 2001). 1999년 패커(Packer) 등은 세렝게티에서 칼리시바이러스(calicivirus)와 파보바이러스(parvovirus) 전염이 일어나기 위해서는 사자 75~200마리면 충분하다고 측정했다. 한 가지 명심해야 할 것은 이러한 R_0 값과 개체군 크기, 밀도 역치값은 다분히 지역 및 상황에 특이적인 결과값이고, 그렇기 때문에 이를 다른 상황에 적용할 수 없다는 것이다(예: 1981년 앤더슨 등에 의해 연구된 지역이 아닌 그 밖의 유럽 지역에서는 광견병이 발발하기 위해 km²당 여우 개체가 한 마리 이상 또는 이하 필요할 수도 있다).

미세기생체에 의한 질병의 경우, 숙주 개체군은 감염에 취약하거나, 감염되었거나, 회복된 개체들로 이루어져 있다. 마지막 개체들은 아마도 재감염에 대한 면역력을 획득했을 것이다. 한 개체 내에서의 질병 발달 과정은 이러한 상태들을 거친다.

감염 취약 → 감염 → 회복 및 면역력 획득

그러나 질병의 병독성이 매우 높은 경우 의외의 결과, 즉 폐사가 일어날 수도 있다. 위에서의 감염 단계는 동물이 질병을 전파할 수 없는 초기 기간과 감염된 동물이 질병을 전파할 수 있는 감염성 기간으로 구분할 수 있다. '감염 단계'와 '회복 단계'의 길이는 질병마다 다르다. 예를 들어 개홍역의 경우, 개체가 감염되어 있는 기간은 약 1~2주정도이지만, 전염성이 있는 기간은 며칠밖에 되지 않는다. 만일 감염되었던 개체가 살아나는 경우, 그 개체는 평생 재감염에 대한 저항력을 가진다. 이와 반대로 사슴에서의 결핵 감염은 몇 달에서 몇 년까지 지속될 수 있고 그중 일부 기간 동안 전염성을 가지며 거의 절대로 회복되지 못한다.

화재가 한 지역을 휩쓸고 나면 연소 가능한 연료가 모두 소비되고 화재로 모조리 타버린 결과 새로운 연료들이 축적될 때까지는 또 다른 화재가 일어나지 않을 것이라고 예상할 수 있다. 이와 마찬가지로 한 군집 내에서 질병이 발발하면, 감염에 취약한 개체들은 모두 '소비'된다(병원성의 병독성이 매우 높다면 '폐사', 회복된다면 '면역력 획득').

그림 8.6은 감염취약 개체군 내에서 빠르게 전파하고 감염 기간은 매우 짧은 병원체에 의한 질병의 전개 과정을 나타낸 것이다. 초기 단계에 감염된 소수의 개체들이 접촉하는 대부분의 개체들은 감염에 취약한 개체들이며, 이때 R_0는 최고치를 이루고 전염되는 개체들의 수는 급격하게 증가한다. 점점 감염에 취약한 개체들이 '소비'될수록 감염체들이 감염에 취약한 개체들과 접촉하는 비율은 점점 감소하며 질병의 번식도와 감염된 개체의 수 모두 감소하기 시작한다. 결국 질병의 전파를 유지하기 위한 감염에 취약한 개체의 수가 부족해지면서 화재가 적절한 연료 없이 타 없어지듯이 질병 역시 사라

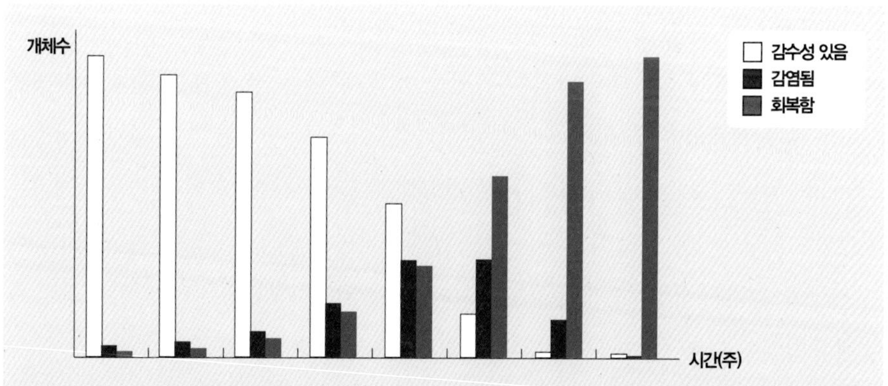

그림 8.6 ▲ 가상의 질병 감염에 대해 모든 개체들이 감수성이 있는 200마리 개체군 내로 감염성 인자가 들어와 유행병이 발생하는 과정을 시각적으로 보여주는 그림. 병인체는 전파력은 높지만 병독성은 낮다. 이 모델에서 개체군 내 모든 개체들이 감염에 취약한 상황에서 R_0는 2.5이며 개체군 내 감염에 취약한 개체들의 비율이 감소할수록 유효 증식수(Re)도 감소한다. 감염된 개체들은 약 2주 후에 회복하며 재감염으로부터 저항성을 가진다. 개체군 내 모든 개체 간 접촉은 무작위로 발생하는 것으로 추정했다. 각 주의 감염된 개체수들은 해당 질병의 '유행병발병 곡선'을 보여준다.

지기 시작한다. 여기서 감염된 개체수에 따른 결과를 보여주는 동물 유행병 발생 곡선 (그림 8.6)은 숙주 간의 전파가 짧은 간격으로 일어나 유지되는 질병 곡선의 전형적인 형태를 보여준다['짧은 순환(short cycle)', Matumoto, 1960].

숙주에서 짧은 기간 동안만 감염 상태로 존재하다가 평생 동안 유지되는 면역력을 부여하는 미세기생체에 의한 질병의 경우, 순환적인 동태를 보이곤 한다(Dobson과 Hudson, 1995). 이를 보여주는 좋은 예로는 물범에서 일어나는 물범 모빌리바이러스 (Kennedy 2001)와 캐나다 북부의 고립된 지역의 개(Leighton 등, 1988), 뉴저지에서 북미너구리(Roscoe 1993), 세렝게티에서의 사자(Packer 등, 1999) 그리고 서부 북미 평원의 혼합 육식동물 군집(Williams 2001)에서 발발한 개홍역 등을 들 수 있다. 이러한 질병들이 유행병으로 발생했을 때 그 전체 과정은 불과 몇 주 내에 이뤄졌으며, 출생 또는 외부로부터의 이주를 통해 감염에 취약한 개체를 새로 보충할 수 있는 시간이 없었다. 이러한 질병들의 발생 유형은 산발적(예: 병원체 바이러스가 주기적으로 도입됨)으로 일어나며 군집 전체를 쓸어내고 사라진 후 감염에 취약한 개체군이 새로 형성되기 전까지 몇 년 동안은 다시 돌아오지 않는다. 그러나 미세기생체에 의한 많은 여타 질병들은 이러한 극적인 형태를 따르지 않는데, 그 이유는 이후에 거론될 것이다.

대형기생체의 R_0는 감염에 취약한 숙주 개체군 내에 도입된 한 마리의 암컷병원체가 낳은 후대에서는 살아남아 번식할 수 있는 암컷 새끼의 평균수 또는 '전체가 감염에 취약한 숙주 개체군 내에서 한 마리의 성체 기생충에 의해 생산된 후대 성체 기생충들의 마리수'(Roberts 등, 1995)로 정의된다. 불행하게도 미세기생체에 의한 감염을 설명하는 간단한 SIR 모델이나 숲속 화재 비유법 모두 대형기생체에 의한 질병을 설명하는 데에는 적합하지 않다. 대형기생체에 의한 감염의 경우, 어떠한 개체들은 한 번 이상 동일 병원체에 감염될 수 있으며, 평생 병원체를 체내에 축적할 수 있고(예: 이들은 감염에 취약하면서 동시에 감염된 상태다), 회복된 개체는 또다시 감염에 취약해질 수 있으며, 저항력은 상대적이고, 종종 매우 일시적이며 현재의 감염 상태에 따라 달라질 수 있다(예: 동일 개체는 감염돼 있는 동시에 저항력을 획득한 상태일 수 있다). 대형기생체 감염의 중요한 특징은 감염된 개체들이 하나의 동질한 그룹으로 취급될 수 없다는 것이다. 왜냐하면 감염된 개체들 중 매우 소수의 개체들이 기생충 대다수를 갖고 있으며 대부분의 전파를 일으키는 것이기 때문이다(그림 3.6). 전파의 많은 부분은 감염의 정도와 관련되어 있는데, 여기에는 숙주의 면역반응, 기생충 하나하나의 생존력과 번식력 등이 포함된다. 이 밖에도 추가 숙주종의 잦은 개입과 유충의 발육 정지 등과 같은 이유 때문에 대형기생체의 전파를 모델링하는 것은 매우 복잡하다. 대형기생체들은 미세기생체와 비교했을 때 '둔하고 느린 동태'를 갖지만, 소멸(fade-out, 지엽적인 멸종)에 대해서는 더 높은 저항성을 가진다. 이는 아마도 흡충류들과 절지동물의 유충 단계가 동면 상태로 더 오랜 기간 생존할 수 있게 해준 많은 적응 진화 과정의 결과일 수 있다. 또는 복잡한 다숙주 순환 생활사의 결과로 병원체가 여러 개의 다른 종을, 1년 중 각기 다른 여러 시기 동안 또는 서로 다른 서식지에서 동일 숙주를 이용할 수 있게 진화한 것일 수도 있다(Hudson과 Dobson, 1995)'.

대부분의 감염성 질병은 소멸되어 완전히 사라지지 않는다. 이러한 사실은 한 지역 안에서 '자기 제한적인 방식(self-limiting)'을 갖는 개홍역이나 물범홍역(phocine morbillivirus infection)과 같은 질병이 어떻게 완전히 사라지지 않고 남아 있을 수 있는지에 대한 궁금증을 유발한다. 인간의 홍역[역시 모빌리바이러스(morbillivirus)에 의해 발생]에 대한 자세한 연구에 따르면, 이러한 유형의 질병이 지속하는 데에는 두 가지 요인이 연관되어 있다(Bolker 와 Grenfell, 1995 ; Finkenstädt와 Grenfell, 1998 ; Finkenstädt 등, 1998).

1. 매우 큰 개체군의 경우, 질병은 대규모 전염병 발생(outbreak) 이후 '유행병 저점(低點, epidemic trough)' 상태로 존재할 수 있는데, 이는 질병이 낮은 비율로나마 해당 개체군에 존속하기 때문에 충분할 정도의 감염 취약 개체들이 여전히 존재하기 때문이다. 사람 홍역의 경우, 병원체가 거의 무한정 존속하는 데 필요한 최소 인구수(증감이 없는)는 30만 명에서 50만 명 정도로 추정된다(Black, 1966). 1960년 바틀릿(Bartlett)은 이를 '임계사회크기(critical community size, CCS)'라고 칭한 바 있다.

2. 전체 숙주 개체군이 모두 동시다발적으로 영향을 받지는 않는다. 이 질병이 특정

지역에서는 소멸할 수도 있지만, 메타개체군의 다른 부분에서 차후에 다시 유입될 수 있다[여기서 메타개체군은 '공간적으로 분리된 개체군들의 집단으로, 그 사이에 어느 정도의 이주가 존재하는 것'(Wells와 Richmond, 1995)]. 이러한 형태는 야생 영장류에서 발병한 황열과 같이 '넓은 지역에 걸쳐 개체군들 사이를 방황하며 움직이는 유행병'이라고 기술된 바 있다(Yuill과 Seymour, 2001 ; Bryant 등, 2003)은 안데스 페루 지역 내에서 황열이 지역적으로 유지되며, 지속적으로 순환하는 것을 발견한 바 있다).

이 두 가지 요인들은 개홍역에 적용될 수 있다. 이 바이러스는 많은 동물종에게 감염되며, 필자가 거주하고 있는 캐나다 서부에는 이에 대한 감수성이 있는 개과(개, 늑대, 코요테, 여우), 족제비과(스컹크, 오소리, 족제비, 밍크, 수달, 담비류, 피셔(fisher) 등), 북미너구리 등 많은 동물들이 질병을 유지할 수 있는 대규모의 개체군을 형성하고 있으며, 질병은 각기 다른 종에서 비동기적(asynchronously)으로 발생할 수 있다. 톰프킨스(Tompkins) 등(2001a)은 북해의 잔점박이물범에서 물범 모빌리바이러스가 존속하기 위해 필요한 임계사회크기(CCS)가 그동안 알려진 전 세계 잔점박이물범 개체군 전체보다 몇 배 더 크다고 제시했으며, 따라서 1988년에 발생한 유행병은 다른 종에게서 유입된 것이라는 증거로 사용된 바 있다. 2001년 스윈튼(Swinton) 등은 "만일 물범 모빌리바이러스에 대한 CCS가 존재한다면, 이는 아마도 5만 마리 이상의 개체가 될 것"이라고 주장했다. 유행성 물범 모빌리바이러스는 북유럽에서 2002년, 최소 10년 이상의 공백기를 가진 후 거의 물범 개체군 전체가 다시 감염에 취약해졌을 때 재발했다(Jensen 등, 2002 ; Müller 등, 2004).

거의 대부분 질병의 경우, 이것이 존속하기 위해 필요한 야생동물 개체군의 크기에 대해서는 알려져 있지 않지만, 몇 가지 예측을 해볼 수는 있을 것이다[마츠모토(Matumoto)가 1969년 제시한 의견에서 추론했다.].

- 한 개체가 질병에 감염된 후부터 그 감염력(infectiousness)이 끝날 때까지의 기간이 짧은 질병들의 경우, 다음 숙주로의 빈번한 전파와 큰 CCS를 필요로 한다. 예를

들어 수두(水痘, varicella, 만성 질병)는 1,000명 이내의 사람으로도 유지가 되는 데 비해, 홍역이 존속하기 위한 CCS는 그보다 약 500배 이상 더 크다(Black, 1966). 이를 근거로 했을 때, 광견병(잠재기가 매우 긴)과 결핵(감염성이 오래가는)이 존속하기 위해 필요한 CCS는 개홍역의 그것에 비해 훨씬 더 작을 것이라고 추정할 수 있다.

- 개체군 대체율(turnover)이 빨라 감염에 취약한 개체들이 빠르게 대체되는 종의 경우, 질병이 존속하기 위해 필요한 CCS의 크기는 더욱 작다(따라서 질병이 쥐에서 존속하기 위해 필요한 개체군 크기는 코끼리의 경우보다 더 작을 것이다). 하지만 이는 만성적으로 감염된 동물에서 유지되는 질병에는 적용할 수 없다. 예를 들어 신놈브레바이러스는 안정된 흰발생쥐 개체군보다 대체율이 훨씬 빠른 개체군에서 더욱 드물게 발생했다(Calisher 등, 2001).

- 외부 환경이나 대체 숙주 내에서 오랜 기간 동안 생존할 수 있는 저항 단계가 있는 질병의 경우 존속하기 위해 필요한 CCS의 크기는 더 작아질 것이다. 넓게 퍼져 분포하며 서로 드물게 접촉하는 개체들로 구성된 육식동물 개체군 내에서 유지되는 촌충 종류가 대표적인 예라 할 수 있다. 단방조충(*Echinococcus granulosus*)과 같은 기생충은 널리 퍼져서 소규모로 서식하는 늑대에서 생존할 수 있는데, 그 이유는 해당 기생충이 전체 생활사 중 상당 기간을 순록이나 말코손바닥사슴 내에서 생존 가능한 장수유충형(long-lived larval form)으로 존재하기 때문이다. 탄저균(*Bacillus anthracis*)은 아포가 외부 환경에 높은 지항성을 갖고 있기 때문에 동물 개체군의 수가 낮은 지역에서도 생존할 수 있다(수년 동안 동물 감염이 없이도 생존할 수 있다).

개체군의 크기나 밀도의 축소는 야생동물의 많은 질병을 관리하는 데 추천되는 흔한 방법으로 그 결과는 혼동되어 나타나곤 한다. '야생동물 개체군의 절반을 줄이면 감염의 위험도 절반으로 줄어든다.'는 가정은 단순하며, 질병의 전파에 영향을 미치는 다른 많은 요인들을 고려하지 못하고 있다(Swinton 등, 2001). 예를 들어 한 개체군 전체 크기를 감소시키는 것이 평균 집단의 크기나 개체 간 사회적 상호작용을 줄이지 못할 수도 있으며(McCarty와 Miller, 1998), 선발 도태(culling)는 사회 구성의 혼란을 야기하여 결과적으로 오히려 질병 전파를 촉진할 수도 있다(Swinton 등, 1997 ; Donnelly 등, 2003).

감염에 취약한 개체들이 개체군 내에 적은 수만 존재하는 경우에도 질병이 존속할 수 있는 기전들이 확인된 바 있다(표 8.6). 이 기전들의 상당수는 숙주 개체군 외부에 존재하는 '보유숙주'에서 원인체가 존속하는 것을 포함하고 있다. 한 종 이상의 동물들이 한 가지 질병에 관련되어 있는 경우, 흔히 한 종은 보균숙주로 간주되며, 다른 종은 감염에 취약성이 있는, 또는 더 적절한 표현으로 목표종(target species)이 된다. 헤이던(Haydon) 등은 2002년 '보유숙주(reservoir)'라는 단어의 명확한 정의가 필요하다고 밝힌 바 있으며, '병원체가 영구적으로 유지될 수 있고, 그로 의한 감염이 설정된 목표 개체군(defined target population)으로 전파될 수 있는 역학적으로 연결된 하나 이상의 개체군이나 환경'을 보유숙주라고 부르자고 제안했다. 이 정의는 환경의 무생물인자도 보유숙주로서 포함한다. 2002년 헤이던(Haydon) 등은 보유숙주의 존재여부를 파악할 수 있는 방법을 기술했고, 2003년 로렌슨(Laurenson) 등은 이러한 방법을 사용하여 멧토끼를 도약병바이러스 보유숙주로 확인했다. 감염성 질병의 가장 중요한 보유숙수는 목표종이 아니라 동물종

표 8.6 | 병인체의 장기간 존속을 가능하게 하는 기전

존속 기전	이러한 기전이 작동하는 질병들
매우 긴 감염성 기간(몇 달에서 몇 년)	결핵, 파라결핵, 고양이 면역결핍바이러스, 다수의 대형기생체들
숙주동물이 회복된 이후에도 지속적으로 배출될 수 있는 '보균자 형태의 존재	오리 바이러스성 장염
긴 잠재기	광견병(감염과 임상 증상이 나타나기까지 평균 1~3달 소요)
외부 환경에서 존속할 수 있도록 수명이 긴 저항단계 형태	탄저, 개 간염 바이러스, 조류 보툴리즘, 다수의 대형기생체들
병인체가 오래 살아남을 수 있는 대체 숙주의 존재	단방조충, 다수의 여타 연충들

이다.

주요 야생동물의 질병 거의 대부분은 여러 종의 숙주를 갖고 있으며 국제적으로 가장 중요한 동물 질병의 81% 이상은 여러 종의 숙주에게 감염을 일으킬 수 있다(Cleaveland 등, 2001). 다숙주 조건하의 개체군 동태는 복잡하며, 여기서는 두 개의 특징만 다룰 것이다.

1. 숙주 특이적 질병(오직 한 숙주동물에게만 감염되는 질병)은 질병 유지를 위한 연료 역할을 하는, 감염에 감수성이 있는 개체수의 부족으로 인해 매우 작은 개체군에서는 소멸할 가능성이 높다. 이것은 보전생물학에서 실질적인 중요성을 갖는데, 왜냐하면 단일숙주 질병이 숙주동물을 멸종으로 몰아갈 확률은 매우 낮으며, 질병은 아마도 해당 숙주동물보다 먼저 사라지게 될 것이기 때문이다. 이와 대조적으로 만일 다숙주 질병이 개체수가 많은 몇몇 다른 종들에 의해 유지되고 있는 경우, 소규모 숙주 개체군에는 심각한 영향을 끼칠 수 있다. 이 현상이 가장 잘 알려진 사례는 다양한 숙주종 사이를 순환하는 개 홍역에 의해 검은발페럿(black-footed ferret)이 거의 멸종위기에 처했던 일을 들 수 있다(Williams 등, 1988).

2. 숙주 특이적 질병의 병원성은 자신의 전파나 존속을 위협할 수 있으므로 너무 강한 병독성을 가져서는 안 된다. 반면에 다숙주 병원체는 모든 숙주에서 이러한 제한에 구속되지 않는다. 숙주 한 종에게 높은 병원성이 미치는 영향은 병원체의 존속에 있어 그리 중요하지 않다. 이는 5장에서 다루었던, 흰꼬리사슴을 제외한 유제류에서 일어나는 파렐라포스트론길루스 테누이스 감염과 같은 우연적 병독성의 수많은 사례 중 하나일 것이다. 이 선충은 그 존속을 흰꼬리사슴에 의존하며 이들에게는 병독성을 갖지 않는다. 이 선충의 우연숙주인 순록이나 말코손바닥사슴에서 유발되는 우연적 폐사는 이 기생충에게는 심각하게 영향을 미치지 않는데, 이러한 숙주동물들은 종말숙주(dead-end host)이기 때문이다. 내장 선충인 조류맹장충(*Heterakis gallinae*)은 꿩에 의해 유지되며 유럽자고새(grey partridge)에서는 유지되지 못하는데, 해당 기생충의 감염이 영국에서 유럽자고새의 감소에 영향을 미친 것으로 알려져 있다(Tompkins 등, 2000).

다숙주 질병의 동태를 이해하기 위해서는 종간 전파와 종내 전파를 구분짓는 것이 필요하다. 2004년 클라레이(Claley)와 혼(Hone)은 모델링과 실험적 개체군 조작 방법을 결합하여 뉴질랜드에서 솔꼬리포섬과 야생화된 페렛에서의 우결핵균(*Mycobacterium bovis*) 전파를 분리해내었다. 그 결과 포섬 개체군의 조절이 페렛에서의 결핵을 관리하는 첫걸음이라는 결론을 내렸다. 1994년 카우레이(Caughley)와 싱클레어(Sinclair)의 명언으로 이 장을 마치고자 한다.

"Transpecifics(다숙주병원체, 여러 숙주종을 넘나들 수 있는 존재—옮긴이)이야말로 조심해야 할 병원체 및 기생충들이다."

- 숙주동물들은 서식지 섬들과 같다. 한 종으로서 질병 원인체가 존속하기 위해서는 흔히 비호의적인 외부 환경을 건너 다른 섬들에 정착해야 한다.

- 많은 질병 원인체들은 분비물과 배설물을 통해 숙주로부터 나온다.

- 수직 전파(부모에서 새끼로)는 많은 질병에서 발생할 수 있지만, 야생동물에서 생태적으로 중요한 전파의 방법들 중 흔한 방법은 아니다.

- 가성 수직 전파(부화나 출생 후 짧은 시간 이내에 신생동물에게 병원체가 이동하는 경로)는 전파의 흔한 경로가 아니다.

- 수평 전파(부모-자식 관계와 무관하게 한 동물에서 다른 개체로의 감염되는 전파 경로)는 전파의 가장 흔한 유형으로, 많은 형태로 이루어진다.

- 직접 전파는 또 다른 종의 개입을 요구하지 않고 한 개체에서 다른 개체에게 직접적으로 감염이 전달되는 모든 상황을 포함한다.

- 간접 전파는 해당 전파를 위해 적어도 2종 이상이 개입되어야 하는 경우를 말한다.

- 새로운 숙주에 도달하는 모든 병원체가 감염을 일으키지 못한다. 일반적으로 숙주에 도달하는 병원체의 수가 많을수록 정착할 수 있는 가능성이 커지며, 숙주에 대한 영향도 커진다. 대부분의 야생동물 질병에서 최소 감염 용량(minimum infective dose)은 알려져 있지 않다.

- 몇몇 질병들의 영향에 대해 알려진 거의 대부분은 실험적 감염에 기초하고 있는데, 이 경우는 흔히 비정상적인 전파 경로와 대량의 감염 용량을 통해 이루어졌기 때문이다.

- 감염성 질병이 존속하기 위해서는 감염된 개체동물이 평균적으로 개체군 내에서 최소 한 마리의 다른 개체에게 질병을 전파해야 한다.

- 숙주동물 개체군 크기와 밀도는 질병의 전파와 존속에 매우 중요하지만, 거의 대부분의 질병에서 그 정확한 관계는 확인되지 않았으며 이는 아마도 특정 장소 및 상황과 밀접하게 연관되어 있을 것이다.

- 많은 질병들은 보유숙주(무생물과 다른 동물종)들이 관여함으로써 해당 질병에 대한 감수성이 있는 개체수가 적은 소규모 개체군에서도 존속할 수 있다.

9

비감염성 질병:
영양소와 독성물질

'비감염성 질병'은 감염된 동물의 체내 또는 체표에서 살아가는 미생물이 아닌, 다른 원인체나 요인이 유발하는 다양한 기능 장애를 포괄적으로 아우르는 용어다. 이러한 범주로 분류되는 질병의 범위에 대해서는 3장에 간단히 언급하였다. 야생동물 분야에서는 특별히 유독물질이 유발하는 질병과 영양성 질병(nutritional disease), 두 가지 주제가 주목을 끌 만하다.

영양(nutrition)이 중요한 이유는 이것이 야생 개체군의 직접적인 제한 인자가 될 수 있고, 동물이 먹이를 섭취하는 것이 여러 방법으로 다른 병원체와 상호작용할 수 있기 때문이다. 그러나 놀랍게도 야생동물 질병에 관한 논의에 있어서 영양은 관심을 끌지 못했다. 독성물질이 중요한 이유는 그것들이 환경에 광범위하게 퍼져 있으며, 야생동물이 해로울 수도, 그렇지 않을 수도 있는 잔류물을 조직 내에 지닌 채 운반하기 때문이다. 야생동물 질병을 연구하는 사람들은 대부분 감염성 질병이나 독성학(유독물질에 관한 학문) 중하나를 전공하고 있으며, 그들 사이에서는 의견 교환이 거의 이루어지지 않는다. 이와같은 상황에서는 야생동물이 두 가지 유형의 질병에 동시에 노출되고 있는 현실을 반영할 수 없다. 예를 들어, 필자가 이 장의 초고를 쓰는 동안, 겨울을 나고 있는 까마귀들의 집단폐사(die-off) 현상에 대한 조사가 이루어지고 있었는데, 조사 초기에는 바이러스나 세균에 의한 감염뿐만 아니라 콜린에스테라아제 억제성(cholinesterase-inhibiting) 살충제나 도로 염(road salt, 제설작업 등을 위해 도로에 살포하는 염류―옮긴이)에 의한 중독까지 고려해야 했다. 또한 까마귀의 영양 상태와 그것이 감염성 또는 비감염성 병원체에 대한 노출과 감수성에 어떤 영향을 미치는지도 고려해야만 했다.

영양적인 상호작용

이 책의 여러 곳에서 질병에 있어 영양의 중요성에 대해 강조했다. 영양은 야생동물 질병의 진행과 결과에 영향을 미치는 가장 중요한 환경적 변수 중 하나라고 생각한다. 이제부터는 영양에 대해 고려하면서, 영양을 이루는 구성 요소를 확인하고 일반적인 먹이 확보 가능성과 특정 물질의 결핍에 대해 이야기할 것이다.

기본적으로 영양분은 에너지, 단백질, 물, 그리고 비타민, 미네랄, 지방산 같은 필수 물질을 포함하고 있다. 각 종별로 특정한 필수 영양소가 있다. 예를 들어, 반추류는 소화관에서 비타민 B를 생성할 수 있지만, 위가 하나인 육식동물은 비타민의 섭취를 먹이에 의존한다. 칼슘, 인, 나트륨, 마그네슘, 염화물, 황과 같은 대량원소 또는 아연, 망간, 구리, 요오드, 셀레늄과 같은 미량 원소의 경우, 대부분의 야생동물 요구 정도는 상대적으로 적은 부분만 알려져 있다. 1993년 로빈(Robbins)의 연구가 야생동물의 영양소 정보에 있어 구할 수 있는 가장 완벽한 예다.

영양결핍은 전반적인 먹이의 부족과 하나 또는 몇 가지의 특정 미량 원소들의 결핍이나 영양소 간의 부적절한 균형들을 다루기 때문에 복잡한 주제라고 할 수 있다. 야생동물의 영양과 관련된 정보들은 에너지와 관련되어 있다. 에너지의 결핍은 종종 단백질의 부족과 연관된다. 인의학에서는 '단백에너지 영양결핍(protein-energy malnutrition, PEM)'이라는 단어가 사용되고, 이는 야생동물에서도 적절하게 사용될 수 있다. PEM은 부족한 먹이의 양이나 부적절한 먹이의 질에 기인한다.

대부분의 야생동물은 연중 특정한 시기 동안 영양 섭취가 한계에 도달하거나 신체 유지 요구량에 밑도는 경험을 하게 된다. 이런 위험한 시기를 제외하고는 영양분이 충분하거나 요구량보다 많을 수 있는데, 이러한 결핍의 주기적인 성질은 영양분의 역할을 설명하는 것을 더욱 어렵게 한다. 서로 다른 생태계에서는 영양결핍이 일어나는 시기가 다양하게 나타난다. 온대에서는 겨울의 생존 여부가 많은 야생동물종에서 주요한 적응인자고, 건조 지역에서는 영양분의 제한이 건기 동안 일어날 수 있다. 종들은 다양한 방식으로 주기적인 먹이 부족 상황을 겪게 되며, 이러한 상황에 대한 대처는 적어도 부분적으로는, 해당 동물이 먹이를 저장할 수 있는 능력에 달려 있다. 예를 들어, 몇몇 소형 명조류가 겨울밤을 버티려면 매일

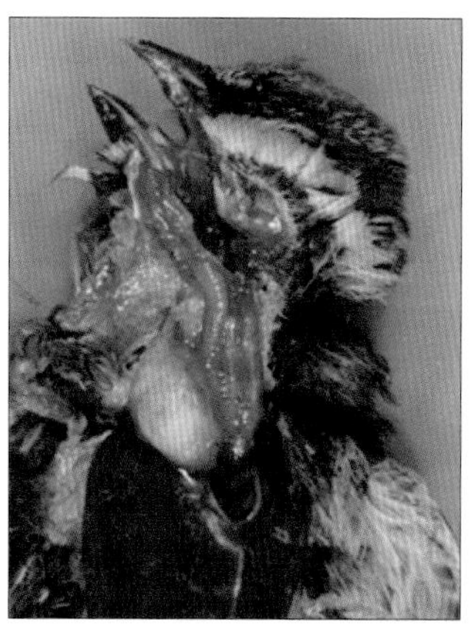

그림. 9.1 살모넬라 감염증으로 폐사한 집참새. 이 질병의 대규모 발생은 겨울철 뒷마당의 새 모이터에서 일어났고, 이 새에서 보이는 것처럼 감염된 조류는 모이주머니에 극도의 괴사가 발생한다.

먹이를 먹고 지방을 저장해야 한다. 이와 반대의 예로 작은 흰기러기 같은 종은 봄 이주 동안 충분한 지방을 축적하여, 둥지를 만들고 산란하고 부화하는 동안은 먹이 공급이 필요하지 않다. 주기적인 먹이 부족을 버틸 수 있는 능력은 다른 질병의 발생에 직접적인 영향을 미칠 수 있다. 홍방울새(common redpolls) 또는 참새와 같은 소형 명조류는 먹이 공급 없이 하루나 이틀 이상 견딜 수 없기 때문에 살모넬라 티피무륨(*Salmonella typhimurium*)(그림. 9.1) 감염 등에 의해 일시적으로 쇠약해져 먹이를 먹지 못하게 되는데, 이러한 감염이 겨울에 발생하는 경우, 이는 곧 사형선고가 될 수 있다(감염원인체에 대항하는 방어기작과 발열의 에너지 비용이 증가하는 것을 계산하지 않더라도).

축적된 지방 에너지를 다른 목적으로 사용할 수도 있고, 지방을 축적하는 과정 또한 비용이 들기 때문에 축적된 지방은 절충을 의미한다. 조류에서 지방 축적을 하는 데 드는 비용은, 먹이를 먹는 동안 증가한 포식의 위험, 민첩함의 감소, 비행의 비용 증가 등을 포함하고 있다. 이는 자원이 부족한 기간을 견디기 위해 저장 능력을 높인 것과 반비례한다. 먹이 확보를 예상할 수 있는 조류종들은 그렇지 않은 종보다 저장하는 먹이의 양이 적은 경향이 있다(Rogers와 Smith, 1993).

먹이 가용성은 여러 방법으로 다른 질병이나 폐사 요인들과 상호작용할 수 있다. 예를 들어, 먹을 수 있는 먹이가 적어지면 동물들은 포식의 위험을 감수하면서 굶지 않기 위해 먹이 활동을 늘리려고 할 수도 있다(Rogers와 Smith, 1993). 많이 먹으려고 하는 동물은 기생체 회피 행동이 감소함에 따라 더 많은 기생체에 감염될 수 있는 위험이 있다(Hutchings 등, 1999). 그림 9.2는 1993년 쿠쉬(Keusch)가 제안한 영양결핍과 숙주 방어 그리고 감염 간에 일어나는 상호작용을 나타낸 것이다. 이 요인들이 어떻게 질병의 다른 요인과 연결되어 있는지 보여주기 위해 도표를 수성했다. 이 도표에서, 영양결핍은 영양분의 결핍이나 영양불량을 의미하는 일반적인 용어로 사용된다. 동물들에게 요구되는 특정 영양분의 결핍이나 전반적인 영양분의 결핍을 표현할 수도 있다(하나 또는 여러 병원체와 관련되어 있는 것을 포함). 영양결핍의 영향에 대한 이 설명은 질병에 대한 저항에 관한 것만 고려한 것이고, 영양결핍으로 질병에 노출되는 영향(예: Hutchings 등, 1999)이나 영양결핍이 번식 성공에 미치는 영향, 또는 둘 다에 미치는 영향에 대한 것은 고려하지 않았다.

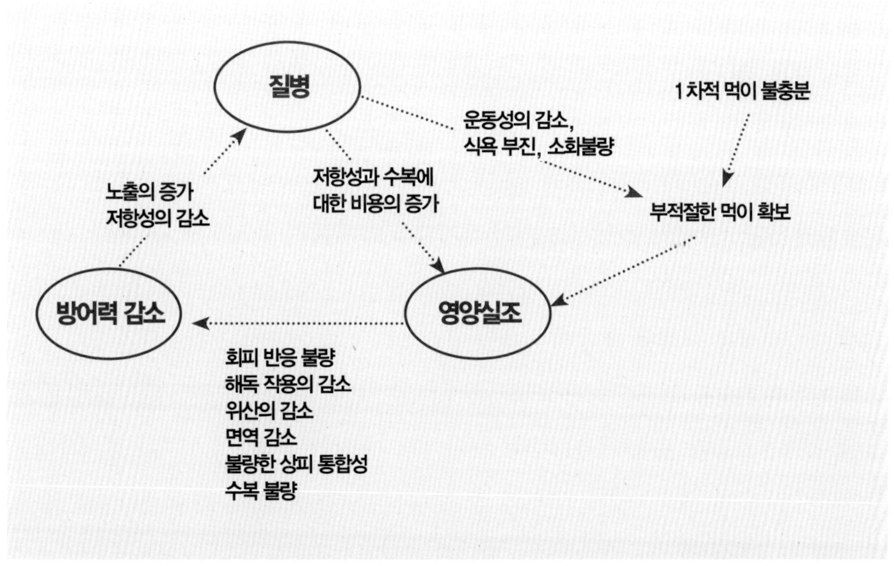

그림 9.2 ▲ 질병, 영양실조와 숙주 방어력의 상호작용. 영양실조는 서식지 환경에 따른 1차적 원인이거나 질병의 영향에 따른 2차적 원인일 것이다. 하지만 그 결과는 숙주 방어력 감소로 이어지고, 장차 질병에 노출될 개연성을 높인다(Keusch, 1993에서 인용).

2003년 이젠와(Ezenwa)는 가뭄이 들 때와 평상시의 상황에서 아프리카 야생 소들의 소화기관 선충류 감염과 영양적 상태와의 상호 관계에 대해 연구했다. 가뭄 기간 동안, 연구한 숙주 개체 아홉 마리 중 여섯 마리의 분변에서 충란의 수가 증가했다. 배설되는 충란의 양이 많이 증가했던 종은 질 낮은 식이섭취(단백질 구성물 측면에서)를 한 동물들이었다.

가뭄은 먹이 자원을 감소시키기 때문에 대부분의 질 낮은 먹이를 먹는 동물들은 면역 기능이 저하되고 영양결핍과 기생충증 사이의 상승 효과는 몇몇 아프리카 야생 소들에서의 개체수 조절에 영향을 미친다는 의견이 제기되었다. 감염성 원인체와 숙주의 영양 관계는 복잡할 수 있다. 모기가 숙주이고 원충류가 기생체인 실험에서 2004년 베드호메(Bedhomme) 등은 기생체의 병원성이 숙주의 영양 상태와 관련되어 있다는 사실을 밝혀냈다. 숙주 개체의 영양 상태가 매우 낮은 경우 기생체는 병독성을 나타낼 능력이 없었고(숙주동물이 발육할 수 없었기 때문에), 영양 상태가 높은 경우, 아무런 영향을 미치지 못했다(완벽한 보상 작용 때문에). 이 실험에서 병독성은 오직 중간 정도의 영양 상태에서만 나타났다.

영양결핍의 최종 단계는 동물의 폐사다. 먹이 부족으로 인한 기아는 몇몇 야생동물에게서 흔하게 나타나지만, 영양결핍이 성장이나 번식, 건강을 계속 감소시키는 극도의 상황에서도 나타난다. 이런 아치사적(sublethal) 영향은 쉽게 지나치기 쉽다.

특정 대량 원소나 미량 원소의 결핍으로 발생하는 질병은 인간이나 가축에서는 잘 설명되어 있지만, 야생동물에서는 거의 설명되어 있지 않다(Robbins, 1993). 이에 대한 한 가지 설명은 야생동물은 이러한 결핍을 겪지 않을 수 있다는 것이다. 1996년 필더(Fielder)는 "토착종은 해당 지역 내 미네랄 같은 영양소의 가용량에 적응했을 것이기 때문에 이러한 결핍을 겪지 않는다."라는 관점을 설명했다. 야생동물에서 특정 영양분 결핍에 관련된 보고가 부족한 이유에 대한 또다른 가능성은, 이것이 실제로 발생하지만 확인되지 않기 때문일 수 있다. 결핍의 임상적 특징은 종종 포착하기 어렵기 때문에 비록 정확한 식이를 알거나 가까이에서 관찰할 수 있는 가축라 하더라도 특정 영양소의 결핍을 증명하는 것은 어렵다. 먹이를 일반적인 기간 동안에만 알 수 있고, 동물을 시간

흐름에 따라 관찰하거나 주시하는 것은 어려우며, 결핍은 개체군 전체보다 각 개체에 영향을 미치는 경향이 있고 그 상황은 만성적으로 흐르기 쉬우며, 쇠약해진 동물은 포식자에 의해 제거되기 때문에 야생동물의 결핍 정도를 확인하는 것은 더더욱 복잡하다.

필자는 결핍 상태가 일어나고 있고, 이것이 최근 종종 인간이 야기한 서식지 변화와 관련되어 있다는 것을 설명하기 위해 야생동물에서 질병을 야기하는 네 가지 결핍 사례를 이용할 것이다.

예 1. 칼슘의 결핍(3장에서 나왔던)은 특히 유럽의 특정 지역에서 몇몇 명조류의 번식에 영향을 미쳤다. 이 현상은 환경 산성화가 달팽이의 수, 즉 새의 먹이가 되는 칼슘이 풍부한 물질을 감소시킨 결과로 추정된다.

예 2. 아프리카 독수리 새끼에서 구루병 같은 영양성 골 질환이 일어났다(Mundy와 Ledger, 1976). 이것의 기저에 갈린 원인은 독수리 새끼가 뼈를 충분히 삼킬 수 있도록 뼈를 작은 크기로 부수는 큰 육식동물(사자, 하이에나)이 생태계에서 제거되어 이들이 칼슘의 근원인 작은 뼈들을 이용할 수 없었기 때문이다.

예 3. 서스캐처원(Saskatchewan)에서 야생오리의 비타민 결핍이 일어났다. 겨울 동안 수력발전댐 아래의 개방된 수구역에 있는 청둥오리에서 비타민 A 결핍이 관찰됐다. 그 새들은 정상적인 월동지에서 북쪽으로 훨씬 멀리 가 있고, 몇 달 동안 β-carotene이 거의 없는 곡물만을 먹었다(Honour 등, 1995). 비타민 A 결핍은 많은 종에서 '감염의 감수성, 심각성, 기간의 증가'와 관련이 있다(Sijtsma 등, 1990). 비타민 A 결핍 병변을 가진 몇몇 오리들은 야생오리에서 관찰된 적이 없는 전신성 포도상구균 감염증(Staphylococcal infection)으로 폐사했다(Wobeser와 Kost, 1992).

예 4. 캘리포니아 한 지역의 야생 검은꼬리사슴에서 셀레늄 결핍이 발생했다. 1994년 플랙(Flueck)은 무증상의 셀레늄 결핍이 번식에 영향을 미칠 수 있다고 생각했다. 실제로 표본 추출된 많은 사슴이 가축 양의 최저치로 추정되는 양보다 훨씬 적은 양의 혈중 셀레늄을 갖고 있었다. 결핍의 영향은 셀레늄의 보충을 통해 번식이 개선되면서 확인되었다. 새끼사슴의 이유 전 생존은 보충 전 0.32마리 새끼사슴/암사슴에서 보충 후 0.83마리 새끼사슴/암사슴으로 상승했다. 그는 셀레늄 결핍은 군집 내의 번식을 제한하고, 셀레늄 순환과 생물학적 이용 가능성은 인간 활동에 의해 변경된다고 제안했다.

1986년 필더는 야생동물은 그들의 자연환경에서 사용할 수 있는 영양소의 정도에 적응해야 한다고 말했지만, 이 예들은 '야생동물은 환경이 변경될 때 다양한 형태의 결핍을 경험한다.'라는 사실을 보여준다. 변경된 서식지는 영양분의 과도한 가용성을 포함한 다른 형태의 영양적 문제와 관련되어 있다. 서스캐처원에서는 자연적인 먹이와 관련 없는 인공먹이를 제공한 후 사슴, 가지뿔영양, 말코손바닥사슴에서 제1위 과부하 또는 탄수화물 대식증이 나타났다고 진단했다. 이 동물들은 이미 발효된 탄수화물의 형태인 곡물을 대량 섭취했다. 제1위는 치명적인 전신적 산성증과 탈수를 야기하는 대량의 젖산을 발생시켰다(Wobeser와 Range, 1975).

영양 상태 평가

동물의 영양 상태는 제지방단백체중(Lean body mass)도 중요하지만 존재하는 지방의 양을 바탕으로 평가한다. 폐사한 동물의 골수 내 지방량은 영양 저장량 측정에 사용되기도 한다. 골수 지방은 유용한 마지막 저장고 중 하나이기 때문에 골수 지방의 부족은 심각한 영양적 스트레스를 뜻한다. 살아 있는 동물에서 상대적 영양 상태는 상태 지표로 평가된다(예: 앞 장과 다음 장 같은 신체 사이즈와 크기, 부피, 양의 비율). 동물의 몸 상태가 정상인지, 적당한지를 판단하려면 종의 생태에 대한 이해와 어느 장소 및 어떤 장소에서 평가하는 것이 적당한지에 대한 이해를 필요로 한다. 이는 짧은 시간 동안 몸 상태가 생리적으로 크게 변하는 많은 야생 조류에서 부분적으로 나타난다. 예를 들어, 큰뒷부리도요(Bar-tailed godwits)는 이주하는 동안 바덴 해(Wadden sea)에 머물면서 1달 동안 에너지를 축적한다. 이 지역에 도착했을 때 지방은 몸의 5~10%고 떠날 때는 25~30%에 이른다(Landy-Ciannelli 등, 2003). (동일 해의 다른 시기이지만) 두 측정치 모두 정상이다. 하지만 새들의 생활사를 이해하지 못한 단순한 상태 측정은 부적절한 결론을 도출할 수 있다. 중간 쉼터에서 검은목논병아리(Eared grebes)의 몸 상태는 더욱 극적으로 변화한다. 비행에 필요한 근육을 위축시키는 한편, 많은 양의 지방을 저장하여 몸의 부피가 두 배가 된다(Rattner와 Jehl, 1997).

옮긴이

1. 고라니 성체는 겨울 체중이 18~20kg, 여름에는 13~15kg(암컷은 해당하지 않음.)이다.
2. 큰뒷부리도요는 뉴질랜드에서 우리나라를 거쳐 캄차카, 알래스카로 간다.
3. 논병아리는 언제나 내려앉을 수 있지만, 도요는 중간 기착지에만 내려앉을 수 있다.

동물 개체군의 영양 상태를 평가하는 것은 더욱 어렵다. 1994년 커프레이(Caughley)와 싱클레어(Sinclair)는 개체군에서 가져온 살아 있는 동물 시료는 개체군의 영양 상태를 파악하기에 부족할 수 있다고 말했다. 시료는 건강한 쪽으로 치우쳐 있는 것일 수 있기 때문이다. 상태가 좋지 않은 개체는 채집하기 어려우며, 개체군 내에서의 먹이 공급에 있어 밀도 의존적 제한에 가장 취약한 개체군의 일부 집단 크기는 비교적 작을 것이다(개체군에서 먹이를 먹을 수 없는 집단은 작다). 이러한 관점에서 영양실조는 거대 기생체 감염과 비슷한 개체군 특징을 갖고 있을 수 있다. 개체군의 작은 집단은 기생체의 대부분을 옮길 뿐만 아니라 대부분을 피해를 입는다. 심각한 영양실조와 기생충증은 사람의 사회 집단에서 같은 사람에게서 일어난다(Bundy와 Golden, 1987). 비록 야생동물 개체군에서 신체 상태와 기생충증의 전반적인 분포를 검사한 연구를 알지 못하더라도 이는 야생동물에서도 마찬가지일 것이다.

기아로 인한 폐사는 개체군 영양실조의 전반적인 영향을 측정하는 척도로서는 부적합하다. 어떤 종들에서 몇몇 동물들은 그 해의 특정 시간 동안 기아로 죽을 것이다(몸이 회복할 수 없는 시점까지 몸 건강 상태 소실). 기아로 인한 대량 폐사 사례는 천재지변으로 인한 바다 새의 대량폐사나 눈이 많이 와서 오랫동안 먹이 공급이 끊겼을 때를 제외하고는 특수한 상황이다. 종종 요인들 사이에는 복잡한 관계가 있기 때문에 영양결핍 동물의 폐사 원인에 근접한 것은 포식, 사고, 감염이고 생존과 번식에서의 영양실조 영향은 애매모호하다. 2004년 베이커(Baker) 등은 붉은가슴도요가 중간 기착지에서 먹이로 재충전하는 동안, 도요가 의존하고 있던 투구게의 알들이 사라져 개체수가 극적으로 감소한 이유(투구게의 남획)를 설명했다. 그 새들은 이주하고 번식하는 동안 충분히 영양을 축적할 수 없었다. 어린 새들의 보충 개체수가 47% 감소하고, 성체의 생존율이 37%까지 감소했음에도 불구하고 장기 모니터링 프로그램이 없이는 개체군에 미치는 영향을 증명할 만한 증거가 될 수 없었다.

영양실조의 영향은 개체군 전체에 고르게 분포되어 있지 않다. 영양물질로의 접근은 종 간 경쟁이나 세력권에 제한될 수 있고, 성별이나 나이대별 집단은 더 심하게 영향을 받는다. 2003년 레이드(Reid) 등은 "각 개체들은 자원을 얻거나 이용하는 능력이 다르기 때문에 각자에 맞게 삶의 방식을 다르게 배분(life history allocation)해야 한다."라고 말했다. 이들은 또한 흰꼬리사슴의 겨울 폐사율 연구 기간 동안 기아로 인한 폐사는 거의 그해의 어린 개체(fawn)와 나이든 수컷에서 발생한다는 것도 알아냈다. 새끼사슴은 몸이 작아 눈에서 움직이기 힘들며 큰 동물보다 열 손실률이 높고, 지방을 적게 축적한 상태로 겨울을 맞고 먹이를 찾는 경험이 부족하여 겨울에 취약하다. 나이든 수컷은 발정기 때문에 에너지를 거의 사용한 후 몸 상태가 좋지 않은 상태로 겨울에 들어가기 때문에 취약하다.(참고: 수컷 흰꼬리사슴은 발정기 때 먹이를 먹지 않는다. ─옮긴이)

절식과 질병

주목을 받지 못했던 영역 중 하나는 먹이가 부족하거나(남극의 펭귄, 북극곰이나 북극에서 번식하는 조류들), 먹이가 있다고 할더라도 스스로 먹지 않는 이유(번식기의 수컷 사슴) 등으로 장기간 절식 상태에 놓인 종에서의 질병 원인체와 영양 사이의 상호작용이다. 절식 기간 동안 일어나는 생리학적 변화는 잘 알려져 있으며(Le Maho, 1983), 단백질 이용에 있어서 발생하는 3단계(단계 I : 감소, 단계 II : 저수준에서의 유지, 단계 III: 이용 증가)를 포함하고 있지만(단백질을 더 이상 저장하지 않음.), 질병 저항성과의 상관관계는 거의 알려지지 않았다. 2004년 한센(Hansen) 등에 의해 수행된 흥미로운 연구는 면역억압이 심하게 영양불량에 빠진 동물의 적응으로 인한 산물이며, 특히 먹이와 함께 병원체를 섭식하지 않는 동물이나 동면하는 곰 혹은 둥지에 앉아 있는 새들처럼 상대적으로 고립된 동물과 같이, 질병에 대한 노출이 드물게 발생하는 경우에 그러하다.

영양결핍이 야생동물 개체군에서 발생하고 있다는 가장 실득력이 있는 증거는 1994년 플렉(Flueck)에 의해 연구된 셀레늄 결핍 사례와 1997년 그래브랜드(Graveland)와 드렌터(Drent)에 의해 연구된 칼슘 결핍 사례와 같이, 개체군에 영양분을 추가 공급하면 긍정적인 반응이 나타난다는 것이다.

유독하고 독성이 있는 화합물

일반 염, 셀레늄, 인, 구리, 아연, 비타민 A, D를 포함한 무해하거나 낮은 농도의 필수 영양소들이 높은 농도인 경우에는 유독하기 때문에 유독 물질에 대한 논의는 당연히 이루어져야 한다. 유독 물질의 연구에는 그 자체의 용어가 있고, 그 단어의 사용에도 다소 혼란이 있다. 기본 용어는 '독(Poison)'이다. 독은 세포 기능을 손상시키거나 파괴하여 때때로 죽음을 야기하는 물질이다. 독성(Toxicity)은 유독한 상태이고, '유독한'이라는 의미를 가진 'Toxic'은 'Poisonous'와 동의어다(예: 유독한 물질은 세포 기능을 손상시키거나 파괴시킨다). 즉, 중독 증상을 보이는 동물을 중독되었다(intoxicated)라고 말할 수 있다. 유독한 물질(예: 세포 기능 장애를 유발하는)은 '유독물질(toxicants)'이라 불리며, 필자는 여기서 일반적으로 이 용어를 사용할 것이다. 살아 있는 유기체(식물, 곰팡이, 조류, 세균, 그리고 동물들)가 독(toxin)으로서 생산한 순수한 독성물질들은 납, 수은, 카드뮴과 같은, 자연적으로 독성을 일으키는 유독물질과 유기인제, 살서제 같은 인공적으로 생산된 독성 화학물질들과는 구분해야 한다.

'생체이물(Xenobiotic)'이라는 단어(그리스 어로 xenos은 '이물', bios는 '생명체'를 뜻한다.)는 독성학에서 사용되고, 유기체에서 자연적으로 생성된 것이 아닌 외부물질을 일컫는다.

독성학의 일반적인 특성

독성물질과 동물 사이에 일어나는 가장 첫 번째 단계는 감염성 질병에서 발생하는 것과 마찬가지로 '노출'이다. 몇몇 독성물질은 흡입이나 피부를 통해 흡수되지만(예: 숲이나 농토에 있는 새에게 살충제를 뿌리는 경우), 야생동물에게 영향을 미치는 대부분의 독성물질은 먹이나 물과 함께 소화 기관을 통해 흡수된다(그림 9.3). 독성물질이 야생동물에게 이르는 일반적인 경로는 표 9.1과 같다.

독성물질의 노출 정도는 독성물질과 야생동물의 분포, 존재하는 독성물질의 양, 야

표 9.1 │ 각 독성물질들이 야생동물에 도달하는 경로

경로	사례
흡입	살충제가 뿌려진 지역의 동물에서 발생할 수 있다.
피부를 통한 흡수	몇몇 유기인제 살충제
물에 함유	셀레늄, 염, 녹조나 적조의 독
독물 미립자의 직접 섭취	물새류의 납 중독, 살충제 과립의 섭취, 도로의 염 과립의 섭취, 백색인의 섭취
식물의 섭취	곡물이나 종자의 진균독, 셀레늄, 청산염
식물에서 혼합	목초지 물새류의 diazenon, 제련소 주변 식물의 플루오르화물(불화물)
표면이 오염	광산의 남은 부스러기에 있는 납
흙이나 침전물의 섭취	검정파리 구더기에 있는 Type C 보툴리눔 독소, 패류의 도모산, 지렁이에 있는 DDT
무척추동물의 섭취	어류에 있는 수은, 맹금류의 유기염소 독성
청소동물 활동을 통한 척추동물 먹이의 섭취	청소동물로서의 먹이 활동으로 중독된 동물을 먹고 발생하는 독수리류의 디클로페낙(diclofenac), 수리류(eagle)의 바르비투르(barbiturate), 콘도르와 수리류의 납, 맹금류의 카르바메이트(carbamate)

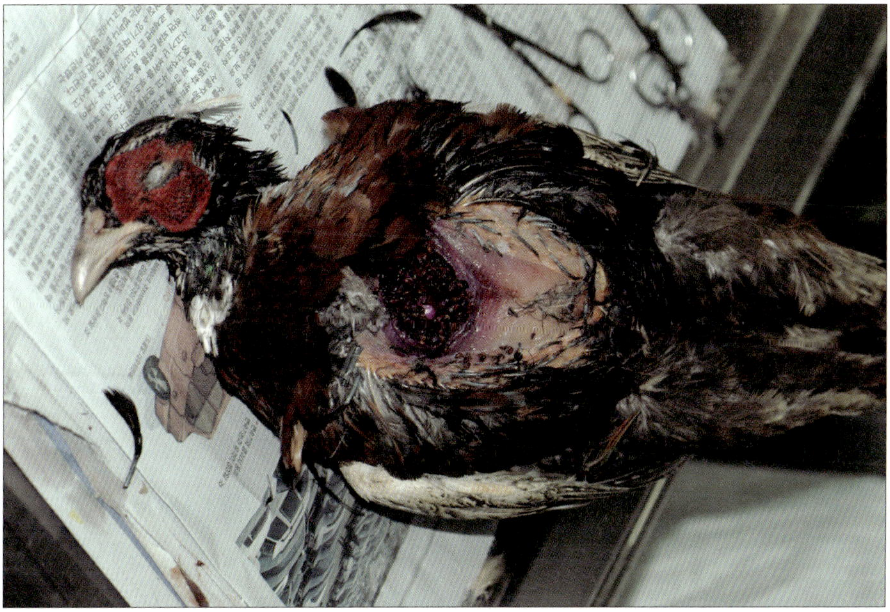

그림 9.3 ▲ 농약 중독으로 폐사한 수꿩의 모이주머니에서 확인되는 염색된 콩들. 우리나라에서는 야생조류를 밀렵하기 위한 방법으로 살충제 등을 빈번하게 사용하고 있다.

생동물이 노출될 수 있는 독성물질의 비율 등에 의해 결정된다. 독성물질의 분포는 지역적으로 제한되어 있거나 넓게 퍼져 있을 수 있다. 독성물질의 지역적 분포는 공장 등에서 발생하는 폐수 등과 같은 '고정오염원/점오염원'(공장, 사업장, 발전소, 광산 등 고정된 곳에서 오염이 발생되는 것을 고정(짐)오염원이라 하며 자동차, 기차, 기선, 항공기 등 오염 발생원이 고정되지 않는 것을 이동오염원이라 한다. 이동오염원은 제각기 공해 방지 설비를 해야 하지만 고정오염원은 집단화하여 공해 방지 설비를 할 수 있다. 비점오염원은 오염물질이 배출되는 위치를 정확히 파악하기 어렵고 산재되어 있는 오염원을 말한다. 고정오염원의 상대적 개념으로 공장, 생활하수 등 고정된 오염원이 아닌 곳에서 발생되는 오염원을 일컬으며, 농약, 비료의 살포 결과 하천 유역에 유입되는 오염이 이에 속한다. -옮긴이)으로부터 나오는 것으로 언급되기도 한다. 고정오염원에서 발생하는 독성물질은 바람이나 물을 통해 퍼질 수 있으며, 그 분포는 오염원을 확인하는 데 있어 중요한 특징이 되기도 한다. 독성물질이 넓게 분포하고 있다는 것은 독성물질의 전반적인 노출 가능성을 반영하고 있다.

전 세계에 분포하는 납, 수은, 카드뮴과 같은 독성원소는 만들어지거나 파괴되지 않기 때문에 그 절대 총량은 변하지 않지만, 한 지역에 있어서의 이러한 원소들의 분포와 풍부도는 극적으로 변화할 수 있으며, 특히 인간의 활동을 통해 많은 영향을 받는다. 예를 들어, 카드뮴은 지층암반이나 토양에 매우 낮은 농도로 어디든지 분포하고 있지만, 제련소에서 작업을 하는 동안 나오는 기화물질을 따라 바람을 타고 이동하여 고농도로 모여 있을 수 있다. 클로스트리듐 보툴리눔(*Clostridium botulinum*)에 의해 생성된 보툴리눔 독소, 남조세균류(cyanobacteria), 해양 쌍편모조류(dinoflagellates, 쌍편모조류, 무기물질의 증가에 따라 폭발적으로 증식하여 적조를 유발한다. 붉은 색소를 가진 종류는 강력한 신경독을 갖고 있기 때문에 물고기를 죽이고, 조개, 굴, 홍합 등의 내부에는 독을 축적한다. ―옮긴이) 등에 의해 생성된 독소와 같은 자연독소의 양은 그 분포에 있어서 엄청난 차이를 나타낸다. 이러한 독소는 자연환경 내에서 오래 지속되지 않지만, 독소의 생산은 날씨나 인위적인 요소, 예를 들어 영양성 오염과 물의 부영양화(euthrophication) 등에 영향을 받고, 독소의 분포는 바람이나 조수의 영향을 받는다. 구제제와 같은 인위적 독성물질의 양과 그 분포는 인간의 이용과 그 구성 성분을 전 세계로 전파시키는 수송 기전과 관련되어 있다.

존재하는 독성물질의 양은 환경 내의 지속성에 영향을 받는다. 납이나 수은과 같은 중금속은 새로 만들어지거나 파괴되지는 않지만, 화학적 형태나 동물의 획득 가능성은 바뀔 수 있다. 대부분의 다른 독성물질들은 분해되거나 변질되어 불활성화된다. 이처럼 다른 환경 조건하에서 변성되는 비율은 중독 발생 가능성에도 많은 영향을 미친다. DDT와 같은 유기염소계 살충제의 두드러진 특징은 환경 내에서 지속적으로 존속할 수 있다는 것이다. 이는 해충에 대한 지속적인 영향을 준다는 목적으로 본다면 바람직한 특성이지만, 환경에 대한 다른 관점에서는 매우 탐탁찮은 영향을 미치고 있다. 현재는 유기인제와 카바메이트 살충제가 유기염소계 살충제를 대체하고 있다. 이 대체 살충제들의 상당수는 훨씬 더 빠르게 나타나는 독성을 갖고 있지만 환경 내에서 빨리 분해된다.

독성물질의 야생동물 노출 여부는 독성물질이 어디에 위치하는가, 독성물질의 농도와 화학적 형태 등과 같은 다양한 요인들에 따라 달라진다. 단순한 예로, 습지 내 산탄총

알의 분포는 어디에 사냥꾼이 있었고, 어디를 향해 총을 쏘았는지에 따라 결정된다. 만약 총알이 집중적으로 퇴적된 지역이 새들의 채식 지역이라면 새들은 총알을 먹을 수 있지만, 총알이 습지를 지나 건너편 물가에 떨어지면, 소수의 오리만 노출될 것이다. 또한 총알의 섭식은 웅덩이의 바닥과 관련이 있다. 만약 웅덩이 바닥이 부드럽고 침전물 축적의 비율이 높을 경우에는 총탄이 가라앉고, 새로운 침전물에 덮이게 되어 야생동물이 먹지 못하게 된다. 수심 또한 총알의 섭식을 제한할 수 있다. 수년 전에 한 습지에서 발생한 수면성 오리의 납 중독을 관찰한 바 있다. 수심이 깊어졌을 때 이 수면성 오리는 거의 영향을 받지 않았는데 그 이유는 수심이 깊어 총탄을 먹을 수 없었기 때문이다. 하지만 고니(tundra swan)는 여전히 깊은 물에서 총탄을 먹을 수 있었고 고니의 납 중독은 계속되었다.

몇몇 독성물질의 중요한 성질들은 생물축적(bioaccumulation, 유기오염물을 비롯한 중금속 등이 물이나 먹이를 통해 생물체 내로 유입된 후 분해되지 않고 잔류되는 현상−옮긴이)과 생물증폭(biomagnification, 생태계의 먹이 연쇄를 통해 유독 물질이나 중금속 등의 농도가 증대되는 현상−옮긴이)이다. 생물축적은 개체동물의 성질이고, 제거율을 넘어 해당 물질을 과도하게 섭취한 결과로 나타나며, 동물의 체내에 오랫동안 축적된다. 카드뮴은 정체되는 시간이 길고 배출 또한 매우 느리기 때문에 포유류에서 생물농축이 일어나게 된다. 사람에서는 신장에 농축된 카드뮴이 50세까지 증가된다(Cooke와 Johnson, 1996). 이때가 제거율과 섭취율이 동등해지는 시기이며, 체내 농도는 상대적으로 안정적으로 유지된다. 생물증폭(bioamplication이라 부르기도 한다)은 각 단계에 있는 동물에서 생물축적이 이루어지는 결과로 인해 먹이사슬 내의 각 영양 단계에 따라 독성물질의 농축 수준이 상승하는 것을 말한다. 이 현상의 전통적인 사례는 1960년 헌트(Hunt)와 비숍(Bischoff)이 보고한 물 → 플랑크톤 → 물고기 → 물고기를 먹는 새의 순서로 살충제가 성공적으로 농축되는 것이다. 이러한 방식으로 생물 증폭되는 독성물질의 경우, 낮은 영양 단계에 있는 동물들에 대한 독성 영향의 증거는 거의 없지만, 맹금류와 같은 최상위 포식동물에게는 엄청난 양이 축적되고, 심각한 영향을 미칠 수 있다.

　　네덜란드에서 실시된 오소리의 카드뮴과 구리에 대한 한 연구(Klok 등, 2000)는 생물축적과 생물증폭의 대표적인 예라고 할 수 있다. 이 사례는 중독 발생 가능성에 대한 무생물적 환경 조건의 영향과 독성물질이 야생동물에게 간접적인 영향을 미칠 수 있다는 것을 보여준다. 네덜란드 토양의 거의 대부분은 1mg/kg 이하의 카드뮴을 함유하고 있지만, 지렁이는 이보다 10~200배 이상의 카드뮴을 농축시킬 수 있다. 지렁이에 의한 카드뮴 농축은 토양 산도에 영향을 받고, 특히 산성 토양에서 촉진된다. 지렁이는 오소리 먹이 중 상당한 양을 차지한다. 지렁이에게 축적되어 있는 적은 양의 카드뮴을 흡수함으로써 오소리는 잠재적으로 위해한 농도의 카드뮴을 신장에 장기간에 걸쳐 축적할 것이다(카드뮴은 생물축적과 생물증폭 현상 때문에 오소리에게 축적된다). 신장 조직 내 카드뮴의 농도가 200mg/kg(건중량)에 도달하면 포유류에 있어서 신장 기능이 위협을 받는 것으로 간주되고 있다. 2000년 클록(Klok) 등에 따르면 산성 토양 지역 내 서식하는 오소리는 2~4년생 내에 신장 병변이 발생할 위험이 있는 반면, 염기성 토양 지역에 서식하는 오소리는 예상되는 전체 수명 동안 신장 조직 내에 독성 수준의 카드뮴이 축적되지 않는다(네덜란드의 오소리 거의 대부분은 6년 이하의 수명을 갖고 있다). 구리는 다른 방식으로 영향을 미치며, 오소리에게 간접적인 영향을 끼친다. 지렁이에 의해 축적되는 것은 아니지만, 고농도의 구리, 예를 들어 과수원의 토양에 구리를 첨가한 곳에서는 지렁이에게 독성을 미치게 된다. 생물증폭과 같은 현상은 없고 구리 독성이 오소리에서 확인된 바도 없다. 하지만 토양에 구리를 투여하는 것은 중요한 먹이 자원의 확보를 제한함으로써 오소리에게 간접적인 효과를 미치게 되고, 섭식활동을 더 늘려야 하기 때문에 결국 교통사고와 같은 가능성을 높이게 된다(Klok 등, 2000).

　　독성물질의 생물증폭과 획득 가능성을 결정짓는 요인들은 매우 지역특이적일 수 있고, 동종 내의 개체들도 그들의 생활 유형에 따라 매우 다른 독성 수준에 노출될 수 있다. 2000년 부스트니스(Bustnes) 등은 바렌츠 해(Barents Sea)의 섬에서 번식하는 두 개 개체군의 흰갈매기(glaucous gull, *Larus hyperboreus*) 조직 내에 존재하는 다섯 가지 유기염소계 성분의 농도를 비교한 바 있다. 한 흰갈매기 군집은 바다오리(guillemot) 군집의 주변부에 있는 절벽에 위치하고 있었고, 다른 한 군집은 바다오리 군집에서 약 1~2km 떨어진, 해수면과 가까운 곳에 위치하고 있었다. 바다오리의 번식 군집 주변에 서식하던 흰갈매기의 먹이에는 해조류의 알이 매우 높은 비율로 포함되었고, 멀리 떨어진 갈매기 군집은 주로 물고기를 사냥했다. 바다오리의 알을 자주 먹던 흰갈매기들의 혈액에서는 훨씬 더 높은 수준의 다섯 가지 유기염소 오염물이 확인되었다. 결론적으로 두 군집의 갈매기들은 서로 다른 영양 단계에 있었고, 생물증폭은 다르게 나타난다는 것이다. 2001년 니가드(Nygård)와 저헤우게(Gjerhaug)는 2001년 노르웨이의 검독수리 연구를 통해 이와 비슷한 사례를 보고했다. 이 연구에서는 연안 지역의 검독수리가 내륙의 검독수리에 비해 훨씬 더 높은 유기염소계 잔류량을 보였고, 낮은 번식 성공율을 나타냈다. 연안에 서식하는 검독수리는 바다조류(海鳥類)를 주로 포식한 반면, 내륙의 검독수리는 들꿩이나 멧토끼, 사슴 등을 포식했다.

접촉 부위에 대한 국소적인 손상을 일으키는 독성물질들을 제외하고, 독성물질은 유기체 내로 흡수된 후에 질병을 일으킨다. 독성물질은 다섯 가지 연속 과정을 통해 살아 있는 유기체와 상호작용을 한다(그림 9.4).

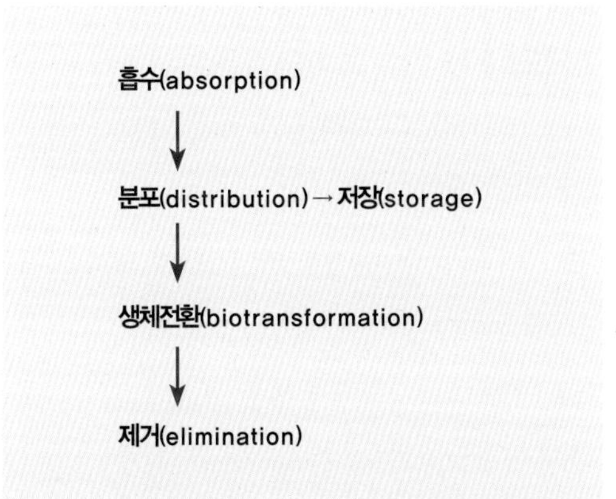

그림 9.4 ◀ 독성물질이 살아 있는 유기체와 상호작용하는 다섯 가지 기본 과정

흡수

흡수는 피부, 폐, 또는 소화기관의 상피세포 장벽을 통과하는 것을 포함한다. 이는 일반적으로 독성물질과 그 대사산물이 체내에서 제거되기 전에 지나야 하는 여러 세포벽의 첫 번째 관문이다. 세포벽들은 막에 단백질 분자들이 흩어져 있는 지질 분자들의 생체분자 막으로 구성되어 있다. 독성물질은 수동적 확산(passive diffusion), 세포막 구멍을 통한 여과(filtration through membrane pores), 운반체 매개 운반(carrier-mediated transport), 식세포작용(being engulfed by the cell)(뒤의 두 과정은 능동적이다) 중 하나를 통해 세포벽을 통과할 수 있다. 수동적 확산은 가장 중요한 수단이고 대부분의 독성물질은 이 방법에 의해 들어온다. 확산에 의한 수송 속도는 농도구배와 합성물의 지질 용해도에 의해 결정된다. 일반적으로 비극성, 분자량이 작은 지질용해성 분자는 크고, 극성, 수용성 분자보다 훨씬 쉽게 세포막을 가로질러 확산된다. 독성물질들의 흡수는 매우 다양하며, 많은 변수에 의해 영향을 받는다. 예를 들어, 섭취된 카드뮴의 경우 일반적으로 단지 약 5%만이 흡수되지만, 만약 동물이 칼슘, 단백질, 아연, 구리, 또는 철이 낮은 먹이를 취할 경우에는 좀 더 많은 양이 흡수될 수도 있다(Cooke와 Johnson, 1996).

분포

일단 한 가지 독성물질이 흡수되면 혈액이나 림프를 통해 다른 조직들로 분포된다. 그 합성물이 세포 외액과 이후 세포의 내부로 들어오기 위해서는 적어도 두 개의 세포막(혈관 벽과 표적 세포벽)을 더 통과해야 한다. 다양한 조직들 사이에서의 분포는 많은 요인들-기관으로의 혈류(량), 모세혈관 벽에 있는 구멍 크기의 다양성(간의 경우 크고, 뇌의 경우 매우 작음.), 특정 세포들 내의 운송 시스템 존재 여부, 개개의 세포들 내에 화합물들의 저장을 증진시키는 특별한 특징들에 영향을 받는다. 소위 장벽(barriers)들이 특정 독성물질들의 분포를 제한할 수도 있다. 수용성 화합물들은 대개 혈관뇌장벽(blood brain barrier)나 혈관태반장벽(blood placenta barrier)을 통과하지 못한다. 예를 들어, 지용성인 메틸수은은 뇌나 태아 내로 침투하여 모두에게 심각한 결과를 초래할 수 있지만, 무기수은(inorganic mercury)은 두 가지 장벽 모두 통과하지 않는다. 소장은 대부분 독성물질의 주요 흡수 장소이며, 장으로부터의 모든 혈류는 간을 지나가므로 간은 많은 양의 독성물질을 받아들이고 자주 해를 입는다. 다행스럽게도 간은 (손상을) 치유하고 손상된 세포들을 재생산하는 놀라운 능력을 갖고 있다.

저장

독성물질들은 저장될 수 있는데, 이는 이상 반응(부작용 중 건강을 심히 해치거나, 생명에 위험을 일으키는 작용—옮긴이)이 없는 축적을 의미한다. 어떤 독성물질들은 혈장 단백질과 결합하여 혈액 속에 비활성 형태로 머물러 있기도 한다. 납과 불소 등의 다른 독성물질들은 뼈의 무기질 부위 내에 축적되어 매우 오랜 시간 동안 남아 있다.

뼈 내의 납 농도 검사는 동물의 납에 대한 장기간 노출을 모니터하는 좋은 방법이다. 사냥된 물새의 날개뼈 내의 납 농도 소사는 납이 높게 노출된 지여 범위를 판정하는 데 사용되어 왔다(Stendall 등, 1979). 폴리염화비페닐(PCBs)과 같은 지용성 화합물과 유기염소계 살충제(예: DDT, 앨드린)는 체지방 내에 축적된다. 체지방 내 저장은 여러 가지 효과를 가진다. 손상을 유발할 수 있는 활성 화합물의 양을 감소시킨다는 점에서 저장은 보호 기능을 갖지만, 이는 또한 해독작용과 체내로부터의 화합물 배출 속도를 감소시킨다. 저장된 물질은 어떤 생리학적 변화에 의해 저장소로부터 방출될 수도 있다. 예를 들어, 먹이 부족이나 기아에 시달리는 동물들의 지방으로부터 PCB와 살충제가 방출될 때처럼, 동물들은 때때로 그들이 영양적으로도 스트레스를 받고 있을 때 저장되어 있던 독성물질의 방출량이 증가하여 고농도의 활성 화합물에 노출될 수 있다. 장기의 크기와 신체 구성의 정상적인 연간 변화 주기는 야생동물에 있어서의 잔류물 평가를 복잡하게 만들 수도 있다. 검은목논병아리(eared grebes)의 간 크기는 생리적 변화에 따라 6배 이상 다양하게 변할 수도 있다(Ratther와 Jehl, 1997).

생체전환

독성물질의 생체전환이나 대사 작용은 독성물질의 분포, 배출, 그리고 독성에 영향을 미친다. 생체전환은 일반적으로 두 가지 단계를 거친다. 단계 I은 어떤 형태(산화, 환원, 가수분해)의 분열을 통한 모화합물(parent compound)의 분해(degradation) 과정이다. 생겨난 결과물은 모화합물보다 독성이 약할 수도 있고 강할 수도 있다. 어떤 독성물질은 그들이 생체전환을 거치기 전에는 손상을 유발하지 않고, 이들의 생체전환을 통한 대사산물이 손상을 유발하는 특징을 갖고 있다. 예를 들어, 파라치온(유기인제 살충제)은 간에서 대사되어 모화합물보다 훨씬 더 강력한 콜린에스테라제 억제제가 된다. 야생동물에서 DDT(유기염소계 살충제)의 독성을 고려할 때는 역시 독성을 갖고 있는 대사산물 DDD와 DDE의 측정을 포함해야 한다(Blus 등, 1996). 생체전환의 대부분이 간에서 발생하므로, 간은 대사산물에 의해 빈번히 손상을 받는다.

단계 II는 물질(대개 단계 I 대사의 산물)에 어떤 내인성 분자가 더해지거나 결합되는 합성과정을 포함한다. 결과물은 좀 더 수용성으로 만들어지기 때문에 좀 더 쉽게 배출되며 대체로 독성이 약하다. 생체전환에는 많은 조직들 내의 많은 다른 효소들이 관여한다. 예를 들어, 사토크롬(cytochrome) P-450 효소들은 지용성 화합물의 대사에 관여하는 중요한 효소군이다. 그들의 작용은 지질 용해도를 감소시키고 요로 배출을 증가시킨다. 어떤 효소들은 낮은 특이성을 갖고 있기 때문에 다양한 화합물을 대사시킬 수도 있다. 어떤 효소 시스템은 필요할 경우 현저하게 증가하는 경향을 가진다. 어떤 효소들의 활성을 측정하는 것이 어떤 형태의 독성물질에 대한 노출을 측정하는 데 이용되는 것은 바로 이 때문이다. 예를 들어, 간복합기능 산화효소(hepatic mixed function oxidases)의 활성은 독성물질의 노출에 대한 비특이 생체마커로 종종 이용된다.

제거

독성물질의 배출 속도는 그들의 효과를 결정하는 데 있어 매우 중요하다. 반면에 어떤 화합물들은 즉시 대사되고 배출되며 결코 체내의 독성 농도에 도달하지 않는다. 카드뮴과 같은 다른 화합물들은 매우 천천히 배출되어 독성 농도에 도달할 수 있을 정도로 장기간 체내에 축적된다. 독성물질의 가장 중요한 배출 경로는 소변을 통한 배출이다. 독성물질의 대사와 배출에는 활동적이고 기능적인 기관들이 필요하다. 독성물질이나 어떤 다른 질병에 의한 간이나 신장의 손상은 (독성물질의) 대사와 배출을 감소시킬 수도 있으며, 체내의 독성물질 반감기를 연장시켜 독성 발현 수준까지 축적시킬 수 있다. 기관의 손상과 독성물질의 배출 장애 사이의 상호작용은 야생동물에서 널리 연구되지 못했지만, 한 가지 독성물질이나 감염성 요인에 의해 야기된 손상이 잠재적으로 다른 독성물질들의 배출을 감소시키고 그들의 독성 영향을 악화시킬 수 있을 것으로 예상되고 있다. 예를 들어, 기생체에 의해 간이나 신장이 상당히 손상된 동물은 다양한 독성물질들에 대하여 비정상적으로 민감해질 수도 있다.

독성물질의 유해 효과

독성물질의 유해 효과는 녹성물실과 유기제의 특징 구조 사이의 생화하저 상호작용의 결과로 생긴다. 모든 다른 형태의 질병에서처럼 이 과정은 세포 혹은 세포 이하 수준에서 시작하고 그 효과는 세포의 작용이나 생존을 손상시킨다. 만약, 충분히 많은 세포들이 유해한 영향을 받으면, 생리적 기능이 붕괴되어 탐지 가능한 질병을 야기한다. 이러한 몇몇 작용들은 비특이적이며 부식성 화학물질로 작용하여 그 물질과 접촉하게 되는 그 어떤 구조물도 손상 받을 수 있다. 식도의 내부에 손상을 유발하는 특정 곰팡이독소(식품에 낀 곰팡이에 의해 생산되는 대사성 부산물)가 바로 이러한 경우다. 곰팡이독소가 많이 생긴 곡식을 먹은 야생 기러기들에서 식도 내부의 손상이 발생했고, 이는 실험적으로 T-2 곰팡이독소에 노출되었던 청둥오리들에서의 손상과 비슷하다(Hayes와 Wobeser, 1983).

하지만 그 유해 효과들은 더욱 자주 특이적으로 나타나며, 어떤 특정 세포 내부의 성분이나 구성 요소들과의 상호작용을 수반한다. 이러한 구성 요소들은 체내의 여러 부위들 또는 힌 부위에만 존재할 수도 있다. 어떤 독성물질들은 세포 내의 많은 곳에 공통적으로 존재하는 설퍼하이드릴기(sulfhydryl, -SH)나 아미노기(amino, -NH2)와 같은 특정 화학 그룹과 상호작용하므로 독성물질들이 서로 다른 신체 부위의 다양한 세포 구성 요소들과 널리 상호작용할 수도 있다. 납의 경우 몸 전체에 걸쳐 매우 다양한 효소들을 억제하는데, 그중에서도 신경계, 적혈구 생산, 간과 신장 등의 기능에 영향을 미친다. 독성물질이 서로 다른 기관들 내의 동일한 세포 내의 위치에서 작용할 때는 한 특정 기관이 처음으로 기능 장애를 보이는데, 이를 '결정장기(critical organ)'라고 한다. 결정장기에서 독성물질의 가장 높은 농도가 반드시 발견된다고 할 수는 없다. 예를 들어, 메틸수은은 신경계(결정장기)상에 주로 영향을 미치지만, 중독된 동물에서 수은의 농도는 뇌에서보다 신장과 간에서 높다.

다양한 독성물질이 세포 기능부전과 질병을 유발하는 기전에 관하여 자세히 논의하는 것은 이 책의 범위를 넘어선다. 2002년 하스첵(Haschek) 등의 연구는 독성물질들에 의해 생산되는 많은 병리학적 정보를 제공한다. 많은 독성물질들은 효소와 기질의 상호작용을 방해함으로써 작용한다. 그 효과는 효소-기질 반응이 발생하도록(이 경우 독성물질은 작용물질)하거나 그 효과를 저해하도록(이 경우 독성물질은 길항제) 한다. 해양의 규조류에 의해 생산되어 쌍각류의 조개(굴, 홍합 따위)와 플랑크톤 섭식 어류 내에 농축되는 독성물질인 도모산(domoic acid, 주로 규조류인 Pseudo-nitzschia속의 일부 종에 의해 일어나는 기억상실성 패류독 (Amnestic shellfish poisoning, ASP)−옮긴이)은 흥분성 신경전달물질과 구조적으로 비슷하며, 이는 작용물질이다. 이는 갈색사다새(Brown Pelican) 같은 새들과 캘리포니아 바다사자의 신경세포(neuron) 수용체에 붙어 지속적인 자극과 신경질환을 유발한다(Scholin 등, 2000). 어떤 독성물질은 안정적인 기질-효소 복합체를 형성하여 정상적인 작용을 저해한다. 유기인계 살충제는 아세틸콜린에스테라제(acetylcholinesterase, 정상적으로는 신경 시냅스로부터 아세틸콜린을 제거하는 효소)라는 효소와 매우 안정된 복합체를 형성한다. 그 효소가 저해되면 과도한 신경 자극과 유사한 임상 증상을 나타낼 정도의 아세틸콜린이 독성 유해 수준까지 축적된다. 카르바메이트(carbamate) 살충제 또한 콜린에스테라제를 저해하지만, 그 복합체는 덜 안정적이고 가역적이다.

어떤 독성물질은 정상적인 기질을 대체함으로써 비정상적인 생성물을 형성한다. 척추동물 중 유해동물 구제에 사용되는 강력한 독물인 플루오르화초산(sodium fluoroacetate) (1080)은 구연산회로[Acetyl-CoA와 oxaloacetate가 축합하여 구연산염(citrate)을 형성하면서 시작되고, 2분자의 CO_2, 3분자의 NADH, 1분자의 $FADH_2$와 1분자의 GTP(ATP)가 형성됨.] 내에서 비정상 생성물을 산출함으로써 에너지 대사의 전반적인 실패를 초래하는 방식으로 작용하며, 이는 신경계와 심장에서 처음으로 나타난다(이들 조직들은 무산소 대사에 대한 기능이 거의 없기 때문에 산소 결핍에 관한 한 다른 조직들보다 훨씬 민감하다). 일부 독성물질은 효소와 결합한 후 효소를 파괴한다. 손상은 또한 세포막의 손상, 조효소의 저해, 그리고 핵산과 결합 등의 결과로서도 나타난다. 다양한 유기염소계의 살충제는 나트륨 채널 상의 효과와 칼슘 수송기전을 교란시키는 등 다른 기전들을 통해 신경섬유상에 영향을 미친다.

독성물질들로 인한 손상은 직접적인 폐사, 다른 직접적인 원인들로부터 간접적으로 폐사를 유도하는 쇠약, 번식 장애, 종양의 발생(발암 현상, carcinogenesis), 유전적 변이의 유발(돌연변이 생성, mutagenesis), 태내에 있거나 알에서 부화되지 않은 동물들의 발달에 있어 선천적 이상(기형 발생, teratogenesis)을 초래할 수 있다.

불행하게도 야생동물의 질병과 관련된 모든 독성물질을 취급하는 교재는 아직 없다. 필자는 여기서 중요하게 여기는 독성물질의 유형들을 골라 각각에 관한 몇 가지 예를 간단히 제시하고자 한다.

살아 있는 유기체가 생산하는 독소들

담수, 기수, 해수에 살고 있는 많은 수의 유기체들은 야생동물의 질병과 관련된 독소를 만든다(Solter와 Beasley, 2002). 이들 중 대부분은 동물에게 질병을 일으키는 것이 독소를 생산하는 유기체에게 도움이 안 되기 때문에 독성이 우연하게 나타난다. 예를 들어, 남조세균류(cyanobacteria)에서 만들어지는 독소들은 다른 수생 미생물들과 경쟁하는 데 유용하다. 하지만 독소가 들어 있는 물을 마실 때 소나 오리가 죽는 것은 거의 이득이 없을 것이다. 어떤 독소들은 직접 노출 시 해를 끼치지만 다른 독소들은 물과 함께 섭취되었을 때 해를 끼치며 도모산(domoic acid)은 조개나 물고기에 농축될 수 있다(Scholin 등, 2000). 보툴리즘은 독소에 의해 야기되는 질병 중에서 별난 질병이다. 즉, 희생된 사체가 클로스트리듐 보툴리눔(*Clostridium botulinum*)의 성장과 독소 생산에 이상적인 기질이므로 동물을 죽이는 것이 세균에게는 이득이다. 야생동물과 관련 있는 곰팡이독소(다양한 종의 곰팡이에 의해 생산되는 대사산물)는 오염된 땅콩과 같은 작물을 먹는 동물을 중독시킨다(Robinson 등, 1982; Windingstad 등, 1989). 하지만 야생 먹이도 이러한 물질들을 함유하고 있다(Oberheu

와 Dabbert, 2001). 어떤 곰팡이독소는 발암인자와 관련되어 있고 어떤 것들은 면역독성이 있다.

중금속들

낚시 같은 레저 활동에서 발생하는 오염물질들은 야생동물의 삶에 크게 영향을 미치고 있다. 납추와 더불어 낚시 채비의 일종인 도래도 확인되었다.

역사적으로 우려되는 중금속은 납, 수은, 카드뮴, 셀레늄이다. 카드뮴과 셀레늄은 다른 장에서 논의한 적이 있다(카드뮴은 앞에서 설명했으며, 셀레늄은 7장). 납은 많은 효소 체계에 영향을 미치는 전신독으로, 헤모글로빈의 생산에 부분적인 영향을 미친다(그림 9.5). 중독은 납탄 또는 낚시추를 먹은 물새(그림 9.6)와 이를 잡아먹거나 사체를 섭식한 동물들 또는 새의 조직에 있는 총탄의 납을 섭취한 맹금류에서 나타난다(Saito 등, 2000). 납 중독은 납이 있는 토양의 섭취(Beyer 등, 2000)나 건물에서 벗겨진 페인트로도 일어날 수 있다(Sileo 와 Fefer, 1987). 매년 북미 물새 개체군의 2~3%가 납 중독으로 인해 죽는다는 보고가 있다 (Bellrose, 1959). 2000년 드모프스키(Dmowski) 등은 소형 포유류 개체군의 국소적 중금속(주로 납) 중독의 영향을 조사했다. 오염된 지역의 개체군들은 오염되지 않은 지역의 개체군들보다 그 수가 적었다. 이 개체군들에서는 어린 개체군의 치사율이 높아서 분석 개체군에 어린 동물이 조금 포함되었고, 때때로 이 개체군들이 겨울을 나면서 종종 절멸하기도 했다. 오염된 지역은 외부로부터의 재정착(recolonization)이 없이 개체군을 유지할 수 없는 소멸 서식지(sink habitats)로 간주했다.

수은은 자연(화산 폭발)과 인류가 야기한 원인들(석탄연소, 화학처리, 소각, 산업 및 가정폐기물)로부터 환경으로 유입된다. 이는 수많은 화학물질 형태로 존재하지만, 가장 중요한 것은 유기수은, 특히 메틸수은 화합물이다. 메틸수은 화합물은 스웨덴에서 씨를 씻는데 사용되어 씨를 먹는 새들이 직접 중독되었고, 2차적으로 맹금류가 중독되었다. 그 화합물의 사용이 중단되자, 중독사고도 더 이상 발생하지 않았다(Wanntorp 등, 1967). 물속에서 수은

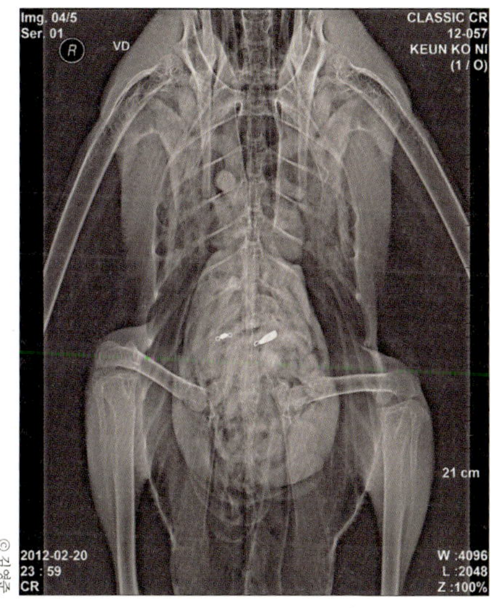

그림 9.5 ▲ 중금속 중독. 납추를 먹고 중독된 큰고니의 방사선 사진

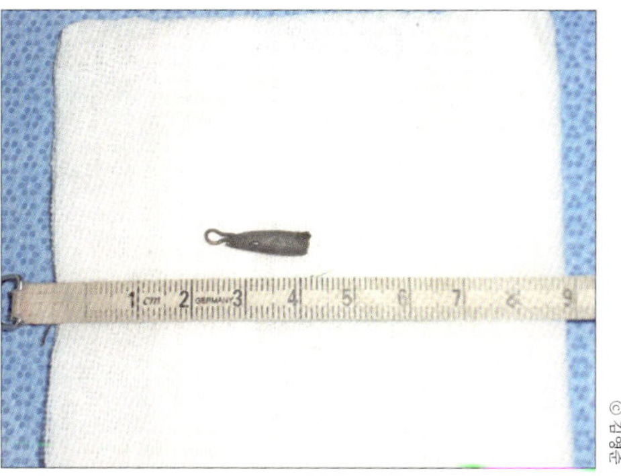

그림 9.6 ▲ 내시경 수술을 통해 근위에서 제거해 낸 납추. 특히 오리/기러기류의 경우 먹은 납추가 근위 내의 먹잇돌과 함께 갈려 흡수되므로 다른 종에 비해 더욱 치명적이다.

의 자연적 메틸화는 수생 유기체의 생물축적과 먹이사슬의 생물증폭을 일으킨다. 이 중독 현상은 눈에 띄는 급격한 동물 집단폐사를 초래하지 않았지만, 세계의 많은 지역에서 물고기를 주로 먹는 야생동물의 조직에 잔류 물량이 늘었고 중독된 동물이 주기적으로 발견되었다(Wobeser와 Swift, 1976).

구제제

2003년 갤러웨이(Galloway)와 핸디(Handy)는 "구제제는 대량으로 환경에 천천히 유입되는 유일한 독성물질"이라고 말했다. 구제제의 두 그룹인 살충제(insecticide)와 살서제(rodenticide)는 야생동물의 질병을 일으키는 데 있어 특히 중요하다.

살충제

유기염소계 살충제는 수용성이 낮고 지용성이 높기 때문에 지방에 저장되고 생체축적되는 경향이 있다. 그 예로는 디디티(DDT), 앨드린(aldrin), 헵타클로르(heptachlor), 딜드린(dieldrin)과 같은 물질들이 있다. 어떤 것은 신경성 질병과 폐사를 일으키기도 하지만, 가장 잘 알려진 영향은 번식에 관한 것들로 번식의 실패, 알껍데기의 얇아짐, 부화율 저하, 어린 개체 생존 저하 등을 포함한다. 새들마다 민감성은 다른데, 닭에서는 그 영향이 조금이거나 거의 없고 갈색사다새나 몇몇 맹금류에 미치는 영향이 크다(Blus, 1982). 이 화학물질은 물고기를 먹는 새와 그 새를 먹는 맹금류의 심각한 개체군 감소 원인이다. 1998년 뉴턴(Newton)은 북미에서는 DDT 대사산물이 번식에 큰 영향을 미친 반면, 서유럽에서는 앨드린과 딜드린으로 인한 폐사가 더 중요했다는 문제를 제기했다. 몇몇 나라에서 이런 다양한 화합물들의 사용을 중지한 결과, 이제까지 영향을 받았던 종들의 번식이 증가했다(Newton, 1998). 하지만 많은 잔류물들이 몇몇 종들에 여전히 영향을 미치고 있다(Nygård와 Gjershaug, 2001; Gill과 Elliot, 2003).

유기인제와 카바메이트 살충제는 많은 유기염소계 화학물질을 대체했다. 이 화합물들은 환경에서 보다 빠르게 사라지지만, 대부분의 유기염소계 살충제보다 야생동물에게 더욱 직접적으로 독성을 나타낸다. 카바메이트계의 카보퓨란은 특히 새에게 독성이 있고 미국에서 1년에 적어도 200만 마리의 새들을 죽였다(Mineau, 1993). 이 물질의 일부는 북미 서쪽의 유해동물인 코요테 같은 종을 불법적으로 죽이는 데 사용되었고, 수리류의 2차 중독 사례들을 다수 확인한 바 있다(Wobeser 등, 2004). 2003년 워커(Walker)는 새의 습성에 영향을 미치는 신경독성 살충제의 영향을 검토했다.

살서제

몇몇 독성물질은 설치류(rats and mice)를 통제하기 위해 사용되어 왔다. 가장 널리 쓰인 것은 항응고제로, 그중 첫 번째는 혈액 응고를 방해하는 와파린이다. 와파린에 대한 저항성이 증가하자, 새로운 2세대 항응고제가 도입되었다. 브로디파쿰(brodifacoum) 같은 합성물은 설치류와 다른 종들에 더 큰 독성을 가져오지만 매우 분해되기 어려워서 죽은 설치류와 중독되어 살아남은 설치류를 포식한 맹금류와 족제비과에 이차 독성을 일으킨다. 2002년 이어슨(Eason) 등은 브로디파쿰이 비표적종에 미치는 영향을 조사한 자료를 제공하고 있다.

약물

다른 종의 치료에 사용한 약품이 야생동물에서 관심거리가 된다는 말은 이례적으로 들릴지 모르지만, 최근의 사건들은 이러한 생각이 적절하다는 것을 보여준다. 그중 가장 인상적인 것은 파키스탄의 동양흰등독수리(oriental white-backed vulture) 개체수 대량 감소()95%) 사건인데, 가축에 널리 사용되는 비스테로이드성 소염제(NSAID)인 디클로페낙(diclofenac)에 의한 신장 손상과 관련되어 있다(Oaks 등, 2004). 이 독수리들은 죽은 가축을 먹고 중독되었다. 그보다 좀 덜 극적인 예로는 바르비튜레이트제(barbiturate)로 안락사한 후, 부적절하게 폐기한 가축의 사체를 먹고 사는 맹금류의 중독(Langelier, 1993), 소의 기생충 치료를 위해 사용하는 유기인계 살충제(organophosphorus insecticide)에 노출된 까치(black-billed magpie)의 폐사(Henny 등, 1985)를 들 수 있다. 생활하수를 통해 물로 유입되는 약물, 그중 특히 생식호르몬의 잠재적인 영향은 다음에 언급할 것이다.

원유와 염류

매년 수백만 톤의 원유(crude oil)와 석유 제품이 물속 환경으로 유입된다. 대규모 원유 유출이 이목을 끌지만, 사실은 그보다 작은 규모의 유출량들이 총량의 대부분을 점유하고 있다(Jessup와 Leighton, 1996). 물새, 특히 바다새(marine species)가 가장 위험하다. 그로 인한 영향으로는 깃털의 오염(원유 오염), 알을 오염시켜 배아 폐사(embryo mortality)를 유발하는 오염, 직접적인 독성 등을 들 수 있다(그림 9.7).

수중 염류의 농도 증가는 전 세계의 건조한 지역에서 관심의 대상이 되고 있다. 토양에서 걸러진 염류는 외부로의 유출이 없는 지역인 종말 습지(terminal wetland)에 축적된

그림 9.7 ▲ 2008년 발생한 허베이 스피리트호 원유 유출 사고로 희생된 가마우지. 하지만 우리나라에서는 이러한 대규모 원유 유출 사고보다 일상적인 선박 기름 유출에 의한 피해가 많이 발생하고 있다.

다. 왜냐하면 이러한 유역(basin)에서는 배수 시설이 없기 때문이다. 하지만 어떤 지역에서는 야생조류들이 이용할 수 있는 습지의 상당 부분을 구성하기도 한다. 염류 성분의 외부 딱지형성(encrustation)(Wobeser와 Howard, 1987), 염류 중독(Windingstad 등, 1987), 안구 손상(Meteyer 등, 1997)이나 유조의 폐사(Stolley 등, 1999)와 같은 몇몇 질병 상태가 확인됐다.

내분비교란물질(환경호르몬)

야생동물들은 '환경호르몬'이라고 일컬어지는 인공 화학물질에 놀라울 만큼 많이 노출되는데, 이 물질은 호르몬 체계와 세포 신호 전달 체계를 방해하여 생식계통, 내분비계통, 면역계통, 신경계통을 교란한다(Colburn과 Clement, 1992). 이 물질에 대해서는 다양한 정의가 제시된 바 있다(Phillips와 Harrison 1999). 이러한 화학물질의 범위는 매우 넓은데, 하수구로 버려지는 피임약에서 나오는 에스트로겐, 곰팡이독(mycotoxin), 일부 살충제와 같은 물질이 이에 해당한다. 이 중 분해되지 않으면서 지방 친화적인 다할로겐화 방향족

탄화수소(PCBs, polychlorinated di-benzo-p-dioxins, dibenzofurans 등), 다핵방향족탄화수소(polynuclear aromatic hydrocarbons)에 많은 관심이 집중되고 있다(Rolland, 2000). 이 화학물질들은 안정되고 지방친화적인 성질 때문에 흔히 야생동물에서 잔류물로 발견되는데, 어떤 때는 실험동물에서 내분비 기능 장애를 일으켰던 농도 수준으로 발견되기도 한다. 자연 상태(field condition)에서 이 화학물질들과 그 영향의 직접적인 인과 관계를 밝혀내는 것은 매우 어려운 것으로 알려져 있다. 1999년 헤스터(Hester)와 헤리슨(Harrison), 2002년 쿡(Cooke) 등은 이 주제에 대한 포괄적인 견해를 밝혔다.

독성물질이 야생동물에 미치는 영향 평가

독성학의 주요 목적은 독성물질의 양과 이에 대한 생리적 반응(아무런 영향을 미치지 않는 양과 최고의 효과를 내는 혼합 약물을 알아내는 것을 포함하여)의 관계를 살펴보는 것이다. 독성학의 대부분은 이러한 약물의 양을 정하는 것과 관련되어 있다. 혼합 약물의 반응 관계와 LD50(실험 개체군의 반수치사량)과 NOEL(무영향량, the not observed effect level) 같은 정도를 결정한다. 동물의 조직에 잔류하는 독성물질을 감지하는 능력(주로 억만 분의 일정도)과 야생동물에 위해한 영향을 미치는 잔류량과 관계된 능력에는 상당한 차이가 있다. 이는 동물 개체 그리고 개체군 모두에게 적용된다. 게다가 한 개체에서 중독의 진단은 감염병의 진단, 특히 세균이나 바이러스에 의한 김 엄병괴는 매우 다르다. 병든 개체 또는 사체에서 병원성 바이러스나 세균을 분리했을 때, 그 병원체가 질병을 유발하는지를 판단하기 위해 병원체를 정량화할 필요는 없다. 건강한 동물들도 조직 내에 독성잔류 물질들을 갖고 있기 때문에 조직에 손상을 주는 독성물질의 축적량을 알아내는 것이 딜레마다. 1996년 바이어(Bayer) 등은 이러한 어려움에 대해 논의하고, 많은 독성물질의 조직 내 잔류량을 해석할 수 있는 가이드라인을 제공했다.

개체군 수준에서 원인과 결과 간의 관계를 규명하는 것은 더더욱 어렵다. 어떤 유기인계 살충제가 몇몇 맹금류와 생선을 섭취하는 조류의 개체군에 심각한 영향을 미친다는 것은 분명한 사실이다. 이러한 영향은 많은 개체군과 번식 성공에 대한 장기 자료 덕분에 예측이 가능했고, 화학물질의 사용이 중단되고 오염이 줄어들면서 개체군의 회복에 의해 그 효과를 확인할 수 있었다. 납, 수은 그리고 카보퓨란과 같은 독극물은 충분히 야생동물을 죽이는 원인이 된다. 비록 동물이 많은 다른 독극물에 의해 죽을 수 있고, 여전히 번식에 영향을 미친다고는 하지만, 개체군 수준에서 어떤 영향을 미치는지에 대해서는 훨씬 더 불분명한 상태다. 많은 독극물들이 여러 생리학적 작용과 관련되어 있지만, 확실한 원인과 결과에 대해서는 확인된 바 없다. 예를 들면, 2000년 롤랑(Rolland)은 갑상선과 비타민 A 상태에 미치는 독극물에 대한 22개의 현장 연구를 분석하여 "갑상선과 레티노이드 변화 사이의 어떤 관계나 연구에서 보고된 건강에 미치는 역효과는 단지 그 상황에 따라 다르게 나타나는 것일 뿐"이라는 결론을 내렸다.

생존감소에 영향을 미치는 오염에 연관된 장기 연구를 수행하는 데에는 어려움이 따른다. 따라서 야생동물에서 생물지표의 측정이 일반화되었다. 생물지표는 세포와 생화학적 활동에서 나타나는 변화로, 이는 독극물에 노출됐을 때 나타난다. 그 예로는 납에 의한 델타 아미노에불리닉산 효소의 저해와 유기인산이나 카바네이트 살충제에 의한 혈액과 뇌의 콜린에스테라제(choline esterases) 저해와 같은 현상을 들 수 있다. 두 현상 모두 감시 프로그램의 한 방법으로, 살아 있는 동물의 독극물 노출 정도를 판단하고 진단하는 데 매우 유용하다. 많은 다른 생물지표로서 간 복합기능 산화효소(hepatic mixed function oxidases)의 역할이나 여러 포르피린(porphyrins)의 잔류는 덜 특이적이며, 많은 상황들에 의해 유도될 수 있기 때문에 효율성이 낮다. 일반적으로 생물지표는 그 해석보다는 측정이 쉬워야 하며, 야생동물의 특정 건강 문제와 관련되어 있어야 한다. 특정 독극물의 특정 수위에 노출된 것과 생물지표 사이의 관계는 야생동물종에서 거의 입증되어 있지 않다.

야생동물에서 독극물이 미치는 영향을 측정할 수 있는 두 가지 출처는 다음과 같다. (1) 심하게 오염된 환경 속에 있는 동물들을 관찰하고 개체군 자료에서 개체에 미치는 영향을 추리한다. (2) 독극물에 동물을 실험적으로 노출시킨 후, 개체의 반응을 보고 개체군의 결과를 유추한다.

첫 번째 출처는 특정 독극물과 연관된 효과의 특성을 판단하는 데에는 유용하지만 심각하게 오염된 지역에서의 노출 수위는 개체군 대부분이 겪는 정도보다 훨씬 더 클 수 있다. 독성물질에 대한 노출 수위가 다르면 완전히 다른 반응이 나타날 수 있기 때문에 노출 독성 농도와 그에 의한 영향이 일직선형으로 상관관계를 이룰 것이라는 가정은 적절하지 못할 수 있다(Welshons 등, 2003). 독성물질이 미치는 영향을 고려함에 있어 다른 인자들의 영향을 떼놓고 생각하기는 어렵다. 예를 들어, 2000년 세거업(Sagerup) 등은 흰갈매기에서의 기생체와 염소화 탄화수소(chlorinated hydrocarbon) 잔여물질 관계를 보고한 바 있다. 이는 오염물질이 동물의 선충류 기생체에 대한 저항력을 없애는 것으로 해석해 볼 수 있다(예: 원인 결과 관계). 하지만 기생체와 오염물질 모두 먹이를 통해 새에게 도달하기 때문에 그 자료를 이와 같이 해석하기는 어렵다. 특정한 종류의 먹이를 먹는 새는 더 많은 기생체들과 독성물질에 노출됨으로써 이에 대한 해석을 더 어렵게 할 수 있다.

실험으로부터 실제 상황에 맞게 추리하는 데에 있어 일반적인 어려움은 실제로 야생에서 일어날 수 있는 환경적 여건을 만들 수 없다는 것으로 잘 알려져 있다. 먹이는 새에 대한 납의 독성에 두드러진 영향이 있는 것으로 알려져 있다. 다섯 개의 납알을 먹은 실험용 오리에게 옥수수만 먹인 경우, 모두 9일 안에 폐사한 반면, 같은 개수의 납알을 먹었지만 상업적으로 유통되는 오리 사료를 먹은 오리는 모두 21일 이상 생존했다(Sanderson, 2002). 이 자료에서 유추되는 의문점은 용량－반응의 관계를 보여주는 위의 두 가지 상황 중 어떤 것이 야생 오리개체에서 나타나는 상황을 표현해줄 수 있을 것인가다. 실험 상황에서는 동물들이 일반적으로 노출 기간 동안 독성물질의 일정한 농도에 노출되는 데 반해, 야생에서는 노출이 주로 산발적이고 그 농도 또한 다르다. 대부분의 실험은 단기간에 실행되는 반면, 독성물질은 그 동물의 일생에 걸쳐 또는 다음 세대에 이르기까지 영향을 미칠 수도 있다. 혼합물이 개체군에게 미치는 영향을 이해하기 위한 연구 기간은 아마도 화합물의 환경 내 잔존성과 관련되어 있을 수 있다. 2000년 라스코프스키(Laskowski)는 50년 정도 걸릴 수 있는 메틸수은이나 DDT의 효과에 대한 연구를 제안했다. 오래 사는 종에 대한 독성물질의 영향에 대한 연구는 극히 적다. 이는 독극물에 중독된 개체는 오랫동안 관찰하기 힘들기 때문이다. 대개의 연구들은 하나의 독소를 취급하는 반면, 야생의 동물들은 많은 화학물질에 동시에 노출되며, 혼합된 독성물질들은 단독의 독성물질과는 다른 반응을 일으킬 수도 있다. 2002년 월터(Walter) 등은 '전혀 영향을 미치지 않는 농도'의 개별 화학물질이더라도 이들이 혼합되면 생각하는 것보다 훨씬 강한 독성이 생긴다는 것을 발견했다.

2001년 베이커(Baker) 등은 '상대적으로 오염이 미약한 곳에 서식하는 개체군과 오염이 심한 곳에 사는 개체군을 비교할 때 통계학적으로 중요한 해상력'을 얻기는 힘들다고 말했다. 그들은 체르노빌에서 둑방쥐의 개체군을 연구했는데, 보고된 포유류 중 방사성 세슘의 체내 축적량이 가장 많았다. 그들은 오염된 장소에서 유전적 다양성이 증가한다는 것을 알아냈지만, 이러한 결과가 방사선 손상에 의한 돌연변이율의 증가 때문인지, 이동에 따른 변이가 증가한 결과인지는 모른다고 했다. 그들의 결론은 많은 자료를 얻을 수 있는 장기 연구 없이는 서식지 질과 같은 생태적인 요인들과 공동체 구조의 다양성으로 인해 오염물질이 미치는 영향을 알기가 애매하다는 것이다. 거북이의 번식 성공에 대한 오염물질, 기생 그리고 포식의 영향에 대한 연구(De Solla 등, 2003)는 독성물질과 다른 요인들이 개체군 매개변수에 미치는 상대적인 효과를 측정하기 위해 노력했던 아주 드문 연구 중 하나다.

독성물질의 유의성을 평가하는 데 있어서 문제점들은 통계 실험을 사용할 때 나타나는 것과 비슷하다. 영향을 감지하지 못하는 것은, 사실상 독성물질이 미치는 영향은 있지만 아무런 영향을 미치지 못한다는 결론을 유도할 수도 있다(type II error와 같다). 이것은 DDT와 관련하여 오랫동안 발생했을지도 모른다. 직접적인 독성에 대한 증거는 제한적이기 때문에 조류에서 번식 영향으로 나타난 것처럼 명확한 증거가 나타나기 전까지는 혼합물이 안전하다고 가정했기 때문이다. 이와 반대로 독성물질이 실제로 별 영향을 미치지 않을 때도 독성물질이 심각하다는 생각을 할 수도 있다(type I error).

SUMMARY

- 거의 모든 야생동물 질병의 발생과 심각도는 영양의 영향을 받는다.

- 영양결핍은 영양분의 부적절한 양, 질, 균형으로부터 야기될 수 있다.

- 야생동물이 기아로 인해 바로 폐사할 수도 있지만, 영양결핍의 영향은 성장, 번식의 감소 그리고 포식에 대한 감수성, 감염 증가 때문에 포착하기 어렵고 만성적이다.

- 특정 영양소의 결핍은 종종 서식지의 인위적 변화와 관련되어 있다.

- 각 개체나 개체군 군집의 영양적 상태 평가는 쉽지 않고, 특정 시간과 장소에 어떤 것이 적절한지를 알기 위해서는 그 종의 생태를 이해하는 것이 필요하다.

- 영양분 공급과 같은 개입은 추정되는 영양소 문제와 질병 간의 관계의 영향을 알기 위한 최선의 방법이다.

- 화합물의 독성은 양과 관계가 있다. 어떤 요소들은 영양소로서 적은 양이 필요하지만, 많은 양은 독성이 있다.

- 동물이 흡수하는 물질의 양은 이용될 수 있는 독성물질의 양과 흡수, 분포, 저장 및 생체전환되고 체외로 배설되는 비율에 영향을 받는다.

- 독성물질은 개체 내에 축적될 수 있고(생물축적), 축적은 연속하는 생태 영양 단계로 확대될 수 있다(생물증폭). 이 두 과정 때문에 상위 포식자가 심각하게 영향을 받는 반면, 낮은 생태영양 단계에 있는 콩쿨은 영향을 받지 않을 수 있다.

- 독성 손상은 특정 세포 구성과 독성물질과의 상호작용을 포함하고 있다. 어떤 독성물질은 많은 부위에 있는 화학적 그룹과 반응하지만, 주로 한 기관에서 처음으로 손상의 증거를 볼 수 있다.

- 동물 장기 조직에서 화합물의 잔존을 검출하는 능력은 이 잔존물들이 각 개체와 특히 군집에 미치는 영향을 평가하는 능력보다 훨씬 뛰어나다.

- 몇몇 독성물질이 직접적으로 폐사율이나 번식률 감소를 야기함에도 불구하고, 미세하고 만성적으로 성장률과 번식률을 감소시키고, 행동을 변화시키거나 감염과 영양소와의 상호작용을 증가시키는 간접적 영향이 더 중요하다.

10

질병이 개체 동물에 미치는 영향

질병이 미치는 영향이 나타나는 방식은 그리 간단하지 않다. 이는 다른 과정들과 미묘하고 변화무쌍하게 상호작용하는 결과인 듯하다. 이러한 사실은 일반화하여 적용할 수 있다.

— 텔퍼(S. Telfer)와 동료들

야생동물 질병의 영향은 여러 가지 단계에서 일어나며, 이는 분자 수준에서 시작해 아세포, 세포, 기관, 개체, 개체군을 거쳐 결국 생물의 집단에 영향을 미친 후에 끝난다. 이들 각각은 과학적 연구의 확실한 지점이다. 이 책의 가장 중요한 목적은 한 단계의 변화가 다음 단계에 어떤 영향을 미치는지 이해하는 데 있다. 이 장과 11장에서 다양한 단계를 함께 엮어 이야기하려 한다. 먼저 10장에서는 다양한 요인이 어떻게 개체를 손상시키고 우리가 질병이라 정의 내리는 기능 장애를 가져오는지를(병리학과 깊은 연관 없이) 다룰 것이다. 그리고 11장에서는 질병이 동물 개체군에 미치는 영향을 다룬다.

모든 질병의 일반적인 특징

야생동물의 질병을 다루는 모임에서는 대개 감염성 질병에 관심 있는 쪽과 비감염성 질병에 관심 있는 쪽으로 나뉜다. 이를 통해 추측하면, 감염성 질병과 비감염성 질병은 선천적으로 다르며 공통점이 없다. 그러나 실제로 아프거나 죽은 야생동물들을 검사해보면 그 동물들이 대개 잠재적으로 유해한 양쪽의 원인에 의해 동시에 영향 받고 있다는 것은 분명하다. 다양한 손상의 원인들은 동물에게 영향을 미치기 위해 참을성 있게 기다리지 않는다. 흰기러기가 조류콜레라에 걸리면 깃털 사이의 이, 장 내의 기생충, 원생동물, 지방과 간에 존재하는 다양한 오염물질 등과 같은 요인들에 영향을 받는다. 이러한 모든 요인들은 계속 새에게 영향을 미친다. 우리가 질병을 공부할 때는 질병 원인체 사이의 각 요인을 따로 떼어놓고 보거나 유사점이나 관계보다 차이를 강조하는 경향이 있다. 모든 질병에는 많은 공통점 있고, 이는 왜 수많은 질병이 비슷하게 보이는지와 다양한 병들이 어떻게 연결되어 있는지를 이해하는 데 도움을 준다. 모든 질병의 공통적인 여섯 가지 특징은 다음과 같다.

1. 모든 질병은 세포 손상의 결과다.
2. 세포 손상의 위치와 비율, 그리고 복구 능력이 영향을 결정한다.
3. 손상에 대한 몸의 반응은 때때로 손상 받은 정도보다 더 큰 피해를 준다.
4. 몸이 손상에 반응하는 방법들은 몇 가지밖에 없다.
5. 한 위치의 손상은 종종 다른 곳의 손상도 가져온다.
6. 모든 질병은 에너지와 밀접하게 연결되어 있다.

세포 손상

질병은 그 원인이 무엇이든 결국 개별 세포들이 손상된 결과다. 세포에 대한 손상은 폐와 같은 장기의 구조와 기능에 변화를 일으키고, 우리는 이를 질병으로 인식한다. 개별 세포들은 세포가 기능할 수 있는 매우 좁은 범위의 내부 생리적, 화학적 조건을 유지한다. 만약 이러한 내부 조건들에 혼란이 발생하면 세포 기능이 장애를 일으킨다. 한 세포 안에 존재하는 조건들은 세포 외액에 존재하는, 즉 세포 외부 조건들과는 매우 다르다. 한 가지 예를 들면 나트륨의 농도는 세포 내부보다 외부에서 훨씬 높고, 칼륨의 농도 구배는 그 반대다. 에너지를 요구하는 능동 수송 과정(active process)과 세포막은 화학적 구배와 세포 내부 환경을 유지한다. 손상 받은 세포들은 내부 환경을 조절할 수 있는 과정을 유지할 수 없다. 관련된 세포의 종류, 세포의 대사 상태, 손상 정도에 따라 손상된 세포는 살아남을 수도, 회복할 수도, 죽을 수도 있다. 준치사적 손상(sublethal injury)의 경우에도 단백질 합성이나 독성물질의 대사와 같은 세포 기능이 감소하거나 사라질 수 있다.

기능 소실의 한 예로는 간세포 내에 비정상적인 양의 지방(fat)이 축적함으로써 발생하는 지방간증(hepatic lipidosis)을 들 수 있다. 이는 다양한 조건에서 발생하는 비특이적 반응이다. 체내 지방이 빠르게 동원될 때와 같이 과도한 유리지방산이 간으로 갈 때 발생한다. 교미기에 먹지 않고, 체지방으로만 생존하는 발정기의 수컷 엘크는 '지방간'을 갖고 있기 때문에 몸이 비대해지고 얼굴이 창백한 황색을 띄고 있어 육안으로도 구분할 수 있다. 모든 종에서 지방간증은 아직 이용할 수 있는 지방이 남아 있는 기아의 초기 단계에 발생한다. 이는 단백질의 합성이 감소하는 많은 세포 손상 유형에서 발생하기도 하는데, 간세포에 의해 지방을 배출하기 위해서는 단백질이 필요하기 때문이다(단백질은 지단백을 합성한 후 지방을 간에서 혈액으로 이동시켜 지방간을 개선시킬 수 있게 해 준다-옮긴이). 지방간증은 일반적으로 세포가 회복될 수 있는 가역적인 상태를 말한다. 번식기가 지난 후 수컷 엘크가 다시 섭식 활동을 시작하면 사라진다. 하지만 그 전까지 이러한 상태가 존재하는 동안에는 해독 작용과 같은 간세포 기능이 줄어들게 되고, 심한 경우에는 확연한 질병으로 귀결되기도 한다.

세포 손상에는 세포의 에너지 공급 방해와 세포막에 대한 직접적인 손상이라는 두 가지 기본 원인이 있다. 모든 세포 손상에는 둘 중 하나 또는 두 개가 모두 관여한다. 세포로의 에너지 공급을 방해하는 산소의 결핍(저산소증)은 세포 손상의 가장 일반적인 원인이다. 저산소증은 많은 다른 과정들의 결과로 나타날 수 있다. 허혈의 결과, 조직 내 혈액 공급이 적어지면 저산소증이 발생한다. 눈에 띄는 사례로는 엘크에 기생하는 슈나이더함유사상충 선충 감염에 대한 염증 반응으로 인해 동맥이 막히면서 발생하는 조직 괴사를 들 수 있다(Hibler와 Adcock, 1971). 이 밖에도 혈액 손실이나 말라리아, 기름 또는 납 중독으로 인해 발생하는 빈혈 등으로 인해 혈액 내 산소 포화도가 줄어들어 발생하기도 하고, 산소를 이용하는 세포 대사의 부전 현상(예를 들어 시안화합물 중독)인 경우에 발생하기도 한다. 산소가 부족한 세포 내에서는 에너지를 공급하기 위해 대사 과정이 혐기성 당 분해 과정으로 이동하는 경향이 있고, 이로 인해 내부 산도는 떨어지고 세포막을 통하는 화학물질의 농도 구배 유지 과정이 멈춘다. 세포막에 대한 직접적인 손상은 그 발생 원인이 세포 독소나 바이러스, 염증 또는 오염물질 등 그 어떤 것이 되었든 기본적으로 위와 동일한 영향을 미친다. 이는 세포 내부 물질과 세포 외액 사이에 존재하는 화학적 균형을 없앤다. 모든 질병이 세포 손상과 함께 시작한다는 것과 세포들이 그저 몇 개 되지 않는 기초 기전들에 의해서도 손상을 받는다는 사실은 얼마나 다양한 인자들이 상호 작용하는지를 이해하는 기초를 제공해준다. 예를 들어 한 원인에 의해 발생한 산소 결핍 때문에 스트레스를 받는 세포들은 산소 이용 능력을 감소시키는 다른 원인이나 세포막에 손상을 가하는 원인에 특히 더 취약하다. 이와 마찬가지로 부상으로부터 세포막을 보호하는 인자들이 부족한 동물들은 세포막을 손상시키거나 저산소증을 야기하는 다른 질병 원인제에 특히 취약하다.

각기 다른 세포 유형과 장기들은 손상에 대한 서로 다른 감수성을 갖는다. 어떤 세포들은 다른 세포들에 비해 저산소증에 더 잘 견디기도 한다. 뇌와 척수에 있는 신경세포는 몇 분 정도만 산소가 결핍되어도 비가역적인 손상이 발생하는 반면, 섬유 결체 조직 세포는 산소 결핍에 매우 큰 저항성을 가진다. 어떤 조직들은 혈액이 조직에 도달하는 방식의 차이로 인해 손상에 약하다. 동맥혈 공급의 마지막에 위치하는 조직들(예를 들어 신세관, 뇌, 심근)은 보상 순환 체계나 우회 순환 체계를 갖고 있지 못하므로, 혈액 공급이 막히면 민감하게 반응한다. 이와 대조적으로 골격근, 폐, 간은 측부 순환을 만들어 낼 수 있는 상호 연결된 많은 혈관을 갖고 있기 때문에 산소가 풍부한 혈액이 장기에 도달할 수 있다. 이러한 이유 때문에 혈액 공급의 차단에 의한 국소 조직 괴사(경색)는 심근에서 흔하게 발생하지만, 골격근에서는 거의 발생하지 않는다.

6장에서 이미 살펴본 바와 같이, 세포가 손상 받는 비율과 교체될 수 있는 비율은 특정 손상이 장기 기능에 가져올 수 있는 결과에 중대한 영향을 미친다. 어떤 조직들은 다른 조직들에 비해 회복력이 더 좋다. 중추신경계의 신경세포와 심장의 근육세포는 재생이 불가능하기 때문에 이러한 세포가 괴사할 경우 대체가 이루어지지 않는다. 이와는 대조적으로 피부나 점막의 상피세포는 계속 빠르게 대체한다. 하지만 이러한 세포들이라 하더라도 세포가 죽는 비율과 수가 그 효과를 결정한다. 바이러스나 콕시듐과 같은 병원체에 의해 상대적으로 적은 수가 파괴되었을 경우 대체를 통해 표면 막이 보존되어 임상적 질병은 발생하지 않는다. 하지만 만일 너무 많은 세포가 파괴되어 대체 효과가 이를 따라잡을 수 없게 되면, 영향을 받은 기관의 기능은 지장을 초래하게 된다. 만약 이러한 유형의 손상이 장관에서 발생하면 수분이 적절하게 흡수되지 못하고 단백질, 염증성 수분과 염증 세포들이 장관 내로 스며나와 결과적으로 설사와 수분 손실을 일으킨다.

세포에 대한 손상은 염증과 면역을 일으킨다. 염증은 하나의 방어기전이다. 이는 적대적 세계에서 살아남기 위해 필요하다는 점에서 군사력과 비슷하지만, 염증이 발생하면 언제나 숙주 조직에 대한 피해가 발생하며, 역설적이게도 이는 원래 발생했던 부상보다 심각한 손상을 야기할 수도 있다. 개선충은 이 점을 잘 보여준다. 개선충에 의해 발생하는 직접적인 손상은 집중적인 염증과 세포 매개성 면역 반응에 의해 발생하는 손상에 비하면 극히 미미하다. 병에 걸린 동물은 피부를 긁고 씹어서 탈모를 일으키고, 정상적인 행동 장애를 겪으며, 섭식을 완전히 중단하기도 한다. 염증은 엄청난 양의 단백질이 풍부한 체액과 표피 세포 손실을 부르고, 감염 동물은 일반적으로 수척한 상태에서 폐사한다. 개선충 자체는 매우 적은 직접 손상을 일으키지만, 개선충은 덴마크에서 여우(Henriksen 등, 1993)와 스페인 아이벡스 개체군(León-Voscaíno 등, 1999)의 멸종을 일으킨 주된 원인으로 간주되고 있다.

이와 같은 현상의 또 다른 사례로는 대왕간질이라는 거대간흡충 감염과 우결핵균 (*Mycobacterium bovis*)에 의해 발생하는 우결핵을 들 수 있다. 대왕간질은 크지만 그것이 간에 미치는 직접적인 손상은 미미하다(또한 간은 손상 받은 세포를 재생시키는 엄청난 능력을 갖고 있다). 하지만 감염된 말코손바닥사슴 간의 상당 부분은 과하게 활성화된 염증 반응에 의해 반흔 조직으로 대체된다(그림 5.1). 우결핵균 감염은 독소나 세포 손상을 직접적으로 일으키지 않는다. 하지만 대식세포에 의한 세포 내 파괴(intracellular destruction)에 저항성이 있고 세균은 상틸한 세포 매개성 면역 반응을 지극한다. 세균에 대한 반응이 일어난 조직 병변은 결국 결핵 결절(tubercle)이라고 부르는 죽은 조직으로 구성되어 있는데, 이 결절은 대식세포에 둘러싸여 있으며, 죽거나 살아 있는 세균, 임파구와 섬유 조직을 포함하고 있는 죽은 조직으로 이루어져 있다(그림. 6.6). 반응하는 염증 세포들에 의해 유리된 화학적 매개 물질은 만성 결핵에서 발생하는 심각한 소모성 문제(악액질, cachexia-만성병 등의 경과 중에 일어나는 전신적인 영양 부족을 말한다. 그 원인으로는 악성종양, 뇌하수체나 갑상선 등 내분비선의 기능부전이나 수술 후 납이나 수은 등의 만성 중독, 요로계의 만성 염증, 십이지장충 등의 기생충 등을 들 수 있다. 악액질을 일으키는 이유는 명확하지 않다)를 초래한다.

신체가 손상에 반응할 수 있는 방법은 많지 않기 때문에 서로 다른 원인들이 비슷한 반응을 이끌어 낼 수 있다. 예를 들면 화학물질의 흡입, 순환하는 세균 독소나 직접적인 바이러스에 의한 손상 등에 의해 폐에 발생한 심각한 손상은 소혈관의 투과성 증가와 기층(air space)에 수분이 가득 차는 결과로 나타난다. 병리학자들은 간혹 간이나 신장과 같은 조직에 가해진 만성 손상을 '종말 단계(end-stage)'라는 용어로 지칭하는데, 이러한 장기들에 대한 손상의 다양한 유형들의 결과가 똑같이 끝나기 때문이다(이는 '모든 길은 로마로 통한다.'라는 것과 같다).

어떤 한 조직에 대한 손상은 다른 조직에 대한 영향도 이끌어낸다. 예를 들면 원인과 상관없이 간에 대한 만성 손상은 혈액 응고와 혈액 삼투압을 유지하는 단백질의 생산, 위해한 물질의 해독 작용, 장에서 지용성 비타민과 같은 지방성분을 흡수하는 데 도움이 되는 담즙의 생산 등과 같은 간의 많은 기능들에 영향을 미친다. 다양한 원인에 의해 심각한 간 손상을 입은 동물은 간과 완전히 동떨어진 장소에서 발생하는 출혈(응고 작용의 장애로 인해), 체강과 조직 내 체액의 저류(혈장 삼투압의 감소로 인해), 설사(장관 내 흡수의 감소로 인해)와 뇌 손상(혈액 내 존재하는 독성물질 제거의 실패로 인해)을 포함하는 2차적인 변화를 가질 수 있다. 이와 마찬가지로 만성 신장 손상은 원인과 상관없이 심장과 혈관에 2차적 손상을 야기하고, 빈혈과 뼈로부터 광물질의 재흡수 등을 일으킬 수 있다.

손상과 에너지

에너지는 생명에 필수적이다. 1993년 오덤(Odum)은 "만약 지구상 생명에 관한 하나의 공통분모, 즉 절대적으로 필요하고 모든 활동에 크고 작게 관여하는 어떤 것을 고르라고 한다면, 그 대답은 에너지가 되어야 한다."라고 말했다. 우리는 한 동물에 미치는 각 질병들의 영향을 이해하고 얼마나 다양한 요인들이 상호작용 할 수 있는지를 고려하는 데 에너지를 이용할 수 있다. 에너지 대사 작용의 각 과정(섭취, 흡수와 소화, 이용, 그림. 2.4)은 질병에 영향을 받을 수 있다. 에너지와 질병 사이의 관계는 두 가지 기본 규칙에 의해 결정된다.

1. 동물은 사용 가능한 저장 에너지를 갖고 있지 않은 경우, 섭취한 것보다 많은 에너지를 소모할 수 없다.
2. 한 가지 목적을 위한 에너지 사용량의 증가는 다른 목적들을 위해 사용 가능한 에너지 양을 감소시킨다.

에너지는 제한된 자원이며 야생동물들은 그들의 섭식을 마음대로 하기 어렵다(사실상 자연에는 '무제한으로 먹을 수 있는' 식당이 거의 없다). 질병은 여러 방법으로 에너지 섭취를 줄일 수 있다.

1. 많은 질병은 무기력증을 일으킴으로써 결과적으로 먹이를 구하는 데 더 적은 에너지를 소모하게 만든다. 이는 단기적으로는 도움이 될 수 있지만(침대 요양과 유사한) 만성질환의 경우에는 감소된 에너지 섭취로 인해 심각한 문제가 나타나기도 한다.

2. 식욕부진은 많은 질병의 특징이다. 위장에 기생충을 가진 순록(Arneberg 등, 1996), 맹금류의 수은 중독(Borg 등, 1970), 해달의 기름 노출(Wiliams 등, 1990) 등의 경우에서 발생한다.

3. 동물들은 영양분이 풍부한 먹이일지라도 이를 통해 질병 요인 노출 위험이 있는 경우 이 먹이를 피할 수 있다(Hutchings 등, 1999).

4. 동물들은 질병과 관련된 활동에 더 많은 시간을 들이고, 먹이 활동에 더 적은 시간을 할애하게 될 수 있다. 예를 들어, 기름에 노출된 도요새는 날개를 다듬는 데 더 많은 시간을 보내고 먹이를 먹는 데는 더 적은 시간을 보낸다(Burger, 1997).

5. 늙은 동물들의 퇴행성 관절 질환(그림 3.10)과 같은 신체 손상은 이동성과 영양이 풍부한 먹이에 접근하는 능력에 제한을 줄 수도 있다.

섭취된 에너지를 실제로 흡수하는 비율은 먹이의 질과 먹이로부터 영양분을 뽑아내는 동물의 능력과 관련되어 있으며, 이들은 각각 질병에 의해 변할 수도 있다. 양은 분변 근처의 풀을 섭취하는 대신 영양분이 적은 목초지를 선택한다(Hutchings 등, 1999). 위장 내 기생충은 숙주가 섭취한 영양분을 놓고 숙주와 직접 경쟁하며, 이는 숙주가 이용할 수 있는 비율을 줄인다. 소화 효소를 생산하는 간과 췌장의 손상 외에도 많은 형태의 장관 손상은 소화 효율을 감소시켜 흡수 불량을 일으킨다. 심지어 '크게 유해하지 않는' 것(benign)으로 간주되는 촌충도 먹이의 소화율을 감소시킨다(Munger와 Karasov, 1989). 장의 염증을 수반하는 질병은 영양분, 특히 많은 단백질 손실을 초래할 수도 있다.

흡수된 에너지는 유지(신체가 기능하도록 유지하고 고치는), 생산(성장, 번식, 그리고 방어), 그리고 지방으로의 저장 상태로 배분된다. 동물은 에너지를 배분할 때 일생 동안의 적합성을 극대화하기 위해 일종의 거래를 한다. 질병은 개체의 유지와 방어에 대한 비용을 증가시킴으로써 에너지 거래에 주요한 영향을 미칠 수도 있다. 어떤 상태이든 깃털이나 모피의 보온 효율에 지장을 미치는, 예를 들어 물새와 해양 포유류의 기름 오염이나 가죽진드기(*Dermacentor albipicitis*)가 들끓는 말코손바닥사슴의 탈모 등은 체온 조절 비용을 증가시킨다(Glines와 Samuel, 1984). 또한 질병에 대한 저항력, 예를 들어 노출에 대한 회피, 염증, 그리고 면역 반응과 손상된 조직의 복구 역시 에너지 소모를 증가시킨다.

저항에 대한 총 비용은 알려지지 않았지만(Lochmiller와 Deerenberg, 2000) 방어 체계의 각 구성 요소는 특정 활동뿐만 아니라 유지를 하는 데도 에너지를 필요로 한다. 예를 들면, 항원에 의한 임파구의 자극으로 세포에 의한 산소 소비는 지속적으로 35% 증가한다(Buttgereit 등, 2000). 열은 많은 질병 요인에 대한 반응의 일부다. 체온이 증가하면 그 정도에 상관없이 에너지 소모 반응 속도가 13% 증가하여 열이 있는 동물은 정상보다 40% 이상 높은 휴지기 대사율을 보인다. 열이 에너지 섭취 장애와 결부되면 동물은 저장 지방을 재빨리 태워 버리고 에너지 수요를 충족시키기 위해 대사 작용으로 근육을 분해한다. 해독 단백질의 생산과 독물로 인해 손상 받은 조직을 교체하기 위한 에너지 비용 또한 매우 높을 수 있다(Sibly와 Calow 1989). 심지어 해가 없는 항원에 대한 면역 반응도 비용이 많이 들 수 있고, 성장하는 데에 영향을 미칠 수도 있다(Spurlock 등, 1997 ; Fair 등, 1999). 항원에 대한 반응은 북미박새(Mountain Chickadee)의 날개 불균형을 초래했고(Whitaker와 Fair 2002), 수컷 알락솔딱새(Pied Flycatcher)의 깃갈이가 지연되는 결과를 낳았다(Sanz 등, 2004). 2000년 로크밀러(Lochmiller)와 디어렌베르그(Deerenberg)는 "방어 체계의 상향 조절에 대한 비용은 살아남기 위한 신체 비축의 최저 수준 이하로 동물의 상태를 악화시킬 수도 있다."라고 말했다.

게다가 에너지에 대한 절충(trade-off)은 상반된 방향으로 작용할 수 있다. 특히 번식 등의 다른 활동 또는 부적절한 섭취 등으로 인해 유용한 에너지가 줄어드는 것은 질병 저항력에 심각한 영향을 미칠 수 있다. 에너지 섭취 감소가 장기간 지속되면 감염(특히 기회 감염에 의해 유발되는)에 대한 감수성이 증가할 수 있다(Klurfeld, 1993). 에너지 섭취 감소는 대개 단백질 섭취의 감소와 동반하여 단백질-에너지 영양실조(PEM, Protein-Energy Malnutrition)를 초래한다. PEM의 영향은 방어기전에 요구되는 에너지뿐만 아니라 급성 단계 단백질과 항체들을 포함한 반응 단백질들의 구성과 손상된 조직들을 회복하기 위해 요구되는 아미노산도 제한한다. 번식은 질병 원인체에 대한 저항성 감소를 유도할 수도 있다(Deerenberg 등, 1997). 1999년 쿱(Coop)과 키리아자카스(Kyriazakas)는 손상된 조직 복구, 대체, 반응을 포함한 유지(maintenance)가 자원에 대해 최우선권을 갖고 성장과 번식이 두 번째로 높은 우선권을 가질 것이리고 설명했다. 면역 인식의 초기 단계를 제외한 질병 저항력은 좀 더 낮은 우선권을 가질 것이다. 그러나 절충에 관한 '법칙'은 엄격할 것 같지 않다. 성장, 번식, 그리고 질병 저항력의 상대적 적응 가치는 통계적이며 (Lochmiller와 Deerenberg, 2000) 질병과 상승 작용을 하는 요인의 존재와 영양에 따라 질병은 다소 심각한 영향을 미칠지 모른다(Murray 등, 1997 ; Albon 등, 2002). 또한 자원을 할당하는 방법에 있어서 명백하게 밝혀진 성 특이적인 차이가 있으며 이러한 차이는 수컷과 암컷 사이의 질병에 대한 상대적인 감수성의 어떤 차이를 설명할지도 모른다(Tschirren 등, 2003). 어떤 질병의 영향에 관해 평가할 때는 영양, 가장 넓은 의미에서의 질병에 대한 저항력, 그리고 임상적 질병의 발생(그림 9.2) 사이의 관계를 고려해야 한다. 동물에게 양질의 먹이를 무제한으로 공급하고 다른 스트레스 요인으로부터 자유로운 경우를 근거로 내린 한 질병 요인의 영향에 관한 결론은 대체로 그 가치가 의심스럽다.

손상의 유형

야생동물의 질병은 전통적으로 아프거나 폐사한 동물을 통해 진단되어 왔다. 아픈 동물은 아픈 것을 감추려는 행동을 하고, 영향을 받은 동물은 포식자와 청소동물에 의해 빠르게 없어지기 때문에 이 방법으로는 질병을 찾기 어렵다. 또한 이 방법은 증상이 없는 동물을 검출하지 못한다.

질병이 동물의 기능 상실을 통해 생존 기회나 번식률을 감소시키는 경우, 질병은 야생동물에서 중요한 문제가 된다(Gulland, 1995). '건강은 번식 성공에 의해서만 결정되는 것은 아니라 수명에 의해서도 결정'되기 때문에 질병의 영향을 평가할 때에는 동물의 수명 전체를 고려할 필요가 있다(Lochmiller와 Deerenberg, 2000). 11장까지 연장해보면, 질병은 전반적인 개체군의 번식 개체수를 감소시키기에 충분한 번식 실패나 폐사를 야기할 때 개체군에서 중요해진다(Newton, 1998).

게다가 '중요한' 질병은 두 범주의 하나 또는 둘 다에 해당한다. 이 두 가지는 (1) 생존율을 감소시키는 것과 (2) 번식률을 감소시키는 것이다. 이는 질병에 대한 접근 방식이 개발된 국가의 사람들(그리고 애완동물)과는 다른데, 이들 국가에서는 질병이 평균 수명이 늘고 오랜 기간 출산해온 개인의 삶의 '질'에 영향을 미친다. 대부분의 야생동물은 은퇴 후 삶의 질을 걱정해야만 하기 때문에 번식 후의 황금기를 즐기지 못한다. 야생동물에의 질병 접근 방법은 산업동물과는 다르다. 산업동물에서는 생존율 또는 총 번식 개체 수보다 생산율을 중요하게 여긴다. 대부분의 산업동물은 번식하기 전에 도살되고, 수명을 완전히 채우는 몇몇 개체만 번식한다.

생존율을 감소시키는 질병들

직접적인 폐사

혼히 사람들은 질병이 직접적으로 야생동물의 폐사를 일으킨다고 생각하지만, 실제로 동물의 폐사를 직접적으로, 그리고 정기적으로 일으키는 질병(다시 말하면, 동물의 폐사에 단독 원인이 되는 것)의 비율은 적다. 정상적인 청소활동과 위생체계를 넘어 폐사체들이 쌓이는 폭발적인 질병 발생이 일어난다(표 10.1). 이는 사람들의 눈에 잘 띄기 때문에 주목을 받는다(그림 10.1). 반면, 어떤 질병들은 이와 마찬가지로 직접적인 폐사를 일으킴에도 불구하고 희생된 개체들이 퍼져 분포해 있거나, 청소동물이 신속히 사체를 제거하지 않기 때문에 명확하게 눈에 띄지 않고 주목을 덜 받는다(표 10.2)

그림 10.1 ▲ 괭이갈매기 폐사. 일반적인 자연적 청소 및 분해 과정을 뛰어넘을 만큼의 폭발적인 집단 폐사를 일으키는 질병 사례들은 가장 잘 띄고 주목을 받는다. 해안가에서 집단 발생한 괭이갈매기의 보툴리즘 사례

표 10.1 | 눈에 띄는 폐사 형태로 광범위하고 직접적인 개체동물들의 폐사를 일으키는 질병들

질병(원인)	영향을 받은 종
물범홍역(phocine morbillivirus)	잔점박이물범, 회색바다표범
흑사병(*Yersinia pestis*)	프레리독
조류콜레라(*Pasteurella multocida*)	야생물새
조류보툴리즘 C형과 E형(*Clostridium botulinum* types C and E)	물새, 물고기를 먹는 새
기름오염	해양조류와 포유류
출혈병(orbiviruses)	사슴, 가지뿔영양
살충체 중독(예: Diazenon)	풀 먹는 기러기
점액종증(Myxoma virus)	유럽토끼
토끼 출혈병(Rabbit hemorrhagic disease virus)	유럽토끼
폐렴(*Pasteurella trehalosi, Mannheimia haemolytica*)	산양
외상성 손상(hailstorms)	물새
뉴캐슬(Avian paramyxovirus 1)	쌍뿔가마우지

* 눈에 띄는 집단 폐사=시간적, 공간적으로 집중된 폐사

표 10.2 | 시간적, 공간적으로 퍼져 있고 직접적인 폐사를 일으키는 질병(폐사체가 분명하지 않음)

질병(원인)	영향을 받은 종
납 중독	물새
광견병	여우, 스컹크, 북미너구리, 박쥐
개홍역(canine distemper virus)	개과, 족제비과
웨스트나일바이러스	야생 조류
모양선충증(*Trichostrongylus tenuis*)	붉은뇌조
조류말라리아(*Plasmodium relictum*)	하와이 토착조류
장기유충이행충(북미너구리회충)	마못, 기타 설치류, 조류
쉬파리 구더기증(*Wohlfahytica* spp.)	들쥐류, 야생 오리새끼들
개선충	개과, 샤모아, 웜벳

감염성 있는 질병 원인체들은 특별한 경우를 제외하고 그들이 사라질 위험성 때문에 숙주의 폐사를 야기하려 하지 않는다(Yuill, 1987). 특별한 경우는 다음과 같다.

- 숙주의 심각한 질병 또는 폐사가 질병의 전파를 돕는다. 광견병은 말기에 심각하고 비정상적인 행동을 함으로써 다른 숙주를 물고 바이러스 전파를 유도한다. 탄저는 지속적으로 환경에 남아 있는 포자를 방출함으로써 숙주를 죽인다(Hugh-Jones와 de Vos 2002).

- 숙주의 폐사가 전파를 가로막지는 않는다. 예를 들어, 구더기증(그림 10.2)을 야기하는 쉬파리의 구더기 발달은 숙주가 폐사한 후에도 계속되기 때문에 숙주의 폐사로 인해 방해를 받지 않는다.

- 원인체가 생존을 위해 숙주종에 의존하지 않는다. 많은 다숙주 기생체들은 조금만 손상 받는 숙주종에 유지되면서 다른 숙주종들에서는 치명적인 손상을 야기한다. 예를 들어, 프레리독의 급격한 개체수 감소를 야기하는 흑사병은 소형 설치류에서 유지된다(Anderson과 Williams, 1997).

- (해당 질병에) 면역력을 갖고 있는 개체수가 매우 적은, 미노출 개체군에 새로 도입된 질병인 경우. 호주토끼의 점액종증이 대표적인 예다.
- 넓은 지역에 걸쳐 오랜 기간 동안 한 개체군을 통해 이동하기 때문에 숙주의 전체 개체수를 위협하지 않는 질병. 특정 상황의 개홍역에서 찾아볼 수 있다. 독이나 외상 같은 비감염성 요인은 그들의 존재가 숙주의 존속에 의지하지 않기 때문에 감염성 요인이 갖는 유사한 제한들에 제약을 받지 않고 자유롭게 폐사를 일으킬 수 있다. C형 보툴리눔독소증의 경우 동물이 죽으면 그곳에서 세균이 증가한다.

표 10.1과 표 10.2의 질병 유형들은 동물을 직접 죽일 수 있는 것으로 알려진 원인체들을 질병 유형으로 구분하고 있다. 이러한 질병에 의한 개체 폐사는 개체가 질병에 노출되는 정도와 가능성, 그리고 노출된 후 이에 저항하고 회복하는 능력에 달려 있으며, 이 두 가지(노출과 저항) 모두는 많은 여러 요인에 의해 영향을 받는다.

간접적인 폐사

많은 질병들은 간접적으로 생존율을 감소시킨다. 이는 정량화하기 어려운데, 특히 동물을 죽게 만드는 과정에서 추정하려 하거나, 최종 결과에만 의존한다면 더더욱 그러하다. 죽은 야생동물의 대부분은 몸 상태가 좋지 않거나 쇠약해진 상태다. 몸 상태가 좋은 채로 죽은 동물은 상대적으로 드문데, 이때 가장 먼저 생각하게 되는 요인은 대개 살충제 또는 높은 병독성을 가진 바이러스와 같은 급성 치사원이다. 쇠약해진 동물을 진단하는 것은 언제나 어려운 일이다. 매년 가을마다 당해연도에 태어난 쇠약해진 상태의 큰왜가리(great blue herons)를 부검을 위해 입수하는데, 대부분 폐사 원인이 한 가지로만 밝혀지지 않으며, 새들의 장 내에는 흡충, 선충, 조충이, 그리고 조직 내에는 적은 양의 수은이나 다양한 탄화수소와 같은 오염물질이 존재하고, 심지어 경미한 세균감염이나 곰팡이 감염도 보인다. 이 중 어느 것도 그 자체가 새를 죽일 정도로 심각해 보이지는 않기 때문에 미숙한 먹이 활동에 기인한 영양실조와 함께 각각의 요인이 어떻게 새의 죽음에 원인으로 작용했는지를 판정해야 한다.

생존율 감소를 불러오는 간접적인 영향은 다양한 형태로 나타날 수 있는데, 이들 대부분은 강력한 상호작용을 하고 있다(그림 9.2). 이 요인들이 독립적으로 작용하거나 그 영향이 단순히 더해져 작용한다고 생각하는 것은 부적절하다. 생존에 영향을 미친다고 밝혀진 간접적 영향은 다음과 같다:

· 포식에 대한 감수성 증가

· 다른 질병에 대한 감수성 증가

· 사고에 대한 취약성 증가

· 성장과 성숙의 저하

· 기아에 대한 감수성 증가

그림 10.2. ▲ 쉬파리류(*Wohlfahrtia opaca*)에 감염된 새끼 푸른날개쇠오리(blue-winged teal). 살아 있는 동물이 파리 알에 감염되는 것을 '구더기증'이라 한다. 구더기가 번데기까지 완전히 변하는 것을 막지 못하고 숙주가 폐사하는 것은 약간 드문 일이다.

수많은 준치사적 형태의 질병은 포식자가 먹이동물을 쉽게 포획할 수 있도록 해주고, 포식자가 불균형적 수량(disproportionate number of parasitized prey)으로 질병에 감염된 먹이동물을 잡도록 할 것이다(Holmes와 Bethel, 1972 ; Temple, 1987). 기생체 유발 영양 전달(Parasite-increased trophic transmission, PITT) 또는 기생체유발포식취약성(parasite-induced vulnerability to predation)은 포식에 의존하는 복잡한 생활사를 가진 기생충 감염의 특징이다. 감염된 중간숙주 또는 연장 중간숙주의 행동이나 외형 변화는 취약성을 증가시키고, 이는 먹이동물이 적당한 포식자에게 잡힐 확률을 높인다. 예를 들면, 톡소포자충(*Toxoplasma gondii*)에 감염된 쥐는 고양이에 대한 공포심이 줄어들고(Webster 등, 1994), 북미너구리회충(*Baylisascaris procyonis*) 유충에 감염된 설치류는 비정상적인 행동을 보여 북미너구리에게 잡힐 수 있으며, 조충의 유충에 감염된 눈신멧토끼는 털의 색 변화가 느려져 이 조충의 종숙주인 포식자의 눈에 잘 띈다(Leiby와 Dyer, 1971). 동물이 잡히기 쉽게 만드는 몇몇 행동 변화는 PITT와 관계가 없고, 질병에 의해 정신이 둔감해지거나 해로운 자극에 대한 반응성이 감소하는 것에 기인한다. 예를 들어, 구포자충의 일종인 에이메리아 베르미포르미스(*Eimeria vermiformis*)에 감염된 쥐에서는 이 기생체의 전파에 고양이가 아무 관련이 없음에도 고양이 냄새에 대한 반감이 떨어진다(Kavaliers와 Colwell, 1995a). 야생동물의 행동에 미치는 이러한 유형의 비특이적인 영향은 광범위하게 나타나는 현상으로 보인다. 장 내 회충인 돼지회충(*Ascaris lumbricoides*) 감염 정도와 어린 동물의 인식 행동 양상은 서로 관련이 있고(Levav 등, 1995), 선충에 감염된 쥐는 공산 학습 능력이 떨어진다(Kavaliers와 Colwell, 1995b).

질병은 다른 방법으로도 포식에 대한 감수성에 영향을 미칠 수 있다. 동물이 쫓길 때 달아나는 능력을 저하시키거나(Harwood 등, 1996), 포식자를 탐지하는 능력을 저하시킬 수도 있다. 귀진드기(ear mite)에 감염된 큰뿔양(mountain sheep)의 귀에서 나오는 삼출액은 푸마(cougar)에 의한 포식 위험을 증가시킨다(Norrix 등, 1995). 또한 먹이 공급에 작용하여 포식자에 대한 취약성을 높일 수도 있다. 굶주린 동물이 잘 먹은 동물보다 포식에 취약한 이유는 그들이 좀 더 활동적이기 때문이고[먹이를 찾을 다녀야 하므로-옮긴이](Newton, 1998), 포식자에 대항하는 행동에 쏟을 에너지가 더 적기 때문이다. 질병에 걸린 동물은 질병과 관련하여 요구되는 에너지를 보충하기 위해 먹이를 먹어야 할 필요가 있다. 이는 위충(stomach worm)의 일종인 토끼위충(*Obeliscoides cuniculi*)에 감염된 눈신멧토끼가 상대적으로 더 많이 잡아먹히는 기전으로 생각된다(Murray 등, 1997). 어떤 형태의 포식자에 대한 감수성 증가는 우연한 것일 수 있는데, 예를 들면, 맹장충(cecal worm)의 일종인 모양선충(*Trichostrongylus tenuis*)에 심각하게 감염된 암컷 붉은뇌조는 경미하게 감염된 새보다 냄새를 더 내뿜기 때문에 포유류인 포식자에게 더 취약하다(Hudson 등, 1992a). 포식자에 대한 감수성 증가는 사냥꾼에게까지 취약하게 만든다. 단방조충(*Echinococcus granulosus*) 유충에 중감염된 말코손바닥사슴(Rau and Caron, 1979)과 납탄을 먹은 오리는(Bellrose, 1959) 사냥꾼에게 더 취약했다.

동물에 존재하는 한 가지 질병이 몇 가지 방법을 통해 다른 병원체에 대한 감수성을 높일 수도 있다. 가장 단순하게는 한 가지 원인체가 다른 원인체가 들어올 수 있는 입구를 만들어줄 때를 생각할 수 있다. 예를 들면, 말파리 유충에 의해 피부에 생긴 구멍은 세균과 다른 종의 파리 유충이 체내로 침투할 수 있도록 해준다(Boonstra, 1977 ; Warren, 1994). 호흡기 바이러스는 상부 기도의 점액섬모계를 손상시키고, 폐포의 대식세포 활동을 방해하여 폐에 세균감염이 더 쉽게 일어나게 한다. 한 질병에 의한 동물의 무기력(lethargy) 상태는 다른 원인체를 전파시키는 곤충에 더 물리기 쉽게 한다. 실험실 조건하에서는 많은 감염성 원인체들과 곰팡이독, 납, 폴리염화비페닐(polychlorinated biphenyls)과 같은 독성물질이 면역 억압을 유발하는데, 야생에서도 이와 비슷한 효과를 나타낼 것이라 생각한다. 보통 면역 억압은 가슴샘(흉선)이나 골수 같은 특정 장기 손상 또는 화학 매개 물질 간섭으로 인해 발생하는 반면, 몇몇 형태의 면역 억압은 에너지 요구 경쟁을 통해 발생한다.

질병 때문에 기능이 약화된 동물은 사고와 불운에도 취약해진다. 예를 들어, 개선충에 감염된 코요테는 농가 지역으로 길을 잘못 들어 농부나 그들의 개에게 죽임을 당하기도 하고, 각막결막염(눈 각막의 염증)에 걸린 산짐승은 절벽에서 떨어져 죽기도 한다(Meagher 등, 1992 ; Loison 등, 1996; Cransac 등, 1997). 하지만 너무 많은 수의 동물이 질병에 걸리기도 전에 차량 충돌로 죽는다.

성장 저하는 많은 감염성, 비감염성 질병의 준치사적 영향으로 자주 언급된다. 야생동물에서 몸의 크기는 중요하다. 2002년 코치(Cooch)는 "몸의 크기는 사회적 지위, 생산력, 생존에 영향을 미친다."라고 말했다. 그러므로 이에 의한 영향은 준치사적 영향보다 실질적으로 더 심각할지도 모른다. 개체의 성장 한계는 유전형에 의해 정해지지만 최적의 표현형으로 성장하는 능력은 다양한 질병의 영향을 포함한 환경적 조건이 결정한다. 성장과 발달 과정 중에 발생하는 여러 조건들은 개체의 일생 동안 중요하게 작용한다(Cam 등, 2003). 예를 들어, 아일로열국립공원(Isle Royale)의 말코손바닥사슴에서는 어릴 때의 영양적 스트레스가 노년기 관절질환의 증가와 관련이 있다(Peterson 1988). 성숙했을 때의 크기가 아닌, 일반적인 양측 대칭 구조에서의 비대칭 같은 발달상의 특징 또한 건강에 중요한 영향을 미칠 수 있다(Whitaker와 Fair 2002). 새끼의 성장과 발달에 미치는 영향은 부모의 질병 또는 성장기 새끼에서의 질병의 결과로 나타난다. 여기서 부모의 영향이라고 함은 최적이 아닌 분만 시기, 작은 태아 크기, 새끼의 나쁜 영양 상태, 부적절한 어미의 보살핌 등을 말한다. 새끼 오리에서의 거머리(Davies와 Wilkialis, 1981), 송아지에서의 옴(Rehbein 등, 2003)과 같이 성장기 동물에서 직접적인 조직 손상을 유발하는 질병이 성장과 발달을 저해할 수 있다는 사실은 명확하다. 그러나 해롭지 않은 항원에 대한 면역 반응이 심각한 성장 감소를 불러온다거나(Fair 등, 1999), 깃갈이(1년 주기의 복구 기전)를 늦춘다거나(Sanz 등, 2004), 림프구 반응을 자극할 수 있다는 사실(Soler 등, 2002)은 의외일 수 있다. 일반적으로, 숙주 면역 체계를 자극하는 것은 성장 저하와 비례하는데, 이는 성장과 같은 비필수 과정으로부터 생존 쪽으로 자원 배분을 옮기는 내부 전략이다(Lochmiller 와 Deerenberg 2000).

성장기 동물이 질병의 영향을 극복하고 완전한 크기에 도달할 수도 있지만(Bize 등, 2003), 이 경우 성숙이 늦어지게 되어 새끼를 낳았을 때 새끼가 폐사하거나(Johnson 등, 1991), 해로운 영향을 받는 등의 대가를 치를 수도 있다(Metcalfe와 Monaghan, 2001). 또 다른 사례를 보면, 흡혈곤충의 방해로 인한 순록의 성장저하(Colman 등, 2003)가 발생하면, 이를 보상하지 못하고 발육저하 상태로 남게 된다.

지금까지는 질병이 발생하는 데 있어 영양 결핍이 미치는 영향들에 대해 논의했지만, 먹이 부족에 시달리는 야생동물에게 다양한 질병이 가하는 부담 또한 중요하다. 대부분의 경우, 병원체의 영향은 먹이가 부족하거나 에너지 요구량이 증가한 상태의 동물에게서만 눈으로 관찰할 수 있다. 예를 들어, 검정파리(blowfly, *Protocalliphora braueri*) 유충은 춥고 습한 날씨에서는 가슴줄무늬지빠귀사촌의 새끼에게 미치는 영향이 미미하다(Howe, 1992). 실험적으로 질병이나 먹이 공급을 조작하지 않고서는 영양 부족에 의한 질병의 영향을 식별하기가 매우 어렵다. 1992년 갤랜드(Gulland), 1997년 머레이(Murray), 그리고 2002년 알본(Albon) 등의 연구는 야생 초식동물에서 장내 기생체와 먹이 공급 사이에 어떻게 상호작이 나타나는지를 보여주고, 유사한 연구의 모델을 제시하고 있다.

질병이 번식에 미치는 영향

번식은 비용이 많이 드는 활동이기 때문에 동물들은 에너지 배분에 대한 절충을 잘 해야 한다. 기본적으로 생존에 필요한 신체의 기능들을 유지하고, 생존에 필요하지 않은 에너지는 번식을 위해 사용할 수 있다. 이러한 점에서 볼 때 영양 불량 상태에 있거나 과도한 생존 비용을 지불한 동물들은 제대로 번식하지 못할 것이라는 사실을 알 수 있다. 질병은 다른 곳에 써야 할 에너지를 감소시키기 때문에 번식에 부정적인 영향을 미칠 수 있다. 번식에 대한 유해한 영향들은 매우 다양하다는 점도 기억해야 한다. 먹이가 풍부한 환경에 있는 동물들은 병원체에 들어가는 에너지 비용을 보충할 수 있지만, 먹이 공급이 제한된 상황의 동물들, 예컨대 질이 낮은 서식지에 살고 있거나 먹이가 부족한 기간 동안의 개체들에게는 질병이 번식에 심각한 영향을 미칠 수도 있다. 번식에 관련된 절충은 1회성 번식 사례에만 국한되지 않을 수도 있다. 감소된 생존율이나 이에 따른 번식률 저하와 같이 현재의 번식 상황은 장래의 번식에 부정적인 영향을 미칠 것으로 생각된다. 언급한 두 가지 경우에 대한 영향이 새에서 있었던 적이 있는데(Dawson 등, 2000), 질병과의 절충관계에 대해서는 아직 밝혀지지 않았다.

비록 질병과 상관없는 병원체에 의한 것이더라도 면역 체계의 활성화는 번식에 참담한 영향을 미칠 수 있다. 비병원성 항원을 주입한 알락솔딱새(Pied flycatcher) 암컷은 새끼에게 미치는 먹이 양이 적었고, 깃털이 충분히 자라지 못했으며, 새끼들의 이소 성공률이 식염수를 주입한 암컷의 새끼들에 비해 낮았다(Ilmonen 등, 2000). 깃털의 성장은 저해됐지만, 몸 상태나 암컷 성체의 피하 지방량에는 특별한 영향을 미치지 않았다. 2003년 마틴(Martin 등)은 '참새가 비병원성 항원에 보이는 면역 반응은 알 반 개를 만드는 데에 드는 에너지 비용과 같다.'라는 결과를 얻은 바 있다. 이러한 관찰 결과는 성공적인 면역 반응으로 무장한 개체는 감염성 원인체를 성공적으로 조절할 수 있지만 번식 성공은 감소될 수밖에 없다고 밝혔다('전투에선 이기지만, 전쟁에는 지는').

질병은 여러 가지 방법으로 동물의 번식에 영향을 미칠 수 있다. 이는 부모나 자식에게 직접적인 병리학적 영향을 미치는 경우와 숙주에게 미치는 질병의 영향을 감소시키기 위해 번식 결과가 조절되는 경우로 나눌 수 있다. 예를 들어, 노출을 피하는 쪽으로 행동 양식이 변한다거나 번식을 다른 방어 기제와 교환하는 것이 있다. 표 10.3의 예시들은 다양한 병원체가 번식에 영향을 미치는 방법을 나타낸 것이다. 1995년 갤런드(Gulland), 톰킨스(Tompkins)와 2000년 비곤(Begon)은 지금까지 야생동물의 번식을 감소시키는 것으로 보고된 질병 목록을 발표했다. 대부분 이러한 보고들은 관찰에 의한 것이고, 양적인 연구 보고는 그 수가 많지 않다. 질병과 번식의 관계에 대한 대부분의 연구는 새에 관한 것이고, 조작하기 쉽도록 주로 구멍에 둥지를 트는 종들을 사용했다.

병원체가 어떻게 번식 기관, 배아 또는 태아에 손상을 주어 번식을 저해하는지에 대해서는 쉽게 알 수 있다. 브루셀라속의 세균은 여러 포유류에서 브루셀라증으로 알려진 질병을 일으킨다. 브루셀라종은 성체는 거의 죽이지 않지만, 만성적인 감염을 일으킨다. 세균은 림프 기관에 주로 상주한다. 임신 개체에서는 주로 임신 말기에 자궁과 태반이 감염되어 심각한 염증이 생기며 태아는 유산된다. 야생동물은 유산을 확인하기가 힘들다. 유산된 태아는 청소동물들에 의해 빠르게 없어지기 때문이다. 브루셀라증은 1917년부터 옐로스톤국립공원에 서식하는 북미들소에 퍼져 있다고 알려져 있지만, 처음으로 유산된 북미들소 태아를 발견한 것은 1992년이었다(Rhyan 등, 1994). 1996년과 1999년 사이에는 좀 더 집중적인 조사를 실시하여 브루셀라증으로 유산된 송아지 세 마리를 찾아냈다(Rhyan 등, 2000). 브루셀라종들은 또한 수컷의 정소를 감염시켜 심각한 고환염을 유발한다(그림 10.3).

자궁, 태반 또는 태아의 다른 세균감염은 곰팡이나 바이러스에 의한 것과 비슷한 증상을 보이기도 한다. 비감염성 요소들 또한 자궁 내 폐사를 일으킨다. 암컷들은 심한 상처를 입거나 스트레스를 받으면 유산하기도 하며, 태아들은 죽어서 건조화되거나 미라화되기도 한다(그림 10.4).

많은 질병들은 자손의 생존율을 감소시키는 결과를 초래한다. 부모의 질병과 자손

표 10.3 | 질병 병원체가 번식에 영향을 미치는 것들

메커니즘	종	병원체
비정상인 후손	물새	셀레늄 중독[1]
	갈매기	염소화탄화수소[2]
자궁 또는 난자에서 태아폐사	물새	기름오염(알)[3]
	멧돼지	일반 돼지콜레라바이러스[4]
교배 감소	쥐	선모충(*Trichinella spiralis*)[5]
교배 또는 성적 성숙의 지연	목도리솔딱새	질병[6]
	양	간흡충[7]
성숙 지연	흰배칼새	이파리[8]
난관, 자궁 또는 태반의 직접적인 손상	북미들소, 순록	브루셀라증[9]
	코알라	클라미디아증[10]
정소의 직접적인 손상	북미들소, 순록	브루셀라증[11]
	뇌조	이[12]
영역형성 및 방어능력 상실	꿩	진드기(*Ixodes ricinus*)[13]
새끼 돌보는 능력 저하	청둥오리	디엘드린 노출[14]
	갈색펠리컨	진드기 체내침입[15]
	큰뿔양	폐선충 감염[16]
난자형성 또는 수정 저하	새	기름 섭취[17]
	박새	칼슘부족[18]
정자형성 저하	쥐	촌충[19]
자손생존 저하	혹고니	납 중독[20]
	보라큰제비	하이모프로테우스 프로그네이 (*Haemoproteus prognei*)[21]

1 Ohlendorf(1996) **2** Fox와 Weseloh(1986) **3** Jessup과 Leighton(1996) **4** Van Campen 등(2001) **5** Edwards와 Barnard(1987) **6** Gustafsson 등(1997) **7** Hope-Cawdry(1976) **8** Bize 등(2003) **9** Thorne(2001) **10** Whittington(2001) **11** Thorne(2001) **12** Spurrier 등(1991) **13** Hoodless 등(2002) **14** Winn(1973) **15** King 등(1977) **16** Festa-Bianchet(1988) **17** Jessup과 Leighton(1996) **18** Tilger 등(2002) **19** Morales-Mentor 등(1999) **20** Birkhead와 Perrins(1985) **21** Davidar와 Morton(1993)

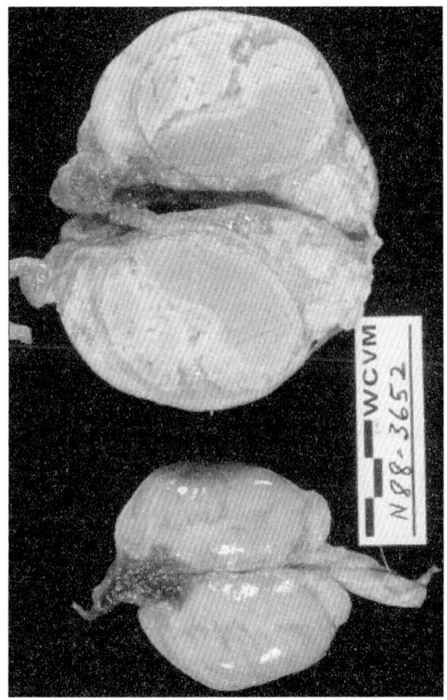
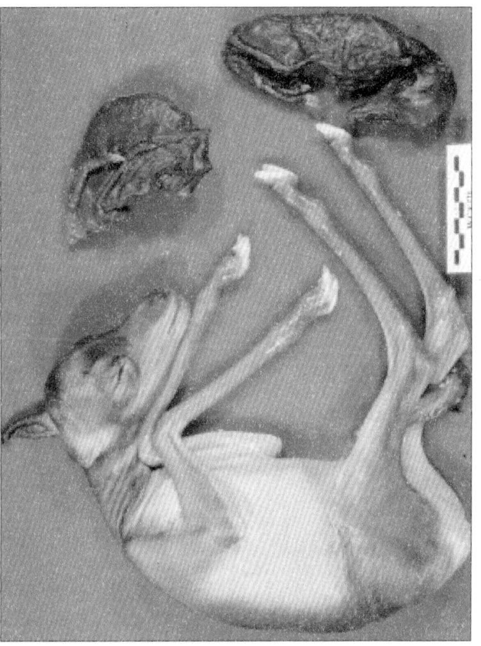

그림 10.3 ▲ 돼지브루셀라균 생물변이 4형(*Brucella suis biovar* 4)에 감염된 순록 정소의 심각한 파괴성 염증 증상

그림 10.4 ▲ 아사한 암컷 가지뿔영양의 자궁에서 나온 태아. 어미 폐사 당시 태아 한 개체만 살아남았다. 다른 두 개체는 더 일찍 폐사했고 건조되어 미라화됐다. 흰꼬리사슴과 가지뿔영양에서 일반적인 태아 폐사와 미라화는 서스캐처원의 혹독한 겨울로 인한 영양 부족 상태에서 흔하게 나타난다.

의 생존 사이의 관계는 미묘한데, 그 대표적인 예로는 알프스마못에서 체외 기생충이 두 가지 방식으로 번식에 영향을 미친다는 연구 결과를 들 수 있다(Arnold와 Lichtenstein, 1993). 이 체외 기생충이 나량으로 체내에 침입했을 경우, 동면 기간에 부모가 새끼를 따뜻하게 해주는 능력이 떨어지고 이전 겨울을 나면서 체외 기생충이 체내로 심각하게 침입한 암컷의 경우에는 그 새끼들이 이유기에 접어들었을 때 낮은 생존율을 보였다.

질병이 번식에 미치는 많은 영향들은 행동의 변화로 일어난다. 질병에 걸린 수컷은 영역 형성과 방어에 어려움이 겪고, 짝짓기에 대한 관심도 줄어든다. 이와 같은 행동의 변화는 직접적인 생리적 손상 또는 에너지 감소와 관련되어 있을 수 있다. 배우자 선택과 연관된 다른 요인들은 신체적으로 분명한 질병의 기미를 보이는 배우자를 선택하지 않는 것[예로는 이에 의해 출혈이 생긴 수컷 뇌조에 대한 식별(Spurrier 등, 1991)]이나 다양한 종에서 거대기생충에 의해 신체가 비대칭인(변동비대칭) 동물을 선택하지 않는 것(Møller, 1992 ; Folstad 등, 1996) 등이 있다. 병에 걸린 수컷은 또한 정확한 신호를 만드는 수단을 상실하기도 한다. 1993년 멀비(Mulvey)와 아호(Aho)는 수컷 흰꼬리사슴의 몸과 뿔의 크기(둘 다 교배 성공과 연관되어 있다) 및 대왕간질(*Fascioloides magna*) 감염 사이에 부정적인 관계에 대해 보고했다. 질병 때문에 번식에 참여하지 못한다는 것은 개체에게는 큰 시련일 수 있지만, 개체군 수준에서는 이득일 수 있다.

감염성 또는 비감염성 원인체에 의한 모두를 포함한 많은 질병은 둥지 포기, 먹이 공급 감소 또는 새끼를 버리는 행동 등을 통해 새끼를 덜 돌보게 한다. 영양 공급이 제대로 되지 않는 경우 흰꼬리사슴 새끼의 생존이 낮았다는 보고가 있다. 실험 조건하에서 새끼사슴의 출생 후 폐사 원인은 대개 태어났을 때 새끼를 핥아 주지 않는다거나, 새끼에 대한 두려움을 갖고, 후산을 먹지 않고, 새끼에게 젖을 먹이지 않는 것 등을 포함하여 엄마가 되기를 거부하는 데에서 비롯된다(Langenau와 Lerg, 1976).

질병은 첫 번식이 늦어지거나 번식 간격이 길어지는 것과 같이 일생 동안 번식에 영향을 미칠 수 있다. 둑방쥐와 숲쥐에서 지역적으로 보이는 우두바이러스는 동물들의 생존에는 아무런 영향을 미치지 않지만, 감염에 의해 첫 분만 시기가 20~30일 정도 늦어졌다. 생산율은 최대 25%까지 감소했다(Feore 등, 1997).

내분비교란물질(Endocrine disrupting Chemicals)이 번식에 미치는 잠재적 영향에 대해서는 많은 자료가 있다. 특히 이 중에서도 새에 관한 것이 많다(Crews 등, 2000 ; Guillette 등, 2000 ; Ottinger 등, 2002). 화학물 중 호르몬의 기능과 비슷하거나 반대로 저해하는 것들로 약, 살충제, 제초제, 산업화학물, 그리고 식물 피토에스트로겐이 있다. 이러한 혼합물들은 널리 산재해 있으며, 이런 반응을 하는 혼합물들은 지역이나 쓰레기 매립지 폐수에 존재하는 것으로, 많은 야생동물들에게 노출된다. 이용할 수 있는 정보들은 실험실 연구를 통해 얻을 수밖에 없다. 따라서 그 결과가 야생동물에서 일어날 수 있는 노출 형태와 어떻게 연관이 있는지는 불분명하다. 2003년 조블링(Jobling) 등은 '이러한 화학물 또는 그 혼합물(예: 에스트로제닉 유출물)에 대한 여러 야생동물 개체군의 상대적인 민감도에 대한 정보는 거의 없다. 그러므로 야생동물 호르몬 파괴의 윤리적 중요성에 대한 우리의 지식은 근본적으로 부족하다.'라고 설명한다. 지금 이 시점에 내분비교란물질은 야생동물의 번식을 평가하는 데 있어 고려해야 하는 추가적인 요소이다.

개체 동물들에 대한 질병의 영향 측정

모든 질병은 동물에게 손실을 준다(Yuill, 1987). 광견병처럼 감염이 곧 사형선고로 간주되어 큰 피해를 입는 소수의 질병들을 제외하고, 각 개체 동물들의 손실을 측정하는 것은 어렵다. 직접적으로 폐사를 야기하는 것으로 알려진 표 10.1과 표 10.2에서 언급된 질병을 포함한 대부분의 질병에서 숙주가 겪는 손실의 비용은 변화무쌍한 스트레스 인자들과 도전들 간의 예상하기 힘든 상호작용에 의해 변한다. 영양실조에 근접한 상태, 그리고 치사량에 가까운 독성물질과 감염성 물질 간의 관계를 실험적으로 연구한 결과, 영양 부족이면서 감염성 물질과 환경 화학물질에 함께 노출되었을 때 사람이나 동물이나 더 큰 위험에 노출될 가능성이 있다는 결론을 내렸다(Porter 등, 1984).

야생동물에게 많은 양의 먹이를 주고 다른 스트레스 요인들로부터 보호하는 인위적인 상황에서 실행한 실험에 근거해, 어느 한 병인체가 야생종에게 중요한 영향을 미치지 않는다고 결론을 내리는 것은 적절하지 않다. 자연적으로 감염된 동물과 자연적으로 감염되지 않은 동물을 비교해 질병의 중요성을 판단하는 것 또한 실수를 범하는 것일 수 있다. 1991년 멍거(Munger)와 카라소브(Karasov)는 영양 상태, 환경, 나이, 면역 경쟁력, 감염, 병력의 차이가 자연적으로 감염된 동물과 감염되지 않은 동물 간의 비교를 혼란스럽게 하는 요인이라는 것을 밝혀냈다. 예를 들어, 야생 토끼의 시료에서 많은 기생충과 몸 상태의 관계에 근거를 두어 토끼의 몸 상태가 좋지 않은 이유는 기생충 때문이라는 결론을 내릴 수도 있다. 관계를 명확히 하기 위한 올바른 설명은 몸 상태가(이떤 이유든) 좋지 않으면 기생충에 더욱 치명적이거나 좋지 않은 환경에 있는 동물이 땅에 더 가까운 풀을 먹으므로 더 많은 충란에 노출된다는 것이다. 병원체의 영향을 확인하지 않는 다면, 이는 질병이 중요하지 않거나 동물이 비용을 충당할 수 있어서 질병의 비용이 너무 근소하거나, 비용은 중요하지만 비용 측정을 위한 방법이 충분히 민감하지 않을 수도 있다. 개체에 대한 질병 영향을 측정하는 연구는 다음과 같은 몇 가지 특징이 있다.

1. **장기 연구**. 적합성은 생활의 현상이며, 질병의 영향은 지속(아마도 세대 간)될 수 있고 확률적이며, 계절마다 해마다 크게 다를 수 있다.

2. **다양한 요인**. 잠재적인 관련이 있는 요인 특히 동물의 영양, 성, 나이와 이전 병력, 또한 동시에 갖고 있는 질병 상태와 스트레스 요인의 존재를 생각한다.

3. **질병 관리**. 영양과 같은 기여 인자나 추정 원인에 대한 논란과 실험적 감소나 제거를 통한 질병 관리를 포함한다.

4. **다양한 검사**. 가능한 한 다양하게 검사한다. 성장, 생식, 행동, 면역과 생존의 영향들을 측정해야한다.

5. **면역계 구성물**. 부분마다 다른 기능을 갖고 있기 때문에 모든 면역계 구성물(선천성, 체액성, 세포 매개성)들을 평가한다.

붉은뇌조(Hudson 등, 1992b), 소이양(Gulland, 1992), 눈신멧토끼(Murray 등, 1997), 스발바드 순록(Albon 등, 2002)의 장내 기생충 연구는 환경적 바탕에서 질병의 영향을 자연적 개체군에서 보고자 시도한 연구 모델이다.

이 장은 질병과 다른 요인의 미묘한 관계에 관해 쓴 2002년 텔퍼(Telfer) 등을 인용하면서 시작했다. 둑방쥐와 숲쥐의 우두바이러스 연구로 그 복잡한 관계에 대해 설명했다. 바이러스 감염은 여름의 설치류 생존율 증가와 겨울의 생존율 감소와 관련이 있으며, 숙주동물들은 감염으로 인해 생식이 지연된다. 연구자들은 여름철의 경우, 감염 결과로 나타난 번식 노력의 감소는 생존력 개선의 결과로 나타나겠지만 동물이 번식하지 않고 먹이 부족으로 인해 생존율이 떨어지는 겨울철에는 그렇지 않을 것이라고 추측했다.

- 모든 질병은 세포 수준의 손상에서 시작한다.

- 세포 손상은 세포로의 에너지 공급 방해와 세포막의 손상이 야기한다.

- 세포와 조직은 손상에 대한 민감도가 매우 다양하다.

- 소수의 질병들은 명확한 병적 영향력으로 직접적인 폐사를 일으킨다.

- 많은 질병들로 인해 포식당하기 쉬워지고 다른 질병에 걸릴 확률, 사고율이 높아지거나 영양과의 상호작용으로 생존율이 낮아진다.

- 질병은 부모나 자식을 손상시켜 생식 성공율을 직접적으로 줄이거나 숙주에게 미치는 질병 영향을 줄이기 위해 번식 결과를 간접적으로 변경시킨다. 그 예로는 번식과 질병 저항력의 절충을 들 수 있다.

11

질병이 야생동물 개체군에 미치는 영향

현실적으로 어느 하나의 요인만으로 개체군 전체를 설명할 수는 없다. 하나의 인자만 단독으로 번식 및 생존에 영향을 미치는 경우는 거의 없으며 주로 여러 요인이 독립적으로 또는 복합적으로 영향을 미치기 때문이다.

— 뉴턴(I. Newton)

10장은 하나의 분자 단위에서부터 하나의 생태계에 이르기까지 다양한 단계에서 질병을 고려할 수 있다는 생각에서 출발했다. 이 장에서는 질병이 동물의 개체군에 미치는 영향에 대해 논의해보고자 한다. 질병의 개체군 생물학적 측면에 대한 것은 의학적, 생리학적 측면에 비해 알려져 있지 않다. 우리는 여기서 '개체가 아닌, 같은 종에 속하는 유사한 개체들(완벽하게 똑같지 않은)의 평균적인 성질들'에 대해 생각해볼 것이다(Berryman, 2002).

각 세포에 미치는 영향이 개체의 기능 이상을 야기하는 것과 마찬가지로 개체의 번식과 생존은 개체군에까지 영향을 미친다. 이 장과 10장의 차이점은 1년간의 생존에 대해 생각해보는 것으로 설명할 수 있을 것이다. 개체는 1년 내에 죽거나 살아남는다. 우리는 개체군 수준에서 생존하는 개체들의 비율에 관심을 갖고 있으며, 이 수치는 '평균적인' 개체가 생존할 가능성과 유사하다. 암컷 프랭클린갈매기는 네 마리의 새끼를 이소할 때까지 키우는데, 이때 '이소율'이라는 것은 개체군에서 암컷 한마리당 이소시키는 새끼의 평균수를 의미한다. 우리는 동물의 개체수가 얼마나 되는지(개체군 크기), 개체군의 구성은 어떠한지, 개체군의 밀도는 얼마고 이러한 것들이 질병과 연관되어 시간에 따라 어떻게 변하는지에 관심을 가진다(밀도는 일반적으로 일정한 공간 안에 있는 동물의 숫자로 계산되지만(이때 밀도를 계산하는 공식에서 공간의 면적 대신—옮긴이), 어떠한 경우에는 물웅덩이의 수 또는 먹이를 먹는 장소의 수와 같은 다른 수치들을 분모로 사용하는 것이 더 적절할 수도 있다.

개체군이란?

개체군을 정의하는 것은 쉬운 일이 아니다, 왜냐하면 생태학자와 질병 전문가들은 이 단어를 다양한 의미로 사용하기 때문이다. 개체군은 본래 사람의 개체군을 표현하는 데에 사용되었는데, 시간이 지나면서 같은 종(일반적으로 공간적인 제약에 의해 정의되는)에 속하는 개체들의 개체군(어느 정도의 공간적인 제약 안에서)이라는 의미로 확장되었다. 따라서 참고문헌에서는 서스캐처원 그레이트 샌드힐스(Great Sandhills)의 노새사슴 개체군' 또는 '캘리포니아 습지의 고방오리(northern pintails) 개체군'이라는 식으로 찾아볼 수 있다. 10장에서 질병은 개체군에서 '심각한 번식 실패 또는 번식 가능한 개체의 수를 감소시키는 폐사를 야기할 때 비로소 중요한 문제가 된다.'라고 언급했다(Newton, 1998). 하지만 출산과 폐사라는 측면에서 질병의 영향을 생각해보자. 예를 들어 습지에서 겨울을 나는 오리 개체군을 '개체군'이라는 단어로 표현하는 것에 문제가 있는데, 그 이유는 월동지역에서는 번식하지 않고, 약간의 폐사만 일어나기 때문이다. 이러한 개체군의 조류 개체수의 대부분은 출생과 폐사에 의한 것보다 조류의 이주와 이입에 의해 결정된다.

소규모 개체군을 '개체군'이라고 지정하는 것은 간혹 흥미로운 상황을 야기한다. 예를 들면, 1980년 비버(Beaver)는 71.8ha의 지역에 서식하고 있는 미주울새에 DDT가 미치는 영향을 이야기한 적이 있다. 2002년 카뮈(Camus)와 리마(Lima)는 "몇 년 동안 DDT와 관련하여 확인된 폐사는 직접 센 개체군의 개체수와 같거나 초과했지만, 둥지 형성 전(prenesting, 번식기 시작부터 둥지를 짓기 전까지의 단계) 개체군의 크기는 DDT에 의해 줄어들지 않았다. 이에 의하면 전체 개체군보다 더 많은 수의 개체들이 DDT로 인해 죽었을 수 있지만, 번식 개체군에는 영향을 미치지 않았다는 결론이 난다. 지역 개체군이라는 어휘는 앞에서 언급한 오리 개체군과 같은 대상을 지칭할 때에 종종 사용되지만, 지역적이라는 단어는 애매한 표현이다. 대부분의 육지와 해양 연구에서 그 의미는 그저 상황 편의적인 표현일 뿐이다."라고 말했다. 이처럼 다루고자 하는 지역 단위의 크기에 따라 해당 개체군이 들어오고 나가는 이주 개체들에 의해 영향을 받을 것이라는 사실을 고려해야 하고, 전체 개체군의 그저 한 부분만이 동일한 질병 요인에 의해 영향을 받을 수도, 받지 않을 수도 있다는 사실을 인식해야 한다.

여기서는 2002년 베리먼(Berryman)이 제안한 개체군의 정의를 이용할 것이다. 개체군이라 함은 '일반적인 분산 또는 이주 행동이 가능한 크기의 면적에 모여 사는 동종의 개체들이 모인 개체군을 말하며, 여기서 일어나는 다양한 변화들은 크게 출생 및 폐사 과정에 의해 결정된다. 이보다 낮은 단계의 조직을 표현하는 적절한 대체 용어가 없기 때문에 '아개체군(subpopulation)'이라는 용어를 상대적으로 더 작은 지역에 사는 생물개체군을 지칭하는 데 사용하겠다. 단, 여기서 아개체군 동태(subpopulation dynamics)의 상당 부분이 분산 및 이주에 영향을 받는다는 것을 염두에 두어야 한다. 메타개체군은 '여러 개의 서식지 조각에 분포하고 있으며, 이주에 의해 다양한 정도로 연결되어있는 개체군들'로 다루고자 한다(Hess, 1996).

이러한 분류 방법은 캐나다 매니토바의 라이딩 마운틴 국립공원(Riding Mountain National Park)과 그 주변에 서식하는 엘크에 사용해볼 수 있다(최근 들어 이 동물들 사이에 우결핵이 발견되면서 '누구를 어떻게 분류할 것인지'가 중요한 문제가 되고 있다). 이 공원은 마치 바다 위의 섬과 같이, 농경지로 사방이 둘러싸인 자연 산림이 우거진 서식지다. 이곳에 서식하는 엘크들은 다른 엘크 개체군들과 적합하지 않은 서식지로부터 수백 km나 떨어져 있다. 여기에서 서식지란 '개체군의 존재, 생존 및 번식을 결정짓는 자원과 생물성 및 무생물성 요소들의 복합체'를 의미한다(Caughley와 Sinclair, 1994). 이 공원은 엘크들의 수가 출생과 폐사(늑대에게 잡아먹히거나, 차와 충돌하거나, 공원 근처에서 수렵되는 것을 포함하여)에 의해 결정될 만큼 크다. 공원 내에는 엘크들이 세 지역에 모여 사는 것으로 보이고, 이들 사이에는 중등도의 개체 교류가 있는 것으로 생각된다. 여기서는 이 세 개의 엘크 개체군을 각각 아개체군으로 규정한다. 공원 내의 세 아개체군 전체는 하나의 개체군을 이루며, 이 개체군은 라이딩 마운틴 국립공원(Riding Mountain National Park) 북쪽에 있는 덕 마운틴(Duck Mountain)에 서식하는 개체군 그리고 서스캐처원에 인접한 지역에 있는 개체군과 함께 제한적인 교류로 이어진 메타개체군을 구성한다. 이러한 틀은 엘크의 질병을 연구하는 데 유용하다.

엘크에게 영향을 미치는 여러 가지 질병들은 아개체군 내의 동물들에서 가장 유사하게 나타날 것이며, 더 큰 개체군으로 갈수록 그 다양성은 증가할 것이다. 질병 상태의 차이들은 아마도 개체군들이 사는 서식지 차이의 증가와 관련되어 있을 것이다. 더 큰 개체군일수록 질병의 저항성에 대한 상이성이 증가한다. 감염성 질병의 교류는 아개체군 내에서 가장 빈번할 것이고, 아개체군 간에는 조금 덜 빈번할 것이고, 메타개체군 내의 개체군 간에서는 드물게 일어날 것이기 때문이다. 아개체군, 개체군 그리고 메타개체군이라는 개념은 결핵과 밀접한 관련이 있는데, 그 이유는 아개체군 간에 유병률의 차이가 있는 것으로 생각되기 때문이다.

북미의 서부지역에서는 라이딩 마운틴 국립공원(Riding Mountain National Park) 개체군에서만 결핵이 나타나는 것으로 보인다. 또한 이 개념은 질병의 관리 차원에서 볼 때 유용할 수 있다. 예를 들어, 만약 아개체군이 급격하게 감소하거나 어떤 이유에서든 절멸된다면, 그 서식처는 개체군 내에서의 분산으로 빠르게 다시 채워질 것이다. 하지만 전체 개체군이 절멸되었을 때는 다른 개체군의 분산에 의해 제한적으로만 채워질 것이다. 사람에 의해 아개체군의 사회적 '기본 구조'가 교란되고, 이것이 만일 분산 및 다른 개체군과의 교류를 증가시킨다면, 영국의 오소리 개체군의 경우와 같이(Donnelly 등, 2003) 좋지 않은 결과를 초래할 수도 있다.

개체군의 일반적 특성

개체군에는 크기, 공간적 분포, 성별과 연령대의 구성 및 자연사 특징과 같이 질병을 논의하는 데 관련된 몇 가지 특성들이 있다.

크기

개체군의 크기는 일반적으로 이용 가능한 자원량에 따른 번식, 이입, 이주, 폐사(네 가지 주요 개체군의 변화 과정)의 변화를 통해 결정된다(여기서 자원이라함은 음식, 피난처, 물, 적정 기온 그리고 보금자리나 피신처 지형 및 그 밖의 해당 종에게 고유한 특징들을 말한다). 햇빛과 같은 자원들은 비소모적이다. 반면, 유제류가 먹는 풀과 같은 것들은 소모적이고, 사용 가능한 자원의 양은 소비 활동에 따라 감소한다. 어떤 자원의 사용은 '선착순'이다. 다시 말해, 이를 한 동물이 사용함으로써 다른 동물은 사용할 수 없게 된다. 예를 들어, 둥지로 사용할 수 있는 나무구멍의 수가 제한되어 있다면, 몇몇 새들은 둥지를 짓고, 다른 새들은 둥지를 짓지 못할 것이다.

자원의 공유는 일어나지 않는다. 공간은 영역성이 강한 동물에 의해 선점되는 형식으로 이용된다. 따라서 영역을 확보하지 못한 개체들은 번식을 적게 하거나 전혀 하지 못한다. 한편, 다른 자원들은 공유할 수도 있다. 예를 들어, 한 개체에 의한 먹이 소비는 다른 개체들이 먹을 수 있는 양을 감소시키고, 공급의 부족으로 인한 빈곤은 모든 개체가 나누어(하지만 균등하지는 않게) 겪게 된다.

만약 자원이 제한적이지 않다면, 번식율의 증가와 폐사율 감소의 결합으로 인해 개체군의 크기는 커질 것이다. 최대 증가율(내재적 증가)은 해당종의 생리학적 번식 한계와 추가 자원의 양으로도 더 이상 생존이 연장되지 않는 시점(최대 자연 수명)에 의해 결정된다. 야생동물에서는 풍부한 자원이 있는 새로운 환경 속의 개체군이 보이는 초기 성장 단계를 제외하고는 내재적 증가율(intrinsic rate)에 다다르는 경우가 거의 없다. 예를 들어, 캐나다의 북서지역에 있는 매킨지 바이슨 보호 구역(the MacKenzie Bison Sanctuary)에 풀어주었던 적은 수의 들소들은 그 후 몇 연간 1.21마리의 내인성 증가율로 개체수가 증가했다(Gates와 Later, 1990). 이처럼 새로운 동물 도입의 성공 중 일부는 이들이 '천적 회피(enemy release)'로부터 받은 이익일 수 있다. 그 이유는 이 동물들이 초기에 포식자나 병원체가 주는 부정적인 영향을 겪지 않아도 됐기 때문이다(Torchin 등, 2002). 개체군의 밀도가 증가함에 따라 '두당' 이용할 수 있는 자원의 양이 감소하고, 개체군의 크기 증가율이 느려지며, 마침내 개체군의 성장이 멈추게 된다. 이때 이 단계를 보통 '수용한계(carrying capacity, K)'라고 한다. 이 단계에서는 번식과 이주해 들어오는 것에 의해 증가한 개체수가 폐사와 이주해 나가는 수와 유사해진다. K는 종마다 일정한 것이 아니고 환경에 고정된 것도 아니지만, 특정한 시점의 환경적 상황에 상응하는 개체군 크기의 최대치를 표현한다. K는 개체군을 감소시키거나 그 증가를 막는 제한요인들에 의해 결정된다.

공간적 분포

개체군의 공간적 분포 또한 자원의 이용 가능성에 의해 결정된다. 우리가 개체군 단위로 논의할 때는 '평균치'를 생각하지만, 개체군을 이루는 동물 개체들 하나하나가 '평균적인' 상황아래에 사는 것은 아니다. 어떤 종이 점유하는 지역(서식지 범위)은 균일하지 않다. 어떤 지역은 자원이 풍부하고, 어떤 지역은 적을 수도 있다. 서식지의 어느 부분을 이용하느냐에 따라 해당 지역에 서식하는 개체들이 성공적으로 살 확률은 달라진다. 바로 여기에서 '공급지역(source)'과 '소멸지역(sink)' 서식지 개념이 발생한다. 공급지역에서는 번식이 폐사율과 분산하는 개체수를 상쇄할 수 있는 정도 또는 그 이상이다. 이와 반대로 소멸지역에서의 개체군은 안으로 이주해 들어오는 개체들이 있어야만 유지할 수 있다. 동물의 공간적 간격과 자원으로의 접근은 사회적 행동에 영향을 받는다. 이는 영역성이 강한 종에서 가장 명확하게 나타나지만, 이 밖에도 우월한 개체들이 자신의 생존과 번식을 높이기 위해 자원에 더 많은 접근성을 갖는 것과 같이 다소 불분명하게 나타나기도 한다. 개체군의 밀도가 낮을 때는 동물들이 선호하는 서식지를 사용하지만, 개체군의 밀도가 높아지면 개체군 내 더 많은 비율의 개체들이 점점 더 비선호 서식지를 사용할 수밖에 없게 될 것이다.

질병은 동물의 분포와 다양한 방법으로 상호작용할 수 있다. 질병은 자원이 풍부하지 않은 있는 지역에 서식하는 개체들에게 서로 다른 영향을 미칠 수 있다. 동물 개체군에 질병이 미치는 영향을 연구하는 문제는 특히 작은 지역에서 연구하고자 하는 동물이 공급지역에서 사는지, 소멸지역에 사는지를 아는 것에 달려 있다. 질병은 동물 개체들의 사회적 행동을 변화시켜 선호하는 지역에 대한 경쟁을 약화시킬 수 있다. 간혹 전 개체군의 분포가 한 가지 질병에 의해 제한될 수도 있다. 예를 들어, 하와이 꿀먹이새(Hawaiian honeycreepers)들은 조류 말라리아 때문에 저지대 서식지에 분포하지 못하게 됐다(van Riper 등, 1986). 저지대에 살려고 했던 새들은 질병으로 인해 폐사했다. 이와 비슷하게 파렐라포스트론길루스 테누이스가 흰꼬리사슴에서 풍토병으로 발생하는 지역에서 순록은 개체군을 다시 형성하지 못할 수 있다.

성별과 연령의 구조

개체군은 두 개의 성별과 서로 다른 연령의 동물로 구성된다. 이 개체들은 각 질병에 대해 서로 현저하게 다른 감수성을 가질 수 있고, 질병이 개체군에 미치는 영향은 그 성별과 나이의 조합에 따라 크게 달라진다. 일반적으로 어린 동물들은 성숙한 동물들보다 감염성 질병에 걸릴 가능성이 높지만, 예외는 있다. 예를 들어, 아성체 굴토끼(European rabbits)들은 성숙 개체들보다 토끼 출혈병(rabbit hemorrhagic disease)에 걸릴 확률이 훨씬 낮다. 일반적으로 어린동물의 생존률은 성숙 개체보다 훨씬 낮다. 예를 들어,

뉴질랜드의 야생화된 페렛의 경우 1년령 이하 개체들의 생존률은 0.25인 반면, 1년령을 넘긴 개체들에서는 0.55로 증가하며, 평균수명은 0.95이다(Caley 등, 2002).

많은 질병의 경우, 개체군 중 병인체에 노출되는 비율은 개체군이 이에 노출된 기간과 비례하여 증가한다. 예를 들어, 3년령 이하의 말코손바닥사슴과 3년령에서 7년령 사이, 그리고 7년령 이상의 말코손바닥사슴은 평균적으로 폐에 각각 4.8, 10.6, 34.6개의 포충낭을 갖고 있었다(Rau와 Caron, 1979).

어떤 병인체에 대한 노출은 개제가 싱직으로 성숙할 때 급격히 증가하는데, 이는 번식과 관련해 나타나는 사회적 상호작용의 정도와 빈도 때문이다. 어떤 개체군은 번식하지 않는 개체를 많이 포함하는 반면, 어떤 개체군은 번식하지 않는 개체가 거의 없다. 예를 들어, 노래참새(*Melospiza melodia*)의 경우, 영역성도 없는 비번식 개체가 개체군의 의 2~4%인 반면, 혹고니(mute swan)는 60% 이상에 이른다(Newton, 1998). 질병은 개체군의 구성을 변화시킴으로써 그 생산성에 영향을 미칠 수 있다. 2000년 드모프스키(Dmowski) 등은 중금속 오염에 노출된 소형 포유류 개체군의 한 가지 특징이 바로 '노령'이라고 보고했는데, 이는 높은 아성체 폐사율로 인해 개체군 내에 어린 개체가 얼마 없었기 때문이었다.

개체군 구성은 질병의 영향과 가시성에 영향을 미칠 수 있다. 예를 들어, 물새의 개체군은 서로 중복되는 여러 세대들로 구성되어 있기 때문에 심한 기름 유출로 인해 어린 개체들이 급격히 감소한다고 하더라도 살아남은 개체들의 번식 및 생존 증가, 번식하지 않는 개체들로부터의 증가된 개체 보충 및 인근 개체군에서 이주해 오는 새들 등으로 인한 보상 작용에 의해 명확하게 보이지 않을 수 있다(Burger와 Gochfeld, 2002).

생활사 특성

종의 생활사는 최대 번식과 최대 생존 사이의 절충을 포함한다. 야생종들은 일반적으로 r 또는 K 선택으로 나눌 수 있다. r-선택(r=내인적 증가율, intrinsic rate)을 한 종들은 높은 출산율을 보인다. 그들은 짧은 수명을 갖고, 번식 연령에 빠르게 도달하며, 많은 자손을 낳는다. 항상은 아니지만 일반적으로 작고, 폐사율이 높으며, 개체들은 번식에 의해 세대가 빠르게 교체된다. r-선택을 한 종의 개체군은 일반적으로 번식하지 않는 개체가 적으며, 개체군의 크기는 보통 매우 다양하다. r-선택종의 개체군은 폐사를 유발하는 요인들로부터 회복력이 있다. 2000년 모리아티(Moriarty) 등은 호주에서 성숙 개체의 폐사율이 82%인 토끼개체군을 보고한 바 있다. 개체군의 40%가 토끼출혈병(rabbit hemorrhagic disease)의 발생에 의해 사라진 후에도 고작 몇 달 안에 번식을 통해 다시 회복되었다. 번식 감소에 대한 호주토끼의 회복력에 대한 얘기는 본 장의 후반에 논의할 것이다.

K-선택(K=수용한계)을 하는 종에서는 생존이 중요시 된다. 이들은 수명이 길고, 다소 높은 연령에 첫 번식을 하며, 번식 때 적은 수의 새끼를 낳는다. 이러한 개체군의 연령 구조는 안정되어 있으며, 어느 한 계절에는 번식을 하지 않는 많은 개체들로 이루어져 있기도 하다. 일반적으로 K-선택을 한 종은 번식에 영향을 주는 요인보다 폐사율을 높이는 요인에 보다 취약하다(만일 번식 감소가 일어나는 기간이 짧고 복구가 느리다면 더더욱 그러하다. — 옮긴이)

표면적으로 비슷해 보이는 종들도 다른 생활사의 특징을 가질 수 있으며, 이에 의해 서로 다른 질병에 대한 취약도를 가질 수 있다. 예를 들어, 초원에 둥지를 짓고 번식하는 오리류중 청둥오리는 r-선택종이며, 번식지의 물 환경 조건이 일시적으로라도 적합할 때 번식율을 증가시켜 빠르게 개체군 크기를 늘릴 수 있다. 댕기흰죽지는 K-선택종이며 장기간 안정된 습지 상태를 필요로 한다. 질병은 각 종의 생활사 전략에 따라 매우 다른 영향을 미친다. 예를 들어, 납중독은 주로 폐사를 유발한다. 이에 대한 노출도가 동일하다고 했을 때 개체군에 대한 납중독 노출의 영향은 폐사한 개체수를 빨리 회복시킬 수 있는 청둥오리보다 댕기흰죽지(콘도르에서는 더더욱)와 같이 빠른 시간 내에 손실한 개체수를 대체할 수 없는 종에서 더욱 클 것이다.

제한, 조절과 보상

제한과 조절

개체군들은 자원의 공급, 기후나 날씨, 포식자와 질병 병인체를 포함하는 많은 잠재적 '제한요인'(개체군을 감소시키거나, 또는 증가하지 않도록 제한하는 모든 것)들에 영향을 받는다. 일반적으로 하나 또는 몇 가지 소수의 요인들이 두드러지게 나타난다. 번식이 지속적으로 일어나지 않는 지역에서 야생동물 개체군의 크기는 번식철 직후 연간 최고치에 올랐다가 폐사율로 인해 다음 번식철에 이르기 직전까지 최저치에 도달하게 되는 계절적인 순환을 보인다(그림. 11.1). 전체 개체군의 크기는 연간 주기 중 언제든지 측정할 수 있지만, 번식 개체군(연간 가장 낮은 수)의 개체수가 개체군에 영향을 미치는 모든 요인들의 종합적인 영향력에 대한 가장 좋은 측정치가 될 것이다. 장기간에 걸친 변화를 알아내기 위해

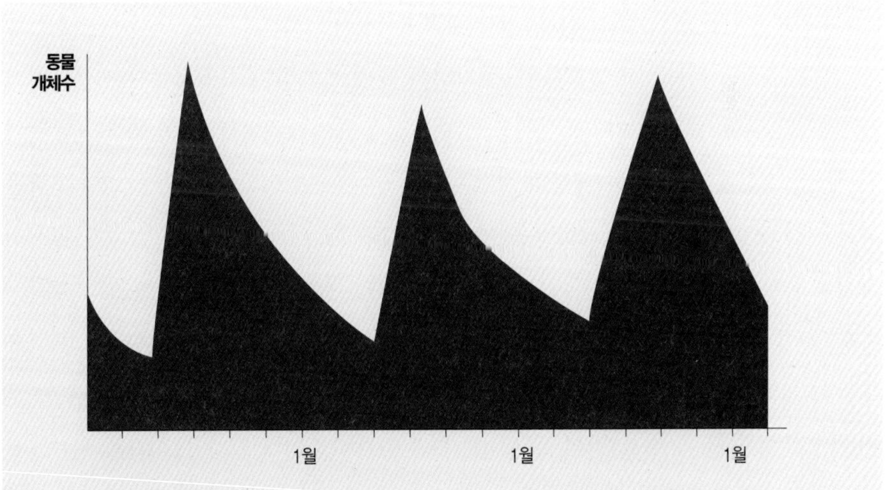

그림 11.1 ▲ 연간주기를 보여주는 연속된 해에 따른 가상의 개체군 크기 변화. 가장 작은 개체군 크기는 매해 번식기 직전에 나타난다. 개체군의 크기는 1년 중 언제든지 측정할 수 있다. 예를 들어 수렵종의 경우 수렵 시즌이 시작되기 직전의 개체군 크기가 가장 큰 관심사일 것이다. 반면 보전관리가 필요한 종인 경우 번식과 생존에 영향을 미치는 모든 요인의 결과를 반영하는 번식기까지 생존해 있는 성체의 수 또는 막 번식을 마친 개체군의 크기가 중요하게 고려될 것이다.

서는 매년 거의 동일한 시기에 개체군의 크기를 측정해야 한다.

한 개체군은 물통에 담긴 물로 비교할 수 있다. 매번식철에 그 물통은 당년도의 여러 요인들이 번식에 영향을 미치는 정도에 따라 부분적으로 혹은 완전히 차게 된다. 1년이 지나면서 물통의 빈틈(폐사율)을 따라 물이 새게 된다. 물통에 있는 물의 양은(개체군 크기) 측정하는 시기에 따라 달라진다. 연초에 번식에 의해 얼마나 물통이 찼었는지와 누수공의 수, 위치, 크기에 따라 물통이 채워진 정도는 다르다. 한 가지 요인의 영향은 더 강한 요인에 의해 완전히 가려질 수 있다. 만약, 물통의 아래쪽 벽면에 매우 큰 구멍이 나 있다면 그 요인이 개체군 크기를 제한하는 주요 요인이 될 것이고, 다른 구멍들의 영향을 가려버릴 것이다. 예를 들어, 북위도 지역에서의 혹한기 동안 기아는 사슴 개체수에 대한 주요 제한요인이다. 또한 겨울 환경은 이듬해 새끼를 성공적으로 생산할 수 있는 암사슴의 생존 비율과 이듬해에 태어날 새끼들의 생존을 결정한다. 이러한 구멍(폐사원인)들의 상대적 크기와 위치는 연중 혹은 매년 변화하며, 수컷의 경우 암컷과는 달리 개체의 연령에 따라 다른 폐사 요인들이 더 중요할 수 있다.

한 제한요인은 궁극적(ultimate)이거나 직접적(proximate)으로 작용할 수 있다. 예를 들어, 먹이 부족이 기아를 유발했다면, 먹이의 부족은 궁극적이고 직접적인 제한요인이다. 하지만 먹이 부족 현상이 포식에 대한 취약성을 증가시킨다면, 먹이 부족은 궁극적인 제한요소인 반면, 포식은 폐사의 직접적인 원인이 된다. 이와 비슷하게, 먹이 부족은 동물의 감염성 질병에 대한 저항성을 감소시킴으로써 동물을 죽이거나 포식에 대한 취약성을 증가시킬 수 있다. 폐사의 직접적인 원인(들)을 밝혀내는 것(폐사한 동물을 검사하는 것 등을 통해)이 개체군 크기를 제한하는 궁극적인 요인(들)을 밝혀내는 것은 아니다. 제한요인들이 지속적이거나 일관적으로 영향을 미치는 것도 아니다. 예를 들어, 북위도에 서식하는 사슴에게는 겨울철 먹이 확보 여부가 주요 제한요인이 되지만, 여름철에는 그렇지 않다. 또한 먹이 공급이 어떤 해의 겨울 동안에는 제한요인이 될 수 있지만, 이듬해 겨울에는 그렇지 않을 수 있다. 이와 비슷하게, 포식이나 기생충 감염이 먹이자원이 풍부한 시기에는 덜 중요할 수 있지만, 먹이가 부족해질 경우에는 제한요인이 될 수 있다.

하나 혹은 그 이상의 제한요인들은 개체군 크기를 수용한계와 유사하게 유지시키며 그 안의 개체수는 시간에 따라 그 정도의 수준에서 변화한다. 몇몇 종의 개체수는 수십 년이 지나도록 안정적인 상태를 유지하기도 한다. 예를 들어, 영국 광범위한 지역 내에서 검독수리 번식쌍의 수는 평균 ±15%를 유지했고(Newton, 1979), 미국 미네소타의 넓은 지역에서 확인한 늑대의 수는 12년 이상 35~54(평균=48)마리를 유지하고 있었다(Mech와 Goyal, 1993). 반면, 다른 종의 개체군 크기는 매우 변화가 심하다. 검은목논병아리의 한 개체군은 1997년 356만 마리에서 엘니뇨의 영향으로 1998년 160만 마리까지 감소했다가 2000년 다시 327만 마리로 급등한 적이 있다(Jehl 등, 2002). 씨앗을 먹는 소형조류(small-seed-eating)들의 개체수는 매년 20가지 이상의 요인들에 영향을 받는다(Newton, 1998).

몇몇 종들에서 보이는 뚜렷한 변동성에도 불구하고, 개체군들은 보통 무한대로 늘어나거나 멸종에 이르도록 감소하지 않는다. 이러한 사실로부터 밀도 의존적(density dependent manner)으로 작용하는 요인들에 의한 개체군 '조절'의 개념이 도출되었다. 여기서 '조절요인'이란, 개체군의 수가 적을 경우 이를 늘리고, 개체군의 수가 많을 경우 이를 줄이는 요인을 의미한다. 예를 들어 먹이 풍부도에 비해 동물의 밀도가 낮은 경우, 번식에 대한 영양적 제약이 적어지고 생존율은 높아질 수 있다. 동물의 밀도가 먹이 공급에 비해 너무 높으면 경쟁이 증가하여 심해지고, 거의 대부분의 동물들은 번식과 생존에 영향을 미칠 수 있는 정도의 먹이 부족을 경험하게 된다. 먹이 공급에 비해 개체군 밀도가 높을수록, 결핍은 더 심해지고 부정적인 영향도 심각해진다. 조절은 우점적인 소비(preemptive consumption)를 통해 나타나기도 한다(McPeek 등, 2001; Rodenhouse 등, 2003). 개체군 밀도가 낮은 경우, 동물들은 서식지 내에서 가장 이상적인 영역을 점유한다. 개체군이 증가하기 시작하면 점차 개체군의 많은 비율은 포식이나 다른 폐사 요인에 취약하거나 낮은 번식률을 보이는 질 낮은 서식지로 밀려나게 된다. 몇몇 동물은 자신의 영역을 갖지 못하고, 이처럼 '고정된 주소'가 없는 개체들은 번식을 하지 못하며 또한 매우 낮은 생존율을 보인다[겨울철에 세력권이 없는 붉은뇌조(red grouse)와 땃쥐(common shrew)는 소수만 살아남는다.](Jenkins 등, 1963; Klok과 De Roos, 1998). 질병과 관련된 제한요소는 숙주풍부도가 증가함에 따라 증가 추세에 있는 숙주의 생존율이나 번식률을 감소시키는 것을 말한다(Spratt, 1990).

포식이나 먹이 공급과 같은 어떤 요인들은 제한 기능과 조절 기능을 모두 갖고 있기도 한다. 살충제를 산림에 살포한 결과로 발생하는 조류의 폐사율과 같은 요인들은 일반적으로 조절요인으로 간주되지 않는데, 그 이유는 조류의 밀도가 폐사하는 개체군의 비율에 영향을 미치지 않을 것이기 때문이다. 하지만 독살은 (적어도 비교적 작은 지역단위에서는) 제한요인이 될 수 있다. 개체군 크기에 대한 제한요인과 조절요인의 영향은 실내에서의 온도 조절과 비유되어 왔다. 평균 온도(개체군의 크기와 대등한)는 제한요인(자신에게 온도를 맞추는 거주자)에 의해 결정된다. 온도 조절기가 15℃에 맞추어져 있든, 25℃에 맞추어져 있든 온도가 성해진 값 이하로 떨어지면 난방기가 자동으로 작동한다. 실내 온도가 정해진 값 아래로 떨어진 정도가 클수록 난방기는 더욱 오래 작동하게 된다. 실내온도가 온도조절기의 정해진 온도 이상으로 상승하면 난방기는 꺼지게 되고, 실내 온도를 낮추기 위해 냉방기가 작동한다. 위의 비유에서, 난방기와 냉방기는 제한요인에 의해 규정된 수준으로 실내온도를 맞추는 역할을 하는 조절요인이다.

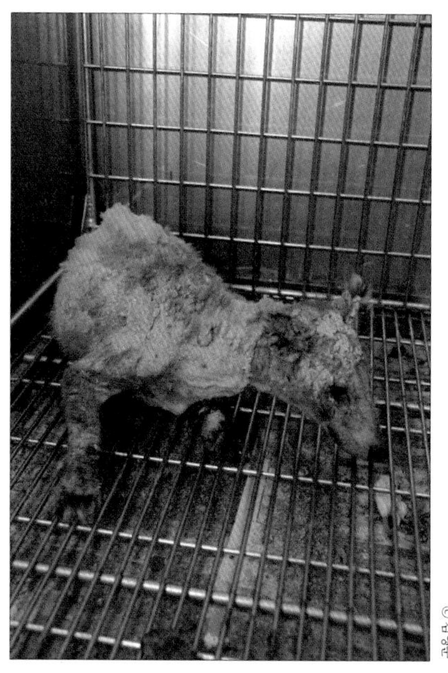

그림 11.2 ▲ 개선충에 감염된 너구리. 개선충은 다양한 식육동물 종의 개체군 밀도를 조절하는 영향이 큰 것으로 알려져 있다. 질병에 걸린 개체들은 탈모와 가려움, 영양 손실과 더불어 2차 세균감염의 결과에 따라 대부분 폐사한다. 우리나라에서는 너구리 개체군을 조절하는 가장 큰 질병인자로 파악되고 있다.

많은 질병들은 번식율의 감소나 폐사율의 증가를 일으키지만, 장기간 동안 한 개체군의 크기를 K 수준(수용한계) 이하의 낮은 수준으로 유지하게 하는, 제한요인으로서 작동하는 경우는 상대적으로 드물다(표 11.1). 표 11.1에 나온 감염성 질병들이 최근에 도입된 원인체(아프리카 수렵 동물에서 발생한 우역, 하와이 조류에서 발생한 말라리아, 토끼에서 발생한 점액종증)에 의해 발생하는 것이거나 다중숙주 질병들(예를 들어 유럽자고새(grey partridge)에서 발생하는 닭맹장충(*Heterakis gallinarum*))로, 병원체의 유지에 비교적 중요하지 않은 숙주종의 개체군 크

표 11.1 | 장기간 야생동물 개체군의 크기를 수용한계 이하로 제한하는 질병들

질병 또는 병인체	관련 동물 종	기전
원충(*Plasmodium relictum*)	하와이꿀먹이새	폐사율 증가[1]
우역 바이러스	아프리카 물소	폐사율 증가[2]
종자분의(seed dressing) 수은	가금류 및 맹금류	폐사율 증가[3]
유기염소계 살충제	매	번식 저하[4]
개선충	코요테	폐사율 증가[5]
점액종증	유럽 토끼	폐사율 증가[6]
닭맹장충(*Heterakis gallinarum*)	유럽 자고새	폐사율 증가, 출산율 감소[7]
중금속 오염	소형포유류	폐사율 증가[8]
미코플라스마 갈리셉티쿰(*Mycoplasma gallisepticum*)	멕시코양지니	폐사율 증가[9]

1 van Riper 등(1986) **2** Sinclair (1977) **3** Borg 등(1969) **4** Cade 등(1988) **5** Pence와 Ueckermann(2002) **6** Kerr와 Best (1998) **7** Tompkins 등(2000) **8** Dmowski 등(2000) **9** Hochachka와 Dhondt (2000)

기를 제한하는 것이라는 점이 흥미롭다. 대부분의 감염성 질병들은 밀도 의존적 방식을 통해 조절요인으로서 작용하지만, 야외 연구를 통해 이러한 사실을 확인해주는 경험적인 자료는 소수에 불과하다.

만약, 자원 제한(resource limitation)이 아닌 어떠한 다른 요인에 의해 개체군의 크기와 밀도가 수용한계 수준 이하에 머물거나 혹한기와 같이 갑작스러운 대규모 폐사 사례가 발생하여 개체군의 크기가 수용한계 수준 이하로 떨어지면, 생존 개체들은 개체당(per capita) 더 많은 자원을 차지할 수 있게 됨에 따라 더 높은 번식률과, 생존율을 보이게 된다(그림 11.2). 바덴 해(Wadden sea)의 잔점박이물범(harbor seal) 개체군은 수렵이 비로소 금지된 1960년대, 1970년대 전까지, 수용한계 수준 이하에 머물고 있었다(Härkönen, 2003). 수렵이라는 제한요인에서 자유로워지자 개체군은 기하급수적으로 증가했고, 1988년 물범홍역바이러스 유행병이 번져 전체 개체군의 58%가 폐사한 바 있다. 이 유행병 이후 다시 기하급수적인 개체군 증가했다가 2002년 두 번째 물범홍역이 유행하여, 50%

이상의 개체군을 폐사시킨 사례가 발생했다. 이 개체군의 성장 곡선 모양에 근거하면, 유행병은 개체군이 수용한계치에 접근하기 전에 발생했다.

보상작용

'보상작용'의 발생 가능성은 야생 개체군에 대한 질병의 영향 평가를 어렵게 만든다. 보상작용 가설의 기초가 되고 있는 기본 개념은 한 가지 원인에 의해 한 개체군의 밀도가 줄어들었을 때 생존한 개체들은 다른 밀도 의존적 요인들(식량 제한, 포식, 감염, 등)에 의한 영향을 덜 받게 되고, 그에 따라 더 나은 번식 혹은 생존을 즐길지도 모른다는 것이다. 이 견해를 설명하기 위해 한 개체군의 '자연적인' 연간 폐사율을 50%라고 가정해보자. 특정 질병이 그 개체군에 들어온 후 10%의 폐사율을 유발한다. 만약 완벽한 보상작용이 있다면, 다른 원인들로 인한 폐사가 그 질병으로 인해 유발된 폐사를 보상할 만큼 감소할 것이기 때문에 총 폐사율은 50%에 머물 것이다. 만약 보상작용이 없다면 폐사는 추가(additive) 요인으로 작용하여 총 폐사율은 60%가 될 것이다[이러한 개념은 2002년 캘리 (Caley) 등에서 더욱 충분히 논의된다.]. 보상작용은 다양한 형태를 취할 수 있었다(표 11.2).

표 11.2 | 개체군 수준에서 질병의 영향에 대한 보상 작용

질병의 영향	생존한 개체에서 발생 가능한 보상 반응
폐사율의 증가	생존율 증가(다른 원인들에 대한 폐사율의 감소)
	번식률 증가
	생존율 증가 및 번식률 증가
번식률의 감소	생존율 증가
	영향을 받지 않는 성체에 의해 증가된 번식
	생존율 증가 및 번식률 증가

주) 이때의 기본 가설은 만약 한 개체군 내의 많은 동물들이 질병에 의해 감소되고 자원들은 일정하게 남아 있다면, 그 개체군에서 살아남은 구성원들은 각 개체당 더 많은 자원을 누리고, 향상된 생존 혹은 번식으로 반응한다는 것이다.

위에서 서술한 형태의 보상작용의 개념은 사람이나 가축에서의 질병이 논의될 때는 고려하지 않는다. 필자는 어떤 수의사도 '이 닭 무리 내에서 국균증에 의해 발생하는 높은 폐사율은 나쁘지 않다. 왜냐하면 이는 이후에 콕시듐으로 폐사할 닭의 수가 상대적으로 적을 것임을 의미하기 때문이다.'와 같이 말하는 것을 결코 들어본 적이 없다. 우리는 질병 폐사율에 대한 보상작용에 관해 상대적으로 거의 알지 못한다. 그러나 다른 요인, 수렵에 의한 폐사율은 야생동물들에서 또 다른 원인에 의해 발생 가능한 폐사율 감소로 보상될 수 있다는 증거가 있다. 번식 개체군에 영향을 미치지 않고 얼마나 많은 수렵 동물들을 수렵할 수 있는지, 얼마나 많은 물고기를 포획할 수 있는지를 입증하기 위한 많은 연구가 이루어졌다. 흔히 수렵과 관련된 보상 폐사율 가설에서 밀도 의존성 번식은 고려되지 않는다(비록 1986년 포츠(Potts)가 수렵된 회색자고새 개체군에서 번식률이 증가한다는 것을 발견했지만). 비록 수렵되는 대부분의 종에 있어서 수렵이 질병보다 훨씬 큰 폐사의 원인이 되지만, 수렵으로 인한 폐사율이 다른 폐사의 원인들에 대해 보상성인지, 추가성인지에 대해서는 여전히 논쟁의 여지가 있다. 1991년 엘리슨(Ellison)은 뇌조(수렵조류, grouse) 종들에서의 보상작용에 관해 논한 결과 수렵으로 인한 폐사에 대한 보상작용은 모든 종이 아닌 몇몇 종에서만 나타나는 것으로 결론을 내렸다. 예를 들어, 수컷 북미산 목도리뇌조(ruffed grouse)의 대략 18%를 죽이는 것은 다른 원인에 의한 폐사율이 감소됨으로써 보상되었다. 이 연구의 방대한 양에도 불구하고, 청둥오리에서 수렵 폐사율의 어느 정도가 보상되는 것으로 고려해야 하는지는 여전히 불분명하다(Johnson 등, 1997; Poysa 등, 2004).

보상작용은 호주에서 유럽 토끼에게 실험적으로 유발시킨 번식 장애에 관한 연구에서 명백히 밝혀졌다. 2000년 트위그(Twigg) 등은 5년에 걸쳐 넓은 서식지의 질을 동일하게 만들고(replicated large plots) 토끼의 0%, 40%, 60%, 80%를 외과적으로 중성화(불임)시켜서 방목한 후 개체군 구조의 변화를 비교해보았다. 이는 심각하고 장기적인 번식 관련 질병의 다양한 유병률의 영향력과 비슷하다고 볼 수 있다. 중성화된 암컷들의 비율이 높은 지역에서는 태어난 어린 개체의 수가 현저히 감소했지만, 높은-불임(high-sterility) 지역에서 태어난 어린 개체들과 성체들의 생존이 증가됨으로써 해당 서식지 토끼 개체수의 기본 수준은 유지되었다. 번식이 정점인 계절의 개체수는 불임률이 높은 지역에서 더 낮았지만, 실험의 말미에는 지역에 상관없이 토끼의 수가 비슷했다. 비록 불임화가 높은 지역에서 이주 또한 더 많이 발생하여 인해 결과가 다소 복잡해지기는 했지만, 번식률이 낮았던 지역에서의 '자연적인' 폐사가 보상적으로 감소한 것에 대해서는 명백한 증거가 있다.

어떤 저자들은 감염원에 의해 유발되는 많은 상황들이 다른 폐사 요인들에 대한 보상의 대상이 될 것이라고 여겨왔지만(Holmes, 1982; Gregory와 Keymer, 1989), 야생동물에서 질병에 의해 유발되는 폐사에 대한 보상작용의 경험적 증거는 드물다. 2000년 포르히하머(Forchhammer)와 에스페르그(Asferg)는 덴마크에서 14개의 여우 개체군을 비교했는데, 그중 일곱 개의 개체군이 개선충(Sarcoptic mange)에 감염되어 있었다. 감염되지 않은 모든 개체군에서는 직접적인 밀도 의존성(개체군 밀도에 의해 개체군 크기가 조절되는 현상—옮긴이)이 분명하게 나타났지만, 개선충에 노출된 개체군에서는 어떤 개체군도 밀도 의존성을 나타내지 않았다. 저자들은 이러한 현상이 개선충에 의해 유발된 폐사율의 결과로 세력권에 대한 경쟁이 감소되었기 때문이라고 생각한다.

만약 보상작용이 발생한다면, 아마 유럽 토끼와 같이 자연 폐사율이 높은 종에서 발생할 것이다. 낮은 폐사율을 보이는 종은 보상하는 능력 또한 적게 가질 수 있다. 또한 연간 개체군 주기 내에서 폐사가 발생한 시점 또한 보상작용의 발생 가능성에 영향을 미칠 수 있다. 만약, 폐사가 계절적 번성기의 정점에 연이어 발생하면, 번식기 직전에 폐사가 발생하는 것에 비해 보상작용이 발생하는 기간이 더 길어진다.

어떤 요인들은 질병이 개체군에 미치는 영향을 모호하게 만들 수도 있다. 예를 들어, 1998년 클록(Klok)과 데 루스(De Roos)는 유라시아 뒤쥐에서 세력권 경쟁에 의한 높은 '자연' 폐사율은 중금속 오염에 의한 모든 영향을 모호하게 만들 수 있다고 제안했다(개체들의 일생 동안 번식 성공율이 폐사율에 의한 손실을 대체하기에 충분하다는 전제하에).

오소리는 한 계급 구조 내에서 한 마리의 암컷만이 번식한다. 만약 질병으로 인해 그 암컷이 죽으면, 그 그룹 내의 다른 성체 암컷이 그 자리를 대신함으로써 그 그룹의 번식율은 어느 정도 일정하게 유지된다(Klok 등, 2000)

　일부 새, 설치류, 그리고 더 큰 포유류를 포함한 몇몇 종은, 특히 북위도의 개체군은 다년간 주기적 변화를 갖는 것으로 보인다. 이러한 주기적 변화의 원인 중 상당수는 거의 밝혀지지 않았으며 여러 가지 요인에 의한 것(multifactorial)일 수도 있다. 그러나 구충제를 이용해 붉은뇌조 개체군에서 모양선충(*Trichostrongylus tenus*, 선충의 한 종류)의 감염을 줄이기 위한 치료 결과(주기적으로 발생하는―옮긴이), 개체군의 와해를 막았으며(Hudson 등, 1998), 이는 그 기생충이 주기적인 개체군 변화에 어느 정도 역할을 하고 있음을 암시한다. 눈신멧토끼에서의 구충제 투여 실험을 통해 기생충 감염이 포식에 대한 취약성을 증가시킨 연구에 부분적으로 근거한 모델링은 치사에 가까운 기생충 감염이 개체군 동태를 불안정화하고 어쩌면 주기가 발생하도록 했다는 결론을 도출했다. 2004년 캐버나(Cavanagh) 등은 두 가지 감염[우두바이러스와 미코박테리움 미크로티(*Mycobacterium microti*)에 의해 발생되는 들쥐(vole)의 결핵]의 유행은 들쥐의 수가 많아질 때 증가하여 들쥐 개체수가 감소하기 시작했을 때 정점에 이르는 것을 발견했다. 그들의 기전은 비록 불분명하지만, 질병이 개체군 주기에 관여하고 있다는 사실을 밝혀냈다는 점에서는 의미가 있다.

개체군에 대한 영향의 측정

　　　　　　　　　매우 드문 환경을 제외하고, 야생동물 전체의 개체수를 세거나 지속적으로 모니터링하는 것은 불가능하다. 우리는 보통, 연중 특정한 때에 한정된 지역의 동물수만 셀 수 있다. 이 사실은 질병을 포함하여 개체군의 크기와 구조를 결정하는 다양한 인자들의 역할을 해석하는 데 중요하다. 개체군이 차지하는 지역 전체에 비해 관련된 연구 지역이 작을수록, 연구 지역에 존재하는 동물수에 미치는 이입 및 이주개체의 영향력은 더욱 중요해진다. 분산개체의 측정 오류는 큰 면적보다 작은 면적에서 더욱 치명적일 수 있고, 지역 개체군에 영향을 미치는 번식율 및 폐사율의 중요성에 대해 과대평가 또는 과소평가되는 결과를 초래한다. 개체군에 영향을 미치는 많은 인자들이 연중 내내 똑같이 영향을 미치는 것은 아니다. 예를 들어 먹이 부족은 고도가 높은 지역에서는 대개 겨울의 문제인 반면, 건조한 지역에서는 여름 가뭄에 중요해질 수 있다. 이러한 계절적 영향이 고려하지 않으면 질병의 영향은 과대평가되거나 과소평가될 것이다. 생태학자들과 야생동물 관리자들은 연중 특정 시점의 개체군 내 개체수에 관심을 가질 수 있다(예: 수렵종의 경우, 전통적으로 동물들이 수렵되는 가을의 개체수가 중요할 것이다). 개체군의 관점에서는, 다음 해까지 살아남아 번식할 수 있는 개체수가 대개 중요한 가치를 지

그림 11.3 ▲ 농약에 중독된 쇠기러기를 먹고 2차 중독되어 쓰러진 어린 독수리. 쇠기러기와 같은 먹이동물이나 맹금류를 대상으로 하는 살충제 등의 독극물의 살포는 멸종위기에 처한 개체군의 존속을 위협할 수 있다.

니는데, 이는 그때의 개체수가 연중 가장 적으며 그에 따라 미래 개체군의 크기가 결정되기 때문이다.

질병이 개체군에 미치는 영향을 이해하기 위해서는 장기간 동안 개체군을 연구해야 할 것이다(그림 11.3). 질병이 야생개체군에 갖는 조절 효과를 연구한 두 연구는 각각 6년 그리고 8년간 이루어졌다(Albon 등, 2002; Hudson 등, 1992b). 장기 연구가 내재하고 있는 문제점은 개체군이 연구되는 기간의 길이와 함께 변수들의 가변성 정도가 증가하는 것이다(Newton, 1998). 이는 다음과 같은 두 가지 이유에서 일어날 수 있다.

1. (관찰자가) 한 개체군을 따라다니는 시간이 길어질수록(보통과 다른) 특이한 해가 포함될 확률이 높아진다.

2. 매해 발생하는 가변 정도가 개체군의 장기간 트랜드 위에 축적될 수 있으며, 이는 서식지의 질 개선 또는 저하 또는 기후 변화와 관련해 높아질 수도, 더 낮아질 수도 있다.

질병은 정말 개체군에
영향을 미치는가?

필자는 질병 여러 개가 동시에 그리고 다양한 형태로 개체군에 영향을 미친다는 것을 믿는다. 그러나 우리가 보통 진짜 알고 싶어하는 것은 '질병 X가 이 개체군에 영향을 주는가?'이다. 이 질문을 할 때, 우리는 우리가 알고자 하는 것을 신중하게 정의해야 한다.

첫째, 이 질문에서 개체군이란 무엇인가? 넓은 집결시의 청둥오리 개체군인가? 초원 pothole 지역[북미 대초원지대에 장경(tallgrass) 초원 및 중경(midgrass) 초원, 그리고 낮은 습지들로 이루어진 지역—옮긴이]에서 번식하는 청둥오리의 아개체군인가? 또는 북미에서 서식하는 청둥오리 전체를 말하는가?

둘째, (질병의) 영향을 언제 측정할 것인가? 수렵 전의 가을? 겨울 중반? 또는 번식기 직전? 어떤 때가 개체군을 측정하기에 적절한 시점인가?

이러한 질문들은 매우 중요하다. 왜냐하면 특정 질병은 한 개체군의 일부에게는 영향을 미치지만, 전체 개체군에는 눈에 띄는 영향을 미치지 않을 수 있으며, 개체군에서 일어나는 사건의 동태에 영향을 미치되, 그 최종적인 결과(번식하는 개체수)에는 영향을 미치지 않을 수 있기 때문이다.

위의 질문을 이렇게 바꿔 설명해볼 수도 있다. 만일 질병 X가 없었다면 개체군 안에 더 많은 동물들이 존재할까? 다시 말해, 질병 X가 개체군의 크기를 제한하고 있는가? 이는 학문적 질문이 아니다. 왜냐하면 질병 영향력을 감소시키기 위해 실시하는 관리 행동들은 야생 개체군의 수를 늘리는 데 기여할 것이라는 믿음을 바탕으로 하기 때문이다. 예를 들어, 1990년대 캐나다 서부지역의 야생동물 관련 기관들은 자신들의 행동이 오리 개체군의 수를 늘릴 것이라는 믿음으로, 보툴리즘이 유행할 때 오리 폐사체를 수집하는 데 매년 약 백만 달러를 써왔다. 습지에서 많은 오리들이 보툴리즘으로 죽는다는 것은 이미 알려져 있으며, 수렵철까지 살아남아 있는 개체들의 수가 보툴리즘이 발생한 지역에서 발생하지 않은 지역보다 더 낮다는 것에 대한 증거도 어느 정도 있는 것이 사실이지만, 아직은 보툴리즘이 봄 번식 개체군이나 전체 대륙의 오리 개체군에 영향을 미친다는 자료는 없다. 다른 경우, 질병이 개체군에 미치는 영향에 대한 정확한 이해 없이 개체군을 늘리는 것이 아닌 다른 목적(예를 들어 사람에게 미치는 위험을 줄이기 위해)을 위해 관리가 이루어지기도 한다.

만일 백신접종으로 여우나 북미너구리에서 광견병이 없어진다면 해당 종의 개체군 크기나 밀도가 늘어날 것인가?

만일 내분비교란물질이 제거된다면 북미 오대호의 갈매기나 쌍뿔가마우지 수가 더 늘어날 것인가?

만일 우드 버펄로 국립공원의 들소에서 브루셀라나 결핵이 없어지면 공원에 들소가 더 많아질 것인가?

비감염성 질병

일부 비감염성 인자는 야생동물 개체군에 극적인 영향을 미칠 수 있다(표 11.1). 이는 DDT와 그것의 대사산물이 맹금류와 물고기를 먹는 새의 번식에 미친 악영향 그리고 스웨덴의 수렵조류들과 몇몇 맹금류의 수은 중독(Borg 등, 1969)이나 중금속제련소 근처의 작은 포유류에서 나타나는 폐사율 증가(Dmowski 등, 2000) 등에 의한 결과일 수 있다. 번식력 저하와 폐사율 증가 모두 비감염성 상황과 관련이 있을 수 있다. 예를 들어 '1960년대 유럽과 북미에서 일어난 조류와 물고기를 먹는 맹금류 수의 큰 감소는 번식률을 줄이는 DDE와 폐사율을 높이는 HEOD[앨드린(aldrin)과 디엘드린(dieldrin)에 의해]가 일으킨 복합적인 영향의 결과였다(Newton, 1998). 여러 가지 비감염성 요인들이 번식[산성화되거나 칼슘이 부족한 지역의 작은 새들의 칼슘결핍 등(Tilgar 등, 2002)]에 영향을 미치거나 폐사[납, 콜린에스테라아제(Cholinesterase)를 저해하는 살충제, 암, 재생성 관절 질병 등]를 일으키지만, 이들이 전체 개체군에 미치는 실질적인 영향에 대해서는 알려져 있지 않다. 이는 해마다 수백만 마리의 새를 죽이는 납탄이나 카보퓨란 살충제의 경우에도 마찬가지다. 유해한 합성물질에 노출된 동물들은 보상작용에 의해 밀도 의존적으로 개체수 감소를 일으키는 다른 요인들에 의한 손실이 줄어든다는 것에 대해 알려진 바는 매우 적지만, 이러한 현상이 발생할 수 있다는 증거는 조금 있었다. 영국에서는 새매와 매의 어린 개체수는 '정상보다 절반 이하로 감소할 수 있지만, 번식 개체수에는 영향을 미치지 않을 수 있는데(Newton, 1998)' 이는 살아남은 어린 개체들의 생존력 증가와 조기 번식에 의한 것이다.

　최근까지 독성물질과 유사한 다양한 인자들을 개체군을 제한하거나 조절하는 인자들의 복잡한 공식에 적용 가능한지의 여부에 대한 관심은 매우 적었다. 이는 개체에 준치사적인 영향을 미치는 것으로 추측되는 내분비장애물질 같은 요인을 이해하는 데 결정적인 역할을 한다. 과거 독성학자들은 야생동물의 개체군에 미치는 영향을 알아보는 것보다 96시간에 집단의 반이 치사하는 농도를 측정하는 것(LC50)과 같이 한 개체에 미치는 영향을 측정하는 것과 체내 잔류량을 측정하는 것 등을 중시했다. 그 당시의 사고방식은 LC50과 같이 개체에서 알아낸 지식들이 개체군에서 일어나는 결과를 정확하게 예측해줄 것이라는 것이었다. 2001년 뉴먼(Newman)은 독성물질의 영향을 측정하는 잣대로 개체군의 성장도를 사용할 것을 제안했으며, 또한 독성물질 영향을 평가하는 데 동물의 자연사 특징과 같은 요인들을 이용했다. 또한 독성 화학물질이 종이나 개체군에 미치는 실험 중 수명이 긴 종에 대한 것은 기본적으로 부족했다(Laskowski, 2000).

　일반적인 생각은 독성물질 같은 요인은 밀도 의존적으로 작용하지 않는다는 것이었다. 이는 노출과 감수성이 개체군 내에서 균일하거나 무위적이며 개체군 밀도에 영향을 받지 않는다는 사실에 기반을 두고 있다. 그러나 개체군 밀도가 큰 경우, 비율적으로 더 많은 개체들이 덜 선호하는 지역에 서식할 것이다. 만일 해당 지역을 선호하지 않는 이유가 높은 오염도 또는 칼슘 같은 필수 영양 물질의 부족 때문이라면, 개체군에 대한 영향은(적어도 부분적으로) 밀도 의존적일 것이다. 또한 먹이 부족이나 감염성 요인과 같은 밀도 의존적 요인에 의해 불이익을 당한 동물들이 일부 비감염성 인자에 더욱 감수성이 높을 수도 있다. 비감염성 인자는 다른 요인들과 복합적으로 상호작용하여 이들을 더 중요하거나 덜 중요하게 만들 수 있다. 2000년 라스코우스키(Laskowski)는 상대적으로 번식력이 높은 동물일수록 준치사적인 독성물질의 영향을 고려하는 것은 중요하다고 주장했다.

감염성 질병

우역(rinderpest) 그리고 개와 물범에서 개홍역을 유발하는 모빌리바이러스, 페스트균(*Yersinia pestis*), 야토병균(*Francisella tularensis*), 사슴에서 출혈성 질병을 일으키는 오리비바이러스(oribiviruse), 야생의 양에서 유행성 폐렴을 유발하는 세균과 같은 미세기생체들이 일으키는 질병은 대규모 폐사를 일으켜 감염된 개체군의 크기를 한동안 극적으로 감소시킬 수 있다. 어떤 병원체들은 커다란 개체군을 오랜 시간 동안 수용한계(carrying capacity) 이하로 떨어뜨렸다. 예를 들어, 우역바이러스의 존재로 인해 아프리카물소의 수는 수십 년 동안 아주 낮은 수준으로 유지되었고(Sinclair, 1977), 점액종바이러스(myxoma virus)를 이용해 호주토끼의 수를 반세기 이상 억제해왔다(Kerr와 Best, 1998). 야생 물새의 조류콜레라와 같은 많은 유행성(epizootic) 질병으로 인해 지역개체군(local groups)이나 아개체군(subpopulation)의 폐사율이 높게 나타날 수는 있지만, 이것이 다음해의 번식개체군 감소로까지 이어지는지는 입증되지 않고 있다. 개체군에서 토착성으로 발생하는 미세기생체의 경우, 해당 병인체가 개체의 번식력이나 폐사율을 감소시킨다고 하더라도, 그 영향은 더욱 불분명하다. 1994년 메이(May)는 질병이 개체군 내 적은 비율에서만 폐사를 일으킨다고 하더라도 여전히 그것이 주요한 조절요인(regulatory factor)이 될 수 있다고 주장했다. 1995년 앤더슨(Anderson)은 가상 바이러스 감염이 어떻게 여우 개체수를 조절할 수 있는지를 증명했지만(수학 모델에서), 미세기생체에 의한 질병에 의해 이러한 현상이 발생한 사실을 명확하게 증명해낸 현장 자료는 없다(Tompkins 등, 2001a). 어떤 질병이든 개체군 수준의 영향을 찾아내려면, 병원체의 제거 전과 후를 개체군에서 모니터링할 수 있는 간섭실험(intervention experiments)이 필요하다. 이러한 실험은 여우 개체군에 광견병 예방백신을 접종하는 형태로 유럽과 북아메리카의 광대한 지역에 걸쳐 진행되고 있다. 아직 전반적인 평가는 없었지만, 광견병이 사라진 지역에서 여우 개체수가 늘어나는 조짐이 있으며(Chautan 등, 2000; Gloor 등, 2001; Damien 등, 2002), 이는 이 질병이 개체수를 제한하고 있었음을 암시한다.

에버트(Ebert) 등(2000a)은 여섯 가지의 다른 미세기생체들이 숙주 개체군에 미치는 영향을 평가한 일련의 실험을 발표했다. 실험 시스템은 단세포계통(monoclonal strain)의 큰 물벼룩(*Daphnia magna*)을 숙주로 사용하고, 지속적인 양분을 공급하여 내성과 영양에 대한 유전적 다양성의 영향력을 제거했다. 병원체로는 세균 두 종, 곰팡이 한 종, 미포자충(microsporidian parasite) 세 종을 사용했다. 세 종의 미포자충 중 한 종은 수직적으로 전염됐고, 나머지 두 종은 수평적으로 전염됐다. 증식률(fecundity), 치사율(mortality), 개체군 풍부도(population abundance)를 측정했다. 몇몇 병원체는 숙주 개체의 증식에 심각한 영향을 미쳤으며, 어떤 것은 대규모의 치사를 야기했다. 여섯 가지 병원체 중 다섯 가지가 숙주의 개체군 크기를 감소시켰고, 그중 몇 가지는 아예 숙주 개체군을 절멸시켰다. 비록 이 실험이 몹시 인위적인 상황에서 진행됐으며, 여섯 개 병원체 모두에서, 해당 병원체의 영향력을 조절하는 잠재적 상호작용 요인(interacting factors)의 대부분이 결여된 상태였음에도 불구하고, 미세기생체가 개체수준에서 보이는 영향이 개체군 수준까지 옮겨갈 수 있다는 것을 증명했다.

과거에는 '거대 기생체는 숙주 개체군에 조절 작용을 나타내지 않는다.'라고 생각했다. 다수의 숙주동물 개체들은 기생체에 감염되어 있지 않고 오직 극소수만이 심하게 감염되어 있는, 대부분의 거대 기생체가 갖고 있는 집중분포(aggregated distribution, 무리 내에서 어떤 현상이 상대적으로 몇몇 개체에서만 집중적으로 나타나는 분포 형태−옮긴이)가(Shaw 등, 1998), 사람들로 하여금 거대 기생체가 개체군에 영향을 미칠 수 없을 것이라고 생각하게 만드는 요인이었다. 그러나 1978년 앤더슨과 메이는 단순한 수학 모델을 이용해 병원체가 밀도 의존적인 방식으로 숙주의 생존율이나 생식력을 감소시킨다면 조절 작용을 일으킬 수 있다는 것을 증명했다. 또한 코요테에서 개십이지장충(*Ancylostomum caninum*)같은 기생체(Pence 등, 1988)이 조절인자가 될 수 있다는 제안이 있어 왔으며, '기생체 부하(parasite load)'를 실험적으로 조작해봄으로써 기생체가 숙주 생식력이나 생존율에 영향을 미칠 수 있다는 것을 증명해낸 실험 연구도 많다(Tompkins 등, 2001a). 붉은뇌조에서의 모양선충(*Trichostrongylus tenuis*) 감염 연구는 그 조절 작용을 명확하게 보여주었는데, 이는 비록 둘 다 나타나긴 했지만 주로 폐사율 증가보다는 번식력 감소가 나타났다. 2002년 알본(Albon) 등은 제4위 선충(*Ostertagia gruehneri*) 역시 생존율 감소보다는 번식력을 감소시킴으로써 순록의 개체수를 조절하고 있다는 것을 밝혀냈다. 북미 동부의 넓은 지역에 걸쳐, 미코플라스마 갈리셉티쿰(*Mycoplasma gallisepticum*) 감염으로 인한 결막염 때문에 일어나는 멕시코양진이 개체군 감소는, 이 질병이 밀도 의존적 방식을 따른다는 것을 보여준다(Hochachka와 Dhondt, 2000). 알도 레오폴드(Aldo Leopold)는 만약 감염성 질병이 밀도 의존적 방식을 따른다면, 야생동물 관리자들은 딜레마에 빠지게 될 것이라는 것을 70년도 훨씬 더 이전에 알고 있었다. 그 이유는 수렵종의 관리자가 그토록 원하는 높은 개체군 밀도라는 것은 결국 질병 발생이 용이한 필수조건이라고 정의되어야 할 것이기 때문이다(Leopold, 1933).

소규모 개체군에 미치는 영향

질병이 소규모 개체군에 미치는 영향, 그리고 질병이 개체군을 절멸로 몰아넣는 요인이 될 수 있다는 사실에 대해서는 특별한 관심이 모아진다(Lafferty와 Gerber, 2002; Altizer 등, 2003). 이는 인구수의 지속적인 증가가 자연 서식지에 더 큰 압박을 가하고, 그로 인해 더더욱 많은 야생종들이 서식지의 '섬'에서 고립된 개체군으로 살아가게 될 미래에는 더 없이 큰 걱정거리가 될 것이다. 이러한 개체군에서 질병이 가질 수 있는 잠재적인 역할을 고려함에 있어, 모든 요인들이 '결정적' 또는 '불규칙적' 영향을 가진다는 사실을 먼저 생각해보는 것이 도움이 될 것이다(Newton, 1998). 여기서 결정적인 영향이란, 현재 환경에 무언가가 추가되거나 손실되는 것과 같이 동물 개체군의 외부에서 일어나는 요인에 의한 것을 말하며, 탈출구는 없다. 이러한 예로는 섬과 같은 서식 환경으로의 다숙주성 기생체를 가진 가축 유입, 독성 오염물질 유입 또는 산성화로 인한 칼슘 등의 꼭 필요한 영양소의 감소 등을 들 수 있다. 또한 불규칙적인 영향이란, 기상 현상과 같이 우연적인 요소를 포함하고 있는 요인들을 말한다. 질병은 두 방식 모두에 영향을 미칠 수 있다.

어떤 질병은 개체군 절멸의 직접적인 원인이 되기도 한다. 예를 들어, 검은발페렛 (black-footed ferret)은 탈출구가 없는 지역에서 다른 야생 육식동물이 옮긴 개홍역(canine distemper) 때문에 절멸할 뻔한 적이 있었다. 이와 비슷한 예로, DDE의 영향에서 벗어날 수 없었던 결과 매개체군은 미국 동부지역에서 자취를 감췄다(Cade 등, 1988). 2003년 로기디스(Logiudice)는 북미너구리의 회충인 북미너구리회충이 앨러게니 나무쥐(Allegheny wood rat)가 일부 서식 지역에서 절멸하는 데 기여하거나 이를 야기했다는 설득력 있는 증거를 제시했다. 질병은 또한 만성 스트레스 요인으로 작용하거나 동물이 사용할 수 있는 자원의 양을 감소시킴으로써 다른 요인들에 대처하는 개체군의 능력을 떨어뜨릴 수도 있다. 일반적으로 소규모 개체군은 큰 개체군에 비해 불규칙적인 사건에 의해 절멸될 위험이 더 크다.

어떤 유형의 감염성 질병들은 소규모 개체군에서 문제를 유발할 확률이 다른 질병들보다 높다. (종특이적으로) 한 숙주종에서만 감염을 일으키며, 감염 기간이 짧은 질병들은 질병에 대해 감수성 있는 새로운 동물의 공급이 부족하기 때문에 소규모 개체군에서는 존속하기 어렵다. 그러나 우결핵균(Mycobacterium bovis)과 같이 감염기가 긴 병원체들은 소규모 개체군에서도 존속할 수 있을 것이다(야생종에서 결핵을 제거하려는 노력하는 이들에게는 좋지 않은 소식이겠지만). 더 많은 종에서 존속할 수 있는 다숙주성 기생체들은 특히 더 문제가 된다. 이러한 현상의 예로는 도입된 조류가 토착 하와이 조류들에게 옮긴 말라리아(van Riper 등, 1986), 개가 이디오피안 늑대(Laurenson 등, 1998)와 아프리카 들개(Alexander와 Appel, 1994)들에게 옮긴 개홍역을 들 수 있다. 이러한 많은 문제들은 가축이 옮긴 병원체와 관련이 있기는 하지만, 2003년 로기디스는 북미너구리와 같이 '사람에 적응' 하여 교란된 환경에서도 번성하는 야생동물에서 지속되는 질병의 위험을 경고하기도 했다.

소규모 개체군에서의 유전적 문제는 질병으로 이어지거나 질병과 상호작용할 수 있다. 근친교배는 번식이나 새끼의 생존 감소로 이어질 수 있다. 유전적 다양성의 감소는 또한 질병에 대한 저항성 감소를 일으킬 수 있다. 2003년 에이스비도-화이트하우스 (Acevedo-Whitehouse) 등은 근친교배가 캘리포니아바다사자의 감염성 질병에 대한 감수성을 증가시키며, 근친교배된 개체는 '감염성 병원체의 보유숙주로서 불균형적으로 작용하게 될 수 있다(근친교배된 개체들은 다른 개체들보다 보유숙주로 기능할 확률이 높음. 개체군 내에서 이들이 보유숙주가 될 확률이 불균형적으로 '치우쳐있다.' —옮긴이)'라고 했다. 만약, 소규모 개체군에서 병원체가 사라지면, 이 병원체에 대한 내성 역시 사라질 수 있으며[왜냐하면 그 질병이 존재하지 않을 때는 내성 성질에 대한 선택이익(selective advantage) 역시 없기 때문], 이 개체군은 병원체가 재도입됐을 때 이에 대한 고도의 감수성을 갖게 될 수 있다. 질병은 또한 유전적 다양성이 소실되는 수준까지 개체군의 규모를 감소시킬 수도 있다. 2004년 트뤼도(Trudeau) 등은 페스트에 의해 발생한 개체군 병목 현상(population bottleneck)에서 회복 중이던 검은꼬리 프레리독(black-tailed prairie dogs)의 고립된 개체군에서 유전적 다양성이 감소했음을 밝혀냈다.

- 개체군이란 '정상적인 분산이나 이주 행동이 가능하며, 개체수의 변화가 대부분 출생과 폐사 과정에 의해 결정되기에 충분한 크기의 한 지역에 함께 살아가는 동종 개체들의 집단'이다(Berryman, 2002).

- 개체군의 크기는 번식, 이입, 폐사, 이주에 의한 결과다. 질병은 이 모든 과정에서 영향을 미칠 수 있다.

- 야생 개체군의 크기는 계절적인 변화를 겪는다. 개체군 규모를 가늠하는 데 가장 유용한 척도는 번식 개체군인데, 그 이유는 이것이 한 해의 번식 성공과 생존과 관계된 모든 요소들을 포함하고 있기 때문이다.

- 개체군에 대한 질병의 영향은 다른 원인에 의한 폐사의 감소 혹은 번식의 증가로 보상될 수 있지만, 이러한 보상이 어느 정도 일어나는지에 대해서는 알려져 있지 않다.

- 계절 주기 중의 질병 발생 시점은 보상 작용이 발생하는 정도에 큰 영향을 미칠 수 있다.

- 제한요인은 개체수가 늘어나는 것을 막거나 개체수를 감소시키는 모든 요인들을 말한다.

- 조절요인은 개체수가 적을 때는 증가시키고, 많을 때는 감소시킨다. 즉, 밀도 의존적인 방식으로 작용한다. 질병의 관점에서 봤을 때, 조절요인은 숙주 개체수가 증가할수록 숙주의 생존 또는 번식력을 감소시킨다.

- 대부분의 감염성 질병이 밀도 의존적 방식으로 작용할 것이라는 추정은 하고 있지만, 실험적 증거는 빈약한 상태다.

- 질병은 소규모 개체군에서 특별히 더 어려움을 야기한다. 감염성 질병에 의한 가장 큰 위험은 개체수가 더 많은 다른 종에서 지속되는 다숙주 질병으로부터 유래한다.

- 개체군의 크기는 대개 고립된 한 가지 요인에 의해 결정되지 않는다. 질병은 질병 이외의 개체군 제한 인자들, 특히 영양, 포식과 함께 작용한다.

12

인간 및 가축과 공유하는 질병

세계 인구가 지수 함수적 형태로 증가함에 따라 생물종들은 새로운 환경에 내몰리면서 새로운 감염원에 노출되고, 이를 유포하는 모든 가능성을 지니게 된다.

— 메히(B. W. J. Mahy)와 브라운(C. C. Brown)

야생동물에서 발생하는 많은 감염병(감염성 질병)이 중요하게 여겨지는 이유는 그것이 야생동물에 미치는 영향보다는 사람과 가축을 위협하기 때문이다. 광견병은 이러한 현상의 주요한 예라고 할 수 있다. 광견병은 수백 년 동안 집에서 기르는 개의 질병으로 생각되어 왔지만, 애완동물들의 예방접종과 방견들의 관리를 통해 개 광견병을 통제하고 나서야 비로소 광견병바이러스가 야생동물에서도 순환되고 있다는 것을 알게 되었다(그림 12.1). 광견병은 야생동물에서 항상 순환해왔지만, 인간의 감염 대부분이 '미친 개'에게 물린 경우와 관련되어 있었기 때문에(야생동물에서의 광견병에 대한—옮긴이) 그 사실을 제대로 인식할 수 없었다. 그 위험(개에게 물려 감염된 경우—옮긴이)이 배제되고 난 후에 상대적으로 (개에 물릴 가능성에 비해—옮긴이) 위험도는 훨씬 적은 반면, 광견병에 걸린 여우, 스컹크, 너구리, 몽구스 또는 박쥐에 물릴 가능성에 대한 관심이 높아졌고, 그 결과 야생동물의 광견병을 통제하기 위해 수십억 달러가 소비되었다(그림 12.2). 사람과 가축에 대한 위험이 없

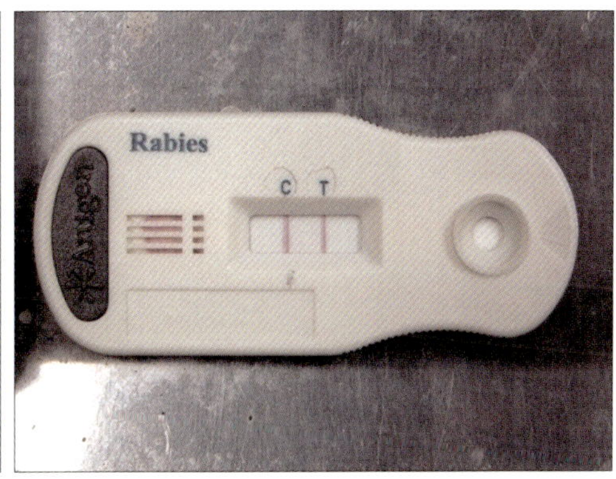

그림 12.1 ▲ 광견병과 개선충에 걸린 너구리. 신경증상이 함께 나타나 광견병 간이 검사를 실시한 결과 양성으로 추정되었다. 이후 확진을 위한 뇌 병리 검사 결과 양성으로 판정되었다. 광견병바이러스에 노출된 너구리는 일반적으로 빠른 시일 안에 폐사하지만 일부 개체들의 경우 잠재 감염의 경향이 있기 때문에 개선충 감염과 같은 추가적 스트레스에 의해 재발될 수 있음이 확인된 바 있다.

그림 12.2 ▲ 광견병 양성 간이 키트 검사 결과. 명확한 양성 반응을 확인할 수 있다. 이러한 간이 키트 검사는 치명적 질병의 신속한 야외 진단과 관리자들의 보건에 매우 유용하다.

었다면, 이 질병을 단속하려는 어떠한 노력도 기울이지 않았을 것이다.

'인수 공통 질병(zoonoses)'이라는 단어는 그리스 어(zoon, 동물, noses, 질병)에서 유래했다. 이는 동물과 사람이 공유하는 질병 또는 (좀 더 구체적으로 말하면) 자연적으로 사람과 동물 사이에 전염되는 감염성 질환을 말한다. 이 단어의 단수 형태는 'zoonosis'(동물원성 감염증, 동물에서 인간으로 전파되는 감염성 질환)이고, 형용사는 'zoonotic'(동물원성 감염증의)이며, zoonotic disease(인수 공통 질병)와 함께 쓰인다. 이 밖에 야생동물과 가축 사이에 공유되는 질병을 설명하는 단어는 존재하지 않는다. 수많은 질병이 인간과 동물 사이에 공유되고 있고, 일반적으로 사람에서 종 특이적으로 발생한다고 여겨지는 많은 감염들은 동물의 질병으로부터 유래했다.

인간 결핵의 원인인 결핵균(*Mycobacterium tuberculosis*)은 역사가 짧고(Sreevatsan 등, 1997) 약 15,000년 전, 대략 가축 소가 길들여지던 시기에 우결핵균(*M. bovis*)으로부터 진화되었을 것이라고 제시되고 있다(Stead 등, 1995 ; Small과 Selcer, 2000). 그러나 2002년 브로치(Brosch 등은 결핵균종(*Mycobacterium* spp.)의 유전자 분석을 바탕으로 결핵균(*M. tuberculosis*)이

우결핵균으로부터 진화하지 않았으며, 이들(인결핵균과 우결핵균) 모두가 공통의 조상으로부터 진화되었다는 결론을 내렸다. 후천성면역결핍증(AIDS)을 유발하는 인간 면역결핍바이러스(HIV)는 좀 더 최근에 동물에서 유래된 것으로, HIV-1은 침팬지 변종 유인원 면역결핍바이러스(SIV)로부터, 그리고 HIV-2는 망가비원숭이(sooty mangabey monkey)의 SIV로부터 진화되었다. 2004년 보거드(Bogerd) 등은 '인수 공통 SIV의 추가적인 인간 집단 내 침입을 막아줄 수 있는 생물학적 장벽은 아마도 매우 약할 것'이라고 말했다. 이 장의 인용문에서 지적한 바와 같이, 야생동물, 가축, 사람이 새로운 방법으로 접촉할수록 많은 새로운 질병들이 출현할 것이라는 것을 예상할 수 있다. 각각의 질병에 대한 세부사항은 이 책에서 다 다룰 수는 없지만, 인수 공통 질병들(Beran과 Steele, 1994 ; Palmer 등, 1998)과 야생동물에서 발생하는 인수 공통 질병들(Williams와 Barker, 2001 ; Samuel 등, 2001)을 다룬 뛰어난 참고서들이 있다.

비록 인류와 동물 간의 접촉 형태와 강도는 끊임없이 변하고 있지만, 그 두 그룹(인간과 동물) 사이의 경계선은 명확하다. 반면, 야생동물과 가축 사이를 분리하는 것은 애매하고 불확실하며 끊임없이 변한다. 야생동물은 사유 공간을 드나들고 있으며, 가축이 사람에게서 탈출하여 야생에서 살아가기도 한다. 즉, 많은 지역에 사육되는 사슴류와 자유 생활을 하는 사슴류가 모두 존재하며, 야생동물은 포획되어 가축 집단에 들어오기도 하고, 울타리에 갇혀 있던 동물이 탈출하여 야생동물이 되기도 한다. 우리의 전통적인 가축의 경우와 같이 야생의 동일종들과 한 지역에 함께 서식할 수도 있다[즉, 살찐 흰색 중국 집오리(domestic Pekin duck)와 야생의 청둥오리 모두 'Anas platyrhynchos'이며 이들은 자유롭게 상호번식할 것이다.]. 이러한 사실은 특정 질병이 어디에서 기원했고 어떤 방향으로 전파되고 있는지에 대한 토론을 종종 어렵게 한다.

야생동물이 사람이나 가축과 공유할 수 있는 질병들을 고려하는 첫 번째 단계는 해당 질병 생태 내에서 각기 다른 종들이 하는 역할을 명확히 규정하는 것이다. 이를 위해서는 앞 단원에서 논의했던 몇몇 정의들이 유용할 수 있다. 보유 숙주는 '역학적으로 이어진 하나 이상의 개체군 또는 환경으로서 그 속에서 병원체가 영구적으로 유지될 수 있다.'(Haydon 등, 2002). 보유 숙주는 하나 이상의 동물종일 수도 있고, 토양과 같은 환경의 무생물 요소일 수도 있다. 질병에 감염되는 동물은 일반적으로 세 가지 형태 중 하나로 분류될 수 있다.

1. 유지숙주(Maintenance hosts) : 감염의 외부 공급원 없이 개체군 내에서 병원체가 독립적으로 순환할 수 있다($R_0 \geq 1$).

2. 범람숙주(Spillover hosts) : 질병이 개체군 내에서 전파될 수는 있지만, 감염의 외부 공급원 없이는 질병의 맥이 끊길 것이다($0 < R_0 < 1$).

3. 종말숙주(Dead-end hosts) : 질병이 집단 내에서 전파되지 않으며 감염은 외부 공급원에 의한 도입의 결과다($R_0 = 0$)(Caley 등, 2002).

(*R_0: 기본 감염 재생산 수)

즉, 서부 캐나다에 서식하는 줄무늬스컹크는 광견병의 유지숙주이고, 가정에서 기르는 개들은 잠재적인 범람숙주이며, 소들은 종말숙주다.

야생동물이 연루되는 모든 인수 공통 질병이나 가축과 야생동물에 공유되는 모든 질병에 대해 논의하는 것은 불가능하다. 그래서 필자는 질병들을 그룹으로 나눠 질병의 생태에 있어서 서로 다른 종들이 하는 역할을 바탕으로 각각의 예를 들어보았다. 어떤 질병은 반복적으로 발생하는데, 이는 그 질병이 다양한 종에 감염될 수 있고 여러 가지 경로로 전파될 수 있다는 것을 의미한다. 진반적으로 필자는 그룹을 아래와 같이 분류하였다.

- 무생물 보유체와 공유되는 질병
- 야생동물이 주요한 보유숙주인 인수 공통 질병
- 야생동물과 가축 모두에서 유지되는 인수 공통 질병
- 사람이 유지숙주인 인수 공통 질병
- 야생동물과 가축에서 공유되는 질병

무생물 보유체와 공유되는 질병

무생물 보유체와 공유되는 질병은 동물들 사이에서는 전파되지 않지만, 많은 종을 감염시킬 수 있다. 대부분의 정의에 따르면, 이러한 질병들은 진정한 의미에서 인수 공통 질병이 아니지만, 이 질병의 생태에 있어서 야생동물의 역할에 대한 혼동이 종종 발생하기 때문에 언급할 만한 가치가 있다. 곰팡이(*Aspergillus* spp., *Haplosporangium* spp., *Blastomyces* spp., *Coccidiodes* spp.)에 의해 유발되는 몇몇 질병들과 몇몇 세균성(*Clostridium* spp.에 생기는 파상풍과 괴저 등을 포함하는) 질병들이 이 그룹에 해당한다. 야생동물이 이러한 병원체에 감염될 수는 있지만, 사람으로의 전파에 있어서는 아무런 역할을 하지 않는다는 사실을 아는 것이 중요하다.

곰팡이균인 히스토플라스마 캅슐라툼(*Histoplasma capsulatum*)은 매우 흥미롭다. 이 곰팡이 감염은 호흡기 질환으로서 개와 사람에게 나타나며, 다른 포유동물에서도 산발적으로 나타난다. 감염은 토양으로부터 포자를 흡입함으로써 발생한다. 야생조류는 이 곰팡이에 감염되지는 않지만, 이 질병의 생태에 있어서 중요한 역할을 한다. 그 이유는 대륙검은지빠귀와 찌르레기 등의 휴식처에는 새의 분변이 풍부한 토양이 있고, 이곳이 바로 해당 곰팡이들의 주요 서식지이기 때문이다.

야생동물이 주요 보유숙주인 인수 공통 질병

이 범주는 '야생동물에서 인간에게 직접 전파되는 질병'과 '야생동물에서 가축으로, 이것이 다시 인간에게 전파되는 질병'으로 나눌 수 있다. 많은 질병의 경우 두 가지 경로 모두를 통해 감염될 수도 있다.

야생동물에서 인간으로 직접 전파되는 인수 공통 질병

야생동물에서 다양한 전파 경로로 유지되는 질병들 중, 사람에게 전파되는 질병들도 많다. 이 질병들의 유지는 야생동물 숙주에 달려 있기 때문에 이러한 질병을 관리하려면 야생동물과 인간의 접촉을 막거나 야생동물에서의 질병을 조절해야 한다.

야생동물의 그 어떤 질병들보다 이러한 류의 질병들에 관한 것이 가장 많이 알려져 있다. 이러한 질병들에 대해 연구가 활발하게 신행되면서 처음에 알고 있었던 것보다 복잡하다는 사실을 알게 되었다. 이러한 복잡성의 증가는 광견병에 대한 이해에서 분명히 나타난다. 필자가 수의학과 학생이었을 때는 자연에서의 광견병이 백신형과 구분하기 위해 '야외주(street) 광견병'이라 부르는 한 가지 변종밖에 없다고 배웠다. 광견병은 근원지라 어디이든 이 변종에 의해 발생하는 것이라고 알려져 왔다. 우리는 광견병바이러스에는 단일 항체와 분자적 기술로 구분할 수 있는 다양한 균주와 변종이 존재한다는 사실을 알고 있다. 각각의 변종은 단일 주요 야생동물 숙주종의 개체군에서 유지되고 있기 때문에 이러한 변종들의 존재는 단순한 학구적인 관심의 대상, 그 이상이다. 예를 들어, 캐나다의 초원 지방에서는 줄무늬스컹크 개체군 내에서 한 가지 변종이 유지된다. 북캐나다, 온타리오, 퀘벡에서는 다른 변종이 여우에서 유지된다. 최근에는 북미너구리에서 유지되는 세 번째 변종이 미국을 통해 캐나다로 유입되었다. 그리고 몇몇 변종들이 캐나다 전역에서 식충싱 박쥐를 통해 나타났다. 이들 모든 변종들은 '통상의' 숙주(인간을 포함한)가 아닌 다른 숙주에서 심각한 질병을 일으킬 수 있지만, 이러한 범람숙주와 종말숙주가 그 질병의 유지에 있어서 갖는 역할은 미미하다. 세계의 또 다른 지역에서는 비슷한 복잡성이 광견병에서 발생한다. 관리하고자 하는 바이러스 변종의 숙주 특이성을 이해하는 것은 광견병 관리에 있어서 매우 중요하다.

표 12.1에서 신놈브레바이러스, 퓨말라바이러스(Puumala virus), 라사바이러스(Lassa virus)들은 '설치류-매개 출혈열'이라 부르는 커다란 질병 그룹을 대표하는 병원체들로, 이는 설치류가 옮기는 질병으로 하루가 다르게 신규종이 발견되고 있는 한타바이러스

표 12.1 | 야생동물에서 유지되는 인수 공통 질병

사람 질병(병인체)	관련 야생동물종	사람에게 전파되는 주요 경로
바이러스		
호주 리사바이러스 감염	박쥐	교상
한타바이러스 호흡기 증후군	흰발생쥐	설치류 배설물 내 바이러스 흡입
유행성 신장출혈열(Puumala virus)	둑방쥐	설치류 배설물 내 바이러스 흡입
광견병(광견병바이러스)	여우, 스컹크, 북미너구리, 박쥐 및 다른 많은 종들	교상
웨스트나일열(웨스트나일바이러스)	새	모기
세균		
바르토넬라증(Bartonella spp.)	설치류	벼룩(?)
클라미디아(Chlamydophila psittaci)	새	건조된 배설물 흡입
에를리히증(Ehrlichia chaffeensis, E. ewingii)	흰꼬리사슴	진드기
라임병(Borrelia burgdorferi)	설치류	진드기
흑사병(Yersinia pestis)	설치류	설치류 벼룩, 직접 접촉
야토병(Franciscella tularensis)	설치류, 토끼목	진드기, 흡혈파리, 물, 직접 접촉
기생충		
다방조충증(Echinococcus multilocularis)	여우	기생충 알 섭식
포충증(Echinococcus granulosus)	늑대, 여우, 코요테, 딩고	기생충 알 섭식
북미담낭흡충(Metorchis conjunctus) 감염	물고기 먹는 포유류	제대로 익히지 않은 생선 섭식
선모충증(Trichinella spiralis, T. nativa)	곰, 해양 포유류	제대로 익히지 않은 육류 섭식
장기유충이행증(Baylisascaris procyonis)	북미너구리	기생충 알 섭식

와 아레나바이러스(arenavirus)에 의해 발생하는 인수 공통 감염병을 의미한다(Mills와 Childs, 2001). 이 바이러스들은 특정 지역에 서식하는 한 종의 설치류와 연관되어 있다. 이 바이러스들은 설치류 숙주에서 일반적으로 만성 무증상 감염을 일으키고, 분비물과 배설물을 통한 장기간의 바이러스 배출을 야기한다. 인간은 주로 이러한 분비물 및 배

출물에서 발생한 연무질 속에 포함되어 있는 바이러스를 흡입함으로써 감염된다. 한타바이러스와 퓨말라바이러스와 같은 구대류 한타바이러스는 인간에서 '신증후성 출혈열'을 야기한다. 인간에서의 감염의 치사율은 퓨말라바이러스의 1% 이하에서 도브로바바이러스(Dobrovavirus)의 15~30%로, 그 심각성은 매우 다양하다(Mills와 Childs, 2001). 신대류에서 가장 먼저 발견된 신대류 한타바이러스인 신놈브레바이러스는 '한타바이러스 호흡기 증후군(hantavirus pulmonary syndrome)'을 야기하며, 이 증후군의 특징은 심급성 호흡기 이상과 높은 치사율이다. 2001년 밀스(Mills)과 차일즈(Childs)는 인간의 질병을 야기하는 것으로 알려진 14개, 그리고 1994년 이전에 과학적으로 알려졌던 7개를 포함한 27개의 다양한 한타바이러스 목록을 작성했다. 또한 아레나바이러스는 구대류과 신대류 모두에서 발견되었다. 밀스와 차일즈는 인간의 질병을 야기하는 5개를 포함하여 14개의 아레나바이러스를 기술했다. 이 중 가장 잘 알려진 것은 서아프리카에서 라사열을 야기하며 다유방쥐종(*Mastomys* spp.)에 의해 운반되는 라사바이러스다. 아레나바이러스에 의해 야기되는 다른 질병들로는 각각 서로 다른 설치류 숙주가 있는 아르헨티나, 볼리비아, 베네주엘라 출혈열과 전 세계에서 집쥐와 관련되어 있는 림프구맥락수막염을 들 수 있다.

웨스트나일열(West Nile fever), 서부말뇌염(western equine encephalitis), 콜로라도진드기열(Colorado tick fever), 황열은 집합적으로 '아르보바이러스(arbovireses)'(절지동물 매개성 바이러스, arthropod-borne viruses의 축약)라고 부르는 병원체에 의해 발생하는 매우 큰 인수 공통 질병(표 12.1) 그룹을 대표한다. 1994년 베란(Beran)과 스틸(Steele)은 이 바이러스들에 대해 기술한 270쪽이 넘는 문서를 작성했다. 이 그룹은 8개의 다른 바이러스과를 포함하고 있으며, 대부분 유지숙주로서 야생조류나 포유류를 이용한다. 이들 척추동물 숙주의 순환 혈액에서는 다량의 바이러스가 나타나고, 흡혈 절지동물(주로 모기와 진드기)이 이 바이러스에 감염되면서 비로소 바이러스의 실질적인 매개체가 된다. 정상적인 과정에 따르면 바이러스는 절지동물에 의해 다른 자연적인 숙주로 전파되지만, 가끔 인간과 가축이 감염된 절지동물에게 물려 감염되기도 한다. 대부분의 야생동물 숙주에서는 매우 미약하거나 확인조차 되지 않을 정도의 질병만을 유발시킨다. 단, 웨스트나일바이러스의 경우는 예외인데, 이들은 까마귀류와 같은 몇몇 조류에서 높은 병원성을 보인다(Caffrey 등, 2003).

흑사병, 야토병(tularemia), 라임병(Lyme disease), 록키산홍반열(Rockey Mountain spotted fever), 에를리히증(ehrlichiosis)과 같은 몇몇 중요한 세균성 인수 공통 질병 또한 절지동물에 의해 전파된다(벼룩, 진드기, 무는 파리). 이 질병들 중 몇 가지는 오래전부터 알려져 왔으며, 바르토넬라증(*Bartonella* spp.) 감염과 같은 다른 질병은 최근에 이르러서야 발견되었다(Kosoy 등, 2003).

야생동물 분야의 직업인은 야외에서 보내는 시간이 많고 야생동물과 접촉하면서 일할 수 있기 때문에 진드기나 벼룩 같은 고착성 외부 기생충에 대한 노출 위험성이 높고, 사회의 다른 평균적인 사람들보다 절지동물을 매개로 한 질병에 노출될 위험성도 높다.

가축을 통해 사람에게 간접적으로 전파되는 인수 공통 질병

몇 가지 인수 공통 질병 병원체들은 단일종 이상의 야생동물 보유숙주로부터 가축(질병이 유지될 수 없는)으로, 그리고 인간으로 전파될 수 있다. 이러한 과정은 광견병에서 발생한다. 대부분의 선진국에서는 광견병이 개에서 더 이상 순환하지 않음에도 개와 고양이는 아프거나 죽은 야생동물과 접촉할 수 있고, 그 후 주인과 밀접하게 접촉할 수 있기 때문에 이들은 여전히 광견병에 걸린 야생동물과 인간 사이의 중요한 중간 단계 숙주종으로 간주된다. 대부분의 반려동물 주인들이 아픈 고양이나 개를 돌보아줄 가능성이 있지만, 아픈 여우나 스컹크가 가까이 다가오도록 방치할 사람은 많지 않을 것이다. 가축소 또한 광견병의 중개 역할을 하는 매개체라 할 수 있다. 소들은 호기심이 많기 때문에 아픈 동물을 살펴보다가 물리기도 한다. 광견병이 야생동물의 풍토병으로 발생하는 지역에서는 소의 광견병이 자주 나타난다. 광견병에 걸린 소와 가장 빈번하게 접촉하는 사람은 수의사다. 광견병의 초기 증상은 비특이적이기 때문에 많은 수의사들이 임상적 진찰 과정에서 추후에 광견병으로 진단되는 소들에게 노출된다. 광견병이 발생하는 지역의 애완동물과 광견병에 걸린 동물에 대한 노출 위험이 큰 인간은 광견병바이러스에 대한 면역력을 지속적으로 유지하고 있어야 한다.

이러한 전파 유형의 또 다른 예는 흑사병에서 일어난다. 인간 감염의 정상 경로는 설치류에서 나온 벼룩을 통해 감염되거나 설치류를 다루는 과정에서 직접 전파되는 것이다. 하지만 반려동물은 설치류에서 떨어져 나온 감염된 벼룩을 집으로 운반할 수 있고, 또한 자신이 감염되어 질병을 앓고 이를 주인에게 전파할 수 있다. 2002년 엘리아산 (Eliassan) 등은 스웨덴에서 고양이 소유 여부와 사람의 야토병 발생 사이의 관계를 밝혔다.

우두는 질병에 대한 이해가 어떻게 변화할 수 있는지를 보여주는 좋은 예이자, 질병이 야생동물 보유숙주로부터 가축으로, 그리고 인간에게 순차적으로 전파되는 좋은 예다. 우두는 유럽의 일부에 널리 퍼져 있는 오르소폭스바이러스(orthopoxvirus)에 의해 발생한다. 이름에서 알 수 있듯이, 이 바이러스는 근본적으로 소와 관련되어 있으며, 인간 감염은 유두에 우두 병변이 있는 젖소의 젖을 짜는 과정에서 발생한다고 생각해왔다. 하지만 감염된 소들은 결코 많지 않으며 인간 감염 사례들은 소와 직접적인 연관 없이 사람들 사이에서 일어났다. 현재는 우두바이러스가 풍토병이며, 야생 설치류에 의해 유지된다고 알려져 있다. 감염은 때로 소에게, 그리고 더 흔하게는 고양이에게도 퍼질 수 있으며 이들은 현재 인간에게 가장 중요한 감염원으로 여겨지고 있다(Bennet 등, 1990 ; Baxby 등, 1994).

에키노콕쿠스속(*Echinococcus*)의 **촌충**은 야생이나 가축 육식동물로부터 인간에게로 전염될 수 있다. 성충인 단방조충(*Echinococcus granulosa*)은 육식동물의 장에 있으며 유충 단계는 초식동물의 간이나 폐에서 발생한다. 세계의 각 지역마다 서로 다른 동물종들이 기생충의 각 생활사에 관여한다. 해당 기생충은 북미의 북쪽에서 늑대와 말코손바닥사슴(moose) 또는 유라시아순록(caribou)이 관여된 야생형 생활사를 가진다. 인간은 늑대가 배출한 에키노콕쿠스 충란을 우연히 섭취함으로써 감염될 수 있으며(예: 사냥꾼이 감염된 늑대 털가죽을 다룰 때 발생한다.), 더 큰 위험은 감염된 말코손바닥사슴이나 유라시아순록의 내장을 개가 먹었을 때 발생한다. 개는 촌충의 성충에 감염되어 사람과 공유하는 공간을 기생충 충란으로 오염시킨다(8장에서 보았듯이, 파리는 육식동물에서 인간으로 충란을 옮기는 데에 있어 중요한 역할을 한다). 다방조충(*Echinococcus multilocularis*)은 소형 육식동물(특히 여우)과 야생 설치류 사이를 순환한다. 개와 고양이는 감염된 설치류를 섭취하여 감염되고 집 주변을 오염시킨다. 2000년 페트라비(Petravy) 등은 고양이가 '생태학적으로 한쪽에서는 감염된 야생 설치류와 또 다른 면에서는 인간과 가까울 수 있다.'라고 진술했다. 다방조충 감염이 인간에게 풍토병으로 발생하는 베링 해(Bering Sea)의 세인트 로렌스 섬(St. Lawrence island)에서는 개가 중요한 역할을 했다(schantz 등, 1995).

니파바이러스(Nipha virus)와 헨드라바이러스(Hendra virus)는 가축에게 처음 전파된 후에 인간에게 전파되었다고 알려져 있다. 이 바이러스들은 파라믹소바이러스과(Paramyxoviridae)에 새로 생성된 헤니파바이러스속(Henipavirus)에 속한다. 자연적인 숙주는 야생 과일박쥐(Pteropus spp.)인 것으로 생각된다. 헨드라바이러스(Hendra virus) 감염으로 호주에서 말이 폐사하는 사례가 세 번 발생했으며, 그중 두 번의 사례에서는 사람이 사망했다(Westbury, 2000). 박쥐에서 인간으로의 직접적인 전파 증거는 없었다(Mackenzie 등, 2003). 1998년과 1999년에는 말레이시아에서 니파바이러스(Nipah virus)가 예고 없이 나타나 가축 돼지 110만 마리를 도태시켜야 했으며 사람의 감염 사례 265건 중 105명이 사망했다(Mackenzie 등, 2003). 감염된 사람들은 돼지 농장에서 일하는 사람이거나 돼지 농장과 연관된 사람들이었다.

조류인플루엔자 또한 이 분류에 해당할 수 있다. A형 인플루엔자는 전 세계적으로 가금, 돼지, 말, 그리고 사람에게 중요한 질병이다. 야생물새류는 이 바이러스의 자연적인 보유숙주다. 물새류에서의 감염은 무증상이고 소화 기관과 연관되며, 분변을 통해 물속에 바이러스를 퍼뜨린다(Liu 등, 2003). 다양한 바이러스 변종들은 한 조류 집단 안에서 나타날 수 있으며, 이는 새로운 바이러스 재조합이 일어날 수 있는 유전물질들을 체공한다(Murphy와 Webster, 1996).

만약 이 바이러스들이 닭, 칠면조, 돼지와 같은 새로운 숙주에 들어가게 되면, 신속한 적응 진화를 통해 높은 병원성을 가진 바이러스들이 발현할 수도 있으며, 이러한 바이러스는 가축과 인간 사이의 전파도 일으킬 수 있을 것이다(Webster 등, 1992).

야생동물과 가축 모두에 의해 유지되는
인수 공통 질병

　　　　　　야생동물과 가축 모두에서 유지되는 인수 공통 질병의 예로는 우결핵균(*Mycobacterium bovis*) 감염에 의해 발생하는 '우결핵'을 들 수 있다. 과거 이 세균에 의한 인간 감염은 주로 감염된 젖소의 우유를 살균하지 않고 먹음으로써 발생했지만, 감염된 동물이 내뿜는 호흡 내의 세균을 들이마시거나 감염된 조직을 취급하는 과정에서 감염이 발생할 수도 있다. 소 결핵이 근절된 많은 나라에서는 감염은 드물게 나타난다. 뉴질랜드(소, 주머니쥐, 사슴, 페렛), 영국(소, 오소리), 미국 미시건(소, 흰꼬리사슴), 캐나다 매니토바(소, 엘크, 흰꼬리사슴)와 같이 질병이 존재하고, 야생동물과 가축 사이에 전파가 일어나는 지역에서는 숙주가 될 수 있는 모든 동물들을 통해 사람에게 감염이 발생할 수 있다. 호주에서 발생하는 단방조충(*Echinococcus granulosus*)의 감염은 복잡하다. 기생충은 개와 양 사이에서 순환한다. 최종숙주(final host)로는 딩고, 딩고/개의 교잡종, 여우가 있고, 캥거루과의 유대류(왈라비나 캥거루류), 야생집돼지와 웜벳이 중간숙주이며, 가축과 야생동물, 인간 사이의 전파를 막는 장애물 또한 없다(Jenkins와 Morris, 2003).

인간이 유지숙주가 되는
인수 공통 질병

　　　　　　세계를 인간중심적인 시각으로 바라보는 입장에서는 사람이 동물로부터 걸릴 수 있는 질병에 대해 가장 우려하지만, 인간에서 기인한 질병이 야생동물에서 발견되는 경우도 있다. 그 대표적인 예가 인간의 결핵을 일으키는 결핵균(*Mycobacterium tuberculosis*) 감염이다. 대부분의 포유류는 이 세균에 의해 감염될 수 있고,

결핵균에 의해 발생한 결핵이 동물원이나 영장류 수집장의 많은 동물에서 보고된 바 있으며(Oh 등, 2002), 종종 사육사를 통해 감염되기도 했다. 전 세계 인구의 1/3이 감염되어 있고 해마다 결핵으로 인해 300만 명이 사망한다는 것을 고려한다면, 이 원인체에 의해 발생하는 야생동물의 결핵 사례가 매우 적다는 것은 놀랄 만한 일이다(Small과 Selcer, 2000). 2002년 알렉산더(Alexander) 등은 남아프리카의 미어캣(suricate)와 줄무늬몽구스(banded mongoose)에서 결핵균의 유행병 발생을 기술한 바 있다. 결핵에 감염된 사람이 현지에 살고 있었으며, 사람의 침이나 분비물 등을 통해 전파가 이루어졌을 것으로 추측되었다.

이 두 가지 추가 사례들은 사람과 야생동물이 만났을 때 질병 원인체가 양방향으로 전파될 수 있다는 것을 보여준다. 1995년 페레르(Ferrer)와 히랄도(Hiraldo)는 고무장갑을 끼고 만진 스페인흰죽지수리(Spanish imperial eagle) 새끼들의 4%에서만 황색포도구균(*Staphylococcus aureus*)의 감염 발생이 있었던 것에 비해 고무장갑을 끼지 않고 다른 새끼들 중 45%가 감염되었음을 보고했다. 그들은 이 감염이 동물을 다룬 사람에게서 기인했다고 믿었고, 비슷한 감염을 기술한 이전의 문헌들도 인간의 감염에서 비롯되었다고 언급했다. 헤르페스바이러스 호미니스(*Herpesvirus hominis*)는 사람에게 흔히 나타나는 감염병으로, 사육 영장류의 많은 종에서 보고된 바 있다. 이는 일반적으로 입가의 발진(cold sore)과 같은 일시적인 병변만을 유발하지만(King 2001), 올빼미원숭이(owl monkey)에서는 치명적인 산재성 감염증을 일으킨다(Melendez 등, 1969). 더 흥미로운 것은 인간의 어디에나 존재하는 이 바이러스가 사육 스컹크들(Emmons와 Lennette 1968)과 야생 줄무늬스컹크(Charlton 등, 1977)에서는 치명적인 뇌염을 발생시킨다는 것이다. 자연적으로 인간에서 동물에게 퍼진 질병을 '인간인수 공통 질병'(anthropozoonoses)이라고 부른다. 야생동물에서 이러한 질병은 일반적으로 알려진 것보다 훨씬 흔할 가능성이 높은데, 이는 인간 질병에 감염된 야생동물을 검사할 수 있는 가능성은 인간에서 동물의 질병을 검사하는 것보다 그 가능성이 낮기 때문이다.

야생동물과 가축이 공유하는 질병

가축과 야생동물을 분리하는 것은 때로 명확하지 않으며, 예컨대 같은 종의 동물들이 울타리의 한편에서는 자유롭게 서식하는가 하면, 그 반대편에서는 가축화되어 사육되고 있기도 한다. 이러한 사실은 질병이 어디서 시작했는지, 얼마나 자주 질병이 양쪽을 교차하는지를 파악하기 복잡하게 만든다. 아래에 언급한 바와 같이 세 가지 가능한 시나리오가 있지만, 어떤 질병의 경우에는 이 또한 명확하지 않다. 한 가지 예로, 물새류의 허피스바이러스 감염증의 하나이 오리바이러스 장염(duck plague)은 야생 물새류에게 발생하는 풍토병으로, 이것이 사육이나 반사육 가금에게 흘러들어 가는지, 아니면 조류사육장이나 공원 내의 조류에서 감염병이 유지되다가 주기적으로 야생오리에게 유입되는지에 대해서는 상당히 격렬한 논쟁이 있어 왔다. 질병이 야생오리류에서 유지된다고 믿는 유럽과 인간과 관련된 조류에서 질병이 순환한다고 믿는 미국 사의의 견해는 다르다(Wobeser, 1997). 세 가지 시나리오는 첫째 야생동물 내에서 유지되는 질병이 가축에게 흘러들어 가는 것, 둘째 야생동물과 가축 양방향으로 전파가 발생하는 것, 셋째 가축 내에서 유지되는 질병이 야생동물에게 흘러들어 가는 것이다.

야생동물에서 유지되며 가축에게 범람하는 질병

표 12.2는 야생동물을 보유숙주로 하는 가축 질병의 예를 나타낸 것이다. 인플루엔자 A와 같은 몇몇 질병은 인수 공통 질병에 대한 부분에서도 다룬 바 있는데, 이 질병들은 가축뿐만 아니라 인간에게도 유입되기 때문이다. 표 12.2에 나타낸 대부분의 질병은 이전 장들에서 다룬 적이 있기 때문에 여기에서는 상대적으로 잘 알려지지 않은 질병 세 가지에 대해서만 다루도록 한다.

악성카타르성열(Malignant Catarrhal Fever)

악성카타르성열은 다른 종에서는 정상적으로 발견되는 헤르페스바이러스 (herpesvirus)에 의해 발생하는 감염증으로, 소, 몇몇 영양 종류, 사슴에서 발생하는 심각한 질병이다. 이러한 바이러스 중 하나(ovine herpesvirus-2)는 양에서 흔히 발견되지만, 양에서는 질병을 일으키지 않는다. 악성카타르열을 일으키는 또 다른 바이러스는 영양 헤르페스바이러스 1(Alcelaphine herpesvirus 1)이라고 불리는 것으로, 이는 야생 누(wildebeest)에게 자연적으로 존재한다[alcelaphine, 영양(antelope)을 의미 – 옮긴이]. 누에서 질병을 일으켰다는 증거는 없지만, 마사이족 사람들은 새끼를 키우는 누와 접촉한 소에서 질병이 발생한다는 사실을 수세기에 걸쳐 알고 있으며, 이 시기에는 소를 누와 접촉하지 않도록 격리시켰다(Jones, 1982).

돼지수포성발진(Vesicular Exanthema of Swine)

1930년대 구제역과 비슷한 질병이 캘리포니아 돼지에서 발생했다. 근절 노력에도 불구하고 질병은 재발했고, 그 후에야 이는 전혀 다른 질병으로 확인되었으며, 돼지수포성발진이라고 명명했다(Lenghaus 등, 2001). 이 질병은 돼지에게 음식찌꺼기를 먹이는 것과 연관이 있으며 돼지에게 급여하는 음식쓰레기는 익혀서 급여해야 한다는 법률이 제정되었다. 1950년대 미국 대부분의 전역에서 질병이 전파되었고, 아이슬랜드에서도 발생했다. 감염군을 도태시키는 프로그램 시행, 음식물쓰레기 급여법에 대한 강력한 법집행으로 질병은 사라졌고 1959년까지 발생하지 않았다. 1972년도에는 캘리포니아 연안의 산 미구엘 섬(San Miguel island)에 서식하는 바다사자의 유산 사례를 조사하는 과정에서 칼리시바이러스(Calicivirus)가 분리되었다. 이 바이러스(지금은 'San Miguel sea lion virus'라고 부른다)는 바다사자에서 유산을 일으키고 지느러미에 물집(소포양 병변)을 만든다. 이후, 바다사자에서 분리된 바이러스는 돼지에서 수포성발진과 동일한 질병을 일으킨다는 것이 확인되었다. 1990년에는 이와 비슷한 칼리시바이러스가 해양 어류에서 발견되었으며, 이 바이러스 역시 돼지에서 수포성발진을 일으켰다. 돼지에서 이 수포성발진은 음식물

쓰레기 안에 담긴 물고기나 좌초한 바다사자의 조직을 돼지에게 먹여 원발 감염이 발생하고 그 후 돼지에서 돼지로 이어지는 감염이 계속된 것으로 보인다. 이 질병은 인간의 활동이 해양생물과 육상생물 간에 존재하는 자연 생태적 방벽을 어떻게 회피할 수 있는지를 보여주는 중요한 사례라고 할 수 있다.

표 12.2 | 야생동물에서 유지되며 가축이 범람숙주 또는 종말숙주인 질병들

병인체	병인체 종류	야생동물 보유숙주	가장 흔히 연관되는 가축
대왕간질(*Fascioloides magna*)	흡충	흰꼬리사슴, 엘크	양, 소, 염소
북미너구리회충(*Baylisascaris procyonis*)	선충	북미너구리	가금, 개, 토끼
슈나이더함유사상충(*Elaeophora schneideri*)	선충	노새사슴	양, 염소
파렐라포스트론길누스 테누이스 (*Parelaphostrongylus tenuis*)	선충	흰꼬리사슴	양, 염소, 라마
시타욱스준 펠리스(*Cytauxzoon felis*)	원충	밥캣	고양이
우두	바이러스	설치류	고양이, 소
악성출혈열	바이러스	아프리카영양	소
뉴캐슬병	바이러스	가마우지	가금
광견병	바이러스	여우, 스컹크, 박쥐, 북미너구리, 몽구스 등	개, 고양이, 소
산미구엘 바다사자 바이러스 감염	바이러스	기각류	돼지
웨스트나일열	바이러스	새	말, 개
서부말뇌염	바이러스	새	말
돼지블루셀라균 생물변이 2형 (*Brucella suis* biovar 2)	세균	유럽토끼	돼지
라임병	세균	흰발생쥐	개, 말, 소
살모넬라증	세균	모이주기집의 명조류	고양이
야토병	세균	설치류, 토끼목	양

뉴캐슬병(Newcastle Disease)

야생동물 안에 보유숙주가 있는 세 번째 가축 질병의 사례는 뉴캐슬병(Newcastle Disease)이다. 뉴캐슬병은 파라믹소바이러스(paramyxovirus)에 의해 발생하며, 거의 모든 조류가 감염성이 있는 것으로 알려져 있다. 이는 인수 공통 질병이며 인간에서는 중등도의 결막염과 감기 비슷한 증상을 일으킨다. 뉴캐슬바이러스의 여러 혈청형(strains) 간 병원성 차이는 다양하게 나타난다. 이 바이러스가 많은 야생조류에서 확인되어 왔지만, 가마우지(shags, 유럽쇠가마우지)를 제외하고는 임상적 질병이 보고된 적이 없다. 뉴캐슬병은 지난 반세기 동안 스코틀랜드, 러시아, 캐나다, 미국의 가마우지에서 발생한 것으로 보고되었다(Kuiken, 1999). 야생조류와 가금 사이의 전파 경로가 알려진 적은 없지만(Kuiken, 1999), 가마우지에서 발생하는 바이러스 변종이 사육 칠면조에서 발생한 적은 한 번 있었다.

야생동물과 가축이 공유하며 양방향으로 전파되는 질병

야생동물과 가축 개체군 사이를 순환하는 질병은 많은 것으로 생각되며, 이러한 병원체들은 서로 간의 전파 없이도 둘 중 한 가지 종의 개체군에서 유지가 가능하다(표 12.3).

이러한 질병들의 교환이 일어나는 정도에 대해서는 잘 알려져 있지 않다. 더 강도 있는 조사를 통해 다른 종에서 발생하는 병원체의 변종이 경미하게 다르며, 현재 한 가지 질병으로 보이는 것이 실제로는 다른 감염에 의한 것이라는 것을 알아낼 수도 있다. 예를 들어, 개홍역(Canine distemper virus)은 야생고양이과 동물에게는 감염되지 않는다고 오랫동안 여겨왔다. 최근에는 야생 및 사육 상태의 고양이들에서 개홍역과 구분하기 힘든 질병들이 발견됐지만 감염원은 알려지지 않았다. 이러한 고양이과 동물에서 발견한 몇몇 모빌리바이러스들(Morbilliviruses)은 개홍역바이러스와 근소한 유전적 차이를 보이기는 하지만, 이것을 뚜렷하게 다른 모빌리바이러스로 구분하기에는 불충분하다고 여

표 12.3 | 야생동물과 가축사이를 순환하며 둘 중 하나의 개체군에서 유지되는 질병들

질병	야생동물 숙주	가축 숙주
우결핵	오소리(영국), 솔꼬리포섬(뉴질랜드), 흰꼬리사슴(미시건), 엘크(마니토바)	소
파라결핵	사슴과, 야생양(wild sheep), 토끼, 멧토끼(hare)	소, 양, 염소
개홍역	개과, 족제비과, 사향고양이과	개
개 파보바이러스	개과	개
우역	아프리카 들소	소
돼지열병	멧돼지	돼지
브루셀라 감염	북미들소, 엘크	소
개 심장사상충(*Dirofilaria immitis*)	코요테	개

겨진다(Munson, 2001). 바이칼물범에서 유행성 감염병을 일으키는 바이러스 또한 개홍역 바이러스의 변종이라 생각된다(kennedy, 2001). 2002년 이케다(Ikeda) 등은 고양이과와 개과의 파보바이러스 진화와 1970년대 중반에 처음 개에서 나타났던 바이러스를 대부분 대체하고 있는 새로운 항원 유형의 개과 파보바이러스의 출현에 대해 기술했다. 이렇게 새로 나타나는 몇몇 '개과' 변종들은 야생 고양이과들에게 감염성을 가진다.

이러한 유형 중 가장 잘 연구된 질병은 '우결핵'과 '브루셀라증'이다. 일반적으로 이 두 병원체들에 대한 감염은 가축을 통해 야생 개체로 들어왔다고 알려져 있다. 우결핵균에 감염될 수 있는 종들 중 매우 낮은 비율만이 해당 병원체의 유지숙주로 기능할 수 있으며(de Lisle 등, 2002), 해당 질병을 관리하려면 다양한 종들이 갖는 역할을 정의해야 한다(Caley와 Hone, 2004). 야생동물에서 유지되고 있는 우결핵균 감염의 경우, 영국 여러 지역의 오소리의 감염(Krebs 등, 1998), 뉴질랜드의 솔꼬리포섬(Morris와 Pfeiffer, 1995), 미시간의 흰꼬리사슴(O'Brien 등, 2002), 매니토바의 엘크(Lees 등, 2003), 캐나다 북부의 들소(Tessaro 등, 1009), 그리고 호주의 야생물소와 돼지(McInerney 등, 1995)를 포함한 세계 여러 곳에서 가축소의 해당 질병 근절 사업에 지장을 초래했다.

북미 야생동물 개체군에서 브루셀라 아보르투스(*Brucella abortus*) 감염이 유지되는 예로, 캐나다 북부 한 지역의 경우에는 들소(Tessaro 등, 1990)로 제한되고, 미국의 옐로스톤 국립공원(Yellowstone National Park) 주변의 경우에는 엘크와 들소(Ferrari와 Garrott, 2002)로 제한된다. 남아공화국 크루거국립공원(Kruger National Park)의 아프리카물소는 브루셀라증과 결핵에 모두 감염되었지만, 공원에 울타리가 쳐져 있어 가축에게는 거의 감염되지 않았다. 앞에 언급된 경우들 중 최소 두 개의 경우(미시간의 흰꼬리사슴, 옐로스톤 주변의 엘크), 보조 먹이 공급에 의한 야생동물의 인위적인 집중 현상이 질병 유지에 기여한다고 생각된다.

가축에서 유지되며 야생동물로 범람하는 질병

표 12.3에 나타낸 몇몇 질병은 최소한 특정 상황 속에서 이 카테고리로 분류될 수 있다. 예를 들어, 몇몇 야생종들에게로 유출된 우결핵균은 의심의 여지 없이 해당 병원체가 존속하지도, 유지될 수도 없는 몇몇 야생동물종에게 감염을 일으킨다. 그 밖에 돼지(야생과 가축 모두)에서 유지되고 북미너구리에게 범람하여 감염을 일으킬 수 있는 가성광견병(Stallknecht와 Howerth 2001), 가축 양에서 샤모아로 전파되는 미코플라스마 컨준티베이(*Mycoplasma conjunctivae*)(Giacometti 등, 2002), 그리고 가축 양과 염소에서 야생 양으로 전파될 수 있는 만헤이미아 헤몰리티카와 파스퇴렐라종(Rudolph 등, 2003; Turner 등, 2004) 등과 같은 다른 질병들이 모두 이 카테고리에 속한다. 원충이자 오직 고양이과 동물(특히 집고양이)만이 최종숙주로 알려져 있는 톡소포자충의 경우, 해달과 인도-태평양의 혹등돌고래와 같은 해양종들을 포함한 엄청나게 많은 야생동물종에서 발견된다(Bowater 등, 2003). 이 밖에도 가축의 많은 감염성 질병에 대한 항체가 발견되어 왔는데, 이는 인지하지 못한 사이에 동물들이 질병에 노출되었다는 것을 의미한다. 이들 병원체들이 어떻게 야생동물에 도달하게 되었는지는 불분명하고, 대부분의 야생종에서 이루어지는 조사들은 질병 전파의 방향성과 많은 병원체들의 영향을 평가하거나 야생동물의 병원체 유지 가

능성에 대한 명확한 결론을 내리기에는 부적합하다.

인수 공통 질병 피하기

이 부분은 특별히 야생동물들과 일하는 사람들을 위한 내용이다. 질병이 야생동물에서 사람에게 옮겨갈 수 있는 특정 환경들을 서술해보았다. 이 가이드라인은 대부분 상징적이며 이 방법을 사용하는 것이 가장 중요한 예방법이다.

종과 서식지에서 어떤 질병이 발생하고 있는지를 알라

종종 추정할 필요가 있기는 하지만 서로 다른 야생동물종에서 발생하는 질병들에 대한 정보들은 풍부하다. 예를 들어, 일하기로 계획한 지역의 특정 지역의흰발생쥐종[페로미스쿠스종(*Peromyscus* spp.), 중북부아메리카에 있는 약 40종의 쥐를 포괄한 속으로, 지금까지는 주로 흰발생쥐(*P. maniculatus*)를 이용한 유전학 연구가 수행되었고, 이 밖에 *P. boylei*, *P. polionotus* 등도 연구되고 있으며 현재 생화학적 변이와 세포유전학의 연구 재료로 이용됨 - 옮긴이]의 한타바이러스 발병률에 대한 정보가 없다고 하더라도 한타바이러스의 북미 내 광범위한 지역적 분포에 근거해 그것이 존재할 것이라고 가정하는 것이 안전하다 프로젝트를 시작하거나 학생이나 동료를 야외에 내보내기 전에 문헌을 조사하거나 수의사 또는 야생동물 질병 전문가와 상의하라. 필자는 교수들이 학생이나 야외조사 조수들을 가르칠 때 그들이 사용하게 될 화학물들이나 장비들과 관련된 위험들을 꼼꼼하게 가르치지만 그들이 먹이 서식지 연구를 위해 수집할 늑대나 북극여우의 분변이 보통 사람에게 감염될 수 있는 조충(*Echinococcus* spp.), 촌충의 알들을 갖고 있다는 점에 대해 조언하지 않는 것을 본 경우가 있다.

보호복을 착용하라

가끔 사람들은 인수 공통 질병체에 감염되는 것을 피하기 위해 개량된 우주복과 같은 보호복 -야외에서는 실용적이지 못한-이 필요하다고 생각한다. 예외적인 상황을 제외하고는 그보다 간단한 예방책들이 적당하다. 동물의 분변, 조직, 피, 죽은 동물을 다룰 때는 언제나 고무나 비닐장갑을 사용해야 한다. 옷이 더러워질 위험이 있으면 일을 끝내고 벗을 수 있는 작업복이나 실험복 등과 같은 보호용 겉옷을 입어야 한다. 어떠한 경우에는, 여기에 마스크와 방수 앞치마를 더할 수 있다. 한타바이러스 감염과 같은 질병을 위해 지역 공공 기관에서 적절한 마스크와 눈 보호 장비에 대한 가이드라인을 제공할 수 있다.

동물이 당신을 물거나 할퀴게 하지 말라

이 권고가 중요하다는 것은 누구나 알고 있다. 물린 상처는 경미하다고 하더라도 병원체 침입의 가능성 때문에 언제나 신중하게 다뤄야 한다. 대부분의 사람들은 큰 동물에게 물리는 것에 대해서는 많은 주의를 기울이지만 '피부만 손상시킬 정도'의 작은 박쥐나 쥐가 무는 것에 대해서는 별 신경을 쓰지 않는다. 1980년 이래, 미국에서 발생한 치명적인 광견병 사람 감염 사례들은 박쥐 변종 바이러스에 의한 것이었으며 이들은 모두 경미한 교상에 의해 전파될 수 있다(McColl 등, 2000). 광견병이 가장 명백한 위험이기는 하지만, 많은 육식동물들의 구강에는 파스퇴렐라 물토시다와 같은 세균도 있으며, 설치류의 교상에 의해 라임병, 그리고 아마도 한타바이러스와 같은 병원체도 전파된다.

비정상적으로 행동하는 동물을 피하라

비정상적으로 행동하는 동물의 질병 원인을 확인하기 위해 병리 진단 실험실에 보내는 것도 중요하지만, 이 동물을 다루는 사람은 다른 사람에게 위험이 되지 않도록 동물을 포획하거나 죽여야 한다. 신경계를 감염시키고 행동 변화를 일으키는 질병의 대부분은 인수 공통이다. 큰 동물들은 뇌에 손상을 주지 않는 방법으로 총을 쏴야 하고, 작은 동물들은 사람이 노출되지 않는 방식으로 포획해야 한다.

죽은 모든 동물들은 장갑을 끼고 조심스럽게 다뤄라

아프거나 죽은 채 발견되는 동물들은 질병의 발생과 분포에 중요한 자료를 제공하는 정보원이다. 가능하다면 조사를 위해 사체를 진단 실험실로 보내야 한다. 각 동물들은 인수 공통 병원체에 감염된 개체로 가정하고 취급해야 한다. 이때에는 반드시 장갑을 껴야 한다. 작은 시료들은 비닐봉투에 넣어 쏟아지거나 새지 않게 포장한다. 오염된 기구는 깨끗이 닦아 소독해야 한다.

야생동물 피부와 직접 닿지 말라

감염성 개선충, 감염성 농창, 오르소폭스바이러스(orthopoxvirus)에 의해 발생하는 기타 질병들, 그리고 곰팡이성 병원체(백선) 등과 같이 야생동물에서 피부 병변을 일으키는 많은 감염성 인자들은 인수 공통 질병이며, 피부의 직접적인 접촉을 통해 전파된다.

분변—특히 육식동물의—과 직접적인 접촉을 피하라

많은 감염성 인자들은 동물의 배설물을 통해 전파된다. 북미너구리의 북미너구리회충(*Baylisascaris procyonis*), 늑대, 딩고, 코요테, 여우에서의 단방조충(*Echinococcus granulosus*), 그리고 북극여우와 여우, 코요테의 다방조충(*Echinococcus multilocularis*)과 같은 육식동물의 연충성 기생충들은 특히 위험하다. 이러한 기생충 알이 분변을 통해 배출된 것을 사람이 섭취하면 그 안에서 유충으로 자랄 수 있으며, 이들 중 어떤 것들은 심각한 의학적 문제가 된다. 일반적으로 이러한 충란들은 매우 생존력이 강하며 사육장이나 기구 표면의 충란들은 비활성화하기 힘들다.

모든 설치류들을 조심해서 다루어라

야생 설치류들은 매우 다양한 인수 공통 질병과 관련이 있으며, 이 병원체들은 예상하지 못한 장소에서 나타난다. 이 사실을 설명하기 위해 최근의 사례 세 가지를 들고자 한다. 북미에서 리케치아 프로와제키(*Rickettsia prowazekki*)의 유일한 보유숙주인 하늘다람쥐의 서식범위 내에서는 사람에게 티푸스열이 산발적으로 발생한다(Reynolds 등, 2003). 캘리포니아 땅다람쥐(California Ground Squirrel)에서 발견되는 세균인 바르토넬라 와쇼엔시스(*Bartonella washoensis*)는 사람(Kosoy 등, 2003)과 개(Chomel 등, 2003)의 심장 질병과 연관되어 있다. 텍사스의 희귀 애완동물 공급처에서는 야생에서 잡은 검은꼬리 프레리독에 의한 야토병(*Francisella tularensis* 감염)이 발생했다. 이 질병을 확인하기 몇 달 전 이미 1,000마리 이상의 프레리독이 미국의 열 개 주 그리고 다른 7개 나라로 이송됐다. 또한 동물을 다루는 한 사람에게서 야토병으로 의심되는 사례가 한 건 확인되었다(Avashia 등, 2004). 지난 10년간 적어도 14개의 신종 한타바이러스가 발견된 것을 생각해볼 때 설치류에서 인수 공통 전염병들이 발견될 가능성이 있다. 배설물과 분비물, 둥지 관련 재료물과 외부 기생충은 모두 잠재적인 감염 경로다. 니클라손(Niklasson) 등(1998)은 스웨덴에서 원인 불명의 세 가지 사람 질병[심근염, 길랑바레증후군(Guillain-Barre syndrome), 인슐린 의존성 당뇨]과 둑방쥐의 개체군 주기 중 최고 밀도치 사이에 유의미한 시간적 상관관계를 발견했다. 이들은 '아마도 들쥐들이 갖고 있는 알려지지 않은 감염성 요인과 이러한 질병 사이에 인과관계가 있을 것'이라고 제안했다.

다음 사람을 생각하라

당신은 아마도 질병에 대해 알고 있고 스스로를 보호하는 데 주의하겠지만, 질병에 대한 지식 없이 당신의 작업복을 세탁하거나 당신 다음에 기구를 쓰는 사람도 있을 수 있다. 항상 사용한 모든 물품을 세척하고 소독해서 다른 사람이 위험에 노출되는 일이 없도록 하라.

의학적 자문을 구하라

만일 당신이 야생동물 관련 업무를 수행한 후 몸이 아프다면, 당신 또는 당신의 지인은 의사에게 당신이 인수 공통 질병에 노출되었을 가능성이 있다는 사실을 알려야 한다. 가능한 한 상세하게 설명하라. 인수 공통 질병은 일반적인 사람 집단에서는 드물게 발생하기 때문에 의사도 이러한 상황에 대한 경험이나 훈련을 받은 경험이 매우 적거나 없을 것이다. 이 조언은 필자의 경험에서 나온 것으로, 야생 조류들로부터 클라미디아증(*Chlamydophila psittaci* 감염)에 감염될 수 있다는 사실에 대한 이해는 없었지만, 필자가 추정하여 제안한 진단을 확인하기 위해 적절한 검사를 해줬던 의사를 상대한 적이 있다 (Wobeser와 Brand, 1982).

- 야생동물에서 발생하는 많은 감염성 질병은 사람이나 가축도 감염시킬 수 있다.

- 유지, 범람 또는 종말숙주와 같이, 질병에 대한 다양한 종의 역할을 분명히 규정하는 것은 매우 중요하다.

- 질병은 야생동물에서 사람, 사람에서 야생동물, 야생에서 가축, 가축에서 야생동물 그리고 야생동물에서 가축을 통해 사람 등 모든 방향으로 전파될 수 있다.

- 야생동물과 일하는 동안 인수 공통 질병으로부터 자신을 1차적으로 보호해주는 것은 상식과 간단한 예방이다.

13

질병 관리

야생동물에서 질병 발생을 예방하거나 어느 정도의 내성 수준까지 영향을 감소시키려는 시도는 최근 몇 년간 더 잦아지고 있다. 질병 관리를 계획할 때는 관리하려는 이유를 평가하고, 뚜렷한 목표를 설정해야 한다. 또 잠재적인 다양한 방법을 고려해야 하며, 가장 적절한 방법을 선택하고, 어떻게 진행사항과 성공 여부를 관찰하고 평가할 것인지 결정하는 것이 매우 중요하다. 이 장에서는 이러한 주제들을 간단하게 살펴보고자 한다. 이 주제들에 대한 보다 자세한 내용은 1994년과 2002년 우베저(Wobeser)의 문헌을 참고하기 바란다.

왜 관리를 시도하는가?

야생동물의 질병은 아래 세 가지 이유 중 하나 또는 그 이상의 이유로 관리해야 한다.

1. 야생동물은 인간의 질병과 관련되어 있다.
2. 야생동물은 가축에게 영향을 미치는 질병과 관련이 있다.

3. 질병이 하나 이상의 야생동물종에게 해로운 영향을 끼친다.

지금까지 질병을 관리하려는 시도는 야생동물 자체에 미치는 이점을 고려하기보다는 인간과 가축에게 미치는 위험 요소를 줄이려는 측면에서 이루어져 왔다. 어떤 상황에서는 관리의 이유가 중복되기도 하고, 어떤 상황에서는 하나의 질병을 다른 지역에서 각기 다른 이유로 관리하기도 한다. 예를 들어, 야생동물의 광견병을 관리하고자 하는 욕구는 인간 감염의 위험을 감소시키려는 이유 때문에 나타난다. 가축에서의 감염률이 줄어드는 것은 2차적인 이익인 것이다. 야생동물에 미치는 광견병의 영향은 관리의 주요 목적이 아니었다. 하지만 특정 상황에서는 광견병의 관리가 1차적으로 야생동물에서의 광견병을 줄이는 방법이 되기도 한다. 개가 전파하는 광견병으로 인해 종 자체가 위협받고 있는 멸종위기에 처한 에티오피아늑대의 상황이 바로 이러한 예라고 할 수 있다. 관리의 필요성을 평가할 때에는 목표종, 즉 관리를 실시한 후 이익을 기대하는 종을 명확히 규정하는 것이 중요하다. 유럽과 북미에서의 광견병 관리 측면에서는 인간(*Homo sapiens*)이 주요 목표종이며 관리 행위의 대부분은 감염성 원인체의 보균체 역할을 수행하는 여우, 북미너구리나 스컹크에 맞춰져 있다. 에티오피아에서의 목표종은 에티오피아늑대이며, 이러한 시도의 목적은 개들 사이에 존재하는 질병 보균 개체로부터 에티오피아늑대를 보호하기 위한 것이다.

인간과 동물이 공유하는 질병들을 '인수 공통 질병(Zoonoses나 Zoonotic diseases)'이라고 한다. 인수 공통 질병은 인류 보건에 매우 중요하다. 예를 들면 인간 기생충 감염의 80% 이상은 숙주로서 다른 동물종을 이용하고 있는 병원체에 의해 발생한다. 홍역과 결핵을 포함하여 인간에게만 발생한다고 생각하는 이 중요 질병들의 상당수는 동물을 가축화하는 과정에서 동물로부터 사람이 감염된 병원체로부터 발생한 질병들이다(Diamond, 1997). 인간면역결핍증후군바이러스(AIDS virus)는 다른 영장류의 유사한 바이러스에 기인한 것이라고 간주되고 있다. 광견병과 같은 어떤 인수 공통 질병은 몇 세기 동안 야생동물과 관련된 것이라고 알려졌지만, 야생동물과 관련된 많은 새로운 인수 공통 질병들은 근래에 들어 발견되었다. 대부분의 인간 '신흥질병'은 과거 몇 십 년 동안 인수 공통 질병이라고 기술되었고, 이 질병들의 대부분은 야생동물과 관련되어 있다.

많은 인수 공통 질병은 농업 활동, 물 관리, 산림 파괴, 전쟁, 가축화, 동물 수송 등에서 발생하는 변화와 같은 인간 활동의 직접적인 결과와 인구 폭발과 같은 환경적 동요로 인해 발생한다. 이러한 환경적 동요는 인간과 야생동물 사이의 접촉이나 가축과 야생동물 간의 접촉 증가, 특정 종의 개체수 변화(특히 야생설치류나 인간이 변화시킨 환경에서 번성하는 북미너구리와 같은 종, 몇몇 질병의 곤충 매개체), 새로운 집단 내로의 숙주동물과 질병 원인체의 도입 등을 통해 야기된다. 예를 들어 유럽 전역의 여우 개체군들은 매우 증가했으며, 여러 도시를 이동하는 여우들은 최근 인간의 다방조충 감염 위험을 증가시키고 있다 (Torgerson와 Budke, 2003).

많은 가축 질병들이 야생동물과 공유되고는 있지만, 과거에는 인수 공통 질병에 비해 가축 질병에 있어서의 야생동물 역할은 많이 강조되지 않았다. 결핵과 브루셀라병과 같은 질병이 가축에 널리 퍼졌을 때도 질병 생태학에서는 야생동물을 무의미하거나 대수롭지 않은 것으로 여겼다. 세계 몇몇 지역에서는 결핵이나 브루셀라병 또는 돼지열병이나 구제역, 돼지 브루셀라병에 대한 관리 프로그램을 통해 이러한 질병을 거의 박멸시키고 있지만, 야생동물 내에 존재하는 질병들의 잔존 보균 개체는 관리하기가 극히 힘들게 되었고, 박멸 계획을 어렵게 하고 있다(표 13.1). 뉴캐슬병과 조류인플루엔자와 같은 다른 질병들은 야생조류 사이에서 순환하며, 간혹 가금에 유입되어 집단 폐사를 일으키기도 한다. 인플루엔자 바이러스 조류균주의 경우 1997년 홍콩에서 가금의 한 균주가 사람에게 퍼졌고(Bradbury, 1998), 아시아에서는 야생물범이나 가축(특히 돼지), 사람에게 유입되기도 했다(Stuen 등, 1994). 파라결핵(Johne's disease)과 같은 질병은 야생동물과 가축 모두에서 발생하지만(Beard 등, 2001), 상호 교환의 크기와 방향은 거의 알려져 있지 않다. 최근 가축에서 발생한 신흥 질병들 중 일부는 이전에 설명한 인수 공통 질병의 발생과 유사한 방식으로 야생동물로부터 유래되었다. 야생물새류에서 유래된 것으로 보이는 돼지인플루엔자나 말의 헨드라바이러스(hendravirus) 감염, 돼지의 니파바이러스(Nipah virus)와 메난글바이러스(Menangle virus)를 포함한 사례들은 전부 과일박쥐에서 유래되었다. 20년 전 북미와 유럽에서 갑자기 발생한 돼지호흡기번식증후군바이러스(PRRS)는 처음 유럽멧돼지를 감염시키고 사육돼지에서 질병을 퍼뜨린 야생 집쥐의 한 바이러스에서 유래되었을 것이다(Plagemann, 2003). 2002년 벤지스(Bengis) 등은 야생동물과 가축이 질병을 공유하는 접점을 검토했고, 공유하는 질병을 다루는 혁신적인 관리 전략을 개발해야 하는 필요성과 함께 이 공유 영역에서의 상호작용 강화를 예측했다.

야생동물에게 1차적인 이익이 돌아갈 수 있도록 질병을 관리하려는 시도는 상대적으로 적었다. 이러한 관리를 시도한 경우들은 다음과 같은 특정 상황의 결과들이었다.

· 질병은 야생동물의 이주나 사육 번식 개체의 야생 재도입 시 중요한 잠재적 위험을 내포하고 있을 것이라는 인식의 증가(Leighton, 2002)

표 13.1 | 야생동물이 보균체인 가축의 질병

질병	국가	야생동물 보균종	가축종
우결핵	뉴질랜드	솔꼬리포섬, 사슴, 야생화 페렛	소, 사육 사슴
	잉글랜드, 아일랜드	오소리	소
	미국(미시건 주)	흰꼬리사슴	소
	캐나다 (Northwest territories, Alberta, Manitoba)	북미들소, 엘크, 흰꼬리사슴	소, 북미들소
	남아프리카공화국	아프리카물소	소
소브루셀라균 (*Brucella abortus*) 감염	미국	북미들소, 엘크	소, 북미들소
	캐나다	북미들소	소, 북미들소
돼지브루셀라균(*Brucella suis*) 감염	미국	야생화 돼지	돼지
돼지열병	유럽	멧돼지	돼지
가성광견병	미국	야생화 돼지	돼지

참고 : 이 질병들은 국가적 수준 또는 지역적 수준의 가축에서 거의 박멸된 상태임.

· 질병이 소규모 개체군 또는 멸종위기 개체군을 위험하게 할 수 있다는 우려(Scott,
  1988 ; Leön-Viscaíno 등, 1999 ; McCallum와 Dobson, 2002)

· 몇몇 오염물질들이 흔하거나 취약한 종 모두에 개체군 단위 영향력을 갖고 있다
  는 인식

· 대중의 걱정을 불러일으키는 뚜렷한 대규모 질병의 발생

· 가축이나 인간으로부터 퍼진 질병이 야생동물에게 심각한 결과를 낳을 수 있다는
  인식

후자의 한 관점과 같이, 개홍역은 애리조나의 목도리페커리(Appel 등, 1991), 아프리카
의 사자와 리카온(Roelke-Parker 등, 1996 ; Alexander와 Appel, 1994), 카스피해(Caspian sea)와 바이
칼호수의 물범(Kennedy, 2001), 캐나다의 북미스라소니와 밥캣(Canadian Cooperative Wildlife
Health Center, 미발표 자료)에서 기록된 바 있다. 이러한 사례들 중 몇몇은 개가 감염의 원천
이라는 것은 명확하다(Cleaveland 등, 2000). 이와 마찬가지로 샤모아에서 발생한 미코플라
스마 컨준티베이(*Mycoplasma conjuntivae*) 감염은 사육 양에서 기인한 것으로 보이며
(Giacommetti 등, 2002), 스페인흰죽지수리의 황색포도상구균 감염은 사람이 동물을 다루는
과정에서 전파되었을 것이다(Ferrer와 Hiraldo, 1995).

관리의 목표들

감염성 질병이든, 비감염성 질병이든 질병 관리의 모든 형태
는 위험 인자에 대해 동물 노출을 줄이는 것과 이들 인자들에 의해 발생하는 유해 영향
을 극복하거나 동물의 저항 능력을 늘리는 것이 혼재되어 있다. 질병 관리 프로그램의
목적은 아래와 같을 수 있다.

1. **예방** : 개체동물들이나, 특정 지역의 동물 집단 또는 전체 개체군에서 발생하는

질병을 예방하는 것

2. **조절** : 이미 존재하는 질병의 개체군 또는 집단의 발병 빈도를 낮추거나, 질병의 영향 강도를 줄이거나, 추가적인 확산을 방지함으로써 질병을 조절하는 것

3. **박멸** : 존재하는 질병을 지역적 또는 광범위한 수준에서 박멸 또는 제거하는 것

가능하다면 예방이 가장 선호되는 선택지다. 만약 개체동물 수준에서 질병을 예방할 수 있을 경우, 그 동물에 대한 질병 비용은 절약할 수 있다. 하지만 이 관리 접근법을 이용하기 위해서는 질병에 대한 감수성 있는 동물을 확인해야 하고 질병에 노출되기 전에 보호해야 한다. 개체군 수준이나 지역적 수준에서의 예방은 이전에 존재하지 않았거나 자리 잡지 않았던 질병일 경우에만 가능하다. 그 질병이 다른 곳에도 존재한다고 가정하고, 보호하려는 개체군에서 질병이 발생할 가능성이 있는 한, 보호 대책을 강구해야 한다.

야생동물을 대상으로 시도했던 질병 관리 방법들은 '질병은 계속 발생할 것이지만 그 영향은 줄일 수 있을 것'이라는 믿음과 함께 질병을 조절하는 것에 맞춰 있었다. 다시 말해 질병은 계속 나타날 것이기 때문에 조절 활동은 질병의 영향을 줄여야 하는 필요성이 있을 때까지 지속되어야 한다.

한 질병의 박멸이나 근절은 장기간에 걸쳐 엄청난 투자를 요구하는 거대한 사업이다. 예를 들어 호주에서 가축의 결핵과 브루셀라병을 제거하기 위한 10년에 걸친 프로그램에 A\$840,000,000(약 7200억 원) 이상이 소요되었으며(Neumann, 1997), 뉴질랜드에서는 반세기 이상 지속된 캠페인 끝에 개와 양에서 발생하는 단방조충의 임시적 무발생(provisional freedom)을 선언할 수 있었다(Pharo, 2002). 박멸 사업은 엄청난 난이도 때문에 제일 심각한 질병에만 시도된다. 만약 박멸 사업이 성공적이라면 추가적인 노력을 기울이지 않아도 되지만, 질병의 재유입을 예방하는데 또 다른 에너지를 사용해야 한다. 오직 천연두(smallpox)만이 전 지구적으로 사라진 바 있다. 감염성, 비감염성 질병을 포함하여 몇몇 질병들은 사람이나 가축에서 지역적으로 또는 국가별로 박멸된 바 있다. 필자가

알기로는 감염성 질병의 박멸을 위해 야생동물을 대상으로 질병 관리 계획이 실시된 사례는 없다. 미국 남부에서 실시된 신세계나사구더기(New World screw worm, *Cochliomyia hominivora*)의 근절 사업과 아프리카 일부 지역에서 수면병(trypanosomiasis)을 전파하는 체체파리(tsetse fly)를 근절한 것은 야생동물을 위해 이루어진 것은 아니지만, 이 프로그램의 성공에 따라 야생 유제류가 이익을 본 적이 있다(Reichard, 2002). 경구백신을 이용한 최근의 광견병 관리 사업은 북미의 일부 지역과 유럽의 대규모 지역에서 추진되고 있다. 다양한 유형의 수은 화합물과 득성 살충제를 포함하는 오염물 질들에 의해 발생한 야생동물의 몇몇 비감염성 질병들은 완전히 근절되었거나 광활한 지역에서 사라진 바 있다.

관리를 위한 선택들

원인체-숙주-환경의 역학 삼각에 있는 원인체, 숙주 또는 다른 환경적 요소는 관리의 대상이다(그림 2.8). 인간 활동의 조절은 질병에 따라 숙주 관리나 환경 관리로 간주될 수 있다. 관리를 위해 표 13.2에 나타난 아홉 가지 유형의 개입을 행렬 형식으로 묘사했다. 예방, 조절과 제거라는 관리의 목표와 함께 이 세 가지의 잠재적인 영역(원인체, 숙주 및 환경)을 결합할 수 있다.

표 13.2의 각 칸에 대해서는 곧이어 설명할 것이며, 이에 관련해 야생동물 관리에 이용되는 기법의 예로 몇 가지 언급한 것이다.

표 13.2 | 관리 선택권의 모형

	원인체	숙주	환경
예방			
조절			
박멸			

질병 예방

질병을 예방하는 수단을 강구할 때에는 동물들이 유해한 요소들에 노출되는 것을 감소시키거나 회피시키는 것을 가장 먼저 고려하게 된다.

질병 원인체의 관리

대부분의 질병들은 지리적 범위가 제한된다. 감염성 질병의 범위는 적절한 숙주의 존재와 전파에 적합한 환경적 요건들에 의해 결정된다. 이것들은 첫 번째로 기후, 지형, 토양이나 암반 등의 1차적인 특징들에 의해, 그리고는 수체(water body), 식생 그리고 거기에 서식하는 동물들을 포함하는 2차적인 특징들에 의해 결정된다. 몇몇 비감염성 질병들은 토양이나 암반에 있는 미량 영양소와 독성물질과 같은 성분들의 존재에 의해 결정되며, 또 다른 비감염성 질병들은 오염물질의 방출이나 축적을 야기하는 인간의 활동에 의해 결정된다. 대부분 질병들의 분포는 제한되어 있기 때문에 주요한 질병 관리 방법 새로운 지역으로의 신규 원인체가 도입되는 것을 예방하는 것이다. 감염성 원인체에 의해 발생하는 질병들의 이동을 통제하여 예방하는 것은 가축에서 오랜 기간 사용해왔다. 전 세계에서 발생하고 있는 구제역, 돼지열병, 우역, 조류인플루엔자, 뉴캐슬병과 같은 질병들은 그 이동을 제한하면서 상당한 성과를 거두었다. 유럽 소의 우결핵과 브루셀라병을 전 세계로 퍼뜨린 것과 같은 주목할 만한 실패 사례 또한 있었다. 가축 질병의 전파를 차단하기 위한 사례들 중 명백한 실패 사례들은 적절한 예방 방법의 실행 전이나 질병 원인과 특성을 알기 전에 일어난다. 하지만 가금에서 발생하는 조류인플루엔자는 엄청난 통해 노력에도 불구하고 계속 발생하고 있다.

질병 원인체의 이동을 예방하는 데 사용하는 주요 기술에는 잠재적으로 감염된 동물과 인간이 생산한 동물 제품의 이동을 엄격하게 제한하는 것을 포함하고 있다. 야생동물의 이동을 통한 질병 전파의 위험은 최근까지 주목을 받지 못했고, 많은 감염성 질병 원인체들은 수입하는 야생동물과 함께 전 세계에 걸쳐 이동해왔다. 하지만 다행스럽게도 새로운 지역으로 이동한 많은 질병 원인체들은 새로운 환경에 정착하는 데 실패하거나 그들의 원래 숙주종들에 제한된 채로 남아 있었다. 표 13.3은 새로운 장소에서 현지 토착종에 정착한 질병들을 나타낸 것이다. 이러한 비의도적 질병 이동 사례는 동물 이동의 적절한 통제 실패나 질병에 관련된 조절을 소홀히 한 것 때문에 아직까지도 빈번하게 일어난다. 그 예로는 애완동물로 북미로 수입된 아프리카 설치류에 있는 원숭이 폭스바이러스(monkeypox virus)가 북미 내의 애완 프레리독과 사람에게 전파된 것을 들 수 있다(CDC 2003). 이 사례는 공중보건기관 공무원이 설치류의 이동과 관련된 법규의 미비점을 보완할 수 있는 계기가 되었다.

표 13.3 | 감염된 야생동물들의 이동을 통해 퍼진 감염성 원인체들

병원체	원 지역	신규 지역(영향을 받은 종)	병원체와 함께 이동된 동물
대왕간질(*Fascioloides magna*)	북미	유럽(붉은사슴*/red deer, 다마사슴)	엘크/elk*[1]
원충(*Plasmodium relictum*)	불분명	하와이(토종 조류)	애완조류[2]
원숭이폭스바이러스(Monkey pox virus)	아프리카	미국(프레리독, 사람)	아프리카 설치류[3]
북미너구리 광견병	미국 플로리다	버지니아주(북미너구리, 사람)	북미너구리[4]
엘라페스트론길루스 세르비 (*Elaphostrongylus cervi*)	영국	뉴질랜드(붉은사슴, 엘크)	붉은사슴[5]
엘라페스트론길루스 란지페리 (*Elaphostrongyulus rangiferi*)	노르웨이	뉴펀들랜드 (순록/caribou**)	순록(reindeer**)[6]
다방조충(*Echinococcus multilocularis*)	미국 북부	미국 남동부	여우, 코요테[7]
안지오스트론질루스 칸토넨시스 (*Angiostrongylus cantonensis*)	불분명	호주(과일박쥐)	곰쥐, 집쥐[8]
흑사병균(*Yersinia pestis*)	중국	북미(야생 설치류)	쥐[9]

옮긴이

*유라시아의 Red deer(*Cervus elaphus*)와 북미의 elk(*Cervus canadensis*)는 과거 같은 종으로 분류되었다. 하지만 최근 미토콘드리아 유전체 연구에 따라 명확한 두 종으로 구분하고 있다. 반면 유럽에서 사용하는 elk는 말코손바닥사슴(moose, *Alces alces*)으로 용어의 혼동이 발생할 수 있다.

**순록(reindeer, *Rangifer tarandus*)의 영명은 다양하다. 유럽에서는 reindeer로 북미에서는 caribou로 부르는데, 외형은 약간 차이나지만 한 종으로 간주하고 있으며 14개 아종(2 아종은 이미 지역적 절멸)으로 구분하고 있다. Caribou는 reindeer에 비해 더 크다.

1 Pybus(2001) **2** van Riper 등(1986) **3** CDC(2003) **4** Jenkins와 Winkler(1987) **5** Mason과 McAllum(1976)
6 Lankester(2001) **7** Davidson 등(1992) **8** Barret 등(2002) **9** Gaspar와 Watson(2001)

질병 원인체의 이동 예방 정책을 시도할 때 알아야만 하는 기본적인 원칙은 '살아 있는 동물은 이동 시 그 미소식물상(microflora)과 미소동물상(microfauna)으로부터 쉽게 분리할 수 없다는 것과 살아 있는 동물을 살균하는 것은 불가능하다.'는 것이다(Wobeser, 1994). 모든 살아 있는 동물의 신규 지역으로의 이동은 외래 질병 원인체 도입의 잠재적인 위험을 갖고 있다. 이동 전 항생제와 항기생충제재를 이용한 동물의 광범위한 검사와 치료, 도착 후의 효과적인 검역은 이미 알려져 있고, 검사가 가능한 질병들의 이동에서의 위험을 감소시키는 데 도움을 준다. 불행하게도 야생동물 사용이 입증된 검사법은 그 수가 매우 적기 때문에 이동에 앞서 시행하는 시험의 결과가 '음성'으로 나온다고 해도 그것이 가치 있다고 보기는 어렵다. 검사와 치료는 원인체 도입의 위험을 완전히 제거하지 못힐 뿐만 아니라 발견되지 않은 질병에 대해서도 효과가 없다. 동물의 이동과 함께하는 미지의 원인체가 도입될 가능성은 실제로 존재한다. 따라서 이동을 최고 수준으로 규제하더라도 야생동물은 예상하지 못한 미기록 감염성 원인체들을 갖고 있기 때문에 언제든 위험이 발생할 수 있다고 가정하는 것이 안전하다.

이러한 점에서, 중증급성호흡기증후군(severe acute respiratory syndrome, SARS)과 에볼라감염병(Ebola disease) 모두 야생동물로부터 전파되는 바이러스로 인해 야기된다고 추정됨에도 실제 원인은 알려지지 않았고, 인간에게 치명적일 수 있는 많은 유형의 신대륙한타바이러스류(New World hantaviruses), 니파바이러스(Nipah virus), 헨드라바이러스(Hendra virus), 호주박쥐리사바이러스(Australian bat lyssavirus) 등의 질병들이 지난 10년간 '발견'되어 왔다는 것을 상기해야 한다. 2002년 레이튼(Leighton)은 동물이 이동할 때 질병 위험을 어떻게 고려해야 하는지를 정리했고, 2001년 콘(Corn)과 니틀스(Nettles)는 질병 이동의 위험을 줄이는 데 필요한 엄격한 사례로 엘크의 이동과 관련된 자세한 프로토콜을 제공했다.

게이도스(Gaydos) 등(2002a)은 야생동물의 이동으로부터 야기될 수 있는 또 다른 잠재적인 문제를 확인했다. 그들은 흰꼬리사슴 개체군 사이에 유행성 출혈병바이러스(epizootic hemorrhagic disease virus)에 대한 선천적 감수성의 차이(내인성 내성)를 발견했고, 여타 많은 질병에서도 이와 유사한 감수성의 차이가 야생동물에 존재할 수 있다고 제안했다. 특정 질병에 대한 비면역 개체군을 해당 질병이 풍토병으로 존재하는 지역으로 이동시키는 것은 이주의 실패를 야기할 것이며, 만약 소규모의 개체군을 보충하기 위해 특정 질병에 대한 내성이 없는 동물을 이주시킨다면 면역성 있는 잔여 개체들의 '유전적 희석' 또한 일으킬 수 있다.

새로운 오염원의 전파나 예전부터 있었던 오염원의 지속적인 전파를 막는 것은 질병을 예방하는 합리적인 방법이다. 이상적으로는 모든 잠재적인 유해 물질들을 먼저 확인하여 유출을 막아야겠지만, 야생농물에서는 사전에 이떤 회합물이 문제가 될지 예측하기 어렵다. 새로운 물질은 문제를 발견하기 전에 널리 퍼질 수 있다. 예를 들어, 공서성(commensal) 설치류를 조절하는 데 사용된 2세대 항응고제가 맹금류와 육식 포유류에 2차적으로 독성을 야기한 사례나 소에게 널리 사용한 소염제(declofenac sodium)가 집스속(*Gyps sp.*)의 독수리류에서 심각한 신장 이상을 야기할 것이라고는 전혀 예상하지 못했다 (Oaks 등, 2004).

우리 주변에는 오염물질로부터 질병을 예방한 주목할 만한 성공 사례들이 있다. 예를 들어, 1984년 블루스(Blus) 등은 살충제인 헵타클로르(heptachlor)의 사용을 중지함으로써 캐나다기러기 개체군이 회복된 사례를 설명했고, 1967년 반트로프(Wanntorp) 등은 스웨덴에서 종자분에 알킬 수은 사용을 중지함으로써 곡식을 먹는 수렵조류들의 폐사가 단절된 사례를 보고했다. 이 성공 사례들은 일반적으로 분포가 제한되고 원인과 분포가 알려진 물실들을 포함하고 있다. 수은 종자분 처리 약물을 중지한 상황과는 반대로 수중 환경의 수은과 같이 더욱 많이, 널리 퍼진 오염물질은 예방하지 못했다(Evers 등, 2003).

동물(들) 조절

이러한 관리 유형의 목적은 질병을 유발하는 요인(들)에 동물들이 노출되는 것을 예방하거나 개체들에서 질병이 발생하는 것을 막는 것이다. 어떤 상황들에서는 동물들을 분산시키거나 질병이 일어나고 있는 지역으로의 접근을 막음으로써 가능할 수도 있다. 이는 질병이 지역적으로 국한되어 발생할 때만 실질적인 방법이 될 수 있다. 그 예로는

조류콜레라가 발생한 물새들의 서식 지역에서 북미흰두루미를 몰아낸 것(Zinkl 등, 1977b)
과 보툴리즘이 발생한 지역에서 오리들을 분산시킨 것(Parrish와 hunter, 1969)을 들 수 있다.
하지만 서식지를 변형시키지 않고 야생동물을 그들이 원하는 쪽이 아닌 곳으로 움직이
게 하는 것은 매우 어려운 일이다.

크루거국립공원 내의 아프리카물소와 공원 밖 가축 사이의 접촉을 막는 데는 '펜
스'가 이용되었다(Bengis 등, 2002). 밤에 마구간에 말들을 몰아넣고, 돼지우리를 점검하는
것이 가축과 헨드라바이러스(Hendra virus)와 니파바이러스(Nipah virus)를 옮기는 과일박쥐
와의 접촉을 막는 방법으로 제안되기도 했다(Mackenzie 등, 2003). 2004년 곤딤(Gondim) 등
은 소 사료가 저장된 곳에 개과동물을 막는 펜스를 세우는 것, 죽은 가축사체와 내장을
잘 처리하여 코요테가 먹지 못하게 하거나 코요테가 헛간 근처에 못 오게 하는 방법을
제안했다. 이 방법을 통해 네오스포라 카니눔(Neospora caninum, 소에서 유산의 주요 원인이 되는
원충)이 코요테에서 소로 퍼지는 것을 예방할 수 있다. 동물 분포를 바꾸는 활동들에는
지속적인 유지가 필요하다. 한 가지 예로 펜스가 홍수나 바람에 의해 망가졌거나 동물
이 새로 고안된 장치에 익숙해졌거나 이를 무시한다면, 실패하기 쉽다.

숙주동물 조절의 또 다른 방법은 질병의 확산을 막기 위해 개체군의 밀도를 감소시
키는 것이다. 새로운 지역으로의 질병 확산을 중지시키거나 이를 예방하기 위해 질병이
일어난 지역 주위의 개체군 수를 줄이거나 완전히 없애는 방법(방사상성 개체군 감소), 질병
발생이 예상되는 경로의 개체군수를 줄이거나 없애는 방법(방어적 개체군 감소)이 사용되었
다. 그런데 이 관리 방법들은 한 지역에 국한되어 있는 질병에만 효과적이다. 아르헨티
나의 흡혈박쥐(Fornes 등, 1974), 스위스, 덴마크의 여우(Müller, 1971 ; Wandeler 등, 1974), 캐나다
의 줄무늬스컹크와 북미너구리(Gunson 등, 1978 ; Rosatte 등, 2001)에서 광견병의 확산을 막은
것이 대표적인 사례라 할 수 있다. 이러한 관리 방법을 사용하기 위해서는 감시 체계가
효율적이어야 하고 보고가 가능한 빠른 시간 내에 이루어져야 하며 관리 지역이나 장벽
을 필요에 의해 확장하거나 이동시킬 수 있어야 한다. 개체수를 줄인 지역 또한 감염 가
능성이 있는 개체들이 장벽 밖으로 나가지 못하도록 충분히 넓어야 한다.

어떤 질병들은 야생동물 각 개체별 면역요법을 통해 예방할 수 있다. 이 방법은 매우 가치 있는 종, 그것도 아주 극소수의 개체군에서 개체별 취급이 가능할 경우에만 효과적이다. 이 방법이 사용된 예로는 개체군 상태가 멸종위기에 처한 아프리카 영양류와 캐나다 북부의 숲들소의 탄저균 예방을 들 수 있다. 이는 결국 실패로 돌아갔다. 왜냐하면 상대적으로 적은 개체수만을 포획하여 예방접종을 했고, 면역이 너무 짧은 기간 동안만 지속되었으며, 예방접종을 위해 포획하고 주사하는 과정에서 포획근병증(Capture myopathy)이 일어나 치사율이 급증했기 때문이나. 수의사, 야생동물 관련 업무 종사자 등과 같은 사람들에게 공수병백신을 실시하는 것도 이러한 예방적 관리의 한 형태다.

환경적 요인들의 조절

질병 예방을 위해 환경적 요인들을 조절하는 데는 대개 인간 활동 요소의 변화가 포함된다. 예를 들면, 집 근처의 목재더미를 재배치하는 행위, 한타바이러스의 보유숙주인 설치류에게 노출되는 것을 예방하는 행위, 말이나 돼지우리 근처에 있는 과일박쥐들이 좋아하는 나무를 제거하여 바이러스의 보유숙주인 과일박쥐들의 접근으로부터 위험을 줄이는 행위(Mackenzie 등, 2003), 갓 태어난 새끼 수리를 다룰 때 사람에게 유래하는 포도상구균(staphylococci)의 감염을 예방하기 위해 장갑을 착용하는 행위(Ferrer와 Hiraldo, 1995), 오염물질이 방출되는 곳으로 야생동물이 접근하는 것을 차단하는 행위 등이다. 여러 인수 공통 질병을 예방 관리하는 데 가장 중요한 부분은 노출 위험을 줄이는 사람의 행동이다. 그 예로는 비정상적이거나 광견병에 걸린 증상 등을 보이는 야생동물과의 접촉을 금지시키고, 웨스트나일바이러스나 다른 아르보바이러스(arbovirus)를 새에서 사람에게 전파하는 매개체 모기에게 물리는 빈도를 줄이기 위해 살충제 사용을 권장하는 교육을 실시하는 것을 들 수 있다.

특정한 환경적 변화로 인해 특정 질병의 위험이 증가될 수도 있다는 것을 예측할 수 있으며, 그에 따른 적절한 예방 대책을 실시할 수 있다. 2001년 오스텔드(Osteld) 등은 도토리 생산 자료를 통해 보렐리아 부르그도르페리(*Borrelia burgdorferi*)에 감염된 미성숙진드기(nymphal ticks)의 개체수와 인간의 라임병(Lyme disease) 발생 위험을 1.75년이나 먼저 예측할 수 있었다. 또한 날씨를 관측함으로써 자연에 돌고 있는 세인트루이스뇌염바이러스(St. Louis Encephalitis virus)의 양을 예측할 수 있게 되었고(Shaman 등, 2002a), 미국 남서부(Engelthaler 등, 1999)와 스웨덴(Olsson 등, 2003)에서는 설치류 개체수의 증가 정도가 인간에게 다른 한타바이러스 감염의 위험을 예지시켜주는 수단이라는 것이 밝혀지기도 했다. 만약 그러한 환경적 변화가 질병과 연관될 수 있고, 관찰 가능하다면 위험에 임박했을 때를 고려한 일반 대중의 대처법 교육 등과 같은 예방책을 사전에 실시할 수 있을 것이다. 하지만 어떤 경우에는 어떤 질병의 발생과 전파가 예측되더라도 예방적인 대응을 하기 힘든 경우가 있다. 모기로 매개되는 바이러스성 질병인 일본뇌염은 아시아 지역에 전파되었는데 이는 모기 매개체의 서식을 증가시킬 수 있는 관개답 쌀(irrigated rice) 생산의 증가, 돼지 사육으로 인한 바이러스 숙주인 척추동물 수의 절대적인 생산의 증가, 도시가 팽창하여 더 많은 사람들이 돼지사육지역으로 방문하는 등 복합적인 환경적 요인이 작용했기 때문이다(Daniels, 2002). 비록 질병이 선호하는 이러한 환경적 요인들을 알고 있었지만 발병을 예방할 수 있을 정도로 이 환경 요인들을 조절할 수는 없었다. 하지만 공중교육을 통해 인간에게 질병이 노출되는 정도는 줄일 수 있을 것이다.

질병 통제

질병 원인체의 조절

질병을 조절하기 위해 그 원인체를 공격하는 방법은 동물이 병원체에 노출되기 전에 환경에서 그 원인체를 제거하는 것이다. 그것이 감염성 원인체일 경우에는 살균과 같은 방식을 통해 실행할 수 있다. 이러한 관리 방법은 그 원인체가 국지적이고 그 발생 지역이 알려져 있을 때만 효과가 있다. 화학물질 또는 화염을 사용한 살균은 탄저병, 조류콜레라, 오리바이러스장염(Duck Virus Enteritis, Duck Plague)과 같이 지역적으로 발생한 곳에서 사용되어 왔지만, 그 효과는 불분명하고, 사용된 화학물질은 심각한 부작용을 불러일으킬 수도 있다. 도시 지역의 북미너구리 배설 장소 소독은 선충류인 북미너구리회충이 사람에게 미칠 수 있는 위험을 줄이는 방법으로 제안되었다(Page 등, 1999).

사람과 가축의 많은 질병들은 그 원인체를 불활성화시키거나 죽이는 약제(항생제, 구충제, 항진균제, 항바이러스제)를 이용해 감염된 개체를 치료함으로써 숙주 안의 그 원인체를 공격함으로써 조절한다. 그 목적은 이미 발생한 감염에 의해 생긴 손상을 줄여주는 것이다. 이 방법의 단점은 그 병원체가 이미 손상을 야기했을 것이며, 치료를 할 시점에 이미 전파가 일어났을 수도 있다는 것이다. 사람이나 가축에서보다 야생동물에서 약품 치료의 효과가 덜할 이유는 없다. 하지만 치료가 필요한 개체들을 확인하는 것, 치료가 효과적인지 확인하는 것, 적절한 치료약을 전달함에 있어서 어려움이 따른다. 치료는 대개 특별한 상황, 한정된 지역에 서식하는 소규모 개체군이나 개체별로 돌볼 수 있는 아주 가치 있는 동물에게만 효과가 있다. 이러한 방법을 사용한 예로는 스웨덴에 서식하는 여우의 개선충(sarcoptic mange, Bornstein 등, 2001), 야생 양의 흡윤개선충증(psoroptic mange, Lange, 1982)의 치료, 붉은뇌조(red grouse)의 모양선충(*Trichostrongylus tenuis*) 조절을 위한 구충 치료(Dobson과 Hudson, 1992), 큰뿔양의 폐선충(Schmidt 등, 1979), 그리고 흰꼬리사슴의 대왕간질(Qureshi 등, 1994) 치료 사례를 들 수 있다. 이러한 치료들은 짧은 기간 동안 지역적인 수준에서 이루어졌다. 2003년 헤글린(Hegglin) 등은 경구 구충제 치료를 받는 여우에 대해 기술했다. 그는 "이 방법은 도시 규모 정도 수준일 경우 다방조충(*Echinococcus multilocularis*)이 사람한테 전파되는 것을 감소시킬 수 있다."고 말했다. 넓은 지역에서 질병 원인체를 없애기 위해 야생동물에게 집단 투약을 하는 것은 대부분의 경우 현실적이지 못하다. 어떤 형태의 집단 투약 프로그램이든 약물이나 화학물에 반복적으로 노출된 병원체에서 약물에 대한 내성이 생길 것이라는 가능성이 가장 큰 단점이다.

동물의 조절

노출 정도를 줄이거나 면역성을 늘리는 것으로도 숙주동물의 질병을 조절할 수 있다. 질병 전파가 개체군 밀도와 관련되어 있고 동물의 밀도가 줄어들면 질병에 대한 노출 정도가 감소될 수 있다는 가정을 바탕으로 야생동물의 감염성 질병을 관리하기 위한 시도가 이루어졌다(개체군 밀도와 노출, 전파 비율 사이의 정확한 관계는 야생동물들의 어떤 질병에서도 알려져 있지 않다). 이러한 기술은 보통 감수성이 있는 개체, 감염된 개체, 회복된 개체들로 구성된 숙주 개체군의 미세기생체들(바이러스와 세균들)이 야기하는 질병에 사용되었다. 질병 노출과 전파를 줄이는 개체군 조절의 세 가지 기본적인 접근 방법은 다음과 같다.

1. 전체 개체군의 밀도를 줄이는 것
2. 개체군 내의 감염된 개체의 비율이나 밀도를 줄이는 것
3. 개체군 내의 감수성이 있는 개체의 비율이나 밀도를 줄이는 것

1994년 우베저(Wobeser)는 몇몇 질병들을 조절하기 위해 동물 개체군의 전체 밀도를 줄이려는 시도를 했다. 그러한 프로그램의 일반적인 특징은 다음과 같다.

1. 광범위한 야생 개체군의 밀도를 줄이기는 어렵다.
2. 수용한계를 줄이는 서식지의 조절 없이 개체군 밀도를 줄이는 것은 단기적인 방법에 불과하다.
3. 많은 동물의 수를 죽이는 개체군 감소는 평판이 좋지 못하다.
4. 개체군 조절이 효과를 보기 위해 실제로 어느 정도로 개체를 감소시켜야 하는지는 알려져 있지 않으며, 이는 아마도 질병, 지역, 종에 따라 달라질 것이다. 특정 질병의 유병률에 영향을 미치기 위해 필요한 개체군의 감소가 어느 정도인지에 대한 일반적인 기준은 없다.
5. 개체군 구조와 기능에 개체군 조절이 미치는 영향은 대개 알려져 있지 않다.
6. 넓은 지역의 개체군을 줄이려는 단기 프로그램은 성공한 적이 없다.
7. 주변 지역에서의 이입을 막지 않은 채로 소규모 지역에서 개체군 밀도를 줄이려는 시도는 성공적이지 않은 듯하다.

뉴질랜드 솔꼬리포섬(brushtail possums)의 우결핵을 조절하기 위해 야생동물종의 질병을 위한 가장 광범위하고 장기적이고 전반적인 개체군 조절 프로그램이 시도되었다. 당시에는 40년 이상 몇백만 달러를 쓰고도 독극물이 널리 퍼져 있는 상태였다. 이 프로그램의 성공은 알려지지 않았지만 이 기간 동안 몇몇 지역에서 조절하기 전 밀도의 22%가 감소해 소의 결핵 발생이 크게 줄었다(Caley 등, 1999). 개체군 감소는 때로 기대하지 않은 결과를 불러오기도 한다. 농장 건물에서 흰발생쥐를 제거하였더니 주변 쥐의 총 개체수가 늘어나 사람에게 한타바이러스가 전파될 위험이 높아진 경우가 있었다(Douglass 등, 2003).

또 다른 접근 방법은 개체군 내에 감염된 개체들의 밀도를 줄여, 전파 가능성을 줄이는 것이다. '선별도태'나 '적발도태'라고 부르는 이러한 접근 방법은 감염된 동물을 확인할 수 있고(임상 증상이 명백하거나 살아 있는 동물 시험이 가능한), 개체를 쉽게(그리고 반복적으로) 포획할 수 있고, 질병에 걸리지 않은 것으로 알려진 개체 동물들을 미검 개체군으로부터 격리할 수 있고, 개체군의 일부를 제거하는 것이 가능한 상황에만 적합하다. 적발도태법(test and slaughter)은 동물들을 비교적 쉽게 확인하고 검사할 수 있는 산업동물 질병들을 성공적으로 조절해왔다. 이 방법은 동물을 포획하여 검사하기 어렵고 살아 있는 동물을 검사할 신뢰성 있는 검사 방법들이 부족하기 때문에 대부분의 야생동물 질병에 적용하기 어렵다. 만성 소모성 질병을 통제하기 위한 검은꼬리사슴의 선택적 도태가 가능했던 이유는 신뢰도가 있는 검사법이 있었고, 개체군의 최소 50%를 포획할 수 있었으며, 양성 동물들을 빠르게 제거할 수 있었기 때문이다(Wolfe 등, 2004). 영국에서 오소리와 소의 결핵을 조절하는 데에도 다양한 선별도태가 사용되었다. 반응도태 기법(Reactive culling)으로 소의 결핵 감염이 확인된 지역에서 오소리를 도태했다. 이 기술의 유효성은 장기간 임의로 더 넓은 지역의 오소리 밀도를 줄이는 '사전도태법(proactive culling)'과 오소리를 도태하지 않는 기법들과 비교되어 왔다. 이 프로그램은 오소리의 지역 개체군 감소를 목표로 반응도태법을 실시한 지역에서 소의 결핵 발생을 감소시키는 데 실패했고, 도태하지 않은 지역에 비해 오히려 질병 발생을 증가시켰다는 이유로 중단되었다

(Donnelly 등, 2003). 이는 도태가 오소리의 사회 조직체를 방해해 결국 감염된 동물들의 장거리 이동을 촉진시킨 것으로 생각된다.

세 번째 접근 방법은 예방접종을 통해 개체군 내의 감수성이 있는 동물들의 비율이나 밀도를 줄이는 것이다. 예방접종은 동물들을 감수성 있는 집단에서 면역성 있는 집단으로 전환시켰으며, 그 효과는 다음과 같다. (1) 이는 개체 동물의 질병 저항 능력을 증가시킬 것이다. (2) 개체군 내 질병의 전파율을 줄일 것이다. 광견병 예방이나 결핵에 사용되는 예방접종 같은 백신들은 개체 내 질병의 강도를 줄이고 세균의 전파 가능성은 줄이지만 감염자체를 막지는 못한다. 이러한 형태의 예방접종 목적은 질병 발생률(R_0)을 줄이는 것이다. 예를 들어, 예방접종이 R_0을 1 이하로 줄여 질병이 사라지게 할 수 있는 경우, 예방접종은 질병 박멸의 방법이 될 것이다. 예방접종은 동물을 죽이는 질병 관리 방법을 대체하는 매력적인 방법이고, 많은 사람과 산업동물 질병을 조절하는 데 효과적이다. 그러나 야생동물에게 예방접종을 실시하는 데는 몇 가지 제한 요인들이 있다. 첫 번째 요구는 적합한 예방접종이어야 한다는 것이다. 이러한 예방접종은 장기간 지속하는 면역력을 생산할 수 있어야 한다(1회 면역의 결과로 이러한 결과가 나오는 것을 선호). 또한 목표 종과 다른 종에 질병을 유발시키지 않아야 하고, 저렴하고 안정적이어야 한다. 면역된 개체들과 질병으로부터 회복된 개체들을 구분할 수 있어야만(시간의 경과에 따라 발생하는 새로운 감염의 수) 질병의 발생 여부를 판단할 수 있다. 적당한 백신을 사용할 수 있다고 하더라도 이를 개체군으로 전달하는 체계가 필요하다. 질병의 전파를 줄이려면 백신 배포 체계를 통해 해당 개체군 중 상당한 비율을 면역시켜야 한다. 효과적인 질병 조절을 위해 면역력을 부여받아야 하는 개체군의 실제적인 비율은 다양한 요인에 따라 결정되는데, 그 다양한 요인으로는 질병 전파의 용이성, 개체군 밀도, 개체군의 회복률 등을 들 수 있다. 특정 상황에서는 개체를 잡아 백신을 직접 투여하는 것이 실용적일 것이다. '잡고 백신하고 놓아준다(Trap-Vaccinate-Release)'는 TVR 프로그램은 캐나다 토론토의 북미너구리, 스컹크, 여우의 광견병 백신 접종에 사용되었고(Rosatte 등, 1992) 아리조나 플래그스태프에서도 스컹크의 박쥐 광견병 발생을 조절하기 위해 사용되었다. 또한 TVR은 온타리오 안으로의 북미너구리 광견병의 전파 위험을 줄이기 위해 면역화된 동물 장벽을 만드는 데 사용된 적이 있고, 북미너구리 광견병의 개체 감염 발생 사례를 둘러싼 면역 동물들의 고리를 형성시키는 방사상 방식(radial manner)으로 사용되기도 했다. 2004년 크레츠체나(Kretzschnar) 등은 사람의 천연두를 조절하는 방역대 예방접종의 사용 가능성에 대해 논의했다. 백신 전달 방법에 의한 개체들의 면역은 오직 비교적 소규모 지역에서 실용적이었다. 스페인에서 실시된 점액종증과 토끼의 출혈성 질병에 대한 유럽토끼 면역화 TVR 프로그램은 포획 후 첫 주내 폐사율 승가와 함께 어린 토끼와 이 성체 토끼의 생존에 부정적 영향을 끼쳤다(Calvete 등, 2004). 폐사율은 예방접종의 유해성과 관련이 있었다. 필자는 TVR 프로그램이 가진 부정적인 영향을 고려해야 한다고 말했다. 2004년 하센(Hassen) 등은 둥지에 있는 동안 양 적혈구(Sheep red blood cell)와 디프테리아/파상풍 예방접종을 실시했던 암컷 북방오리의 이듬해 생존율이 눈에 띄게 감소한 것을 발견했다. 이들은 심각한 영양적 스트레스에 노출된 동물들에게 예방접종 프로그램을 실시하는 것은 주의할 필요가 있다는 사실을 연구 결과로 제시했다.

　다수의 면역을 위해 개발한 유일한 방법은 먹이 백신의 살포다. 이 방법은 백신을 구강 경로를 통해 흡수시켜 면역을 유도하는 것이다. 하지만 이 방법은 백신이 목적종이 아닌 기타 종이 있는 환경에 살포될 수 있기 때문에(이와 반대로 TVR은 백신을 목적종에 직접 주사한다) 안전하다고 볼 수 없다.

　1977년 스위스에서 약독생 광견병 백신이 포함된 먹이를 처음으로 사용한 이래 다른 광견병 백신이 포함된 수백만 개의 먹이가 유럽과 북미의 넓은 지역에 사용되어 여우, 북미너구리, 코요테의 질병을 조절하는 데 성공했다(Rupprecht 등, 2001). 유럽의 광견병 백신 프로그램의 초기 역사 정보는 1997년 뮬러(Müller)의 논문에 게재되어 있다. 2003년 델라하이(Delahay) 등은 결핵에 대한 오소리의 경구백신의 사용 가능성에 대해 논의했고, 야생동물의 면역 프로그램에서 고려해야 할 생태학적 요인을 검토했다.

환경 요인의 조절

안전한 음수의 공급, 적합한 음식, 그리고 주거지 등과 같은 공중위생과 환경위생은 사람과 가축의 많은 질병을 통제하는 데 극히 중요한 요인이 되었다. 이러한 동일 원칙들은 야생동물의 질병 관리에는 거의 적용되지 않았다. 많은 야생동물들은 그들의 역사적 분포 지역의 일부에만 그 서식이 제한된 상태이고, 그곳의 상황은 최적의 조건에 미치지 못한다. 야생동물보호구역 내의 호수에 높은 밀도로 밀집되어 있는 야생 물새류에서 그 증거를 명확하게 찾아볼 수 있다. 이 지역은 보호구로 지정되기 전 인간에 의해 수자원이 개발된 곳인 경우가 많다(야생동물에게 할당된 수자원 중 어느 정도가 식수 기준에 부합하는지, 인간이 수영하기에 적합한지를 조사하는 것은 흥미로운 일이다). 이 야생물새들은 좀 덜 붐비고 오염이 적은 서식처로 이동할 선택권을 갖고 있지 않다. 결과적으로 초래된 가장 명백한 질병 문제는 하수 내의 셀레늄과 같은 오염물질에 의한 중독과 관련되어 있지만(Fairbrother 등, 1994), 오염되거나 비위생적인 환경은 많은 감염성 질병들에도 영향을 미친다. 이것은 동일 수공간에 서식하는 감염된 동물로부터 배출된 감염성 원인체들이 축적되어 발생한 직접적인 결과일 수도 있고, 좀 더 간접적인 방식을 통한 결과일 수도 있다. 1993년 스폴딩(Spalding) 등은 "영양 오염이 과도한 습지대에는 선충류인 에우스트론길리데스 이그노투스(*Eustrongylides ignotus*)의 첫 번째 중간숙주인 지렁이가 많다."는 사실을 발견했다. 이 기생충이 두 번째 중간 단계(제2기 자충)를 거치는 물고기들은 오직 오염된 물에서만 발견되었으며, 이러한 장소 근처에 보금자리를 마련한 섭금류(두루미, 백로 등 습지조류)는 높은 유병률을 보였고, 이 기생충으로 인한 폐사율도 높았다.

이제까지 물새들이 서식하는 습지의 상태를 개선하려는 시도도 이루어졌다. 염분이 높은 습지의 새끼오리들을 보호하기 위한 사례(Moorman 등, 1991)나 도요새, 물떼새류(shorebirds)를 위해 셀레늄 오염 지역의 영향을 경감시키기 위한(Gordus 1999) 관리 전략으로서 민물 저류 기법이 추천된 바도 있다. 2002년 코너(Coyner) 등은 섭금류의 에우스트론길리데스(*Eustrongylides*) 감염을 통제하기 위한 한 방법으로 물고기 내의 에우스트론길리데스 이그노투스(*E. ignotus*)의 유충 이환율을 조사한 결과를 바탕으로 물고기들이 중감염된 수공간(pond)을 마르게 해야 한다고 제안했다(분명한 것은 이 방법이 그 질병뿐만 아니라 서식처도 없애 버리는 것이며, 개체군에게 더 해로운 것이 서식처의 상실인지, 질병인지에 대한 가치 평가가 중요하다).

육상의 서식지 붕괴 또한 야생동물의 질병에 영향을 미칠 수도 있다. 예를 들어, 번식에 영향을 미치는 명금류(passerine birds)의 난각 장애는 산성화와 관련되어 있다(Graveland 등, 1994). 인위적으로 칼슘을 공급하는 것은 그러한 현상을 경감시킬지도 모르지만(Mand와 Tilgar, 2003) 이는 광범위하거나 장기적 대처 방안으로는 적합하지 않다.

어디든 가능한 곳에서 사용해야 하는 환경 조질 방법은 인위적으로 동물을 집결시켜 질병의 전파를 조장하는 현상을 막거나 제거하는 것이다. 그 대표적인 예가 미시건에서 흰꼬리사슴들 사이의 우결핵 전파를 줄이기 위해 인공 먹이 주기를 줄인 것이다(Miller 등, 2003). 환경 조절은 매개종(vector species)을 대상으로 할 수도 있는데, 잠재적인 모기의 번식처를 없애거나 이러한 장소에 살충제(유충을 죽이는 약제)를 처리하는 등의 방법은 웨스트나일바이러스(West Nile virus)를 전파할 수도 있는 매개 모기들의 지역적 개체군 감소 프로그램의 일환으로 북미 동쪽에서 널리 시행되었다.

질병 박멸

병원체의 조절

이떤 질병이든 박멸하기는 어렵다. 1980년 예쿠티엘(Yekutiel)은 감염성 질병의 박멸 가능성과 관련된 특징들을 기술했다. 그의 고찰은 누구이든 감염성 질병을 박멸하고자 노력하는 사람들에게 유용할 것이다. 신대륙나사구더기(New World screw worm, *Cochliomyia hominivorax*)와 일부 체체파리(tsetse flies)를 퇴치하기 위한 '불임파리방사법(sterile fly technique)"의 사용은 본래 그 목적으로 사용된 것은 아니었지만, 야생 군집에 큰 도움을 준 성공 사례가 되었다(모기 개체수를 줄이는 방법 중 하나로 불임곤충방사기법(Sterile insect technique, SIT)을 사용하고 있다. 즉, 방사선으로 처리하여 불임 상태인 수컷 모기를 방생, 수정이 가능한 수컷 모기와 경쟁시켜 전체적인 개체수를 줄이겠다는 계획이다. 실제로 이 방법은 아프리카 등지에서 큰 성과를 거두었고,

일생에 단 한 번만 짝짓기를 하는 체체파리의 경우 더욱 큰 효과를 거둘 수 있었다. 아프리카의 한 섬에서는 외부에서 체체파리 수컷이 더 이상 유입되지 않아 체체파리를 거의 박멸하는 성과를 거두기도 했다. 하지만 방사선 처리 과정에서 불임 수컷 모기가 약해지는 경향이 있어 일반 수컷 모기보다 번식 경쟁력이 떨어질 수 있다는 단점이 있다.─옮긴이].

비록 수리류와 독수리류 등과 같은 사체 선호 조류들은 포유류 사체에 박힌 납탄에 의해 지속적으로 납에 노출될지도 모르지만, 전 세계 여러 지역에서 조류 사냥에서 사용하는 납탄을 규제함으로써 납탄에 인한 납 중독(lead poisoning)을 궁극적으로 없애야 한다.

동물의 조절

집중적인 경구 백신 캠페인을 통해 광범위한 육상 숙주종에서(즉, 박쥐에 의한 것이 아닌)의 광견병을 박멸하는 것은 가능할 것 같지만, 이 방법으로 대륙 전체에서 광견병을 완전히 제거하기는 어렵다(Rupprecht 등, 2001). 현재 줄무늬스컹크와 같은 일부 종에는 적절한 미끼 백신 시스템이 유효하지 못하고, 면역화 프로그램은 박쥐광견병을 관리하는 방법으로서 현실적이지 못하다. 여우 광견병에 대한 면역 프로그램이 복잡하게 만드는 요인은 이것이 광견병에 의한 폐사율을 감소시킴에 따라 여우 개체군이 증가되었다는 사실이다(현재로서는 이 개체군의 증가가 감소된 광견병 폐사율의 직접적인 효과인지도 불분명하다). 증가된 여우 개체군 밀도는 여러 가지 영향을 미쳤다. 예를 들어 광견병이 재발한다면, 증가된 여우 개체군에서 광견병을 통제하기가 좀 더 어려울 것이고(Chautan 등, 2000), 다른 인수 공통 감염병(다방조충, *Echinococcus multilocularis* 감염)의 위험도 여우 개체군 밀도와 함께 상승되며(Kern 등, 2003 ; Sreter 등, 2003), 몇몇 멸종위기에 처한 먹이종(prey species)들은 절멸 위험이 증가될지도 모른다는 우려가 있다(Müller, 1997). 캐나다 북부의 Wood Buffalo National Park에서 발생하는 우결핵과 부르셀라증을 박멸하는 유일한 방법으로 현존 들소 개체군을 완전히 제거한 후, 질병이 없는(disease-free) 들소 개체군을 보충하는 것이 제안되었지만(Connelly 등, 1990), 이는 많은 반대에 부딪혀 실행되지 못했다. 2002년 풀러

(Fuller)는 이 들소 개체군 내의 질병 관리에 대한 역사적 관점을 보고했다.

환경 요인의 조절

많은 질병들은 서식지 조절을 통해 제거될지 모르지만, 이 방법을 야생동물 질병을 대상으로 실행할 수 있을지, 그리고 다양한 종들이 서식하는 '이상적' 환경을 여전히 유지할 수 있을지는 미지수다. 특정 상황에서, 경작 관습을 바꾸기 위해 농장에 협조를 구하는 것이 캐나다두루미의 진균독(mycotoxin) 중독을 없애는 데 도움이 된 것처럼 (Windingstad 등, 1989) 단순한 활동이 더 효과적일 수도 있다.

최적 기법 선택과 경과 측정

야생동물 질병 관리 프로그램은 일종의 실험이다. 왜냐하면 과거에 사용되었던 대부분의 기법들은 유효성을 증명할 확실한 증거를 갖고 있지 않고, 특정 기법의 성공 가능성을 예측함에 있어서 근거가 되는 배경 정보도 그리 많지 않기 때문이다. 질병 생태에 관해 더 많이 알게 되면, 효과적인 방법을 찾을 가능성도 더 높아진다. 따라서 가능한 한 질병 통제와 근절보다 예방에 중점을 두어야 한다.

감염성 질병을 다룰 때 가장 중요한 예방 기법 중 한 가지는 새로운 원인체가 도입되거나 질병이 토착화된 지역으로 감수성 있는 동물 또는 계통(strain)이 도입되는 것을 막기 위해 동물의 이동을 엄격하게 통제하는 것이다. 외래종(introduced species) 역시 지역에 이미 존재하고 있던 질병의 생태를 변화시킬 수 있다. 뉴질랜드 내로의 솔꼬리포섬 (brushtail possum) 도입은 우결핵의 생태를 완전히 변화시켰고, 그 결과 다른 나라에서 성공적이었던 방법으로도 그 가축 질병의 근절이 불가능해졌다. 다방조충(*Echinococcus multilocularis*)은 이주하는 북극여우(arctic foxes)에 의해 수차례에 걸쳐 스발바드(Svalbard)로 도입됐지만, 중간숙주로 적합한 들쥐(vole)가 도입되어 생활사를 완성시킬 수 있게 되기

전까지는 그곳에 토착화되지 못했다(Hentonnen 등, 2001).

이미 토착화된 원인체를 제거하기 위한 시도는 대부분의 감염성 병원체보다 오염물질 중독 같은 비감염성 질병에 더 어울릴 것이다. 각각의 상황에서 적용할 수 있는 관리 방법의 선택은 비용과 공공의 수용 가능성 등과 같은 많은 인자들에 의해 제약을 받는다. 세계의 한 지역에서 적용되는 것이 다른 지역에서는 적용되지 않는 경우가 많다. 예를 들어, 뉴질랜드에서 결핵 관리를 위해 '유해동물(pest)종' 독살에 수년간 사용해 온 플루오르화아세트산나트륨(sodium fluoroacetate)은 많은 다른 나라에서 사용 금지되어 있다. 이와 마찬가지로 아프리카에서는 야생동물로부터 가축으로 질병이 전파되는 것을 방지하기 위해 국립공원에 울타리를 치고 있지만, 북아메리카 공원들에서는 울타리를 거부하고 있다. 면역법(immunization)은 살처분(culling)보다 공공에게 매력적인 대안이지만, 이는 미세기생체가 유발하는 고작 몇 가지 질병에만 적용할 수 있을뿐만 아니라 낮은 번식률을 나타내는 질병, 교체율(turnover)이 낮은 숙주 개체군, 평균 감염 시기가 숙주 일생의 후반인 경우에 성공을 거둘 가능성이 높다. 면역법 캠페인에는 그에 적합한 백신 개발, 미끼 전달 체계(bait delivery system) 개발, 미끼 살포 계획(baiting plan) 수립 등을 위한 집중적인 연구와 수년간에 걸친 막대한 지출 비용이 필요하다.

환경 조작(environmental manipulation)은 적절한 지역을 선정할 수 있을 정도로 질병 생태를 충분히 이해했을 때 선택할 수 있는 방법이다. 많은 질병에 적용할 수 있는 환경 조작으로는 야생동물을 인위적으로 모이게 하거나, 가축, 인간으로의 질병 전파 기회를 늘리는 인공 급이(artificial feeding)와 같은 행동을 줄이거나 제거하는 방법이 있다. 댐이나 습지 건설, 숲속 택지 개발과 같은 환경 조작의 경우, 계획 단계에서부터 야생동물, 사람, 가축의 질병에 미치는 잠재적 영향을 고려해야 한다.

많은 상황에서, 한 가지 기법만으로는 충분하지 않다. 관리 프로그램의 단계에 따라 다른 기법이 필요할 수도 있고, 몇 가지 방법을 결합하여 사용해야 할 수도 있다. 기법을 평가하는 데 있어서는 모델링(modeling)이 유용하다. 예를 들어, 2003년 스미스(Smith)와 윌킨슨(Wilkinson)은 살처분과 예방접종법의 결합이 지역적으로 발생한 광견병을 통제하기에 최적의 방법이라는 것을 예측하는 데 모델을 사용했다. 야생사슴과 소의 결핵을 통제하는 방법은 사육 기법(farming practices)을 변형시켜 사슴과 소 무리 사이의 접촉을 줄이고, 사슴의 먹이 급여와 미끼를 제한하여 전파를 줄이며, 사슴 개체군을 줄이는 것 등을 포함하고 있다. 야생동물 질병을 관리하려는 대부분의 시도에서는 공공 교육과 사람의 행동 변화가 매우 큰 비중을 차지한다.

관리 프로그램에 그 유효성을 측정하는 체계가 포함되어 있는 경우는 드물다. 질병 프로그램의 경과를 점검하는 데 필요한 시료를 모으는 일에는 비용도 많이 들고 어렵기 때문에 보통 광견병이나 결핵과 같은 가장 중요한 질병에만 집중적인 감시가 이루어진다. 관리 방법이 효과적인지를 인지하는 데도 어려움이 있다. 왜냐하면, 야생 개체군은 넓은 신뢰 한계(confidence limit) 내에서만 평가될 수 있기 때문이다. 예를 들어, 북미의 청둥오리 개체군을 50년 이상 철저히 조사한 자료가 주어진다고 하더라도 오리 개체군에 영향을 미치는 주요 폐사 요인(수렵)이 부가적인지, 보상적인지는 아직 명확하지 않기 때문에 어떤 프로그램이 조류콜레라나 보툴리즘 통제에 성공했는지를 측정하기는 어려울 것이다. 특히 질병이 개체군에서 매우 낮은 유병률을 보일 때 관리의 영향을 측정하는 것은 더더욱 어렵다. 한 가지 사례만 찾아내면 질병이 있다는 것을 명백히 입증할 수 있지만, 질병이 없다는 것은 확률 정도로 추정할 수 있을 뿐이다. 질병이 없다는 것을 상대적으로 확신하려면, 아주 많은 시료를 검사해야 한다. 예를 들어, 동물 1,000마리당 1마리의 비율(유병률=0.1%)로 발생하는 질병이라면, 한 마리의 감염된 개체를 95% 신뢰도로 찾아내기 위해 대략 3,000마리의 동물을 검사해야 한다. 따라서 성공적인 프로그램의 후기 단계에서 질병이 통제됐거나 근절됐다고 단정하기는 어려울 것이다.

갖가지 어려움들이 존재하기는 하지만 프로그램의 유효성을 점검하여 필요에 맞게 기법을 정비하거나 바꿀 수 있어야 하고, 목표에 도달한 시점을 알 수 있어야 한다. 예를 들어 조류 보툴리즘 관리의 목적은 오리류의 폐사를 줄이는 것이다. 가장 흔하게 사용하는 방법은 많은 독소를 생산해내는 오리 사체를 수거해 처리하는 것이다. 수거한 사체의 수를 세는 것은 관리의 유효성을 측정하는 것이라고 볼 수 없다. 그 이유는 그것이 현재 오리들의 폐사율에 대한 아무런 정보도 갖고 있지 않기 때문이다. 유효성은 사체 '대청소(cleanup)'가 끝난 호수에서의 오리 생존율과 이러한 처리를 하지 않은 호수에서의 오리 생존율을 비교하는 것으로 평가할 수 있다. 서부 캐나다에서 이를 행했을 때, 처리를 한 호수와 처리를 하지 않은 호수에서 오리 생존율 차이는 없었다(Evelsizer, 2002). 결국 사체 수거를 중단했고, 연간 백만 달러의 비용을 절감해 다른 지역의 물새 관리에 사용할 수 있었다.

파스퇴렐라종(*Pasteurella* spp.)과 관련된 세균에 의한 폐렴은 북아메리카 서부의 야생 양에서 중요한 질병이다. 2001년 카시러(Cassirer) 등은 새끼 양의 생존율을 증가시키기 위한 방법으로 암컷 큰뿔양에서의 면역법 유효성을 평가한 후 "폐렴의 유행 후 이루어진 암컷 큰뿔양의 예방접종은 갓 태어난 새끼의 생존율을 증가시킬 가능성이 희박하고, 이는 관리 간섭에 금기를 나타내기 때문일 수 있다."라는 결론을 내렸다.

2003년 헤글린(Hegglin) 등은 스위스 취리히(Zurich)에서 다방조충(*Echinococcus multilocularis*)의 발생을 줄이기 위한 미끼구충제 사용의 유효성을 측정했다. 이 측정의 목적은 조충란으로 인한 환경오염을 줄이는 것이었다. 구충제가 들어 있는 미끼를 한 달에 한 번, 총 18개월의 시험 기간 동안 살포했다. 유효성은 처리를 한 통제 지역과 처리를 하지 않은 통제 지역에서 여우(종숙주)와 들쥐(주된 중간숙주)의 감염률을 비교하는 방법으로 측정했다. 이 실험은 뚜렷한 환경오염의 감소를 보였고, 더 나아가 인체 감염의 위험이 감소되었다.

- 야생동물 질병 관리를 위한 시도의 대부분은 야생동물보다 사람이나 가축의 건강에 더 이익을 가져다준다.

- 관리의 목적은 질병의 예방, 통제, 근절에 있다.

- 모든 관리는 병원체에 대한 노출 감소 또는 원인체가 미치는 영향 감소로 이루어진다.

- 관리는 원인체나 동물 또는 환경의 다른 요소들을 대상으로 할 수 있다.

- 질병의 이동을 막는 것은 질병 관리의 중요한 방식이다. 질병 위험에 대한 면밀한 판단이 없이는 야생동물을 절대로 이동시켜서는 안 된다.

- 개별 야생동물의 치료를 통한 질병 관리는 특별한 상황을 제외하고는 비실용적이다.

- 질병에 대한 노출을 줄이기 위해 야생동물의 분포를 변화시킬 수 있다. 그러나 야생동물을 이동시키는 것은 어렵고, 그마저도 수용한계 조정을 위한 서식지 변경 없이는 분포 변화가 오래 가지 못 한다.

- 질병 통제를 위해 넓은 지역에 걸친 개체군을 감소시키는 방식은 일반적으로 효과가 없다. 인공급이와 같이 야생동물을 한데 모으는 요인을 제거하는 것이 몇몇 질병의 관리에 있어 유효한 방식이다.

- 동물 개체에 대한 면역법은 특별한 상황에서만 쓸모가 있다. 경구 미끼 백신 사용을 통한 대량 면역법이 광견병 통제에 효과적이지만, 비용과 기술적인 문제가 이 기법의 실행 가능성을 제한한다.

- 안전한 음용수를 공급하는 방법 등과 같은 위생과 위생 설비의 개선은 사람과 가축의 건강을 증진시키는 데 매우 중요하지만, 야생동물에서는 거의 주목을 받지 못했다.

- 많은 질병들은 공공 교육과 사람들의 행동 변화를 통해 관리할 수 있다.

- 단일 기법에 의존하는 관리 프로그램은 실패하는 경향이 있는데, 그 이유는 질병이나 동물, 환경이 변화하기 때문이다.

- 질병의 관리는 장기간 수행되어야 한다. 특히 관리가 성공적으로 이루어져 질병이 적게 관찰될 때에는 관리를 계속 유지하기가 어려울 수 있다.

- 극소수의 기법만이 그 유효성을 측정할 수 있다. 프로그램에 모니터링 체계를 포함시켜야만 새로운 방법을 도입할 수 있다.

14

요약

야생동물의 보전에 있어 질병의 역할은 철저하게 과소평가돼 왔다.

— 레오폴드(A. Leopold)

필자는 이 책에서 특정 질병을 자세하게 다루기보다 일반적인 야생동물 질병에 대해 생각하는 틀을 제공하고자 노력했다. 이번 장에서는 질병에 대한 몇 가지 사항들에 대해 알아보고, 그것들이 야생동물 관리와 어떤 연관성이 있는지를 강조하면서 결론을 맺고자 한다.

야생동물 관리가 1930년대 북미에서 학문으로 탄생하게 된 것은 알도 레오폴드(Aldo Leopold)의 노력과 저술 덕분이라고 할 수 있다. 레오폴드는 야생동물에게 질병이 매우 중요하다는 사실을 깨달았다. 그는 질병이 완충먹이(buffer food, 포식자에게 있어 설치류 같은)를 조절하고, 몇몇 종들의 지리학적 분포를 제한하며, 몇몇 종들의 밀도 한계를 설정하고, 개체군에 주기적 또는 돌발적 변화를 주며, 성비와 번식력에도 영향을 미친다고 설명했다(Leopold, 1933). 그는 1933년에 질병 조절에 대한 내용이 담긴 『*수렵 관리(Game Management)*』라는 책을 펴냈다. 이 책은 야생동물 질병에 대한 관심을 촉발시켰다. 필자는 이 주제를 가르치는 과정에서 이 책을 참고했다.

레오폴드 이후의 야생동물 관리자들은 질병을 인간 활동과 무관하게 일어나는 자연적인 현상으로 간주하고, 이를 무시하거나 숙명으로 받아들이는 태도를 보였다(Friend, 1981). 이들은 질병을 포식이나 수렵, 먹이 공급과 같은 관점에서 바라보지 않았고, 야생동물 생활사의 일부분으로도 생각하지 않았다. 프렌드(Friend, 1981)는 야생동물 관리자들이 질병으로 인한 폐사에 대해 어떻게 대응하는지를 네 단계로 분류하고(표 14.1), 3단계 내에 그 대응을 포함시켰다(수동적이고 무계획적인 방식의 대응).

필자는 관리 방법의 효율성 평가에 대한 내용을 원 자료에 포함하여 표 14 1을 조금 수정했다. 당사자가 이미 존재하는 관리 방법의 효율성을 측정할 수 없는 한, 보다 개선된 방법을 개발하는 것은 불가능하다고 믿기 때문이다. 야생동물 분야에서 사용해왔던 거의 대부분의 질병 관리 기법들은 객관적으로 평가된 적이 없었다. 프렌드(1981)는 주로 눈에 띄는 집단 폐사를 일으키는 질병들에 대해 관심을 가졌는데, 그 이유는 이러한 질병들이 중요해서가 아니라 질병 발생 형태가 가장 명확했기 때문이다.

질병 : 사체 그 이상의 것

레오폴드(1933)는 사람들이 질병을 생태학적 인자로 취급하지 않는 이유를 '질병에 걸린 동물은 사라지거나 자연 천적에 의해 사라져 질병의 영향을 관찰하기 어렵기 때문'이라고 생각했다. 단기간에 걸쳐 많은 동물이 죽고 그 사체가 쌓이는 경우에만 비로소 질병의 존재가 명확하게 나타나기 때문에 결과적으로 물새의 조류콜레라나 물범의 모빌리바이러스(Morbilli virus) 감염과 같이 집단 폐사를 일으키는 질병이나 특징적인 병리학적 소견을 일으키는 원인체에만 관심이 쏠려왔다.

준임상형 질병의 원인체는 명확한 집단 폐사를 야기하지 않지만, 번식과 생존에는 영향을 미친다는 분명한 증거들이 있음에도 불구하고 준임상적 질병은 많은 관심을 받지 않았다. 예를 들어, 눈신멧토끼들은 장관 선충의 준임상적 감염으로 인해 포식에 대한 감수성이 증가했고(Ives와 Murray, 1997), 우두의 경우 임상적 증상을 일으키지는 않지만, 첫 번째 번식기가 20~30일까지 늦어져 번식력이 25%까지 감소했다(Feore 등, 1997). 2003년 건(Gunn)과 어빈(Irvine)은 가축의 성장과 번식에 따른 질병의 준임상적 영향을 살피는 데 사용되는 연간 수백 만 달러의 돈과 야생동물의 상황을 대조했다. 개체동물에 대한 질병 원인체의 영향을 평가하는 것은 동물의 각 발달 단계를 고려해야 한다. 예를 들어 2003년 캠(Cam) 등은 성장기의 상황들(많은 감염성 질병이 발생하는)이 각 동물 개체들의 질과 적응도에 관여하는 영구적인 요소들에 영향을 미친다고 설명했다. 개체군에서 질병 원인체의 영향을 고려할 때에는 그 원인체의 분포와 질병이 개체군을 구성하는 동물 개체들의 평생 적응도에 미치는 영향을 반드시 고려해야 한다

표 14.1 질병 발생에 대한 야생동물 관리자들의 대응 진화

단계	반응	수준	질병에 대한 시각
1	질병이 존재한다는 것을 인식, 자연현상으로서의 질병을 받아들임	인식	숙명적
2	집단 폐사에 대응하고자 하지만 명확한 것이 없기 때문에 구체적인 행동이 없음.	걱정	좌절
3	A. 무계획적인 대응 B. 계획된 대응 C. 조절 효율성의 평가 D. 개선된 방법의 개발	조절	화재 진압 (수동적인 반응)
4	A. 잘 조직된 대응, 예방 대책에 주목함. B. 조절과 예방에 대한 연구 C. 일상적 야생동물 관리체계에 질병 개념 도입	예방	문제 해결

원문 : Friend(1981) 자료를 수정

질병의 비용

유일(Yuill, 1987)은 야생동물에 나타나는 감염성 질병의 '폭력성과 교묘함'에 대해서 언급하면서 모든 감염은 비용의 손실이 초래한다고 강조했다. 하지만 현재 우리가 사용하고 있는 방법으로는 그 비용이 얼마인지를 측정하기가 어렵다. 영양 결핍이나 독성물질 또는 퇴행성 과정들에 의해 발생하는 비감염성 질병들 역시 비용의 손실을 초래한다.

질병은 절대적인 개념이 아니라 상대적인 개념이다. 질병은 임신 등과 다르기 때문에 동물에 따라 이에 가볍게 걸릴 수도, 심하게 걸릴 수도 있다. 한 원인체에 감염되거나 조직 내 독성물질 잔재물에 영향을 받는 동물들은 이에 의한 보상으로 생리적 또는 행동상의 조정이 필요할지는 모르지만, 명확한 기능 장애는 보이지 않을 수 있다. 이것이 바로 유일(1987)이 언급한 질병의 '교묘함'이다. 이 경우 원인체가 아무런 영향을 미치지 않거나 유해하지 않다는 결론을 내릴 수도 있지만, 좀 더 자세히 살펴보면, 현재 해당 동물의 조건이 질병으로 인한 비용 손실을 감당할 수 있는 상태라고 해석할 수 있다. 만일 상황이 달랐다면 동일한 원인체는 심각한 장애를 야기시키는(폭력성) 결과를 초래했을 수도 있다.

우리는 한 번에 한 가지 질병에 대해서만 생각하는 경향이 있지만, 야생동물들은 여러 가지 질병들의 영향을 받고 있으며, 때때로 이러한 영향은 동시에 나타나기도 한다. 이처럼 다양한 원인체들 간의 상호작용이 야기하는 비용을 평가하고, 이것들이 어떻게 포식, 기후, 다른 환경 조건들과 관련되어 있는지 이해하기 위해서는 '화폐'의 성격을 띠는 무언가가 필요하다. 2002년 축(Zuk)과 스토어(Stoehr)는 "단백질이나 기타 영양 물질을 화폐로 환산할 수도 있지만, 이보다는 에너지가 질병으로 발생하는 비용을 측정하는 데 더 적합하다."라고 말했다. 질병 원인체는 질병에 대한 저항과 손상의 복구를 위해 에너지를 사용하게 함으로써 에너지의 입수를 방해하고, 에너지 흡수와 보유량을 줄인다. 질병 원인체는 에너지가 성장이나 번식, 다른 질병 원인체에 대한 저항 또는 포식동물에 대한 회피 행동들과 경쟁하도록 하는 결과를 초래한다.

　필자는 매니토바에서 일하면서 이와 관련된 내용을 작성했다. 숲에는 아직까지 눈이 깊이 쌓여 있었고, 해동과 동결이 반복되었으며, 표면은 얼어 있었다. 늦겨울은 야생 유제류에게 매우 힘든 계절이다. 특히 지역에서는 말코손바닥사슴이 가장 큰 걱정거리였다. 에너지 비용은 필자가 겨울진드기(*Dermacentor albipictus*), 단방조충의 낭포(hydatid cysts), 대왕간질(*Fasioloides magna*)과 노화에 따른 퇴행성 변화들이 서로 어떻게 상호작용을 하는지, 그리고 이러한 원인체들이 기후 및 늑대 등과 함께 말코손바닥사슴에게 어떤 영향을 미치는지 상상할 수 있게 해주었다. 눈이 쌓이고 표면이 얼어붙은 길 위를 걷는 것은 말코손바닥사슴에게도 매우 힘들고, 늑대에게 잡히지 않으려고 전속력으로 달리는 것 또한 엄청난 양의 에너지가 소모되는 일일 것이다. 따라서 이처럼 이동과 에너지 입수가 제한된 시기에는 에너지에 대한 요구도가 높아진다. 겨울진드기는 매년 말코손바닥사슴에게 발생하지만, 감염 정도는 매년 다르다. 진드기들은 재생 비용이 드는 혈액을 빨아먹거나 피부 염증을 일으키기도 하며, 심하게 긁거나 비비게 만들기도 한다. 심하게 감염된 말코손바닥사슴은 가볍게 감염된 개체들에 비해 먹지 못하고, 털 손실로 인해 체온 조절에 필요한 에너지 비용이 올라간다.

　포충 감염은 흔히 발생하며, 감염 유병률과 강도는 말코손바닥사슴의 나이에 따라 상승한다. 나이 든 말코손바닥사슴은 더 많은 포낭을 갖고 있기 때문에 어린 말코손바닥사슴에 비해 더 많이 감염된다. 포낭 주변에는 중등도의 염증 반응이 있고, 세포의 교체와 대체에 필요한 약간의 비용 손실과 면역 반응에 의한 손실이 발생한다. 간은 충분한 여유 능력을 갖고 있기 때문에 간 기능에 큰 영향을 미치지 않고서도 포낭이 자리 잡을 수 있지만, 만일 폐에 골프공 크기의 포낭이(그림 5.2) 여러 개 자리 잡게 되면 가스 교환 능력이 떨어진다. 이러한 사항은 천천히 움직이는 동물에게 문제가 되지 않지만, 늑대를 피하기 위해 눈 위에서 뛰어야 하는 동물에게는 치명적일 수 있다. 이 특정 지역에서는 간흡충 감염이 흔하지 않지만, 연령에 따라 유병률이 증가하며, 말코손바닥사슴에서의 감염은 간의 섬유화와 심한 염증 반응을 야기한다(그림 5.1). 나의 경험으로 미루어 볼 때 간흡충에 감염된 말코손바닥사슴은 일반적으로 몸 상태가 좋지 않다. 관절의 퇴행성 변화와 치아의 마모는 말코손바닥사슴의 연령에 따라 발생한다. 관절 질환은 섭식과 도주를 위한 운동성을 떨어뜨리고, 마모된 치아는 먹이 섭식과 처리 능력을 떨어뜨린다. 말코손바닥사슴에게 존재하는 바이러스나 원충, 내부 기생충에 대해서는 알려진 바가 별로 없지만, 이들이 분명히 존재하며, 비용을 발생시킬 것이라는 점은 확실하다. 이와 아울러 말코손바닥사슴에 잔류하는 화학물질에 대해서도 알려진 바가 별로 없지만, 연령에 따라 신장에 카드뮴이 저류할 수 있으며 신장 기능에도 영향을 미칠 수 있다.

다양한 인자들을 확인한 후에는 말코손바닥사슴 한 마리에 들어가는 모든 손실 비용을 산정해볼 수 있다. 진드기와 관련된 비용과 쌓인 눈을 헤치며 이동할 때 필요한 에너지의 양은 매년 매우 다르다. '상황이 나쁜' 해에는 말코손바닥사슴 한 개체가 5만 마리 이상의 진드기를 갖고 있다(Samuel과 Welch 1991). 포충이나 간흡충, 관절 질환의 비용은 매년 상대적으로 일정하게 발생한다. 날씨는 기본적으로 확률적 범주에 속하는 모호한 요인이다. 전년도 날씨는 얼마나 많은 진드기가 말코손바닥사슴에 달라붙어 있게 했는지, 지난 가을에는 얼마만큼의 에너지(지방)를 축적할 수 있었는지에 영향을 미친다. 이를 바탕으로 겨울 동안의 날씨는 얼마나 빨리 지방 저장분을 소모시키는지, 동물이 얼마나 오랜 기간 동안 봄에 돋아날 새싹을 기다려야만 하는지를 결정할 수 있다.

진드기 수가 적거나 적설량이 적당하고, 봄이 일찍 시작되는 등과 같이 '상황이 양호한' 해에는 총 손실 비용의 보상(관리)이 가능하며, 다양한 질병 원인체들의 영향은 '미미'해서, 개체군 내 가장 상태가 좋지 않은 개체들에서만 질병이 명확하게 나타난다. 이러한 개체의 예로는 발정기, 관절의 퇴행성 변화, 포낭충증과 간흡충증에 걸릴 확률이 높은 가능성 때문에 지방 축적량이 낮은 채로 겨울을 맞는 늙은 수컷 말코손바닥사슴들을 들 수 있다. 가장 최악의 상황은 진드기 감염이 가을부터 쌓인 많은 눈에 의해 축적 지방량이 감소하는 시기에 발생하고, 이어서 한파가 불어와 눈 표면이 얼고 적설량이 깊어지며, 더 나아가 봄이 더디게 찾아오는 것이다. 이러한 조건하에서는 많은 개체들에게서 에너지 고갈이 발생하고, 몇몇은 굶어 죽기도 하며, 몇몇은 피포식 행동에 필요한 에너지가 고갈되어 늑대의 공격을 막거나 피할 수 없게 되고, 살아남은 몇몇의 경우에도 번식 성공률이 낮아진다. 상황이 나쁜 해의 폐사율을 겨울진드기의 '탓(폭력성, mayhem)'이나 포식 행동 탓으로 돌리고 싶은 유혹도 있지만, 진드기나 간흡충, 조충이나 관절 질환 등 다른 인자들의 영향도 부가적으로 이해해야 하며, 이를 날씨나 포식 행위와 통합적으로 생각해야 한다. 이러한 사례는 질병을 항상 맥락 의존 변수(context-dependent variable)★로 이해해야 한다는 사실을 잘 보여준다(Brown 등, 2003).

노출과 저항성

병원체에 대한 노출과 저항성은 질병의 발생을 좌우한다. 질병을 다루거나 통제하는 모든 노력은 질병에 대한 노출을 줄이거나 저항력을 증가시킨다. 동물들은 원인체에 노출되지 않으면 질병에 걸리지 않으며, 적절한 저항력이 있으면 노출이 질병으로 진행되지 않는다. 동물의 저항력은 질병을 유발하는 데 필요한 원인체의 '용량'을 좌우하며, 저항력의 유효 정도는 노출에 의한 위험의 심각성 정도에 달려 있다. 앞에서 이러한 관점을 설명하기 위해 도처에 있는 부패 유기물을 영양원으로 하여 환경에서 자유롭게 자라는 곰팡이인 아스페르길루스 푸미가투스(*Aspergillus fumigatus*)가 유발하는 국균증을 언급했다. 사람을 포함한 포유류와 조류는 공기 중에 있는 이 곰팡이의 분생자[conidia; 포자(spores)]에 빈번히 노출되지만(Latgé, 2001), 실제로 질병은 흔하지 않다. 새에서 국균증은 두 가지 상황에서 발생한다: 새가 압도적인 포자량에 노출되었을 때(예를 들어 곰팡이가 뒤덮은 먹이를 섭취) 또는 감염에 대한 저항성이 감소했을 때다. 극도의 과도한 노출은 정상적인 저항력의 기능을 뛰어넘을 수 있으며, 새들의 면역력이 약한 경우에는 일반적 수준의 노출만으로도 저항력을 넘어서기에 충분하다. 사람에서 국균증은 드물지만, 면역 억제 환자들에서는 치명적인 침습성 감염이 발생한다.

많은 인자들은 병원체에 대한 노출을 조절한다. 어떤 동물들은 그들의 생태적 지위

★ 맥락 의존 또는 문맥 의존(context-dependent): 어떤 과정이나 자료 집합의 의미가 주위 환경에 따라 달라지는 것을 나타내는 용어

때문에 질병 원인체들에 노출되기도 한다. 이는 사람에서 '직업상의 노출(occupational exposure)'로 인해 발생하는 직업병과 같다. 예를 들어, 수생 환경에서는 수은의 메틸화가 발생하고, 메틸수은은 물고기에 축적되기 때문에 물고기를 먹는 동물은 종종 고농도의 유기수은에 노출된다. 그래서 비록 기러기와 아비가 습지대에 함께 있더라도 수은 중독은 기러기가 아닌 물고기를 먹는 아비에게만 위험 요소로 작용하는 것이다. 필자는 수년 동안 오리에서 종종 보툴리눔독소중이 발생하는 습지대인 아이브로(Eyebrow) 호수에서 일했다. 캐니다기러기들은 이 호수를 널리 이용하지만, 이곳에서 보툴리눔독소중에 걸린 캐나다기러기는 한 번도 발견된 적이 없다. 그 기러기들은 풀을 먹기 때문에 사체의 구더기 체내에 있는 보툴리눔독소에 노출되지 않는다. 이와 유사하게 파키스탄의 독수리들은 그들의 부식성 생활양식 때문에 소염제가 잔류하는 가축 폐사체를 섭식함으로써 이에 중독된다(Oaks 등, 2004). 같은 개체군 내에서도 각 개체들의 먹이 환경, 이동 또는 행동 양식이 다르기 때문에 개체마다 한 병원체에 노출되는 정도는 다양하다. 예를 들어, 수컷 들소 송아지는 유산한 동물에 흥미가 있기 때문에 브루셀라병에 노출될 위험이 특히 높다(Rhyan, 2000). 환경 조건과 동물 밀도는 노출에 있어서 주요한 영향력을 갖는다. 예를 들어, 파스퇴렐라 물토시다는 많은 새들이 오랜 기간 이용하는 습지대의 표층수(지상수)에 살아남아 축적된다.

동물들 간 접촉 정도와 형태는 많은 감염성 원인체에 대한 노출을 좌우한다. 이는 질병이 어떻게 개체군 내에서 전파하는지를 이해하는 데 결정적인 역할을 하지만, 우리는 야생동물들 사이에서 접촉이 실제로 어떻게 발생하는지 모른다. 예를 들면, 결핵에 걸린 엘크가 얼마나 자주, 질병을 전파할 만큼 충분히 친밀하게 다른 엘크와 접촉하는가? 감염성 질병의 어떤 모델들은 한 개체군 내 동물 간의 접촉이 무작위로 또는 균일하게 발생한다고 가정한다. 그러나 나의 삶에 이를 적용해 생각해보더라도 이 모델은 적합하지 않으며, 아마도 야생동물 대부분에게도 이러한 가설은 적절하지 않을 것이다. 나와 접촉하는 대부분의 사람들은 '무작위'가 아니라 가족 구성원들, 가까운 이웃들, 그리고 유사한 생활양식이나 직업을 가진 사람들이다. 특정 질병 전파에 필요한 접촉이 더 친밀한 것일수록 그 접촉은 '무작위'가 아니며, 전파에 유효한 접촉 수는 더욱 적어질 것이다. 야생동물들 간의 접촉과 질병 전파가 동물의 풍부도와 양의 상관관계를 가진다는 사실에 대해서는 합의가 이루어져 있지만, '동물 개체들이 어떻게 섞이고, 그 결과 감염성이 있는 야생동물 숙주 개체와 감염에 취약한 숙주 개체들 간에 어떻게 질병전파가 발생하는지에 대한 기전에 대해서는 더 많은 연구가 필요하다. 그 이유는 현재까지 나온 소수의 연구 결과들이 서로 모순되는 양상을 보이고 있기 때문이다(Caley와 Ramsey, 2001).

저항성에는 행동의 회피, 병원체의 침투에 대한 물리적 장벽, 해독 체계, 그리고 선천적 및 후천적 면역 체계 등 다양한 기전들이 있다. 이들 모두는 동물에게 영향을 미치는 많은 다른 요인들로 인해 제 기능을 발휘하지 못할 수 있다. 각 요인에 대한 저항성은 한 동물의 일생 동안 증감한다. 한 집단이나 개체군 내 개체들 간의 저항력 차이는 매우 다양하다. 예를 들어, 1993년 벨(Bell)과 스튜어트(Stewart)는 균일한 조건하에서 사육한 들쥐들 사이에서 프란시셀라 툴라렌시스(*Francisella tularensis*, 야토병의 원인)에 대한 감수성이 최고 10배(order-of-magnitude, 어느 수치에서 그 10배까지의 범위)까지 차이가 난다는 것을 발견했다. 특정 개체군이 갖고 있는 저항력은 선천성과 후천성 모두, 해당 개체군(선천적 저항력이 강한 개체들이 선택됨으로써) 또는 개체군 내 각 개체들과(감염 후 후천적 저항력을 취득함으로써) 특정 병원체 간의 과거 경험과 관련되어 있다. 새로 도입된 많은 병인체들, 일명 신규지역 동물유행병(virgin soil epizootic)이 야기하는 치명적인 결과는 숙주 개체군이 해당 병인체를 겪어본 적이 없고 이에 대한 저항력이 없다는 것 때문에 발생하는 것이다.

노출과 저항성의 관계는 복잡하고 빠르게 변화할 수 있다. 예를 들어, 모든 연령의 가마우지가 조류 파라믹소바이러스 1(뉴캐슬병의 원인)에 감염될 수 있지만, 임상적 질병은 부화 당해 연도(hatch-year)의 새끼들에서만 한여름의 짧은 관찰 기간 동안 확인돼왔다. 이는 노출과 저항성 사이의 상호작용 때문인 듯하다. 난황을 통해 성체 암컷 가마우지로부터 새끼에게 항체가 전달되기 때문에 많은 새끼 새들은 부화한 후 약 2주 동안 감염에 대한 저항성을 갖고 있다. 점차 어린 새들에게서 이러한 '수동적인' 저항력이 감소하면 질병에 취약해질 수 있지만, 몇 주 동안은 둥지에만 머물며 부모 및 형제들과만 직접 접촉하기 때문에 질병에 노출될 확률이 적다. 새끼 새들이 둥지를 떠나 집단 거주지 (colony, 가마우지에게 유치원에 해당하는)를 배회하기 시작하면서부터 접촉이 발생한다. 이때 집단 거주지에 바이러스가 존재하면(아마도 성체들에게서 유래되었을), 감염에 취약한 어린 새들이 질병에 노출되어 높은 폐사율을 보이는 질병이 발생할 것이다. 그러나 이 시기에 노출되지 않으면, 어린 개체들은 자라면서 이에 대한 저항력을 발달시킨다. 만약 훗날 그 바이러스에 노출되면 감염이 될 수는 있지만, 임상적 질병으로 발전하지는 않을 것이다(Kuiken 능, 1998).

질병과 절충

이상적인 사회에서는 그 어떤 동물도 질병에 노출되지 않고, 모든 개체는 모든 질병 원인체에 대한 완벽한 저항력을 갖고 있을 것이다. 하지만 현실 속 동물들은 질병 원인체에 지속적으로 노출되어 있고, 삶은 위험과 충돌의 연속이다. 생활사 이론에 따르면, 각 유기체들은 자신들의 전 생애에 걸쳐 자원이 필요한 활동들 사이의 생리적인 절충을 통해 적응도를 극대화한다(Stearns, 1992). 이미 이 책의 다른 부분에서 질병에 영향을 미치는 다양한 절충 사례를 명시했기 때문에 여기서 반복하지는 않겠다. 하지만 질병을 이해함에 있어, 절충이 이루어진다는 것과 에너지를 위해 경쟁하는 활동들 중 어느 것이 선택될 것인지에 대한 절대적인 규율이 존재하지 않는다는 점을 깨닫는 것이 매우 중요하다고 생각한다. 감염성 원인체와 동물 숙주 둘 다 절충을 한다. 감염성 원인체는 숙주로부터 최대한 많은 에너지를 뽑아내되, 자신의 생존이나 다른 숙주로 건너갈 기회를 위협할 정도로 숙주를 손상시키지 않도록 균형을 잡아야만 한다. 또한 숙주동물이 한 질병에 대한 저항력에 에너지를 많이 투자한다면, 해당 숙주 개체는 다른 병인체에 대한 감염이나 포식에 더 취약해질 수 있으며, 잘 자라지 못하거나 효율적으로 번식하지 못할 수도 있다.

동물들은 질병 원인체에 노출되는 것을 피해야 하고, 피할 수 없는 원인체에 대해서는 강력한 저항력을 갖추어야 한다고 가정해볼 수 있지만 동물이 질병에 대한 노출을 피하는 것이 항상 최선의 방법이라고는 할 수 없다. 예를 들어, 양이 분변 가까이에 있는 풀(선충의 유충에 노출될 위험이 있는 풀)을 기피하는 정도는 해당 개체의 영양 상태에 달려 있다 (Hutchings 등, 1999). 영양 상태가 좋지 않은 동물들의 경우, 질 좋은 영양분을 얻는 것이 감염을 피하는 것보다 더욱 가치가 있다. 방어 반응을 일으키는 데 필요한 자원들은 숙주 개체의 성장, 번식 및 생존을 제한하거나(Hanssen 등, 2004), 해당 방어 반응 자체가 개체에게 매우 치명적이라면 질병 원인체에 대한 강한 면역이나 염증 반응을 일으키는 것이 언제나 이득이 되지는 않는다(질병으로 인한 많은 손상이 원인체 자체보다는 원인체에 대한 반응의 결과라는 점을 상기해야 한다).

필자는 새의 기생충과 번식 사이의 관계에 근거하여 질병과 관련된 절충에 대해 연구한 적이 있다. 번식과 질병에 대한 저항력에는 비용(에너지)이 든다. 번식 노력은 면역 반응을 갖추는 능력을 줄이고(Deerenberg 등, 1997), 이와 반대로 면역 방어는 번식 활동을 줄이는 결과를 초래할 수 있다. 번식하는 개체에서의 질병에 대한 대가는 자손의 생존 및 성장 저하 또는 어미의 생존율 및 추후 번식력 감소로 치러진다(Møller, 1994). 많은 질병들로 인해 포식에 대한 취약성이 증가한다는 점은 분명한 사실이다. 몇몇의 경우 이러한 관계는 질병 저항력에 필요한 에너지와 포식자 회피 행동에 소모되는 에너지양 간의 절충을 통해 매개된다. 이와 반대로 포식자 회피 행동은 질병 원인체 방어에 대한 투자를 감소시키고, 더 높은 기생증을 일으킨다는 증거가 있는데, 이 또한 절충의 결과다 (Navarro 등, 2004). 질병과 관련된 비용과 절충의 모든 영향력을 이해하기 위해서는 에너지 경쟁적인 요구들을 파악하고, 동물의 전 생애에 걸쳐 이를 측정할 필요가 있다.

생과 공정함

대부분의 사람들은 질병을 집단이나 개체군 내 모든 개체들에게 일률적이거나 무작위로 작용하는 하나의 인자로 생각한다. 하지만 질병이 균질하게 퍼져나가는 경우는 거의 없다. 개체군 내 다른 개체들이 문제 없이 지내는 동안 어떤 개체들은 질병과 싸우고 있다. 이러한 불공정한 배분은 개체들 사이의 질병에 대한 노출과 저항성의 차이에서 나타난다. 질병의 불균형적 분배는 장 내 기생충과 같은 원인체에 의한 질병에서 가장 분명하게 나타난다. 거대 기생체들이 동물들 사이에서 집중적으로 감염된다는 사실은 오랜 기간 알려져 왔다(Shaw 등, 1998). 대부분의 개체들은 기생충이 조금 있거나 아예 없고, 적은 수의 개체들은 기생충을 많이 갖고 있다. 이는 이러한 원인체에 의해 야기되는 질병을 이해하는 데 중요한 의미를 지닌다. 왜냐하면 심각한 감염은 개체군 내 낮은 비율의 개체들에게만 한정되어 있고, 이처럼 심각하게 감염된 개체들에게 해당 원인체 전파의 책임이 있기 때문이다. 어떤 사람들은 개체군의 20%에게 기생충 전파 80%의 책임이 있다는 '20/80 법칙'을 따르는 과도 분산(overdispersion)을 언급하기도 한다(Skorping과 Jensen, 2004). 왜 이러한 일부 개체들(20%의 개체들)이 유독 심하게 감염되는지는 주목을 거의 받지 못했다. 이러한 개체들이 유전적으로 열등한지, 좋지 않은 환경이나 문제가 있는 환경에서 자라났는지, 좋지 않은 무리와 어울려 병인체에 비정상적으로 노출되었는지 등과 같은 예상을 해볼 수도 있다. 하지만 이와 다르게 생각해볼 수도 있다. 그들에게 닥친 '과도한 감염'이라는 불행은 아마도 이들 자신이나 이들의 부모가 다른 질병과 관련하여 절충한 결과가 아니었을까? 사람의 경우, 아이들에서 나타나는 영양 결핍 상태와 기생충 감염은 가난이라는 동일한 근본적인 원인에 의해 동일인에게 나타나는 경향이 있다(Bundy와 Golden, 1987). 아직 그 이유는 알려져 있지 않지만, 포유류 수컷들이 암컷보다 감염성 질병에 더 취약하고, 어떤 경우에는 질병 전파에 대한 더 많은 책임이 있다(Ferrari 등, 2004).

모든 야생동물 개체군에는 특권을 가진 개체들과 갖고 있지 않은 개체들이 있다. 가장 분명한 예는 세력권을 갖고 있는 종에서 나타난다. 자신의 세력권이 없는 개체들은 세력권을 갖고 있는 개체들보다 생존율이 훨씬 낮다. 세력권의 차이에 따른 질병 연구는 아직 보지 못했지만, 자원이 풍족한 개체들이 부족한 개체들보다 질병에 대한 저항력을 더 잘 갖추었다고는 가정할 수 있을 것이다. 예를 들어, 세력권을 가진 붉은뇌조들보다 사회적으로 낮은 지위에 있는 붉은뇌조에서 더 많은 수의 모양선충(*Trichostrongylus tenuis*)이 발견되었다(Jenkins 등, 1963). 질병은 세력권과 자원을 확보하기 위한 개체들의 경쟁력을 떨어뜨린다. 예를 들어 1995년 델라헤이(Delahay) 등은 맹장기생충 감염으로 수컷 붉은뇌조의 세력권을 지키는 능력이 줄어들 수 있다고 말했다. 세력권을 형성하지 않는 종이더라도 생존에 필요한 자원에의 접근에는 불평등이 나타난다(Nilsen 등, 2004). 자원의 부족은 동물의 전 생애에 걸쳐 영향을 미칠 수 있다. 1998년 피터슨(Peterson)은 말코손바닥사슴이 어린 시기에 받은 영양적 스트레스가 노년기 퇴행성 관절 질병과 상관이 있다고 설명했다.

다숙주기생체(transpecifics): 주의해야 할 기생체들과 병원체들

1994년 코크레이(Caughley)와 싱클레어(Sinclair)는 보전 대상종에게 영향을 미치는 질병 원인체의 잠재력을 고려함에 있어 중점을 두어야 할 기생체들과 병원체들은 바로 다숙주기생체라고 정의한 바 있다. 보전 대상종들은 보통 개체군이 작다. 일반적으로 감염성 원인체가 단일 숙주만을 감염시킨다면 해당 숙주에게 큰 손상을 입힐 수 없다. 만약 질병 감염 기간이 짧다면 질병을 개체군 내에 존속시킬 만큼 충분한 감수성 개체들이 존재해야 할 것이다. 따라서 매우 치명적이거나 자주 전파되어야 하는 단일 숙주종 원인체는 소규모 숙주 개체군에서 지속될 수 없다. 가장 자주 인용되는 예로는 (단일 숙주인 사람에서) 30만에서 50만 명 이상에서만 지속될 수 있는 홍역바이러스를 들 수 있다.

소규모 숙주 개체군에서는 대폭 작아진 기생충 군집이 공통적으로 관찰되는데, 그 이유는 많은 수의 숙주 특이적인 병인체(한 종의 숙주만 감염시킬 수 있는 기생충)가 죽어 없어졌을 것이기 때문이다. 이 사실은 소수의 개체들만 남아 있는 종의 보전에 중요하다. 숙주 특이적인 질병 원인체는 해당 숙주의 멸종 원인이 되지는 않기 때문이다(질병이 숙주 개체군보다 빨리 사라질 것이다). 그러나 일반종(generalist, 여기서는 특수종인 specialist의 반대 개념으로 쓰임)인 원인체나 다숙주 원인체는 하나 이상의 종에서 유지될 수 있고, 멸종위기종으로 퍼져 심각한 영향을 미칠 수 있기 때문에 숙주 특이적인 원인체와 동일하다고 볼 수 없다. 이러한 예로는 개체수가 풍부한 코요테, 오소리, 스컹크, 개와 같은 종에서 순환하고 유지되고 있던 개홍역이 검은발페렛에 돌면서 이들을 거의 멸종위기로 몰아갔던 경우가 있다. 이러한 상황에서 개홍역바이러스는 말코손바닥사슴을 주요 먹이로 삼음과 동시에 그 수가 적은 순록 개체군을 멸종으로 이끌었던 늑대와 유사하게 행동하고 있다(Seip, 1992). 검은발페렛 개체군은 개홍역바이러스를 유지시키기에 부족했으며, 적은 수의 순록은 늑대 개체군을 유지할 수 없었으나 두 종 모두은 개체수가 더 많은 다른 동물 개체군들(개홍역 바이러스와 늑대 개체군을 유지시켜줄 수 있는)로부터 범람 영향(spillover effect)을 받았다.

다숙주 원인체의 영향은 종종 그들이 유지되던 종보다 대체 숙주 또는 일반적이지 않은 숙주에게 더욱 치명적이다. 야생동물에게는 이러한 예를 많이 찾아볼 수 있다. 흰꼬리사슴 개체군 내에서 말코손바닥사슴과 순록에게는 심각한 피해를 입히는 파렐라포스트론길루스 테누이스(*Parelaphostrongylus tenuis*)(Lankester, 2001)와 꿩에서 유지되며 회색자고에 피해를 주는 닭맹장충(Tomkins 등, 2000), 양이 감염된 경우에는 임상 증상이 나타나지 않지만 사슴에는 악성 카타르성 열을 나타내는 양 헤르페스 2(ovine herpesvirus-2), 토착 명금류에는 임상적으로 나타나지 않지만 동물원 펭귄에게는 치명적인 조류말라리아종(*Plasmodium* spp. 감염), 사람에게는 치명적인 한타바이러스 호흡기증후군을 일으키지만 흰발생쥐 개체군 내에서 유지되는 신놈브레바이러스, 소와 북미들소에서 가벼운 정도의 만성 질병 원인이지만 말코손바닥사슴에서는 심각한 질병을 일으키는 소 브루셀라균(Forbes 등, 1996) 등이 있다.

질병에 미치는 사람의 영향

필자가 대학교 1학년 때, 토요일 아침마다

영어 수업이 있었다. 젊은 강사는 반응이 없는 시골 학생들에게 전력을 다해 가르쳤다. 어느 날 그는 우리에게 일련의 숙어와 문장을 보여주면서, 그것을 문법적으로 더 정확하게 구성해보라고 했다. 그중 한 가지는 '사람의 손길이 한 번도 닿지 않은 처녀림(the virgin forest where the hand of man has never set foot)'이었고, 그것의 정답은 '손 안의 하나가 숲 속의 둘보다 낫다(a virgin in the hand is worth two in the forest)'였다. 필자는 이 이야기를 단순히 사람의 발길, 손길이 닿지 않은 숲은 없다는 사실을 설명하는 데 사용하고자 한다. 오늘날 야생동물에게서 발생하는 질병은 원시 환경에서 발생하던 것과는 다르다. 그 이유는 사람의 활동 때문이다. 사람이 영향을 미치지 않는 야생동물은 없고, 사람의 영향은 아주 다양한 방법으로 질병에 영향을 미친다(표 14.2).

사람과 야생동물 질병 사이의 관계는 사람이 만든 독소와 사람이 옮기고 축적한 천연독성물질 간의 결과로 가장 분명하게 알 수 있다. 그런 화합물들을 모두 나열할 수는 없으므로, 잘 알려진 몇 가지만 나열하면 DDT, 유기염소계 살충제, 납, 수은 등이 있다. 1933년, 레오폴드가 질병에 관한 글을 썼을 당시에는 합성 살충제가 없었고 수은 중독도 인지하지 못한 상태였지만, 납 중독은 조류에서 발생한다고 알려져 있었다. 되돌아보면 DDT의 영향과 조류 개체군 감소의 상관관계를 깨닫기까지에는 오랜 시간이 걸린 듯하다. 그러나 이것이 '유해한' 화학물질 사용으로 인한, 광범위한 환경적 영향의 첫 번째 사례임을 기억해야 한다. DDT에 대한 초기 기록은 단순 상관관계에 대한 것이었기 때문에 인과관계를 밝히기가 쉽지 않았다. DDT 사례는 문제를 파악하는 데 있어, 영국에 서식하는 새매의 알 껍질 두께에 대한 자료와 같은 장기 축적 자료의 가치를 보여준다. 알 껍질의 두께는 1947년 DDT를 농업에 널리 사용하면서 갑작스럽게 얇아졌고, 1970년대와 1980년대에 화학물질 사용을 점차 금지하면서 회복됐다(Newton, 1998). 이러한 종류의 자료 없이는 원인과 결과를 연결하기가 훨씬 더 어려웠을 것이다. DDT 사례는 납탄 사용을 금지하고 씨앗에 유기 수은 처리를 중단한 것과 같은 질병 관리의 성공 사례라 할 수 있다. 그러나 이 원인들은 아직까지도 완전히 사라지지 않고 있다. 전 세계 일부 지역에서는 DDT를 포함한 유기염소계 살충제를 여전히 사용하고 있고(Chen과

Rogan, 2003), 잔류물은 토양과 환경 일부에 남아 있으며, 동물들도 조직을 통해 잔류물을 전달하고 있다. 또한 수생생물종에서는 수은 축적이 계속되고 있고, 조류는 아직도 납

표 14.2 | 야생동물 질병과 사람 활동 사이의 관련성

사람의 활동	영향을 받는 질병
독성물질 생산과 방류	살충제, 살서제 중독
천연 독소의 이동과 축적	납, 수은, 셀레늄 중독
질병 원인체 (국제적) 이동	점액종증, 토끼 출혈성 질병
산업동물에서 야생동물로의 질병 원인체 이동	우역, 우결핵, 브루셀라증
야생동물 질병 원인체 이동(미고의적)	엘라포스트론길루스 란지페리(*Elaphostrongylus rangiferi*)를 뉴펀들랜드로 옮김(순록), 대왕간질(*Fascioloides magna*)을 유럽으로 옮김(엘크)
질병이 존재하는 생태를 바꿔 야생동물에 도입	뉴질랜드의 솔꼬리포섬(결핵), 스발바르의 들쥐(다방조충, *Echinococcus multilocularis*)
산업동물 질병이 야생동물로 직접 전파	양에서 샤모아로 클라미디아성 결막염
정상 서식지 손실, 동물 집중	물새 조류콜레라, 흰꼬리사슴 결핵
인공적인 먹이 사용에 대한 직접적인 결과로 질병에 걸림	사슴과 가지뿔영양의 반추위염, 물새와 두루미류의 곰팡이독소증, 오리의 비타민 A 결핍
민감성 있는 동물을 토착 질병이 있는 환경으로 도입	순록이 파렐라포스트론길루스 테누이스(*Parelaphostrongylus tenuis*)가 있는 지역에 이동해 발병
부영양화된 물이 독성 미세유기물 성장을 도움	남조세균과 도모산 중독
사람 질병이 야생동물로 전파	우결핵균(*Mycobacterium bovis*)이 미어캣과 몽구스에 감염
야생동물 질병이 사람에게 전파	영장류로부터 HIV1, HIV2 감염
개체군 밀도 변화	유럽에서 여우의 다방조충(*Echinooccus multilocularis*) 감염
야생동물 질병이 산업동물로 전파	가마우지에서 칠면조로 뉴캐슬병 전파
기후 변화	많은 질병 분포, 특히 무척추동물 생활사와 관련 있음
산성화로 미세영양 물질과 독성물질이 변함	새에서 칼슘 결핍, 포유류의 카드뮴 독성
천적이 사라짐	많은 감염성 질병에 영향을 미칠 수 있음

중독으로 죽어가고 있다. 적어도 납, 수은, DDT는 그 영향이 심각하기 때문에 사용을 제한하고 있다.

반면에 야생동물들은 여전히 내분비 교란 화합물과 같이 유익하지 않은 수많은 화학물질에 노출되어 있지만, 이들이 미치는 영향을 포착하거나 증명하기는 어렵다. 그러나 아마도 이들의 영향이 유익하지는 않을 것이다.

사람은 동물과 병원체를 상습적으로 옮기는 매개체다. 식민지 시대에는 기초 농업을 확립하기 위해 가축을 식민지로 옮겼다. 우결핵과 브루셀라병을 가진 소를 옮겼고, 이는 때때로 토착동물에게 퍼졌다. 이러한 질병 도입들 중 가장 극적인 예로는 인도에서 온 소가 아프리카에 우역바이러스를 전파한 것을 들 수 있다. 이 바이러스는 야생 반추동물 사이에 막대한 유행병을 일으켰다(Henderson, 1982). 사람은 야생동물들을 취미, 향수, 산업, 사소한 목적 등을 위해 이동시켰으며, 이 동물들은 종종 병원체를 전파했다. 예를 들어, 같은 종류의 살모넬라 티피무륨(*Salmonella typhimurium*)이 캐나다와 유럽의 유럽참새에서 나타나며(Wobeser와 Finlayson, 1969), 엘라포스트론길루스 세르비(*Elaphostrongylus cervi*) 역시 스코틀랜드와 뉴질랜드의 붉은사슴에서 나타난다(Mason 등, 1976). 모피 산업을 위해 뉴질랜드로 도입한 솔꼬리포섬은 뉴질랜드에서 우결핵의 주요 보균체가 되었다.

다른 이동들은 우연히 발생하기도 한다. 많은 아르보바이러스의 매개체인 흰줄숲모기(*Aedes albopictus*)는 아시아에서 폐타이어를 통해 북아메리카로 도입됐다(Hawley 등, 1987). 알 수 없는 경로를 통해 스발바르로 도입된 들쥐는 해당 지역에 다방조충(*Echinococcus multilocularis*)을 정착시켰다(Hentonnen 등, 2001). 몇몇 질병의 이동은 그 위험이 알려지기 전에 이루어진 것이기 때문에 변명의 여지가 있지만, 질병 위험에 대한 충분한 증거가 있음에도 불구하고 동물들을 이동시킨 경우들도 있다. 이러한 사례로 기록이 잘 된 두 가지 경우가 있다. 1926년에는 북미들소가 우결핵(그리고 어쩌면 브루셀라병까지)을 캐나다 버팔로국립공원에서 우드버팔로국립공원으로 옮겼다. 이때 이미, 원 지역이 우결핵균(*Mycobacterium bovis*)에 감염됐다는 정보가 있었음에도 이동을 감행했다(Fuller, 2002).

1987년에는 뉴펀들랜드의 순록이 메인 주로 이동되었다. 이는 뉴펀들랜드의 순록들이 구대륙 질병으로 북미에서만 발생하며 순록과 말코손바닥사슴에서 신경 질병을 일으키는 엘라포스트론길루스 란지페리(*Elaphostrongylus rangiferi*)에 감염되었다는 것(Lankester 1977)과 메인 주의 흰꼬리사슴 또한 순록에게 치명적인 신경질환을 유발하는 팔렐라포스트론길루스 테누이스에 감염되었다는 정보가 있음에도 불구하고 이동이 이루어졌다. 이 도입은 실패했는데, 아마 이동한 동물들이 팔렐라포스트론길루스 테누이스에 감염되었기 때문일 것이다(McCollough와 Connery, 1990). 이 중 후자의 경우에는 오늘날 질병 상황이 원시 환경과는 다르다는 것을 인식하지 못하고 있는 상황을 보여주고 있다. 순록이 메인 주에 자연적으로 서식했을 때에는 흰꼬리사슴과 팔렐라포스트론길루스 테누이스가 없었고, 뉴펀들랜드의 순록(caribou)은 1908년 노르웨이로부터 순록(reindeer)이 도입되기 전까지 엘라포스트론길루스 란지페리에 감염되지 않았다(Lankester와 Fong, 1989).

사람이 야생동물 질병에 미치는 세 번째 영향은 '서식지 교란'이다. 서식지가 줄어들면서 종종 개체군들은 남아 있는 지역에 높은 밀도로 유지되곤 한다. 레오폴드가 1933년에 한 말처럼, 높은 밀도의 개체군(수렵 관리인이 항상 추구하는 바로 그것)은 질병이 선호하는 가장 기본적인 조건이기 때문에 반드시 그 밀도를 떨어뜨려야 한다. 물새는 떼 지어 살고, 항상 큰 무리를 이루기 때문에 이들 종에게 있어서 밀집 집단은 그다지 새롭지 않다. 그러나 겨울 내내 제한된 동일 수역을 사용하는 밀집 집단의 수가 늘어나고 있으며, 이는 새로운 현상이다. 과거에는 지역적 먹이 자원 고갈로 새들이 자주 이동할 수밖에 없었다. 농작물과 같은 풍부한 먹이와 더 이상 이동할 곳이 없는 상황이 만나면서 새들은 한 지역에 머물게 되는데, 그들의 배설물이 축적되면 파스퇴렐라 물토시다와 같은 병원체들을 수개월에 걸쳐 광범위하게 상호 교환한다. 자연 서식지를 지원하고 야생 개체군을 높은 밀도로 유지시키기 위한 인공 먹이 급여 또한 이와 동일한 영향을 미치고, 이로 인해 미시건 주의 흰꼬리사슴에서는 우결핵이, 인공 먹이 급여지의 엘크에서는 브루셀라병이 발생했다는 사실은 중요하다.

사람의 압력과 서식지 감소로 야생동물, 가축, 사람은 그 어느 때보다 더 밀집되어 살아가게 되었다. 야생동물에서 유래하여 사람과 가축에서 발생하는 '새로운' 질병은 주목을 받아왔다. 리카온과 사자에서 발생한 개홍역, 미어캣과 몽구스에서 발생한 사람 결핵 같은 질병이 대표적인 예라고 할 수 있다. 물 분포나 수질 또는 초목 변화와 같은 다른 형태의 서식지 변화 역시 질병 전파에 심각한 영향을 미친다.

이러한 논의에서 우리가 얻어야 할 중요한 교훈은 우리가 전례 없는 인구 폭발에 대항해 야생의 것들을 지키고자 하는 싸움을 함에 있어, 인간이 질병에 미치는 현재와 역사적인 영향을 모두 인지하고 있어야 한다는 것이다. 우리는 가능한 한 많은 지역이 본래의 생물 다양성을 수용할 수 있도록 남아 있는 자연 서식지와 동물을 집중적으로 관리해야 한다. 우리의 관리 초점은 일반적으로 지금의 상황에서 최선의 환경을 만드는 것이지만, 정작 인구 폭발이라는 핵심 문제의 해결은 외면하고 있다(Coleman, 1993).

미래의 할 일

야생동물에서 질병은 사라지지 않는 문제다. 야생동물 질병은 보다 중요해지고 야생동물 관리 분야도 점차 통합될 것이다(표 14.1의 4c 참조). 앞에서 지적한 것처럼 질병들은 잡초와 같다. 즉, 교란된 환경에서 번성한다. 야생동물에 관심이 있는 사람들은 질병이 서식지의 일부에 있는 소규모 개체군에 미치는 영향, 가축에서 야생동물로, 야생동물에서 사람과 가축으로 유출되는 질병의 문제점, 자연환경에서 발견되는 새로운 화학물질도 함께 다루어야 할 것이다. 사람들이 사용한 피임약이 물속에 잔여물로 남아 야생동물에게 위험이 될 수 있고, 가축의 진통제가 아대륙 독수리 개체군 전체를 궤멸시킬 수 있다는 것을 누가 상상했겠는가? 야생동물에서 사람과 가축으로 유입되는 질병들의 관리에 대한 압력은 계속 될 것이다. 지난 몇 년간 발생한 웨스트나일열, 사스, 조류인플루엔자의 경험은 미래에 더 많이 나타날 이와 같은 상황들에 대한 준비로 생각해야 한다. 가끔 그런 문제들에 대한 '간단한' 해결책으로 야생동물 중 일부나 모두를 없애기도 한다. 그러나 영국에서 결핵을 관리하기 위해 오소리 개체군을 줄였던 사례(Donnelly 등, 2003)에서 알 수 있듯이 (아무리 윤리적, 도덕적으로 허용된다 하더라도) 이는 최선의 방법이 아닐 수 있다.

질병을 의학적이거나 생리학적인 관점으로 이해하는 사람과 동물들의 행동을 이해하는 사람이 힘을 합쳐야 한다. 그리고 질병을 연구하는 새로운 방법이 필요하다. 레오폴드는 관찰 연구 및 상관 연구들은 질병을 이해하는 데에 한계가 있다는 것을 깨달았다. 톰킨스(Tompkins, 2001a) 등은 기생체가 개체군을 조절하는지 알아보고자 하는 연구에서 이와 유사한 한계점들을 확인했고, '조절이 일어나는지 확인하기 위해서는 숙주 또는 기생체에게 교란을 줘야 한다.'고 진술했다(관찰 연구 및 상관관계를 살펴보는 연구로는 한계가 있기 때문에 특정 요소들을 인위적으로 조작하는 실험 연구가 필요함—옮긴이). 관심 질병에 감염되지 않은 숙주 개체군에 원인체를 노출시키거나 개체군으로부터 원인체를 제거하는 조작을 한 후 그 영향을 관찰해볼 수 있다. 붉은뇌조의 맹장 기생체 감염(Hudson 등, 1992b), 소이양(soay sheep)의 제4위 선충류 감염(Gulland, 1992), 노새사슴의 셀레늄 결핍(Flueck, 1994), 눈신멧토끼의 장 선충류 감염(Ives와 Murray, 1997) 연구들은 이들 병인체가 개체군 수준의 영향을 미친다는 사실을 명확히 밝혔으며, 이는 실험적 조작 없이는 확인될 수 없는 사실들이었다.

필자는 레오폴드를 인용해 이 책의 첫 부분을 시작했다. 그리고 그가 70년 전에 쓴 실병편의 마지막 부분을 반복하면서 이 책을 마무리하고자 한다. 이보다 더 적절한 마무리를 찾을 수 없었기 때문이다.

이 장을 끝내면서 명확히 하고 싶은 점은, 만약 이 책을 읽은 후에도 야생동물 질병에 대한 명확한 그림을 그릴 수 없다고 한들, 자신을 원망하거나 책을 탓할 필요는 없다는 것이다. 숙련된 전문가들도 쉽게 이해할 수 없기 때문이다. 그러나 만약 책을 읽고, 질병 요소들의 범위와 복잡성에 대한 이해도를 높이고, 질병의 숨겨진 기전을 몇 가지만이라도 포착했다면, 저자의 목적은 달성된 것이다.

| 학명 |

국명	학명	영명
가는꽁지뇌조	*Pedioecetes phasianellus*	Sharp-tailed grouse
가슴줄무늬지빠귀사촌	*Oreoscoptes montanus*	Sage thrasher
가지뿔영양	*Antilocapra americana*	Pronghorn
갈색펠리컨	*Pelecanus occidentalis*	Brown pelican
검독수리	*Aquila chrysaetos*	Golden eagle
검은꼬리사슴	*Odocoileus hemionus columbianus*	Black-tailed deer
검은꼬리프레리독	*Cynomys ludovicianus*	Black-tailed prairie dog
검은목논병아리	*Podiceps nigricollis*	Eared grebe
검은발페렛	*Mustela nigripes*	Black-footed ferret
고니	*Cygnus columbianus*	Tundra swan
고방오리	*Anas acuta*	Northern pintail
고산멧토끼	*Lepus timidus*	Mountain hare
고산순록	*Rangifer t.*	Reindeer
곰쥐	*Rattus rattus*	Black rat
과일박쥐 전속	*Pteropus*spp.	Fruit bat
꽃사슴	*Cervus nippon*	Sika deer
꿩	*Phasianus colchicus*	Ring-necked pheasant
남방하늘다람쥐	*Glaucomys volans*	Southern flying squirrel
넓적부리	*Anas clypeata*	Northern shoveler
노래참새	*Melospiza melodia*	Song sparrow
노새사슴	*Odocoileus h. hemionus*	Mule deer
누	*Connochaetes taurinus*	Wildebeest
눈신멧토끼	*Lepus americanus*	Snowshoe hare
늑대	*Canis lupus*	Gray wolf
다마사슴	*Dama dama*	Fallow deer
둑방쥐	*Clethrionomys glareolus*	Bank vole

국명	학명	영명
듀이커	*Sylvicapra grimmia*	Duiker
딩고	*Canis familiaris dingo*	Dingo
리차드슨나그네쥐	*Dicrostonyx richardsoni*	Collared lemming
리차드슨땅다람쥐	*Spermophilus richardsoni*	Richardson's ground squirrel
리카온	*Lycaon pictus*	African wild dog
마못	*Marmota monax*	Groundhog
마카크 전속	*Macaca* spp.	Asian macaque
말코손바닥사슴	*Alces alces*	Moose
망가비원숭이	*Cerocerbus atys*	Sooty mangabey
매	*Falco peregrinus*	Peregrine falcon
멕시코양진이	*Carpodacus mexicanus*	House finch
목도리뇌조	*Bonasa umbellus*	Ruffed grouse
목도리딱새	*Ficedula albicollis*	Collared flycatcher
목도리페커리	*Pecari tajacu*	Collared peccary
물개	*Callorhinus ursinus*	Northern fur seal
미어캣	*Suricata suricatta*	Meerkat, suricate
밍크	*Mustela vison*	Mink
바다오리 전속	*Cepphus* spp.	Guillemot
바이칼물범	*Phoca sibirica*	Baikal seal
박새	*Parus major*	Great tit
밥캣	*Lynx rufus*	Bobcat
버지니아주머니쥐	*Didelphis virginiana*	Virginia opossum
보라큰제비	*Progne subis*	Purple martin
북극곰	*Ursus maritimus*	Polar bear
북극여우	*Alopex lagopus*	Arctic fox
북미까마귀	*Corvus brachyrhynchos*	American crow
북미너구리	*Procyon lotor*	Raccoon
북미들소	*Bison bison*	American bison
북미박새	*Poecile gambeli*	Mountain chickadee
북미수달	*Lutra canadensis*	American liver otter
북미스라소니(북미)	*Lynx canadensis*	North American lynx

국명	학명	영명
북미지빠귀	*Turdus migratorius*	American robin
북미흰두루미	*Grus americana*	Whooping crane
북방메뚜기쥐	*Onychomys leucogaster*	Northern grasshopper mouse
북방오리	*Somateria mollissima*	Common eider
북숲쥐	*Apodemus sylvaticus*	Wood mouse
붉은가슴도요	*Calidris canutus*	Red knot
붉은꼬리말똥가리	*Buteo jamaicensis*	Red-tailed hawk
붉은뇌조	*Lagopus lagopus*	Red grouse
붉은뇌조	*Lagopus lagopus*	Willow ptarmigan
붉은발도요	*Tringa totanus*	Mountain redshank
붉은발자고새	*Alectoris rufa*	Red-Legged partridge
붉은사슴	*Cervus elaphus*	Red deer
붉은사슴(유라시아)	*Cervus elaphus*	Deer red
브라질토끼	*Sylvilagus brasiliensis*	Jungle rabbit, Tapeti
브러시토끼	*Sylvilagus bachmani*	Brush rabbit
비버	*Castor canadensis*	North american beaver
사슴쥐	*Peromyscus maniculatus*	Deer mouse
사자	*Panthera leo*	Lion
사향쥐	*Ondatra zibethicus*	Muskrat
산쑥뇌조	*Centrocercus urophasianus*	Sage grouse
새매	*Accipiter nisus*	Eurasian sparrowhawk
생쥐	*Mus musculus*	House mouse
샤모아	*Rupricapra rupricapra*	Chamois
세줄무늬올빼미원숭이	*Aotus trivirgatus*	Owl monkey
소이양	*Ovis aries*	Soay sheep
솔꼬리포섬	*Trichosurus vulpecula*	Brushtail possum
솔쥐	*Pitymys pinetorum*	Pine mouse
솜꼬리토끼	*Sylvilagus floridanus*	Cottontail rabbit
순록(북미)	*Rangifer tarandus*	Caribou
스라소니(유라시아)	*Lynx lynx*	Eurasian lynx
스페인아이벡스	*Capra pyrenaica*	Spanish ibex

국명	학명	영명
스페인흰죽지수리	*Aquila adalberti*	Spanish imperial eagle
시궁쥐	*Rattus norvegicus*	Norway rat
시베리아햄스터	*Phodopus sungorus*	Siberian hamster
쌍뿔가마우지	*Phalacrocorax auritius*	Double crested cormorant
아메리카담비	*Martes americana*	American marten
아메리카물닭	*Fulica americana*	American coot
아메리카오소리	*Taxidea taxus*	American badger
아프리카물소	*Syncerus caffer*	African buffalo
알락딱새	*Ficedula hypoleuca*	Pied flycatcher
알프스마못	*Marmota marmota*	Alpine marmot
앨러게니숲쥐	*Neotoma magister*	Allegeheny woodrat
야생멧돼지	*Sus scrofa*	Eurasian boar
엘크(북미)	*Cervus canadensis*	Elk
여우	*Vulpes vulpes*	Red fox
오소리	*Meles leucurus*	Asian badger
웜벳 전속	*Vombatus* spp.	Wombat
유라시아밭쥐	*Microtus arvalis*	Common vole
유럽노루	*Capreolus capreolus*	Roe deer
유럽멧토끼	*Lepus europus*	European hare
유럽오소리	*Meles meles*	European badger
유럽자고새	*Perdix perdix*	Grey partridge
유럽찌르레기	*Sturnus vulgaris*	Europoan starling
유럽토끼	*Oryctolagus cuniculus*	European rabbit
이디오피아늑대	*Canis simensis*	Ethiopian wolf
인도흰등독수리	*Gyps bengalensis*	Oriental white-backed vulture
일런드영양	*Taurotragus oryx*	Eland
작은흰기러기	*Anser c. caerulescens*	Lesser snow goose
잔점박이물범	*Phoca vitulina*	Harbor seal
재야생화 돼지	*Sus scrofa*	Feral pig
줄무늬몽구스	*Mungos mungo*	Banded mongoose
줄무늬스컹크	*Mephitis mephitis*	Striped skunk

국명	학명	영명
중국흰돌고래	*Sousa chinensis*	Indo-Pacific humpbacked dolphin
집비둘기	*Columba livia*	Dove rock
집참새	*Passer domesticus*	House sparrow
첨서	*Sorex araneus*	Common shrew
청둥오리	*Anas platyrhynchos*	Mallard
칠면조독수리	*Cathartes aura*	Turkey vulture
침팬지	*Pan troglodytes*	Chimpanzee
카스피물범	*Phoca caspica*	Caspian seal
캐나다기러기	*Branta canadensis*	Canada goose
캐나다두루미	*Grus canadensis*	Sandhill crane
캘리포니아땅다람쥐	*Spermophilus beecheyi*	California ground squirrel
캘리포니아바다사자	*Zalophus californianus*	California sea lion
캘리포니아콘돌	*Gymnogyps californianus*	California condor
코알라	*Phascolarctos cinereus*	Koala
코요테	*Canis latrans*	Coyote
쿠두	*Tragelaphus strepsiceros*	Kudu
큰뒷부리도요	*Limosa lapponica*	Bar-tailed godwit
큰바다사자	*Eumetopias jubatus*	Northern sea lion
큰뿔부엉이	*Bubo virginianus*	Great Horned owl
큰뿔양	*Ovis canadensis*	Bighorn sheep
큰아비	*Gavia immer*	Common loon
큰왜가리	*Ardea herodias*	Great blue heron
큰흰죽지	*Aythya valisneria*	Canvasback
투구게	*Limulus polyphemus*	Horseshoe crab
페렛	*Mustela furo*	Domesticated polecat
푸른날개쇠오리	*Anas discors*	Blue-winged teal
푸른박새	*Parus caerulescens*	Blue tit
퓨마	*Felis concolor*	Cougar
프랭클린갈매기	*Larus pipixican*	Franklin's gull
피셔	*Martes pennanti*	Fisher
해달	*Enhydra lutris*	Sea otter

국명	학명	영명
호랑이	*Panthera tigris*	Tiger
호주까치	*Gymnorhina tibicen*	Australian magpie
혹고니	*Cygnus olor*	Mute swan
홍방울새	*Carduelis purpureus*	Common redpoll
황조롱이	*Falco tinnunculus*	Eurasian kestrel
회색물범	*Halichoerus grypus*	Grey seal
회색청서	*Sciurus carolinensis*	Grey squirrel
휘파람오리 전속	*Dendrocygna* spp.	Whistling duck
흡혈박쥐	*Desmodus rotundus*	Vampire bat
흰갈매기	*Larus hyperboreus*	Glaucous gull
흰꼬리사슴	*Odocoileus virginianus*	White-tailed deer
흰머리수리	*Haliaeetus leucocephalus*	Bald eagle
흰발생쥐	*Peromyscus leucopus*	White-footed mouse
흰배칼새	*Tachymarptis melba*	Alpine swift
흰올빼미	*Nyctea scandiaca*	Snowy owl

| 용어정리 |

ㄱ

거짓수직 전파(pseudovertical transmission) 한 집단의 어떠한 개체로부터 갓 태어난 개체(예컨대 굴에서 나오기 전)에게로 질병이 전파하는 방식

가스괴저(gas gangrene) 혐기성이며 아포 형성 세균에 의해 발생하는 세균성 발효에 따라 유리된 조직 내 가스의 존재와 연부조직의 괴사가 발생

간접적 전파(indirect transmission) 생활사 완성을 위해 둘 이상의 숙주종을 필요로 하는 형태의 전파 양식

감염(infection) 숙주동물 내로 한 원인체의 침습과 복제

감염강도(intensity of infection) 감염된 동물 숙주당 질병 원인체의 수량

감염성 기간(infectious period) 한 동물이 감염성 원인체를 다른 숙주동물에게 전달할 수 있는 기간

개체군 감축(depopulation) 일부 혹은 전체 동물 수의 계획적인 감소

개체군(population) 한 지역에 살아가는 동종 개체들의 집단으로 정상적인 이주 및/또는 유출이 발생할 수 있을 정도의 서식지 면적에서 유지되며 개체군의 크기는 주로 출생 및 폐사과정에 의해 조절된다(Berryman 2002).

거대기생체(macroparasite) 종숙주에서 드물게 직접번식을 하며 중간숙주에서 무성생식을 하는 기생충들에 대한 생태학적 분류. 이들의 세대는 길며 이들에 의한 감염기간 또한 길고 재감염도 흔하게 나타난다. 이에 의해 발생한 질병은 흔히 만성적이고 무증상이다. 이러한 기생체들은 일반적으로 크기가 크고 다양한 항원을 갖는다. 숙주종의 면역력은 해당 생물체의 존속에 따라 달라진다.

거짓양성(false positive) 오류로 인해 어떤 개체를 진단이나 다른 범주 내로 잘못 포함한 시험 결과를 나타내는 표시. 예를 들어 한 질병 원인체에 감염되지 않은 동물임에도 그 질병 진단 결과 양성으로 표기되는 경우이다.

거짓음성(false negative) 오류로 인해 어떤 개체를 진단으로부터 또는 다른 범주로부터 잘못 배제한 시험 결과를 나타내는 표시. 예를 들어 한 질병 원인체에 감염된 동물임에도 그 질병 진단 결과가 음성으로 표기되는 경우이다.

검사민감도(sensitivity of a test) 특정 시험이 양성인 동물 개체를 정확히 진단해내는 능력; 시험에서 양성으로 나온 개체들 중 실제로 감염에 양성인 개체들의 비율

검사특이도(specificity of a test) 특정 시험이 음성인 동물 개체를 정확히 진단해내는 능력; 시험에서 음성으로 나온 개체들 중 실제로 감염에 음성인 개체들의 비율

결막염(conjunctivitis) 안구막의 염증

결체조직(connective tissue) 체내에 널리 분포하며, 장기, 조직 사이를 메우고 그것을 기계적으로 지지하는 조직. 그 밖에 혈관, 림프관, 신경을 인도하며 영양, 대사산물의 수송 또는 저류, 더 나아가서는 손상, 감염에 대한 방어 또는 수복 등에도 작용. 결체조직은 세포간질이 풍부하며, 세포간질을 구성하는 기질과 섬유의 성상에 따라 간엽조직, 섬유성 결합조직(성긴 섬유성 결합조직, 촘촘한 섬유성 결합조직), 지방조직, 탄성조직, 세망조직 등으로 분류됨.

경색(infarction) 혈액공급의 중단에 따른 조직의 갑작스런 죽음이나 괴사

경쟁(competition) 생물이 환경을 이용하기 위하여 다른 개체나 종과 벌이는 상호작용으로, 생물의 개체수가 공간이나 먹이의 양에 비하여 많아졌을 때 생기는 경향이 있음. 동종 혹은 이종 간의 이 상호작용은 균형이 잡힐 필요가 없다.

고름(pus) 호중구가 생산한 효소에 의해 액화된 조직, 죽은 세포잔여물, 백혈구들을 포함하고 있는 염증에 의한 반액성 물질

고분자(macromolecule) 매우 큰 유기분자중합체(예, 단백질)

고열(hyperthermia) 체온의 통제되지 않은 상승

골다공증(osteoporosis) 뼈의 질량이 감소하는 현상

골수염(osteomyelitis) 골수와 그 주변의 뼈 조직의 염증

골지기관(Golgi apparatus) 진핵세포 세포질 내의 소기관으로서 동식물 세포 모두에서 발견되는데, 분비작용을 맡고 있다. 소포체에서 합성된 분비 단백질이 골지체로 운반되어 농축된 후 세포 밖으로 분비된다. 시스터나라고 하는 소포가 여러 개 겹쳐 층상구조를 이룬다.

공급서식지(source habitat) 개체들의 번식률이, 해당 지역 내의 폐사율과 추가동물들이 외부로 유출되는 것을 상쇄할 정도로 충분하게 발생하는 서식지

공진화(coevolution) 한 생물 집단이 진화하면 이와 관련된 생물 집단도 진화하는 호혜적 상호관계 현상을 가리키는 진화생물학의 개념

관절염(arthritis) 관절구조에 생긴 염증

괴사(necrosis) 비가역적인 손상에 의해 한 개 또는 그 이상의 세포들, 또는 조직의 일부가 병리학적으로 폐사하는 현상(세포사멸/세포자살과는 계획적으로 세포가 죽는 것이라는 점에서 괴사와 다르다. 세포사멸/세포자살은 조직의 재+소화가 일어나는 기전이며, 각각의 세포들이 생리학적인 과정에 의해 제거된다).

괴사성(necrotic) 괴사에 의해 영향을 받은

교차반응(cross-reaction) 한 병원체와 더불어 다른 병원체까지 대항하는 항체의 반응으로, 두 항원은 공통의 항원결정부를 가지고 있다. 예를 들어 *Yersinia enterocolitica*는 *Brucella abortus*와 교차반응을 일으키는데 이는 거짓음성 결과를 야기하기도 한다.

구균(cocci) 구형 세균세포(단수형, coccus)

구두충류(acanthocephala) 원형동물문의 극두 기생충으로서 앞으로 돌출한 주둥이를 가지고 있고, 뒤에는 가시가 있어 숙주의 소화관에 부착한다.

구루병(rickets) 인 또는 비타민 D부족에 의해 성장기 동물에서 발생하는 영양적 골격 질병. 뼈의 과다 생성 및 석회화부족이 나타난다.

구충제(anthelmintic) 기생충 감염 치료를 위해 사용되는 약물

국소(focal) 조직 내 병변의 분포를 기술할 때 사용하며, 하나 또는 소규모 영역을 의미

권태감(malaise) 전반적으로 불쾌하고 거북한 기분

그람염색(Gram stain) 세포벽 구성의 차이에 기반을 두어 세균 집단 간의 차이를 명확히 하는 세균 염색체계다. 그람양성은 파란색, 그람음성은 붉은색으로 염색된다.

근막염(fasciitis) 근막의 염증(각 근육간 또는 피부 밑에 존재하는 느슨한 결체조직층

급성(acute) 급성 감염에서는 짧고 상대적으로 격렬한 과정을 거침.

기생체 매개성 경쟁(parasite-mediated competition) 두 종이 기생충을 공유함으로써 발생하는 상호작용으로, 둘 중 한 종의 개체군 밀도 증가로 인해 두 종 모두에서 기생충 밀도가 증가할 수 있다. 이러한 현상의 영향은 둘 중 한 종에서 더 심각하게 나타날 수 있다.

기생충성(verminous) 연충성 기생충에 의한 상황을 표현하는 형용사(예, 기생충성 폐렴)

기억세포(memory cell) 면역반응 과정에서 생성되는 세포로 생존하여 동일한 항원에 재노출되었을 때 면역반응의 발생을 가속시키는 역할을 함

기저막(basement membrane) 당단백과 콜라겐으로 이루어진 막으로, 상피세포와 내피세포의 아래에서 이 세포들을 지지하고 있다.

기회감염병원체(opportunistic agent) 특정 동물개체에 감염을 일으킬 수는 있는 병인체. 그러나 해당 생물체의 존속을 위해 감염을 일으키는 것이 필수적인 것은 아니다.

ㄴ

난소경유전파(transovarial transmission) 병인체가 알에 의해 한세대에서 다음 세대로 전파되는 전파방법

남조세균(cyanobacteria) 물에 독소를 생성하는 광합성 세균의 집단. 예전에는 청록균으로 부르기도 했음.

내독소(endotoxin) 세균 세포벽에 존재하지만, 정상 세균 배양의 무세포 여액에는 존재하지 않는 내열성 독소. 원래 그람 음성 세균 내에 있고 내독소를 형성하고 있는 다당체는 균체 항원과 동일한 물질이다.

내부기생충(endoparasite) 숙주 체내에 기생하는 생명체

내분비교란화학물질(endocrine-disrupting chemicals) 호르몬 작용/반작용과 유사한 영향을 나타나는 외인성 화합물

내색의(endogenous) 유기체 내에서 유래되는

내재적인(intrinsic) 균형 잡힌 연령분포를 가진 개체군 내에서 보이는 자연적 증가의 최대율을 의미하며 주로 개체군 생태학에서 사용된다.

내피세포층(endothelium) 심장, 혈관, 림프관과 몸의 장액성 공간을 둘러싸는 특수화된 상피층으로 중배엽에서 기원한다.

농양(abscess) 조직이 분해되어 이미 형성된 동공 내에 농이 국소적으로 모인 것

농포(pustule) 안에 화농성 물질을 갖고 작은 여드름과 같이 부푼 형태

뇌병증(encephalopathy) 뇌의 퇴행성 질병

뇌염(encephalitis) 뇌의 염증

능동면역(active immunity) 항원 자극에 반응하여 생산된 항체나 면역 림프계 세포의 존재로 인해 나타나는 획득면역. 동물에게 예방접종이나 독성물질로 면역하는 것으로 자신의 몸으로 면역을 만들어 내므로 효과가 오래 지속된다.

ㄷ

다산성(fecundity) 번식의 측정단위로 일정한 기간(일반적으로 1년) 동안 새끼 암컷 출생수 대 번식 가능한 암컷 성체의 비율로 표기한다.

다숙주 병원체(multihost agent) 하나 이상의 숙주종에 감염을 일으킬 수 있는 감염원.

대식세포(macrophage) 골수 세포에서 발생한 커다란 백혈구로 탐식작용과 외부물질 분해 그리고 세포성 면역에 중요하다.

대유행성(pandemic) 광범위한 지역(국가, 대륙, 전 세계)에서 발생하는 유행병.

독력(virulence) 병원체가 손상이나 상해를 일으킬 수 있는 능력

동물의 유행병(epizootic) 과거의 경험보다 더 크거나 예측하지 못한 장소나 시기에 발생하는 동물의 질병[사람 유행병(epidemic)은 사람에서 나타나는 동일한 특징의 질병을 설명할 때 사용]

동물의 풍토병(enzootic) 특정 지역이나 특정 동물 개체군에서 예측 가능한 빈도와 비율로 발생하는 동물의 질병

동종의(conspecific) 동일종에 속하는

디엔에이(DNA, deoxyribonucleic acid) 데옥시리보스를 구성성분으로 하는 핵산. 유전자의 화학적 본태로서 염색체에 존재한다. 긴 사슬 중합체를 형성하며, 두 개의 긴 사슬이 서로 비틀려 꼬인 나선구조를 취한다. 디옥시리보뉴클레오티드(deoxyribonucleotide)는 염기와 당, 인산으로 이루어진다. 염기는 아데닌(adenine), 구아닌(guanine), 티민(thymine) 및 시토신(cytosine)의 네 가지이며, 이것은 당에 부착되어 있다. 모든 생명체의 유전적 특징을 전달해주는 물질이다.

ㄹ

리소자임(lysozyme) 몇몇 백혈구(호중구, 대식세포) 내와 분비물(점액, 침과 눈물 등)에 존재하는 효소로서 특정세균을 용해시키고

보체의 작용을 증강시키는 역할을 한다.

림프(lymph) 신체 전반의 조직에서 모이는 투명하고 깨끗한 액체로서 림프관을 통해 흐르며 최종적으로 정맥성 혈액순환계로 유입된다.

림프구(lymphocytes) 면역반응과 관계되는 백혈구들로서 B림프구는 성장하여 형질세포가 되며 항체를 생산하고, T림프구는 세포매개성 면역에 대응한다.

ㅁ

만성(chronic) 지연된 기간을 의미(주, 월, 년)

매개물(fomites) 감염성 원인체로 오염된 무생물체 사물을 뜻하며 전파 매개체가 된다(단수형 : -fomes, fomite).

매개체(vector) 척추동물 간에 전염병을 전파하는 무척추동물로 병원체가 그 안에서 증식하거나 자연사의 일부를 완료함

맥관성(vascular) 혈관과 관계되거나 혈관을 포함하는

메타개체군(metapopulation) 여러 개의 구획에 퍼져 분포되어 있는 개체군들을 지칭하며 이때 구획들은 동물들의 이주에 의해 어느 정도 연결되어 있다.

메타분석(meta-analysis) 가설 검증을 위해 이미 출판된 데이터, 주로 여러 가지 연구들을 이용한 분석

면역억압(immunosuppression) 면역체계 반응성이 정상 수준 이하로 감소

면역체계에 관련된 특이성(specificity in relation to the immune system) 특정 항원 항원결정부를 인지하고 이에 반응하는 능력

모성면역(maternal immunity) 특정 병원체에 면역력이 없는 개체에게 수동적인 경로로(태반, 포유류의 모유, 새에서의 난황) 항체가 전달되어 획득된 면역(수동면역이라고 불리기도 한다).

무산소증(anoxia) 조직 내 전부 혹은 거의 모든 산소가 소진된 상태(저산소증 참조)

무증상의(asymptomatic) 병증의 아무런 증상을 야기하거나 보이지 않는 것

미량영양소(micronutrients) 미량만 요구되는 필수 먹이 영양분(예, 셀레늄, 아연).

미소기생체(microparasite) 척추동물 숙주 안에서 매우 빠르게

증식하며, 세대가 짧고, 상대적으로 단순한 항원을 갖는 기생충들에 대한 생태학적 분류. 이들에 의한 감염은 주로 그 기간이 짧으며 감염 후 숙주에 장기 면역력을 부여한다.

미토콘드리아(mitochondrion) 사립체라고도 한다. 진핵세포 내에서 호기성 호흡과 APT를 생산하는 세포내 소기관

미호기성(microaerophilic) 산소를 필요로 하는 세균을 지칭하는 표현. 단, 공기 중에 존재하는 것보다는 적은 농도를 요구함.

밀도 독립성(density-independent) 개체군의 성장을 제한하는 인자로, 기존 개체군의 밀도와는 독립적이다.

밀도 의존성(density-dependent) 개체군의 성장을 제한하는 인자로, 기존 개체군 밀도에 의존적이다. 예를 들어 밀도가 낮은 개체군보다 먹이동물의 밀도가 높은 개체군에서는 포식률이 높다.

밀도(density) 특정 크기 내의 공간에 존재하는 동물수로, 보통 마리수/㎢으로 표현. 밀도는 간혹 하나의 수공간을 사용하는 동물들의 수로 표시하기도 한다.

ㅂ

바이러스혈증(viremia) 바이러스가 혈중에 있는 상태

반감기(half-life) 체내에서 물질의 양이나 활동이 절반으로 줄어드는데 필요로 하는 시간

발생률(incidence) 정해진 기간 동안 발생한 특정 질병의 신규발생건수를 동일 기간 동안 발병 위험에 노출된 동물들의 수로 나눈 값. 발생률은 이환율(prevalence)과 동의어가 아님.

발암물질(carcinogen) 신생조직(종양)을 야기하는 물질이나 원인체로, 그 과정을 발암(carcinogenesis)이라고 부른다.

번식률(reproductive rate, R₀) 미소기생체의 경우 R₀은 해당 병원체의 감염에 모든 개체가 취약한 개체군에, 감염된 하나의 개체가 발생시킬 수 있는 2차 감염의 수의 평균을 나타낸다. 거대기생체의 경우, R₀은 모두가 감수성이 있는 숙주 집단 내로 암컷 한 마리가 유입되었을 때, 번식 가능한 후손 암컷들의 평균수다.

범람숙주(spillover host) 다숙주성 병원체가 일정한 기간 동안은 존속이 가능하나(동종 내 전파는 발생할 수 있다), 외부에서의 추가적인 감염이 없이는 결국 소멸하는 숙주종(의 개체군)

변동비대칭(fluctuating asymmetry) 형태학적 특질 중 양면 대칭성에서 벗어난 편차. 즉, 얼굴 양측의 모양 차 등이 있음.

변온성의(poikilothermic) 체온이 주변 환경에 따라 변화하는 동

물들을 지칭

병독성(virulent) 질병 또는 손상을 일으킬 수 있는 능력

병리적(pathologic) 병리반응이 일어나 결국 질병에 이름

병리학(pathology) 비정상적인 조건의 성격, 이유, 그리고 그 발생에 관련된 모든 것을 탐구하는 의학의 한 가지로 질병의 결과로 발생하는 구조적 및 기능적 변화에 대한 내용도 포함한다.

병변(lesion) 조직의 병리학적 변화

병원보유자(reservoir) 감염성 인자가 지속적으로 존속할 수 있도록 역학적으로 연결된 한 개 또는 그 이상의 개체군 및 환경 (Haydon 등 2002).

병원성의(pathogenic) 질병 또는 병리학적 변화를 일으키는

병원체(pathogen) 질병을 일으키는 원인체

병인론(pathogenesis) 질병과정을 일으키는 일련의 사건 및 기전들

보균자(carrier) 신체 내에 감염성 원인체를 보유하고 있는 개체로서 증상을 나타내지는 않지만 다른 개체에게 원인체를 전파할 수 있음.

보상(compensation) 변화를 상쇄하도록 조정하는 것. 질병과 연관하여 사용하는 단어로, 한 인자에 의해 개체군 미리도가 수용한계 이하로 떨어졌을 때 번식 성공률의 증가(보상적 출생률)나 다른 원인에 의한 폐사율의 감소(보상적 생존)를 뜻함.

보조 T 림프구(helper T cell) MHC 분자들과 관련하여 제시된 항원에 의해 자극될 때 다른 림프구 및 대 식세포의 기능을 향상시킬 수 있는 T림프구

보체(complement) 감염에서 순차적으로 활성화되는 혈청단백질의 체계로 식균작용의 역할과 신체 내 세균이나 다른 병원체를 제거하는 데 도움을 순다.

부검(necropsy) 동물의 폐사 후 검사

부영양화(eutrophication) 식물과 조류의 성장을 뒷받침하는 영양분에 의해 수계의 영양분의 과도해진 상태

부종(edema) 신체의 세포 간 공간에 과도한 수분이 저류

부착소(adhesin) 숙주세포에 부착하는 데 필요한 세균의 표면 단백질

분리(isolation) 미생물학에서는 한 유기체를 다른 유기체와 따로 분리하는 것이며, 질병에 걸린 조직 시료에서 채취하여 인공배지에서 특정 세균체가 배양되는 것과 같다. 한 시료에서 하나의 경우에 분리 가능한 유기체들을 분리라고 한다.

불임충방사법(sterile fly technique, sterile male technique) 암컷이 일 년에 한번만 번식하는 특정 기생충성 파리에 적용되는 질병 관리기법의 하나. 인공적으로 불임이지만 성적으로 활동적인 수컷들을 사육하여 방사함으로써 야생의 수컷들과 경쟁하여 번식률을 낮춘다.

B 림프구(B lymphocyte, B cell) 체액성 면역에 관련된 특정 유형의 림프구. B세포는 항체를 형성하는 형질세포와는 다르다.

비리온(virion) 완전한 바이러스 입자

비생물적인(abiotic) 살아 있는 것이 아닌

빈모증(hypotrichosis) 신체 표면의 정상량보다 적은 모발이나 털

빈혈(anemia) 특정 분량(혈액의 손실에 의해 발생하거나)이나 양질(혈색소나 적혈구 부족의 결과로서)의 혈액이 없어진 상태

사물기생생물(saprophyte) 죽거나 부패하는 유기체로부터 직접적으로 영양분을 얻는 유기체

사이토카인(cytokines) 세포 신호 체계와 상호작용을 매개하고 세포의 성장과 분비, 면역반응을 조절하는 단백질 그룹

산성화(acidification) 비와 토양, 물이 인위적 원인으로 황화산화물과 질소산화물 등의 물질 영향으로 산성도가 강해지는 현상

산증(acidosis) 몸속의 체액이 산성화되려는 경향. 몸속에 산이 축적되거나 알칼리가 감소될 때에 일어난다.

삼출물(exudate) 조직이나 모세혈관 등에서 삼출된 수분을 의미하며, 특히 부상이나 염증으로 인해 발생한 삼출물은 고농도의 단백질과 백혈구를 포함하고 있다.

상속된(inherited) 인코딩된 세포학적 자료에 의해 부모로부터 자손에게 전파되는 특성이나 자리

상피세포(epithelium) 외부 환경과 계속 연결된 내부 표면의 선과 외부 표면을 덮고 긴밀하게 연결된 세포들의 층

상피탈락(desquamation) 피부나 외부 표면의 외부 상피 구조물을 벗겨내는 것

생물축적(bioaccumulation) 화합물의 흡수율이 제거율보다 높아 장시간에 걸쳐 신체에 축적되는 현상

생물증폭(biomagnification, bioamplification) 먹이사슬 내의 상위 영양 단계에서 화합물의 농도가 상승하는 현상

생장과정전파(transstadial transmission) 무척추동물의 생활사의 한 발달단계에서 다음 발달단계로 병인체가 전파되는 것 (예, 유충단계에서 약충단계로 전파).

생존(survival) 개체군 내에서 생존은 흔히 생존도로 계산된다: 특정 기간(주로1년)의 끝에 살아남아 있는 개체의 수를, 기간의 초반에 있던 개체의 수로 나눈 값

생체이물의(xenobiotic) 생명체가 아닌 이물질; 자연적으로 발생하지 않는 합성화학물질도 포함한다.

생활사(life cycle) 한 유기체가 시작 단계에서부터 성장하여 번식하는 것까지 거치는 다양한 생활단계.

서식지 파편화(fragmentation of habitat) 서식지의 광범위한 구획의 분획으로서 다양한 유형의 토지이용에 따른 숲의 소규모 단위화를 의미

서식지(habitat) 한 개체군의 존재와 생존, 번식을 결정하는 자원들(먹이, 피신처)과 환경요인(생물적, 무생물적)

선천성(congenital) 태생 시 존재하는 것

선천적인(inherent) 자연의 일부 또는 결과로 발생

선충류(nematode) 선충문(Phylum Nematoda)에 속하는 선형동물.

섬유성(fibrous) 섬유아세포와 섬유세포를 포함하거나 구성된

섬유소(fibrin) 상대적 불용성의 단백질 폴리머로서 섬유소원이라고 부르는 용해성 혈장단백질의 전환에 의해 형성된다. 섬유소는 혈병(피딱지)을 형성한다. 특정 유형의 염증(섬유소성 염증)은 대량의 섬유소를 형성시키고, 보통 장기의 표면에서 관찰할 수 있다.

섬유화(fibrosis) 손상 받은 조직이 콜라겐이 풍부한 반흔조직으로 대체되는 것

교미를 통한 전파(sexual transmission) 개체간의 성적인 접촉을 통해 감염되는 직접 전파의 한 형태

세균파지(bacteriophage) 세균에 감염되어 그 세포 내에서만 증식하는 바이러스

세포골격(cytoskeleton) 진행 세포의 세포질 전반에 걸쳐 존재하는 단백질 섬유와 세관의 내부 구성체로서 세포의 형태를 만들고 세포의 확장을 지지함.

세포매개성 면역(cell-mediated immunity) 항원보다는 T림프구와 부속 세포(거의 대식세포)들에 의해 거의 영향을 받는 면역체계

세포소기관(organelle) 사립체, 골지기관, 소포체 등의 세포내

구조물

소독제(disinfectant) 일반적으로 무생물 표면의 감염성 원인체의 성장을 억제하고 파괴하는 데 사용하는 화학 물질

소멸서식지(sink habitat) 개체군의 번식률이 해당 지역의 폐사율보다 낮기 때문에, 주변 지역으로부터의 개체 유입에 의해 개체수가 유지되는 서식지

수동면역(passive immunity) 특정 병원체에 면역력이 없는 개체에게 수동적인 경로로(태반, 포유류의 모유, 새에서의 난황) 항체가 전달되어 획득된 면역. 이러한 항체들은 단기간 존재하며 장기간 보호를 제공하는 않는다.

수막염(meningitis) 뇌와 척추를 둘러싸는 막의 염증 (뇌척수막)

수송숙주(transport host) 병인체를 한 개체에서 다른 개체로 옮겨만 주는 동물로 이러한 동물 안에서는 병인체가 증식하거나 자연사 단계를 거치지 않는다.

수용기(receptor) 세포의 표면에 있는 구조물. 이에 결합하려하는 세포 외부의 분자 및 인자에 의해 인지됨

수용한계(carrying capacity, K) 특정 환경 조건하에서 개체군의 최대 지속 가능 밀도. 특정 환경 내의 유용자원에 의해 결정되는 개체군의 자연적 한계

수직전파(vertical transmission) 부모에서 자식에게 감염병이 전염되는 전파 방식

수초병증(myelinopathy) 뇌, 척추 그리고 말초신경계의 신경섬유를 둘러싸고 있는 지질-풍부막의 퇴행적 변화.

수평전파(horizontal transmission) 부모자식간의 관계와는 별도로 한 동물에서 다른 동물에게 감염성 원인체를 전달하는 전파 체계

수포(vesicle) 피부의 상피 및 점막이 액체로 가득 찬 공간(물집)

숙주범위(host range) 한 원인체에 의한 감염에 감수성이 있는 동물들의 범위

스트레스(stress) 동물의 항상성 평형상태를 위협하는 자극을 수용하고 분석하고 이에 반응하는 시스템 및 과정. 이러한 반응은 신경내분비 조절 연쇄반응으로서 카테콜라민, 부신피질호르몬과 다른 매개인자들을 포함하고 있다.

스트레스인자(stressor) 스트레스 반응을 촉발시키는 자극

승저증(myiasis) 파리 유충이 살아있는 숙주 조직에 침습하여 발생하는 질병

시험유효성(validity of a test) 어떠한 특정이 있는 것과 없는 것을 구분할 수 있는 능력

식욕부진(anorexia) 먹고자 하는 욕구가 없어짐.

식이물(ingesta) 섭취를 통해 먹는 영양 물질

신체충실(body condition) 신체구조의 크기와 질량을 함께 측정하는 영양상태 측정법으로 '신체지수'라고도 한다.

ㅇ ....

아르보바이러스(arbovirus, arthropod-borne virus) 절지동물 내에서 증식되고, 척추동물에게 전파되어 증식하는 바이러스

악액질(cachexia) 체중저하와 수척이 함께 나타나는 일반적인 질병 상태

r-선택성(r-selected) 개체의 유지보다 번식을 선호 선택한 종. 높은 번식률, 높은 폐사율, 짧은 수명의 특징을 보이며 흔히 불안정한 환경에서 나타난다.

양성(benign) 종양과 관련하여 사용하는 용어로 침습적이지 않고, 신체의 다른 부위로 종양을 퍼뜨리지 않는 성격을 일컬음.

항원결정부(epitope) 항원결정부는 항체, B세포, T세포 등의 면역계가 항원을 식별하게 해 주는 항원의 특정 부위다. 항원결정부를 식별하는 항체의 특정한 부분은 항원결합부위 또는 항원 결정 부위라고 한다.

역가(titre) 혈청에 들어있는 항체양의 측정치. 흔히 항체매개반응이 나타나는 혈청 희석가의 역수로 표현된다.

역학(epidemiology) 개체군에서의 질병연구로서 질병 발생을 결정하는 인자들에 대한 연구

연동(peristalsis) 소화 장기 및 다른 관 형태 장기들이 움직임 형태로, 안의 내용물을 전방으로 밀어낸다.

연장숙주(paratenic host) 본 숙주의 체내에서 기생충 생활사의 발달단계가 진행되지는 않지만, 기생충의 전파를 도와주거나 기생충 생활사 단계의 생태적인 또는 영양적인 간격을 이어주는 역할을 하는 숙주

열(fever) 발열은 신체 방어체계 중 하나다. 체온이 상승하였지만 조절 가능한 범위 내에 있으며 정상적인 체온조절 기능의 적응이나 변화를 의미한다.

염증(inflammation) 부상 이후 살아있는 맥관성 조직의 반응으로서 해당 영역으로의 혈류량이나 맥관 투과성 변화와 백혈구의 유입 등을 포함.

염화(salinization) 물이나 토양에 과다한 양의 수용성 무기물이 축적 및 침전되는 현상

영양관계(trophic relationship) 영양학적 또는 포식의 관계; 포식자와 먹이동물의 관계

영양단계(trophic level) 먹이를 확보하는 방법에 따라 결정되는 먹이사슬 내의 위치로서 모든 유기체들은 에너지의 원 출처로부터 동일한 양의 에너지를 전달받는다.(예, 초식동물). 흔히 생태계의 에너지 흐름이나 물질순환에 있어서 생물의 역할을 유형적으로 나눈 것을 지칭한다.

예찰(surveillance) 질병발생에 대한 데이터를 계획적으로 수집하고 통합하고 분석하는 행위

옴감염증(mange) 여러 가지 옴 속(genera)에 의해 발생하는 피부 염증성 질환(피부염)

외부기생충(ectoparasite) 동물 숙주의 신체 바깥표면에 서식하는 기생성 생물체

외인성(exogenous) 신체의 외부에서 유래한

원핵생물(prokaryote) 핵막, 커다랗고 복잡한 염색체, 유사/감수분열 방추(mitotic/meiotic spindle) 그리고 세포내 기관이 없는 세포. 세균들은 원핵생물이다.

유병률(prevalence) 특정 시점에 몇 마리의 동물들이 관심 상태에 있는지 측정한 수치. 특정 시점에 관심 상태(예, 특정 병원체에 감염)에 있는 동물 수에 대한 전체 동물수의 비율

유산(abortion) 태아의 생존력이 완성되기 이전에 태아가 자궁 밖으로 나오는 것

유전체(genome) 유기체 유전자의 유전정보 전체

유지숙주(maintenance host) 외부 감염원이 없이도 병원체가 영원히 존속할 수 있는 숙주종

유충 이행증(larva migrans) 연충의 유충단계로서 숙주 조직을 일정 기간 동안 이동하고 다니지만 결코 성체로 성장하지 못하는 단계에 머문다.

유행곡선(epizootic [epidemic] curve) 시간의 흐름에 따른 질병의 발생 사례수를 도표로 표시한 것

2차 반응(secondary response) 항원에 2차적으로, 또는 연속적으로 노출 된 후 급속하게 항체가 늘거나 세포성 면역반응이 발생하는 현상(건망증성 반응이라고도 부른다).

2차 중독(secondary poisoning) 독성 잔류물이 하나의 척추동물에서 다른 척추동물로 전해져 발생하는 중독. 이는 첫 번째 동물의 조직(예컨대 지방속의 살충제)으로 흡수된 잔류물과, 미처 흡수되지 않은 소화기속의 잔류물을 모두 포함한다.

이입(translocation) 한 곳에서 다른 곳으로의 이동 및 전이

이환율(morbidity rate) 일정 기간 동안 특정한 병인체에 의해 임상증상이 나타나는 집단 내 동물의 비율

인수 공통 감염병(zoonosis) 사람과 동물 사이에서 자연적으로 전파될 수 있는 감염병(복수: zoonoses)

인위적(anthropogenic) 인간에 의해서 형성되거나 만들어진 것

1차면역반응(primary immune response) 동물과 항원의 첫 접촉 후 발생하는 면역 반응

임계군집크기(critical community size) 외부로부터의 유입 없이 감염성 원인체가 존속하기 위해 필요한 최소 개체군 크기나 밀도

임상증상(clinical sign) 관찰자가 인지할 수 있는 질병의 모든 객관적인 증거

임신 중독증(pregnancy toxemia) 임신 후반부 에너지 요구량이 극심하게 높을 때 영양소 부족으로 인해 급작스럽게 발생하는 대사성 질병

ㅈ

잠재기(latency) 병원체가 검출 안 되고, 인지 가능한 질병을 일으키지 않지만 질병을 활성화 시키고 발생시킬 수 있는 가능성을 가진 지속감염의 상태를 의미

잠복기(prepatent period) 숙주 개체가 감염된 후 감염성 상태가 되어 병원체를 배출하기까지의 기간(흔히 후생동물 기생충의 경우에 해당됨)

장염(enteritis) 장의 염증

재생(regeneration) 기능성 세포 및 장기의 일부가 다시 자라나 기존의 기능이 다시 회복됨.

재야생화(feral) 가축화 되었다가 다시 야생 상태로 돌아간

저산소증(hypoxia) 조직이나 혈액 내 정상 수준의 산소보다 낮게 감소한 상태

저체온(hypothermia) 정상 이하의 체온

적발도태(test-and-slaughter) 개체군내 개체들을 검사한 후 감염에 양성인 개체들만 선택적으로 제거(도축)하는 것. 가축 질병 관리에서 사용되던 어휘로 검사에 양성으로 나온 개체들은 도축장으로 보냈다.

적응도(fitness) 유전학 용어로서 한 유정형질의 개체 유전자가 다음 세대에게 전달되고, 그 세대에서 생존하며 또한 다시 다음 세대로 전달될 수 있는 상대적 가능성 혹은 확률

전염성의(contagious) 한 개체로부터 다른 개체에게 전파될 능력이 있는

전파 가능한(transmissible) 전파가 가능한

전파(transmission) 병원체가 한 숙주 개체로부터 나와 다른 개체로 옮아가는 과정

접합자(oocyst) 많은 원생동물 접합체의 포낭 형태로 숙주 동물의 체내에서 배출되는 형태.

정지(arrest, developmental) 저항성 숙주의 조직 내에서 더 이상 발달하지 않는 상태로 존재하는 선충류의 제3기 유충 상태

조건적 병원체(facultative agent) 질병 원인체로서 동물에게 감염될 수는 있으나 그 감염이 원인체의 영속을 위해 꼭 필요한 것은 아니다. 다른 말로는 기회적 원인체(opportunistic agent)라고도 한다.

조절(regulation) 개체군에 어떠한 혼란/동요가 발생한 후 밀도 의존적 요인들에 의해 개체군이 다시 평형상태로 돌아오는 과정

조충(cestode) 조충강(Cestoda)에 속하는 기생성 편형동물 (tapeworm)

종말숙주(dead-end host) 외부에서 침입한 질병 원인체에 의해 감염될 수 있지만 유지하지는 않는 종. 예를 들어 사람은 모기에 의해 웨스트나일바이러스에 감염되지만 이 질병을 전파하지는 않는다.

종양(neoplasm) 정상보다 빠른 속도로 일어나는 세포증식으로 인해 생성된 비정상적인 조직으로, 이는 처음에 증식을 유발한 자극이 사라지고 난 후에도 지속적으로 성장한다.

종양생성(neoplasia) 세포증식이 조절되지 않는 병리학적 증상으로 종양 또는 암을 형성한다.

주조직적합복합체(major histocompatibility complex, MHC) 조직적합성항원의 유전자 및 다른 면역반응에 관계된 유전자를 포함하고 있는 염색체의 한 부분

중간숙주(intermediate host) 간접전파경로의 숙주로서 기생체가 성적 번식하지 않는 숙주(원충과 연충에 적절)

사례치사율(case-fatality rate) 특정 질병에 걸려 폐사하는 동물 개체군의 폐사율

직접 전파(direct transmission) 동종의 한 개체에서 다른 개체에게 감염을 전파할 때 다른 종이 필요 없는 형태의 전파

진균성 감염(mycotic infection) 곰팡이에 의한 감염

진단(diagnosis) 질병 사례의 특정 성격을 결정하는 과정 또는 이 과정을 통해 도달한 결정(납 중독 진단 과정에서 보이는 것과 같이)

진핵세포 생물(eukaryote) 세포 내에 진성 핵을 가지는 세포를 진핵세포를 가진 생물을 의미. 진핵세포의 핵은 핵막으로 싸여 있기 때문에 세포질에서 분리되어 있으며 미토콘드리아 등의 분화된 세포 기관들도 나타난다. 진핵세포로 이루어진 생물을 진핵생물이라 하며 원생생물계, 동물계, 식물계, 진균계 등이 속한다.

집중분포(aggregated distribution) 숙주 개체군 내에 존재하는 기생충들은 대부분의 숙주동물에는 소수가 머물고 소수의 숙주개체군에 많은 기생체가 분포하는 것을 설명

ㅊ

청소동물(scavenger) 다른 이유에 의해 폐사한 동물의 사체를 먹음으로써 영양을 섭취하는 종. 부식성(腐食性) 동물이라고도 한다.

체액성 면역(humoral immunity) 항체에 의해 매개되는 특수 면역

최적표준(gold standard (for a test)) 비교 가능한 실험 결과를 통해 얻을 수 있는 최고의 증거로서 예를 들면 분변 검사를 통한 기생충란의 검사법과 같이, 비교 가능한 다른 검사법에 비해 부검 시 선충류의 확인은 최적표준이 되는 것이다.

최종숙주(definitive host) 감염체의 생활사 안에 있는 숙주로, 원인체가 성적 복제를 할 수 있는 숙주. 일반적으로 원충류나 후생동물 기생충에게 적용할 수 있다.

출혈(hemorrhage) 혈관으로부터 혈액이 나오는 현상

출혈성(hemorrhagic) 출혈의 특징을 갖는

충혈(hyperemia) 특정 영역이나 조직에 혈류량이 증가해 있는 상태

ㅋ

K-선택종(K-selected) 상대적으로 적은 후손을 낳고, 낮은 생산력, 낮은 폐사율과 긴 수명을 개체 유지를 위해 선택하는 종으로서 일반적으로 안정된 환경에서 서식한다.

무증상(clinically silent) 인지 가능한 임상적 증상을 야기하지 않는 질병 상태

클론(clone) 하나의 선구세포에서 유래한 유기체나 세포들의 집단으로 동일한 유전적 구성을 이루고 있음.

ㅌ

탄저(tetanus) 세균 *Clostridium tetani*가 생산한 독소가 중추신경세포에 미치는 영향에 의해 강직성 근육수축이 발생하는 질병

탐식작용(phagocytosis) 세포가 세균 또는 세포의 파편과 같은 미립형 입자를 삼켜 내면화하는 능동적인 과정

태아 미이라화(mummification, fetal) 폐사하여 자궁 속에 잔존한 태아의 건조현상. 태아의 폐사는 감염성 또는 비감염성 인자에 의한 것일 수 있으며, 자궁 내에 분해를 일으키는 생물체가 부재하고 자궁경부가 닫혀 외부로부터 부패세균의 출입이 막혀있는 경우 발생한다.

토착의(indigenous) 지역에 속한

투과성(permeability) 물질들이 막을 통과하게 하는 성질

특발성 질병(idiopathic disease) 현재까지 발생 원인을 모르는 질병

T 림프구(T cell) 세포성 매개 면역반응에 참여하고 체액성 매개 면역반응에서 보조세포로 작용하는 림프구의 한 종류

ㅍ

파브리시우스낭(bursa of Fabricius) 조류의 총배설강 근처에 위치한 림프 장기

패혈증(septicemia) 혈류 안에 병원성 세균이 존재하는 상태

편리공생(commensalism) 둘 이상의 개체가 함께 살아가고, 자원을 공유하고 있을 때, 두 개체 중의 하나가 이익을 얻고 다른 개체는 해를 입지 않거나 영향을 받지 않는 공생관계

편리공생체(commensal) 편리공생 관계에서 이익을 얻는 종

편성기생체(obligate parasite) 오직 기생체로만 살 수 있는 생물체, 다시 말해 증식과 생존을 위해 숙주 동물을 필요로 한다.

폐렴(pneumonia) 폐의 염증

폐사율(mortality rate) 일정 기간 동안 집단 내에서 폐사하는 개체의 비율. 특정원인 폐사율(cause-specific mortality rate)은

특정 원인의 결과에 따라 발생하는 특정 집단의 폐사율을 의미한다.

포식(predation) 영양적인 관계, 포식자 한 종은 평생 여러 마리의 먹이동물을 죽인다.

포획근병증(capture myopathy) 야생동물을 다룬 후 동물의 골격근에서 발생하는 변화

표피(epidermis) 상피세포로 이루어진 피부의 가장 바깥쪽 층

풍토적인, 사람의 풍토병(endemic) 1. 오직 특정 도서에서만 발견되는 조류종과 같이 특정 구역에 제한됨을 의미 2. 사람 집단에서 예측 가능한 빈도와 비율로 발생하는 질병(참고: 동물의 풍토병 enzootic).

프리온(prion) "감염성 단백질 입자(proteinaceous infectious particle)"에서 유래된 단어. 핵산이 없으며 비정상적으로 접혀진 단백질로 이뤄진 전염성 인자를 일컫는 말로 해면성 뇌병증을 일으키는 것으로 알려져 있다.

플라스미드(plasmid) 세균의 여타 염색체들과 물리적으로 분리되어 있으며 독립적으로 증식하는 DNA의 일부로 작은 원형을 함. 항생제에 대한 저항성 등 세균에 간혹 이점을 주기도 함.

피각, 캡시드(capsid) 바이러스의 핵산을 감싸고 있는 단백질 껍질

피부염(dermatitis) 피부의 염증

ㅎ

한계(limitation) 평형 개체군 크기를 결정하는 인자들로서 번식이나 폐사 원인에 미치는 모든 요소들이 제한인자들이다.

항원(antigen) 일반적으로 외래물질인 모든 형태의 물질로서 면역반응을 야기할 수 있음.

항응고제(anticoagulant) 혈액응고를 억제하고, 지연시키거나 막는 물질. 혈액응고를 막아 죽이는 살서제에 사용하기도 한다.

항체(antibody) 항원에 대한 반응의 결과로 형질세포가 만들어 낸 대형 분자량의 단백질. 항체는 이들의 합성을 유도하는 항원에 특이적으로 부착한다.

해면상(spongiform) 해면/스펀지와 같은 질감 또는 형태를 띠는 대상을 표현하는 어휘

허혈(ischemia) 조직 내 국소적 혈류의 결핍현상으로 일반적으로 동맥이 좁아지거나 막히는 현상으로 인해 발생함

혈전증(thrombosis) 혈관 내에 혈액응고로 인해 혈전이 형성되어

혈류를 부분적으로 또는 완전히 막게 되는 현상

혈청학(serology) 혈청 내의 항체 및 항원측정과 관련하여 연구하는 과학 분야

혐기성(anaerobic) 산소가 없는 환경에서 생존, 산소보다는 전자 수용체를 이용하여 호흡

호기성(aerobic) 생활에 자유산소나 공기가 필요

호산구(eosinophil) 에오신에 집중적으로 염색되는 과립을 가진 혈액 백혈구의 일종. 염증 반응 중 특히 기생충성 염증과 주로 관련이 있다.

호중구(neutrophil) 포유류의 백혈구이며 선천성 면역에서 중요한 탐식세포로 세포 외부의 미생물들을 제거한다.

화농성의(purulent) 농을 갖고 있거나 농을 생산하는

확률(stochastic) 무작위성 또는 기회의 인자가 포함된 과정

황달(icterus, jaundice) 혈액 내 담즙색소의 증가로 인해 조직과 배설물이 노란색을 띠는 현상

효소(enzyme) 촉매로서 생화학적 반응 과정의 속도를 올리며 그 반응의 방향이나 특성을 바꾸지 않는 단백질

후생동물(metazoan) 한 개 이상의 세포로 이루어져 있으며 최소한 두 개의 조직층을 갖는 동물. 곤충 및 연충 등이 여기에 포함된다.

흉터 형성(scarring) 기능적인 조직이 손상된 경우, 원 조직에 비해 특화되지 않은 결합조직으로 손상이 회복되어 기존의 기능이 상실되는 현상

흡충류(trematode) 흡충강(Class Trematoda)에 속하는 편형동물(흡충)

| 참고문헌 |

Abbot, K., T. Ksiazek and J. Mills. 1999. Long-term hantavirus persistence in rodent populations in central Arizona. Emerging Infectious Diseases 5: 102–112.

Acevedo-Whitehouse, K., F. Gulland, D. Greig and W. Amos. 2003. Disease susceptibility in California sea lions. Nature 422: 35.

Actor, J. K., M. Shirai, M. C. Kullberg, M. L. Buller, A. Sher and J. A. Berzofsky. 1993. Helminth infection results in decreased virus-specific CD8+ cytotoxic T-cell and TH1 cytokine responses as well as delayed virus clearance. Proceedings of the National Academy of Science of the United States of America 90: 948-952.

Adrian, W. J., T. R. Spraker and R. B. Davies. 1978. Epornitics of aspergillosis in mallards(Anas platyrhynchos) in north central Colorado. Journal of Wildlife Diseases 14: 212-217.

Albon, S. D., A. Stien, R. J. Irvine, R. Langvatn, E. Ropstad and O. Halvorsen. 2002. The role of parasites in the dynamics of a reindeer population. Proceedings of the Royal Society, London B 269: 1625–1632.

Alexander, K. A. and M. J. G. Appel. 1994. African wild dogs(Lycaon pictus) endangered by a canine distemper epizootic among domestic dogs near the Masai Mara National Reserve, Kenya. Journal of Wildlife Diseases 30: 481–485.

Alexander, K. A., E. Playdell, M. C. Williams, E. P. Lane, J. F. C. Nyange and A. L. Michel. 2002. Mycobacterium tuberculosis: an emerging disease of free-ranging wildlife. Emerging Infectious Diseases 8: 598–601.

Altizer, S., C. L. Nunn, P. H. Thrall, J. L. Gittleman, J. Antonovics, A. A. Cunningham, A. P. Dobson, V. Ezenwa, K. E. Jones, A. B. Petersen, M. Poss and J. R. C. Pilliam. 2003. Social organization and parasite risk in mammals: integrating theory and empirical studies. Annual Review of Ecology and Evolutionary Systematics 34: 517–47.

Anderson, R. C. 1992. Nematode Parasites of Vertebrates: Their Development and Transmission, Wallingford: CAB International.

Anderson, R. M. 1991. Populations and infectious diseases: ecology or epidemiology. Journal of Animal Ecology 60: 1–50.

______. 1995. Evolutionary processes in the spread and persistence of infectious agents in vertebrate opulations. Parasitology 111: S15–S31.

Anderson, R. M. and R. M. May. 1978. Regulation and stability of host-parasite population interactions. I. Regulatory processes. Journal of Animal Ecology 47: 219–247.

______. 1979. Population biology of infectious disease: Part 1. Nature 280: 361–367.

______. 1982. Coevolution of hosts and parasites. Parasitology 85: 411–426.

______. 1986. The invasion, persistence and spread of infectious diseases within animal and plant communities. Philosophical Transactions of the Royal Society, London B 314: 533–570.

Anderson, R. M. and W. Trewhalla. 1985. Population dynamics of the badger(Meles meles) and the epidemiology of bovine tuberculosis(Mycobacterium bovis). Philosophical Transactions of the Royal Society, London B 310: 327–381.

Anderson, R. M., H. C. Jackson, R. M. May and A. M. Smith. 1981. Population dynamics of fox rabies in Europe. Nature 289: 765–781.

Anderson, S. H. and E. S. Williams. 1997. Plague in a complex of white-tailed prairie dogs and associated small mammals in Wyoming. Journal of Wildlife Diseases 33: 720–732.

Apanius, V. 1998. Stress and immune defense. Behavior 27: 133–153.

Apanius, V. and G. A. Schad. 1994. Host behaviour and the flow of parasites through host populations. In Parasitic and Infectious Diseases: Epidemiology and Ecology, edited by M. E. Scott and G. Smith, pp. 115–128. San Diego: Academic Press.

Appel, M. J. C., C. J. Reggiardo, B. A. Summers, S. Pearce-Kelling, C. J. Maré, T. H. Noon, R. E. Reed, J. N. Shively and C. Orwell. 1991. Canine distemper virus infection and encephalitis in javelinas(collared peccaries). Archives of Virology 119: 147–152.

Arneberg, P., I. Folstad and A. J. Karter. 1996. Gastrointestinal nematodes depress food intake in naturally infected reindeer. Parasitology 112: 213–219.

Arnold, W. and A. V. Lichtenstein. 1991. Ectoparasite loads decrease the fitness of alpine marmots(Marmota marmota) but are not a cost of sociality. Behavioral Ecology 4: 36–39.

Atkinson, C. T., K. L. Woods, R. J. Dusek, L. S. Sileo and W. M. Iko. 1995. Wildlife disease and conservation in Hawaii: pathogenicity of avian malaria(Plasmodium relictum) in experimentally infected Iiwi(Vestiaria coccinea). Parasitology 111: S59–S69.

Avashia, S. B., J. M. Petersen, C. M. Lindley, M. E. Schriefer, K. L. Gage, M. Cetron, T. A. DeMarcus, D. K. Kim, J. Buck, J. A. Montenieri, J. L. Lowell, M. F. Antolin, M. Y. Kosoy, L. G. Carter, M. C. Chu, K. A. Hendricks, D. T. Dennis and J. L. Kool. 2004. First reported prairie dog-to-human tularemia transmission, Texas, 2002. Emerging Infectious Diseases 10: 483–486.

Baker, A. J., P. M. González, T. Piersma, L. J. Niles, I. de lima Serrano do Nascimento, P. W. Atkinson, N. A. Clark, C. D. T. Minton, M. K. Peck and G. Aarts. 2004. Rapid population decline in red knots: fitness consequences of decreased refuelling rates and late arrival in Delaware Bay. Proceedings of the Royal Society, London B 271: 875–882.

Baker, R. J., A. M. Bickham, M. Bondarkov, S. P. Gaschak, C. W. Matson, B. E. Rodgers, J. K. Wickliffe and R. K. Chesser. 2001. Consequences of polluted environments on population structure: the bank vole(Clethrionomys glareolus) at Chornobyl. Ecotoxicology 10: 211–216.

Bakker, T. C, M. D. Mazzi and S. Zali. 1997. Parasite induced changes in behavior and color make Gammarus pulex more prone to fish predation. Ecology 78: 1098–1104.

Ball, G. H. 1943. Parasitism and evolution. American Naturalist 77: 345–364.

Banks, P. B. and F. Powell. 2004. Does maternal condition or predation risk influence small animal population dynamics? Oikos 106: 176–184.

Barker, I. K. and C. R. Parrish. 2001. Parvovirus infections. In Infectious Diseases of Wild Mammals, edited by E. S. Williams and I. K. Barker, pp. 131–146. Ames: Iowa State University Press.

Barnard, C. J. 1984. Producers and Scroungers: Strategies of Exploitation and Parasitism. London: Chapman and Hall.

Barnes, A. M. 1982. Surveillance and control of bubonic plague in the United States. In Animal Disease in Relation to Animal Conservation, edited by A. Edwards and U. McDonnell, pp. 237–270. London: Academic Press. Barret, J. L., M. S. Carlisle and P. Prociv. 2002. Neuroangiostrongylosis in wild black and grey-headed flying foxes(Pteropus spp.). Australian Veterinary Journal 80: 554–558.

Bartlett, M. S. 1960. The critical community size for measles in the US. Journal of the Royal Statistical Society A 123: 37–44.

Baxby, D., M. Bennett, B. Getty. 1994. Human cowpox 1969–1993: a review based on 54 cases. British Journal of Dermatology 131: 598–607.

Beard, P. M., M. J. Daniels, D. Henderson, A. Pirie, K. Rudge, D. Buxton, S. Rhind, A. Greig, M. R. Hutchings, I. McKendrick, K. Stevenson and J. M. Sharp. 2001. Paratuberculosis infection of nonruminant wildlife in Scotland. Journal of Clinical Microbiology 39: 1517–1521.

Beaver, D. L. 1980. Recovery of an American robin population after earlier DDT use. Journal of Field Ornithology 51: 220–228.

Bedhomme, S., P. Agnew, C. Sidobre and Y. Michalakis. 2004. Virulence reaction norms across a food gradient. Proceedings of the Royal Society, London B 271: 739–744.

Begon, M. and R. G. Bowers. 1995. Beyond hostpathogen dynamics. In Ecology of Infectious Diseases in Natural Populations, edited by B. T. Grenfell and A. P. Dobson, pp. 478–509. Cambridge: Cambridge University Press.

Begon, M., S. M. Hazel, S. Telfer, K. Brown, R. Carslake, J. Chantry, T. Jones and M. Bennett. 2003. Rodents, cowpox virus and islands: densities, numbers and thresholds. Journal of Animal Ecology 72: 343–355.

Belay, E. D., R. A. Maddox, E. S. Williams, M. W. Miller, P. Gambetti and L. B. Schonberger. 2004. Chronic wasting disease and potential transmission to humans. Emerging Infectious Diseases 10: 977–984.

Bell, J. F. and S. S. Stewart. 1975. Chronic shedding tularemia nephritis in rodents: possible relation to occurrence of Francisella tularensis in lotic waters. Journal of Wildlife Diseases 11: 421–430.

______. 1983. Quantum differences in oral susceptibility of voles, Microtus pennsylvanicus, to virulent Francisella tularensis type B, in drinking water: implications to epidemiology. Ecology of Disease 2: 151–155.

Bellrose, F. C., Jr. 1959. Lead poisoning as a mortality factor in waterfowl populations. Illinois Natural History Survey Bulletin 27: 235–288.

Bengis, R. G., R. A. Kock and J. Fischer. 2002. Infectious animal diseases: the wildlife/livestock interface. Revue Scientifique et Technique OIE 21: 53–65.

Bennett, M., C. J. Gaskell, D. Baxby, R. M. Gaskell, D. F. Kelly and J. Naidoo. 1990. Feline cowpox virus infection. A review. Journal of Small Animal Practice 14: 167–173.

Beran, G. W. and J. L. H. Steele. 1994. Handbook of Zoonoses, 2d ed. Boca Raton: CRC Press.

Berdoy, M., J. P. Webster and D. W. MacDonald. 1995. Parasite-altered behaviour: is the effect of Toxoplasma gondii on Rattus norvegicus specific? Parasitology 111: 403–409.

Bergelson, J. L. and C. B. Purrington. 1996. Surveying patterns in the cost of resistance in plants. American Naturalist 148: 536–558.

Bergerud, A. T., 1971. The population dynamics of Newfoundland caribou. Wildlife Monographs 25: 1–55.

Beringer, J., L. P. Hansen and D. E. Stallknecht. 2000. An

epizootic of hemorrhagic disease in white-tailed deer. Journal of Wildlife Diseases 36: 588–591.

Berryman, A. A. 2002. Population: a central concept for ecology? Oikos 97: 439–442.

Bethel, W. M. and J. C. Holmes. 1973. Altered evasive behavior and responses to light in amphipods harboring acanthocephalan cystacanths. Journal of Parasitology 59: 945–956.

______. 1974. Correlation of development of altered evasive behavior in Gammarus lacustris(Amphipoda) harboring cystacanths of Polymorhus paradoxus(Acanthocephala) with the infectivity to the definitive host. Journal of Parasitology 60: 272–274.

Beyer, W. N., D. J. Audet, G. H. Heinz, D. J. Hoffman and D. Day. 2000. Relation of waterfowl poisoning to sediment lead concentrations in the Coeur d'Alene River basin. Ecotoxicology 9: 207–218.

Beyer, W. N., G. H. Heinz and A. W. Redmon-Norwood. 1996. Environmental Contaminants in Wildlife: Interpreting Tissue Concentrations. Boca Raton: Lewis Publishers.

Birkhead, M. and C. Perrins. 1985. The breeding biology of the mute swan Cygnus olor on the River Thames with special reference to lead poisoning. Biological Conservation 32: 1–11.

Biser, J. A., L. A. Vogel, J. Berger, B. Hjelle and S. S. Loew. 2004. Effects of heavy metals on immunocompetence of white-footed mice(Peromyscus leucopus). Journal of Wildlife Diseases 40: 173–184.

Bize, P., A. Roulin, L.-F. Bersier, D. Pfluger and H. Richner. 2003. Parasitism in Alpine swift nestlings. Journal of Animal Ecology 72: 633–639.

Black, F. L. 1966. Measles endemicity in insular populations: critical community size and its evolutionary implication. Journal of Theoretical Biology 11: 207–211.

Blus, L. J. 1982. Further interpretation of the relation of organochlorine residues in brown pelican eggs to reproductive success. Environmental Pollution 28A: 15–33.

Blus, L. J., C. J. Henny, D. J. Lenhardt and T. E. Kaiser. 1984. Effects of heptachlor- and lindane-treated seed on Canada geese. Journal of Wildlife Management 48: 1097–1111.

Blus, L. J., S. N. Wiemeyer and C. J. Henny. 1996. Organochlorine pesticides. In Noninfectious Diseases of Wildlife. 2d ed., edited by A. Fairbrother, L. N. Locke and G. L. Hoff, pp. 61–70. Ames: Iowa State University Press.

Boag, B. 1988. Observations on the seasonal incidence of myxomatosis and its interactions with helminth parasites in the European rabbit(Oryctolagus cuniculus). Journal of Wildlife Diseases 24: 450–455.

Bogerd, H. P., B. P. Doehle, H. L. Wiegand and B. R. Cullen. 2004. A single amino acid difference in the host APOBEC3G protein controls the primate species specificity of HIV type 1 virion infectivity factor. Proceedings of the National Academy of Science of the United States of America 101: 3770–3774.

Bolin, C. 2000. Leptospirosis. In Emerging Diseases of Animals, edited by C. Brown and C. Bolin, pp. 185–200. Washington, D.C.: ASM Press.

Bolker, B. M. and B. T. Grenfell. 1995. Space, persistence and the dynamics of measles epidemics. Philosophical Transactions of the Royal Society, London B 348: 309–320.

Boonstra, R. 1977. Effect of the parasite Wohlfahrtia vigil on Microtus townsendii populations. Canadian Journal of Zoology 55: 1057–1060.

Boots, M. and R. G. Bowers. 2004. The evolution of resistance through costly acquired immunity. Proceedings of the Royal Society, London B 271: 715–723.

Borg, K., H. Wanntorp, K. Erne and E. Hanko. 1969. Alkyl mercury poisoning in terrestrial Swedish wildlife. Viltrevy 6: 301–379.

Borg, K., K. Erne, E. Hanko and H. Wanntorp. 1970. Experimental methyl mercury poisoning in the goshawk(Accipiter g. gentilis L.). Environmental Pollution 1: 91–104.

Bornstein, S., T. Mörner and W. M. Samuel. 2001. Sarcoptes scabei and sarcoptic mange. In Parasitic Diseases of Wild Mammals, 2d ed., edited by W. M. Samuel, M. J. Pybus and A. A. Kocan, pp. 107–119. Ames: Iowa State University Press.

Botkin, D. B., P. A. Jordan, A. S. Dominski and G. E. Zhutchison. 1973. Sodium dynamics in a northern ecosystem. Proceedings of the National Academy of Science of the United States of America 70: 2745–2748

Bowater, R. O., J. Norton, S. Johnson, B. Hill, P. O'Donoghue and H. Prior. 2003. Toxoplasmosis in Indo-Pacific humpbacked dolphins(Sousa chinensis) from Queensland. Australian Veterinary Journal 81: 627–632.

Bowyer, R. T., G. M. Blundell, M. Ben-David, S. C. Jewett, T. A. Dean and L. K. Duffy. 2003. Effects of the Exxon Valdez oil spill on river otters: injury and recovery of a sentinel species. Wildlife Monographs 153: 1–53.

Boyce, W., A. Fisher, H. Provencio, E. Rominger, J. Thilsted and M. Ahim. 1999. Elaeophorosis in bighorn sheep in New Mexico. Journal of Wildlife Diseases 35: 786–789.

Braack, L. E. O. and V. de Vos. 1990. Feeding habits and flight range of blow-flies(Chrysomyia spp.) in relation to anthrax transmission in the Kruger National Park, South Africa. Onderstepoort Journal of Veterinary Research 57: 141–142.

Bradbury, J. 1998. Hong Kong avian influenza characterized. Lancet 351: 189.

Brosch, R., S. V. Gordon, M. Marmiesse, P. Brodin, C. Buchrieser, K. Eiglmeier, T. Garner, C. Gutierrez, G. Hewinson, K. Kremer, L. M. Parsons, A. S. Pym, S. Samper, D. Van Soolingen and S. T. Cole. 2002. A new evolutionary scenario for the Mycobacterium tuberculosis complex. Proceedings of the National Academy of Science of the United States of America 99: 3684–3689.

Brown, M. J. F., R. Schmid-Hempel and P. Schmid-Hempel. 2003. Strong context-dependent virulence in a host-parasite system: reconciling genetic evidence with theory. Journal of Animal Ecology 72: 994–1002.

Bryant, J., H. Wang, C. Cabezas, G. Ramirez, D. Watts, K. Russell and A. Barrett. 2003. Enzootic transmission of yellow fever virus in Peru. Emerging Infectious Diseases 9: 926–933.

Bundy, D. A. P. and M. H. N. Golden. 1987. The impact of host nutrition on gastrointestinal helminth populations. Journal of Parasitology 95: 623–635.

Burger, J. 1997. Effects of oiling on feeding behavior of sanderlings and semipalmated plovers in New Jersey. Condor 99: 290–298.

Burger, J. and M. Gochfeld. 2002. Effects of chemicals and pollution on seabirds. In Biology of Marine Birds, edited by E. A. Schreiber and J. Burger, pp. 485–525.

Boca Raton: CRC Press.

Burgess, E. C. and T. M. Yuill. 1981. Vertical transmission of duck plague virus(DPV) by apparently healthy DPV carrier waterfowl. Avian Diseases 25: 795–800.

Bustnes, J. O., K. E. Erikstad, V. Bakken, F. Mehlum and J. U. Skaare. 2000. Feeding ecology and the concentration of organochlorines in glaucous gulls. Ecotoxicology 9: 179–186.

Buttgereit, F., G.-R. Burmeister and M. D. Brand. 2000.

Bioenergetics of immune functions: fundamental and therapeutic aspects. Immunology Today 21: 192–199.

Cade, T. J., J. H. Enderson, C. G. Thelander and C. M. White. 1988. Peregrine Falcon Populations: Their Management and Recovery. Boise: The Peregrine Fund.

Caffrey, C., T. J. Weston and S. C. R. Smith. 2003. High mortality among marked crows subsequent to the arrival of West Nile virus. Wildlife Society Bulletin 31: 870–872.

Caley, P. and D. Ramsey. 2001. Estimating disease transmission in wildlife, with emphasis on leptospirosis and bovine tuberculosis in possums and effects of fertility control. Journal of Applied Ecology 38: 1362–1370.

Caley, P. and J. Hone. 2004. Disease transmission between and within species and the implications for disease control. Journal of Applied Ecology 41: 94–104.

Caley, P., G. J. Hickling, P. E. Cowan and D. U. Pfeiffer. 1999.

Effects of sustained control of brushtail possums on Mycobacterium bovis infection in cattle and brushtail possum populations in Hohotaka. New Zealand Veterinary Journal 47: 133–142.

Caley, P., J. D. Coleman and G. J. Hickling. 2001. Habitat-related prevalence of macroscopic Mycobacterium bovis infection in brushtail possums(Trichosurus vulpecula) Hohonu Range, Westland, New Zealand. New Zealand Veterinary Journal 49: 82–87.

Caley, P., L. M. McElrea and J. Hone. 2002. Mortality rates of feral ferrets(Mustela furo) in New Zealand. Wildlife Research 29: 323–328.

Caley, P., N. J. Spencer, R. A. Cole and M. G. Efford. 1998. The effect of manipulating population density on the probability of den-sharing among common brushtail possums and the implications for transmission of bovine tuberculosis. Wildlife Research 25: 383–392.

Calisher, C. H., J. N. Mills, W. P. Sweeney, J. R. Choate, D. E. Sharp, K. M. Canestorp and B. J. Beaty. 2001. Do unusual site-specific population dynamics of rodent reservoirs provide clues to the natural history of hantaviruses? Journal of Wildlife Diseases 37: 280–288.

Calvete, C., R. Estrada, J. J. Osacar, J. Lucientes and R. Villafuerte. 2004. Short-term negative effects of vaccination campaigns against myxomatosis and viral hemorrhagic disease(VHD) on the survival of European wild rabbits. Journal of Wildlife Management 68: 198–205.

Cam, E., J-Y. Monnat and J. E. Hines. 2003. Long-term fitness consequences of early conditions in the kittiwake. Journal of Animal Ecology 72: 411–424.

Camus, P. A. and M. Lima. 2002. Populations, metapopulations and the open-closed dilemma: the conflict between operational and natural population concepts. Oikos 97: 433–438.

Carey, A. B., R. G. McLean and G. O. Maupin. 1980. The structure of a Colorado tick fever ecosystem. Ecological Monographs 50: 131–151.

Carmichael, J. 1938. Rinderpest in African game. Journal of Comparative Pathology 51: 264–268.

Carmichael, W. W. 1994, The toxins of cyanobacteria. Scientific American 270(1): 78–86.

Carney, W. P. 1969. Behavioral and morphological changes in carpenter ants harboring dicrocoelid metacercariae. American Midland Naturalist 82: 605–611.

Caron, A., P. C. Cross and J. T. du Toit. 2003. Ecological implications of bovine tuberculosis in African buffalo herds. Ecological Applications 13: 1338–1345.

Cassirer, E. F., K. M. Rudolph, P. Fowler, V. L. Coggins, D. L. Hunter and M. W. Miller. 2001. Evaluation of ewe vaccination as a tool for increasing bighorn lamb survival following pasteurellosis epizootics. Journal of Wildlife Diseases 37: 49–57.

Caughley, G. and A. R. E. Sinclair. 1994. Wildlife Ecology and Management. Malden: Blackwell Science, Inc.

Cavanagh, R., M. Begon, M. Bennett, T. Ergon, I. M. Graham, P. E. W. de Haas, C. A. Hart, M. Koedam, K. Kremer, X. Lambin, P. Ruholl and D. van Soolingen. 2002. Mycobacterium microti infection(vole tuberculosis) in wild rodent populations. Journal of Clinical Microbiology 40: 3281–3285.

Cavanagh, R., X. Lambin, T. Ergon, M. Bennett, I. M. Graham, D. van Soolingen and M. Begon. 2004. Disease dynamics in cyclic populations of field voles(Microtus agrestis): cowpox virus and vole tuberculosis(Mycobacterium microti). Proceedings of the Royal Society, London B 271: 859–867.

CDC. 2003. Update: multistate outbreak of monkeypox — Illinois, Indiana, Kansas, Missouri, Ohio and Wisconsin, 2003. Mortality and Morbidity Weekly Reports 52: 589–590.

Charlton, K. M., G. C. Dulac, F. C. Thomas and H. K. Mitchell. 1977. Necrotizing encephalitis in skunks caused by Herpes simplex virus. Canadian Journal of Comparative Medicine 41: 460–465.

Chautan, M., D. Pontier and M. Artois. 2000. Role of rabies in recent demographic changes in red fox(Vulpes vulpes) populations in Europe. Mammalia 64: 391–410.

Chen, A. and W. J. Rogan. 2003. Nonmalarial infant deaths and DDT use for malarial control. Emerging Infectious Diseases 9: 960–964.

Chomel, B. B., A. C. Wey and R. W. Kasten. 2003. Isolation of Bartonella washoensis from a dog with mitral valve endocarditis. Journal of Clinical Microbiology 41: 5327–5332.

Christe, P., A. Oppliger and H. Richner. 1994. Ectoparasite affects choice and use of roost sites in the great tit, Parus major. Animal Behavior 47: 895–898.

Cicho´n, M., M. Chadzi´nska, A. Ksiazek and M. Konarzewski. 2002. Delayed effect of cold stress on immune response in laboratory mice. Proceedings of the Royal Society, London B 269: 1493–1497.

Claessen, D. and A. M. de Roos. 1995. Evolution of virulence in a host-pathogen system with local pathogen transmission. Oikos 74: 401–413.

Clark, L. and J. R. Mason. 1988. Effect of biologically active plants used as nest material and the derived benefit to starling nestlings. Oecologia 77: 174–180.

Clayton, D. H. and D. M. Tompkins. 1995. Comparative effects of mites and lice on the reproductive success of rock doves(Columba livia). Parasitology 110: 195–206.

Cleaveland, S., M. G. J. Appel, W. S. K. Chalmers, C. Chillingworth, M. Kaare and C. Dye. 2000. Serological and demographic evidence for domestic dogs as a source of canine distemper virus infection for Serengeti wildlife. Veterinary Microbiology 72: 217–227.

Cleaveland, S. C., M. K. Laurenson and L. H. Taylor. 2001. Diseases of humans and their domestic mammals; pathogen characteristics, host range and the risk of emergence. Philosophical Transactions of the Royal Society, London B 356: 991–999.

Cliplef, D. J. and G. Wobeser. 1993. Observations on waterfowl carcasses during a botulism epizootic. Journal of Wildlife Diseases 29: 8–14.

Clubb, S. L. and J. K. Frenkel. 1992. Sarcocystis falculata of opossums: transmission by cockroaches with fatal pulmonary disease in psittacine birds. Journal of Parasitology 78: 116–124.

Colburn, T. and C. Clement. 1992. Chemically-induced Alterations in Sexual and Functional Development: The Wildlife/Human Connection. Princeton: Princeton Scientific Publishing. Coleman, R. A. 1993. San Francisco Bay — an urban/wildlife shuffle. Transactions of the North American Wildlife and Natural Resources Conference 58: 137–142.

Collins, S. J., V. A. Lawson and C. L. Masters. 2004. Transmissible spongiform encephalopathies. Lancet 363: 51–62.

Colman, J. E., C. Pedersen, D. O. Hjermann, O. Holand, S.R. Moe and F. Reimers. 2003. Do wild reindeer exhibit grazing compensation during insect harassment? Journal of Wildlife Management 67: 11–19.

Combes, C. 2000. Parasites, hosts, questions. In Evolutionary Biology of Host-parasite Relationships: Theory meets Reality, edited by R. Poulin, S. Morand and A. Skorping, pp.1–62. Amsterdam: Elsevier. Connelly, R.,W. A. Fuller, B. Hubert, R. A. Mercredi and G. Wobeser. 1990. Northern Diseased Bison, Report of the Environmental Assessment Panel. Ottawa: Federal Environmental Assessment Review Office, nvironment Canada.

Conner, M. M., C. W. McCarty and M. W. Miller. 2000. Detection of bias in harvest-based estimates of chronic wasting disease prevalence in mule deer. Journal of Wildlife Diseases 36: 691–699.

Cooch, E. G. 2002. Fledgling size and survival in snow geese: timing is everything(or is it?). Journal of Applied Statistics 29: 143–162.

Cooke, J. A. and M. S. Johnson. 1996. Cadmium in small mammals. In Environmental Contaminants in Wildlife, edited by W. N. Beyer, G. H. Heinz and A. W.Redman-Norwood, pp.377–388. Boca Raton: Lewis Publishers.

Cooke, P. S., R. E. Peterson and R. A. Hess. 2002. Endocrine disruptors. In Handbook of Toxicologic Pathology, 2d ed., Vol. 1, edited by W. M. Haschek, C. M. Rousseaux and M. A. Wallig, pp. 501–528. San Diego: Academic Press.

Cook, M. I., S. R. Beissinger, G. A. Toranzos, R. A. Rodriguez and W. J. Arendt. 2003. Trans-shell infection by pathogenic micro-organisms reduces the shelf life of non-incubated bird's eggs: a constraint on the

onset of incubation? Proceedings of the Royal Society, London B 270: 2230–2240.

Cook, W. E., E. S. Williams and S. A. Dubay. 2004. Disappearance of bovine fetuses in northwestern Wyoming. Wildlife Society Bulletin 32: 254–259.

Coop, R. L. and I. Kyriazakis. 1999. Nutrition-parasite interaction. Veterinary Parasitology 84: 187–204.

Corn, J. L. and V. F. Nettles. 2001. Health protocol for translocation of free-ranging elk. Journal of Wildlife Diseases 37: 413–426.

Couvilion, C. E., V. F. Nettles, C. A. Rawlings and R. L. Joyner. 1986. Elaeophorosis in white-tailed deer: Pathology of the natural disease and its relation to oral food impaction. Journal of Wildlife Diseases 22: 214–223.

Coyner, D. F., M. G. Spalding and D. J. Forrester. 2002. Epizootiology of Eustrongylides ignotus in Florida: distribution, density and natural infections in intermediate hosts. Journal of Wildlife Diseases 38: 483–499.

Coyner, D. F., S. R. Schaack, M. G. Spalding and D.J.Forrester. 2001. Altered predation susceptibility of mosquitofish infected with Eustrongylides ignotus. Journal of Wildlife Diseases 37: 556–560.

Cransac, N., A. J. M. Hewison, J. M. Gaillard, J. M.

Cugnase and M. L. Maublanc. 1997. Patterns of mouflon(Ovis gmelin) survival under moderate environmental conditions: effects of sex, age and epizootics. Canadian Journal of Zoology 75: 1867–1875.

Crews, D., E. Willingham and J. K. Skipper. 2000. Endocrine disruptors: present issues, future directions. Quarterly Review of Biology 75: 243–260.

Cromie, R. L., N. J. Ash, M. J. Brown and J. L. Stanford. 2000. Avian immune responses to Mycobacterium avium: the wildfowl example. Developmental and Comparative Immunology 24: 169–185.

Cunningham, A. A., J. K. Kirkwood, M. Dawson, Y. I. Spencer, R. B. Green and G. A. H. Wells. 2004. Distribution of bovine spongiform encephalopathy in greater kudu(Tragelaphus strepsiceros). Emerging Infectious Diseases 10: 1044–1049.

Curry, A. J., K. J. Else, F. Jones, A. Bancroft, R. K. Grencis and D. W. Dunne. 1995. Evidence that cytokine-mediated immune interactions induced by Schistoma mansoni alter disease outcome in mice concurrently infected with

Trichuris muris. Journal of Experimental Biology 181: 769–774.

Damien, B. C., B. E. E. Martina, S. Losch, J. Mossong, A. D. M. E. Osterhaus. 2002. Prevalence of antibodies against canine distemper virus among red foxes in Luxembourg. Journal of Wildlife Diseases 38: 856–858.

Daniels, M. J., M. R. Hutchings, P. M. Beard, D. Henderson, A. Grig, K. Stevenson and J. M. Sharp. 2003. Do non-ruminant wildlife pose a risk of paratuberculosis to domestic livestock and vice versa in Scotland? Journal of Wildlife Diseases 39: 10–15.

Daniels, P. W. 2002. Emerging arboviral diseases. Australian Veterinary Journal 80: 216. Daoust, P. Y., D. G. Busby, L. Ferns, J. Goltz, S. McBurney, C. Poppe and H. Whitney. 2000. Salmonellosis in songbirds in the Canadian Atlantic provinces during winter-summer 1997–98. Canadian Veterinary Journal 41: 54–59.

Daszak, P., A. A. Cunningham and A. D. Hyatt. 2000. Emerging infectious diseases of wildlife— threats to biodiversity and human health. Science 287: 443–450.

Davidar, P. and E. S. Morton. 1993. Living with parasites: prevalence of a blood parasite and its effect on survivorship in the purple martin. Auk 110: 109–116.

Davidson, W. R., F. A. Hayes, V. F. Nettles and F. E. Kellogg. 1981. Diseases and Parasites of White-tailed Deer. Tallahassee: Tall Timbers Research Station.

Davidson, W. R., M. J. Appel, F. L. Doster, O. E. Baker and J. F. Brown. 1992, Diseases and parasites of red foxes, gray foxes and coyotes from commercial sources selling to fox-chasing enclosures. Journal of Wildlife Diseases 28: 581–58

Davies, R. W. and J. Wilkialis. 1981. A preliminary investigation on the effects of parasitism of domestic ducklings by Theromyzon rude(Hirudinoidea: Glossiphonidae). Canadian Journal of Zoology 59: 1196–1199.

Dawson, A., S. A. Hinsley, P. N. Ferns, R. H. C. Bonser and L. Eccleston. 2000. Rate of moult affects feather quality: a mechanism linking current reproductive effort to future survival. Proceedings of the Royal Society, London B 267: 2093–2097.

Day, J. F. and J. D. Edman. 1983. Malaria renders mice susceptible to mosquito feeding when gametocytes are most infective. Journal of Parasitology 69: 163–170.

Deerenberg, C., V. Apanius, S. Daan and N. Bos. 1997. Reproductive effort decreases antibody responsiveness. Proceedings of the Royal Society, London B 264: 1021–1029.

Delahay, R. J., G. J. Wilson, G. C. Smith and C. L. Cheeseman. 2003. Vaccinating badgers(Meles meles) against Mycobacterium bovis: the ecological considerations. Veterinary Journal 166: 43–51.

Delahay, R. J., J. R. Speakman and R. Moss. 1995. The energetic consequences of parasitism: effects of a developing infection of Trichostrongylus tenuis(Nematoda) on red grouse(Lagopus lagopus scoticus) energy balance, body weight and condition. Parasitology 110: 473.

De Lisle, G. W., R. G. Bengis, S. M. Schmitt and D. J. O'Brien. 2002. Tuberculosis in free-ranging wildlife: detection, diagnosis and management. Revue Scientifique et Technique OIE 21: 317–334.

de Roode, J. C., R. Culleton, S. J. Cheesman, R. Carter and A. F. Read. 2004. Host heterogeneity is a determinant of competitive exclusion or coexistence in genetically diverse malaria infections. Proceedings of the Royal Society, London B 271: 1073–1080.

De Solla, S. R., M. L. Fletcher and C. A. Bishop. 2003. Relative contributions of organochlorine contaminants, parasitism and predation to reproductive success of eastern spiny softshell turtles(Apalone spiniferus spiniferus) from southern Ontario, Canada. Ecotoxicology 12: 261–270.

Dhondt, A. A., D. L. Tessaglia and R. L. Slothower. 1998. Epidemic mycoplasmal conjunctivitis in house finches from eastern North America. Journal of Wildlife Diseases 34: 265–280.

Diamond, J. M. 1997. Guns, Germs and Steel: The Fates of Human Societies. New York: W. W. Norton.

Diefenbach, D. R., C. S. Rosenberry and R. C. Boyd. 2004. From the field: efficacy of detecting chronic wasting disease via sampling hunter-killed white-tailed deer. Wildlife Society Bulletin. 32: 267–272.

Dieterich, R. A. 1981. Brucellosis. In Alaskan Wildlife Diseases, edited by R. Dieterich, pp. 53–58. Fairbanks: University of Alaska.

Dieterich, R. A., J. K. Morton and R. L. Zarnke. 1991. Experimental Brucella suis biovar 4 in a moose. Journal of Wildlife Diseases 27: 470–472.

DiGiacomo, R. F. and T. D. Koepsell. 1986. Sampling for detection of infection or disease in animal populations. Journal of the American Veterinary Medical Association 89: 22–23.

Dmowski, K., M. Kozakiewicz and A. Kozakiewicz. 2000. Small mammal response at population and community level to heavy metal pollution(Pb, Cd, Tl). In Demography in Ecotoxicology, edited by J. Kammenga and R. Laskowsi, pp. 113–125. Chichester: John Wiley & Sons.

Dobson, A. P. 1985. The population dynamics of competition between parasites. Parasitology 91: 317–347.

Dobson, A. P. and P. J. Hudson. 1992. Regulation and stability of a free-living host-parasite system: richostrongylus tenuis in red grouse. II. Population models. Journal of Animal Ecology 61: 487–498.

_____. 1995. Microparasites: Observed patterns. In Ecology of Infectious Diseases in Natural Populations,

edited by B. T. Grenfell and A. P. Dobson, pp. 52–89. Cambridge: Cambridge University Press.

Donaldson, A. I., J. Gloster, L. D. J. Harvey and D. H. Deans. 1982. Use of prediction models to forecast and

analyse airborne spread during the foot-and-mouth disease outbreak in Brittany, Jersey and the Isle of Wight, 1981. Veterinary Record 110: 53–57.

Donnelly, C. A., R. Woodroffe, D. R. Cox, J. Bourne, G. Gettinby, A. M. Le Fevre, J. P. McInerney and W. I. Morrison. 2003. Impact of localized badger culling on tuberculosis incidence in British cattle. Nature 426: 834–837.

Dorland, W. A. N. 2000. Dorland's Illustrated Medical Dictionary, 29th ed. Philadelphia: W. B. Saunders Co.

Douglass, R. J., A. J. Kuenzi, C. Y. Williams, S. J. Douglass and J. N. Mills. 2003. Removing deer mice from

buildings and the risk for human exposure to Sin Nombre virus. Emerging Infectious Diseases 9: 390–392.

Dragon, D. C. and R. P. Rennie. 1995. The ecology of anthrax spores: tough but not invincible. Canadian Veterinary J.36: 295–301.

Duncan, J., H. W. Reid, R. Moss, J. D. P. Phillips and A. Watson. 1978. Ticks, louping ill and red grouse on moors in Speyside, Scotland. Journal of Wildlife Management 42: 500–505.

Dyer, N. W. 2001. Haemophilus somnus bronchopneumonia in American bison(Bison bison). Journal of Veterinary Diagnostic Investigation 13: 419–421

Eason, C. T., E. C. Murphy, G. R. C. Wright and E. B. Spurr. 2002. Assessment of risks of brodifacoum to non-target birds and mammals in New Zealand.

Ecotoxicology 11: 35–48.

Ebedes, H. 1976. Anthrax epidemics in Etosha National Park. Madoqua 10: 99–118.

Ebert, D. 1999. The evolution and expression of parasite virulence. In Evolution in Health and Disease, edited by S. C. Stearns, pp. 161–172. Oxford: Oxford University Press.

Ebert, D. and J. J. Bull. 2003. Challenging the trade-off model for the evolution of virulence: is virulence management feasible? Trends in Microbiology 11: 15–20.

Ebert, D., C. D. Zschokke-Rohringer and H. J. Carius. 2000b. Dose effects and density-dependent regulation of two microparasites of Daphnia magna. Oecologia 122: 200–209.

Ebert, D., M. Lipsitch and K. L. Mangin. 2000a. The effect of parasites on host population density and extinction: experimental epidemiology with Daphnia and six microparasites. American Naturalist 156: 459–477.

Edwards, J. C. and C. J. Barnard. 1987. The effects of Trichinella infection on intersexual interactions in mice. Animal Behavior 35: 533–540.

Eldridge, M. D. B., J. M. King, A. K. Loupis, P. B. S. Spencer, A. C. Taylor, L. C. Pope and G. P. Hall. 1999. Unprecedented low levels of genetic variation and inbreeding depression in an island population of the black-footed rock-wallaby. Conservation Biology 13: 531–541.

Eliasson, H., J. Lindbäck, J. P. Nuorti, M. Arneborn, J. Giesecke and A. Tegneli. 2002. The 2000 tularemia outbreak: a case-control study of risk factors in diseaseendemic and emergent areas, Sweden. Emerging Infectious Diseases 8: 956–960.

Ellison, L. N. 1991. Shooting and compensatory mortality in tetraonids. Ornis Scandinavica 22: 229–240.

Elton, C. 1931. The study of epidemic disease among wild animals. Journal of Hygiene 31: 435–456.

Emmons, R. W. and E. H. Lennette. 1968. Isolation of herpesvirus hominis from naturally infected pet skunks. Health and Laboratory Science 5: 31–37

Engelthaler, D. M., D. G. Mosley, J. E. Cheek, C. E. Levy, K. K. Komatsu, P. Ettestad, T. Davis, D. T. Tanda, L. Miller, J. W. Frampton, R. Porter and R. T. Bryan. 1999. Climatic and environmental patterns associated with hantavirus pulmonary syndrome, Four Corners region, United States. Emerging Infectious Diseases 5: 87–94.

Engeman, R. M., K. L. Christensen, M. J. Pipas and D. L. Bergman. 2003. Population monitoring in support of arabies vaccination program for skunks in Arizona. Journal of Wildlife Diseases 39: 746–750.

Errington, P. L. 1946. Special Report on Muskrat Diseases. Iowa Cooperative Wildlife Research Unit Quarterly Report July, August, September: 34–51.

———. 1963. Muskrat Populations. Ames: Iowa State University Press. Escutinaire, S., P. Chalon, F. De Jaegere, L. Karelle-Bui, G. Mees, B. Brochier, F. Rozenfeld and P.-P. Pastoret. 2002. Behavioral, physiologic and habitat influences on the dynamics of Puumala virus infection in bank voles(Clethrionomys glareolus). Emerging Infectious Diseases 8: 930–936.

Evans, A. S. 1977. Limitations to Koch''s postulates. Lancet 2: 1277–1278.

Evelsizer, D. D. 2002. Management of Avian Botulism and Survival of Molting Mallards. MSc Thesis, University of Saskatchewan, Saskatoon.

Evers, D. C., K. M. Taylor, A. Major, R. J. Taylor, R. H. Poppenga and A. M. Scheuhammer. 2003. Common loon eggs as indicators of methylmercury availability in North America. Ecotoxicology 12: 69–81.

Ewald, P. W. 1983. Host-parasite relations, vectors and the evolution of disease severity. Annual Review of Ecology and Systematics 14: 465–485.

———. 1994. Evolution of Infectious Disease. Oxford: Oxford University Press.

———. 1995. The evolution of virulence: a unifying link between parasitology and ecology. Journal of Parasitology 81: 659–669.

Ezenwa, V. O. 2003. Interactions among host diet, nutritional status and gastrointestinal parasite infection in wild bovids. International Journal of Parasitology 34: 535–542.

Fair, J. M., E. S. Hansen and R. E. Ricklefs. 1999. Growth, developmental stability and immune response in juvenile Japanese quails(Coturnix coturnix japonica). Proceedings of the Royal Society, London B 266: 1735–1742.

Fairbrother, A. 1994. Immunotoxicology of captive and wild birds. In Wildlife Toxicology and Population Modeling: Integrated Studies of Agroecosystems, edited by R. J. Kendall and T. E. Lachter, Jr., pp. 251–261. Boca Raton: Lewis Publishers.

Fairbrother, A., M. Fix, T. O'Hara and C. A. Ribic. 1994. Impairment of growth and immune function of avocet chicks from sites with elevated selenium, arsenic and boron. Journal of Wildlife Diseases 30: 222–233.

Fallis, A. M. and G. F. Bennett. 1966. On the epizootiology of infections caused by Leucocytozoon simondi in Algonquin Park, Ontario. Canadian Journal of Zoology 44: 101–112.

Fancy, S. G. and R. G. White. 1985. Energy expenditure of caribou while cratering in snow. Journal of Wildlife Management 49: 987–993.

Farrgalo, J. A., T. Laaksonen, V. Povri and E. Korpimaki. 2002. Inter-sexual differences in the immune response of Eurasian kestrels under food shortage. Ecology Letters 5: 95–101.

Fenner, F. and J. Ross. 1994. Myxomatosis. In The European Rabbit: The History and Biology of a Successful Colonizer, edited by H. V. Thompson and C. M. King, pp. 205–240. Oxford: Oxford University Press.

Feore, S. M., M. Bennett, J. Chantrey, T. Jones, D. Baxby and M. Begon. 1997. The effect of cowpox virus infection on fecundity in bank voles and wood mice. Proceedings of the Royal Society, London B 264: 1457–1461.

Ferrari, M. J. and R. A. Garrott. 2002. Bison and elk: brucellosis seroprevalence on a shared winter range. Journal of Wildlife Management 66: 1246–1254.

Ferrari, N., I. M. Cattadori, J. Nespereira, A. Rizzoli and P. J. Hudson. 2004. The role of host sex in parasite dynamics: field experiments on the yellow-necked mouse Apodemus flavicollis. Ecology Letters 7: 88–94.

Ferrer, M. and F. Hiraldo. 1995. Human-associated

staphylococcal infection in Spanish imperial eagles. Journal of Wildlife Diseases 31: 534–536.

Festa-Bianchet, M. 1988. Nursing behaviour of bighorn sheep: correlates of ewe age, parasitism, lamb age, birth date and sex. Animal Behavior 36: 1445–1454.

Fielder, P. C. 1986. Implications of selenium levels in Washington mountain goats, mule deer and Rocky Mountain elk. Northwest Science 60: 15–20

Finkenstädt, B. and B. Grenfell. 1998. Empirical determinants of measles metapopulation dynamics in England and Wales. Proceedings of the Royal Society, London B 265: 211–220.

Finkenstädt, B., M. Keeling and B. Grenfell. 1998. Patterns of density dependence in measles dynamics. Proceedings of the Royal Society, London B 265: 753–762.

Fischer, J. R., L. A. Lewis-Weis and C. M. Tate. 2003. Experimental vacuolar myelinopathy in red-tailed hawks. Journal of Wildlife Diseases 39: 400–406.

Fix, A. S., C. Waterhouse, E. C. Greiner and M. K. Stoskopf. 1988. Plasmodium relictum as a cause of avian malaria in wild-caught Magellanic penguins(Speheniscus magellanicus). Journal of Wildlife Diseases 24: 610–619.

Flueck, W. T. 1994 Effect of trace elements on population dynamics: selenium deficiency in free-ranging blacktailed deer. Ecology 75: 807–812.

Flynn, A. and A. W. Franzmann. 1974. Manifestation of copper deficiency in a nonrestricted wild animal: the Alaskan moose(Alces alces gigas). In Trace Substances in Environmental Health, edited by D. D. Hemphill, pp. 95–99. Columbia: University of Missouri Press.

Folstad, I., P. Arneberg and A. J. Karter. 1996. Antlers and parasites. Oecologia 105: 556–558.

Forbes, L. B., S. V. Tessaro and W. Lees. 1996. Experimental studies of Brucella abortus in moose(Alces alces). Journal of Wildlife Diseases 32: 94–104.

Forbus, W. D. 1943. Reactions to Injury: Pathology for Students of Medicine. Baltimore: Williams and Wilkins.

Fornes, A., R. D. Lord, M. L. Kums, O. P. Larghi, E. Fuenzalida and L. Lazaera. 1974. Control of bovine rabies through vampire bat control. Journal of Wildlife Diseases 10: 310–316.

Forchhammer, M. C. and T. Asferg. 2000. Invading parasites cause a structural shift in red fox dynamics. Proceedings of the Royal Society, London B 267: 779–786.

Forrester, D. J. 1971. Bighorn sheep lungworm-pneumonia complex. In Parasitic Diseases of Wild Mammals, edited by J.W. Davis and R.C. Anderson, pp. 158–173, Ames: Iowa State University Press.

Forrester, D. J. and M. Spalding. 2002. Parasites and Diseases of Wild Birds in Florida. Gainesville: University Press of Florida.

Fowler, M. E. 1983. Plant poisoning in free-living wild animals: a review. Journal of Wildlife Diseases 19: 34–43

Fox, G. A. and D. V. Weseloh. 1986. Colonial waterbirds as bio-indicators of environmental contamination in the Great Lakes. ICBP Technical Publication 6: 209–215.

Frank, S. A. and J. S. Jeffrey. 2000. The probability of severe disease in zoonotic and commensal infections. Proceedings of the Royal Society, London B 268: 53–60.

Franklin, C. L., S. L. Motzel, C. L. Besch-Williford, R. R. Hook, Jr. and L. K. Riley. 1994. Tyzzer's infection: Host specificity of Clostridium piliforme isolates. Laboratory Animal Science 44: 568–572.

Frederick, S., M. McGhee and M. G. Spalding. 1996. Prevalence of Eustrongyloides ignotus in mosquitofish (Gambusia holbrooki) in Florida: historical and regional comparisons. Journal of Wildlife Diseases 32: 552–555.

Friend, M. 1981. Waterfowl management and waterfowl disease: independent or cause and effect relationships?

Transactions of the North American Wildlife and Natural Resources Conference 46: 94–103.

Friend, M. and J. C. Franson. 1999. Field Manual of Wildlife Disease: General Field Procedures and Diseases of Birds. Washington, D.C.: U.S. Department of the Interior, U.S. Geological Survey, Biolological Research Division, Information Technical Report 1999–001.

Fuller,W. A. 2002. Canada and the "Buffalo," Bison bison: a tale of two herds. Canadian Field-Naturalist 116: 141–159.

Furniss, P. R. and B. D. Hahn. 1981. A mathematical model of an anthrax epizootic in the Kruger National Park. Applied Mathematical Modeling 5: 130–136.

Gage, K. L. and J. A. Montenieri. 1994. The role of predators in the ecology, epidemiology and surveillance of plague in the United States. In 16th Vertebrate Pest Conference, edited by W. S. Halverson and A. H. Crabb, pp. 200–206. Davis: University of California.

Galloway, T. and R. Handy. 2003. Immunotoxicity of organophosphorus pesticides. Ecotoxicology 12: 345–363.

Ganz, T. 2002. Epithelia: not just physical barriers. Proceedings of the National Academy of Sciences of the United States of America 99: 3357–3358.

Gaspar, P. W. and R. P. Watson. 2001. Plague and yersiniosis. In Infectious Diseases of Wild Mammals, 3d ed., edited by E. S. Williams and I. K. Barker, pp. 313–329. Ames: Iowa State University Press. Gates, C. C. and N. C. Larter. 1990. Growth and dispersal of an erupting large herbivore population in Northern Canada: the Mackenzie wood bison(Bison bison athabascae). Arctic 43: 231–238.

Gates, C. C., B. Elkin and D. Dragon. 2001. Anthrax. In Infectious Diseases of Wild Mammals. 3d ed., edited by E. S. Williams and I. K. Barker, pp. 396–412. Ames: Iowa State University Press.

Gaydos, J. K., D. E. Stallknecht, D. Kavanaugh, R. J. Olsen and E. G. Fuchs. 2002a. Dynamics of maternal antibodies to hemorrhagic disease viruses(Reoviridae: Oribivirus) in white-tailed deer. Journal of Wildlife Diseases 38: 253–257.

Gaydos, J. K., W. R. Davidson, F. Elvinger, D. G. Mead, E. W. Howerth and D. E. Stallknecht. 2002b. Innate resistance to epizootic hemorrhagic disease in whitetailed deer. Journal of Wildlife Diseases 38: 743–749.

Gemmell, M. A. 1959. Hydatid disease in Australia, IV. Observations on the incidence of Echinococcus granulosus on stations and farms in endemic regions of New South Wales. Australian Veterinary Journal 35: 396–402.

Gemmell, M. A., J. R. Lawson and M. G. Roberts. 1986. Population dynamics in echinococcosis and cysticercosis: biological parameters of Echinococcus granulosus in dogs and sheep. Parasitology 92: 599–620.

Gemmill, A. W. and A. F. Read. 1998. Counting the cost of disease resistance. Trends in Ecology and Evolution 13: 8–9.

Getz, L. L., J. E. Hofmann, B. J. Klatt, L. Verner, F. R. Cole and R. D. Lindroth. 1987. Fourteen years of population fluctuations of Microtus ochragaster and M. pennsylvanicus in east central Illinois. Canadian Journal of Zoology 65: 1317–1325.

Giacometti, M., M. Janovsky, H. Jenny, H. Nicolet, L. Belloy, E. Goldschmidt-Clermont and J. Frey. 2002. Mycoplasma conjunctivae infection is not maintained in alpine chamois in eastern Switzerland. Journal of Wildlife Diseases 38: 297–304.

Gibbs, E. P. J. 1991. Epidemiology of orbiviruses—bluetongue: Towards 2000 and the search for patterns. In Bluetongue, African Horse Sickness and Related Orbiviruses, edited by T. E. Walton and B. I. Osburn, pp. 65–75, Boca Raton: CRC Press.

Gilbert, L., R. A. Norman, M. K. Laurenson, H. W. Reid and P. J. Hudson. 2001. Disease persistence and apparent competition in a three-host community: an empirical and analytical study of large scale, wild populations. Journal of Animal Ecology 70: 1053–1061.

Gill, C. E. and J. E. Elliott. 2003. Influence of food supply and chlorinated hydrocarbon contaminants on breeding success of bald eagles. Ecotoxicology 12: 95–111.

Glines, M. V. and W. M. Samuel. 1984. The development of the winter tick, Dermacentor albipicus and its effect on the hair coat of moose, Alces alces, of central Alberta, Canada. Acarology 6: 1208–1214.

Gloor, S., F. Bontadina, D. Hegglin, P. Deplazes and U. Breitenmoser. 2001. The rise of urban fox populations in Switzerland. Mammalian Biology 66: 155–164.

Gloster, J., R. F. Sellers and A. I. Donaldson. 1982. Long distance transport of foot-and-mouth disease virus over the sea. Veterinary Record 110: 47–52.

Gondim, L. F. P., M. M. McAllister, W. C. Pitt and D. E. Zemlicka. 2004. Coyotes(Canis latrans) are definitive hosts of Neospora caninum. International Journal of Parasitology 34: 159–161.

Gordus, A. G. 1999. Selenium concentrations in eggs of American avocets and black-necked stilts at an evaporation basin and freshwater wetland in California. Journal of Wildlife Management 63: 497–501.

Graham, G. L. 1966. The behavior of beetles, Trilobium confusum, parasitized by the larval stage of a chicken tapeworm, Raillietina cesticillus. Transactions of the American Microscopical Society 85: 163.

Grasman, K. A. and G. A. Fox. 2001. Associations between altered immune function and organochlorine contamination in young Caspian terns(Sterna caspia) from Lake Huron, 1997–1999. Ecotoxicology 10: 101–114.

Graveland, J. and R. H. Drent, 1997, Calcium availability limits breeding success of passerines on poor soils. Journal of Animal Ecology 66: 279–288.

Graveland, J., R. van der Wall, J. H. van Balen and A. J. van Noordwijk. 1994. Poor reproduction in forest passerines from decline of snail abundance on acidified soils. Nature 368: 446–448.

Greenwood, R. J., W. E. Newton, G. L. Pearson and G. J. Schamber. 1997. Population and movement characteristics of radio-collared striped skunks in North Dakota during an epizootic of rabies. Journal of Wildlife Diseases 33: 226–241.

Gregory, R. D. and A. E. Keymer. 1989. The ecology of host-parasite interactions. Scientific Progress 73: 67–80.

Grenfell, B. T. and A. P. Dobson. 1995. Ecology of Infectious Diseases in Natural Populations. Cambridge: Cambridge University Press.

Gubler, D. J., P. Reiter, K. L. Ebi, W. Yap, R. Nasci and J. A. Patz. 2001. Climate variability and change in the United States: Potential impacts on vector-and rodentborne diseases. Environmental Health Perspectives 109: 223–233.

Guerra, M., E. Walker, C. Jones, S. Paskewitz, M. R. Cortinas, A. Stancil, L. Beck, M. Bobo and U. Kitron. 2002. Predicting the risk of Lyme disease: habitat suitability for Ixodes scapularis in the north central United States. Emerging Infectious Diseases 8: 289–297.

Guillette, L. J., D. A. Crain, M. P. Gunderson, S. A. E. Kools, M. R. Milnes, E. F. Orlando, A. A. Rooney and A. R. Woodward. 2000. Alligators and endocrine disrupting contaminants: A current perspective. American Zoologist 40: 438–452.

Gulland, F. M. D. 1992. The role of nematode parasites in Soay sheep(Ovis aries L.) mortality during a population crash. Parasitology 105: 493–503.

_____. 1995. Impact of infectious diseases on wild animal populations: a review. In Ecology of Infectious Diseases in Natural Populations, edited by B. T. Grenfell and A. P. Dobson, pp. 20–51. Cambridge: Cambridge University Press.

Gunn, A. and R. J. Irvine. 2003. Subclinical parasitism and ruminant foraging strategies—a review. Wildlife Society Bulletin 31: 117–126.

Gunson, J. R.,W. J. Dorward and D. B. Schowalter. 1978. An evaluation of rabies control in Alberta. Canadian Veterinary Journal 19: 214–220.

Gustafsson, L., D. Nordling, M. S. Andersson, B. C. Sheldon and A. Qvarnström. 1997. Infectious diseases, reproductive effort and the cost of reproduction in birds. In Infection, Polymorphism and Evolution, edited by W. D. Hamilton and J. C. Howard, pp 53–115. London: Chapman & Hall. Hadju, V., L. S. Stephenson, K. Abadi, H. O. Mohammed, D. D. Bowman and R. S. Parker. 1996. Improvements in appetite and growth in helminth-infected schoolboys three and seven weeks after a single dose of pyrantel pamoate. Parasitology 113: 497–504. Hanley, J. A. and A. Lippman-Hand. 1983. If nothing goes wrong, is everything all right? Interpreting zero numerators. Journal of the American Medical Association 249: 1743–1745.

Hanley, T. A. and J. D. McKendrick. 1985. Potential nutritional limitations for black-tailed deer in a sprucehemlock forest, southeastern Alaska. Journal of Wildlife Management 49: 103–114.

Hansen, F., F. Jeltsch, K. Tackmann, C. Staubach and H.-H. Thulke. 2004. Processes leading to a spatial aggregation of Echinococcus multilocularis in its natural intermediate host Microtus arvalis. International Journal of Parasitology 34: 37–44.

Hanson, R. P. 1969. Koch is dead. Bulletin of the Wildlife Disease Association 5: 150–156.

Hanssen, S. A., D. Hasselquist, I. Folstad and K. E. Eriksta. 2004. Costs of immunity: immune responsiveness reduces survival in a vertebrate. Proceedings of the Royal Society, London B 271: 925–930.

Hanssen, S. A., I. Folstad and K. E. Erikstad. 2003. Reduced immunocompetence and cost of reproduction in common eiders. Oecologia 136: 457–464

Härkönen, T. 2003. Development of populations of harbour seals and grey seals in the Wadden Sea and the North Sea since 1988. In Management of North Sea Harbour and Grey Seal Populations, pp. 13–18.

Proceedings of an International Symposium, EcoMare, Texel, The Netherlands, November 29–30, 2002. Wadden Sea Ecosystem No. 17. Wilhelmshaven: Common Wadden Sea Secretariat.

Hart, B. L. 1988. Biological basis of the behaviour of sick animals. Neurosciences and Behavior Reviews 14: 273–294.

_____. 1997. Behavioural defence. In Host-Parasite Evolution. General Principles and Avian Models, edited by D. H. Clayton and J. Moore, pp. 59–77. Oxford: Oxford University Press.

Hartung, R. 1967. Energy metabolism in oil-covered ducks. Journal of Wildlife Management 31: 798–804.

Hartup, B. K., A. A. Dhondt, K. V. Sydenstricker, W. M. Hochachka and G. V. Kollias. 2001. Host range and dynamics of mycoplasmal conjunctivitis among birds in North America. Journal of Wildlife Diseases 37: 72–81.

Harvell, C. D., C. E. Mitchell, J. R. Ward, S. Altizer, A. P. Dobson, R. S. Ostfeld and M. D. Samuel. 2002. Climate warming and disease risks for terrestrial and marine biota. Science 296: 2158–2162.

Harwood, C. L., I. S. Young, D. L. Lee and J. D. Altringham. 1996. The effect of Trichinella spiralis infection on the mechanical properties of the mammalian diaphragm. Parasitology 113: 535–543.

Haschek, W. M., C. G. Rousseaux and M. A. Wallig. 2002. Handbook of Toxicologic Pathology, 2d ed. San Diego: Academic Press.

Hasselquist, D., J. A. Marsh, P. W. Sherman and J. C. Wingfield. 1999. Is avian humoral immunocompetence suppressed by testosterone? Behavioral Ecology and Sociobiology 45: 167–175.

Hawley, W. A., P. Reiter, R. S. Copeland, C. B. Pumpuni and G. B. Craig, Jr. 1987. Aedes albopictus in North America: probable introduction in used tires from northern Asia. Science 236: 1114.

Haydon, D. T., S. Cleaveland, L. H. Taylor and M. K. Laurenson. 2002. Identifying reservoirs of infection: aconceptual and practical challenge. Emerging Infectious Disease 8: 1468–1473.

Hayes, M. A. and G. A. Wobeser. 1983. Subacute toxic effects of dietary T-2 toxin in young mallard ducks. Canadian Journal of Comparative Medicine 47: 180–187.

Heesterbeek, J. P. and M. G. Roberts. 1995. Mathematical models for microparasites of wildlife. In Ecology of Infectious Diseases in Natural Populations, edited by B. T. Grenfell and A. P. Dobson, pp. 90–122. Cambridge: Cambridge University Press. Hegglin, D., P. I. Ward and P. Deplazes. 2003. Anthelmintic baiting of foxes against urban contamination with Echinococcus multilocularis. Emerging Infectious Diseases 9: 1266–1272

Helmby, H., M. Kuillberg and M. Troye-Blomberg. 1998. Altered immune responses in mice with concomitant Schistosoma mansoni and Plasmodium chabaudi infections. Infection and Immunity 66: 5167–5174.

Henderson,W. M. 1982. The control of disease in wildlife when a threat to man and farm livestock. In Animal Disease in Relation to Animal Conservation, edited by M. A. Edwards and U. McDonell, pp. 287–297. London: Academic Press.

Henke, S. E., D. B. Pence and F. C. Bryant. 2002. Effect of short-term coyote removal on populations of coyote helminths. Journal of Wildlife Diseases 38: 54–67.

Henny, C. J., L. J. Blus, E. J. Kolbe and R. E. Fitzner. 1985. Organophosphate Insecticidea(famphur) topically applied to cattle kills magpies and hawks. Journal of Wildlife Management 49: 648–658.

Henriksen, P., H. H. Dietz, S. A. Henriksen and P. Gjelstrup. 1993. Sarcoptic mange in red fox in Denmark. A short report. Dansk Veterinaertidsskrift 76: 12–13.

Hentonnen, H., E. Fuglei, C. N. Gower, V. Haukisalmi, R. A. Ims, Niemimaa and N. G. Yoccoz. 2001. Echinococcus multilocularis on Svalbard: introduction of an intermediate host has enabled the local life-cycle. Parasitology 123: 547–552.

Herman, C. M. and W. J. L., Sladen. 1958. Aspergillosis in waterfowl. Transactions of the North American Wildlife Conference 23: 187–191.

Herman, T. B. 1981. Capillaria hepatica(Nematoda) in insular populations of the deer mouse Peromyscus maniculatus: cannibalism or competition for carcasses? Canadian Journal of Zoology 59: 776–784.

Hess, G. 1996. Disease in metapopulation models: implications for conservation. Ecology 77: 1617–1632.

Hester, R. E. and R. M. Harrison. 1999. Endocrine Disrupting Chemicals, Issues in Environmental Science and Technology 12. Cambridge: Royal Society of Chemistry. Heuschele, W. P. and H. W. Reid. 2001. Malignant catarrhal fever. In Infectious Diseases of Wild Mammals, 3d ed., edited by E. S. Williams and I. K. Barker, pp. 157–164. Ames: Iowa State University Press.

Hibler, C. and J. L. Adcock. 1971. Elaeophorosis. In Parasitic Diseases of Wild Mammals, edited by J. W. Davis and R. C. Anderson, pp. 263–278. Ames: Iowa State University Press.

Hibler, C. P., T. R. Spraker and E. T. Thorne. 1982. Protostrongylosis in bighorn sheep. In Diseases of Wildlife in Wyoming, edited by E. T. Thorne, N. Kingston, W. R. Jolly and R. C. Bergstrom, pp. 208–213. Cheyenne: Wyoming Game and Fish Department.

Hibler, C. P., T. R. Spraker and R. L. Schmidt. 1977. Treatment of bighorn sheep for lungworms. Transactions of the 1977 Desert Bighorn Council: 12–14

Hill, A. B. 1965. The environment and disease: association or causation. Proceedings of the Royal Society, London 58: 295–300.

Hochachka, W. M. and A. A. Dhondt. 2000. Densitydependent decline of host abundance resulting from a new infectious disease. Proceedings of the National Academy of Science of the United States of America 97: 5303–5306.

Hochberg, M. E. and M. van Baalen. 2000. A geographical perspective of virulence. In Evolutionary Biology of Host-parasite Relationships: Theory meets Reality, edited by R. Poulin, S. Morand and A. Skorping, pp. 81–96. Amsterdam: Elsevier.

Hoffmann, J. A., F. C. Kafatos, C. A. Janeway, Jr. and R. A. B. Ezekowitz. 1999. Phylogenetic perspectives in innate immunity. Science 284: 1313–1318.

Holmes, J. C. 1982. Impact of infectious disease agents on the population growth and geographical distribution of animals. In Population Biology of Infectious Diseases, edited by R. M. Anderson and R. M. May, pp. 37–51. Berlin: Springer-Verlag.

Holmes, J. C. and W. M. Bethel. 1972. Modification of intermediate host behavior by parasites. In Behavioral Aspects of Parasite Transmission, edited by E. U. Canning and C. A. Wright, pp. 123–149. London: Academic Press.

Holmstad, P. R., A. Anwar, T. Iezhova and A. Skorping. 2003. Standard sampling techniques underestimate prevalence of avian hematozoa in willow ptarmigan(Lagopus lagopus). Journal of Wildlife Diseases 39: 354–358.

Holt, J. G., N. R. Krieg, P. H. A. Sneath, J. T. Staley and S. T. Williams. 1994. Bergey's Manual of Determinative Bacteriology. 9th ed. Baltimore: Williams and Wilkins.

Homan, R. N., J. V. Regosin, D. M. Rodrigues, J. M. Reed, B. S. Windmiller and L. M. Romero. 2003. Impacts of varying habitat quality on the physiological stress of spotted salamanders(Ambystoma maculatum). Animal Conservation 6. 11–18.

Honour, S. M., S. Kennedy, S. Trudeau and G. Wobeser. 1995. Vitamin A status of wild mallards(Anas platyrhynchos) wintering in Saskatchewan. Journal of Wildlife Diseases 31: 289–298.

Hoodless, A. N., K. Kurtenbach, P. A. Nuttall and S. E. Randolph. 2002. The impacts of ticks on pheasant territoriality. Oikos 96: 245–250.

Hoogenbloom, I. and C. Dikstra. 1987. Sarcocystis cernae: a parasite increasing the risk of predation of its intermediate host Microtus arvalis. Oecologia 74: 86–92.

Hope-Cawdry, M. J. 1976. The effects of fascioliasis on ewe fertility. British Veterinary Journal 132: 568–575.

Howe, F. P. 1992. Effects of Protocalliphora braueri(Diptera:

Calliphoridae) parasitism and inclement weather on nestling sage thrashers. Journal of Wildlife Diseases 28: 141–143.

Howerth, E. W., D. E. Stallknecht and P. E. Kirkland. 2001. Bluetongue, epizootic hemorrhagic disease and other orbivirus-related diseases. In Infectious Diseases of Wild Mammals, edited by E. S. Williams and I. K. Barker, pp. 77–97. Ames: Iowa State University Press.

Hoy, J. B. and J. R. Anderson. 1978. Behavior and reproductive physiology of blood-sucking snipe flies (Diptera: Rhagionidae: Symphoromyia) attacking deer in northern California. Hilgardia 46: 113–168.

Hudson, P. J. and A. P. Dobson. 1995. Macroparasites: Observed patterns in naturally fluctuating animal populations. In Ecology of Infectious Diseases in Natural Populations, edited by B. T. Grenfell and A. P. Dobson, pp. 144–176. Cambridge: Cambridge University Press.

Hudson, P. J., A. P. Dobson and D. Newborn. 1992a. Do parasites make prey more vulnerable to predation? Red Grouse and parasites. Journal of Animal Ecology 61: 681–692.

_____. 1998. Prevention of population cycles by parasite removal. Science 282: 2256–2258.

Hudson, P. J., A. Rizzoli, B. T. Grenfell, H. Heesterbeek and A. P. Dobson. 2001. The Ecology of Wildlife Diseases. Oxford: Oxford University Press.

Hudson, P. J., D. Newborn and A. P. Dobson. 1992b. Regulation and stability of a free-living host-parasite system: Trichostrongylus tenuis in red grouse. I. Monitoring and parasite reduction experiments. Journal of Animal Ecology 61: 477–486.

Hugh-Jones, M. E. and V. de Vos. 2002. Anthrax and wildlife. Revue Scientifique et Technique OIE 21: 359–383.

Humberg, D. D., D. Graber, S. Sheriff and T. Miller. 1986. Estimating autumn-spring nonhunting mortality in southern Missouri. In Lead Poisoning in Wild Waterfowl, edited by J. S. Feierabend and A. B. Russell, pp. 77–87. Washington, D.C.: National Wildlife Federation.

Hunt, E. G. and A. I. Bischoff. 1960. Inimical effects on wildlife of periodic DDD applications to Clear Lake. California Fish and Game 46: 91–106.

Hunter, P. R. 2003. Climate change and waterborne and vector-borne disease. Journal of Applied Microbiology 94: 37S–46S.

Hurd, H. and S. Fugo. 1991. Changes induced by Hymenolepsis diminuta(Cestoda) in the behaviour of the intermediate host Tenebrio molitor(Coleoptera). Canadian Journal of Zoology 69: 2291–2294.

Hutchings, M. R., I. Kyriazakis, I. J. Gordon and F. Jackson. 1999. Trade-offs between nutrient intake and faecal avoidance in herbivore foraging decisions: the effect of animal parasite status, level of feeding motivation

and sward nitrogen content. Journal of Animal Ecology 68: 310–323. Ikeda, Y., K. Nakamura, T. Miyazawa, Y. Tohya, E. Takahashi and M. Mochizuki. 2002. Feline host range of canine parvovirus: recent emergence of new antigenic types in cats. Emerging Infectious Diseases 8: 341–352.

Ilmonen, P., T. Taarna and D. Hasselquist. 2000. Experimentally activated immune defence in female pied flycatchers results in reduced breeding success. Proceedings of the Royal Society, London B 267: 665–670.
Ives, A. R. and D. L. Murray. 1997. Can sublethal parasitism destabilize predator-prey population dynamics? A model of snowshoe hares, predators and parasites. Journal of Animal Ecology 66: 265–278.

Jackson, W. B. and Ashton, A. D., 1986, Case histories of anticoagulant resistance. In Pesticide Resistance: Strategies and Tactics for Management, pp. 355–369. Washington, D.C.: National Academy Press.

Jansen, J., Jr. 1964. Some problems related to the parasite inter-relationship of deer and domestic animals. Transactions of the International Union for Game Biology 6: 127–132.

Jehl, J. R. Jr., W. S. Boyd, D. S. Paul and D. W. Anderson. 2002. Massive collapse and rapid rebound: population dynamics of eared grebes(Podiceps nigricollis) during an ENSO event. Auk 119: 1162–1166.

Jenkins, D., A. Watson and G. R. Miller. 1963. Population studies on Red Grouse Lagopus lagopus scoticus (Lath.) in north-east Scotland. Journal of Animal Ecology 32: 317–376.

Jenkins, D. J. and B. Morris. 2003. Echinococcus granulosus in wildlife in and around the Kosciuszko National Park, south-eastern Australia. Australian Veterinary Journal 81: 81–85

Jenkins, S. R. and W. G. Winkler. 1987. Descriptive epidemiology from an epizootic of raccoon rabies in the Middle Atlantic States, 1982–1983. American Journal of Epidemiology 126: 429–437.

Jensen, T., M. van de Bildt, H. H. Dietz, T. H. Andersen, A. S. Hammer, T. Kuiken and A. Osterhaus. 2002. Another phocine distemper outbreak in Europe. Science 297: 209.

Jessup, D. A. and F. A. Leighton. 1996. Oil pollution and petroleum toxicity to wildlife. In Noninfectious Diseases of Wildlife, 2d ed., edited by A. Fairbrother, L. N. Locke and G. L. Hoff, pp. 141–156. Ames: Iowa State University Press.

Jobling, S., D. Casey, T. Rodgers-Gray, J. Oehlmann, U. Schulte-Oehlmann, S. Pawlowski, T. Baunbeck, A. P. Turner and C. R. Tyler. 2003. Comparative responses of molluscs and fish to environmental estrogens and an estrogenic effluent. Aquatic Toxicology 65: 205–220.

Johnson, D. H., C. T. Moore, W. L. Kendall, J. A. Dubrovsky, D. F. Caithamer, J. R. Kelley, Jr. and B. K. Williams. 1997. Uncertainty and the management of mallard harvests.

Journal of Wildlife Management 61: 202–216.

Johnson, L. S., M. D. Eastman and L. H. Kermott. 1991. Effect of ectoparasitism by larvae of the blowfly Protocalliphora parorum(Diptera: Calliphoridae) on nestling house wrens, Troglodytes aedon. Canadian

Journal of Zoology 69: 1441–1446.

Jones, C. G., R. S. Ostfeld, M. P. Richard, E. M. Schauber, and J. O. Wolff. 1998. Chain reactions linking acorns to gypsy moth outbreaks and Lyme disease risk. Science 279: 1023–1025.

Jones, D. M. 1982. Conservation in relation to animal disease in Africa and Asia. In Animal Disease in Relation to Animal Conservation, edited by M. A. Edwards and U. McDonnell, pp. 271–285. London: Academic Press.

Jones, L., M. Gaunt, R. Hails, K. Laurenson, P. J. Hudson, H. W. Reid and E. Gould. 1987. Amplification of louping-ill virus infection during co-feeding of ticks on mountain hares(Lepus timidus). Medical and Veterinary Entomology 11: 172–176.

Jonzén, N., P. Lundberg, E. Ranta and V. Kaitala. 2002. The irreducible uncertainty of the demographyenvironment interaction in ecology. Proceedings of the Royal Society, London B 269: 221–223.

Joubert, L., P. Duclos and P. Toaillen. 1982. La myxomatose des garennes dans le Sud-Est. La myxamatose amyxamateuse. Revue de Medicine Vétérinaire 133: 739–753. Kalmbach, E. R. 1939. American vultures and the toxin of Clostridium botulinum. Journal of the American Veterinary Medical Association 94: 187–191.

Kalmbach, E. R. and M. F. Gunderson. 1934. Western Duck Sickness—a Form of Botulism. Washington, D.C.: U.S. Department of Agriculture Technical Bulletin, No. 411.

Karstad, L., P. Lusis and D. Wright. 1971. Tyzzer's disease in muskrats. Journal of Wildlife Diseases 7: 96–99.

Kavaliers, M. and D. D. Colwell. 1995a. Decreased predator avoidance in parasitized mice: neuromodulatory correlates. Parasitology 111: 257–263.

_____. 1995b. Reduced spatial learning in mice infected with the nematode, Heligmosomoides polygyrus. Parasitology 110: 591–597.

Kazacos, K. R. 2001. Baylisascaris procyonis and related species. In Parasitic Diseases of Wild Mammals, 2d ed., edited by W. M. Samuel, M. J. Pybus and A. A. Kocan, pp. 301–341. Ames: Iowa State University Press.

Kelsey, J. L., A. S. Whittemore, A. S. Evans and W. D. Thompson. 1996. Methods in Observational Epidemiology. Oxford: Oxford University Press.

Kemper, H. E. 1938. Filarial dermatosis of sheep. North American Veterinarian 19: 36–41.

Kennedy, S. 1990. A review of the 1988 European seal morbillivirus epizootic. Veterinary Record 127: 563–567.

_____. 2001. Morbillivirus infections in aquatic mammals. In Infectious Diseases of Wild Mammals. 3d ed., edited by E. S. Williams and I. K. Barker, pp. 64–76. Ames: Iowa State University Press.

Kermack, W. O. and A. G. McKendrick. 1927. A contribution to the mathematical theory of epidemics. Proceedings of the Royal Society A 115: 700–721.

Kern, P., K. Bardonnet, E. Renner, H. Auer, Z. Pawlowski, R. W. Ammann, D. A. Vuitton, P. Kern and the European Echinococcosis Registry. 2003. European echinococcosis registry: human alveolar echinococcosis, Europe, 1982–2000. Emerging Infectious Diseases 9: 343–349.

Kerr, P. J. and S. M. Best. 1998. Myxoma virus in rabbits. Revue Scientifique et Technique OIE 17: 256–268.

Keusch, G. T. 1993. Nutrition and infection. In Mechanisms of Microbial Disease, 2d ed., edited by M. Schaechter, G. Medoff and B. L. Eisenstein, pp. 891–898. Baltimore: Williams & Wilkins.

Khoury, M. J. 1985. A Genealogic Study of Inbreeding and Prereproductive Mortality in the Old Order Amish. Baltimore: s.n.

Kida, H. 2003. Distribution and circulation of influenza viruses in nature. Nippon Rinsho 61: 1865–1871.

King, C. M. 1976. The fleas of a population of weasels in Wytham Woods, Oxford. Journal of Zoology, London 180: 525–535.

King, K. A., D. R. Blankinship, R. T. Paul and R. C. A. Rice. 1977. Ticks as a factor in the 1975 nesting failure of Texas brown pelicans. Wilson Bulletin 89: 157–158.

King, N. W., 2001, Herpesviruses of nonhuman primates. In Infectious Diseases of Wild Mammals, 3d ed., edited by E. S. Wiliams and I. K. Barker, pp. 147–157. Ames: Iowa State University Press.

Kinsey, S. G., B. J. Prendergast and R. J. Nelson. 2003 Photoperiod and stress affect wound healing in Siberian hamsters. Physiology and Behavior 78: 205–211.

Klok, C. and A. M. De Roos. 1998. Effects of habitat size and quality on equilibrium density and extinction time for Sorex araneus populations. Journal of Animal Ecology 67: 195–209.

Klok, C., A. De Roos, S. Broekhuizen and R. Van Apeldoorn. 2000. Effects of heavy metals on the badger Meles meles: interaction between habitat quality and fragmentation. In Demography in Ecotoxicology, edited by J. Kammenga and R. Laskowski, pp. 73–89. Chichester: John Wiley & Sons.

Kluger, M. J. 1979. Fever, Its Biology, Evolution and Function. Princeton: Princeton University Press.

Klurfeld, D. M. 1993. Nutrition and Immunology. New York: Plenum Press.

Kocan, A. A. 2001. Blood-inhabiting protozoans. In Parasitic Diseases of Wild Mammals, 2d ed., edited by W. M. Samuel, M. J. Pybus and A. A. Kocan, pp. 520–536. Ames: Iowa State University Press.

Koella, J. C. and M. J. Packer. 1996. Malaria parasites enhance blood-feeding of their naturally infected vector Anopheles punctulatus. Parasitology 113: 105–109.

Kosoy, M., M. Murray, R. D. Gilmore, Jr., Y. Bai and K. L. Gage. 2003. Bartonella strains from ground squirrels are identical to Bartonella washoensis isolated from a human patient. Journal of Clinical Microbiology 41: 645–650.

Kosoy, M. Y., R. L. Regnery, O. I. Kosaya, D. C. Jones, E. L. Marston and J. E. Childs. 1998. Isolation of Bartonella spp. from embryos and neonates of naturally infected rodents. Journal of Wildlife Diseases 34: 305–308.

Kraaljeveld, A. R. and H. C. J. Godfray. 1997. Trade-offs between parasitoid resistance and larval competitive ability in Drosophila melanogaster. Science 389: 278–280.

Krebs, J. R., R. M. Anderson, T. Clutton-Brock, C. A. Donnelly, S. Frost, W. I. Morrison, R. Woodroffe and D. Young. 1998. Badgers and bovine TB: conflicts between conservation and health. Science 279: 817–818.

Kretzschmar, M., S. van den Hof, J. Wallinga and J. van Wijgaarden. 2004. Ring vaccination and smallpox control. Emerging Infectious Diseases 10: 832–841.

Kuiken, T. 1999. Review of Newcastle disease in cormorants. Waterbirds 22: 333–347.

Kuiken, T., F. A. Leighton, G. Wobeser, K. L. Danesik, J. Riva and R. A. Heckert. 1998. An epidemic of Newcastle disease in double-crested cormorants from Saskatchewan. Journal of Wildlife Diseases 34: 457–471.

Kültz, D. 2003. Evolution of cellular stress proteome: from monophyletic origin to ubiquitous function. Journal of Experimental Biology 206: 3119–3124.

Lafferty, K. D. 1999. The evolution of trophic transmission. Parasitology Today 15: 111–115.

Lafferty, K. D. and A. K. Morris. 1996. Altered behavior of parasitized killifish increases susceptibility to predation by bird final hosts. Ecology 77: 1390–1397.

Lafferty, K. D. and L. R. Gerber. 2002. Good medicine for conservation biology: the intersection of epidemiology and conservation theory. Conservation Biology 16: 593–604.

Lafferty, K. D. and R. D. Holt. 2003. How should environmental stress affect the population dynamics of disease? Ecology Letters 6: 654–664.

Landys-Ciannelli, M. M., T. Piersma and J. Jukema. 2003. Strategic changes of internal organs and muscle tissue in the bar-tailed godwit during fat storage on a spring stopover site. Functional Ecology 17: 151–159.

Lange, R. 1982. Management of Psoroptic Mange in Desert Bighorn Sheep of New Mexico. Stillwater: Wildlife Disease Association, Educational Aid.

Langelier, K. M. 1993. Barbiturate poisoning in twentynine bald eagles. In Raptor Biomedicine, edited by P. T. Redig, J. Cooper, J. D. Remple and D. B. Hunter, pp. 231–232. Minneapolis: University of Minnesota.

Langenau, E. E., Jr. and J. M. Lerg. 1976. The effects of winter nutritional stress on maternal and neonatal behavior in penned white-tailed deer. Applied Animal Ethology 2: 207–233.

Lankester, M. W. 1977. Neurologic disease in moose caused by Elaphostrongylus cervi Cameron, 1931 from caribou. Proceedings of the North American Moose Conference 13: 177–190.

______. 2001. Extrapulmonary lungworms of cervids. In Parasitic Diseases of Wild Mammals, 2d ed., edited by W. M. Samuel, M. J. Pybus and A. A. Kocan, pp. 228–278. Ames: Iowa State University Press.

______. 2002. Low-dose meningeal worm(Parelaphostrongylus tenuis) infections in moose(Alces alces). Journal of Wildlife Diseases 38: 789–795.

Lankester, M. W. and D. Fong. 1989. Distribution of elaphostrongyline nematodes(Metastrongyloidea: Protostrongylidae) in cervidae and possible effects of moving Rangifer spp. into and within North America. Alces 25: 133–145.

Lashley, F. R. and J. D. Durham. 2002. Preface. In Emerging Infectious Diseases. Trends and Issues, edited by F. R. Lashley and J. D. Durham, pp. xv–xviii. New York: Springer Publishing Inc.

Laskowski, R. 2000. Shochastic and density-dependent models in ecotoxicology. In Demography in Ecotoxicology, edited by J. Kammenga and R. Laskowski, pp. 57–71. Chichester: John Wiley & Sons.

Latgé, J.-P. 2001. The pathobiology of Aspergillus fumigatus. Trends in Microbiology 9: 382–389. Laurenson, K., C. Sillero-Zubiri, H. Thompson, F. Shiferaw, S. Thergood and J. Malcolm. 1998. Disease as a threat to endangered species: Ethiopian wolves, domestic dogs and canine pathogens. Animal Conservation 1: 273–280.

Laurenson, M. K., R. A. Norman, L. Gilbert, H. W. Reid, and P. J. Hudson. 2003. Identifying disease reservoirs in complex systems: mountain hares as reservoirs of ticks and louping-ill virus, pathogens of red grouse. Journal of Animal Ecology 72: 177–185.

Lawson, R. J. and M. A. Gemmell. 1983. Hydatosis and cysticercosis: the dynamics of transmission. Advances in Parasitology 22: 261–308.

_____. 1985. The potential role of blowflies in the transmission of taeniid tapeworm eggs. Parasitology 91: 129–143.

Lederberg, J. 1997. Foreword. In Emerging Infections 1, edited by W. M. Scheld, D. Armstrong and J. M. Hughes, pp xiii. Washington, D.C.: ASM Press.

Lees, V. W., S. Copeland and P. Rousseau. 2003. Bovine tuberculosis in elk(Cervus elaphus manitobensis) near Riding Mountain National Park, Manitoba from 1992 to 2002. Canadian Veterinary Journal 44: 830–831.

Legname, G., I. V. Baskakov, H. O. Nguyen, D. Reisner, F. E. Cohen, S. J. DeArmond and S. B. Prusiner. 2004. Synthetic mammalian prions. Science 305: 673–676.

Leiby, P. D. and W. G Dyer. 1971. Cyclophyllidean tapeworms of wild carnivores. In Parasitic Diseases of Wild Mammals, edited by J. W. Davis and R. C. Anderson, pp. 175–234. Ames: Iowa State University Press.

Leighton, F. A. 1993. The toxicity of petroleum oils to birds. Environmental Research 1: 92–103.

_____. 2002. Health risk assessment of the translocation of wild animals. Revue Scientifique et Technique OIE 21: 187–195.

Leighton, F. A., H. A. Artsob, M. C. Chu and J. G. Olson. 2001. A serological survey of rural dogs and cats on the southwestern Canadian prairie for zoonotic pathogens. Canadian Journal of Public Health 92: 67–71.

Leighton, F. A., M. Ferguson, A. Gunn, E. Henderson and G. Stenhouse. 1988. Canine distemper in sled dogs. Canadian Veterinary Journal 29: 299.

Le Maho, Y. 1983 Metabolic adaptations to long-term fasting in Antarctic penguins and domestic geese. Journal of Thermal Biology 8: 91–96.

Lenghaus, C., M. J. Studdert and D. Gavier-Widen. 2001. Calicivirus infections. In Infectious Diseases of Wild Mammals, 3d ed., edited by E. S. Williams and I. K. Barker, pp. 280–291. Ames: Iowa State Press.

Lenski, R. E. and R. M. May. 1994. The evolution of virulence in parasites and pathogens: reconciliation between two competing hypotheses. Journal of Theoretical Biology 169: 253–265.

León-Viscaíno, L., M. R. Ruíz de Ybáñez, M. J. Cubero, J. M. Ortiz, J. Espinosa, L. Pérez, M. A. Simón and F. Alonso. 1999. Sarcoptic mange in Spanish ibex.

Journal of Wildlife Diseases 35: 647–659. Leopold, A. 1933. Game Management. New York: Charles Scribner's Sons.

Levav, M., A. F. Mirsky, P. M. Schantz, S. Castro and M. E. Cruz. 1995. Parasitic infection in malnourished school children: effects on behaviour and EEG. Parasitology 110: 103–111.

Levin, B. R. 1996. The evolution and maintenance of virulence in microparasites. Emerging Infectious Diseases 2: 93–192.

Levin, B. R. and C. Svanborg-Eden. 1990. Selection and evolution of virulence in bacteria: an ecumenical excursion and modest suggestion. Parasitology 100: S103–115.

Levin, B. R. and R. Antia. 2001. Why we don't get sick: the within-host population dynamics of bacterial infections. Science 292: 1112–1115.

Levine, S. and H. Ursin. 1991. What is stress? In Stress Neurobiology and Neuroendocrinology, edited by M. R. Brown, G. F. Koob and C. Rivier, pp. 3–21. New York: Marcel Dekker Inc.

L'Heureux, N., M. Festa-Blanchet and J. T. Jorgenson. 1996. Effects of visible signs of contagious ecthyma on mass and survival of bighorn lambs. Journal of Wildlife Diseases 32: 286–292.

Lindström, A. and T. G. T. Jaenson. 2003. Distribution of the common tick, Ixodes ricinus(Acari: Ixodidae), in different vegetation types in southern Sweden. Journal of Medical Entomolology 40: 375–378.

Liu, M., Y. Guan, M. Peiris, S. He, R. J. Webby, D. Perez, and R. G. Webster. 2003. The quest of influenza A viruses for new hosts. Avian Diseases 47: 849–856.

Lochmiller, R. I. and C. Deerenberg. 2000. Trade-offs in evolutionary immunology: just what is the cost of immunity? Oikos 88: 87–98

Logiudice, K. 2003. Trophically transmitted parasites and the conservation of small populations: raccoon roundworm and the imperiled Allegheny woodrat. Conservation Biology 17: 258–266.

Loisin, A., J-M. Gaillard and J-M. Julien. 1996. Demographic patterns after an epizootic of keratoconjunctivitis in a chamois population. Journal of Wildlife Management 60: 517–527.

Lord, R. D. 1992. Seasonal reproduction of vampire bats and its relationship to the seasonality of bovine rabies. Journal of Wildlife Diseases 28: 292–294.

Lugton, I., G. Wobeser, R. S. Morris and P. Caley. 1997. Epidemiology of Mycobacterium bovis infection in feral ferrets(Mustela furo) in New Zealand. II. Routes of infection and excretion. New Zealand Veterinary Journal 45: 161–167.

Lumeij, J. T. 1996. Syphilis in European brown hares(Lepus europus). Veterinary Quarterly 18: 151–152.

Lyons, E. T. and M. C. Keyes. 1978. Observations on the infectivity of parasitic third-stage larvae of Uncinaria lucasi Stiles 1901(Nematoda: Ancylostomatidae) of northern fur seals Callorhinus ursinus Linn., on St. Paul Island, Alaska. Journal of Parasitology 64: 454–48.

Mackenzie, J. S., H. E. Field and K. J. Guyatt. 2003. Managing emerging diseases borne by fruit bats(flying foxes), with particular reference to henipaviruses and Australian bat lyssavirus. Journal of Applied Microbiology 94: 59S–69S.

Mahy, B. W. J. and C. C. Brown. 2000. Emerging zoonoses: crossing the species barrier. Revue Scientifique et Technique OIE 19: 33–40.

Malkinson, M., C. Banet, Y. Weisman, S. Pokamunski, R. King, M.-T. Drouet and V. Deubel. 2002. Introduction of West Nile virus in the Middle East by migrating white storks. Emerging Infectious Diseases 8: 392–397.

Mamaev, L. V., N. N. Denikina, S. I. Belikov, V. E. Volichikov, I. K. G. Visser, M. Fleming, C. Kai, T. C. Harder, B. Liess, A. D. M. E. Osterhaus and T. Barrett. 1995. Characteristics of morbilliviruses isolated from Lake Baikal seals(Phoca sibirica). Veterinary Microbiology 40: 251–259.

Mänd, R. and V. Tilgar. 2003. Does supplementary calcium reduce the cost of reproduction in the Pied Flycatcher Ficedula hypoleuca. Ibis 145: 67–77.

Marchandeau, S., J. Chantal, Y. Portejoie, S. Barraud and Y. Chaval. 1998. Impact of viral hemorrhagic disease on a wild population of European rabbits in France. Journal of Wildlife Diseases 34: 429–435.

Marchlewska-Koj, A., J. Kapusta and M. Kruczek. 2003. Prenatal stress modifies behaviour in offspring of bank voles(Clethrionomys glareolus). Physiology and Behavior 79: 671–678.

Martin, L. B, II, A. Scheuerlein and M. Wikelski. 2003. Immune activity elevates energy expenditure of house sparrows: a link between direct and indirect costs? Proceedings of the Royal Society, London B 270: 153–158.

Mason, P. C. and H. J. F. McAllum. 1976. Dictyocaulus viviparus and Elaphostrongylus cervi in wapiti. New Zealand Veterinary Journal 24: 23.

Mason, P. C., N. R. Kiddey, R. J. Sutherland, D. M. Rutherford and A. P. Green. 1976. Elaphostrongylus cervi in red deer. New Zealand Veterinary Journal 24: 22–23.

Massey, R. C., A. Buckling, R. French-Constant. 2004. Interference competition and parasite virulence. Proceedings of the Royal Society, London B 271: 785–788.

Matumoto, M. 1969. Mechanisms of perpetuation of animal viruses in nature. Bacteriological Reviews 33: 404–418.

May, R. M. 1994. Disease and the abundance and distribution of bird populations: a summary. Ibis 137: S85–S86.

May, R. M. and R. M. Anderson. 1978. Regulation and stability of host-parasite population interactions. II Destabilizing processes. Journal of Animal Ecology 47: 249–267.

______. 1983. Parasite-host coevolution. In Coevolution, edited by D. J. Futuyama and M. Slatkin, pp. 186–206. Sunderland: Sinuaer Associates.

Mazet, J. K.,W. M. Boyce, J. Mellies, I. A. Gardner, R. K. Clark and D. A. Jessup. 1992. Exposure to Psoroptes sp. mites is common among bighorn sheep(Ovis canadensis) populations in California. Journal of Wildlife Diseases 28: 542–547.

McCallum, H. and A. Dobson. 2002. Disease, habitat fragmentation and conservation. Proceedings of the Royal Society, London B 269: 2041–2049.

McCarty, C. W. and M. W. Miller. 1998. A versatile model of disease transmission applied to forecasting bovine tuberculosis dynamics in white-tailed deer populations. Journal of Wildlife Diseases 34: 722–730.

McColl, K. A., N. Tordo and A. A. Setién. 2000. Bat lyssavirus infections. Revue Scientifique et Technique OIE 19: 177–196.

McCollough, M. and B. Connery. 1990. An Evaluation of the Maine Caribou Reintroduction Project, Maine Caribou Project Report. Orono: University of Maine.

McCoy, G. W. 1911. The susceptibility to plague of the weasel, the chipmunk and the pocket gopher. Journal of Infectious Diseases 8: 42–46.

McCoy, G. W. and C. W. Chapin. 1912. Bacterium tularense the cause of a plague-like disease of rodents. United States Public Health Marine Hospital Bulletin 53: 17–23.

McInerney, J., K. J. Small and P. Caley. 1995. Prevalence of Mycobacterium bovis infection in feral pigs in the northern territory. Australian Veterinary Journal 72: 448–451.

McLandress, M. R. 1983. Sex, age and species differences in disease mortality of Ross' and lesser snow geese in California: implications for avian cholera research. California Fish and Game 69: 196–206.

McPeek, M. A., N. L. Rodenhouse, R. T. Holmes and T. W. Sherry. 2001. A general model of site-dependent population regulation: population-level regulation without individual-level interactions. Oikos 94: 417–424.

Meagher, M., W. J. Quinn and L. Stackhouse. 1992. Chlamydial-caused infectious keratoconjunctivitis in bighorn sheep of Yellowstone National Park. Journal of Wildlife Diseases 28: 171–176.

Mech, L. D. and S. M. Goyal. 1993. Canine parvovirus effect on wolf population change and pup survival. Journal of Wildlife Diseases 29: 330–333.

Melendez, L. V., C. Espana, R. D. Hunt and M. D. Daniel. 1969. Natural Herpes simplex infection in the owl monkey(Aotus trivirgatus). Laboratory Animal Care 19: 38–45.

Metcalfe, N. B. and P. Monaghan. 2001. Compensation for a bad start: grow now, pay later? Trends in Ecology and Evolution 16: 254–260.

Meteyer, C. U., R. R. Dubielzig, F. J. Dein, L. A. Baeten, M. K. Moore, J. R. Jehl, Jr. and K. Wesenberg. 1997. Sodium toxicity and pathology associated with exposure of waterfowl to hypersaline playa lakes of southeast New

Mexico. Journal of Veterinary Diagnostic Investigation 9: 269–280.

Mellor, P. S. and C. J. Leake. 2000. Climate and geographic influences on arboviral infections and vectors. Revue Scientifique et Technique OIE 19: 41–54.

Miller, M. A., M. E. Grigg, C. Kreuder, E. R. James, A. C.

Melli, P. R. Crosbie, D. A. Jessup, J. C. Boothroyd, D. Brownstein and P. A. Conrad. 2004a. An unusual genotype of Toxoplasma gondii is common in California sea otters(Enhydra lutra nereis) and is a cause of mortality. International Journal of Parasitology 34: 275–284.

Miller, M W. and E. S. Williams. 2003. Horizontal prion transmission in mule deer. Nature 425: 35–36.

Miller, M. W., E. S. Williams, C. W. McCarty, T. R. Spraker, T. J. Kreeger, C. T. Larsen and E. T. Thorne. 2000. Epizootiology of chronic wasting disease in freeranging cervids in Colorado and Wyoming Journal of Wildlife Diseases 36: 676–690.

Miller, M. W., E. S. Williams, N. T. Hobbs and L. L. Wolfe. 2004b. Environmental sources of prion transmission in mule deer, Emerging Infectious Diseases 10: 1003–1007.

Miller, R., J. B. Kaneene, S. D. Fitzgerald and S. M. Schmitt. 2003. Evaluation of the influence of supplemental feeding of white-tailed deer(Odocoileus virginianus) on the prevalence of bovine tuberculosis in the

Michigan wild deer population. Journal of Wildlife Diseases 39: 84–95.

Mills, J. N. and J. E. Childs. 2001. Rodent-borne hemorrhagic fever viruses. In Infectious Diseases of Wild

Mammals. 3d ed., edited by E. S. Williams and I. K. Barker, pp. 254–270. Ames: Iowa State University Press.

Mills, J. N., T. G. Ksiazek, C. J. Peters and J. E. Childs. 1999. Long-term studies of hantavirus reservoir populations in the southwestern United States: a synthesis. Emerging Infectious Diseases 5: 95–101.

Mims, C. A., A. Nash and J. Stephen. 2001. Mims' Pathogenesis of Infectious Disease, 5th ed. San Diego: Academic Press.

Mineau, P. 1993. The Hazard of Carbofuran to Birds and Other Vertebrate Wildlife. Technical Report No. 177. Ottawa: Canadian Wildlife Service, Wildlife Toxicology Section, Environment Canada.

Mocarski, E. S., Jr. 2002. Virus self-improvement through inflammation: no pain, no gain. Proceedings of the National Academy of Science of the United States of America 99: 3362–3364.

Møller, A. P. 1992. Parasites differentially increase the degree of fluctuating asymmetry in secondary sexual characters. Journal of Evolutionary Biology 5: 691–699.

_____. 1994. Parasites as an environmental component of

reproduction in bird as exemplified by the swallow Hirundo rustico. Ardea 82: 161–172.

Møller, A. P. and N. Saino. 2004. Immune response and survival. Oikos 104: 299–304.

Moore, J. 2002. Parasites and the Behavior of Animals. Oxford: Oxford University Press.

Mooring, M. S. and B. L. Hart. 1992. Animal grouping for protection from parasites: selfish herd and encounterdilution effects. Behaviour 123: 173–193.

Moorman, A. M., T. E. Moorman, G. E. Baldassarre and D. M. Richard. 1991. Effects of saline water on growth and survival of mottled duck ducklings in Louisiana. Journal of Wildlife Management 55: 471–476.

Morales-Mentor, J., A. Gamboa-Dominguez, M. Rodriguez-Dorantes and M. A. Cerbon. 1999. Tissue damage in the male murine reproductive system during experimental Taenia crassiceps cysticercosis. Journal of Parasitology 85: 887–890.

Moriarty, A., G. Saunders and B. J. Richardson. 2000. Mortality factors acting on adult rabbits in centralwestern New South Wales. Wildlife Research 27: 613–619.

Morris, R. S. and D. U. Pfeiffer. 1995. Directions and issues in bovine tuberculosis epidemiology and control in New Zealand. New Zealand Veterinary Journal 43: 256–265.

Mörschel, F. H. and D. R. Klein. 1997. Effects of weather and parasitic insects on behavior and group dynamics of caribou of the Delta Herd, Alberta. Canadian Journal of Zoology 75: 1659–1670.

Morse, S. S. 1995. Factors in the emergence of infectious diseases. Emerging Infectious Diseases 1: 7–15.

Moss, R., A. Watson, I. B. Trenholm and R. Parr. 1993. Cecal threadworms Trichostrongylus tenuis in red grouse Lagopus lagopus scoticus: effects of weather and host density upon estimated worm burden. Parasitology 107: 199–209.

Mouritsen, K. N. and R. Poulin. 2002. Parasitism, climate oscillations and the structure of natural communities Oikos 97: 462–468.

Moyer, B. R., D. M. Drown and D. H. Clayton. 2002. Low humidity reduces ectoparasite pressure: implications for host life history evolution. Oikos 97: 223–228.

Muller, J. 1971. The effect of fox reduction on the occurrence of rabies. Observations from two outbreaks of rabies in Denmark. Bulletin Office International Epizootie 75: 763–776.

Müller, G., P. Wohlsein, A. Beineke, L. Haas, I. Greiser-Wilke, U. Siebert, S. Fonfara, T. Harder, M. Stede, A. D. Gruber and W. Baumgartner. 2004. Phocine distemper in German seals, 2002. Emerging infectious Diseases 10: 723–725.

Müller, W. W. 1997. Where do we stand with oral vaccination of foxes against rabies in Europe. In Viral Zoonoses and Food of Animal Origin, edited by O.-R. Kaaden, C.-P. Czerny and W. Ichorn, pp. 85–94. New York: SpringerWien.

Mulvey, M. and J. M. Aho. 1993. Parasitism and mate competition: liver flukes in white-tailed deer. Oikos 66: 187–192.

Mundy, P. J. and J. A. Ledger. 1976. Griffon vultures, carnivores and bones. South African Journal of Science 72: 106–110.

Munger, J. C. and W. H. Karasov. 1989. Sublethal parasites and host energy budgets: tapeworm infection in white-footed mice. Ecology 70: 904–921.

______. 1991. Sublethal parasites in white-footed mice: impact on survival and reproduction. Canadian Journal of Zoology 69: 398–404.

Munson, L. 2001. Feline morbillivirus infection. In Infectious Diseases of Wild Mammals, 3d ed., edited by E. S. Williams and I. K. Barker, pp. 59–64. Ames: Iowa State Press.

Murphy, F. A. and R. G. Webster. 1996. Orthomyxoviruses. In Field Virology, 3d ed., edited by B. N. Fields, D. M. Knipe, P. M. Howley, R. M. Chanock, J. L. Melnick, T. P. Monath, B. Roizman and S. E. Straus, pp. 1397–1446. Philadelphia: Lippincott-Raven.

Murray, C. J. L. and A. D. Lopez. 1997. Mortality by cause for eight regions of the world: Global Burden of Disease Study. Lancet 349: 1269–1276.

Murray, D. L., J. R. Cary and L. B. Keith. 1997. Interactive effects of sublethal nematodes and nutritional status on snowshoe hare vulnerability to predation. Journal of Animal Ecology 66: 250–264.

Mutze, G., B. Cooke and P. Alexander. 1998. The initial impact of rabbit hemorrhagic disease on European rabbit populations in South Australia. Journal of Wildlife Diseases 34: 221–227.

Nacci, D. E., D. Champlin, L. Coiro, R. McKinney and S. Jayaraman. 2002. Predicting the occurrence of genetic adaptation to dioxinlike compounds in populations of estuarine fish Fundulus heteroclitus. Environmental Toxicology and Chemistry 21: 1525–1532.

Naguib, M., K. Riebel, A. Marzhal and D. Gil. 2004.

Nestling immunocompetence and testosterone covary with brood size in a songbird. Proceedings of the Royal Society, London B 271: 833–838.

Navarro, C., F. de lope, A. Marzal and A. P. Møller. 2004. Predation risk, host immune response and parasitism. Behavioral Ecology 15: 629–635.

Neff, J. A. 1955. Outbreak of aspergillosis in mallards. Journal of Wildlife Management 19: 415–416.

Neumann, G. B. 1997. Bovine tuberculosis—an increasingly rare event. Australian Veterinary Journal 77: 445–446.

Newman, M. C. 2001. Population Ecotoxicology. Chichester: John Wiley & Sons, Ltd.

Newman, T. J., P. J. Baker and S. Harris. 2002. Nutritional condition and survival of red foxes with sarcoptic mange. Canadian Journal of Zoology 80: 154–161.

Newton, I. 1979. Population Ecology of Raptors. Berkhamsted: Poyser.

______. 1998. Population Limitation in Birds. San Diego: Academic Press.

Nichol, S. T., C. F. Spiropoulou, S. Morzunov, P. E. Rollin, T. G. Ksiazek, H. Feldmann, A. Sanchez, J. E. Childs, S. Zaki and C. J. Peter. 1993. Genetic identification of a hantavirus associated with an outbreak of acute respiratory disease. Science 262: 914–917.

Niklasson, B., B. Hörnfeldt and B. Lundman. 1998. Could myocarditis, insulin-dependent diabetes mellitus, and Guillain-Barré syndrome be caused by one or more infectious agents carried by rodents? Emerging Infectious Diseases 4: 1876–193.

Nilsen, E. B., J. C. Linnell and R. Andersen. 2004. Individual access to preferred habitat affects fitness components in female roe deer Capreolus capreolus. Journal of Animal Ecology 73: 44–50.

Nokes, D. J. 1992. Microparasites: viruses and bacteria. In Natural Enemies. The Population Biology of Predators, Parasites and Diseases, edited by M. J. Crawley, pp. 349–376. Oxford: Blackwell Scientific Publications.

Norrix, L. W., D. W. DeYoung, P. R. Krausman, R. C. Etchberger and T. J. Glattke. 1995. Conductive hearing loss in bighorn sheep. Journal of Wildlife Diseases 31: 223–227.

Nugent, G., J. Whitford and N. Young. 2002. Use of released pigs as sentinels for Mycobacterium bovis. Journal of Wildlife Diseases 38: 665–677.

Nygård, T. and J. O. Gjershaug. 2001. The effects of low levels of pollutants on the reproduction of golden eagles in western Norway. Ecotoxicology 10: 285–290.

Oaks, J. L., M. Gilbert, M. Z. Virani, R. T. Watson, C. U. Meteyer, B. A. Rideout, H. L. Shivaprasad, S. Ahmed, M. J. I. Chaudry, M. Arshad, S. Mahmood, A. All and A. A. Khan. 2004. Diclofenac residues as the cause of vulture population decline in Pakistan. Nature 427: 630–633.

Oberheu, D. G. and C. B. Dabbert. 2001. Aflatoxin contamination in supplemental and wild foods of northern bobwhite. Ecotoxicology 10: 125–129.

O'Brien, D. J., S. M. Schmitt, J. S. Fierke, S. A. Hogle, S. R. Winterstein, T. M. Cooley, W. E. Moritz, K. L. Diegel, S. D. Fitzgerald, D. E. Berry and J. B. Kaneene. 2002. Epidemiology of Mycobacterium bovis in freeranging white-tailed deer, Michigan, USA, 1995–2000. Preventive Veterinary Medicine 54: 47–63.

Odum, E. P. 1993. Ecology and Our Endangered Lifesupport Systems. Sunderland: Sinauer Associates Incorporated.

Oh, P., R. Granich, J. Scott., B. Sun, M. Joseph, C. Strongfield, S. Thisdell, J. Stoley, D. Workman-Malcolm, L. Bornstein, E. Lehnkering, P. Ryan, J. Soukup, A. Nitta and J. Flood. 2002. Human exposure following Mycobacterium tuberculosis infection of multiple animal species in a metropolitan zoo. Emerging Infectious Diseases 8: 1290–1293.

Ohlendorf, H. L. 1996. Selenium. In Noninfectious Diseases of Wildlife, 2d ed., edited by A. Fairbrother, L. N. Locke and G. L. Hoff, pp. 128–140. Ames: Iowa State University Press.

Olsen, N. J. and W. J. Kovacs. 1996. Gonadal steroids and immunity. Endocrinological Reviews 17: 369–384.

Olsson, G. E., F. Dalerum, B. Hörnfeldt, F. Elgh, T. R. Palo, P. Juto and C. Ahlm. 2003. Human hantavirus infections, Sweden. Emerging Infectious Diseases 9: 1395–1401.

Orlando, E. F. and L. J. Guillette, Jr. 2001. A re-examination of variation associated with environmentally stressed organisms. Human Reproduction Update 7: 265–272.

Ostfeld, R. S., E. M. Schauber, C. D. Canham, F. Keesing, C. G. Jones and J. O. Wolff. 2001. Effects of acorn production and mouse abundance on abundance and Borrelia burgdorferi infection prevalence of nymphal Ixodes scapularis ticks. Vector Borne Zoonotic Diseases 1: 55–63.

Ottinger, M. A., M. Abdelnabi, M. Quinn, N. Golden, J. Wu and N. Thompson. 2002. Reproductive consequences of EDCs in birds. What do laboratory effects mean in field species? Neurotoxicology and Teratology 24: 17–28.

Otto, G. F. and L. A. Jachowski. 1981. Mosquitos and canine heartworm disease. In Proceedings Heartworm Symposium '80, edited by G. F. Otto, pp. 17–32. Veterinary Medical Publishing Company.

Ould, P. and H. E. Welch. 1980. The effect of stress on the parasitism of mallard ducklings by Echinuria uncinata (Nematoda: Spirurida). Canadian Journal of Zoology 58: 228–234.

Overstreet, R. M. and E. Rehak. 1981. Heatstroke in nesting least tern chicks from Gulfport, Mississippi, during June 1980. Avian Diseases 26: 918–923. Packer, C., R. D. Holt, K. D. Lafferty and A. P. Dobson. 2003. Keeping the herds healthy and alert: implications of predator control for infectious disease. Ecology Letters 6: 797–802. Packer, C., S. Altizer, M. Appel, E. Brown, J. Martenson, S. J. O'Brien, M. Roelke-Parker, R. Hofman-Lehmann, and H. Lutz. 1999. Viruses of the Serengeti: patterns of infections and mortality in African lions. Journal of Animal Ecology 68: 1161–1178.

Page, L. K., R. K. Swihart and K. R. Kazacos. 1999. Implications of raccoon latrines in the epizootiology of baylisascariasis. Journal of Wildlife Diseases 35: 474–480.

Palmer, M. V., D. L. Whipple and S. C. Olsen. 1999. Development of a model of natural infection with Mycobacterium bovis in white-tailed deer. Journal of Wildlife Diseases 35: 450–457.

Palmer, M. V., W. R. Waters and D. L. Whipple. 2004. Shared feed as a means of deer-to-deer transmission of Mycobacterium bovis. Journal of Wildlife Diseases 40: 87–91.

Palmer, S. R., Lord Soulsby and D. I. H. Simpson. 1998. Zoonoses: Biology, Clinical Practice and Public Health Control. Oxford: Oxford University Press.

Paré, J. A. 1997. Vaccination of raccoons(Procyon lotor) against canine distemper: an experimental study. Guelph, D.V.Sc. Thesis, University of Guelph, Ontario.

Parrish, J. M. and B. F. Hunter. 1969. Waterfowl botulism in the southern San Joaquin Valley, 1967–68. California Fish and Game 55: 265–272.

Pavlovsky, E. N. 1966. Natural Nidality of Transmissible Diseases, with Special Reference to the Landscape Epidemiology of the Zooanthroponoses. Urbana: University of Illinois Press.

Pawelczyk, A., A. Bajer, J. M. Behnke, F. S. Gilbert and E. Sinski. 2004. Factors affecting the component community structure of haemoparasites in common voles(Microtus arvalis) from the Mazury Lake district of Poland. Parasitology Research 92: 270–284.

Pence, D. B. and E. Ueckermann. 2002. Sarcoptic mange in wildlife. Revue Scientifique et Technique OIE 21: 385–398.

Pence, D. B., F. F. Knowlton and L. A. Windberg. 1988. Transmission of Ancylostoma caninum and Alaria marcianae in coyotes(Canis latrans). Journal of Wildlife Diseases 26: 560–563.

Peterson, C. A., S. L. Lee and J. E. Elliot. 2000. Scavenging of waterfowl carcasses by birds in agricultural fields of British Columbia. Canadian Field-Naturalist 72: 150–159.

Peterson, R. O. 1988. Increased osteoarthritis in moose from Isle Royale. Journal of Wildlife Diseases 24: 461–466.

Petney, T. N. and R. H. Andrews. 1998. Multiparasite communities in animals and humans: frequency, structure and pathogenic significance. International Journal of Parasitology 28: 377–393.

Petravy, A. F., F. Tenora, S. Deblock and V. Sergent. 2000. Echinococcus multilocularis in domestic cats in France. A potential risk factor for alveolar hydatid disease contamination in humans. Veterinary Parasitology 87: 151–156.

Pharo, H. 2002. New Zealand declares provisional freedom from hydatids. Surveillance 29: 3–7.

Philibert, H., G. Wobeser and R. G. Clark. 1993. Counting dead birds: examination of methods. Journal of Wildlife Diseases 29: 284–289.

Phillips, B. and P. Harrison. 1999. Overview of the endocrine disruptor issue. In Endocrine Disrupting Chemicals, Issues in Environmental Science and Technology 12, edited by R. E. Hester and R. M. Harrisson, pp. 1–26. Cambridge: Royal Society of Chemistry.

Pienaar, U. de V. 1967. Epidemiology of anthrax in wild animals and the control of anthrax epizootics in the Kruger National Park, South Africa. Federation Proceedings 26: 1496–1502.

Plagemann, P. G. W. 2003. Porcine reproductive and respiratory syndrome virus: origin hypothesis. Emerging Infectious Diseases 9: 903–908.

Plaut, A. 1993. Microbial subversion of host defenses. In Mechanisms of Microbial Disease, edited by M. Schaechter, G. Medoff and B. I. Einstein, pp. 154–161. Baltimore: Williams & Wilkins.

Plowright, W. 1982. The effects of rinderpest and rinderpest control on wildlife in Africa. Symposium of the Zoological Society, London 50: 1–28.

Porter, W. P., R. Hinsdill, A. Fairbrother, L. J. Olson, J. Jaeger, T. Yuill, S. Bisgaard, W. G. Hunter and K. Nolan. 1984. Toxicant-disease-environment interactions associated with suppression of immune system, growth and reproduction. Science 224: 1014–1017.

Potts, G. R. 1986. The Partridge: Pesticides, Predation and Conservation. London: Collins.

Poulin, R. 1996. Sexual inequalities in helminth infections: a cost of being male? American Naturalist 147: 287–295.

Poulin, R., K. Hecker and F. Thomas. 1998. Hosts manipulated by one parasite incur additional costs from infection by another parasite. Journal of Parasitology 84: 1050–1052.

Pöysä, H., J. Elmberg, P. Nummi and K. Sjöberg. 2004. Ecological basis of sustainable harvesting: is the prevailing paradigm of compensatory mortality still valid? Oikos 104: 612–615.

Prusiner, S. B. 1998. Prions. Proceedings of the National Academy of Science of the United States of America 95: 13363–13383

Pybus, M. J. 2001. Liver flukes. In Parasitic Diseases of Wild Mammals. 2d ed., edited by W. M. Samuel, M. J. Pybus and A. A. Kocan, pp. 121–149. Ames: Iowa State University Press.

Quinn, J. L. and W. Cresswell. 2004. Predator hunting behaviour and prey vulnerability. Journal of Animal Ecology 73: 143–154.

Qureshi, T., D. L. Drawe, D. S. Davis and T. M. Craig. 1994. Use of bait containing triclabendazole to treat Fascioloides magna infection in free ranging whitetailed deer. Journal of Wildlife Diseases 30: 346–350.

Ramsay, S. L. and D. C. Houston. 1999. Do acid rain and calcium supply limit eggshell formation for blue tits(Parus caerulescens) in the U.K.? Journal of Zoology, London 247: 121–125.

Rand, P. W., C. Lubelczyk, G. R. Lavigne, S. Elias, M. S. Holman, E. H. Lacombe and R. P. Smith, Jr. 2003. Deer density and the abundance of Ixodes scapularis(Acari: Ixodidae). Journal of Medical Entomology 40: 179–184.

Randolph, S. E., C. Chemini, C. Furlanello, C. Genchi, R. S. Hails, P. J. Hudson, L. D. Jones, G. Medley, R. A. Norman, A. P. Rizzoli, G. Smith and M. E. J. Woolhouse. 2001. The ecology of tick-borne infections in wildlife reservoirs. In The Ecology of Wildlife Diseases, edited by P. J. Hudson, A. Rizzoli, B. T. Grenfell, H. Heestebeek and A. P. Dobson, pp. 119–138. Oxford: Oxford University Press.

Rattner, B. A. and A. G. Heath. 1995. Environmental factors affecting contaminant toxicity in aquatic and terrestrial vertebrates. In Handbook of Ecotoxicology, edited by D. J. Hoffman, B. A. Rattner, G. A. Burton, Jr., J. Cairns, Jr., pp. 519–535. Boca Raton: Lewis Publishers.

Rattner, B. A. and J. R. Jehl, Jr. 1997. Dramatic fluctuations in liver mass and metal content of eared grebes (Podiceps nigricollis) during autumnal migration. Bulletin of Environmental Contamation and Toxicology 59: 337–343.

Rau, M. E. and F. R. Caron. 1979. Parasite-induced susceptibility of moose to hunting. Canadian Journal of Zoology 57: 2466–2468.

Read, A. F and L. H. Taylor. 2001. The ecology of genetically diverse infections. Science 292: 1099–1102.

Read, A. F., P. Aaby, R. Antia, D. Ebert, P. W. Ewald, S. Gupta, E. C. Holmes, A. Sasaki, D. C. Shields, F. Taddei and E. R. Moxon. 1999. What can evolutionary biology contribute to understanding virulence? In Evolution in Health and Disease, edited by S. C. Stearns, pp. 205–215. Oxford: Oxford University Press.

Refsum, T., T. Vikøren, K. Handeland, G. Kapperud and G. Holstad. 2003. Epidemiologic and pathologic aspects of Salmonella typhimurium infection in passerine birds of Norway. Journal of Wildlife Diseases 39: 64–72.

Rehbein, S., M. Visser, R. Winter, B. Trommer, H.-F. Matthes, A. E. Maciel and S. E. Marley. 2003. Productivity effects of bovine mange and control with ivermectin. Veterinary Parasitology 114: 267–284.

Reichard, R. E. 2002. Area-wide biological control of disease vectors and agents affecting wildlife. Revue Scientifique et Technique OIE 21: 179–185.

Reid, J. M., E. M. Bignal, S. Bignal, D. I. McCracken and P.

Monaghan. 2003. Age-specific reproductive performance in red-billed choughs Pyrrhocorax pyrrhocorax: patterns and processes in a natural population. Journal of Animal Ecology 72: 765–776.

Relman, D. A. 1998. Detection and identification of previously unrecognized microbial pathogens. Emerging Infectious Diseases 4: 382–389.

Relyea, R. A. 2003. Predator cues and pesticides: a double dose of danger for amphibians. Ecological Applications 13: 1515–1521.

Reynolds, M. G., J. W. Krebs, J. A. Comer, J. W. Sumner, T. C. Rushton, C. E. Lopez, W. L. Nicholson, J. A. Rooney, S. E. Lace-Parker, J. H. McQuiston, C. D. Paddock and J. E. Childs. 2003. Flying squirrel-associated typhus, United States. Emerging Infectious Diseases9: 1341–1344.

Rhyan, J. C. 2000. Brucellosis in terrestrial wildlife and marine mammals. In Emerging Diseases of Animals, edited by C. Brown and C. Bolin, pp. 161–184. Washington, D.C.: ASM Press.

Rhyan, J. C., T. Gidlewski, T. J. Roffe, K. Aune, L. M. Philo, D. R. Ewalt. 2000. Pathology of brucellosis in bison in Yellowstone National Park. Journal of Wildlife Diseases 37: 101–109.

Rhyan, J. C., W. J. Quinn, L. S. Stackhouse, J. J. Henderson, D. R. Ewalt, J. B. Payeur, M. Johnson and M. Meagher. 1994. Abortion caused by Brucella abortus biovar 1 in a free-ranging bison(Bison bison) from Yellowstone National Park. Journal of Wildlife Diseases 30: 445–446.

Rigby, M. C. and Y. Moret. 2000. Life-history trade-offs with immune defenses. In Evolutionary Biology of Host-parasite Relationships: Theory Meets Reality, edited by R. Poulin, S. Morand and A. Skoring, pp. 129–162. Amsterdam: Elsevier Science.

Robbins, C. T. 1993. Wildlife Feeding and Nutrition. San Diego: Academic Press.

Roberts, M. G., G. Smith and B. T. Grenfell. 1995. Mathematical models for macroparasites of wildlife. In Ecology of Infectious Diseases in Natural Populations, edited by B. T. Grenfell and A. P. Dobson, pp.177–208. Cambridge: Cambridge University Press.

Robinson, R. M., A. C. Ray, J. C. Reagor and L. A. Holland. 1982. Waterfowl mortality caused by aflatoxicosis in Texas. Journal of Wildlife Diseases 18: 311–313. Robinson, R. M., L. P. Jones, T. J. Galvin and G. M. Harwell. 1978. Elaeophorosis in Sika deer in Texas. Journal of Wildlife Diseases 14: 137–141.

Rodenhouse, N. L., T. S. Sillett, P. J. Doran and R. T. Holmes. 2003. Multiple density-dependence mechanisms regulate a migratory bird population during the breeding season. Proceedings of the Royal Society, London B 270: 2105–2110.

Roelke-Parker, M. E., L. Munson, C. Packer, R. Kock, S. Cleaveland, M. Carpenter, S. J. O'Brien, A. Popischil, R. Hofmann-Lehmann, H. Lutz, G. L. M. Mwamengele, M. N. Mgasa, G. A. Machamge, B. A. Summers and M. J. G. Appel. 1996. A canine distemper virus epidemic in Serengeti lions(Panthera leo). Nature 379: 441–445.

Rogers, C. M. and J. M. Smith. 1993. Life-history theory in the nonbreeding period: trade-offs in avian fat reserves. Ecology 74: 419–426. Rolland, R. M. 2000. A review of chemically-induced alterations in thyroid and vitamin A status from field studies of wildlife and fish. Journal of Wildlife Diseases 36: 615–635.

Root, J. J., C. H. Calisher and B. J. Beaty. 1999. Relationships of deer mouse movement, vegetative structure and prevalence of infection with Sin Nombre virus. Journal of Wildlife Diseases 35: 311–318.

Rosatte, R. C., D. Donovan, M. Allen, L.-A. Howes, A. Silver, K. Bennet, C. MacInness, C. Davies, A. Wandeler and B. Radford. 2001. Emergency response to raccoon rabies introduction into Ontario. Journal of Wildlife Diseases 37: 265–279.

Rosatte, R. C., M. J. Power, C. D. MacInness and J. D. Campbell. 1992. Trap-vaccinate-release and oral vaccination for rabies control in urban skunks, raccoons and foxes. Journal of Wildlife Diseases 28: 562–571.

Roscoe, D. E. 1993. Epizootiology of canine distemper in New Jersey raccoons. Journal of Wildlife Diseases 29: 390–395.

Ross, J. 1982. Myxomatosis: the natural evolution of the disease. Symposium of the Zoological Society, London 50: 77–95.

Ross, P. S., R. L. de Swart, P. J. H. Reijnders, H. Van Loveren, J. G. Vos and A. D. M. E. Osterhaus. 1995. Contaminant-related suppression of delayed-type hypersensitivity and antibody responses in harbour seals fed herring from the Baltic Sea. Environmental Health Perspectives 103: 162–167.

Rothschild, B. M., L. D. Martin, G. Lav, H. Bercovier, G. K. Bar-Gal, C. Greenblatt, H. Donoghue, M. Spigelman and D. Brittain. 2001. Mycobacterium tuberculosis complex DNA from an extinct bison dated 17,000 years before present. Clinical Infectious Diseases 33: 305–311.

Rudolph, K. M., D. L. Hunter, W. J. Foreyt, E. F. Cassirer, R. B. Rimler and A. C. Ward. 2003. Sharing of Pasteurella spp. between free-ranging bighorn sheep and feral goats. Journal of Wildlife Diseases 39: 897–904.

Rupprecht, C. E., K. Stöhr and C. Meredith. 2001. Rabies.In Infectious Diseases of Wild Mammals, 3d ed., edited by E. S. Williams and I. K. Barker, pp 3–36. Ames: Iowa State University Press.

Sacks, B. N., B. B. Chomel and R. W. Kasten. 2004. Modeling the distribution and abundance of the nonnative parasite, canine heartworm, in California coyotes. Oikos 105: 415–

425. Sagerup, K., E. O. Henriksen, A. Skorping, J. U. Skaares, and G. W. Gabrielsen. 2000. Intensity of parasitic nematodes increases with organochlorine levels in the glaucous gull. Journal of Applied Ecology 37: 532–539.

Saino, N., L. Canova, M. Fasola and R. Martinelli. 2000. Reproduction and population density affect humoral immunity in bank voles under field experimental conditions. Oecologia 124: 358–366.

Saino, N., S. Calza and A. P. Møller. 1997. Immunocompetence of nestling barn swallows in relation to brood size and parental effort. Journal of Animal Ecology 66: 827–836.

Saito, K., N. Kurosawa and R. Shimura. 2000. Lead poisoning in endangered sea-eagles in eastern Hokkaido through ingestion of shot Sika deer. In Raptor Biomedicine III, edited by J. D. Remple, P. T. Redig, M. Lierz and J. E. Cooper, pp. 163–166. Lake Worth: Zoological Education Network.

Samuel, W. M. and D. A. Welch. 1991. Winter ticks on moose and other ungulates: factors influencing their population size. Alces 27: 169–182.

Samuel, W. M., M. J. Pybus and A. A. Kocan. 2001. Parasitic Diseases of Wild Mammals, 2d ed. Ames: Iowa State University Press.

Samuel, W. M., M. W. Barrett and G. M. Lynch. 1976. Helminths in moose in Alberta. Canadian Journal of Zoology 54: 307–312.

Sanderson, G. C. 2002. Effects of diet and soil on the toxicity of lead in mallards. Ecotoxicology 11: 11–17.

Sanz, J. J., J. Moreno, E. Arrieroand and S. Merino. 2002. Reproductive effort and blood parasites of breeding pied flycatchers: the need to control for interannual variation and initial health state. Oikos 96: 299–306.

Sanz, J. J., J. Moreno, S. Merino and G. Tomás. 2004. A trade-off between two resource-demanding functions: post-nuptial moult and immunity during reproduction in male pied flycatchers. Journal of Animal Ecology 73: 441–447.

Schaechter, M., G. Medoff and B. I. Eisenstein. 1993. Mechanisms of Microbial Disease, 2d ed. Baltimore: Williams & Wilkins.

Schalk, G. and M. R. Forbes. 1997. Male biases in parasitism of mammals: effects of study type, host age and parasite taxon. Oikos 78: 67–74.

Schall, J. J. 2002. Parasite virulence. In The Behavioural Ecology of Parasites, edited by E.E. Lewis, J. F. Campbell and M. V. K. Sukhdeo, pp. 283–313. New York: CAB International.

Schantz, P. M., J. Chai, P. S. Craig, J. Eckert, D. J. Jenkins, C. N. L. Macpherson and A. Thakur. 1995. Epidemiology and control of hydatid disease. In Echinococcus and Hydatid Disease, edited by R.C.A. Thompson and A. J. L Lymbery, pp. 232–332. Wallingford: CAB International.

Schlaepfer, M. A., M. C. Runge and P. W. Sherman. 2002. Ecological and evolutionary traps. Trends in Ecology and Evolution 17: 471–480.

Schlessinger, D. and M. Schaechter. 1993. Bacterial toxins. In Mechanisms of Microbial Disease. 2d ed., edited by M. Schaechter, G. Medoff and B. I. Eisenstein, pp.162–175. Baltimore: Williams & Wilkins.

Schmidt, R. L., C. P. Hibler, T. R. Spraker and W. H. Rutherford. 1979. An evaluation of drug treatment for lungworm in bighorn sheep. Journal of Wildlife Management 43: 461–467.

Schmidt-Posthaus, H., C. Breitenmoser-Würsten, H. Posthaus, L. Bacciarini and U. Breitenmoser. 2002. Causes of mortality in reintroduced Eurasian lynx in Switzerland. Journal of Wildlife Diseases 38: 84–92.

Schmitt, S. M., S. D. Fitzgerald, T. M. Cooley, C. S. Bruning-Fann, L. Sullivan, D. Berry, T. Carlson, R. B. Minnis, J. B. Payeur and J. Sikarskie. 1997. Bovine tuberculosis in free-ranging white-tailed deer from Michigan. Journal of Wildlife Diseases 33: 749–758.

Scholin, C. A., F. Gulland, G. J. Doucette, S. Benson, M. Busman, F. P. Chavez, J. Cordaro, R. Delong, A. De Vogelaere, J. Harvey, M. Haulena, K. Lefebvre, T. Lipscomb, S. Loscutoff, L. J. Lowenstine, R. Marin, III, P. E. Miller, W. A. Mclellan, P. D. R. Moeller, C. L. Powell, T. Rowells, P. Silvagni, M. Silver, T. Spraker, V. Trainer and F. M. Van Dolah. 2000. Mortality of sea lions along the central California coast linked to a toxic diatom bloom. Nature 403: 80–84.

Schultheiss, P. C., J. K. Collins, T. R. Spraker and J. C. DeMartini. 2000. Epizootic malignant catarrhal fever in three bison herds: differences from cattle and association with ovine herpesvirus-2. Journal of Veterinary Diagnostic Investigation 12: 497–502.

Scott, M. E. 1988. The impact of infection and disease on animal populations: implications for conservation biology. Conservation Biology 2: 40–56.

Seip, D. R. 1992. Factors limiting woodland caribou populations and their interrelationships with wolves and moose in southeastern British Columbia. Canadian Journal of Zoology 70: 1494–1503.

Sellers, R. F. 1980. Weather, host and vector—their interplay in the spread of insect-borne animal virus diseases. Journal of Hygiene, Cambridge 85: 65–102.

Sellers, R. F. and D. E. Pedgley. 1985. Possible windborne spread to western Turkey of bluetongue virus in 1977 and akibane virus in 1979. Journal of Hygiene, Cambridge 95: 149–158.

Shaman, J., J. F. Day and M. Stieglitz. 2002a. Droughtinduced amplification of Saint Louis encephalitis virus, Florida. Emerging Infectious Diseases 8: 575–580.

————. 2002b. St. Louis encephalitis virus in wild birds

during the 1990 south Florida epidemic: the importance of drought, wetting conditions and the emergence of Culex nigripalpus(Diptera: Culicidae) to arboviral amplification and transmission. Journal of Medical Entomology 40: 547–554.

Shaw, D. J., B. T. Grenfell and A. P. Dobson. 1998. Patterns of macroparasite aggregation in wildlife host populations. Parasitology 117: 597–610.

Shaw, G. G. and H. W. Reynolds. 1985. Selenium concentrations in forages of a northern herbivore. Arctic 38: 61–64.

Shaw, J. L. and R. Moss. 1990. Effects of the caecal nematode Trichostrongylus tenuis on egg-laying by captive red grouse. Research In Veterinary Science 48: 253.

Sheldon, B. C. and S. Verhuist. 1996. Ecological imuunity: costly parasite defenses and trade-offs in evolutionary ecology. Trends in Ecology and Evolution 11: 317–321.

Shepard, T. H. 1998. Catalog of Teratogenic Agents. Baltimore: The Johns Hopkins University Press.

Shupe, J. L., A. E. Olson, H. B. Peterson and J. B. Low. 1984. Fluoride toxicosis in wild ungulates. Journal of the American Veterinary Medical Association 185: 1295–1300

Sibly, R. M. and P. Calow. 1989. A life-history theory of responses to stress. Biology Journal of the Linnean Society 37: 101–106.

Sidor, I. F., M. A. Pokras, A. R. Major, R. H. Poppenga, K. M. Taylor and R. M. Miconi. 2003. Mortality of common loons in New England, 1987–2000. Journal of Wildlife Diseases 39: 306–315.

Sijtsma, S. R., J. H. W. M. Rombout, C. E. West and A. J. vander Zijpp. 1990. Vitamin A deficiency impairs cytotoxic T lymphocyte activity in Newcastle disease virusinfected chickens. Veterinary Immunology and Immunopathology 26: 191–204.

Sileo, L. and S. I. Fefer. 1987. Paint chip poisoning of Laysan albatross at Midway Atoll. Journal of Wildlife Diseases 23: 432–437.

Sinclair, A. R. E. 1977. The African Buffalo: A Study of the Resource Limitations of Populations. Chicago: University of Chicago Press.

Skorping, A. and K. H. Jensen. 2004. Disease dynamics: all caused by males? Trends in Ecology and Evolution 19: 219–220.

Slater, A. F. G. and A. E. Keymer. 1988. The influence of protein deficiency on immunity to Heligmosoides polygyrus(Nematoda) in mice. Parasite Immunology 10: 507–522.

Slauson, D. O. and B. J. Cooper. 1990. Mechanisms of Disease. A Textbook of Comparative General Pathology, 2d ed. St. Louis: Mosby.

__________2002. Mechanisms of Disease. A Textbook of Comparative General Pathology. 3d ed., St. Louis: Mosby.

Slomke, A. M., M. W. Lankester and W. J. Peterson. 1995. Infrapopulation dynamics of Parelaphostrongylus tenuis in white-tailed deer. Journal of Wildlife Diseases 31: 125–135.

Small, J. D. and B. Newman. 1972. Venereal spirochetosis of rabbits(rabbit syphilis) due to Treponema cuniculi: A clinical, serological and histopathological study. Laboratory Animal Science 22: 77–89.

Small, P. M. and U. M. Selcer. 2000. Tuberculosis. In Hunter's Tropical Medicine and Emerging Infectious Diseases. 8th ed., edited by G. T. Strickland, pp. 491–512. Philadelphia: W.B. Saunders Company.

Smit, T., A. Eger, J. Haagsma and T. Bakhuizen. 1987. Avian tuberculosis in wild birds in the Netherlands. Journal of Wildlife Diseases 23: 485–487.

Smith, G. C. and D. Wilkinson. 2003. Modeling control of rabies outbreaks in red fox populations to evaluate culling, vaccination and vaccination combined with fertility control. Journal of Wildlife Diseases 39: 278–283.

Smith, J. A., K. Wilson, J. G. Pilkington and J. M. Pemberton. 1999. Heritable variation in resistance to gastro-intestinal nematodes in an unmanaged mammal population. Philosophical Transactions of the Royal Society, London B 339: 493–497.

Soler, J. J., L. de Neve, T. Pérez-Contreras, M. Soler and G. Sorci. 2002. Trade-off between immunocompetence and growth in magpies: an experimental study. Proceedings of the Royal Society, London B 270: 241–248.

Solter, P. F. and V. R. Beasley. 2002. Phycotoxins. In Handbook of Toxicologic Pathology, 2d ed., Vol.1, edited by W. M. Haschek, C. G. Rousseaux and M. A. Wallig, pp. 631–643. San Diego: Academic Press.

Spalding, M. G., G. T. Bancroft and D. J. Forrester. 1993. The epizootiology of eustrongylidosis in wading birds (Ciconiformes) in Florida. Journal of Wildlife Diseases 29: 237–249.

Spieker, J. O., T. M. Yuill and E. C. Burgess. 1996. Virulence of six strains of duck plague virus in eight waterfowl species. Journal of Wildlife Diseases 32: 453–460.

Spitznagel, J. K. 1993. Constitutive defenses of the body. In Mechanisms of Microbial Disease, 2d ed., edited by M. Schaechter, G. Medoff and B. I. Eisenstein, pp. 90–113. Baltimore: Williams and Wilkins.

Spratt, D. M. 1990. The role of helminths in the biological control of mammals. International Journal of Parasitology 20: 543–550.

Spurlock, M. E., G. R. Frank, G. M. Willis, J. L. Kuske, and S.

G. Cornelius. 1997. Effects of dietary energy source and immunological challenge on growth performance and immunological variables in growing pigs. Journal of Animal Science 75: 720–726.

Spurrier, M. F., M. S. Boyce and B. J. F. Manley. 1991. Effects of parasites on mate choice by captive sage grouse. In Bird Parasite Interactions. Ecology, Evolution and Behaviour, edited by J. E. Loye and M. Zuk, pp. 389–398. Oxford: Oxford University Press.

Sreevatsan, S., X. Pan, K. E. Stockauer, N. D. Connell, B. K. Kreiswirth, T. S. Whittam and J. M. Musser. 1997. Restricted structural gene polymorphism in the Mycobacterium tuberculosis complex indicates evolutionarily recent global dissemination. Proceedings of the National Academy of Science of the United States of America 94: 9869–9874.

Sréter, T., Z. Széll, Z. Egyed and I. Varga. 2003. Echinococcus multilocularis: an emerging pathogen in Hungary and Central Eastern Europe? Emerging Infectious Diseases 9: 384–386.

Stafford, K. C., III, A. J. Denicola and H. J. Kilpatrick. 2003. Reduced abundance of Ixodes scapularis(Acarui: Ixodidae) and the tick parasitoid Ixodiphagus hookeri (Hymenoptera: Encyrtidae) with reduction of whitetailed deer. Journal of Medical Entomology 40: 642–652.

Stallknecht, D. E. and E. Howerth. 2001. Pseudorabies (Aujeszky''s Disease). In Infectious Diseases of Wild Mammals, 3d ed., edited by E. S. Williams and I. K. Barker, pp. 164–170. Ames: Iowa State University Press

Stallknecht, D. E., M. P. Luttrell, K. E. Smith and V. F.Nettles. 1996. Hemorrhagic disease in white-tailed deer in Texas: A case for enzootic stability. Journal of Wildlife Diseases 32: 695–700.

Stead, W. W., K. D. Eisenach, M. D. Cave, M. L. Beggs, G. L. Templeton, C. O. Thoen and J. H. Bates. 1995. When did Mycobacterium tuberculosis infection first occur in the New World? American Journal of Respiratory and Critical Care Medicine 151: 1267–1268.

Stear, M. J., K. Bairden, S. C. Bishop, G. Gettinby, Q. A. McKellar, M. Park, S. Strain and D. S. Wallace. 1998. The processes influencing the distribution of parasitic nematodes among naturally infected lambs. Parasitology 117: 165–171.

Stearns, S. C. 1992. The Evolution of Life Histories. Oxford: Oxford University Press.

Steck, F., A. Wandeler, P. Bichsel, S. Capt, U. Hafliger, and L. Schneider. 1982. Oral immunization of foxes against rabies, laboratory and field studies. Comparative Immunology, Microbiology and Infectious Diseases 5: 165–171.

Stendall, R. C., R. J. Smith, K. P. Burnham and R. E.

Christensen. 1979. Exposure of Waterfowl to Lead: a Nationwide Survey of Residues in Wingbones of Seven Species 1972–73., Washington, D.C.: US Fish and Wildlife Service, Special Scientific Report, Wildlife No. 223.

Stipkovits, L., Z. Varga, G. Czifra and M. Dubos-Kovacs. 1986. Occurrence of mycoplasmas in geese associated with inflammation of the cloaca and phallus. Avian Pathology 15: 289–299.

Stolley, D. S., J. A. Bissonette, J. A. Kadlec and D. Coster. 1999. Effects of saline drinking water on early gosling development. Journal of Wildlife Management 63: 990–996.

Stuen, S., P. Have, A. D. M. E. Osterhuis, J. M. Arnemo, and A. Moustard. 1994. Serological investigation of virus infection in harp seals(Phoca groenlandica) and hooded seals(Chrystophora cristata). Veterinary Record 134: 502–504.

Stutzenbaker, C. D., K. Brown and D. Lobpries. 1986. Special report: an assessment of the accuracy of documenting waterfowl die-offs in a Texas coastal marsh. In Lead Poisoning in Wild Waterfowl, edited by J.S. Feierabend and A.B. Russell, pp. 88–95. Washington, D.C.: National Wildlife Federation.

Suarez, D. L. and S. Schultz-Cherry. 2000. Immunology of avian influenza virus: a review. Developmental and Comparative Immunology 24: 269–283.

Subak, S. 2002. Analysis of weather effects on variability in Lyme disease incidence in the northeastern United

States. Experimental and Applied Acarology 28: 249–256.

Susser, M. 1973. Causal Thinking in the Health Sciences: Concepts and Strategies of Epidemiology. Oxford: Oxford University Press.

Sutherst, R. W., R. B. Floyd, A. S. Bourne and M. J. Dallwitz. 1986. Cattle grazing behavior regulates tick populations. Experientia 42: 194–196.

Swart, R. D., P. S. Ross, L. J. Vedder, H. H. Timmerman, S. Heisterkamp, H. Loveren, J. G. van Vos, P. J. H. Reijnders, A. D. M. E. Osterhaus, R. L. De Swart and H. van Loveren. 1994. Impairment of immune function in harbor seals(Phoca vitulina) feeding on fish from polluted waters. AMBIO 23: 155–159.

Swinton, J., D. MacDonald, D. J. Nokes, C.L. Cheeseman, and R. S. Clifton-Hadley. 1997. Comparison of fertility control and lethal control of bovine tuberculosis in badgers—the impact of perturbation induced transmission. Philosophical Transactions of the Royal Society, London B 352: 619–631.

Swinton, J., M. E. J. Woolhouse, M. E. Begon, A. P. Dobson, E. Ferroglio, B. T. Grenfell, V. Guberti, R. S. Hails, J. A. P. Heesterbeek, A. Lavazza, M. C. Roberts, P. J. White and K. Wilson. 2001. Microparasite transmission and persistence. In The Ecology of Wildlife Diseases, edited by P. J. Hudson, A. Rizzoli, B. T. Grenfell, H. Heesterbeek and A. P. Dobson, pp. 83–101. Oxford: Oxford University Press.

Szaro, R. C. 1977. Effects of petroleum on birds. Transactions of the North American Wildlife and Natural Resources Conference 42: 374–381.

Telfer, S., M. Bennett, K. Bown, R. Cavanagh, L. Crespin, S. Hazel, T. Jones and M. Begon. 2002. The effects of cowpox virus on survival in natural rodent populations: increases and decreases. Journal of Animal Ecology 71: 558–568.

Temple, S. F. 1987. Do predators always capture substandard individuals disproportionately from prey populations? Ecology 68: 669–674.

Tessaro, S. V., L. B. Forbes and C. Turcotte. 1990. A survey of brucellosis and tuberculosis in bison in and around Wood Buffalo National Park, Canada. Canadian Veterinary Journal 31: 174–180.

Thing, H. and B. Clausen. 1980. Summer mortality among caribou calves in Greenland. Proceedings of the 2d International Reindeer/Caribou Symposium, 434–437.

Thomas, F. and R. Poulin. 1998. Manipulation of a mollusc by a trophically transmitted parasite: convergent evolution or phylogenetic inheritance? Parasitology 116: 431–436.

Thomas, N. J., C. U. Meteyer and L. Sileo. 1998. Epizootic vacuolar myelinopathy of the central nervous system of bald eagles(Haliaeetus leucocephalus) and American coots(Fulica americana). Veterinary Pathology 35: 479–485.

Thomas, R. E., A. M. Barnes, T. J. Quan, M. L. Beard, L. G. Carter and C. E. Hopla. 1988. Susceptibility to Yersinia pestis in the northern grasshopper mouse (Onchomys leucogaster). Journal of Wildlife Diseases 24: 327–333.

Thomson, G. R., R. G. Bengis and C. C. Brown. 2001. Picornavirus infections. In Infectious Diseases of Wild Mammals, 3d ed., edited by E. S. Williams and I. K. Barker, pp. 119–130. Ames: Iowa State University Press.

Thompson, R. C. A. and J. Eckert. 1983. Observations on Echinococcus multilocularis in the definitive host. Zeitschrift für Parasitenkunde 69: 335–345.

Thorne, E. T. 2001. Brucellosis. In Infectious Diseases of Wild Mammals, 3d ed., edited by E. S. Williams and I. K. Barker, pp. 372–395. Ames: Iowa State University Press.

Thorne, E. T., N. Kingston, W. R. Jolly and R. C. Bergstrom. 1982. Diseases of Wildlife in Wyoming. 2d ed. Cheyenne: Wyoming Game and Fish Department.

Thrusfield, M. 1986. Veterinary Epidemiology. London: Butterworths.

Tilgar, V., R. Mänd and A. Leivits. 1999. Effect of calcium availability and habitat quality on reproduction in pied flycatcher Ficedula hypoleuca and great tit Parus major. Journal of Avian Biology 30: 383–391.

Tilgar, V., R. Mänd and M. Mägi. 2002. Calcium shortage as a constraint on reproduction in great tits Parus major: a field experiment. Journal of Avian Biology 33: 407–413.

Tizard, I. R. 2000. Veterinary Immunology. An Introduction. 6th ed. Philadelphia: W. B. Saunders Company.

Toma, B., B. Dufour, M. Eloit, F. Moutou, W. Marsh, J. J. Bénet, M. Sanaa, A. Louzã and P. Michel. 1999a. Dictionary of Veterinary Epidemiology. Ames: Iowa State University Press.

Toma, B., B. Dufour, M. Sanaa, J. J. Bénet, F. Moutou, A. Louzã and P. Ellis. 1999b. Applied Veterinary Epidemiology and the Control of Disease in Populations. Maisons-Alfort: AEEMA.

Tompkins, D. M., A. P. Dobson, P. Arneberg, M. E. Begon, I. M. Cattadori, J. V. Greenman, J. A. P. Heesterbeek, P. J. Hudson, , D. Newborn, A. Pugliese, A. P. Rizzoli, R. Rosà, F. Rosso and K. Wilson. 2001a. Parasites and host population dynamics. In The Ecology Of Wildlife Diseases, edited by P. J. Hudson, A. P. Russoli, B. T. Grenfell, H. Heesterbeek and A. P. Dobson, pp. 45–62. Oxford: Oxford University Press.

Tompkins, D. M. and M. Begon. 2000. Parasites can regulate wildlife populations. Parasitology Today 15: 311–313.

Tompkins, D. M., D. M. B. Parrish and P. J. Hudson. 2002. Parasite-mediated competition among red-legged partridges and other lowland gamebirds. Journal of Wildlife Management 66: 445–450.

Tompkins, D. M., J. V. Greenman, P. A. Robertson and P. J. Hudson. 2000. The role of shared parasites in the exclusion of wildlife hosts: Heterakis gallinarum in the ring-necked pheasant and the grey partridge. Journal of Animal Ecology 69: 829–840.

Tompkins, D. M., J. V. Greenman and P. J. Hudson. 2001b. Differential impact of a shared nematode parasite on two gamebird hosts: implications for apparent competition. Parasitology 122: 187–193.

Torchin, M. E., K. D. Lafferty and A. M. Kuris. 2002. Release from parasites as natural enemies: increased performance of globally introduced marine crab. Biological Invasions 3: 333–345.

Torgerson, P.R. and C.M. Budke. 2003. Echinococcosis-an international public health challenge. Research in Veterinary Science 74: 191–202.

Toth, T. E. 2000. Nonspecific cellular defense of the avian respiratory system: a review. Developmental and Comparative Immunology 24: 121–139.

Tottin, S. C., R. R. Tinline, R. C. Rosatte and L. L. Bigler. 2002. Contact rates of raccoons(Procyon lotor) at a communal feeding site in rural eastern Ontario. Journal of Wildlife Diseases 38: 313–319.

Trudeau, K. M., H. B. Britten and M. Restani. 2004. Sylvatic plague reduces genetic variability in blacktailed prairie dogs. Journal of Wildlife Diseases 40: 205–211.

Tsai, T. F. 1987. Hemorrhagic fever with renal syndrome: mode of transmission to humans. Laboratory Animal Science 37: 428–430.

Tschirren, B., P. S. Fitze and H. Richner. 2003. Sexual dimorphism in susceptibility to parasites and cellmediated immunity in great tit nestlings. Journal of Animal Ecology 72: 839–845.

Turner, J. C., C. L. Douglas, C. R. Hallum, P. R. Krausman and R. R. Ramey. 2004. Determination of critical habitat for the endangered Nelson's bighorn sheep in southern California. Wildlife Society Bulletin 32: 427–448.

Twigg, L. E., T. J. Lowe, G. R. Martin, A. G. Wheeler, G. S. Gray, S. L. Griffin, C. M. O'Reilly, D. J. Robinson,

and P. H. Hubach. 2000. Effects of surgically imposed sterility on free-ranging rabbit populations. Journal of Animal Ecology 37: 16–39.

Urquhart, G. M., J. Armour, J. L. Duncan, A. M. Dunn, and F. W. Jennings. 1996. Veterinary Parasitology., 2d ed. Oxford: Blackwell Science.
Van Campen, H., K. Frölich and M. Hofmann. 2001. Pestivirus infections. In Infectious Diseases of Wild Mammals, 3d ed., edited by E. S. Williams and I. K. Barker, pp. 232–244. Ames: Iowa State University Press.

Van Pelt, R. W. and M. T. Caley. 1974. Nutritional secondary hyperparathyroidism in Alaskan red fox kits. Journal of Wildlife Diseases 10: 47–52.

van Regenmortel, M. H. V. and B. W. J. Mahy. 2004. Emerging issues in virus taxonomy. Emerging Infectious Diseases 10: 8–13.

van Riper, C., III, S. G. van Riper, M. L. Goff and M. Laird. 1986. The epizootiology and ecological significance of malaria in Hawaiian landbirds. Ecological Monographs 56: 327–344.

Villafuerte, R., C. Calvete, C. Gortzar and S. Moreno. 1994. First epizootic of rabbit hemorrhagic disease in free living populations of Oryctolagus cuniculus at Doñana National Park, Spain. Journal of Wildlife Diseases 30: 176–179.

V˘ori˘sek, P., J. Vot´ypka, K. Zvara and M. Svobodová. 1998. Heteroxenous coccidia increase the predation risk for parasitized rodents. Parasitology 117: 521–524

Wakelin, D. 1994. Host populations: genetics and immunity. In Parasitic and Infectious Diseases, edited by M. E. Scott and G. Smith, pp. 83–100. San Diego: Academic Press.

Walker, C. H. 2003. Neurotoxic pesticides and behavioural effects upon birds. Ecotoxicology 12: 307–316.

Walter, H., F. Consolaro, P. Gramatica, M. Scholze and R. Altenburger. 2002. Mixture toxicity of priority pollutants at no observed effect concentrations(NOECs). Ecotoxicology 11: 299–310.

Wandeler, A., G. Wachendörfer, U. Förster, H. Krekel, U. Schale, J. Müller and F. Steck. 1974. Rabies in wild carnivores in central Europe: I. Epidemiological studies. Zentralblatt Veterinármedizin Reihe B 21: 735–756.

Wanntorp., H., K. Borg, E. Hanko and K. Erne. 1967. Mercury residues in wood pigeons(Columbo p. palumbra L.) in 1964 and 1966. Nordsk Veterinaertidsskrift 19: 474–477.

Warren, Y. 1994. Protocalliphora braueri(Diptera: Calliphoridae) induced pathogenesis in a brood of marsh

wren(Cistotothorus palustris) young. Journal of Wildlife Diseases 30: 107–109.

Webb, R. E. and F. Horsfall. 1967. Endrin resistance in the pine mouse. Science 156: 1762.

Webster, J. P., C. F. A. Brunton and D. W. MacDonald. 1994. Effect of Toxoplasma gondii upon neophobic behaviour in wild brown rats(Rattus norvegicus). Parasitology 109: 37–43.

Webster, R. G., W. J. Bean, O. T. Gorman, T. M. Chambers and Y. Kawaoka. 1992. Evolution and ecology of influenza A viruses. Microbiology Reviews 56: 152–179.

Wegner, K. M., M. Kalbc, J. Kurtz, T. B. H. Reusch and M. Milinski. 2003. Parasite selection for immunogentic optimality. Science 301: 1343.

Wells, J. V. and M. E. Richmond. 1995. Populations, metapopulations and species populations: what are they and who should care? Wildlife Society Bulletin 23: 456–462.

Welshons, W. V., K. A. Thayer, B. M. Judy, J. A. Taylor, E. M. Curran and F. S. vom Saal. 2003. Large effects from small exposures. I. Mechanisms for endocrinedisrupting chemicals with estrogenic activity. Environmental Health Perspectives 111: 994–1006.

Wendelaar Bonga, S. E. 1997. The stress response in fish. Physiologic Reviews 77: 591–625.

Westbury, H. A. 2000. Hendra virus disease in horses. Revue Scientifique et Technique OIE 19: 151–159.

Whitaker, S. and J. Fair. 2002. The costs of immunological challenge to developing mountain chickadees, Poecile gambeli, in the wild. Oikos 99: 161–165.

White, P. J., R. A. Norman, R. C. Trout, E. A. Gould and P. J. Hudson. 2001. The emergence of rabbit haemorrhagic disease virus: will a non-pathogenic strain protect the UK? Philosophical Transactions of the Royal Society, London B 356: 1087–1095.

Whittington, R. 2001. Chlamydiosis of koalas. In Infectious Diseases of Wild Mammals, 3d ed., edited by E. S. Williams and I. K. Barker, pp 423–434. Ames: Iowa State University Press.

WHO. 2001. Nipah virus fact sheet. WHO/OMS Fact Sheet No. 262, September 2001.

Wild, M. A. and M. W. Miller. 1991. Detecting nonhemolytic Pasteurella haemolytica infections in healthy Rocky Mountain bighorn sheep(Ovis canadensis canadensis): influences of sample site and handling. Journal of Wildlife Diseases 27: 53–60.

Williams, E. S. 2001. Canine distemper. In Infectious Diseases of Wild Mammals, 3d ed., edited by E. S.

Williams and I. K. Barker, pp. 50–58. Ames: Iowa State University Press.

Williams, E. S. and I. K. Barker. 2001. Infectious Diseases of Wild Mammals, 3d ed. Ames: Iowa State University Press.

Williams, E. S., E. T. Thorne, M. J. G. Appel and D. W. Belitsky. 1988. Canine distemper in black-footed ferrets (Mustela nigripes) from Wyoming. Journal of Wildlife Diseases 24: 385–398.

Williams, E. S., J. S. Kirkwood and M. W. Miller. 2001. Transmissible spongiform encephalopathies. In Infectious Diseases of Wild Mammals. 3d ed., edited by E. S. Williams and I.K. Barker, pp. 292–301. Ames: Iowa State University Press.

Williams, T. M., J. McBain, R. K. Wilson and R. W. Davis. 1990. Clinical evaluation and cleaning of sea otters affected by the T/V Exxon Valdez oil spill. In Sea Otter Symposium: Proceedings of a Symposium to Evaluate the Response Effort on Behalf of Sea Otters after the T/V Exxon Valdez Oil Spill into Prince William Sound, Anchorage, Alaska, edited by K. Bayha and J. Kormendy. Washington, D.C.: United States Fish and Wildlife Service Biological Report 90(12).

Wilson, K., O. N. Bjørnstad, A. P. Dobson, S. Merler, G. Poglayen, S. E. Randolph, A. F. Read and A. Skorping. 2001. Heterogeneities in macroparsite infections: patterns and process. In The Ecology of Wildlife Diseases, edited by P. J. Hudson, A. Rizzoli, B. T. Grenfell, H. Heesterbeek and A. P. Dobson, pp. 6–44. Oxford: Oxford University Press.

Windingstad, R. M., F. X. Kartch, R. K. Stroud and M. R. Smith. 1987. Salt toxicosis in waterfowl in North Dakota. Journal of Wildlife Diseases 23: 443–446.

Windingstad, R. M., R. J. Cole, P. E. Nelson, T. J. Roffe, R. R. George and J. W. Dorner. 1989. Fusarium mycotoxins from peanuts suspected as a cause of sandhill crane mortality. Journal of Wildlife Diseases 25: 38–46.

Wingfield, J. C. and L. M. Romero. 2001. Adrenocortical responses to stress and their modulation in free-living vertebrates. In Handbook of Physiology. Section 7: The endocrine System. Volume IV: Coping with the Environment: Neural and Endocrine Mechanisms, edited by B. S. McEwen and H. M. Goodman, pp. 211–234. New York: Oxford University Press.

Wingfield, J. C., K. Hunt, C. Breuner, K. Dunlap, G. S. Fowler, L. Freed and J. Lepson. 1997. Environmental stress, field technology and conservation biology. In Behavioral Approaches to Conservation in the Wild, edited by J. R. Clemmons and R. Buchholz, pp. 95–131. Cambridge: Cambridge University Press.

Wingfield, J. C., K. M. O'Reilly and L. B. Astheimer. 1995. Modulation of the adrenocortical responses to acute stress in arctic birds: A possible ecological basis. American Zoologist 35: 285–294.

Winn, D. S. 1973. Effects of Sublethal Levels of Dieldrin on Mallard Breeding Behaviour and Reproduction. M.Sc. Thesis, Utah State University, Logan.

Wobeser, G. 1992. Avian cholera and waterfowl biology. Journal of Wildlife Diseases 28: 674–682.
______. 2001. Tyzzer's disease. In Infectious Diseases of Wild Mammals, 3d ed., edited by E. S. Williams and I. K. Barker, pp.510–513. Ames: Iowa State University Press.
______. 2002. Disease management strategies for wildlife. Revue Scientifique et Technique OIE 21: 159–178.

Wobeser, G. and A. G. Wobeser. 1992. Carcass disappearance and estimation of mortality in a simulated dieoff of small birds. Journal of Wildlife Diseases 28: 548–564.

Wobeser, G. and C. J. Brand. 1982. Chlamydiosis in 2 biologist investigating disease occurrences in wild waterfowl.

Wildlife Society Bulletin 10: 170–172.

Wobeser, G. and D. J. Rainnie. 1987. Epizootic necrotizing enteritis in wild geese. Journal of Wildlife Diseases 23: 376–385.

Wobeser, G. and E. A. Galmut. 1984. Internal temperature of decomposing duck carcasses in relation to botulism. Journal of Wildlife Diseases 20: 267–271.

Wobeser, G. and J. Howard. 1987. Mortality of waterfowl on a hypersaline wetland as a result of salt encrustation. Journal of Wildlife Diseases 23: 127–134.

Wobeser, G. and M. Swift. 1976. Mercury poisoning in a wild mink. Journal of Wildlife Diseases 12: 335–340.

Wobeser, G. and W. Kost. 1992. Starvation, staphylococcosis, and vitamin A deficiency among mallards overwintering in Saskatchewan. Journal of Wildlife Diseases 28: 215–222.

Wobeser, G. and W. Runge. 1975. Rumen overload and rumenitis in white-tailed deer. Journal of Wildlife Management 39: 596–600.

Wobeser, G., D. B. Hunter and P.-Y. Daoust. 1978. Tyzzer's disease in muskrats: occurrence in freeliving animals.

Journal of Wildlife Diseases 14: 325–328.

Wobeser, G., H. J. Barnes and K. Pierce. 1979. Tyzzer's disease in muskrats: re-examination of specimens of hemorrhagic disease collected by Paul Errington. Journal of Wildlife Diseases 15: 525–527.

Wobeser, G., R. J. Cawthorn and A. A. Gajadhar. 1983. Pathology of Sarcocystis campestris infection in Richardson's ground squirrels(Spermophilus richardsoni). Canadian Journal of Comparative Medicine 47: 198–202.

Wobeser, G., T. Bollinger, F. A. Leighton, B. Blakley and P. Mineau. 2004. Secondary poisoning of eagles following intentional poisoning of coyotes with anticholinesterase pesticides in western Canada. Journal of Wildlife Diseases 40: 163–172.

Wobeser, G. A. 1981. Diseases of Wild Waterfowl. New York: Plenum Press.

_____. 1994. Investigation and Management of Disease in Wild Animals. New York: Plenum Press.

_____. 1997. Diseases of Wild Waterfowl, 2d ed. New York: Plenum Press.

Wobeser, G. A. and M. C. Finlayson. 1969. Salmonella typhimurium infection in house sparrows. Archives of Environmental Health 19: 882–884.

Wolfe L. L., M. W. Miller and E. S. Williams. 2004. Feasibility of "test-and-cull" for managing chronic wasting disease in urban mule deer. Wildlife Society Bulletin 32: 500–505.

Woods, R. E. and A. A. Hoffmann. 2000. Evolution in toxic environments: quantitative versus major gene approaches. In Demography in Ecotoxicology, edited by J. Kammenga and R. Laskowski, pp. 129–145. Chichester: John Wiley & Sons Ltd.

Woolf, A., D. R. Shoemaker and M. Cooper. 1993. Evidence of tularemia regulating a semi-isolated cottontail rabbit population. Journal of Wildlife Management 57: 144–157.

Worley, D. E., C. K. Anderson and K. R. Greer. 1972. Elaeophorosis in moose from Montana. Journal of Wildlife Diseases 8: 242–244.

Worley, M. 2001. Retrovirus infections. In Infectious Diseases of Wild Mammals, 3d ed., edited by E. S.

Williams and I. K. Barker, pp. 213–222. Ames: Iowa State University Press.

Yaremych, S. A., R. E. Warner, P. C. Mankin, J. D. Brawn, A. Raim and R. Novak. 2004. West Nile virus and high death rate in American crows. Emerging Infectious Diseases 10: 709–711.

Yekutiel, P. 1980. Eradication of Infectious Diseases: A Critical Study, Contributions to Epidemiology and Biostatistics., Vol. 2. Basel: S. Karger.

Young, S. and R. F. Slocombe. 2003. Prion-associated spongiform encephalopathy in an imported Asian golden cat(Catopuma temmincki). Australian Veterinary Journal 81: 295–296.

Ytrehus, B., H. Skagemo, G. Syuve, T. Sivertsen, K. Handeland and T. Vikøren. 1999. Osteoporosis, bone mineralization and status of selected trace elements in two populations of moose calves in Norway. Journal of Wildlife Diseases 35: 204–211.

Yuill, T. M. 1987. Diseases as components of mammalian ecosystems: mayhem and subtlety. Canadian Journal of Zoology 65: 1061–1066.

Yuill, T. M. and C. Seymour. 2001. Arboviral infections. In Infectious Diseases of Wild Mammals. 3d ed., edited by E. S. Williams and I. K. Barker, pp. 98–118. Ames: Iowa State University Press.

Ziegler, H. K. 1993. Induced defenses of the body. In Mechanisms of Microbial Disease, 2d ed., edited by M. Schaechter, G. Medoff and B. I. Eisenstein, pp.114–153. Baltimore: Williams and Wilkins.

Zinkl, J. G., J. M. Hyland and J. J. Hurt. 1977a. Aspergiloosis in common crows in Nebraska, 1974. Journal of Wildlife Diseases 13: 191–193.

Zinkl, J. G., J. M. Hyland, J. J. Hurt and K. I. Heddleston. 1977b. An epornitic of avian cholera in waterfowl and common crows in Phelps County, Nebraska, in the spring 1975. Journal of Wildlife Diseases 13: 194–198.

Zuk, M. and A. M. Stoehr. 2002. Immune defense and host life history. American Naturalist 160: S9–S22.

Zúñiga, M. C. 2002. A pox on thee! Manipulation of the host immune system by myxoma virus and implications for viral-host co-adaptation. Virus Research 88: 17–33.

| 찾아보기 |

ㄹ

ㅁ

ㅅ

ㅎ

영문